Leitfäden der Informatik

Reinhard Kärger
Diagnose von Computern

Leitfäden der Informatik

Die Leitfäden der Informatik behandeln

- Themen aus der Theoretischen, Praktischen und Technischen Informatik entsprechend dem aktuellen Stand der Wissenschaft in einer systematischen und fundierten Darstellung des jeweiligen Gebietes.
- Methoden und Ergebnisse der Informatik, aufgearbeitet und dargestellt aus Sicht der Anwendungen in einer für Anwender verständlichen, exakten und präzisen Form.

Die Bände der Reihe wenden sich zum einen als Grundlage und Ergänzung zu Vorlesungen der Informatik an Studierende und Lehrende in Informatik-Studiengängen an Hochschulen, zum anderen an „Praktiker", die sich einen Überblick über die Anwendungen der Informatik(-Methoden) verschaffen wollen; sie dienen aber auch in Wirtschaft, Industrie und Verwaltung tätigen Informatikern und Informatikerinnen zur Fortbildung in praxisrelevanten Fragestellungen ihres Faches.

Diagnose von Computern

Von Dr.-Ing. habil. Reinhard Kärger, Dresden

Dr.-Ing. habil. Reinhard Kärger

Geboren 1944 in Bad Kudowa (Schlesien), Studium der Informationstechnik/Meßtechnik an der Polytechnischen Hochschule Charkow (Diplom 1970), Promotion zum Dr.-Ing. (1974), Wissenschaftlicher Oberassistent und Wissenschaftlicher Sekretär an der Ingenieurhochschule Dresden (1974 bis 1979), Abteilungsleiter und amtierender Direktor des Forschungszentrums des Kombinats Elektronische Bauelemente (1979 bis 1982), Wissenschaftlicher Sekretär mit Lehrauftrag für Prüftechnik/Prüftechnologie an der Ingenieurhochschule Dresden und dem Informatikzentrum des Hochschulwesens (1982 bis 1986), Promotion zum Dr. sc. techn., Erwerb der Facultas Docendi (1986), Berufung an der Technischen Universität Dresden zum Dozenten für Technische Informatik/Prüftechnik (1987), Umhabilitierung zum Dr.-Ing. habil. an der Technischen Universität Dresden (1991), bis 1993 Tätigkeit als Dozent an der Fakultät Informatik.

Die Deutsche Bibliothek – CIP-Einheitsaufnahme

Kärger, Reinhard:
Diagnose von Computern / Reinhard Kärger. – Stuttgart :
Teubner, 1996
(Leitfäden der Informatik)

ISBN 978-3-519-02146-9 ISBN 978-3-663-01517-8 (eBook)

DOI 10.1007/978-3-663-01517-8

Gesamtherstellung: Zechnersche Buchdruckerei GmbH, Speyer
Einband: Peter Pfitz, Stuttgart

Vorwort

Die auf der Computertechnik basierenden modernen Informations- und Kommunikationstechnologien beeinflussen im hohen Maße gegenwärtige und zukünftige Entwicklungen in Technik, Wirtschaft und Gesellschaft. Damit im Zusammenhang stehende Begriffsverbindungen wie "Künstliche Intelligenz", "Experten-Systeme" oder "Computer-Aided-Techniken" transportieren oft überzogene Erwartungen in Leistungsfähigkeit und Zuverlässigkeit der Computer. Nicht nur spektakuläre Ereignisse wie der Verlust einer Venussonde (1979) aufgrund eines fehlerhaften Programms oder die durch einen Computerfehler 1984 ausgelöste Überschwemmung in Südfrankreich [Wall 90] sondern auch 1989 festgestellte fehlerhafte Gleitkomma-Berechnungen in überwiegend CAD-Anwendungen des Intel 80486 oder ein ähnlicher Fehler in DEC-Rechnern der 5000er Serie (1992) oder der entwurfsbedingte Hardwarefehler des Pentium-Coprozessors (1994) zeigen, daß sich die Computertechnik keinesfalls nur auf die Funktionalität und das Leistungsverhalten konzentrieren kann. Die Sicherung der Gesamtheit von Eigenschaften und Merkmalen eines Rechnersystems in bezug auf seine Eignung zur Erfüllung vorgegebener Erfordernisse - also der Qualität - steht auf der anderen Seite der Medaille.

Die Diagnose als Prozeß zur Bestimmung des technischen Zustands, insbesondere der Erkennung eines Fehlers, der Bestimmung seines Charakters, des Fehlerorts und der Fehlerursache als Voraussetzung für Fehlervermeidung, Fehlerbehandlung und Fehlertoleranz ist Mittel zur Gewährleistung und Aufrechterhaltung einer zufriedenstellenden Qualität.

In den Anfangsjahren der Computertechnik waren einfache Meß- und Prüfmittel, Testprogramme und der Sachverstand des ingenieurtechnischen Personals in der Durchführungsphase der Diagnose ausreichend. Inzwischen ist das Arsenal der Diagnosekonzepte und Diagnosemittel nahezu unüberschaubar geworden und der Schwerpunkt des Problemlösungsbedarfs hat sich bei möglichst automatisierter Diagnoseausführung in die Vorbereitungsphase verlagert. Auf der Tagesordnung steht die Integration von funktionellem Entwurf und Diagnoseentwurf.

Erklärlicherweise ist die Mehrzahl von Beiträgen in Periodika und Tagungen auf schaltungstechnische, programmtechnische oder algorithmische Aspekte der Diagnose ausgerichtet. Es erschien deshalb wichtig, im 1. Kapitel das Problemgefüge der Computerdiagnose deutlich zu machen und sie in den Kontext des ganzheitlichen Ansatzes des modernen Qualitätsmanagements zu stellen. Die Abkehr vom noch nachwirkenden tayloristischen Ansatz der Qualitätssicherung - aber auch technische Entwicklungen wie die Integration von Diagnosemitteln in Schaltkreise - fordern eine Interessenpartnerschaft der Zulieferer von Computerbauteilen, der Computerhersteller und der Computeranwender.

Dies im Auge habend, wird für die weitere Darlegung des Stoffes ein Top-Down-Herangehen gewählt.

Im 2. Kapitel wird eine Übersicht über Prüfprinzipe, über die Funktionalität, die Organisation, die Elemente und die Struktur von Diagnosesystemen gegeben. Im 3. Kapitel wird der Faden für das elektrische Prüfprinzip mit der Erörterung der Prüfstrategien und im 4. Kapitel mit der Behandlung der Prüfmethoden, die sowohl in die Schaltkreisbasis als auch in die Rechnerkonfiguration oder in Anwendungen implementierbar sind, weitergeführt. Algorithmische Grundlagen für die Diagnose unter Testbedingungen und die Strategie Objektprüfung sind Gegenstand des 5. Kapitels. Das Material dieser Kapitel ergibt eine Vorstellung über die Komplexität von Diagnoseprozeduren, den erforderlichen zeitlichen und materiellen Aufwand. Daraus resultieren zwangsläufig Bestrebungen, Diagnoseobjekte prüfgerecht zu gestalten. Diesem Gesichtspunkt ist das 6. Kapitel gewidmet. Die weitgehendste Ausprägung der Prüfgerechtheit ist die Nutzung bzw. Implementierung objektimmanenter Lösungen. Mit den Darlegungen zum Hardware-Selbsttest im 7. Kapitel wird die unterste - die physikalische - Ebene der Betrachtungen erreicht.

Anliegen dieses Buches ist die angemessene Darlegung grundlegender Ideen und Konzepte der Computerdiagnose. Es soll Ideenbasis, aber nicht "Bauanleitung" für den Entwurf von Diagnosesystemen und Diagnosemitteln sein. Angesichts des Innovationstempos auf dem Gebiet der Computertechnik wäre letzteres ohnehin vermessen. Wesentlicher erschien, den Wissensstand zu systematisieren, ihn methodologisch zu bearbeiten, Allgemeingültiges als Grundlage spezifischer Lösungen herauszuarbeiten. Da Computer zwar spezifische, aber letzlich nicht unikale technische Gebilde sind, ist ein großer Teil der Ausführungen auch auf allgemeine elektronische Einrichtungen zu beziehen. Es möge damit Studierenden und Fachleuten gleichermaßen nützlich sein, sich im Fachgebiet zu orientieren, Neuerungen zu bewerten und einzuordnen, Methoden und Technologien unter ihren konkreten Randbedingungen anzuwenden und weiterzuentwickeln.

Dresden, im März 1996 — Reinhard Kärger

Inhaltsverzeichnis

1 Problemgefüge der Computerdiagnose

1.1 Qualität im Mittelpunkt

Wie jedes Produkt wird ein Computer u.a. durch die Kategorien Gebrauchstauglichkeit, Qualität, Fertigungsgerechtheit, Preis und Bereitstellungstermin charakterisiert (Bild 1.1). Es sind dies die Kategorien, die - wenn auch im unterschiedlichen Maß - wesentlich sowohl die Interessen des Kunden (Nutzers, Abnehmers) als auch die des Herstellers, aber auch die der Gesellschaft widerspiegeln. Sie stehen in enger Wechselwirkung. Ein Bedarf kann nicht schlechthin, sondern nur bei Erfüllung marktkonformer Qualitätsforderungen zu am Markt realisierbaren Preisen bedient werden. Der Vollständigkeit halber sei auch auf die Bedeutung des Bereitstellungstermins hingewiesen. Der beschleunigt verlaufende wissenschaftlich-technische Fortschritt, ein die Nachfrage übersteigendes Produktangebot und der damit verbundene Wettbewerbsdruck, ein wachsendes gesellschaftliches Bewußtsein (Umweltbeeinflussung, Bewahrung von Ressourcen, Abprodukte und Recycling) sowie die internationale Harmonisierung von Normen und rechtlichen Anforderungen bewirken Veränderungen in der Struktur der Kategorien bis hin zur Neu- bzw. Umbewertung. Dies betrifft jede einzelne selbst sowie ihr Wirkungsverhältnis. Beispielhaft sind im Bild Beziehungen zwischen einzelnen Elementen durch eine Schattierung kenntlich gemacht.

Gebrauchstauglichkeit. Die Nützlichkeit oder Eignung eines materiellen Produkts für den Erwerber kennzeichnend, ist die Gebrauchstauglichkeit Ausgangspunkt jedweder Geschäftstätigkeit. Sie beruht auf objektiv und nichtobjektiv feststellbaren *Gebrauchseigenschaften* [DIN 80]. Sie können für unterschiedliche Interessenten durchaus unterschiedliche Bedeutung haben. In ihrer Struktur wird die Gebrauchstauglichkeit deshalb zunehmend auf differenzierte Kundenbedürfnisse ausgerichtet. Ein prägnantes Beispiel zugeschnittener Gebrauchseigenschaften bieten - auf die Schaltkreisbasis der Computertechnik bezogen - Application Specific Integrated Circuits (ASIC). Der gleiche Trend trifft auch auf Investitionsgüter und gerade auf Computeranwendungen zu. Selbst wenn Produkte am Markt bewährt sind und ein stabiler Absatz zu beobachten ist, wird der Innovation ungeteilte Aufmerksamkeit gewidmet. Die Erneuerungsraten in der gesamten Elektronikbranche liegen unter drei Jahren. Der Kernpunkt vieler Innovationen ist eine eingebaute Intelligenz, also eingebettete Computertechnik, wodurch auch eine erforderliche Flexibilität beim Einsatz des Erzeugnisses gewährleistet werden kann. Von der korrekten Arbeit der Embedded-Computer hängt nicht unwesentlich die bestimmungsgemäße Funktion des rechnergestützten Geräts, der rechnergestützten Maschine oder Anlage ab. Erwartungen in wirtschaftliches Betriebsverhalten schließen Forderungen nach geringer Fehleranfälligkeit und geringen Stillstandszeiten - kurz: nach hoher Verfügbarkeit - ein.

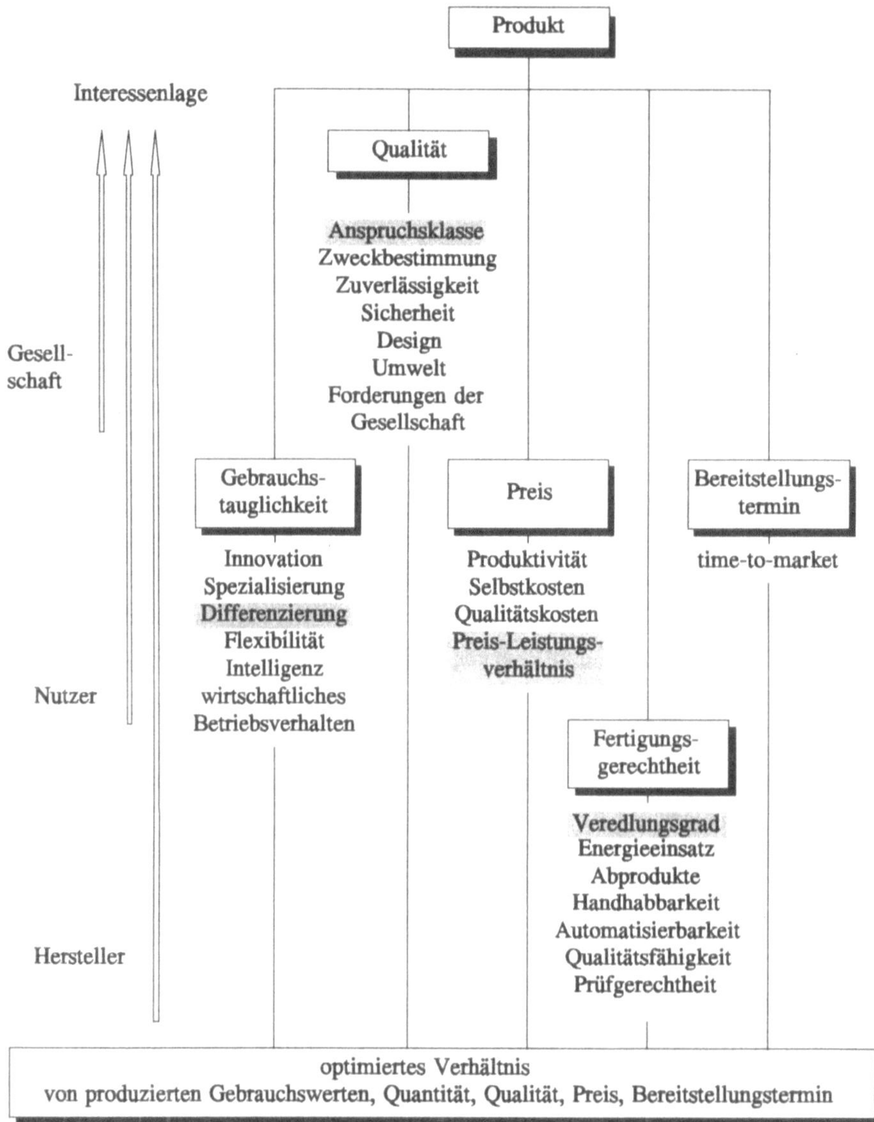

Bild 1.1 Kategorien der Produktbewertung

Qualität. Gebrauchseigenschaften können bei gleicher Funktionalität in einem unterschiedlichen Grad ausgebildet sein. Das drückt sich unter dem Qualitätsbegriff in verschiedenen *Anspruchsklassen* [DIN 95] aus und ist mehr als einleuchtend, wenn man die Produktbandbreite vom Spielcomputer bis zu vernetzten Computersystemen vor Augen hat. Die Anspruchsklasse ist demnach neben der Zweckbestimmung Ausgangspunkt für geplante oder anzuerkennende Differenzierungen in der *Qualitätsforderung*. Es muß jedoch klar sein, daß unbeschadet des abgestuften Umfangs oder der Schärfe der Qualitätsforderung immer *Konformität* in der Produktrealisierung erzielt werden muß, die Qualitätsforderung also sowohl für eine hohe als auch für eine niedrige Anspruchsklasse ohne Abstriche zu erfüllen ist. Im Hinblick auf die Unterschiede von Qualitätsforderungen an Produkte gleicher Zweckbestimmung liegen abgestufte Diagnose- und Instandhaltungskonzepte nahe.

Die Qualitätsforderung setzt sich aus einer Vielzahl von Einzelforderungen - ausgedrückt in *Qualitätsmerkmalen* [DIN 95a] mit festgelegten *Prüfkriterien* - zusammen. Zur Abgrenzung ihrer Betrachtung lassen sie sich zu Merkmalsgruppen, z.B. die Funktion, die Zuverlässigkeit, die Sicherheit, das Design, die Umwelt usw. betreffend, bündeln.

In der Qualitätslehre steht für die Gesamtheit der Merkmale und Merkmalswerte einer *Einheit* die *Beschaffenheit* [DIN 95a]. (Als Einheit wird "das, was einzeln beschrieben und betrachtet werden kann" [DIN 95] bezeichnet. Neben einem Produkt kann sie beispielsweise eine Tätigkeit, ein Prozeß oder ein System, eine Organisation oder eine Person oder irgendeine Kombination aus diesen Elementen sein.) Es ist folgerichtig, zwischen der geforderten Beschaffenheit als Qualitätsforderung und der realisierten Beschaffenheit zu unterscheiden. Der Begriff *Qualität* charakterisiert dann die Relation zwischen realisierter Beschaffenheit und der Qualitätsforderung [Geig 92] oder in der Formulierung der DIN EN ISO 8402: "Qualität - Gesamtheit von Merkmalen einer Einheit bezüglich ihrer Eignung, festgelegte und vorausgesetzte Erfordernisse zu erfüllen".

Die einzelnen Merkmale erfahren durch den Nutzer und den Hersteller eine unterschiedliche Gewichtung im Rahmen der geforderten und der realisierten Beschaffenheit sowie der erforderlichen Qualitätsprüfungen [Kärg 80]. In Anlehnung an [DIN 85] wird als zweckmäßig erachtet, die Qualitätsmerkmale entsprechend der Bedeutung einer Nichterfüllung einer festgelegten Forderung (also eines Fehlers) zu wichten und sie in kritische Merkmale, Hauptmerkmale sowie Nebenmerkmale zu unterteilen [Geig 94]. Eine andere wesentliche Unterteilung in quantitative Merkmale (kontinuierliche oder diskrete) und qualitative Merkmale (Ordinal- oder Nominalmerkmale) ist in [DIN 89] genormt. Die Ausführungen dieses Buches müssen sich auf ausgewählte funktionsbezogene Merkmale beschränken. Es liegt in der Natur der Sache, daß überlappend zuverlässigkeits-, sicherheits- und designbezogene Merkmale nicht ausgeschlossen sind. Andere für die Qualitätsforderung zweifellos relevante Gesichtspunkte wie die Leistungsbewertung von Computersystemen oder die Qualitätssicherung von Softwareprodukten oder Datenschutz und Datensicherung müssen außer Betracht bleiben.

Fertigungsgerechtheit. Ohne die herausgehobene Stellung der Qualität in einem Unternehmenskonzept zu schmälern, müssen die einzusetzenden Mittel natürlich in einem vernünftigen Verhältnis zum angestrebten Ergebnis stehen. Letztlich steht die Realisierbarkeit der Qualitätsforderung zur Debatte. Die Fertigungsgerechtheit spannt im Wechselverhältnis zur Qualität den Bogen zu den Herstellererfordernissen. Eine zufriedenstellende Qualität kann nur in der Einheit von Gebrauchseigenschaften und Effektivität der Fertigung bestehen. Die Anwendung von Hochtechnologien, ein wachsender Veredlungsgrad, sinkende spezifische Material- und Energieaufwendungen, weniger Abprodukte und Umweltbelastungen, eine flexible, rechnergestützte Automatisierung zur schnellen Reaktion auf veränderte Bedarfsanforderungen sind dafür kennzeichnend. Das hat Auswirkungen auf die Präzision von Fertigungsmitteln, auf die geforderte technologische Disziplin, auf zulässige Toleranzen von Merkmalswerten der Zwischenprodukte, auf zulässige Meßunsicherheiten und geforderte Diagnosesicherheiten. Höhere Ausbeute, weniger Nacharbeit und Garantieleistungen sparen Material, Energie und Zeit. Mit den Stichworten *Qualitätsfähigkeit* und *Prüfgerechtheit* wird die Beziehung zu anspruchsgerechten Diagnosekonzepten deutlich. Berücksichtigt man diese Wechselwirkungen, dann ist die Qualität auch ein Charakteristikum für das technologische Niveau.

Preis. Die mit den Bedingungen der Realisierbarkeit der Qualitätsforderung angesprochene Wirtschaftlichkeit wird den Kunden nur sehr mittelbar interessieren, indem er über die Angemessenheit des Preises und der Betriebskosten (insbesondere der Wartungs- und Instandhaltungskosten) entscheidet. Der Preis verbindet die Qualität und die Effektivität der Fertigung. Eine höhere Anspruchsklasse erfordert in der Regel einen höheren Veredlungsgrad von Materialien und Zwischenprodukten, was sich neben anderen Faktoren im Preis-Leistungs-Verhältnis äußert. Alle Maßnahmen zur Sicherung der Qualität schlagen sich in den Selbstkosten nieder, wobei dies nicht als zusätzlicher Aufwand verstanden werden darf. Nur Verstöße gegen Forderungen verursachen zusätzliche Kosten (s. Abschn. 1.2.7). Wirkungsvolle Diagnosekonzepte und Diagnosemittel wirken sich mindernd auf die Betriebskosten aus. Eine *Qualitätsverbesserung*, insbesondere eine produktbezogene *Qualitätsförderung* (z.B. Verbesserung der Prüfgerechtheit), aber auch eine einrichtungsbezogene Qualitätsförderung (z.B. Verbesserung der Reproduzierbarkeit von Arbeitsergebnissen) ist ein Produktivitätsgewinn. Sie dient der Sicherung der Marktposition und der Verbesserung des finanziellen Nutzens für das Unternehmen. Die Qualität eines Erzeugnisses ist zu einem erstrangigen Verkaufsargument geworden. Für eine stabile, zufriedenstellende Qualität werden Preisaufschläge akzeptiert; schwankende und nichtzufriedenstellende Qualität führt zu Preiseinbußen und zum Verlust des Kaufinteresses. Qualitätsbewußheit steht auf lange Sicht vor Preisbewußtheit.

Bereitstellungstermin. Jedes Unternehmen steht auch in einem Zeitwettbewerb. Doch schon der Volksmund sagt: "Gut Ding will Weile haben." In der Computertechnik und ihrer Basis - der Mikroelektronik - haben Diagnoseprozesse einen nicht unbeträchtlichen Anteil an der Zeit bis zur Markteinführung neuer Produkte und an den Fertigungszeiten. Innovative Prüfverfahren und Diagnosemittel helfen diese Zeiten zu verkürzen.

Letztlich kommt es darauf an, Marktsektor, Marktbedürfnisse, Qualitätsforderung sowie eigene Fertigungsbedingungen und Qualitätsfähigkeit in ein solches Verhältnis zu bringen, daß das Produkt den Kunden zu einem annehmbaren Preis zufriedenstellt, der für den Hersteller eine befriedigende Rentabilität ermöglicht.

Qualitätsprüfung, Diagnose. Forderungen ganz allgemein - und so auch Qualitätsforderungen an Einheiten - ist wesenseigen, daß man gehalten ist, geeignet festzustellen, inwieweit eine Einheit die Qualitätsforderung erfüllt. Diesem Zweck dient eine *Prüfung*: "Eine Tätigkeit wie Messen, Untersuchen, Ausmessen von einem oder mehreren Merkmalen einer Einheit sowie Vergleichen mit festgelegten Forderungen" [DIN 95]. Messen gilt Merkmalen, die physikalische Größen darstellen; Untersuchen steht dann offensichtlich für alle anderen Erscheinungsformen eines Merkmals. Letzteres ist notwendig, da Qualitätsprüfungen nicht nur auf das Produkt zu beschränken sind, sondern auch die Qualität beliebiger qualitätsbeeinflussender Tätigkeiten und Prozesse zu prüfen ist. So ungewöhnlich es klingen mag - dazu gehört auch, eine Aussage über die Qualität der Qualitätsprüfung zu gewinnen (vgl. Abschn. 3.4).

Bild 1.2, entnommen aus [Geig 94], gibt einen systematischen Überblick über die in der DIN 55350, Teil 17 [DIN 88] abgehandelten Qualitätsprüfungsarten. Durch die Norm werden allerdings nicht alle Arten von Qualitätsprüfungen abgedeckt. Erwähnt werden muß auch, daß die Terminologie in den einzelnen Wissensgebieten nicht einheitlich ist. Zum Beispiel wird in der Qualitätslehre unter Selbstprüfung verstanden, daß ein Arbeitsergebnis durch den die Arbeit Ausführenden selbst geprüft wird. Wie später noch erläutert, wird in der Elektrotechnik/Elektronik und Computertechnik der Begriff Selbstprüfung, grob gesagt, in dem Sinn benutzt, daß ein Fehler in einem Objekt bei einem gültigen Eingangssignal immer zu einem ungültigen Ausgangssignal führt, bzw. daß das Diagnoseobjekt neben seinen zweckbestimmten Funktionen gleichwohl Diagnosefunktionen ausführt.

In der Qualitätslehre wird der Begriff Qualitätsprüfung bezüglich jedweder Erscheinungsform der Einheit gebraucht. Nicht als "Werkstatt-Slang" abzutun, spricht man in vielen technischen Bereichen (hauptsächlich auf Produkte und Prozesse bezogen) von *Diagnose* und meint damit die Ermittlung des technischen Zustands (der realisierten Beschaffenheit) von *Diagnoseobjekten* (betrachteten Einheiten) oder - synonym - von *Prüfobjekten*. Im allgemeinen hat man die alternativen Zustände "funktionsfähig - funktionsunfähig" oder "fehlerfrei - fehlerbehaftet" im Auge. Sie können global oder auch auf Einzelforderungen an Qualitäts- oder Prüfmerkmale bezogen sein. Diese Aussagen sind keine Synonyme; ihr Gebrauch hängt vielmehr von der strategischen Orientierung einer Prüfung ab (s. Kapitel 3).

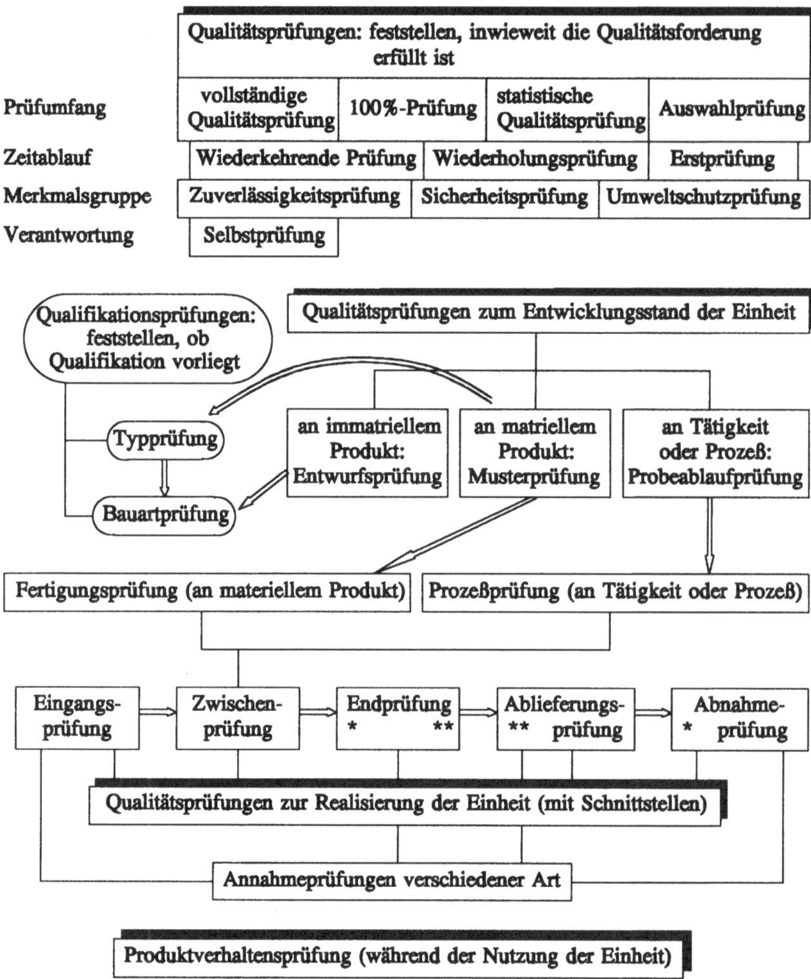

Bild 1.2 Systematischer Überblick - Arten von Qualitätsprüfungen [Geig 94]
(mit * und ** gekennzeichnete Prüfungen können auch zusammenfallen)

Bis hierher mag nur ein verbaler Unterschied zur "Prüfung" zu bestehen. Die Ermittlung des technischen Zustands geht jedoch auch über die Definition der Prüfung in [DIN 95] hinaus, "festzustellen, ob Konformität für jedes Merkmal erzielt ist". Unterschiedliche Fehler haben in der Regel Unterschiede im technischen Zustand des Objekts zur Folge. Neben der Erkennung eines Fehlers, schließt die Ermittlung des technischen Zustands deshalb die Bestimmung seines Charakters, des Fehlerorts und der Fehlerursache ein. Im weiteren Sinne kommt die Fehlerbehandlung hinzu.

In einem der ersten, immer wieder zitierten Bücher zur Diagnose von Computern [Chan 70] charakterisierten die Autoren für die Anfangsjahre der Computertechnik Erudition und Intuition eines hochspezialisierten ingenieurtechnischen Personals unter Nutzung heute bescheiden anmutender Prüfeinrichtungen und Prüfprogramme als dominierend in der Durchführungsphase der Diagnose. Der massenhafte Computergebrauch auch durch Nichtspezialisten, Echtzeitanwendungen, zunehmende Komplexität und die zugrundeliegende hochintegrierte Schaltkreisbasis sowie der Aufbau umfassender Qualitätsmanagementsysteme haben die Situation grundlegend verändert. Sie erfordert, von einem Problemgefüge auszugehen, das

- die Systemgliederung in Hardware, Software, Bedienung
- die Lebensphasen eines Rechnersystems mit Planungs-, Realisierungs- und Nutzungsphasen
- das Fehlerspektrum sowie unterschiedliche Verläßlichkeitsbedürfnisse, kulminierend in fehlertoleranten Systemen
- eine mögliche systemtechnische, strukturelle, funktionelle und konstruktive Dekomposition
- Aufwände und Kosten

für die Wahl der Maßnahmen und Mittel zur Gewährleistung und Aufrechterhaltung einer zufriedenstellenden Qualität (einschließlich der Zuverlässigkeit) eines Computers und zur Gestaltung von Diagnosekonzepten und Diagnosesystemen berücksichtigt. Schon intuitiv sind Inhomogenitäten, innere Widersprüchlichkeit und vielfache Verkopplungen des Szenariums zu vermuten. Die nähere Betrachtung impliziert dedizierte Lösungen unter dem Dach eines Gesamtkonzepts.

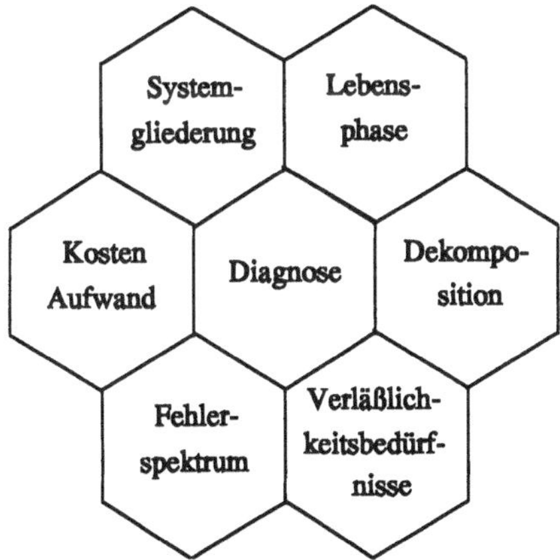

Bild 1.3 Problemgefüge

1.2 Qualitätsmanagement und Diagnose in den Lebensphasen eines Computers

Das Qualitätsverständnis und die Auffassungen darüber, wie eine annehmbare Qualität zu erreichen und zu gewährleisten sei, haben manche Wandlungen erlebt [Feig 91]. Bis zum Beginn dieses Jahrhundert war ein Produkt das Ergebnis individueller Arbeit und wurde zumeist auch durch seinen Erzeuger am Markt repräsentiert. Es gab keine Ursache, ein Produkt unter verschiedenen Aspekten zu identifizieren. Mit der sich entwickelnden Arbeitsteilung in Werkstattfertigungen zu Beginn des XX. Jahrhunderts verantwortete zunächst ein Werkstattmeister die Qualität eines durch eine Personengruppe hergestellten Erzeugnisses. Mit der Einbeziehung mehrerer größerer Mitarbeitergruppen in die Fertigung stand der übergeordnete technische Leiter vor der Aufgabe, deren Arbeitsergebnisse zu bewerten. Annahmekontrollen wurden installiert und Kontrolleure im Personalbestand etabliert. Diese Herangehensweise wurde beständig kultiviert und ganze Struktureinheiten wurden geschaffen, die Arbeitsergebnisse anderer zu kontrollieren. In den 40er Jahren war der Kontroll- und Sortieraufwand mit den bestehenden Verfahren nicht mehr zu beherrschen. Die Ära der statistischen Qualitätskontrolle setzte ein. Die Aufbau- und Ablauforganisation des Qualitätswesens blieb im wesentlichen jedoch erhalten. Die Qualitätssicherung war nach wie vor produktorientiert und im wesentlichen auf Fertigungsabschnitte beschränkt. Nur zögernd wurden die statistischen Ergebnisse der Produktkontrolle für die Steuerung der Fertigungsprozesse nutzbar gemacht. Vorrangig waren Kosten und Quantität im Führungsmittelpunkt; Qualitätssicherung war eine zweitrangige Aufgabe von sachverständigen Mitarbeitern - eine Auffassung, die bis heute nachwirkt.

Im Gegensatz zu diesem tayloristischen Herangehen, entwickelt sich seit einigen Jahren ein ganzheitlicher Ansatz in der Unternehmenspolitik, der die Erzielung und Aufrechterhaltung einer zufriedenstellenden Qualität als Gesamtführungsaufgabe begreift. Zum Nutzen der Kunden, der Organisation (des Unternehmens), ihrer Mitarbeiter und der Gesellschaft soll die Qualität der Ergebnisse von Tätigkeiten und Prozessen unter Beachtung wirtschaftlicher und zeitlicher Bezüge geplant, entwickelt (entworfen, konstruiert, projektiert), realisiert und aufrechterhalten werden. Für das *Qualitätsmanagement* - die Gesamtheit der qualitätsrelevanten Zielvorgaben und Tätigkeiten - gelten folgende Leitgedanken:

- In allen Stadien des Lebenszyklus (von der Wiege bis zur Bahre) werden Beiträge zur Qualität erbracht
- Die Handhabung qualitätsbezogener Angelegenheiten (Qualitätsmanagement) muß von den Führungskräften ausgehen und von der obersten Leitung betrieben werden
- Verantwortung für die Qualität trägt jeder Bereich eines Unternehmens, eine jede Hierarchiestufe, jeder Mitarbeiter

- Den Nutzen des Kunden im Auge zu haben, bedeutet mehr, als nur die Erfordernisse des Anwenders zu akzeptieren
- Durch Beherrschung der technischen, organisatorischen und menschlichen Faktoren werden die Ziele der Organisation (des Unternehmens) sichergestellt, nicht durch "Erprüfen von Konformität"
- Durch Offenlegen des Qualitätsmanagementsystems wird nach außen und nach innen Qualitätsfähigkeit signalisiert und Vertrauen geschaffen
- Alle qualitätsbezogenen Zielsetzungen, Maßnahmen und Tätigkeiten sind vordringlich auf Vorbeugen und Verhüten von Fehlern gerichtet
- Qualitätsprüfungen als ein Qualitätsmanagement-Element beziehen sich nicht nur auf das Angebotsprodukt, sondern auf alle Tätigkeiten und Prozesse, die die Qualität des Produkts beeinflussen
- Festgestellte Fehler ziehen eine vorgegebene Behandlung fehlerhafter Einheiten, eine Suche nach Fehlerursachen und darauffolgende überwachte Korrektur- und Vorbeugemaßnahmen nach sich
- Qualität ist nicht statisch, im Laufe der Zeit können sich Erfordernisse ändern; Qualitätsverbesserung im Sinne der Erhöhung der Effektivität und Effizienz der Tätigkeiten und Prozesse erhöht die Zufriedenheit aller Interessenpartner (Kunde, Zulieferer, Mitarbeiter, Anteilseigner, Gesellschaft) einer Organisation
- Regelmäßig werden das Qualitätsmanagementsystem und seine Elemente durch Audits hinsichtlich ihrer Wirksamkeit bewertet, und es wird über die Notwendigkeit von Verbesserungen oder Veränderungen entschieden.

Diagnose erfüllt das Anliegen einer Qualitätsprüfung und ist *ein* (hier als Zahlwort gebraucht) Mittel, um zu gewährleisten, daß ein Produkt die festgelegte Qualitätsforderung erfüllt. In diesem Kontext wäre es besonders fatal, wenn die (wie auch immer begründete) herausgehobene Behandlung dieses einen Systemelements das Anliegen des ganzheitlichen Ansatzes konterkarieren würde. Gewiß können hier nicht über 1000 Seiten Qualitätslehre [Geig 94], [Masi 94] zusammengefaßt werden, zumindest sollen aber diagnosebezogene Probleme im Lebenszyklus herausgearbeitet werden.

Bild 1.4 zeigt, an den von Masing [Masi 70] eingeführten Qualitätskreis angelehnt, modellhaft das Ineinandergreifen von Beiträgen zur Qualität (auch *Qualitätselemente* genannt) eines materiellen oder immateriellen Produkts aufgrund der Ergebnisse von Tätigkeiten oder Prozessen im Lebenszyklus. DIN ISO 9000 bis 9004 ziehen den Kreis der Qualitätselemente von der Marktforschung bis zur Entsorgung zum Nutzungsende. Notwendigerweise gibt es in jeder Phase Diagnosebezüge, wobei im folgenden vorzugsweise die technischen Belange abgehandelt werden sollen.

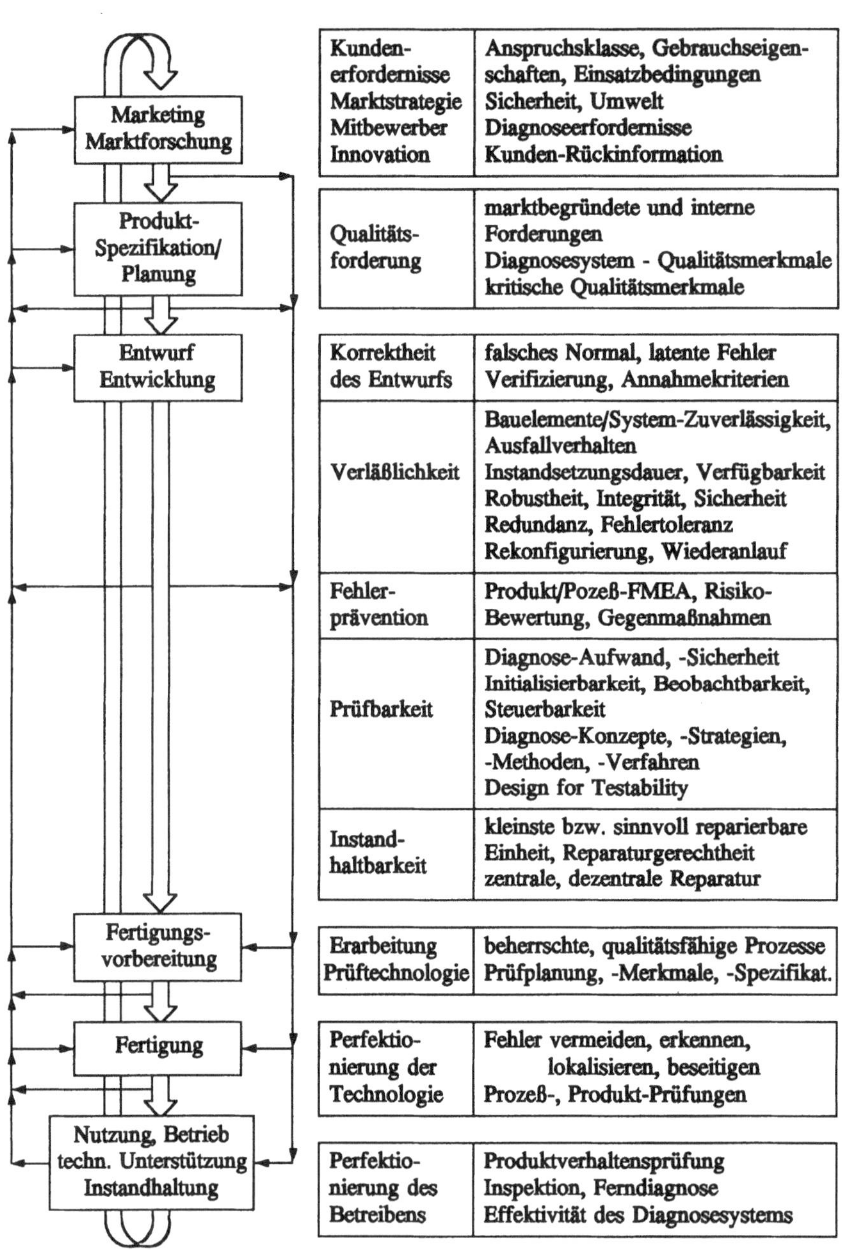

Kunden- erfordernisse Marktstrategie Mitbewerber Innovation	Anspruchsklasse, Gebrauchseigen- schaften, Einsatzbedingungen Sicherheit, Umwelt Diagnoseerfordernisse Kunden-Rückinformation
Qualitäts- forderung	marktbegründete und interne Forderungen Diagnosesystem - Qualitätsmerkmale kritische Qualitätsmerkmale
Korrektheit des Entwurfs	falsches Normal, latente Fehler Verifizierung, Annahmekriterien
Verläßlichkeit	Bauelemente/System-Zuverlässigkeit, Ausfallverhalten Instandsetzungsdauer, Verfügbarkeit Robustheit, Integrität, Sicherheit Redundanz, Fehlertoleranz Rekonfigurierung, Wiederanlauf
Fehler- prävention	Produkt/Pozeß-FMEA, Risiko- Bewertung, Gegenmaßnahmen
Prüfbarkeit	Diagnose-Aufwand, -Sicherheit Initialisierbarkeit, Beobachtbarkeit, Steuerbarkeit Diagnose-Konzepte, -Strategien, -Methoden, -Verfahren Design for Testability
Instand- haltbarkeit	kleinste bzw. sinnvoll reparierbare Einheit, Reparaturgerechtheit zentrale, dezentrale Reparatur
Erarbeitung Prüftechnologie	beherrschte, qualitätsfähige Prozesse Prüfplanung, -Merkmale, -Spezifikat.
Perfektio- nierung der Technologie	Fehler vermeiden, erkennen, lokalisieren, beseitigen Prozeß-, Produkt-Prüfungen
Perfektio- nierung des Betreibens	Produktverhaltensprüfung Inspektion, Ferndiagnose Effektivität des Diagnosesystems

Bild 1.4 Lebensphasen mit Diagnosebezügen

1.2.1 Marketing, Marktforschung

In dieser Phase werden die Anforderungen, Bedürfnisse und Erwartungen der Kunden zusammengestellt. Dazu gehört, Klarheit darüber zu schaffen, in welchem Marktsektor und in welcher Anspruchsklasse das Erzeugnis plaziert werden soll. Eine nur schematische Erfassung der Kundenanforderungen träfe nicht den Kern der ganzheitlichen Sicht. Zu beachten ist nicht nur der oft pragmatische Standpunkt des aktuellen Bedarfsträgers, sondern sein objektiver Nutzen, was schwerer zu vermitteln ist, als die Akzeptanz gestellter Forderungen. Die perspektivischen Erfordernisse des Marktes, absehbare Wirkung von Normen und Vorschriften sowie Auflagen des Gesetzgebers, die voraussichtliche Entwicklung der Mitbewerber, die Richtungen des wissenschaftlich-technischen Fortschritts sind zu analysieren und die Evolution von Qualitätsmerkmalen der Erzeugnisse und der für ihre Herstellung angewandten Technologien einzuschätzen.

Es fällt dabei nicht immer leicht, wesentliches vom unwesentlichen zu trennen, Nutzenserwartungen zu strukturieren und den Einfluß der einzelnen Produktmerkmale auf eine Kaufentscheidung zu wichten oder Anspruchsdifferenzierung und Kostendifferenzierung abzugleichen. Heuristische Verfahren und Werkzeuge werden in [Seid 93] behandelt.

Von sensiblen Anwendungen abgesehen, liegen Diagnoseprozesse oft am Rande des Blickfelds und werden nicht in der erforderlichen Eindringtiefe vertreten. Auf die Funktionalität von Computern bezogen, sind Aussagen zu Prozessorleistung, Verarbeitungsgeschwindigkeiten, Übertragungsgeschwindigkeiten, Speicherkapazitäten, Adressierungsmodi, Befehlssatz usw. vorherrschend (Tab. 1.1). Für die Gestaltung des Diagnosesystems sind jedoch Vorgaben zur Art, Häufigkeit, Wahrscheinlichkeit von Störungen und Fehlern (s. Abschn. 1.3), zu ihren Auswirkungen, zur Prüfgerechtheit, zu Diagnosezeiten, zu Aussetzzeiten bei Anwendungen im Dienstleistungsgewerbe, zum Risiko beabsichtigter Fehlereinschleusung u.a. wesentlich.

Tabelle 1.1 Technische Beurteilungskriterien für Rechner [Stah 89]

Zentralprozessor	Interne Speicher	Interne Datenwege
• Architektur • Zykluszeit bzw. Taktfrequenz • Instruktionsrate (MIPS, FLOPS) • Zahlendarstellungen (Festkomma, Gleitkomma) • Rechengenauigkeit • Befehlsvorrat	• Speichereinheit (Byte, Wort) • Zugriffszeit zum Hauptspeicher • Maximale Ausbaustufe des Hauptspeichers • Fehlerbehandlung (parity, ECC) • Größe des Cache Memory • Maximale Größe des virtuellen Adreßraums, insbesondere des Erweiterungsspeichers • Pagingrate • Anzahl Register	• Übertragungskonzept (Kanal, Bus) • Maximalzahl verfügbarer Kanäle • Kanaltypen (Byte-, Blockmultiplex) • Übertragungsraten

Die Auswertung einer fest installierten Kundenrückinformation über das Einsatzverhalten, zu Reklamationen, Ausfall- und Fehlerstatistiken, zur Wirksamkeit des Diagnosekonzepts und der Diagnosemittel von Vorgängererzeugnissen ergibt Ansatzpunkte. Neue Entwicklungsrichtungen auf dem Gebiet der Diagnose z.B. Hardware- oder Software-Diversität, Prüfmethoden (s. Kapitel 4), Diagnosewerkzeuge in Entwurfssystemen, in Schaltkreisen integrierte passive und aktive Prüfstrukturen (s. Kapitel 6 und 7) sind zu bewerten. Unter anderem ist wichtig festzustellen, wann - auch auf dem Gebiet der Diagnose - nach dem Kano-Modell (vgl. [Kast 94]) Begeisterungs-Features über lineare (allgemein nachgefragte) Anforderungen in Basisanforderungen umschlagen. Ein gutes Beispiel dafür ist die Evolution des "Boundary-Scan" (s. Abschn. 6.4.6) in den letzten 10 Jahren.

Abzuklären ist, ob spezielle Prüf- oder Inbetriebnahmevereinbarungen abzuschließen sind und ob für gewisse Qualitätsmerkmale bestimmte Prüfverfahren anzuwenden sind.

Dokumentiert werden die Erhebungen in der Regel in einem Lastenheft (vgl. [VDI 91]).

1.2.2 Produktspezifikation, Produktplanung

Die im Lastenheft erfaßten (gewissermaßen externen) Anforderungen müssen in technische Spezifikationen für das Gesamtprodukt, die Zulieferungen und die Realisierungsprozesse umgesetzt werden. In Hinsicht auf die Realisierbarkeit wird die Qualitätsforderung (d.h. jede Einzelforderung an ein Qualitätsmerkmal) konkretisiert. Planungsziel ist ein Produkt, das den Kunden zu einem annehmbaren Preis zufriedenstellt und der gleichzeitig eine befriedigende Rentabilität (return-on-investment) seiner Herstellung ergibt (vgl. [DIN 94]). Das heißt, daß nicht nur die abstrakte Realisierbarkeit der Qualtätsforderung an das Produkt zur Debatte steht, sondern daß auch Qualitätsforderungen an die Fertigungseinrichtungen und das Personal sowie an die Tätigkeiten, die durch Menschen oder Einrichtungen ausgeführt werden, bestehen.

Als ein bedeutsames Werkzeug hat sich das aus Japan stammende "*Quality Function Deployment*" - QFD [Akao 90] erwiesen, das durch die Einhaltung einer bestimmten Methodik und die Benutzung erprobter Formblätter sicherstellt, daß alle Kunden- und Marktanforderungen hinsichtlich ihrer Realisierbarkeit betrachtet werden und sich in der Qualitätsforderung niederschlagen. Kaskadenartig können durch solche Formblätter, die aus einer Assoziation heraus auch "house of quality" genannt werden, Forderungen in der Produktstruktur (Anlage, Gerät, Baugruppe, Bauteil, Bauelement) oder in der Unternehmensstruktur (Marketing, Entwicklung, Fertigungsvorbereitung, Beschaffung u.ä.) weitergegeben werden. Die Schnittstellen werden dabei als Schnittstellen zwischen "inneren" Kunden betrachtet.

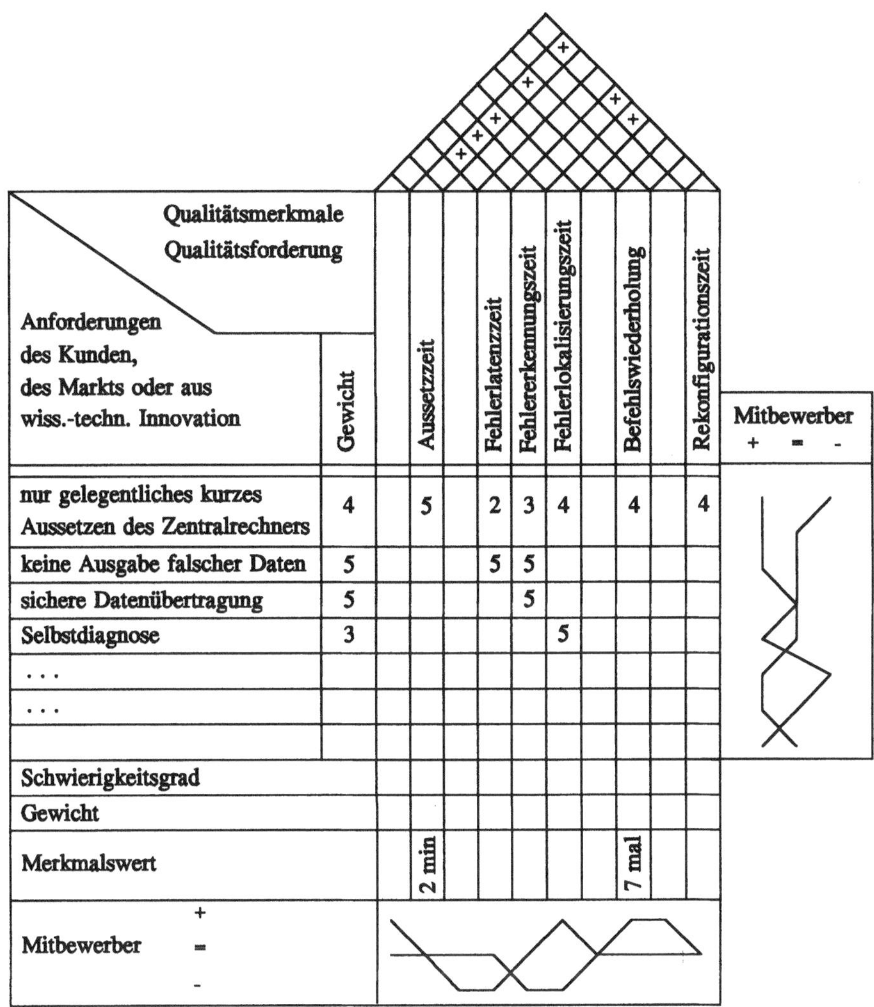

Bild 1.5 Quality Function Deployment - prinzipieller Aufbau eines Formblatts

Wie im Bild 1.5 zu sehen, handelt es sich um eine Matrixanordnung mit angelagerten Spalten oder Zeilen. Die Zeilen der zentralen Matrix werden durch die erfaßten Anforderungen des Kunden, des Marktes bzw. durch die aus der wissenschaftlich-technischen Innovation abgeleiteten Forderungen gebildet. Das Gewicht kennzeichnet den Nutzensbeitrag der Einzelforderungen für den Kunden. Die Spalten sind den Qualitätsmerkmalen vorbehalten, die aus der Sicht des Herstellers geeignet sind, den Kunden zufriedenzustellen. In den Kreuzungspunkten wird der Grad ihrer Beziehungen (Korrelation) eingetragen. Er kann z.B. durch die Vergabe von Rangzahlen 1 bis 5 bewertet werden. Im "Dach" der Anordnung kann die Korrelation zwischen den Qualitätsmerkmalen kenntlich gemacht werden. Ein "+" steht für gleichsinnige, ein "-" für gegensinnige Änderungen. Die zentrale Matrix kann durch Zeilen oder Spalten erweitert werden, die weitere Spezifikations- oder Planungsgesichtspunkte einbringen. Unverzichtbar ist die Angabe des Merkmalswerts als Nennwert, Grenzwert, Grenzabweichung oder auch eine verbale Aussage bei qualitativen Merkmalen. Weiterhin können die Schwierigkeit der Realisierung einer Einzelforderung abgeschätzt oder das Gewicht der Qualitätsmerkmale als Summe der Produkte aus dem Gewicht der Kunden/Marktforderungen und der Rangzahl des Qualitätsmerkmals bestimmt oder ein Vergleich zu den Produkten der Mitbewerber visualisiert werden. Neben dem Anliegen, die durchgängige und vollständige Planung der Qualitätsmerkmale sicherzustellen, lassen sich Zielkonflikte zwischen Qualitätsmerkmalen (gegensinnige Änderungstendenz) oder gravierende Unterschiede im Schwierigkeitsgrad eines Qualitätsmerkmals und seines Gewichts feststellen. Damit sind aus dem Formblatt auch Hinweise auf kritische Qualitätsmerkmale bzw. Prüfmerkmale zu erhalten. Im Bild 1.5 sind beispielhaft einige diagnoserelevante Forderungen und Merkmale eingetragen.

Wird der oben geäußerte Leitgedanke, nicht nur ausgesprochene Forderung des Kunden, sondern dessen Nutzen im Auge zu haben, befolgt, so können auch leere Spalten auftreten. Sie bedeuten, daß Qualitätsmerkmale nicht aufgrund externer (nicht selten diagnosebezogener) Forderungen geplant wurden. Da es sich sowohl um überflüssige Merkmale als auch um für den Kunden selbstverständliche Forderungen oder auch um Begeisterungs-Features handeln kann, dürfen sie nicht einfach ignoriert werden.

Beim Wechsel der Betrachtungseinheit (Gerät - Baugruppe oder Produktentwicklung - Produktgestaltung) werden Qualitätsmerkmale (Spaltenbezeichnungen) der zuvor betrachteten Einheit zu Kundenforderungen (Zeilenbezeichnungen) in der neuen Betrachtungseinheit.

Anhand der Vorgaben zu den Sollwerten für Leistungsmerkmale, der Toleranzbereiche und der qualitativen Merkmale sind gleichfalls Annahmekriterien und Untersuchungs-, Prüf- und Meßmethoden zur Bestimmung des technischen Zustands in den Phasen Entwicklung, Fertigung und Nutzung zu planen. Auch hier kann das "house of quality" hilfreich sein.

Wie viele im Qualitätsmanagement eingesetzte Werkzeuge und Verfahren ist Quality Function Deployment eine teamorientierte Analyse- und Dokumentationsmethode. Ihr Ergebnis basiert auf den subjektiven Erfahrungen einzelner Spezialisten. Die Gruppe der Experten sollte so zusammengesetzt sein, daß aus verschiedenen Blickwinkeln Aussagen über den Sachverhalt erwartet werden können. Es ist vorteilhaft, Mitarbeiter unterschiedlicher Abteilungen und Führungsebenen mit unterschiedlichen Verantwortungsbereichen heranzuziehen. Sie sollten souverän in ihren Entscheidungen und unabhängig voneinander sein. Eine kluge Zusammensetzung trägt wesentlich dazu bei, den objektiven Wahrheitsgehalt der subjektiven Ansichten der Beteiligten zu finden.

Insbesondere bereitet der subjektive Charakter der im Qualitätshaus mittels Rangzahlen eingetragenen Bewertungen der Qualitätsmerkmale Unbehagen. Sie sollten nicht durch Abstimmung unter den Beteiligten ermittelt werden. Zur Einschätzung der Sicherheit der hier zur Debatte stehenden Aussagen (sowie ähnlich gelagerter Ergebnisse der Gruppenarbeit in anderen Lebensphasen) lassen sich die Methoden der Wahrscheinlichkeitstheorie und der mathematischen Statistik, insbesondere die *Rangkorrelation* [Kend 55] nutzen, wenn man das Vorgehen wie folgt modifiziert.

Die durch jeden einzelnen Experten getroffene Bewertung (nicht die Gruppenmeinung) wird in der Rangmatrix (Tab. 1.2) erfaßt. Diese Wertungen werden als Zufallsgröße betrachtet, deren Verteilungsgesetz sich in den individuellen Aussagen der Experten widerspiegelt.

Tabelle 1.2 Rangmatrix

Experte	Qualitätsmerkmal q_i				
E_j	q_1	q_2	...	q_n	
E_1	R_{11}	R_{21}	...	R_{n1}	
E_2	R_{12}	R_{22}	...	R_{n2}	
.	.	.		.	
.	.	.		.	
.	.	.		.	
E_m	R_{1m}	R_{2m}	...	R_{nm}	
	$\sum_{j=1}^{m} R_{1j}$	$\sum_{j=1}^{m} R_{2j}$	...	$\sum_{j=1}^{m} R_{nj}$	$\sum_{i=1}^{n}\sum_{j=1}^{m} \frac{R_{ij}}{n} = \frac{m(n+1)}{2}$
	$\sum_{j=1}^{m} R_{1j} - \frac{m(n+1)}{2}$	$\sum_{j=1}^{m} R_{2j} - \frac{m(n+1)}{2}$	...	$\sum_{j=1}^{m} R_{nj} - \frac{m(n+1)}{2}$	$\sum_{i=1}^{n} d_i^2$

Kriterium für die Bedeutung des jeweiligen Qualitätsmerkmals ist die Summe der m Rangzahlen R_{ij}, die ein Merkmal auf sich vereinigt.

Bedeutsam für die Sicherheit der Aussagen ist die Einmütigkeit (Übereinstimmung) der Expertenmeinungen. Der Grad der Übereinstimmung wird durch die *Konkordanz*

$$W = \frac{12 \sum_{i=1}^{n} d_i^2}{m^2 (n^3 - n) - m \sum_{j=1}^{m} T_j}, \quad 0 \leq W \leq 1 \tag{1.1}$$

charakterisiert. Bei völliger Übereinstimmung wird W = 1 erreicht. d_i ist die Abweichung vom Mittelwert (der Summe der Ränge), die ein Qualitätsmerkmal erzielt:

$$d_i = \sum_{j=1}^{m} R_{ij} - \sum_{i=1}^{n} \sum_{j=1}^{m} \frac{R_{ij}}{n}. \tag{1.2}$$

Unter Zuhilfenahme der Summenformel für eine arithmetische Zahlenfolge läßt sich der Mittelwert als $m \cdot n\ (1+n)/2n$ schreiben. Demzufolge wird

$$d_i = \sum_{j=1}^{m} R_{ij} - \frac{m\ (n+1)}{2}. \tag{1.3}$$

$$T_j = \sum_{i=1}^{m} (t_i^3 - t_i) \tag{1.4}$$

kennzeichnet die Anzahl gleicher von einem Experten E_j vergebener Ränge.

Der Wert der Konkordanz sagt noch nicht aus, ob die Übereinstimmung der Expertenmeinungen gesichert ist. Zur Überprüfung der Signifikanz der Konkordanz werden statistische Testverfahren herangezogen. Geprüft wird die Nullhypothese, daß der Erwartungswert für die Konkordanz EW gleich Null ist und damit keine Übereinstimmung besteht:

$$H_0 : EW = 0. \tag{1.5}$$

Als Testgröße wird eine Zufallsgröße benötigt, deren Verteilung bekannt ist. Benutzt werden kann eine nach *Pearson* benannte Testgröße, die unter Voraussetzung, daß die Nullhypothese wahr ist, der χ^2-Verteilung mit n-1 Freiheitsgraden bei $n > 7$ unterliegt:

$$\chi^2 = m\ (n - 1)\ W. \tag{1.6}$$

Ist der nach Gleichung (1.6) berechnete Wert χ^2_B größer als der einer Tafel entnommene Wert $\chi^2_{n-1,\alpha}$

$$\chi^2_B > \chi^2_{n-1,\alpha}, \tag{1.7}$$

so wird mit einer Irrtumswahrscheinlichkeit α die Nullhypothese abgelehnt. Die Konkordanz ist signifikant. An dieser Stelle muß daran erinnert werden, daß die Annahme oder Ablehnung einer Hypothese eines statistischen Tests nicht ein Beweis ihrer Wahrheit oder Unwahrheit ist. Daraus ist lediglich zu schließen, daß die getroffene Entscheidungen mit einer gewissen Irrtumswahrscheinlichkeit den gemachten Beobachtungen nicht widerspricht.

1.2.3 Entwurf, Entwicklung

Übereinstimmung herrscht in Fachkreisen darüber, daß bis zu 70% in den Phasen Produktplanung, Entwurf und Entwicklung über eine zufriedenstellende Qualität einer Neuentwicklung entschieden wird. Vom Qualitätsmanagement werden deshalb von der Planung bis zur Prüfung der Marktreife eine akribische Lenkung aller Aktivitäten und - in zweckmäßigen Entwicklungsphasen - eine "formelle, dokumentierte, systematische und kritische Prüfung der Ergebnisse" gefordert.

Der ganzheitliche Ansatz ist nicht nur im umfassenden Sinn im Qualitätsmanagement, sondern auch in der technischen Realisierung gefragt. Zumindest für komplizierte Erzeugnisse, und dazu zählen zweifelsohne Computer, steht die Integration des funktionellen Entwurfs und des *Diagnoseentwurfs* auf der Tagesordnung.

Von *Gajski* und *Kuhn* [Gajs 83] stammt die Betrachtung des Entwurfs eines elektronischen Systems in drei Sichten. Funktions- oder Verhaltenssicht, Struktursicht, geometrische/ physikalische Sicht bilden drei Achsen eines Diagramms, denen Entwurfsebenen gemeinsam sind. Das Y-Diagramm (Bild 1.6) versinnbildlicht, daß sich jedes Systemelement in einer Entwurfsebene in diesen drei Arten beschreiben läßt.

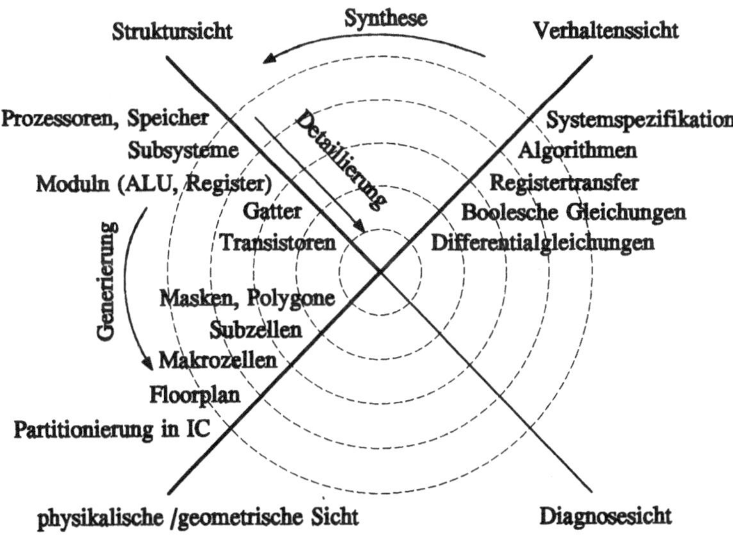

Bild 1.6 Gajskis Y-Diagramm, erweitert zum X-Diagramm nach [Ramm 89]

Im Entwurf erfolgt, ausgehend von der Systemspezifikation und einer eventuellen Detaillierung in der Verhaltenssicht, zunächst eine Synthese der Struktur des Systems. Dabei wird in der Regel ein iterativer Wechsel zwischen den Verhaltens- und Struktursichten praktiziert. Das System wird sukzessive in kommunizierende Teilsysteme zerlegt, deren Verhalten und Interaktionen wieder funktionell beschrieben werden. Schrittweise nimmt die Komplexität ab, bis eine Ebene erreicht ist, auf der eine automatisierte Generierung (Silicon-Compiler) bis zu den Fertigungsdaten bzw. dem Layout in der physikalisch/-geometrischen Sicht möglich ist. Die Schnittstelle zwischen manuellem und automatisiertem Entwurf verschiebt sich beständig in Richtung der Systemebene. Leider unterstützen die gegenwärtig zugänglichen Entwurfssysteme den Diagnoseentwurf lediglich durch Bereitstellung ausgewählter "Design-for-Test"-Elemente z.B. zur Realisierung von Scan-Techniken (vgl. Abschn. 6.4) und durch die automatisierte Testmustergenerierung für den Fremdtest sowie durch umfangreiche Simulationsmöglichkeiten.

Mit dem Vorschlag von *Rammig*, das Y-Diagramm durch Hinzunahme einer *Diagnosesicht* (in [Ramm 89] Testsicht genannt) zum X-Diagramm zu erweitern, sollte der an Bedeutung gewinnenden Integration des funktionellen Entwurfs und des Diagnoseentwurfs Rechnung getragen werden. Die fehlende Detaillierung der Diagnosesicht weist darauf hin, daß es noch nicht gelungen ist, die Mannigfaltigkeit von Diagnosekonzepten, die Unterschiedlichkeit von Lösungsansätzen für einzelne Ebenen bzw. von ebenenüberdeckenden Lösungen homogen in das Basismodell einzubringen. Wenn die Erweiterung des Y-Diagramms deshalb auch etwas gezwungen anmutet, sollte sie doch Anlaß genug sein, nach einer praktikablen Methodologie der Integration der beiden Seiten einer Medaille zu suchen.

Besonders bedeutsam für den Diagnoseentwurf sind die folgenden fünf Gesichtspunkte:

Korrektheit des Entwurfs. Die Entwurfsqualität ist das geistig vorweggenommene Ergebnis des Produktionsprozesses. Unzulänglichkeiten im Entwurf (vgl. Abschn. 1.4), können besonders diffizil sein, denn mangelnde Entwurfsqualität kann in den nachfolgenden Lebensphasen nicht kompensiert werden. Ein nichtkorrekter Entwurf schafft gewissermaßen ein falsches Normal, auf das in der Regel später als Referenz zurückgegriffen wird. Das kann lange Zeit unentdeckt bleiben, da die Mehrzahl üblicher, im Kapitel 4 beschriebener Diagnosemethoden nicht anspricht. Durch eine 100%-Sortierprüfung könnte man z.B. alle Erzeugnisse, die die Qualitätsforderung aufgrund einer unzulänglichen Fertigungsqualität nicht erfüllen, aussortieren. Bezogen auf eine unzulängliche Entwurfsqualität ist jedoch auch diese, zudem sehr kostenintensive Qualitätsprüfungsart überfordert.

Verläßlichkeit. Mit diesem (nichtgenormten) Begriff wird der Teil der Qualitätsforderung beschrieben, der Zuverlässigkeit (einschließlich Verfügbarkeit), Sicherheit, Robustheit, Integrität umfaßt. Mit der *Zuverlässigkeit* wird die zeitliche Dimension eingebracht: "Teil der Qualität im Hinblick auf das Verhalten der Einheit während oder nach vorgegebenen

Zeitspannen bei vorgegebenen Anwendungsbedingungen" [DIN 90a]. Die angesprochenen Zeitspannen sind im Bild 1.7 gezeigt.

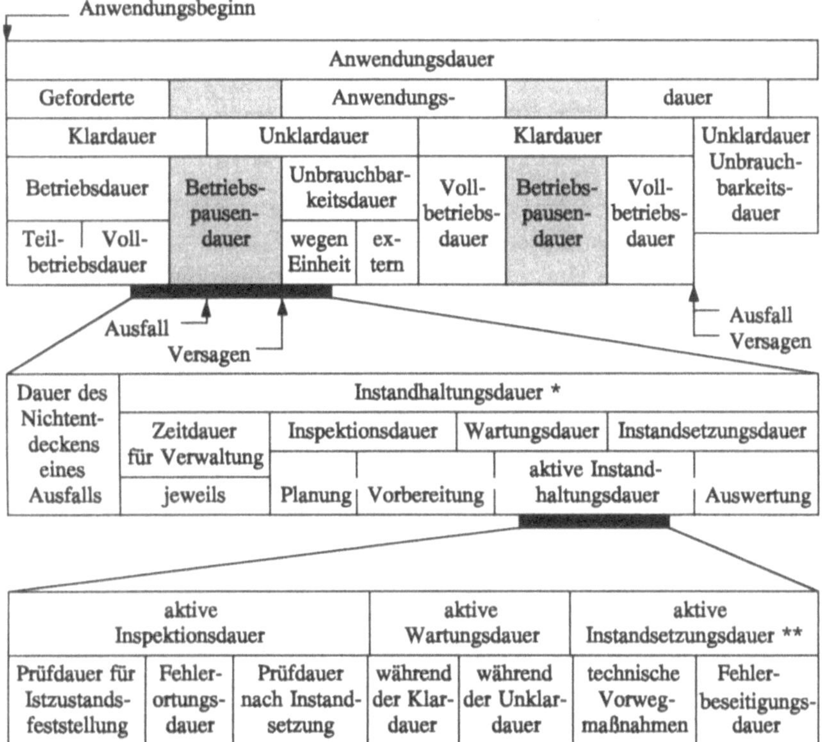

* zweckmäßig möglichst in der Betriebspausendauer ** während Unbrauchbarkeits- oder Betriebspausendauer

Anmerkung: Achtung! Die Balkenlängen sind nicht Maßstab für die Zeitspannen.

Bild 1.7 Verhältnis der Zeitbegriffe zueinander nach DIN 40 041[1)]

Ausgangspunkt ist die Absicht, eine Einheit (ein Rechensystem oder seine Komponenten) über eine Anwendungsdauer hinweg zu betreiben. Diese schließt ggf. Betriebspausen ein. Intervalle der betrachteten Anwendungsdauer (ab Anwendungsbeginn oder ab einem Ausfall), in denen die geforderte Funktion erfüllt wird, summieren sich zur Betriebsdauer. Unzulänglichkeiten können die Erbringung der geforderten Funktion beenden.

[1)] Wiedergegeben mit Erlaubnis des DIN Deutsches Institut für Normung e.V. Maßgebend für das Anwenden der Norm ist deren Fassung mit dem neuesten Ausgabedatum, die bei der Beuth Verlag GmbH, Burggrafenstraße 6, 10787 Berlin erhältlich ist.

Da die Arbeitsergebnisse verschiedener Normungsgremien (Zuverlässigkeit/Elektrotechnik und Qualitätsmanagement) sowie die internationale und nationale Terminologie noch nicht abschließend angeglichen sind (vgl. [Bell 86] und Vorbemerkungen zu [DIN 90a]), muß man eine gewisse Inhomogenität der begrifflichen Fassung dieser Unzulänglichkeiten in Kauf nehmen:

- *Fehler*: "Nichterfüllung einer festgelegten Forderung"
- *Störung*: "Fehlende, fehlerhafte oder unvollständige Erfüllung einer geforderten Funktion durch die Einheit"
- *Versagen*: "Entstehen einer Störung bei zugelassenem Einsatz der Einheit aufgrund einer in ihr selbst liegenden Ursache"
- *Ausfall*: "Beendigung der Funktionsfähigkeit einer materiellen Einheit im Rahmen der zugelassenen Beanspruchung aufgrund einer in ihr selbst liegenden Ursache".

Dabei sind Ausfall und Versagen Ereignisse, die einen Übergang vom funktionsfähigen in einen nichtfunktionsfähigen Zustand darstellen. Fehler und Störung sind Zustände, die die Beschaffenheit zum Betrachtungszeitpunkt benennen. In der Computertechnik wird Ausfall auf die Hardware bezogen. Zum Beispiel durch Alterung bedingt, kann er solange latent (verborgen) sein, bis die entsprechende Funktion ausgeführt (aktiviert, stimuliert) wird, womit er sich als Versagen zeigt. Für das Versagen eines Computersystems können neben den Hardware-Ausfällen alle seine Elemente einschließlich des Menschen, also in ihm selbst liegende Ursachen, verantwortlich sein. Für eine Störung oder einen Fehler kommen jedoch auch nicht zugelassene Beanspruchungen, nicht vorhandene Funktionsvoraussetzungen (Spannungsversorgung) oder äußere Beeinträchtigungen (α-Teilchen) als Ursache in Betracht. Damit sind Fehler und Störung gegenüber Ausfall und Versagen Oberbegriffe. Sofern differenziertere Fehlerbegriffe nicht notwendig sind, steht "Fehler" in der Informatik als Sammelbegriff für Fehlerursache, Fehlerzustand und Fehlverhalten eines Rechensystems [Krüc 90], während im angelsächsischen Sprachraum strenger zwischen

- *fault:* ursächliche Unzulänglichkeit (Irrtum eines Programmierers, Leitungskurzschluß)
- *error:* fehlerhafter Zustand (Defekt) einer Einheit, der eine Verhaltensabweichung bewirken kann (falscher Befehl, verdrahtetes AND bzw. OR bzw. konstanter Pegel)
- *failure:* Abweichung des aktuell zu beobachtenden Verhaltens vom spezifizierten Verhalten einer Einheit (Ausgabe falscher Daten, Fehlfunktion eines logischen Gatters)

unterschieden wird (vgl. [Aviž 86]).

Zuverlässigkeitsbetrachtungen sind allerdings auf das Versagen des Systems, nicht aber auf Störungen aus anderen Gründen, gerichtet. Wichtige Kenngrößen der Zuverlässigkeit sind:

- Ausfallrate
- Überlebenswahrscheinlichkeit
- mittlerer Ausfallabstand, Ausfalldauer, Verfügbarkeit
- Instandhaltbarkeit.

Das Überprüfen und die Vorhersage der Zuverlässigkeit müssen durch Anwendung entsprechender Analysetechniken in der Entwurfs- und Entwicklungsphase systematisch betrieben werden. Dies ist umso bedeutsamer, wenn es - wie auch typisch für Rechensysteme - praktisch unmöglich ist, durch eine Lebensdauerprüfung die Betriebszuverlässigkeit eines Objekts nachzuweisen. Für die Anwendung wesentlicher Techniken zur Analyse der Zuverlässigkeit gibt DIN IEC 300 [DIN 94a] einen Leitfaden. Für einige der in der Tab. 1.3 aufgeführten Analyseverfahren bestehen eigenständige Normen. Auf die Fehler-Möglichkeits-und-Einfluß-Analyse wird unten noch näher eingegangen.

Tabelle 1.3 Techniken für die Analyse der Zuverlässigkeit nach DIN IEC 300

Analyseverfahren				
FMEA/FCMA Ausfall-Effekt-und-Deutungs-analyse	Störungsbaum-analyse	Zuverlässigkeits-blockdiagramm	Markoff-analyse	Bauelemente-Zählverfahren
DIN 25 448 IEC 812	DIN 25 424, Teil 1 IEC 1025	IEC 1078		

In der DIN IEC 300, Teil 3-1 werden Aktivitäten abgehandelt, die im wesentlichen bei der Anwendung eines jeden in der Tab. 3.1 genannten Verfahrens zu durchlaufen sind. Solche Verfahrensschritte sind:

- Abgrenzen und Definieren des Analyseobjekts sowie Erfassen aller Zuverlässigkeitsanforderungen (für die Ermittlung der Zuverlässigkeitsmerkmale und der ihnen zuzuordnenden Zuverlässigkeitskenngrößen ist das Quality Function Deployment oder auch eine Expertenbefragung (vgl. Abschn. 1.2.2) geeignet)
- Definieren des Systemausfalls (je nach Konstruktionsebene (vgl. Abschn. 1.3.2) können unterschiedliche Fehlerkriterien oder Fehlerbedingungen relevant sein; untergeordnete Systembestandteile können sich gegenseitig beeinflussen)

- Herunterbrechen der Zuverlässigkeitskenngrößen auf die Systembestandteile (sofern solche zu betrachten sind)
- Qualitative Analyse des Objekts hinsichtlich seiner Funktion, der zu erwartenden Ausfallmechanismen, der in Betracht zu ziehenden Folgen eines Versagens, der damit verbundenen Risiken, der Instandsetzungsmöglichkeit, der geplanten Diagnosestrategie)
- Berechnung von Risiken bzw. Zuverlässigkeitskenngrößen (Identifikation eines geeigneten Modells, Modellverifikation, Simulation von Anwendungs- und Betriebsbedingungen)
- Bewertung der quantitativen Analyse; erfolgreiche Beendigung der Untersuchungen, falls das Grenzrisiko akzeptiert werden kann bzw. falls die Zuverlässigkeitsforderungen an das Objekt erfüllbar sind

anderenfalls

- Überprüfung des Entwurfs des Untersuchungsobjekts, Suche nach Schwachstellen, Bestimmen von Präferenzen
- Erarbeiten alternativer Entwürfe, Auswahl von Systemelementen mit geeigneten Zuverlässigkeitskenngrößen, Veränderung der Zuverlässigkeitsstruktur (vgl. Bild 1.2.3)
- Bewerten der vorgenommenen Veränderungen hinsichtlich der erreichten Zuverlässigkeitsverbesserungen
- Kosten/Nutzen-Studien (dabei auch Verluste abschätzen, die eintreten können, falls die konzipierte Veränderung nicht realisiert wird); Variantenvergleiche, um die wirtschaftlichste Lösung zu ermitteln.

In der Regel wird es nicht ausreichend sein, sich auf die Anwendung nur eines der Verfahren zu beschränken. So erlaubt die Fehler-Möglichkeits-und-Einfluß-Analyse keine quantitativen Aussagen zu Zuverlässigkeitskennwerten, wird aber gern für die qualitative Bewertung und zur Abschätzung von Risiken eingesetzt. Die Markoff-Analyse wiederum ist das einzige unter den genannten Verfahren, mit dem nichtzerlegbare Strukturen untersucht werden können und mit dem (allerdings auch nur bedingt) funktionelle Prozesse simuliert werden können. Ab etwa 100 Systembestandteilen ist es allerdings nur mit einem erheblichen Simulationsaufwand zu beherrschen. Weit verbreitet ist das Bauelemente-Zählverfahren, mit dem in einer niedrigen Systemebene beginnend, mit einem relativ geringen Aufwand die Systemausfallrate aus den (exponentiell verteilten) Ausfallraten der Systembestandteile (vgl. Gl. (1.42)) geschätzt wird.

Aus der Gegenüberstellung der Analyseergebnisse mit den Anforderungen resultieren Ansatzpunkte für das Diagnosekonzept. Solche Ansatzpunkte sind immer dann gegeben, wenn im Ergebnis des funktionalen Entwurfs im engeren Sinne durch konstruktive Maßnahmen (s. Abschn. 1.3.2) die Zuverlässigkeitsforderung nicht erfüllt werden kann.

Ein hinreichend zuverlässiges System läßt sich dennoch erreichen, wenn man es mit der Fähigkeit zur Fehlertoleranz ausstattet [Görk 89], die allerdings nur über die Diagnose des technischen Zustands des Systems führt.

Die Bedeutung von Diagnoseprozessen auch für Systeme ohne umfassende Fehlertoleranz ist unzweideutig aus dem Bild 1.7 abzulesen. Sie bestimmen direkt

- die Dauer des Nichtentdeckens eines Ausfalls
- die Instandhaltungsdauer und damit
- die *Verfügbarkeit* als "Wahrscheinlichkeit, eine Einheit zu einem vorgegebenen Zeitpunkt der geforderten Anwendungsdauer in einem funktionsfähigen Zustand anzutreffen" oder als "Quotient aus Betriebsdauer und geforderter Anwendungsdauer" im Sinne eines Schätzwertes [DIN 90a]:

$$V = \frac{t_B}{t_B + t_A + t_{vI}} \tag{1.8}$$

t_B mittlere Betriebsdauer, t_A mittlere Ausfalldauer, t_{vI} mittlere Dauer vorbeugender Instandhaltung.

Um ein Gefühl für die quantitativen Zusammenhänge zu erhalten, sei das Beispiel eines rechnergestützten Telefonvermittlungssystems betrachtet. Für derartige Systeme ist eine mittlere Ausfalldauer von lediglich einigen Minuten/Jahr zulässig. Das entspricht einer Verfügbarkeit der Größenordnung 0,99999. Bei einer Fehlerrate von $\lambda_s = 10^{-5}\ h^{-1}$ oder über eine mittlere Lebensdauer von $L_m = 10^5$ h (s. Abschn. 1.3) darf der Stillstand etwa 1 h betragen. Die Verringerung der Stillstandszeiten auf ein Zehntel durch die Gestaltung effektiver Diagnoseprozesse wäre demnach eine durchaus anzustrebende Zielsetzung.

Alle Zuverlässigkeitsbetrachtungen unterstellen, daß vorgegebene Anwendungsbedingungen spezifiziert sind und eingehalten werden. In diesem Zusammenhang steht der Begriff *Robustheit* dafür, daß ein System auch bei Abweichungen von geforderten Anwendungsbedingungen seine Funktion erfüllen kann und stellt damit eine weitere Vorgabe für den funktionalen und den Diagnoseentwurf dar.

Zuverlässigkeitsbetrachtungen gehen auch davon aus, zum Anwendungsbeginn ein funktionsfähiges System und funktionsfähige Komponenten vorliegen zu haben. Daraus darf nicht geschlossen werden, daß ein zu entwickelndes Diagnosekonzept nur aus der Phase der Anwendung seine Vorgaben bezieht. Logischerweise muß vermieden werden, daß der Anwendungsbeginn mit einem Versagen des Systems, verursacht durch Fehler in vorgelagerten Phasen, zusammenfällt.

Fehlerprävention. Ausgangspunkt ist der Grundsatz modernen Qualitätsmanagements,

- vordringlich Fehler zu vermeiden
- anstatt die Häufigkeit ihres Auftretens zu verringern
- anstatt Fehlerauswirkungen zu bekämpfen
- anstatt durch Klassierprüfungen, Erzeugnisse zur differenzierten Verwendung (Anspruchs)klassen zuzuordnen bzw.
- Hardware-Komponenten zu verschrotten und Software-Komponenten zu verwerfen.

Aufgrund der aktuell begrenzten Einsicht von Wissenschaft und Technik sowie des optimal zu gestaltenden Aufwand-Nutzen-Verhältnisses, wird dieses Anliegen nicht in voller Konsequenz zu verwirklichen sein. Resultierende Forderungen an die Diagnoseprozesse sind, eventuelle Fehler möglichst beim ersten Auftreten zu erkennen, sie zu klassifizieren und lokalisieren und durch ihre Behandlung Auswirkungen zu eliminieren, womit wieder der Bogen zur Verläßlichkeit geschlagen wird.

Eine schon in der Tab. 1.3 aufgeführte und im einzelnen in [DIN 90] genormte Methodik, um Schwachstellen und potentielle Fehler einer betrachteten Einheit vorbeugend in der Konzept- und Entwurfsphase zu identifizieren, ist die *Fehler-Möglichkeits-und-Einfluß-Analyse* (FMEA).

Die Vorgehensweise ist induktiv, geht von den kleinsten Betrachtungseinheiten (Elementen) aus, wobei sowohl nichtgegenständliche Informationsgewinnung (also ohne das Produkt oder den Prozeß realisieren oder erproben zu müssen) als auch gegenständliche Untersuchungen und Erprobungen praktiziert werden. Erstmals für das Apollo-Raumfahrtprojekt der USA entwickelt, hat sich die FMEA in Bereichen mit komplexen und komplizierten Objekten durchgesetzt. Die in der Analyse verwendeten Formblätter enthalten (von Fall zu Fall modifiziert) im allgemeinen die im Bild 1.8 gezeigten Informationen. Sie werden in Gruppenarbeit kompetenter Vertreter einzelner Fachgebiete zusammengestellt und bearbeitet. Während die FMEA für Zuverlässigkeitsbetrachtungen doch erhebliche Nachteile aufweist, da mit ihr nur schwer zeitliche Abfolgen berücksichtigt werden können und sie auch kein Modell für quantitative Bewertungen liefert, ist sie im Rahmen der Fehlerprävention das gebräuchlichste Werkzeug.

Wesentlich ist, daß systematisch und lückenlos

- ein System in seine Bestandteile (Geräte, Funktionseinheiten usw.) unterteilt wird und diese ohne Ausnahme behandelt werden
- die Funktions- und Qualitätsmerkmale für jede Einheit aufgelistet werden
- die potentiellen Fehler, die sich aus der Nichterfüllung von Forderungen an die Qualitätsmerkmale ergeben, erfaßt werden.

Begonnen wird mit der kleinsten Betrachtungseinheit, für die mögliche Fehler aufgelistet werden. Ihre Auswirkungen in der nächsthöheren Betrachtungsebene, in der diese dann als Fehlerart figurieren, sind zu benennen. Wie beim Quality Function Deployment entsteht so eine kaskadenartige, streng geführte Weitergabe. Dabei kann ein Fehler unterschiedliche Auswirkungen und auch unterschiedliche Ursachen haben. Die mögliche Fehlerfolge ist wichtig für die Bewertung des Risikos beim Auftreten des Fehlers.

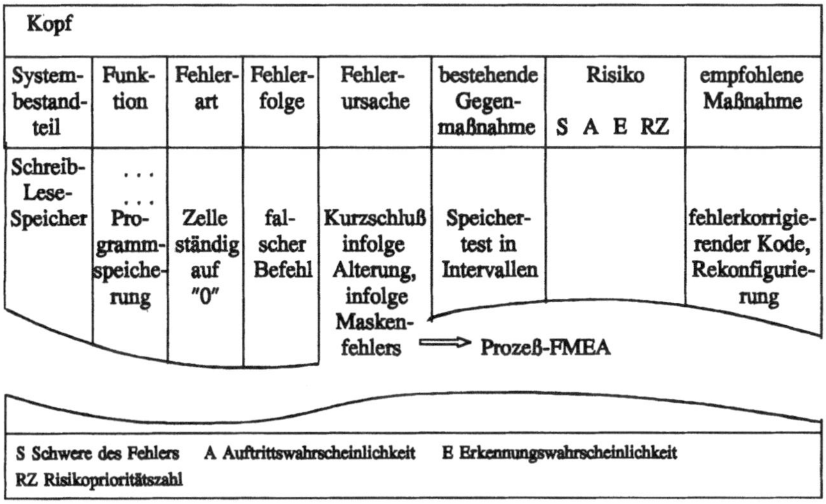

Kopf

Systembestandteil	Funktion	Fehlerart	Fehlerfolge	Fehlerursache	bestehende Gegenmaßnahme	Risiko S A E RZ	empfohlene Maßnahme
Schreib-Lese-Speicher	... ... Programmspeicherung	Zelle ständig auf "0"	falscher Befehl	Kurzschluß infolge Alterung, infolge Maskenfehlers ⟹ Prozeß-FMEA	Speichertest in Intervallen		fehlerkorrigierender Kode, Rekonfigurierung

S Schwere des Fehlers A Auftrittswahrscheinlichkeit E Erkennungswahrscheinlichkeit
RZ Risikoprioritätszahl

Bild 1.8 Musterschema für eine Fehler-Möglichkeits-und-Einfluß-Analyse (Produkt FMEA)

Die Erkenntnis der Fehlerursache ist der erste Schritt zur Vermeidung des Fehlers. Solche Ursachen können im Entwurf, im Fertigungsprozeß oder in der Benutzung (im Betrieb) liegen. Entwurfsbedingte Ursachen sollten auch durch einen verbesserten Entwurf beseitigt werden. Zum Beispiel läßt sich Übersprechen zwischen zwei Leitungen durch veränderte Leitungsführung oder durch Zwischenlegen einer Masseleitung eliminieren. Wenn unter den gegebenen Bedingungen (Erkenntnisstand, Aufwand) keine Entwurfsmittel greifen, müssen Diagnosemittel vorgesehen werden, wie sie in den exemplarischen Einträgen im Musterschema ausgewiesen sind. Bisher praktizierte Gegenmaßnahmen werden aufgeführt. Konkret sind es solche Maßnahmen, die im Pflichtenheft gefordert oder in anzuwendenden Normen aufgeführt oder durch den Entwerfer in den Entwurf eingebracht worden sind.

Die anschließende Risikobewertung gibt Auskunft, inwieweit die vorhandenen Maßnahmen ausreichend sind. Sie erfolgt unter den Gesichtspunkten Schwere des Fehlers S, Wahrscheinlichkeit seines Auftretens A und der Wahrscheinlichkeit seiner Erkennung E vor der Auslieferung bzw. vor der Aktivierung der entsprechenden Funktion. Hier sind zwar absolute Angaben gewünscht, stehen aber in der Regel nicht zur Verfügung. Ein gängiger Behelf ist die Vergabe von geschätzten Ordinalwerten (Rangzahlen von 1 bis 10) anstelle von quantitativen Schätzwerten. Zu beachten ist, daß S und A mit aufsteigenden Rangzahlen, E jedoch mit fallenden Rangzahlen zu bewerten sind. Wie der objektive Wahrheitsgehalt dieser subjektiven Aussagen eingeschätzt werden kann, wurde in den Darlegungen zu Quality Function Deployment erläutert.

Für eine relative Einordnung der Fehler im Sinne von Risikoschwerpunkten wird die *Risikoprioritätszahl* RZ berechnet:

$$RZ = A \cdot S \cdot E \ . \tag{1.9}$$

Vorrangig wird an der Vermeidung der Fehler mit den größten Risikoprioritätszahlen zu arbeiten sein. Rechenschaft sollte man sich darüber ablegen, daß ein Risiko gleich Null aus verschiedenen Gründen (vgl. Abschn. 3.4) nicht zu erreichen ist. Höchst individuell ist deshalb die Festlegung eines Grenzrisikos, unterhalb dessen die bestehenden Gegenmaßnahmen für eine bestimmte Anspruchsklasse akzeptiert werden bzw. weitergehende Maßnahmen einen unvertretbaren Aufwand erfordern würden. Der angegebene strukturorientierte Speichertest beim Einschalten und in bestimmten Intervallen mag z.B. für die Textverarbeitung ausreichend sein. Fehlerhafte Speicherzellen werden erkannt und beim Laden von Programm- oder Verarbeitungsdaten "übergangen". Die Fehlerlatenzzeit ist nicht kritisch. In anderen Anwendungen kann es erforderlich sein, den Fehler unmittelbar im Moment seines Auftretens zu bekämpfen. Dann ist das Grenzrisiko viel höher anzusetzen und weitergehende Maßnahmen sind zu ergreifen. Im Beispiel ist der Einsatz eines fehlerkorrigierenden Kodes empfohlen. Unter den veränderten Bedingungen ist eine neue Risikobewertung vorzunehmen.

Während die Zuverlässigkeitsbetrachtungen nur die im Objekt selbst liegenden Ursachen berücksichtigen, werden hier auch die Störungen aus anderen Gründen erfaßt. Ist eine Fehlerursache nicht entwurfsbedingt, so ist eine anschließende Prozeß-FMEA zu erwägen.

Prüfbarkeit. Die Forderung des Qualitätsmanagement, geeignet den Nachweis zu führen, daß ein Diagnoseobjekt zur Erfüllung der geforderten Funktion (der Qualitätsforderung) fähig ist, ist insbesondere in der Computertechnik leichter gestellt als realisiert. Die Problematik möge das nachfolgende aktuelle Beispiel illustrieren. Im November 1994 wurde über das weltweite Computernetz Internet bekannt, daß der Pentium-Coprozessor einen entwurfsbedingten Hardwarefehler aufweist. Dieser verursacht bei Divisionen ganz bestimmter Operanden eine Abweichung des Ergebnisses vom zu erwartenden (geforderten). Konsequenterweise dürfte sich eine Prüfung nicht nur auf den Nachweis korrekt ausgeführter Divisionen für einige ausgewählte Operanden beschränken. Bei 64 Bit langen Operanden gibt es aber 2^{128} mögliche Eingaben. Könnte man jedes Ergebnis in 1 ns berechnen und bewerten, würden mehr als 10^{22} Jahre benötigt!

Der Diagnoseentwurf muß also Prüfprinzipe, Prüfstrategien, Prüfmethoden, Prüfverfahren bereitstellen, die dennoch eine Nachweisführung mit akzeptierbarer Sicherheit erlauben.

Ein auch im täglichen Leben probates Mittel, komplexe Probleme und Objekte beherrschbar zu machen, ist ihre Partitionierung. Der steigende Integrationsgrad und die fortschreitende Miniaturisierung bringen es mit sich, daß Partitionen im Schaltkreis oder auf dem Bauelementeträger tief eingebettet sein können. Um das Verhalten dieser Partitionen bewerten zu können, muß jedoch eben dieses Verhalten aktiviert werden. Resultierende Aufgabe für den Diagnoseentwurf ist die Gewährleistung der *Initialisierbarkeit, Steuerbarkeit und Beobachtbarkeit* von Diagnoseobjekten. Neben der Reduzierung der Prüfkomplexität sind weitere Lösungen erforderlich, die erlauben, Diagnosehandlungen mit dem geringsten zeitlichen, technischen und finanziellen Aufwand auszuführen. Entsprechende systemtechnische, schaltungstechnische, konstruktive und organisatorische Entwurfsaspekte werden unter dem Stichwort *Prüfgerechtheit* (s. Kapitel 6) zu bearbeiten sein. Allerdings konnten auch in Arbeiten nach dem Erscheinen von [Will 83] keine zu allgemeingültigen prüfgerechten Entwürfen führenden Syntheseverfahren präsentiert werden. Der Grund liegt darin, daß Prüfgerechtheit nur in Verbindung mit den geplanten Prüfprinzipen, -strategien und -methoden sowie mit Bezug auf die Prüfeinrichtungen definiert werden kann. Demzufolge muß im Entwurf und in der Entwicklung im iterativen Wechsel mit den Syntheseschritten die Prüfgerechtheit eingeschätzt werden. Dafür kommen sowohl Verfahren zur Schaltungsanalyse als auch Kosten-Nutzen-Variantenvergleiche in Frage.

Instandhaltbarkeit. Es ist nur folgerichtig, die "Maßnahmen zur Bewahrung und Wiederherstellung des Sollzustands sowie zur Feststellung und Beurteilung des Istzustands von technischen Mitteln eines Systems" [DIN 85] im Kontext der schon betrachteten Gesichtspunkte für den Diagnoseentwurf zu sehen. Auf den Zusammenhang von Instandhaltungsdauer, Verfügbarkeit und Diagnosekonzept wurde schon hingewiesen. Darüberhinaus können in Computersystemen vorbeugende Istzustandsfeststellungen durch das Diagnosesystem im Hintergrund von Anwendungen erfolgen, durch den Computer tolerierte Fehler zur späteren Auswertung aufgezeichnet werden oder Grenzen der Rekonfigurierbarkeit signalisiert werden. Durch den Diagnoseentwurf ist auch zu berücksichtigen, daß die eventuell vorhandenen Mittel zur Erzielung von Fehlertoleranz für die aktive Inspektionsdauer (s. Bild 1.7) deaktiviert bzw. separat behandelt werden können. Bei Verwendung redundanter Komponenten gleicher Funktion scheint dieser Hinweis überflüssig zu sein, während Mittel z.B. auf der Basis fehlerkorrigierender Kodes eher übersehen werden. Ausfallgefährdete Komponenten, prüfgerecht gewählte Partitionen und kleinste bzw. sinnvoll reparierbare Einheiten sollten in Übereinstimmung gebracht werden. Letztlich wird sich auch die Instandsetzungsstrategie (zentrale oder dezentrale Reparatur) in den vorgesehenen Diagnosemitteln niederschlagen müssen [Gray 91].

Im Bild 1.2 ist explizit ausgewiesen, daß Entwurfs- und Entwicklungsergebnisse, dem Entwicklungsstand entsprechend, einer Qualitätsprüfung (design review) zu unterziehen sind. Sie beinhalten sowohl analytische Methoden als auch Diagnoseprozesse an Entwicklungsmustern oder Prototypen. In Hinsicht auf Entwurfsfehler werden neben alternativen Berechnungen und Analysen seit den Arbeiten von *Avižienis* (vgl. [Aviž 84]) auch diversitäre Hardware- und Software-Entwürfe praktiziert. Letztere Herangehensweise hat auch Eingang in Prüfmethoden gefunden (s. Kapitel 4). Für bestimmte sicherheitsrelevante Computeranwendungen sind Typ- bzw. Bauartprüfungen als Qualifikationsprüfungen gesetzlich vorgeschrieben. Dabei ist der Nachweis eingeschlossen, daß das vorgesehene Diagnosesystem alle wesentlichen Fehler erkennen kann.

1.2.4 Fertigungsvorbereitung

Die bisherigen Betrachtungen waren weitgehend auf das Produkt und seine Nutzung bezogen, wenngleich die Frage nach der Fähigkeit, die Qualitätsforderung in der Fertigung zu realisieren, schon anklang. Die bildliche Darstellung der Lebensphasen im Qualitätskreis darf nicht als ihre strenge zeitliche Abfolge verstanden werden. Nicht nur aus zeitlichen Erwägungen (time to market) ist die parallele Abarbeitung bestimmter Aktivitäten vorgegeben. Enge Beziehungen zwischen Produkt-Spezifikation/Planung, Entwurf/Entwicklung sowie Fertigungsvorbereitung sind offensichtlich. Nutzerforderungen kann oft nur mit iterativen Präzisierungen und Alternativen von Entwurfslösungen, Bewerten und Projektieren von Fertigungsmöglichkeiten entsprochen werden. Diese Informations-, Abstimmungs- und Entscheidungs-Beziehungen sind im Bild 1.4 im Sinne einer Vorwärts-Steuerung bzw. Rückführung eingezeichnet. Das Gesagte gilt nicht nur für ein innovatives Produkt, sondern im Rahmen der Qualitätsverbesserung für alle Elemente des Qualitätskreises.

Die Fertigungsvorbereitung hat nun die Aufgabe, alle Fertigungsprozesse auf die Erfüllung der Qualitätsforderung auszurichten, wobei in den nachfolgenden Ausführungen wieder die Bezüge zur Diagnose des Produkts (Computer), nicht die fertigungstechnischen Aspekte, herausgearbeitet werden. Unter *Prozeß* wird im Sinne der DIN ISO 9000 Familie eine Transformation von Eingaben (Inputs) in Ausgaben (Outputs) unter Beteiligung von Menschen und anderen Mitteln verstanden. Eingaben und Ausgaben werden sowohl produktbezogen (Materialien, Zwischenprodukte, Endprodukte) als auch informationsbezogen (Prozeßmerkmale, Produktmerkmale) betrachtet. Möglichkeiten der Informationsgewinnung bestehen an den Eingaben, den Ausgaben und an Stellen innerhalb des Prozesses.

Im Modell eines ideal ablaufenden Fertigungsprozesses müßten die in Bewegung gesetzten Ursachen akkurat die gewünschten Wirkungen hervorrufen, d.h., die Verknüpfung von Ausgangsgrößen a_{ideal} und Eingangsgrößen e_{ideal} müßte über einen idealen Operator Op_{ideal}

erfolgen: $a_{ideal} = Op_{ideal}\{e_{ideal}\}$. Im realen Prozeß treten jedoch Abweichungen von den Ideal-Forderungen auf; es wirken zusätzlich *Einflußgrößen* v und *Störgrößen* s (Bild 1.9):

$$a = Op \{ e, v, s \}. \tag{1.10}$$

Auch ein Erzeugnis kann in dieser allgemeinen Weise beschrieben werden. Sollen mehr als jeweils eine der Größen betrachtet werden, so ist Gl. (1.10) in Vektordarstellung anzugeben.

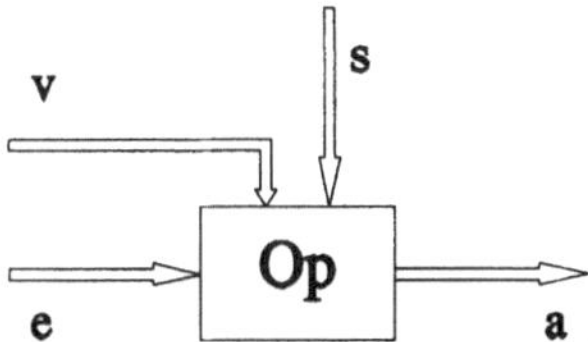

Bild 1.9 Prozeßmodell

Als Eingangsgrößen sollen solche Größen gelten, die steuerbar (veränderbar) im betrachteten Fertigungsschritt sind (z.B. Länge eines elektrischen Leiters). Einflußgrößen sind quantitativ ermittelbar, aber nicht steuerbar (z.B. spezifischer elektrischer Widerstand eines Leitermaterials). Als Störgrößen werden zufällige Einflüsse (z.B. Einschlüsse, Inhomogenitäten im Leitermaterial) verstanden. Als Operator sind technologische Vorschriften, Algorithmen, funktionelle Verknüpfungen usw. möglich. Neben determinierten kommen auch nichtdeterminierte Operationen in Frage.

Wie in den anderen Lebensphasen stehen präventive Maßnahmen zur Fehlervermeidung im Vordergrund. Ziel sind

- *beherrschte Prozesse*: Prozesse, bei denen die Verteilung der Merkmalswerte bekannt ist und bei denen sich die Parameter der Verteilung nicht oder nur in bekannter Weise bzw. in bekannten Grenzen ändern
- *qualitätsfähige Prozesse*: Prozesse, bei denen die Toleranz eines Prozeßmerkmals dividiert durch die Prozeßstreubreite des Merkmals einen gegebenen Wert nicht unterschreitet (vgl. [DIN 93a]).

In einer beherrschten Fertigung liegt den zu beobachtenden Abweichungen vom Sollwert eines Qualitätsmerkmals ein konstantes System zufälliger Ursachen (Material, Maschine, Methode, Mensch, Umwelt) zugrunde. Systematische Einflüsse sollen eliminiert sein. Bild 1.10 illustriert mögliche Situationen. Fall a) ist gewünscht. Im Fall b) kann der Prozeß qualitätsfähig gemacht werden, indem der Erwartungswert des Merkmals x zentriert wird.

Sofern im Fall c) keine Möglichkeit besteht, die Prozeßstreubreite zu verringern, kann nur eine Sortierprüfung den Erzeugnisanteil mit nichtzufriedenstellender Qualität reduzieren. Beim Vorliegen qualitativer Merkmale wird der Anteil fehlerhafter Einheiten bzw. die Anzahl von Fehlern je 100 Einheiten mit der betreffenden Qualitätsforderung verglichen.

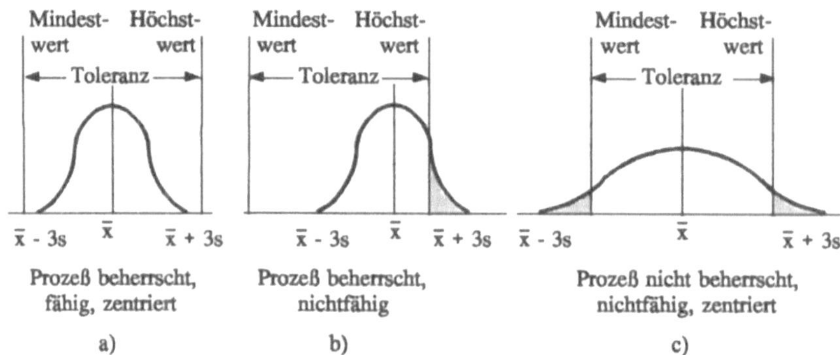

Bild 1.10 Illustration von Prozeßbeherrschung und Prozeßfähigkeit

Prozesse in der Fertigung elektronischer Einrichtungen, wie Computersysteme, sind bis in die Schaltkreisherstellung hinein vor allem diskontinuierliche Montageprozesse mit einer ausgeprägten Stochastik. Ihre wissenschaftliche Durchdringung ist unbefriedigend. Da nicht immer alle Einflußgrößen und die Zusammenhänge zwischen den erlaubten Abweichungen der Qualitätsmerkmalswerte und den Verfahrensparametern bekannt sind, werden viele Prozesse nicht hinreichend beherrscht. Oft wird auf die Beherrschung einzelner Prozeßschritte verzichtet, weil man sich auf die Erfüllung der Qualitätsforderung am Ende der Fertigung konzentriert und fälschlicherweise Aufwand in den Zwischenstadien scheut. Bei Losfertigung und mehreren Prozeßschritten entsteht eine beträchtliche Verzögerung in der Prozeßlenkung.

In den angesprochenen diskontinuierlichen Prozessen kann man nicht immer davon ausgehen, daß Prozeß- und Produktmerkmale stramm korreliert sind. Die Steuerung der Fertigungsschritte erfolgt auf der Basis von Informationen über die Lage und Streuung der Werte quantitativer Qualitätsmerkmale oder den Fehleranteil bei qualitativen Merkmalen an den Fertigungsobjekten vor und nach der Bearbeitung. 60% bis 80% der benötigten Informationen werden nicht aus dem Prozeß, sondern am Erzeugnis gewonnen. Die Qualitätslenkung muß auf die Auswirkungen aller Einfluß- und Störgrößen, die sich über die partialen auf die finiten Qualitätsmerkmale fortpflanzen, reagieren und ggf. korrigierend in den Fertigungsschritt eingreifen. Ein Schwerpunkt der Fertigungsvorbereitung ist demnach die *Prüfplanung*.

Von den nach [VDI 85] zu treffenden Entscheidungen über die Prüfnotwendigkeit, den Prüfablauf, die Prüfhäufigkeit, die Prüfmethode, das Prüfmittel und die Prüfdatenverarbeitung soll hier nur die Ermittlung der *Prüfmerkmale* interessieren, da die Ergebnisse dieser Aktivität auch das Diagnosekonzept des Erzeugnisses beeinflussen können.

Prüfmerkmale sind Qualitätsmerkmale. Basisinformation für ihre Festlegung ist die z.B mit Quality Function Deployment erfaßte Menge der Qualitätsmerkmale, ihrer Merkmalswerte und Toleranzen. Ein finites Qualitätsmerkmal setzt sich jedoch aus vielen partialen Merkmalen zusammen, die in verschiedenen Fertigungsstufen gebildet werden und für den Kunden letztlich uninteressant sind. Die so entstehenden Strukturen des finiten Qualitätsmerkmals sind selten kettenförmig, vielmehr baumartig verzweigt. Bei einer Abweichung des Qualitätsmerkmals vom Soll- oder Grenzwert gelingt es nicht ohne weiteres, diese auf eine Abweichung eines partialen Qualitätsmerkmals zurückzuführen. Deshalb sind finite Qualitätsmerkmale selten für die Qualitätssteuerung einzelner Fertigungsstufen geeignet.

Zur Ermittlung von analytischen Beziehungen zwischen dem Qualitätsmerkmal und den Eingangs-, Einfluß-, und Störgrößen $a = Op \{e, v, s\}$ steht ein umfangreicher Apparat deterministischer und statistischer Verfahren zur Verfügung [Hein 74], [Quen 94]. Durch aktive Versuchsplanung lassen sich z.B. Regressionen für jede Fertigungsstufe (Arbeitsgang) ermitteln. Über Mehrfachregression läßt sich die Kette bis zum finiten Qualitätsmerkmal schließen. Bei der Vielstufigkeit des Fertigungsprozesses elektronischer Erzeugnisse und der mannigfaltigen Wechselwirkungen von Einfluß- und Störgrößen ist dies auch der einzig gangbare Weg, um zu einem durchgehenden Prozeßmodell zu kommen.

Zur Bestimmung der Prüfmerkmale werden nun folgende Fälle unterschieden [Kärg 80]:

1. Qualitätsmerkmale sind aufgrund äußeren Zwanges als Prüfmerkmale zu betrachten.
Zu beachten sind insbesondere Forderungen der Gesellschaft bezüglich der Gerätesicherheit, der Arbeitssicherheit, des Gesundheitsschutzes, des Umweltschutzes allgemein. So unterliegen z.B. Bildschirmgeräte der Röntgenverordnung und sind hinsichtlich der Störstrahlung genehmigungspflichtig. Modems bedürfen einer Zulassung des Netzbetreibers. Für Computersysteme allgemein ist die elektromagnetische Verträglichkeit nach dem EMV-Gesetz ein gesetzlich vorgeschriebenes Qualitätsmerkmal.

2. Qualitätsmerkmale sind aufgrund administrativer Festlegungen im Rahmen des Qualitätsmanagementsystems als Prüfmerkmale zu betrachten.
Während die o.g. äußeren Zwänge gewissermaßen wettbewerbsneutral für alle Mitbewerber gleichermaßen gelten, sind hier die individuell für das betreffende Unternehmen und das betreffende Produkt und den vorgesehenen Einsatz bestehenden Forderungen angesprochen. Sie können in Liefer-, Prüf- oder Inbetriebnahme-Vereinbarungen fixiert sein. Daneben sind solche Festlegungen in Verfahrens- und Arbeitsanweisungen zu Qualitätsauf-

zeichnungen, zur Überwachung des Prüfstatus, zur Behandlung beigestellter Produkte, zu Rückmeldungen aus dem Markt oder zur Rückverfolgbarkeit zu finden.

3. *Qualitätsmerkmale sind aufgrund gravierender Fehlerwirkungen als Prüfmerkmale zu betrachten.*

Die Wertigkeit verläuft fallend [DIN 85]:

- *Kritischer Fehler*: schafft für Personen gefährliche oder unsichere Situationen; verhindert die Funktion einer größeren Anlage, z.B. einer Rechenanlage
- *Hauptfehler*: führt zu einem (nichtkritischen) Ausfall; setzt die Brauchbarkeit für den vorgesehenen Zweck wesentlich herab
- *Nebenfehler*: setzt die Brauchbarkeit für den vorgesehenen Zweck nicht wesentlich herab; beeinflußt den Gebrauch oder den Betrieb nur geringfügig.

Sie orientiert sich also an möglichen technischen, finanziellen, juristischen und auch handelspolitischen Folgen. Da Fehler für eine Nichtkonformität, das Abgehen von bzw. das Nichtvorhandensein eines Qualitätsmerkmals steht, sind damit auch letztere gewichtet. Schlußfolgerungen sind jedoch mit Vorsicht zu ziehen. Weitgehend klar ist die Kennzeichnung eines kritischen Fehlers. Eine weitere Zuordnung hängt wesentlich von den konkreten Einsatzbedingungen ab. So kann eine verminderte Verarbeitungsgenauigkeit in einer Graphik-Anwendung eine geringfügige Koordinatenverschiebung bedeuten; der gleiche Fehler kann aber auch die Brauchbarkeit einer Maschinensteuerung wesentlich herabsetzen.

4. *Qualitätsmerkmale sind aufgrund des Wirkens ausgeprägter Einfluß- und Störgrößen als Prüfmerkmale zu betrachten.*

Es ist der Grad der Wirkung von Schwankungen der Eingangsgrößen und erfaßter (bekannter oder vermuteter) Einflußgrößen auf die Abweichung des Qualitätsmerkmalswerts zu untersuchen. Es ist jedoch nicht ausgeschlossen, daß sich unter den betrachteten Qualitätsmerkmalen voneinander abhängige befinden. Im "Dach" des Qualitätshauses wurden solche Abhängigkeiten eher intuitiv vermerkt. Der eigentlichen Untersuchung ist deshalb voranzustellen:

Ausscheiden abhängiger Qualitätsmerkmale. Die Beibehaltung solcher Merkmale würde die Diagnoseprozesse unnötig belasten und nachfolgend erläuterte Analyseverfahren in Frage stellen. Ist ein determinierter funktioneller Zusammenhang vorhanden, gibt es kaum Identifizierungsprobleme. Abhängigkeiten zufälliger Natur können mit Hilfe der *Korrelationsanalyse* identifiziert werden.

Der Grad der Abhängigkeit wird durch den *Korrelationskoeffizienten* $-1 \leq r_{xy} \leq +1$ charakterisiert. Ist er verschieden von Null, so liegen eine Korrelation der betrachteten

Merkmale und ihre Abhängigkeit vor. Besteht keine Korrelation, so ist $r_{xy} = 0$. Leider kann daraus nicht auf die Unabhängigkeit der Größen geschlossen werden. Nur für normalverteilte Zufallsgrößen folgt aus ihrer Nichtkorreliertheit auch ihre Unabhängigkeit. Im weiteren wird die Normalverteilung vorausgesetzt.

Für zwei Merkmale X und Y mit ihren Realisierungen (Meßwerten) x_i und y_i berechnet sich der Korrelationskoeffizient

$$r_{xy} = \frac{s_{xy}}{s_x s_y}. \tag{1.11}$$

$$s_x = \sqrt[2]{\frac{1}{n-1} \sum_{i=1}^{n} (x_i - \bar{x})^2}, \qquad s_y = \sqrt[2]{\frac{1}{n-1} \sum_{i=1}^{n} (y_i - \bar{y})^2} \tag{1.12}$$

sind die *Standardabweichungen*,

$$s_{xy} = \frac{1}{n-1} \sum_{i=1}^{n} (x_i - \bar{x})(y_i - \bar{y}) \tag{1.13}$$

ist die *Kovarianz*; und

$$\bar{x} = \sum_{i=1}^{n} \frac{x_i}{n}, \qquad \bar{y} = \sum_{i=1}^{n} \frac{y_i}{n} \tag{1.14}$$

sind die *arithmetischen Mittelwerte* der Realisierungen.

Da der Korrelationskoeffizient aus einer Stichprobe ermittelt wurde, ist wieder seine statistische Sicherheit (Signifikanz) zu prüfen. Geprüft wird die Nullhypothese

$$H_0 : \varrho_{xy} = 0, \tag{1.15}$$

daß der Korrelationskoeffizient der Grundgesamtheit ϱ_{xy} mit einer Irrtumswahrscheinlichkeit α gleich Null ist. Als Testgröße dient

$$t = r_{xy} \sqrt[2]{n-2} \,/\, \sqrt[2]{1-r_{xy}^2}. \tag{1.16}$$

Wenn die Nullhypothese wahr ist, unterliegt die Testgröße der Studentverteilung mit n-2 Freiheitsgraden. Ist der aus der Stichprobe berechnete Wert

$$|t_B| = |r_{xy}| \sqrt[2]{n-2} \,/\, \sqrt[2]{1-r_{xy}^2} \tag{1.17}$$

größer als der einer Tafel entnommene Wert $t_{n-2,\alpha}$ (zweiseitige Fragestellung), so wird die Nullhypothese abgelehnt. Die Qualitätsmerkmale sind voneinander abhängig. Bei

$$|t_B| < t_{n-2,\alpha} \tag{1.18}$$

ist die Nullhypothese anzunehmen. Die Merkmale sind unabhängig.

Die Abhängigkeit mehrerer Qualitätsmerkmale kann mit Hilfe der *partiellen Korrelationskoeffizienten* untersucht werden.

Sind beide oder ist eines der Merkmale qualitativer Art, so ist die Methode der *Rangkorrelation* heranzuziehen, die am folgenden Beispiel erläutert wird. Die Qualität von Lötstellen wird bei einer visuellen Prüfung nach verbalen Kriterien (glatter geschlossener Lötkegel, sichtbarer Anfluß des Lotes, keine Poren usw.) beurteilt. Andererseits ist eine Qualitätsbeurteilung über eine Widerstandsmessung möglich. In solchen Fällen verfährt man folgendermaßen. X sei ein quantitatives Merkmal, Y ein qualitatives Merkmal. Es werden an n Objekten (Lötstellen) Merkmalswerte x_i gemessen, gleichzeitig werden an das jeweilige Objekt Bewertungspunkte B_i (z.B. 1 bis 10) vergeben. Danach werden den gemessenen Werten und den Bewertungspunkten Rangzahlen R_{xi} und R_{yi} (R = 1, 2, ...) zugeordnet. Teilen sich einige x_i oder B_i Rangzahlen, so ist das arithmetische Mittel zu nehmen. Unter der Annahme, daß sich $B_1 = B_3 = B_4$ die Ränge 2, 3, 4 teilen, sind ihnen die Rangzahlen $R_{y1} = R_{y3} = R_{y4} = (2+3+4)/3 = 3$ zuzuordnen. Der Übersichtlichkeit halber werden die Angaben in der Tab. 1.4 erfaßt.

Tabelle 1.4 Erfassungstabelle zur Bestimmung der Rangkorrelation

X		Y		$(R_{xi} - R_{yi})^2$
Meßwerte	Rang	Bewertungspunkte	Rang	
x_1	R_{x1}	B_1	R_{y1}	$(R_{x1} - R_{y1})^2$
x_2	R_{x2}	B_2	R_{y2}	$(R_{x2} - R_{y2})^2$
.	.	.	.	.
.	.	.	.	.
.	.	.	.	.
x_n	R_{xn}	B_n	R_{yn}	$(R_{xn} - R_{yn})^2$
				$\sum_{i=1}^{n} (R_{xi} - R_{yi})^2$

Der Grad des Zusammenhangs der Qualitätsmerkmale wird durch den *Rangkorrelationskoeffizienten* nach *Spearman*

$$r_s = 1 - 6 \sum_{i=1}^{n} (R_{xi} - R_{yi})^2 / (n^3 - n) \tag{1.19}$$

beschrieben. Als Signifikanztest wird die Nullhypothese

$$H_0 : \varrho_s = 0 \tag{1.20}$$

geprüft. Als Testgröße fungiert

$$T = t_{n-2,\alpha} \sqrt[2]{(1 - r_s^2) \; / \; (n - 2)} \; ; \tag{1.21}$$

$t_{n-2,\alpha}$ Tafelwert der Studentverteilung mit n-2 Freiheitsgraden und der Irrtumswahrscheinlichkeit α (zweiseitige Fragestellung).

Ist der Absolutwert des Rangkorrelationskoeffizienten größer als der aus Gl. (1.21) berechnete Wert

$$|r_s| > T_B \, , \tag{1.22}$$

so wird die Nullhypothese abgelehnt. Die Korrelation zwischen den Qualitätsmerkmalen ist signifikant.

In gleicher Weise kann die Korrelation zwischen zwei qualitativen Merkmalen untersucht werden.

Auf der Basis des Prozeßmodells kann nun die eigentliche Untersuchung erfolgen:

Bestimmung der Wirkung von Einflußgrößen. Unter der Voraussetzung, daß die Abweichung der einzelnen Größen klein gegenüber ihren Nennwerten ist, kann eine Reihenentwicklung nach *Taylor* unter Vernachlässigung der Glieder höherer Potenz vorgenommen werden:

$$\Delta a = \frac{\partial Op \, \{e_i, \, v_j\}}{\partial e_i} \Delta e_i + \ldots + \frac{\partial Op \, \{e_i, \, v_j\}}{\partial e_n} \Delta e_n + \frac{\partial Op \, \{e_i, \, v_j\}}{\partial v_1} \Delta v_1 + \ldots + \frac{\partial Op \, \{e_i, \, v_j\}}{\partial v_m} \Delta v_m .$$

Durch Division mit dem Nennwert wird zu dimensionslosen Größen übergegangen:

$$\frac{\Delta a}{a} = \sum_{i=1}^{n} \left[\frac{\partial Op \, \{e, \, v\}}{\partial e_i} \cdot \frac{e_i}{a} \right] \frac{\Delta e_i}{e_i} + \sum_{j=1}^{m} \left[\frac{\partial Op \, \{e, \, v\}}{\partial v_j} \cdot \frac{v_j}{a} \right] \frac{\Delta v_j}{v_j} . \tag{1.23}$$

Der gesuchte Grad des Einflusses der jeweiligen Größe auf den Wert des Qualitätsmerkmals a ist damit aus dem in der Klammer stehenden Einflußkoeffizienten und den Änderungsbereichen Δe_i und Δv_j ablesbar.

Gl. (1.23) beschreibt Grenzfälle. Es müssen die maximalen negativen bzw. positiven Abweichungen eingesetzt werden; es wird die maximale Abweichung $\Delta a/a$ ermittelt.

Dieser Fall wird äußerst selten auftreten. Berechtigter ist es, davon auszugehen, daß die Abweichungen Δe_i, Δv_j und damit auch Δa zufälligen Charakter tragen. Nach dem zentralen Grenzwertsatz der Wahrscheinlichkeitstheorie ist Δa asymptotisch normalverteilt, wenn Δe_i und Δv_j voneinander unabhängige Zufallsgrößen sind und jede einzelne nur einen geringen Einfluß auf Δa ausübt. Dies gilt schon für relativ kleine i = 1, 2, ..., n und j = 1, 2, ..., m. Die Verteilung von Δa wird durch den Erwartungswert EΔa und durch die Standardabweichung σ_a charakterisiert. Nach dem in der Wahrscheinlichkeitstheorie bewiesenen Satz, daß die Dispersion einer Summe von Zufallsgrößen gleich der Summe der Dispersionen der Zufallsgrößen ist, kann man schreiben:

$$\sigma_a = \sqrt[2]{\sum_{i=1}^{n} \left(\frac{\partial Op\{e_i, v_j\}}{\partial e_i} \right)^2 \sigma_{ei}^2 + \sum_{j=1}^{m} \left(\frac{\partial Op\{e_i, v_j\}}{\partial v_j} \right)^2 \sigma_{vj}^2} . \qquad (1.24)$$

Nun kann man fordern, daß die Abweichung des Merkmalswerts Δa mit einer gewissen Wahrscheinlichkeit die Toleranz | a_o - a_u | (a_o, a_u Höchst- bzw. Mindestwerte) nicht überschreitet:

$$\Delta a = k\sigma_a \leq |a_o - a_u| . \qquad (1.25)$$

Der Koeffizient k wird in Abhängigkeit von der gewünschten Wahrscheinlichkeit aus der Tab. 1.5 entnommen. Mit einer Wahrscheinlichkeit von 99,73% ist die Abweichung Δa nicht größer als 6σ (oft auch als ± 3σ geschrieben).

Tabelle 1.5 Werte für k und zugeordnete Wahrscheinlichkeiten

Wahrscheinlichkeit in %	k
99,73	6
99	5,16
95,44	4
95	3,92
68,26	2

Überwiegt die Wirkung einer Eingangs- oder Einflußgröße, so bestimmt ihre Verteilung (z.B. Rechteck-, Dreieckverteilung) die Verteilung des Qualitätsmerkmals. Die Parameter der Verteilung sind dann entsprechend zu berechnen.

Ist die funktionelle Abhängigkeit des Qualitätsmerkmals von Eingangs- und Einflußgrößen a priori nicht bekannt, kann man versuchen, sie über eine *Regressionsanalyse* experimentell zu erhalten. Die möglichst vollständige Erfassung der Einfluß- und Störgrößen kann mit Hilfe der o.g. Prozeß-FMEA erfolgen. In der Regel approximiert man die gesuchte Abhängigkeit durch eine lineare Funktion:

$$a = g_0 + g_1 e_1 + \ldots + g_n e_n + h_1 v_1 + \ldots + h_m v_m . \qquad (1.26)$$

In Gl. (1.26) sind die Regressionskoeffizienten g_i und h_j (i = 0, 1, ..., n; j = 1, 2, ..., m) über N ≥ n + m Realisierungen (Messungen, Experimente) und die nachfolgende Bearbeitung nach der Methode der kleinsten Quadrate zu bestimmen. Entgegen einer verbreiteten Meinung ist es dabei nicht notwendig, von einer Normalverteilung der Größen auszugehen. Die Methode der Regressionsanalyse ist hinreichend ausgereift; eine übersichtliche Darstellung ist z.B. in [Spen 91] zu finden.

Als Prüfmerkmale müssen Qualitätsmerkmale angesehen werden, für die aufgrund der beschriebenen Untersuchungen geschlossen werden muß, daß die zur Verfügung stehende Toleranz in erheblichem Maße durch die Schwankungen der Eingangs- und Einflußgrößen in Anspruch genommen wird. Für nur verbal formulierbare Abhängigkeiten (qualitative Merkmale) muß man sich mit den Hinweisen aus den Produkt- bzw. Prozeß-Fehler-Möglichkeits-und-Einfluß-Analysen bescheiden.

5. *Qualtätsmerkmale sind aufgrund verallgemeinerter Bewertungen als Prüfmerkmale zu betrachten.*

Die Feststellung, daß die Toleranz des Qualitätsmerkmalswerts mit hoher Wahrscheinlichkeit nicht überschritten wird oder daß nur eine geringe Fehlerrate zu erwarten ist, muß noch nicht zum Verneinen der Prüfnotwendigkeit führen. In der Regel müssen noch weitere Faktoren wie

- Kosten zur Erzeugung des Qualitätsmerkmals
- Kosten zur Prüfung des Qualitätsmerkmals
- Erfahrungen mit ähnlichen Erzeugnissen
- Häufigkeit einer Einheit im übergeordneten Systemniveau
- Prüfgerechtheit und Reparaturmöglichkeit (Auswechselbarkeit)
- Sorgfaltspflicht bei der Auswahl von Zulieferanten, bei Beschaffung und Wareneingang

betrachtet werden. Vergibt man für beachtenswerte Faktoren Bewertungspunkte B_i, so kann für einen Vergleich der Prüfnotwendigkeit von Qualitätsmerkmalen die Summe der Bewertungspunkte

$$B_{ges} = \sum_{i=1}^{n} B_i \qquad (1.27)$$

herangezogen werden. Die unterschiedliche Bedeutung der einzelnen Faktoren kann durch Wichtung gewürdigt werden.

Bild 1.11 zeigt den Leitalgorithmus zur Bestimmung der Prüfmerkmale. Prüfmerkmale und ggf. ihre Merkmalswerte sowie dazugehörige Prüfverfahren werden in einer *Prüfspezifikation* festgehalten.

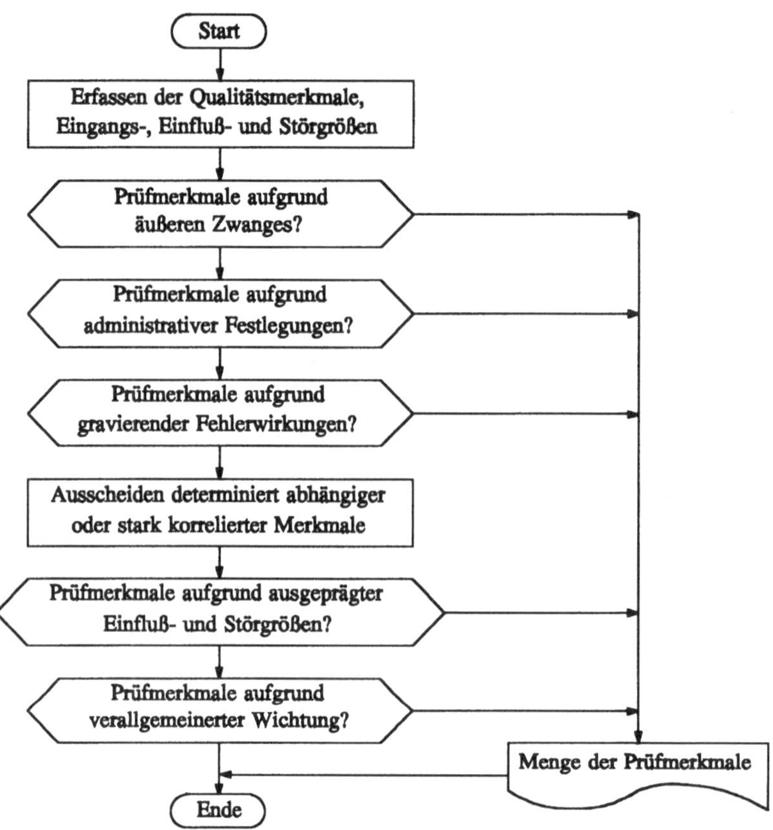

Bild 1.11 Auswahl der Prüfmerkmale

1.2.5 Fertigung

Wurden durch Qualitätsplanung, Entwurf/Entwicklung, Fertigungsvorbereitung alle potentiellen Voraussetzungen für eine Nullfehlerproduktion geschaffen, so gilt es im Fertigungsprozeß, in der spezifizierten Weise und Reihenfolge unter beherrschten Bedingungen bzw. mustergetreu das Produkt zu erstellen.

Lokale Lösungen zur Gewährleistung der Qualitätsfähigkeit, d.h. zur Bekämpfung von Störgrößen und zur Beherrschung der Varianz von Eingangs- und Einflußgrößen, zeigt das Bild 1.12:

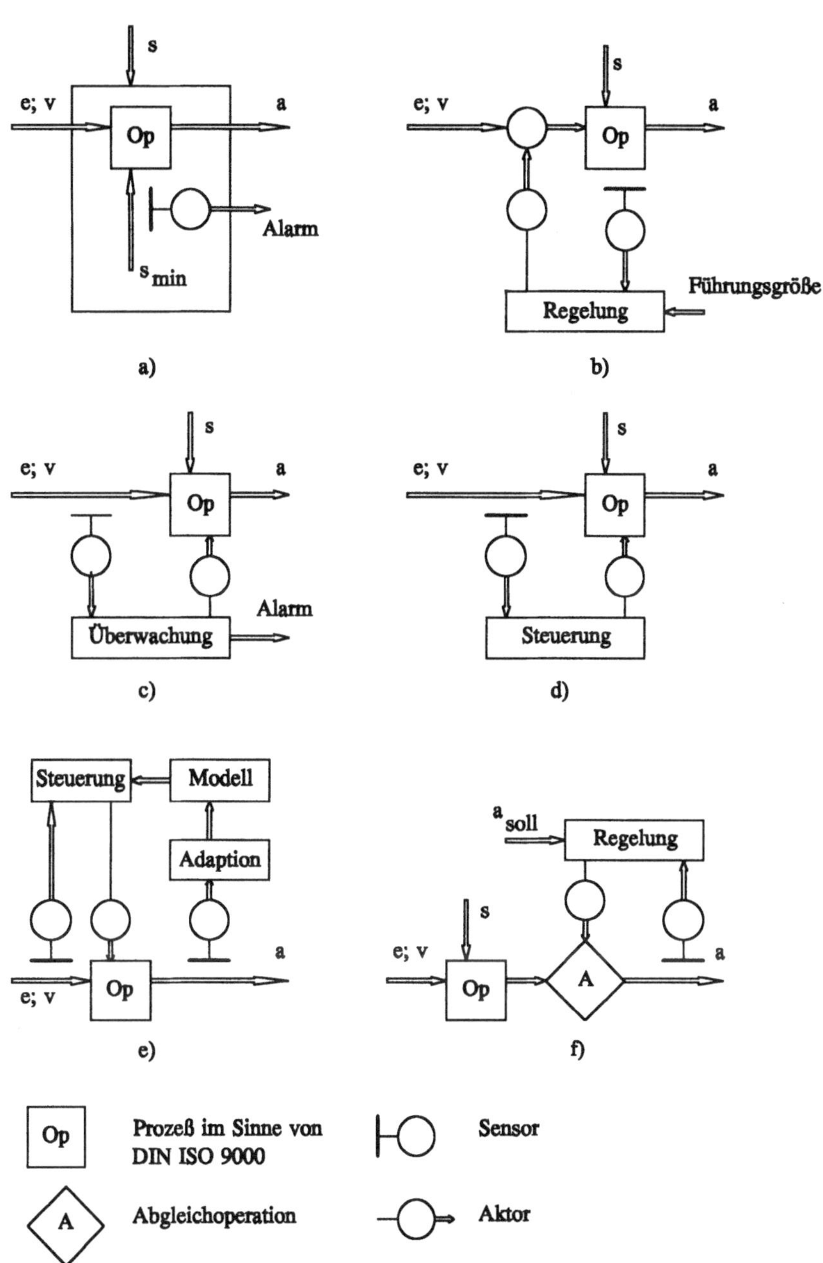

Bild 1.12 Präventive Lösungen mit lokaler Wirkung

a) *Abschirmungen* (z.B. Filter für Reinräume) reduzieren Störgrößen auf ein Mindestmaß. Sensoren signalisieren die Verletzung von Grenzwerten.
b) *Stabilisierung* bzw. *Kompensation* von Größenschwankungen (Stromdichte, Temperatur, Konzentration usw.) wird durch Regelkreise bewirkt.
c) *Zustands-, Identitäts-* und *Werkzeugüberwachungen* mittels moderner Sensoren ermöglichen eine schnelle Erkennung von Prozeßfehlern, ihre Signalisierung bzw. Prozeßeingriffe über entsprechende Aktoren (z.B. Identitätsprüfung von Bauelementen in Bestükkungsautomaten oder Erkennung eines Bohrerbruchs beim Bohren von Leiterplatten).
d) *Korrektursteuerungen* setzen Änderungen von Eingangs- oder Einflußgrößen in Führungsgrößen für den Prozeß um, um trotz variierender Bedingungen vorgabegerechte Qualitätsmerkmale zu erzielen. (Zum Beispiel führt eine Veränderung des spezifischen Widerstands eines Leitermaterials zur Änderung der Vorgabe für die Länge des Leiters, um den Nennwert des Widerstands zu gewährleisten.) Zu diesem Zweck müssen die Einflußgrößen und ihre Wirkungen, d.h. das Prozeßmodell, bekannt sein.
e) *Adaptive Steuerungen* lassen eine Anpassung des Prozeßmodells in Abhängigkeit von den erzeugten Qualitätsmerkmalen zu. Das wird in Situationen nötig, in denen der Prozeß und sein Modell nicht mehr adäquat sind und somit die Vorwärts-Korrektursteuerung versagt.
f) *Abgleichoperationen* werden vorgesehen, wenn für die Prozeßstreubreite und die Toleranz des Qualitätsmerkmals auf anderem Wege kein vorgegebenes Verhältnis gewährleistet werden kann.

Die genannten Maßnahmen sind nicht auf den technologischen Prozeß beschränkt, sondern in Analogie auf das Diagnoseobjekt übertragbar. Man denke an Abschirmungen vor elektromagnetischen Feldern, an die Stabilisierung der Taktfrequenz, die Zeitüberwachung von Programmsequenzen oder die Eliminierung defekter Speicherzellen zur Erhöhung der Ausbeute (vgl. [Smit 81]) usw.

Die *globale* Lösung einer qualitätsgesteuerten Fertigung (Bild 1.13) muß auf die Auswirkungen aller einflußausübenden und störenden Faktoren, die sich über die partialen auf die finiten Qualitätsmerkmale fortpflanzen, reagieren. Sie enthält die genannten lokalen Lösungen. Die damit zusammenhängenden Probleme der Diagnose der Fertigungseinrichtungen und prozeßintegrierter Messungen (*Prozeßprüfungen*) können hier nicht weiter verfolgt werden. Es sei auf das umfassende Werk von *Profos* zur industriellen Meßtechnik [Prof 94] verwiesen.

Neben diesen Elementen einer prozeßbezogenen Qualitätslenkung sind insbesondere aber die erzeugnisorientierte Ermittlung der qualitätsbestimmenden Merkmale vor und nach einem Fertigungsschritt und die Generierung korrigierender Steuersignale für denselben hervorzuheben. Die Erscheinungsformen von Qualitätsprüfungen und Diagnose im umfassenderen Sinne sind dem Prüfobjekt, der konkreten Struktur von Zulieferungen und

Eigenfertigung sowie dem Fertigungsfortschritt entsprechend gefächert. Charakteristisch sind (s. auch Bild 1.2):

- Prüfungen von Bauelementen und anderen Komponenten, von unbestückten Bauelementeträgern, von Verdrahtungen als Annahmeprüfung beim Zulieferer, als *Eingangsprüfung* beim Abnehmer oder als Zwischenprüfung bei Eigenfertigung
- Fertigungsprüfungen bestückter Bauelementeträger (Leiterplatten, Keramik-Multilayer) sowie ihrer Zusammenschaltungen zu Funktionsgruppen und Einschüben als *Zwischenprüfungen*
- Systemprüfung von Hardware und Software als die Fertigung abschließende *Endprüfung* von Computern allgemeiner Anwendung
- Prüfung des Hardware-Software-Gesamtsystems am Einsatzort unter vorgesehenen Anwendungsbedingungen in vorgesehener Konfiguration als *Abnahmeprüfung* für komplexe Rechenanlagen bzw. für Computer nichtallgemeiner Anwendung (vgl. [VDI 81]).

Die Ausführung und Verläßlichkeit dieser Qualitätsprüfungen wird nachhaltig durch die in der Fertigungsvorbereitung konzipierten externen Diagnosemittel und -prozesse bzw. durch die in der Entwurfs/Entwicklungs-Phase erarbeiteten objektimmanenten Diagnosemittel und -prozeduren beeinflußt.

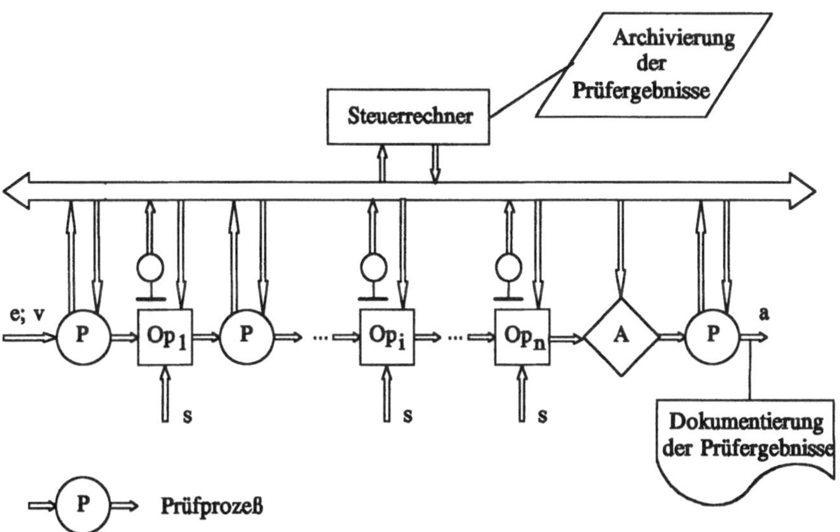

Bild 1.13 Globale Qualitätslenkung

1.2.6 Nutzung, Betrieb

Selbst bei qualitätsgerechter Durchführung aller Phasen bis hin zur Auslieferung sind Ausfälle und Versagen in der Nutzungs- und Betriebsphase zu beobachten. Gründe sind latente Entwurfs- und Fertigungsfehler, Alterung und Verschleiß, Betriebsbeanspruchungen und Umwelteinflüsse, unsachgemäße Behandlung und Bedienfehler. Hier liegt das Bewährungsfeld des Diagnosekonzepts bzw. des Diagnosesystems in der Einsatzüberwachung, der *Produktverhaltensprüfung* oder der *Inspektion* im Rahmen der Instandhaltung. Die technische Unterstützung durch den Hersteller in der Betriebsphase kann sich über den üblichen Service hinaus bis zu einer Ferndiagnose der installierten Computertechnik erstrecken. Reklamationen oder Informationen über das Auftreten, die Art und die Häufigkeit von Ausfällen oder eines Versagens des Computersystems stoßen Korrekturmaßnahmen in der Fertigung oder in der Bedienung bzw. Anwendung des Objekts an. Gleichermaßen sind sie Ausgangspunkt von Präzisierungen und Verbesserungen des Diagnosekonzepts und des Diagnosesystems.

1.2.7 Qualitätsbezogene Kosten

Obwohl in der DIN ISO 9004-1 "Qualitätsmanagement und Elemente eines Qualitätsmanagementsystems" aufgeführt, ist die Behandlung der qualitätsbezogenen Kosten umstritten. Das mag darin begründet sein, daß ein Gegensatz von "eigentlichen" Fertigungskosten und "zusätzlichen" Kosten zur Erzielung einer zufriedenstellenden Qualität unterstellbar ist. In [Masi 88] wird deshalb der Bewertung des Aufwands, der durch Fehlhandlungen und deren Auswirkungen im Unternehmen entsteht, der Vorzug gegeben. Zudem wird in [Masi 93] unterstrichen, daß in jeder unmittelbaren oder auch mittelbaren Tätigkeit zur Herstellung eines Erzeugnisses qualitätsbezogene Anteile zu finden sind, deren Kosten nicht isolierbar sind. Demzufolge ist auch keine betriebswirtschaftliche "Qualitätskostenrechnung" möglich [Kami 92]. Unstrittig ist dagegen, daß es Kostenelemente gibt, deren Erfassung möglich und sinnvoll ist und deren Kenntnis zur Verbesserung der Effizienz des Qualitätsmanagementsystems dienen kann. [DIN 94] überläßt es der jeweiligen Organisation, die Qualitätskostenelemente auszuwählen, deren Betrachtung sie für nützlich hält. [DIN 95a] benennt vier Gruppen von Qualitätskostenelementen:

- *Fehlerverhütungskosten*, durch Vorbeugungs- und Korrekturmaßnahmen im Rahmen des Qualitätsmanagements in allen Bereichen der Organisationsstruktur verursacht
- *Prüfkosten*, durch alle planmäßigen Qualitätsprüfungen verursacht
- *Fehlerkosten*, durch Nichterfüllung von Einzelforderungen im Rahmen von Qualitätsforderungen verursacht
- *QM-Darlegungskosten*, durch die externe Darlegung des Qualitätsmanagements bedingt.

Im Bild 1.14 sind die QM-Darlegungskosten (Kosten für Zertifizierung, für externe Berater u.ä.) nicht dargestellt, weil sie im Vergleich zu den anderen Gruppen von QK-Elementen eine geringe Bedeutung haben. Traditionell werden die in gerader Schrift gedruckten Kostenelemente betrachtet. Unter dem Blickwinkel moderner Diagnosemittel der Computertechnik ist eine Erweiterung um die kursiv gedruckten Elemente zu empfehlen. Neben anderen Faktoren werden sie zu einer Veränderung der Kostenanteile führen.

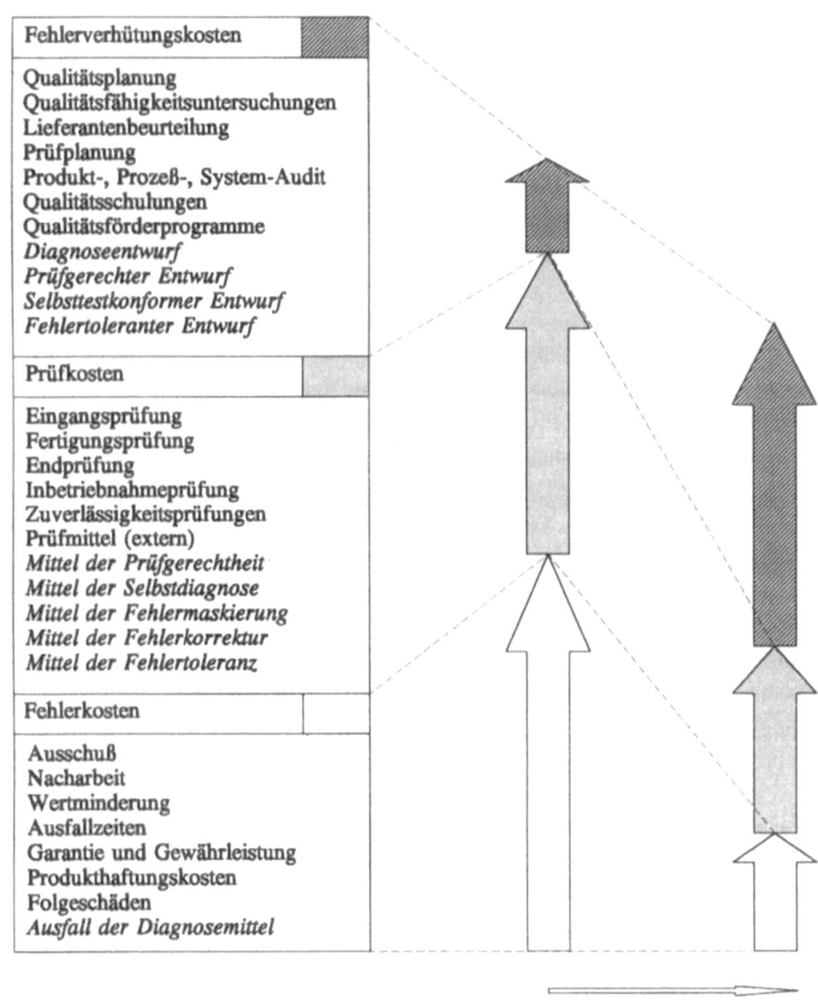

Bild 1.14 Qualitätsbezogene Kosten

1.3 Der Computer als Diagnoseobjekt

1.3.1 Systemgliederung

Nachdem im Abschn. 1.2 die auf die Lebensphasen bezogenen Aspekte der Diagnose herausgearbeitet wurden, soll nun das Diagnoseobjekt Computer näher betrachtet werden. Das Funktionieren einer Rechenanlage basiert auf dem Zusammenwirken von Hardware, Software und Bediener. Das Hardwaresystem ist der Bestandteil, der die eigentlichen Operationen zum bezweckten Umformen von Nutzerdaten ausführt. Die Ausführung dieser Operationen - seien es nun sehr elementare oder komplexe, problemorientierte - erfolgt in mehreren Arbeitsschritten, die kontrolliert und gesteuert werden müssen. Diesem Zweck dienen aufeinander aufbauende, modellmäßig als Schichten oder Schalen angeordnete Programme (Bild 1.15). Direkt über der Hardware liegen die Mikroprogramme, die für die Ausführung elementarer Operationen Signalfolgen zur unmittelbaren Beeinflussung der Gerätetechnik bereitstellen. Eventuell können die Mikroprogramme auch in Hardware implementiert sein. In der Regel sind sie in ROMs gespeichert. Mit dem durch die Mikroprogramme gegebenen Satz von Maschinenbefehlen können binärkodierte oder symbolische (Assembler) Maschinenprogramme erstellt werden. Die Maschinensprache ist noch stark hardwareorientiert. Die in der darauf aufsetzenden Schicht anzusiedelnden problemorientierten oder höheren Programmiersprachen sind weitgehend maschinenunabhängig und entkoppeln die Programmierung des zu lösenden Problems von der internen Kodierung des Computers. Mit Betriebs-, Programmier-, Datenbanksystemen, Kommunikationssoftware und anderen Systemprogrammen (Compiler, Interpreter, Editor usw.) wird dem Nutzer eine virtuelle Maschine angeboten, die einen Einsatz ohne detaillierte Hardwarekenntnisse erlaubt. Neben der Bereitstellung einer solchen nutzerfreundlichen Schnittstelle übernimmt das Betriebssystem die Verwaltung aller Betriebsmittel und die Protokollierung des Programmablaufs. Der Bediener und Nutzer eines Computers kann mit Hilfe von Kommandos die Auftragsbearbeitung steuern. In der obersten Schicht steht dann kommerzielle Anwendersoftware (Branchensoftware, CAD-Software usw.) zur Verfügung bzw. kann durch den Nutzer für seine speziellen Probleme selbst geschrieben werden.

Nach dieser groben Übersicht sind Computer im Sinne der Qualitätslehre in der Definition eines Angebotsprodukts als Kombination von Hardware und Software ausdrücklich eingeschlossen. Der Prozeß der Entwicklung, Lieferung und Wartung von Software wird jedoch so verschieden von jenem für die meisten Arten industrieller Produkte eingeschätzt, daß mit der DIN ISO 9000, Teil 3 [DIN 92] ein spezieller Leitfaden für das Qualitätsmanagement bereitgestellt wurde. Die eigentliche Besonderheit des Computers unter den Angebotsprodukten ist jedoch in den unterschiedlichen Sichten zu suchen, unter denen er betrachtet werden kann (Bild 1.15) (vgl. [Coy 88]).

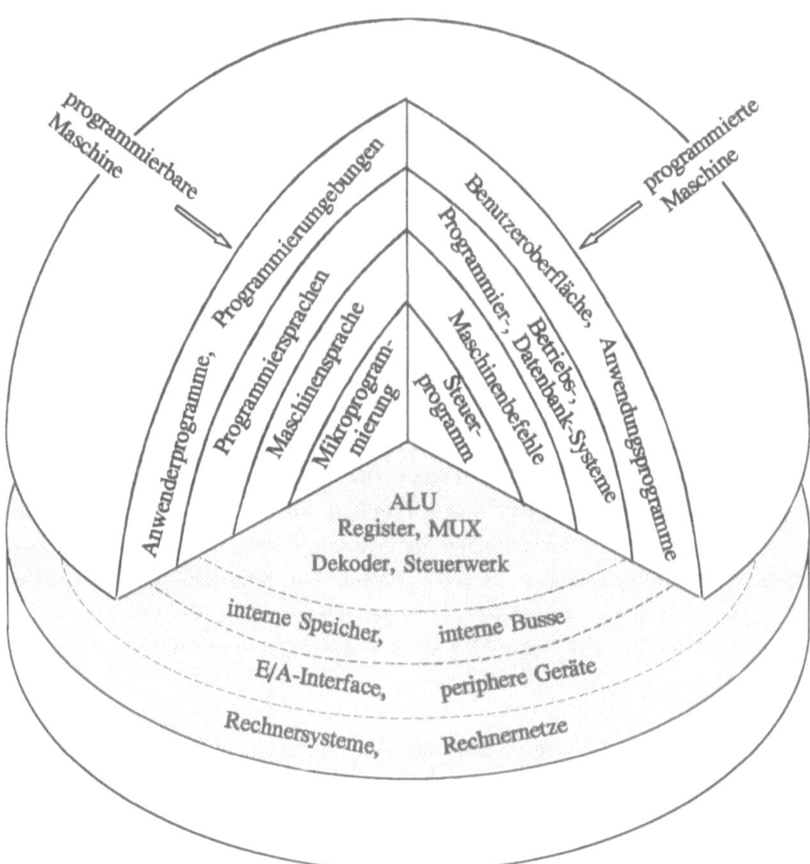

Bild 1.15 Computer in Sichten: programmierte und programmierbare Maschine

Schon die Auflistung der "Gesamtheit der Merkmale und Merkmalswerte" (also der Qualitätsforderung) für einen Computer als *programmierte Maschine* mit kommerziell vertriebener Software bereitet Schwierigkeiten. Hier sollen nur die immer wieder, auch zur Überraschung der Hersteller, entdeckten illegalen Befehle genannt werden.

Nahezu unbegrenzt sind dagegen die Möglichkeiten bei der Nutzung des Computers als *programmierbare Maschine*. Speicherresidente Mikroprogramme können durch den Systemprogrammierer verändert werden. Zwar ist das Betriebssystem im Supervisormodus durch Hardware vor einem Nutzerzugriff geschützt, im Nutzermodus zu betreibende Systemprogramme wie Compiler oder Editoren können jedoch frei geschrieben werden. Schließlich hat der Computerhersteller so gut wie keinen Einfluß auf die Software-Kreationen zur Lösung eines konkreten Anwendungsproblems.

Jedes einzelne Befehls- oder Verarbeitungsdatum wird durch einen Zustand der Hardware repräsentiert. Jede Operation durch Systembestandteile bewirkt Zustandsänderungen, also Veränderungen der Eigenschaften des Computers. Da die Eigenschaften eines Rechensystems durch Operationen beschrieben werden, könnte eine Qualitätsforderung für eine programmierbare Maschine u.a. alle möglichen (?) Variationen von Befehlen umfassen. Damit wäre diese sicher "überspezifiziert".

Formal wäre eine solche Herangehensweise im Gleichklang mit dem Verlangen der modernen Qualitätslehre, den Nutzen des Kunden umfassend im Auge zu haben, und im Sinne der Produkthaftung. Hinzu kommt jedoch das Problem der Zeitkomplexität. Wie das Rechenbeispiel Multiplizierer im Abschn. 1.2.3 zeigt, wäre eine solche Qualitätsforderung nicht prüfbar.

Folgerichtige Auswege zeigen sich in zweierlei Hinsicht. Ein erster Ansatz besteht in der Anerkennung und Praktizierung einer Interessenpartnerschaft von kommerziellen Hardware-/Softwareanbietern und den Nutzern dieser Produkte für dedizierte problemorientierte Anwendungen. Die mit dem kommerziellen Basissystem bereitgestellten Diagnosestrategien, -methoden und -mittel sollten verträglich, erweiterbar, modifizierbar in Hinsicht auf die durch den Nutzer in seinen Anwendungen zu vertretenden Diagnosekonzepte sein. Als elementares Beispiel sei hier die Triggerung eines Watchdog-Timers durch die Anwendersoftware genannt.

Der zweite Ansatz (der sich auch, wie oben angeführt, in der Normung abbildet) beinhaltet die dekomponierende Behandlung der Teilsysteme Hardware, Software und Bediener/ Umgebung. Dabei darf das Ziel nicht nur in der Verringerung der Komplexität durch eine, wie auch immer geartete, Aufgliederung des Diagnoseobjekts Computer bestehen. Weitere Rationalisierungseffekte sind mit der *Unifizierung* der Diagnoseprozeduren und -mittel für Bestandteile mit hoher Wiederholrate zu erwarten.

1.3.2 Strukturelle, funktionelle und konstruktive Dekomposition

Die Hardware eines Computersystems stellt einen umfangreichen Komplex elektronischer, elektromechanischer und anderer Gerätetechnik unterschiedlicher physikalischer Natur dar. Diese, sich um Innovationen ständig erweiternde, Palette erlaubt, das Computersystem den unterschiedlichen Bedürfnissen entsprechend zu konfigurieren. Das Bild 1.16 gibt - über Rechnertypen und Rechnerarchitekturen hinweg - einen symbolhaften Überblick über die Strukturelemente einer Rechnerkonfiguration und läßt die Vielfalt der Methoden und Mittel für ihre Diagnose erahnen.

Kern der Konfiguration ist eine (in Parallelrechnern auch mehrfach vorhandene) Zentraleinheit. Sie deckt drei von fünf wesentlichen Funktionsbereichen ab. Der Hauptspeicher bewahrt Programme und Daten auf, die verarbeitet werden sollen. Er ist das Bindeglied zwischen der internen Verarbeitung und der Eingabe bzw. Ausgabe von Daten. Das Rechenwerk ist der Funktionsbereich, in dem im Ergebnis arithmetischer und logischer Operationen über den Verarbeitungsdaten neue Informationen im engeren Sinn erhalten werden. Im Hauptspeicher residente Programme steuern die Abläufe im Computer. Für ihre Abarbeitung zeichnet das Steuerwerk verantwortlich. Interne Leitungswege für Daten, Adressen und Steuersignale verbinden die Bereiche.

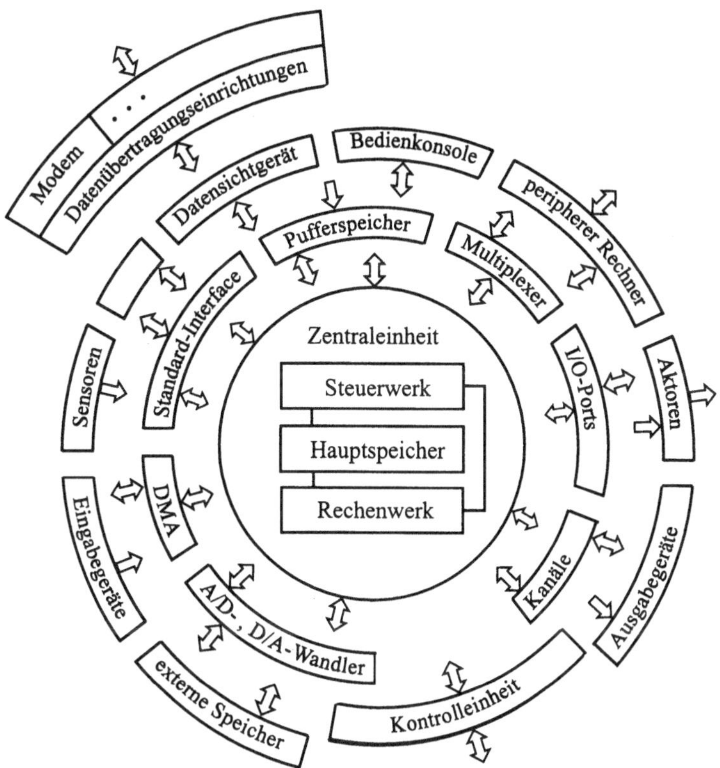

Bild 1.16 Strukturelemente einer Rechnerkonfiguration

Abhängig von der Rechnerorganisation (Bus- oder Kanalkonzept), von der Betriebsart (Stapel-, Dialog- oder Echtzeitverarbeitung), von den informationstragenden Signalen (diskrete, kontinuierliche), vom Datenaustausch (synchron - asynchron, seriell - parallel), von Anschlußbedingungen (Protokolle, konstruktive, elektrische, informationelle), von den Leistungsparametern, werden zwischen Zentraleinheit und peripheren Geräte unterschiedliche Interfacebaugruppen angeordnet. Sie sind Voraussetzung für eine offene Systemarchitektur.

Über diese Schnittstellen erfolgt die Zuschaltung der peripheren Geräte. Nach dem Architekturkonzept des *John von Neumann* stehen sie für die zwei noch offenen Funktionsbereiche: Eingabe und Ausgabe. Gegebenenfalls sind noch spezielle Steuereinheiten insbesondere für Massenspeicher zwischengeschaltet, die die elektronischen und mechanischen Abläufe der angeschlossenen Geräte steuern. Sie verfügen im allgemeinen auch über Mittel und Prozeduren der Diagnose und der Sicherung des Datentransfers (s. Abschn. 4.6.4).

Tabelle 1.6 Periphere Einrichtungen

Eingabegeräte	Ausgabegeräte	Dialoggeräte
Tastatur	Bildschirm	peripherer Rechner
Tastenwahlapparat	LCD-Anzeige	Bedienkonsole
	Mikrofilm-Rekorder	Diagnoserechner
Video-Eingabe	Videoprojektor	Datensichtgerät
	Nadeldrucker	Datenübertragungs-
Maus	Brailleschriftdrucker	einrichtungen
Rollkugel	Tintenstrahldrucker	Modem
Joystick	Thermodrucker	
Wertgeber	Laserdrucker	
Tablett	Plotter	
Lichtgriffel	Braillezeile	
Touch-Screen		
Chipkartenleser	Programmiergerät	Halbleiterspeicher
Magnetschriftleser		Magnetkartenspeicher
Magnetkartenleser		Festplattenspeicher
Klarschriftleser		Wechselplattenspeicher
Markierungsleser		Magnetbandspeicher
Strichkodeleser		Magnetblasenspeicher
Scanner		Diskettenspeicher
CD-ROM	CD-ROM	optische Plattenspeicher
akustische Eingabe	akustische Ausgabe	
Uhren		
Sensoren	Aktoren	

Die in der Tab. 1.6 aufgelisteten peripheren Einrichtungen ermöglichen den Zugang zu den Verarbeitungskapazitäten des Rechnerkerns bzw. zu den Ergebnissen der Verarbeitung. Der überwiegende Teil der Einrichtungen ist nur für eine Zugangsrichtung ausgelegt, während Dialoggeräte die wechselseitige Kommunikation Mensch - Maschine, Maschine - Maschine und damit auch Mensch - Maschine - Mensch ermöglichen. Eine Besonderheit in großen Rechenanlagen stellt die Bedienkonsole dar, die dem Monitoring des Computersystems dient und Eingriffsmöglichkeiten in die laufenden Prozesse bietet. Über sie kann auch die Steuerung von Diagnoseabläufen ohne Nutzung des Betriebssystems erfolgen (s. Kapitel 2). In Extremfällen kann sie zum Diagnose- oder Maintenance-Prozessor ausgebaut sein (s. Abschn. 4.9). Dessen Funktionen können auch einem durch Datenübertragungseinrichtungen und ein Übertragungsmedium gekoppelten zentralisierten Service-Computer übertragen sein. Man spricht dann von Ferndiagnose.

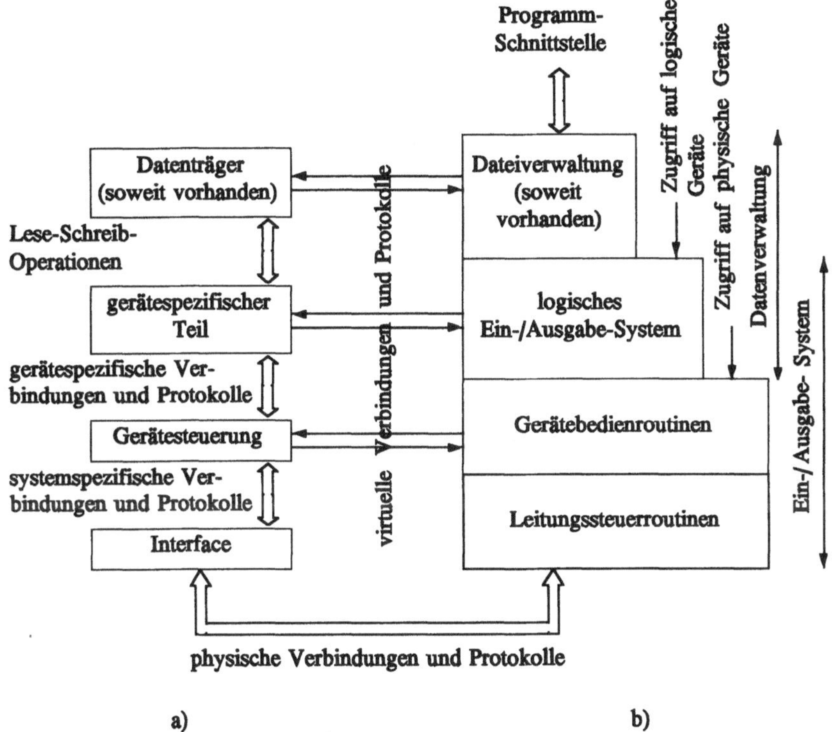

Bild 1.17 a) Struktur eines Eingabe/Ausgabegeräts
b) Schichtenstruktur eines Eingabe/Ausgabesystems

Die in der Tabelle getroffene Gliederung ist vor allem aufgrund der Inhomogenität der physikalischen Wirkprinzipien noch keine ausreichende Grundlage für eine Unifizierung von Diagnoseprozeduren. Weiteren Aufschluß bietet die Analyse der typischen Struktur peripherer Einrichtungen und des Eingabe/Ausgabesystem eines Betriebssystems. Nachfolgend wird auf die Modelldarstellung nach [Löff 92] Bezug genommen (Bild 1.17).

Im allgemeinen lassen sich für ein peripheres Gerät die im Bild 1.17a gezeigten Bestandteile separieren, wobei der Datenträgerteil nicht immer vorhanden ist. Wie die Bezeichnung ausdrückt, sind im gerätespezifischen Teil die auf dem jeweiligen Wirkprinzip beruhenden physischen Komponenten konzentriert (z.B. Papiervorschub, Bewegung des Druckkopfes, Antrieb der Drucknadeln usw.). Daraus resultieren natürlich spezifische Qualitätsmerkmale. Wie ein Vergleich mit dem Bild 1.16 zeigt, kann die Steuerung auch konstruktiv vom gerätespezifischen Teil getrennt sein und Anschlußmöglichkeiten für mehrere Geräte haben. Zur Verbindung mit dem physischen Eingabe/Ausgabesystem des Computers dienen die Schnittstellenanpassung (Interface) und das Übertragungsmedium. Alle anderen Verbindungen sind virtuell.

Mittels Leitungssteuerroutinen wird das Übertragungsprotokoll des jeweiligen Interface realisiert (Interruptbehandlung, Übertragung und Auswertung von Steuerzeichen, Übertragung der Nutzerdaten u.a.), während die Gerätetreiber für die Realisierung des Protokolls der Gerätesteuerung zuständig sind. Für jeden zugelassenen Gerätetyp gibt es einen Gerätetreiber. Über ihn läuft die Abfrage und Auswertung des Gerätestatus, Übertragung von Zeichen bzw. Datenblöcken, die Auswahl von Sektoren, Spuren, Lese-Schreib-Köpfen, der Antrieb von Laufwerken und vieles mehr. Das physische Eingabe/Ausgabesystem bietet dem logischen Eingabe/Ausgabesystem also vielfältige Dienste an.

Diagnoserelevant sind zunächst zwei Aspekte. Zum einen können Diagnosedienste (Fehlermeldungen, Bildung von Paritätsbits, Prüfsummenbildung u.ä. siehe Abschn. 4.6) implementiert werden und zum anderen sind bei der gezeigten Treppenschichtenstruktur diese Dienste auch Anwenderprogrammen und damit Diagnoseprogrammen zugänglich.

Das Logische Eingabe/Ausgabesystem abstrahiert von der konkreten Hardware. Wesentliche Aufgaben sind die Ausführung verschiedener Konvertierungen zwischen computerinternen und externen Datenrepräsentationen und die Bereitstellung einer einheitlichen Schnittstelle zur Benutzer-Software, was nach [Tane 94] beinhaltet:

- Benennung von Geräten
- Bereitstellung einer geräteunabhängigen Blockgröße
- Speicherverwaltung auf blockorientierten Geräten
- Zuteilung und Freigabe von Geräten.
- Schutz von Geräten
- Pufferung
- Fehlermeldungen

Sofern im peripheren Gerät ein Datenträger präsent ist, kommuniziert dieser virtuell mit der Dateiverwaltung des Betriebssystems. Verständlich, daß die Dateien von beiden Seiten unter unterschiedlichen Aspekten gesehen werden. Aus der Sicht eines Geräts mit Blockadressierung (Festplatte) besteht die Datei aus physischen Blöcken, die unter einem Dateinamen abgespeichert ist. Aus der Sicht der Programme ist sie ein logisches Gerät mit einer im Programm festgelegten logischen Nummer. Auf die Konvertierung zwischen den beiden Darstellungen durch das logische Eingabe/Ausgabesystem wurde schon verwiesen.

Obwohl die einzelnen betrachteten Komponenten nun unterschiedlich implementiert oder schaltungstechnisch umgesetzt sein können, lassen sich die Diagnoseprobleme auf die Anwendung einer überschaubaren Anzahl von Methoden (s. Kapitel 4) zurückführen.

Als differenzierende Gesichtspunkte bei der Entwicklung von Diagnoseprozeduren klangen schon die Grundfunktionen eines Computersystems an:

- Dateneingabe und Datenausgabe
- Datenmanipulation
- Datenspeicherung
- Steuerung.

Sie lassen sich weiter detaillieren:

- arithmetische, logische Operationen
- Schiebe- und Vergleichsoperationen
- Informationswandlung (z.B. A/D-, D/A-Wandlung)
- Datentransfer
- Stromversorgung und andere Hilfsfunktionen
- Kodieren, Dekodieren
- Multiplexen, Demultiplexen
- Signalverstärkung, -formung
- Takterzeugung
- Überwachungsfunktionen.

Eine funktionelle Dekomposition dient nicht nur der Verringerung der Komplexität. Einen weiteren Zweck soll die Rekapitulation eines vereinfachten Befehlsverarbeitungszyklus zeigen (vgl. Bild 1.18). Der Befehlszähler stellt die Hauptspeicheradresse, unter der der abzuarbeitende Befehl aufbewahrt ist, bereit. Die damit im Adreßregister präsente Adresse wird dekodiert und der Inhalt des ausgewählten Hauptspeicherplatzes in das Datenregister und weiter in das Befehlsregister übertragen. Der Operationsteil des Befehlskodes wird dekodiert, wodurch die Verarbeitungsoperation bestimmt ist. Dem Adreßteil entsprechend, wird nach seiner Überführung in das Adreßregister und nachfolgender Dekodierung der Operand im Datenregister bereitgestellt und steht für die Verarbeitung zur Verfügung. Somit kann ein unerkannter Speicherfehler zu einem falschen Verarbeitungsergebnis (sofern Verarbeitungsdaten betroffen sind) oder gar zu einem Systemzusammenbruch (sofern Programmdaten betroffen sind) führen. Eine Analyse der funktionellen Abläufe und der möglichen Fehlerfortpflanzung soll also auch Anhaltspunkte für die zweckmäßige Anordnung von Diagnosemitteln und die Bestimmung von Diagnoseschnittstellen liefern.

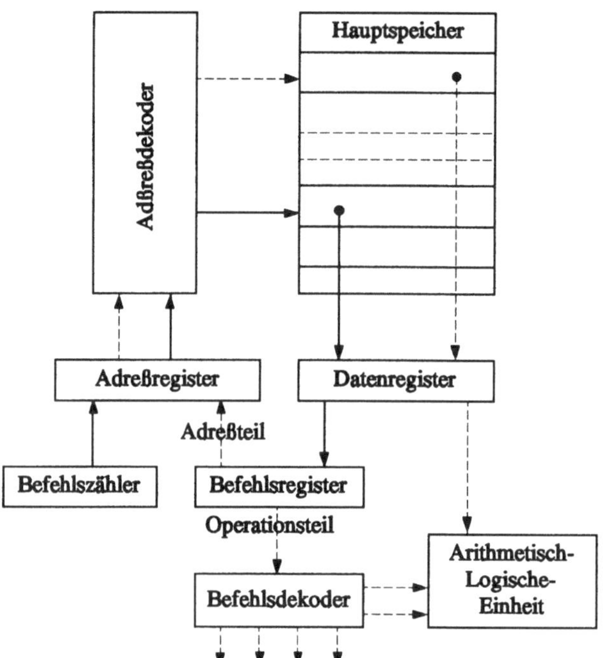

Bild 1.18 Befehlsverarbeitungszyklus (vereinfacht)

Eine Rechnersystemdekomposition unter funktionellen Aspekten wird oft durch ein hierarchisches Schichten- oder Schalenmodell beschrieben, wie es bei der Darstellung des Eingabe/Ausgabesystems schon benutzt wurde. Jede der aufeinander aufbauenden Schichten realisiert bestimmte Funktionen. In Verbindung mit diesem Modell spricht man von Diensten, die einer höher gelegenen durch eine tiefer gelegene Schicht angeboten werden. Nur zwei unmittelbar angrenzende Schichten können miteinander kommunizieren. Die Dienste höherer Schichten werden immer komplexer, indem die Dienste (Funktionen) tiefer gelegener Schichten genutzt werden. Es muß deshalb gefordert werden, daß die Erkennung eines Fehlers in der Schicht erfolgt, in der er aufgetreten ist, daß er auf diese Schicht lokalisiert bleibt bzw. daß an der Schnittstelle eine Fehlermeldung abgegeben wird.

Auf die Hardware bezogenen, ist damit die Forderung nach einer Modularität des Rechneraufbaus möglichst in Anlehnung an die funktionelle Dekomposition zu verbinden. Ein Modul wird dann zu einem separierbaren Objekt für die Diagnose, eine eventuelle Ausgliederung und nachfolgende Instandsetzung. Weitere Hinweise zur Wahl von Diagnoseschnittstellen lassen sich aus der *konstruktiven* Dekomposition ableiten.

Aus konstruktiver Sicht sind die im Bild 1.19 gezeigten Ebenen zu unterscheiden.

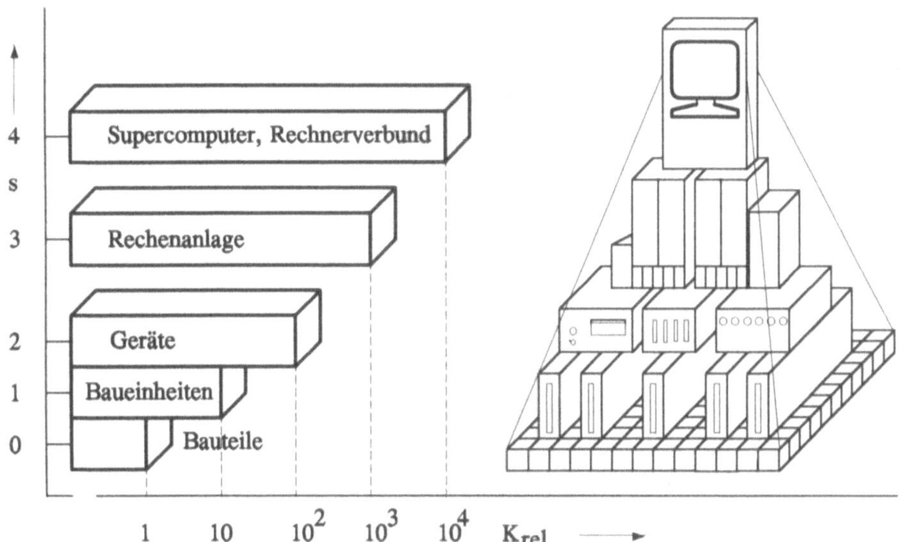

Bild 1.19 Konstruktionsebenen

Supercomputer bzw. Rechnerverbund sind heute die komplexesten Systeme. So hat die CRAY Y-MP C90 von Cray Research 16 Prozessoren und 16 Eingabe/Ausgabe-Cluster. Jeder Prozessor verfügt über 4 Speicherzugriffspfade. Die Hauptspeicherkapazität beträgt 2 Gigabyte [Info 92]. In der Connection Machine CM5 der Thinking Machines sollen bis zu 16 000 Prozessoren zusammenwirken können.

Bild 1.19 vermittelt, daß eine Rechenanlage aus einigen dutzend Geräten konfiguriert sein kann, die sich wiederum aus mehreren Baueinheiten zusammensetzen.

Baueinheiten sind ein Schwerpunkt diagnostischer Betrachtungen. Überwiegend sind gedruckte Schaltungen (printed circuit board, Leiterplatte) Träger der funktionsbestimmenden Bauelemente. Ihre Ein- und Ausgänge sowie weitere notwendige Anschlüsse sind auf Steckverbinder geführt. Über die Steckverbinderverdrahtung (oft auch als Leiterplatte gestaltet) lassen sich die Baueinheiten in einem Gefäßsystem zu Einschüben, Geräten, Anlagen und Systemen variabel zusammenschalten. Das stellt gegenwärtig einen optimalen Kompromiß bezüglich der Anforderungen nach

- einem vertretbaren Entwicklungs-, Konstruktions- und Projektierungsaufwand
- einer flexiblen auf- und abrüstbaren Systemkonzeption

- kostengünstiger Fertigung auf Grundlage einer Typisierung, Unifizierung und Standardisierung sowohl der Systembestandteile als auch der Fertigungstechnologien
- hoher Zuverlässigkeit und Instandhaltbarkeit

dar. Die Baueinheiten sind nach Möglichkeit funktionell abgeschlossen (Motherboard, Graphikkarte, Speichererweiterung, Videokarte, Kommunikationskarte u.ä.). Damit sind sie in der Nutzungsphase auch die bevorzugt auswechselbaren Rechnerkomponenten. Die Reparatur fehlerhafter Baueinheiten erfolgt jedoch unabhängig vom Betrieb des Computers, um seine Verfügbarkeit möglichst wenig zu beeinträchtigen. Kleinste reparierbare Einheit sind die Bauelemente - überwiegend Integrierte Schaltkreise. Diese Technologie wird auch für die nähere Zukunft im Rahmen gewisser, durch die Schaltkreisgestaltung beeinflußter Variationen Bestand haben. In einem absehbaren Zeitraum muß mit Chips mit über 600 Anschlüssen, deren Kontaktmittenabstände sich von gegenwärtig 100 μm auf 50 μm verringern, gerechnet werden. Damit reduziert sich die Breite der Lötflächen auf der Leiterplatte von 250 μm auf etwa 25 μm [Reic 93]. Die Multi-Chip-Integrationstechnologie wird von Pilotlösungen zu massenhafter Anwendung geführt werden [Deck 95].

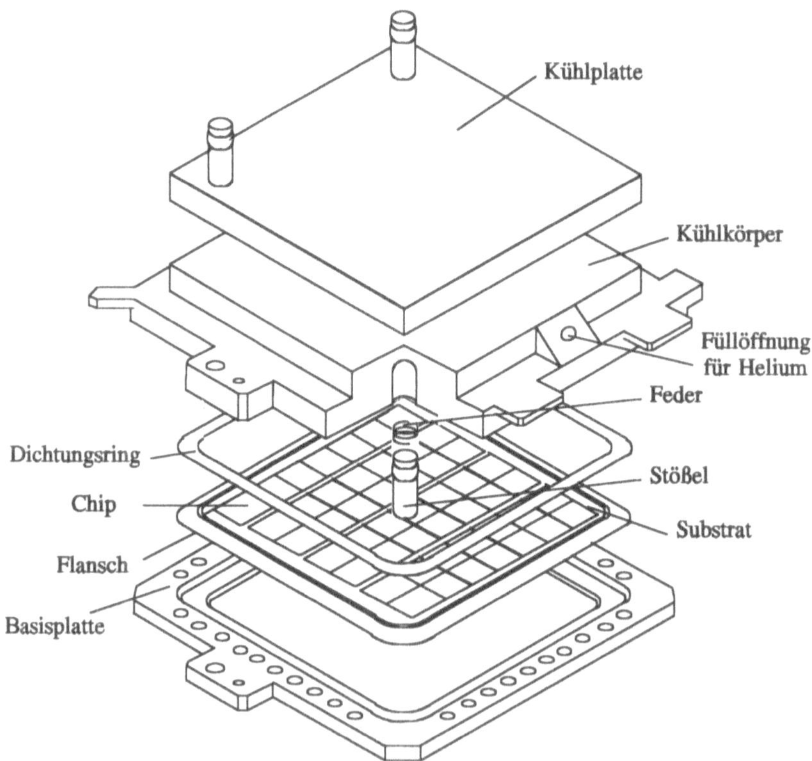

Bild 1.20 Thermo Conduction Module - TCM (vereinfacht) nach [DasG 85]

Die Einführung benötigter alternativer Bauelementeträger wird im Rahmen des ESPRIT-Programms CHIPPAC der Europäischen Gemeinschaft verfolgt. Mit organischen bzw. keramischen Trägermaterialien sollen kostengünstig eine mehr als zehnfach höhere Verdrahtungsdichte sowie Verbesserungen der durch die Leitungstopologie beeinflußten Leistungsparameter erreicht werden. Derartige Multi-Chip-Module stehen damit zwischen VLSI-Schaltkreisen und gedruckten Schaltungen.

Für Hochleistungscomputer werden keramische Multi-Chip-Module (Bild 1.20) durch IBM seit Anfang der 80er Jahre eingesetzt. Der Chipträger kann aus über 30 Lagen mit 350 000 Durchkontaktierungen, 12 000 Kontaktpads für die Kontaktierung der über 100 Chips und 1800 Anschlußstiften bestehen. 9 dieser wasser- oder luftgekühlten TCM werden auf einer 78-Ebenen-Leiterplatte mit 32 000 Durchkontaktierungen und 28 000 Kontaktfedern zusammengeschaltet. Die Logik der IBM 308X oder 309X ist auf 4 solcher Gebilde untergebracht.

Diese Zahlen sollen verdeutlichen, daß auf der untersten Konstruktionsebene eine sehr große Zahl von Konstruktionselementen für die Funktionsfähigkeit eines Objekts verantwortlich ist. Neben der schon diskutierten funktionellen Komplexität eines Computers hat auch die konstruktive Komplexität Konsequenzen für das Qualitätsmanagement und die Gewährleistung der Funktionsfähigkeit.

Diagnosekosten. Bild 1.19 illustriert, daß die Kosten zur Erkennung, Lokalisierung und Beseitigung eines Fehlers von der Konstruktionseinheit, in deren Rahmen die Diagnosehandlungen ausgeführt werden, abhängen. Sie steigen mit höherem Systemniveau. Wählt man die Kosten auf dem Bauteilniveau als Bezugsbasis $K_{rel} = 1$ und setzt die bei dem gleichen Fehler in höheren Systemniveaus entstehenden Kosten dazu ins Verhältnis, so gilt als ausreichende Näherung

$$K_{rel} \approx 10^{s}. \tag{1.28}$$

Diese Approximation der relativen Kosten K_{rel} ist durch zahlreiche Herstelleraussagen gestützt. Der Exponent s charakterisiert das Systemniveau (z.B. $s = 0$ Bauteil, $s = 1$ Baueinheit usw.). Es liegt nahe, die Niveauschnittstellen als Diagnoseschnittstellen zu behandeln. Leider läßt sich dadurch in einem höheren Niveau (z.B. bestückte Leiterplatte) keine Ausgangssituation schaffen, die durch einen Fehleranteil $p_i = 0$ der Einzelkomponenten dieses Niveaus (z.B. der Bauelemente) gekennzeichnet wäre.

Fehleranteil. Wie im Abschn. 1.2 ausgesagt und im Abschn. 3.4 aus technischer Sicht begründet wird, ist ein Risiko Null illusorisch und ein endlicher, wenn auch sehr kleiner, Fehleranteil für geprüfte Objekte real. Wird eine Konstruktionseinheit aus n Komponenten, die aus Chargen mit einem Fehleranteil p_i stammen, zusammengesetzt und sind deren Fehlerzustände unabhängig voneinander, so wird der Anteil an Konstruktionseinheiten ohne fehlerhafte Komponenten Q betragen:

$$Q = \prod_{i=1}^{n} (1 - p_i) \tag{1.29}$$

Legt man die in der Tab. 1.7 aufgeführten Fehleranteile in Lieferchargen zugrunde, bedeutet das für die Montage von 2 Gigabyte Hauptspeichern aus 4 Megabit Speicherschaltkreisen: Q = $0{,}999^{4000}$. Das heißt, daß weniger als 2% montierter Hauptspeicher ohne fehlerhafte Schaltkreise zu erwarten wären! Daraus ist zu schlußfolgern, daß zur Realisierung eines effektiven Diagnosekonzepts nicht nur zwischen Computerhersteller und -anwender sondern auch zum Bauelemente- und Bauteilezulieferanten eine intensive Interessenpartnerschaft praktiziert werden muß.

Tabelle 1.7 Durchschnittliche Fehleranteile

Bauelement	Fehleranteil ppm (parts per million)
Digital IC	< 1000
RAM	~ 1000
Analog IC	< 800
Widerstände	< 50
Kondensatoren	< 100

Neben den durchgeschlüpften Fehlern kommen neue, für das aktuelle Niveau charakteristische Fehler (z.B. Lötfehler) hinzu. Fehleranteile und Kosten als Einflußfaktoren für Diagnoseschnittstellen können nach folgendem Ansatz in Beziehung gesetzt werden. Berücksichtigt werden:

- bei der Prüfung im gegebenen Niveau (Fertigungsschritt) entstehende Kosten - die *Prüfkosten* K_p
- für die Beseitigung eines Fehlers im gegebenen Niveau entstehende Kosten - die *Ersatzkosten* K_E
- dadurch entstehende Kosten, daß ein Fehler erst in einem höheren Konstruktionsniveau lokalisiert und beseitigt werden muß - die *Folgekosten* K_{ff}.

Um vergleichbare Größen zu erhalten, werden die Prüfkosten auf einen Fehler bezogen: K_p/p. Damit sind die zur Lokalisierung und Beseitigung eines Fehlers zu tragenden Kosten

$$\frac{K_p}{p} + K_E. \tag{1.30}$$

Diese Kosten sind mit den Folgekosten zu vergleichen. Anschaulich ist dies unter Annahme konstanter Folgekosten im Bild 1.21 gezeigt.

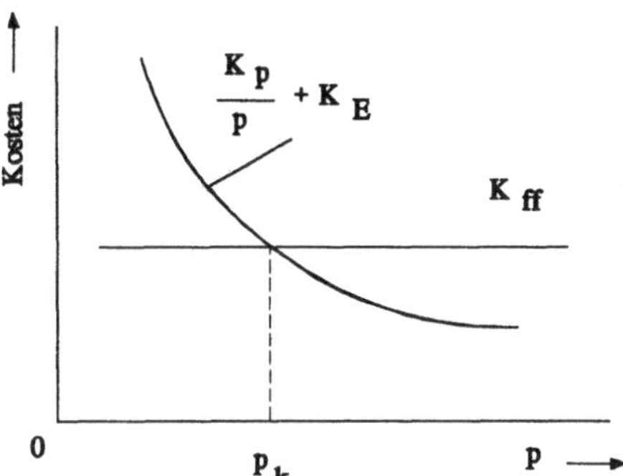

Bild 1.21 Kostenverhältnisse in Abhängigkeit vom Fehleranteil

Auf dieser Grundlage lassen sich zwei Aufgaben lösen:

- Für bekannte Kosten läßt sich ein kritischer Fehleranteil p_k angeben, bei dessen Unterschreitung eine Prüfung im höheren Niveau sinnvoll ist:

$$p_k = \frac{K_p}{K_{ff} - K_E}. \tag{1.31}$$

- Bei einem bekannte Fehleranteil läßt sich ein maximaler Wert der Prüfkosten angeben, bei dessen Überschreiten eine Prüfung im höheren Niveau sinnvoll ist:

$$K_{p\,max} = p\,(K_{ff} - K_E). \tag{1.32}$$

Zuverlässigkeit. So, wie die Funktionsfähigkeit eines Computers zu einem beliebigen Zeitpunkt durch die Funktionsfähigkeit seiner Komponenten bestimmt wird, so hängt auch die Qualität auf Zeit - die Zuverlässigkeit - vom Ausfallverhalten dieser Einzelteile ab. Die Zuverlässigkeitsforderung wird durch Kenngrößen, im wesentlichen statistische Maßzahlen und Zuverlässigkeitsparameter von Wahrscheinlichkeitsverteilungen, quantitativ faßbar.

Zu beobachten ist eine Menge von Komponenten, die zunächst als gleichartig angenommen werden sollen, hinsichtlich ihres Ausfallverhaltens über der Zeit. In bezug auf das Ausfallverhalten sollen die Komponenten unabhängig voneinander sein und die booleschen Zustände "funktionsfähig" (funktionstüchtig) oder "ausgefallen" (funktionsunfähig) aufweisen können. Bei laufender Zeit sind von einem Anfangsbestand n(0) zu einem beliebigen Zeitpunkt t $n_s(t)$ Komponenten ausgefallen, während $n_g(t)$ noch funktionsfähig sind: $n(0) = n_g(t) + n_s(t)$. Der Quotient

$$R(t) = \frac{n_g(t)}{n(0)} \tag{1.33}$$

heißt *Überlebenswahrscheinlichkeit* und charakterisiert die Wahrscheinlichkeit, mit der die Lebensdauer einer Komponente eine bestimmte Betriebsdauer seit Anwendungsbeginn mindestens erreicht. Die *Ausfallwahrscheinlichkeit*

$$F(t) = 1 - R(t) \tag{1.34}$$

gibt dann die Wahrscheinlichkeit an, daß die Lebensdauer eine bestimmte Betriebsdauer ab Anwendungsbeginn nicht erreicht. Wichtigste Vergleichsgröße ist wohl die *Ausfallrate* a(t), definiert als der Quotient aus der *Ausfallwahrscheinlichkeitsdichte* und der Überlebenswahrscheinlichkeit:

$$a(t) = \frac{1}{R(t)} \cdot \frac{dF(t)}{dt} = -\frac{1}{R(t)} \cdot \frac{dR(t)}{dt}. \tag{1.35}$$

Für elektronische Bauelemente ist der im Bild 1.22a gezeigte Verlauf der Ausfallrate über der Lebensdauer empirisch gesichert.

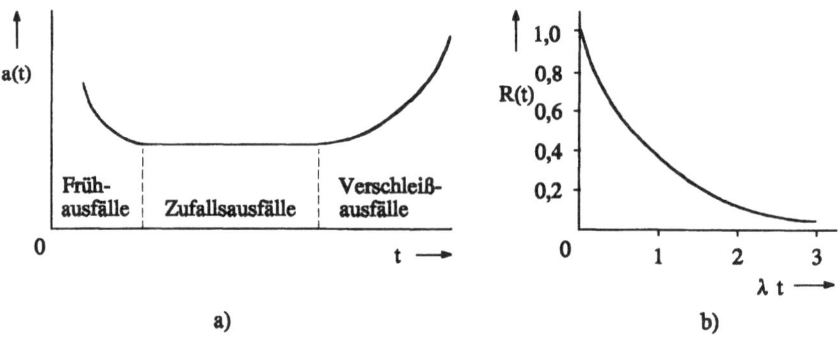

Bild 1.22 a) Zeitlicher Verlauf der Ausfallrate
b) der Überlebenswahrscheinlichkeit in der Hauptnutzungsphase

Frühausfälle sind auf Unzulänglichkeiten in der Entwicklung (z.B. Betreiben von Bauelementen unter Grenzbedingungen), der Ausgangsmaterialien und der Fertigungsbedingungen zurückzuführen. Ist das präventive Qualitätsmanagement nicht erfolgreich, sollten sie durch den Hersteller in sogenannten *Vorbehandlungen* abgefangen werden. Deren wesentliche Teile sind Einbrennprozesse (burn-in), die chemo-physikalische Ausfallmechanismen beschleunigen sollen (Arrhenius-Gesetz), aber auch mechanische Beanspruchungen. In der *Frühausfallphase* lassen sich Lebensdauerverteilungen sehr gut durch die Weibullverteilung approximieren.

Die *Verschleißphase*, u.a. durch Alterung, Ermüdung bestimmt, ist uninteressant, da elektronische Einrichtungen eher einen moralischen als einen physischen Veschleiß erleben.

Nach dem Abklingen der Frühausfälle stabilisiert sich die Ausfallrate und bleibt in der *Hauptnutzungsphase* nahezu konstant:

$$a(t) = \lambda = const. \tag{1.36}$$

Für elektronische Erzeugnisse ist die Ausfallrate λ zumeist die Größe, die zur Spezifizierung der Zuverlässigkeit angegeben wird. Maßeinheit für hochzuverlässige Komponenten ist $10^{-9}\ h^{-1} = 1$ fit (1 failure in time).

Einer konstanten Fehlerrate entspricht wegen Gl. (1.35) eine exponentialverteilte Lebensdauer (Bild 1.22b):

$$\lambda \int_0^t dt = - \int_1^{R(t)} \frac{dR(t)}{R(t)}$$

(dem Moment t = 0 ist R(t) = 1 zugeordnet; dem Moment t ist R(t) zugeordnet);

$$R(t) = e^{-\lambda t}, \tag{1.37}$$

die auch in den weiteren Erörterungen unterstellt wird. Für kleine Werte λt gilt die Näherung

$$R(t) = 1 - \lambda t. \tag{1.38}$$

Unter den dargestellten Bedingungen kann der Wert für λ = const geschätzt werden:

$$\lambda = \frac{n_a}{n_p T_p} \tag{1.39}$$

$n_p T_p$ Bauelementestunden, n_a Anzahl der ausgefallenen Bauelemente. Für Zuverlässigkeitsprüfungen ist es wichtig, daß die Größen Anzahl erprobter Bauelemente n_p und Zeit der Erprobung T_p austauschbar sind. Eine Fehlerrate von 100 fit könnte also entweder durch $n_p = 10^5$ und $T_p = 100$ h oder durch $n_p = 10^4$ und $T_p = 1000$ h nachgewiesen werden, wobei jeweils $n_a = 1$ zugelassen wäre. Für einige Bau- und Konstruktionselemente sind in der Tabelle orientierende Werte für Fehlerraten aufgeführt.

Gewöhnlich interessiert die *mittlere Lebensdauer*

$$L_m = \int_0^\infty R(t)dt = \int_0^\infty e^{-\lambda t}dt = \frac{1}{\lambda}. \tag{1.40}$$

Als Schätzung gilt der arithmetische Mittelwert einer Stichprobe von Lebensdauern.

Tabelle 1.8 Orientierungswerte für Fehlerraten

Bauelement	Ausfallrate in fit
Diskrete Halbleiterbauelemente	1 ... 100
Digitale IC	50 ... 200
ROM	100 ... 300
RAM	... 500
Analoge IC	20 ... 300
Widerstände	1 ... 20
Kondensatoren	1 ... 20
Steckverbinder	1 ... 10
Lötverbindungen	0,1 ... 1

Die Tab. 1.8 vermittelt den durchaus richtigen Eindruck, daß das Problem weniger in den Ausfallraten der Komponenten, sondern vielmehr im Zusammenwirken einer großen Zahl von Einzelteilen liegt. Deshalb ist der Zusammenhang zwischen der Lebensdauer eines Systems und der Lebensdauer seiner Bestandteile gefragt. Wie in der Schaltungstechnik unter funktionellen Gesichtspunkten, so unterscheidet man auch unter Zuverlässigkeitsaspekten Reihen-, Parallel- und vermaschte Strukturen. Sie sind allerdings nicht identisch.

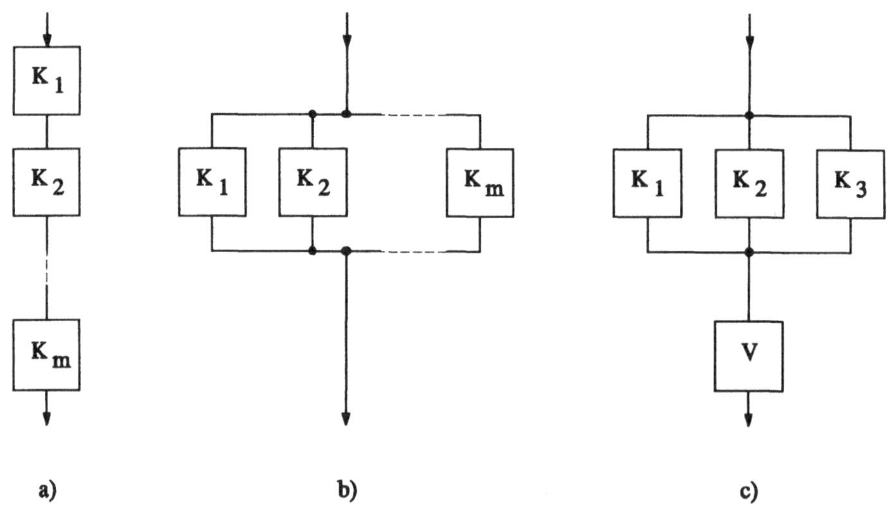

Bild 1.23 Zuverlässigkeitsstrukturen: a) Reihen-; b) Parallelstruktur; c) 2-aus-3-System

Eine Reihenschaltung von Komponenten K_i (Bild 1.23a) im Sinne der Zuverlässigkeit ergibt sich, wenn die Funktionsfähigkeit des Systems nur durch die Funktionsfähigkeit aller seiner Komponenten gewährleistet ist. Unabhängigkeit der Ausfallmechanismen der einzelnen Komponenten vorausgesetzt, ist die Überlebenswahrscheinlichkeit des Systems $R_s(t)$ gleich dem Produkt der Überlebenswahrscheinlichkeiten der Einzelteile:

$$R_s(t) = \prod_{i=1}^{m} R_i(t) = \prod_{i=1}^{m} e^{-\lambda_i t}, \tag{1.41}$$

woraus sich

$$R_s(t) = e^{-\lambda_s t}, \quad \lambda_s = \sum_{i=1}^{m} \lambda_i. \tag{1.42}$$

ergibt. Die mittlere Lebensdauer des Systems wird analog zur Gl. (1.40) bestimmt:

$$L_{ms} = \frac{1}{\lambda_s} \tag{1.43}$$

Eine Parallelstruktur (Bild 1.23b) steht für eine redundante Auslegung von Komponenten. Gemeint ist hier eine Redundanz der geforderten Funktionserbringung, nicht hinzugefügte Diagnosemittel. Das Eingabe/Ausgabesystem eines Computers kann z.B. zwei Ausgabegeräte bedienen, die wahlweise angesprochen werden können. Das System fällt aus, wenn alle seine Komponenten ausfallen. Für eine Parallelstruktur ist demnach die Ausfallwahrscheinlichkeit des Systems gleich dem Produkt der Ausfallwahrscheinlichkeiten der Komponenten:

$$F_s(t) = \prod_{i=1}^{m} F_i(t), \tag{1.44}$$

woraus für die Überlebenswahrscheinlichkeit

$$R_s(t) = 1 - \prod_{i=1}^{m} (1 - R_i(t)) \tag{1.45}$$

und die mittlere Lebensdauer des Systems (gleiche Fehlerraten für die Komponenten voraussgesetzt)

$$L_{ms} = \frac{1}{\lambda} \sum_{i=1}^{m} \frac{1}{i} \tag{1.46}$$

folgt.

Im Bild 1.23c ist die Zuverlässigkeitsstruktur des im Abschn. 4.1 behandelten Majoritätssystem gezeigt, welches ein Reihen-/Parallel-System repräsentiert. Es ist funktionsfähig, wenn zwei seiner drei parallelen Zweige funktionsfähig sind. Seine Überlebenswahrscheinlichkeit läßt sich aus

$$R_s(t) = (3R(t)^2 - 2R(t)^3) \cdot R_v(t) \qquad (1.47)$$

berechnen.

Die Aussagen gelten zunächst für nichtinstandzusetzende Einheiten. Für die Anwendungsdauer elektronischer Einrichtungen kann man jedoch davon ausgehen, daß nach einer ordnungsgemäßen Instandsetzung die betreffende Einheit einer neuen Einheit gleichwertig ist, so daß für die Zeit bis zu einem erneuten Ausfall die gleichen Überlegungen zutreffen.

Vermaschte Systeme lassen sich nicht in diese Grundstrukturen zerlegen. Für Zuverlässigkeitsberechnungen sei z.B. [Biro 91] empfohlen.

Am oben angeführten, aus 4000 Stück 4 Megabit Speicherschaltkreisen komplettierten 2 Gigabyte Hauptspeicher sollen die Gegebenheiten illustriert werden. Als Ausfallkriterium sei u.a. der Verlust der Speicherfähigkeit einer Speicherzelle (1 Bit) angenommen. Die Fehlerrate der Chips sei $\lambda = 10^{-7}\ h^{-1}$. Da der Speicher eine Reihenstruktur (im Sinne der Zuverlässigkeit) repräsentiert, sind dementsprechend eine Fehlerrate $\lambda_s = 4000 \cdot 10^{-7}\ h^{-1} = 4 \cdot 10^{-4}\ h^{-1}$ und eine mittlere Lebensdauer $L_{ms} = 2500$ h zu erwarten. Einsetzen in Gl. (1.41) zeigt, daß diese Lebensdauer nur mit einer Wahrscheinlichkeit von $R_s(t) = 36{,}8\%$ erreicht wird. Eine Überlebenswahrscheinlichkeit $R_s(t) > 99\%$ ist nur bis zu 25 h gegeben!

Damit stellt sich aus der Sicht des Diagnoseobjekts Computer die Querverbindung zu den im Abschn. 1.2 aus der Sicht des Qualitätsmanagement diskutierten Erfordernissen her. Aufgrund der dargestellten Zusammenhänge ist vom Entwurf zu fordern:

- Einsatz hochzuverlässiger Bauelemente
- Minimierung und Unifizierung struktureller Bestandteile
- Verminderung der Belastung und anderer Beanspruchungen im Betrieb (Arrhenius-Gesetz)
- Abschirmung vor schädlichen Umgebungsbedingungen bzw. Einsatz robuster Schaltungen
- prüf- und reparaturgerechte Konstruktion.

Geht man davon aus, daß alle Entwurfsmittel ausgeschöpft wurden, so gilt es, im Betrieb dennoch auftretende Fehler (insbesondere latente Ausfälle) durch Diagnoseprozeduren rechtzeitig zu erkennen und zu korrigieren bzw. eine anderweitige Fehlerbehandlung einzuleiten, um trotz der geschilderten Gegebenheiten eine geforderte Verläßlichkeit zu gewährleisten.

1.4 Fehlerklassifikation

Die Veränderung des technischen Zustands eines Computers oder seiner Komponenten und die damit einhergehende mögliche Beeinträchtigung der Funktionserbringung durch Unzulänglichkeiten wurden als Motiv, diesbezügliche Ermittlungen als Gegenstand der Diagnose genannt. Erst die Klassifizierung eines Fehlers im Diagnoseprozeß ermöglicht, die richtigen Gegenmaßnahmen zu treffen. Andererseits ist die A-Priori-Annahme zu erwartender Unzulänglichkeiten für die Auswahl und den Entwurf effektiver Diagnosemittel und Diagnoseprozeduren unabdingbar. Der im Abschn. 1.2.3 im übergeordneten Sinn eingeführte Fehlerbegriff und korrespondierende Fehleranalysen, Fehlerhistorien sowie Fehlerstatistiken haben eine zentrale Bedeutung in Hinsicht auf

- eine örtlich und zeitlich zuordenbare, objekt- und prozeßbezogene Reaktion auf Unzulänglichkeiten
- eine anwendungsbezogene Prophylaxe, Fehlerbehandlung und Reparatur
- wirkungsvolle funktionelle, konstruktive und fertigungstechnische Veränderungen in Auswertung des Ausfallverhaltens während des Betriebs.

Das Bild 1.24 faßt die Aussage des Abschn. 1.2 zusammen, daß jede Lebensphase zur Erfüllung der Qualitätsforderung beizutragen hat. Für jede Phase sind bestimmte Unzulänglichkeiten typisch; eine Übersicht gibt die Tab. 1.9. Nichterkannte und nichtbeseitigte Fehler offenbaren sich eventuell erst in der Nutzungsphase. In diesem Sinn soll das Bild in Anlehnung an [Wall 90] nicht von ungefähr eine anschwellende Kaskade assoziieren. Es signalisiert

- *Fehlerlatenz* - zeitweiliges Verborgenbleiben der Nichterfüllung einer festgelegten Forderung
- *Fehlerkumulation* - Anhäufung latenter Fehler im Lebenszyklus oder in der Systemstruktur.

Voraussetzung für die Ansprache eines Fehlers (Nichterfüllung einer Forderung) ist ein exakter Bezug. Dieser läßt sich am ehesten mittels formaler Spezifikationstechniken schaffen. Da diese nicht durchgängig verfügbar sind, besteht immer die Gefahr, daß ein "falsches Normal" festgeschrieben wird, auf das bei der nachfolgenden Validierung (gefordertes System entworfen?) und Verifizierung (gefordertes System korrekt entworfen?) des Entwurfs zugegriffen wird. Die Konsequenzen latenter anforderungs- und spezifikationsbedingter Fehler sind meist schwerwiegend.

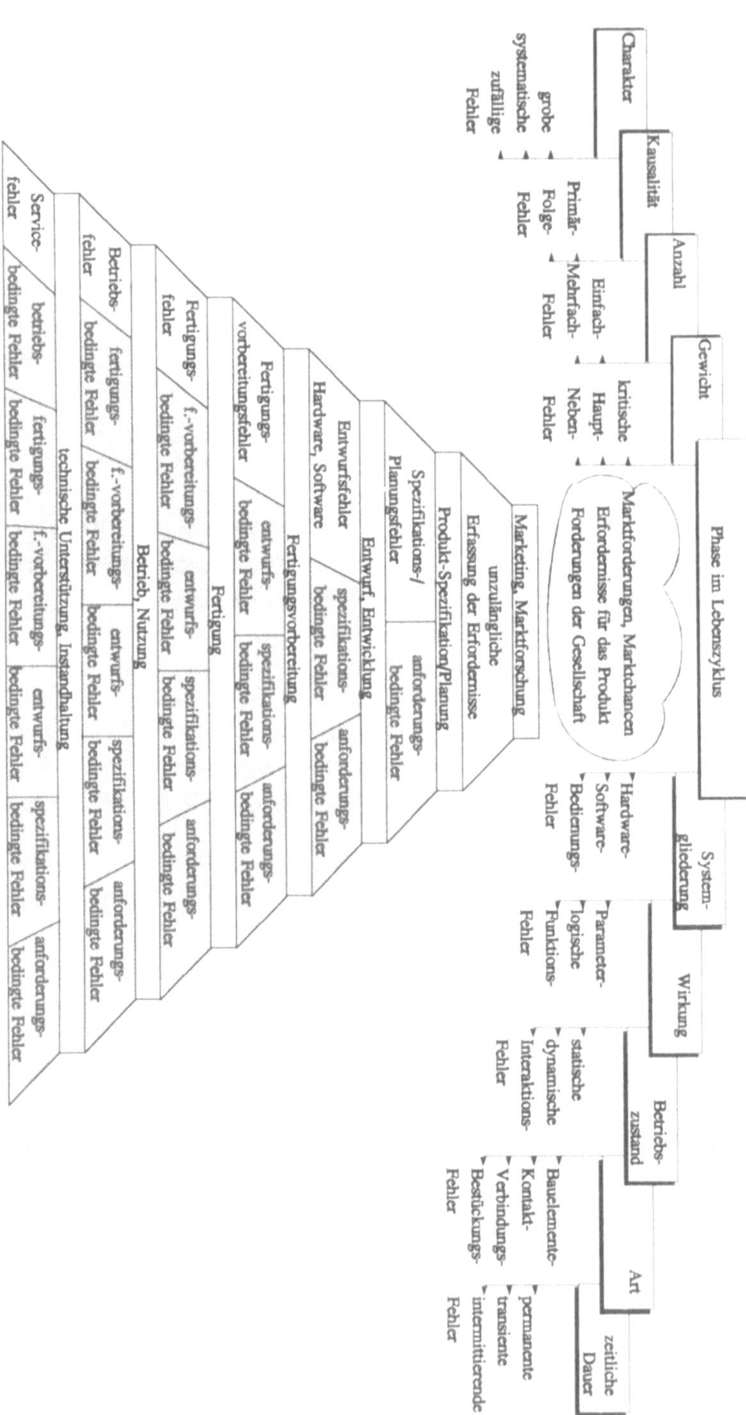

Bild 1.24 Fehlerklassifikation

Tabelle 1.9 Auf Lebensphasen bezogene Unzulänglichkeiten

Unzulängliche Erfassung der Anforderungen		mangelndes Problemverständnis, mißverständliche Terminologie, Interpretationsspielraum, Unvollständigkeit bzw. Widersprüchlichkeit der Forderungen, Illusionen, durch den Kunden vorausgesetzte Qualitätsmerkmale
Spezifikations-/ Planungsfehler		unvollständige bzw. widersprüchliche Umsetzung der Anforderungen in Bezug auf: Systemfunktion, Leistungsverhalten, Datengerüst, Verarbeitungsgenauigkeit, Zeitbedingungen, Schnittstellen, Betriebsbedingungen, Verläßlichkeit, Fehlerbehandlung, Prüfkriterien
Entwurfs-Fehler fehlerhafte Umsetzung der Spezifikation in	Software	syntaktischer, semantischer, pragmatischer Art (näheres s. z.B. [Kope 77], [Wall 90], [Früh 91])
	Hardware	Algorithmus, Grenzbetrieb, -frequenz, Überlastung, Fan-in, Fan-out, Arbeitspunkt, Aussteuerung, Einschwingen, Hazards, Übersprechen, parasitäre Kapazitäten oder Induktivitäten, Leckströme, Synchronisation, Schnittstellen, Wärmeprofil, Anwendungsbedingungen
Fertigungs-Fehler	Materialmängel	Überlagerung, Korrosion, Benetzbarkeit, Lötbarkeit, Konzentration, Verunreinigungen, Deformation, Parametertoleranz
	Unzulänglichkeit technologischer Verfahren	Rückstände, Nebenwirkungen, thermische, mechanische, chemische, elektrische, elektrostatische Beanspruchungen
	Unzulänglichkeit technologischer Ausrüstungen	Positionier-, Dosier-, Bearbeitungsgenauigkeit, Verschleiß, Bearbeitungsdauer, Einwirkzeit, Vibration, Schwingungen
	Umwelteinflüsse	Temperatur, Druck, Staub, Feuchte, Salze, Gase, Aerosole, Strahlung
	subjektive Einflüsse des Menschen	Qualifikation, Motivation, Unlust, Verstöße, Unachtsamkeit, Ermüdung, Konzentrationsschwäche, Denk-, Gedächtnisfehler, Einarbeitung, Routine, Emotionen
Betriebs-Fehler	Hardware-Ausfälle	Alterung, Verschleiß, Drift, Zufallsausfälle, elektromagnetische Störungen, Strom-Spannungs-Einbrüche, Umwelteinflüsse s.o.
	Programmausführungsfehler	s. entwurfsbedingte Software-Fehler, betriebssysteminjizierte Fehler, Laufzeitfehler
	Bedienungs- und Eingabefehler	Ausfälle und Störungen der maschinellen Datenerfassung und der Datenübertragung, subjektive Einflüsse des Menschen s.o.

Der Einsatz von Computern zum Entwurf von Computern, beginnend bei der Synthese aus einer Verhaltensbeschreibung über eine System- und Fehlersimulation unter Einbeziehung der Zieltechnologie bis zur Bewertung elektromagnetischer Störungen und anderer Nebenwirkungen (Wärmeprofil), soll dem Anliegen "correct by construction" und der Fehlervermeidung Rechnung tragen. Abgesehen davon, daß auch rechnergestützte Entwurfssysteme nicht fehlerfrei sind, ist die große Komplexität bis hin zur NP-Vollständigkeit mancher Probleme dem Anliegen abträglich.

Ein breites Spektrum weisen Unzulänglichkeiten in der Fertigung auf. In Prozessen mit abgeschlossener Lernphase kann davon ausgegangen werden, daß *systematische Fehler* ausgemerzt worden sind. Trotz präventiver Maßnahmen bewirkt ein in der Regel konstantes System *zufälliger* Ursachen eine signifikante Anzahl von Fehlern. Extremen konstruktiven und fertigungstechnischen Gegebenheiten (s. Abschn. 1.3.2) muß auch mit dem Einsatz *nichtelektrischer Prüfprinzipe* (optoelektronische, radiographische, radiothermische, elektronenoptische u.a.) Rechnung getragen werden. Für die Fehlerursachenermittlung (Defektoskopie) sind sie meist unerläßlich. Universell anwendbare *elektrische Prüfprinzipe* erfordern in Abhängigkeit von der Prüfstrategie eine weitergehende Abstraktion der Fehlerklassifikation in Hinsicht auf *Fehlermodelle* (Abschn. 3.2.2).

Das Bild 1.24 soll auch verdeutlichen, daß neben Phasenbezogenheit auch andere Klassifizierungsgesichtspunkte zu beachten sind. Da manches für sich spricht, sollen wenige Erläuterungen lediglich die Relevanz einzelner Aspekte und Konsequenzen unterstreichen.

Systemgliederung. Ihr entsprechend, äußern sich die im Betrieb des Computers maßgeblichen Unzulänglichkeiten als Hardware-Ausfälle, Programmausführungsfehler, Bedienungs- und Eingabefehler. Im Falle von Firmware sind Soft- und Hardwarefehler nicht klar trennbar.

Daß Software eine besondere Beachtung im Qualitätsmanagement genießt, wurde schon erwähnt. Sie ist, sieht man von ihrer Dokumentation ab, ein immaterielles Produkt und somit nicht anfällig in Bezug auf Alterungs- oder Umwelteinflüsse. *Softwarefehler* entstehen in der Entwurfsphase. Sie sind als systematische Fehler zu charakterisieren; ein zufälliges Element wird lediglich durch die Person des Entwerfers eingebracht. Softwarefehler sind damit prinzipiell vermeidbar; die Hauptaktivitäten zu ihrer Erkennung und Beseitigung müssen jedoch in der Entwurfsphase liegen, da die während des Betriebs üblicherweise eingesetzten Diagnosemittel gegenüber Softwarefehlern nicht empfindlich sind. Aufgrund unzureichender Software-Qualitätssicherung und der Komplexität von Softwaresystemen, sind Softwarefehler signifikant an der Fehlerkumulation beteiligt.

Kausalität. Dieser Klassifikationsaspekt zielt auf die Fehlerfortpflanzung. Im Zusammenhang mit der funktionellen Dekomposition wurde ihre Wirkung im Abschn. 1.3 erläutert.

Wirkung, Betriebszustand. Die Abbildung von Unzulänglichkeiten als

- *Parameterfehler* - Nichterfüllung von Einzelforderungen bezüglich eines Signalparameters (Pegel, Verzögerungs-, Laufzeiten, Frequenzen u.ä.); in diesem Buch nicht ausdrücklich behandelt
- *logische Fehler* - Nichterfüllung von Einzelforderungen bezüglich logischer Zustände
- *Funktionsfehler* - Nichterfüllung von Forderungen bezüglich der Systemfunktion

korrespondiert mit unterschiedlichen Prüfstrategien (Kapitel 3) sowie untersetzenden Methoden und Verfahren. Gleiches gilt für die auf den Betriebszustand bezogene Unterteilung in statische, dynamische und Interaktionsfehler.

Zeitdauer. Die Wirkungszeit und die Auftrittshäufigkeit von Fehlern, klassifiziert als

- *permanente Fehler* - dauerhafte Nichterfüllung einer Einzelforderung
- *transiente Fehler* - vorübergehende Nichterfüllung einer Forderung, z.B. durch elektromagnetische Einstreuungen hervorgerufen;
- *intermittierende Fehler* - sich sporadisch wiederholende Nichterfüllung einer Forderung (z.B. kalte Lötstelle); bei Ablauf eines Zeitlimits als permanent zu betrachten

haben Einfluß auf die Fehlerbehandlung (Kapitel 2) und die Wahl der Prüfmethode.

Fehlergewicht. Die an den Fehlerfolgen ausgerichtete Einstufung möglicher Fehler hat Bedeutung für die Auswahl der Prüfmerkmale (Abschn. 1.2), für das Risikomanagement bzw. für Prioritäten der Fehlerbehandlung.

Erst die quantitative Bewertung der qualitativen Fehleranalyse fundiert die angesprochenen Schlußfolgerungen hinsichtlich zu implementierender Diagnoseverfahren. Einer solchen Bewertung kann das empirisch gesicherte *Pareto-Prinzip* zugrunde gelegt werden. Auf die Qualitätssicherung angewandt, besagt es, daß einige wenige Ursachen den Großteil der Qualitätsverluste bewirken. Im Bild 1.25 sind exemplarische Pareto-Diagramme gezeigt. Da konkrete Fehlerraten von Hersteller zu Hersteller schwanken, wurde auf die Angabe absoluter Zahlenwerte verzichtet. Die Unzulänglichkeiten werden nach der Häufigkeit geordnet. Als Bewertungskriterien kommen neben der Häufigkeit auch Fehlerkosten, Folgekosten u.ä. in Betracht. Dabei kann sich die Rangfolge verändern (Bild 1.25b). Bildet man die Summenkurve, so erhält man die sogenannte *Lorenz-Verteilung*. Für eine analytische Weiterverarbeitung empfiehlt sich eine Approximation durch eine Poisson- oder Exponential-Verteilung.

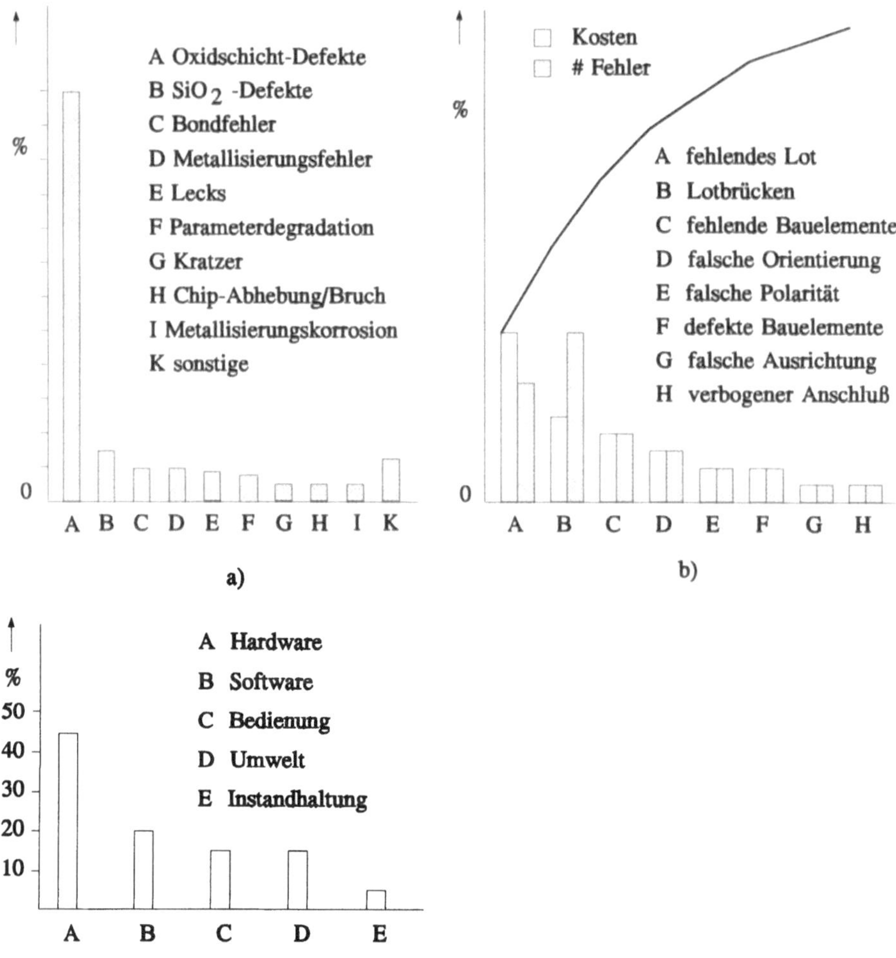

Bild 1.25 Pareto-Diagramme: a) MOS-Schaltkreise nach [Elek 86]; b) Baugruppe mit SMT-Bauelementen nach [HP 93]; c) Mainframe nach [Siew 90]

Fehlerelemente, die eine große Häufigkeit aufweisen oder die die größten Kosten verursachen, beeinflussen natürlich vorrangig die Auswahl und den Einsatz von Diagnosemitteln, deren Vielfalt der Fächerung des Fehlerspektrums entspricht. Zum Zwecke der Aufwandsoptimierung sind Diagnosemittel mit großer Einsatzbreite gefragt. Hardwarebezogene Verfahren, die eine lebensphasen- und systemniveauübergreifende Diagnoseunterstützung bieten, sind Scan-Path, Boundary-Scan, Cross-Check oder Built-In-Self-Test, die in den Kapiteln 6 und 7 behandelt werden.

2 Diagnosesysteme für Computer

2.1 Übersicht - Prüfprinzipe

Um eine Diagnoseaussage zu erhalten, muß das Diagnoseobjekt angeregt werden, seinen technischen Zustand zu offenbaren. Das heißt, Diagnoseobjekt und Diagnosemittel werden in Wechselwirkung gebracht und bilden ein Diagnosesystem. Neben seiner *Funktionalität* sowie *Organisation* und *Struktur* wird es durch die eingesetzten

- *Prüfprinzipe*, unterschieden nach grundlegenden physikalischen Informationsträgern,
- *Prüfstrategien*, das bestimmende Anliegen einer Prüfung und eine dafür zweckdienliche Vorgehensweise beschreibend (s. Kapitel 3),
- *Prüfmethoden*, Regeln und Handlungsanweisungen (Algorithmen) beinhaltend, nach denen - unabhängig von Prüfprinzipen oder Prüfstrategien - eine Prüfung auszuführen ist (s. Kapitel 4),
- *Prüfverfahren*, die Anwendung von Prüfmethoden und Prüfprinzipen kombinierend,

charakterisiert.

Für die weiteren Erörterungen ist es sinnvoll, im Lebenszyklus

- Erfordernisse bis zur Inbetriebnahme
- Erfordernisse im Betrieb sowie in der Wartung und Instandhaltung

zu unterscheiden. Bis zur Inbetriebnahme (und diese eingeschlossen) ist die Diagnose Mittel der Qualitätssicherung, um *Fehlerfreiheit* im ursprünglichen Wortsinn zu erzielen. Daß dies nur im Rahmen vorzugebender Fehlermengen und Fehlermodelle gelingen kann, wird im Abschn. 3.2 gezeigt werden. Weitergehend sollen potentielle Schwachstellen (z.B. abgehobene Leiterzüge, kalte Lötstellen) aufgedeckt oder im Rahmen von Vorbehandlungen Fehlermechanismen beschleunigt und Ausfälle erkannt werden. Während in der Betriebsphase vorwiegend das logische Verhalten der Rechnerkomponenten unter Beobachtung steht, sind es bis zur Inbetriebnahme unterschiedlichste elektrische und nichtelektrische Prüfparameter. Besondere Beachtung genießt die Bestimmung der Fehlerursachen zum Zwecke der Fehlerprävention. Wie im Kapitel 1 erläutert, ist das Diagnosesystem am Bearbeitungsstand und an den in Betracht zu ziehenden Unzulänglichkeiten zu orientieren.

Die Mannigfaltigkeit der Prüfparameter, die konstruktive Evolution der Prüfobjekte, Veränderungen der Prüfaufgaben und Prüfbedingungen regen zu einer ständigen Suche nach effektiven Prüfprinzipen (Bild 2.1) an.

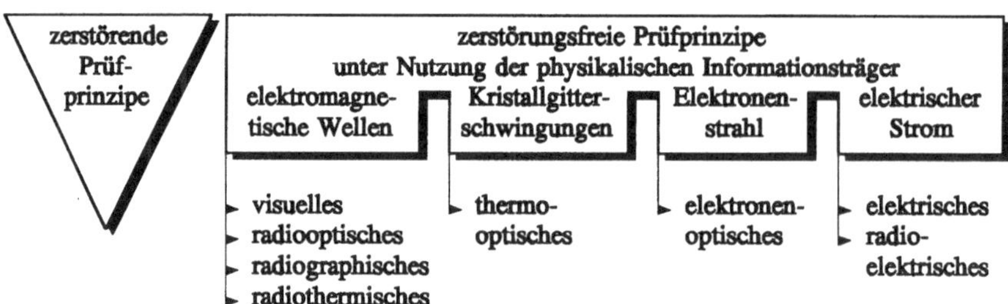

Bild 2.1 Prüfprinzipe

Elektrisches Prüfprinzip. Mit seiner ausgeprägten Differenzierung nach Strategien, Methoden und Verfahren ist es dominierend und liegt auch den Erörterungen der nachfolgenden Kapitel zugrunde. Seine in der Betriebsphase nichtersetzbare Stellung ist allerdings in Hinsicht auf die Interessenpartnerschaft mit den Bauelementeherstellern und Zulieferern nicht kritiklos:

- Das elektrische Prüfprinzip weist in der Regel den technischen Zustand zum Zeitpunkt der Diagnose nach. Das Diagnoseergebnis enthält wenig Prognoseinformation, da sich latente Fehler, insbesondere chemo-physikalischer Art, häufig nicht in elektrischen Größen abbilden.
- Aus Abweichungen elektrischer Prüfparameter läßt sich nicht immer auf die Prozeßursache schließen; die rechtzeitige Korrektursteuerung vorgelagerter Prozesse ist damit in Frage gestellt.
- Immer feinere Topologien, die Realisierung immer komplexerer Funktionen in integrierten Schaltkreisen und deren Kontaktierung auf alternativen Bauelementeträgern (Multi-Chip-Modul) erschweren eine elektrisch leitende Kontaktierung für Prüfzwecke. Im dynamischen Betrieb sind die parasitären Belastungen störend.

Nichtelektrische Prüfprinzipe ergänzen sinnvoll die elektrischen Diagnosemöglichkeiten und sind insbesondere bei der Fehlerursachenermittlung hilfreich. In diesem Abschnitt kann nur eine kurze, im Sinne der angesprochenen Interessenpartnerschaft jedoch notwendige, Übersicht gegeben werden.

Zerstörende Prüfverfahren. Noch häufig zur Bewertung von Schichtdicken, der Haftfestigkeit und Beschaffenheit galvanisch erzeugter Schichten, von Durchkontaktierungen, der Ausprägung von Löt- und anderen Verbindungen zur Gewährleistung der Prozeßqualität angewandt, sind sie mit dem Trennen, Schleifen, Polieren, Anätzen der entsprechenden Objekte und ihrer anschließenden visuellen Untersuchung mit optischen Hilfsmitteln verbunden.

Visuelles Prüfprinzip. Kostengünstig können mechanische Beschädigungen, Leiterbildfehler, fehlende oder schlecht positionierte Bauelemente, fehlende Anschlußdrähte, unvollständige Lötstellen sowie Lotbrücken erkannt werden. Nachteilig ist der subjektive Einfluß des Prüfenden; die Diagnosesicherheit liegt unter 80%. Es fehlt nicht an Versuchen, durch geeignete Hilfsmittel (z.B. Komplementärfarbenverfahren, Wechselbildverfahren, Inversionsverfahren) das Diagnoseergebnis zu objektivieren [Kärg 85].

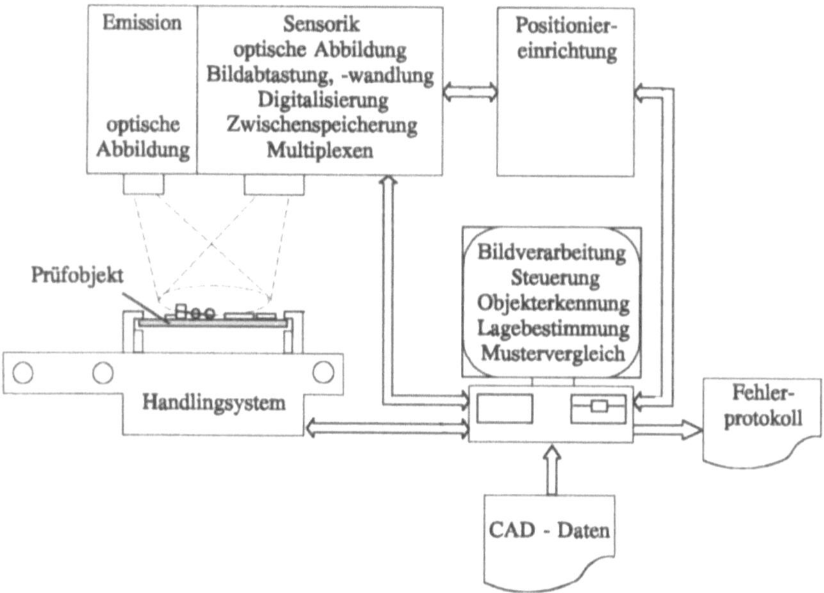

Bild 2.2 Radiooptisches Prüfprinzip (Übersichtsplan)

Radiooptisches Prüfprinzip. Genutzt wird das sichtbare Licht zur Gewinnung topographischer und oberflächenstruktureller Informationen (Bild 2.2). Stand der Technik sind weitgehend automatisierte Bildverarbeitungssysteme, z.B. [Grun 95], [Pick 91]. Die Auflösung bewegt sich im µm-Bereich. Vorzugsweise werden erkannt: Metallisierungs-, Schicht-, Kontaktierungs-, Positionier- und Bestückungsfehler. Die Prüfsicherheit wird im wesentlichen durch die Sensorkonstruktion bestimmt und beträgt 90% bis 95%.

Mit modifizierten Verfahren lassen sich auch elektrische logische Zustände nachweisen [Mill 92]. So wird beim Durchgang eines Laserstrahls durch ein transparentes Material bzw. bei der Reflexion an leitfähigen Gebieten seine Phase proportional zum elektrischen Feld im Material verändert. Andererseits können durch einen Laserstrahl der Photoeffekt in Halbleitern und somit Schaltvorgänge kontaktlos stimuliert werden. Die Reaktionen des

Prüfobjekts können elektrisch oder über eine Phasenänderung des reflektierten Laserstrahls nachgewiesen werden.

Radiothermisches Prüfprinzip. Informationsträger ist die Wärmestrahlung des Prüfobjekts (Bild 2.3). Bewertbare physikalische Größen sind die Strahldichte oder die Leuchtdichte. Zur Wärmeabstrahlung wird das Prüfobjekt thermisch (Heißluft, Bestrahlung, Abrastern mittels Laserstrahl) oder durch die Umsetzung von elektrischer Energie in Wärmeenergie beim Betreiben des Objekts unter normalen Betriebsbedingungen bzw. speziellen Prüfbedingungen angeregt. Die zu erfassende Wärmestrahlung trifft auf einen Hohlspiegel, der sie auf einen schwenkbar gelagerten Planspiegel (auch Drehspiegel oder rotierendes Prisma). Von dort gelangt sie auf ein rotierendes Prisma und durch eine Öffnung im Hohlspiegel über eine Optik auf den Infrarotsensor. Dieser wandelt sie in ein elektrisches Signal. Durch zyklisches Schwenken des Planspiegels wird jeweils nur eine Zeile des Abbilds des Objekts auf das rotierende Prisma gelenkt. Die Zeile wiederum wird durch das rotierende Prisma in einzelne Bildpunkte zerlegt. Durch Weiterverarbeitung des Sensorsignals können Wärmebilder erzeugt und gewünschte Bewertungen vorgenommen werden.

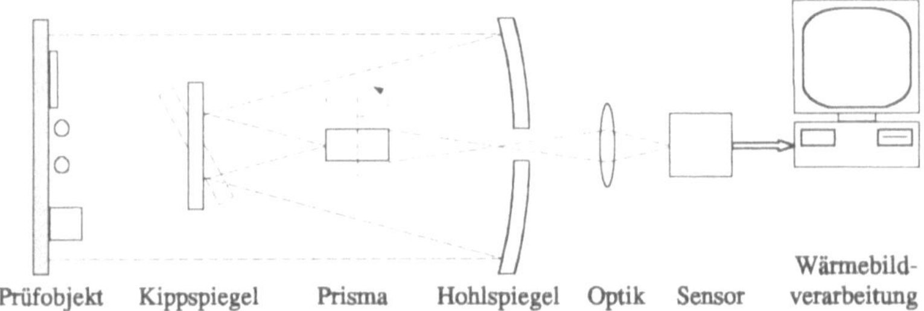

Bild 2.3 Wirkungskette des radiothermischen Prüfprinzips

Zu Temperaturänderungen führen Unterbrechungen und Kurzschlüsse, Unregelmäßigkeiten in den Lagen von Bauelementeträgern, Stromanomalien, Unregelmäßigkeiten in Halbleitermaterialien, Veränderungen des Schalt- bzw. Betriebszustands von Bauelementen. Die geometrische Auflösung liegt im µm-Bereich und die thermische Auflösung bei etwa 0,05 K. Nachteilig sind die diffizilen Randbedingungen (Spektralbereich, Emissionsgrad, Signal-Rausch-Abstand) und die Zeitkonstante im µs-Bereich.

Grundlegende Zusammenhänge der Infrarottechnik sind in [Walt 83] publiziert.

Radiographisches Prüfprinzip. Die Wechselwirkung zwischen Röntgenstrahlen und dem bestrahlten Objekt gestattet den Einblick in die inneren Lagen von Mehrlagenleiterplatten,

Mehrlagenkeramikträgern oder in den inneren Aufbau verkappter Bauelemente [Jord 94]. Geprüft werden die Deckungsgenauigkeit einzelner Lagen, Unterbrechungen, Kurzschlüsse von Leiterzügen, Lage von Bonddrähten, Einschlüsse u.ä. Im bevorzugten Verfahren werden das Objekt durchstrahlt, die Röntgenstrahlen (mittels Röntgenvidikons) in ein elektrisches Signal gewandelt und das Abbild auf einer Elektronenstrahlröhre dargestellt bzw. rechnergestützt bearbeitet. Die Grenzen des Prinzips liegen in der Streuung, in den endlichen Ausdehnungen des Röntgenstrahls und der damit gegebenen Auflösung sowie im schwachen Kontrast begründet.

Thermooptisches Prüfprinzip. Grundlage ist das physikalische Phänomen, daß sich die Eigenschaften bestimmter Stoffe (z.B. Flüssigkeitskristalle [Pica 90]), die in Kontakt mit dem Prüfobjekt zu bringen sind, optisch bewertbar, nichtlinear beim Erreichen einer Schwelltemperatur ändern. Die Einsatzmöglichkeiten sind denen des radiothermischen Prinzips ähnlich. Bei einer lateralen Auflösung im µm-Bereich werden Verlustleistungen zwischen 50 und 500 µW noch erkannt.

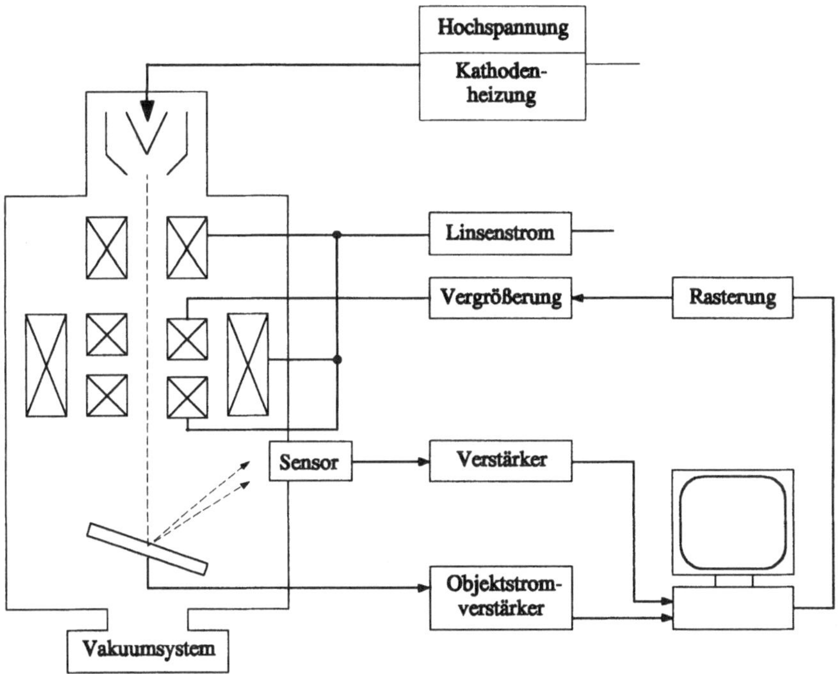

Bild 2.4 Elektronenoptisches Prüfprinzip (Übersichtsplan)

Elektronenoptisches Prüfprinzip. Im Ergebnis der Wechselwirkung eines stark fokussierten Elektronenstrahls mit dem Prüfobjekt können verschiedene Effekte beobachtet werden:

- elastische oder nichtelastische Streuung von Elektronen
- Emission von Sekundärelektronen durch Stoßionisation
- Wechselwirkung zwischen Objektelektronen (Auger-Elektronen)
- Emission von Photonen und Röntgenstrahlen
- Absorption von Elektronen
- Trennung von Elektronen und Löchern im Objekt (elektronenstrahlinduzierter Strom)
- Transmission von Elektronenstrahlen.

Die Primärelektronen werden mittels elektromagnetischer Linsen abgelenkt und fokussiert (Bild 2.4). Die untere Grenze des Strahldurchmessers liegt bei etwa 0,1 µm. Zur Auswertung des jeweiligen Effekts dienen entsprechende Sensoren. Ihr elektrisches Ausgangssignal für den betreffenden Rasterpunkt steuert die Helligkeit des Elektronenstrahls des Monitors.

Prüftechnisch sind im wesentlichen 5 Verfahren interessant:

- *Topographie-Kontrast.* Die aus emittierten Sekundärelektronen erhaltenen Abbilder und die erkennbaren Fehlerarten entsprechen denen des radiooptischen Prüfprinzips, allerdings weitaus stärker vergrößert.
- *Potential-Kontrast (statisch).* Zahl, Energie und Flugbahn der emittierten Sekundärelektronen werden durch elektrische Felder beeinflußt, die auf die Potentialverteilung im Prüfobjekt zurückgehen. Zonen mit positivem Potential erscheinen auf dem Bildschirm dunkel, solche mit negativem Potential hell. Damit lassen sich Schaltzustände bewerten. Die geometrische Auflösung beträgt 5 bis 10 nm; die Potentialauflösung etwa 10 mV. Durch Veränderung der Phasenlage des Elektronenstrahls können auch Schaltzustände paralleler Leiterbahnen (z.B. Datenbusse) sichtbar gemacht werden.
- *Potential-Kontrast (dynamisch).* Das statische Verfahren ist anwendbar, solange die Arbeitsfrequenz des Prüfobjekts geringer als die Bildfrequenz ist. Im entgegengesetzten Fall wird der Elektronenstrahl gepulst und mit der Arbeitsfrequenz synchronisiert. Bei zyklischer Ansteuerung des Objekts und Zuschaltung des Elektronenstrahls in jedem Zyklus wird ein Stroboskop-Effekt erzielt.
- *Potential-Messung.* Sie erfolgt mit einem Gegenfeldspektrometer. Bei einer Potentialänderung und damit ausgelöster Änderung des Sekundärelektronenstroms wird durch eine Kompensationsschaltung ein Gegenfeld derart aufgebaut, daß der Elektronenstrom konstant bleibt. Die Kompensationsspannung ist der Meßgröße proportional. Potentialdifferenzen von 1mV sind noch bestimmbar; der Meßfehler beträgt ≤ 5 %. Unter Anwendung der Sampling-Methode können zeitabhängige Potentiale gemessen werden. Potentialflanken im ns-Bereich wurden mit einem Meßfehler von etwa 1 % gemessen. Taktfrequenzen von einigen hundert MHz sind beherrschbar.
- *Elektronenstrahl-induzierter Strom.* Der Primärelektronenstrahl erzeugt an pn- und Schottky-Übergängen Ladungsträgerpaare. Der Strom der Ladungstrennung wird

ausgewertet. In einer anderen Applikation können durch einen Elektronenstrahl gesteuerte Tore auf dem Chip vorgesehen werden, die eine Stimulierung innerer Prüfpunkte erlauben.

Der elektrische Widerstand des Elektronenstrahls wird mit 10^{12} Ω angegeben und stellt praktisch keine Last für das Prüfobjekt dar. Parasitäre Kapazitäten werden nicht beobachtet.

Insbesondere die zunehmende Realisierung von Computerbaugruppen in Multi-Chip-Modul-Technik befördert die weitere Entwicklung und den Einsatz des elektronenoptischen Prüfprinzips [Brun 94].

Radioelektrisches Prüfprinzip. Auch für seine Entwicklung waren Probleme bei der mechanischen Kontaktierung immer feinerer Strukturelemente ausschlaggebend. Mit Hilfe eines Laserstrahls wird die Bildung eines Plasmas zwischen einer Sonde und dem Kontaktpunkt des Prüfobjekts (Printed Wiring Boards) induziert (Bild 2.5). Damit entsteht für etwa 20 µs ein leitender Pfad für Gleich- und Wechselstrom. Demonstriert wurde das Prinzip durch die Bewertung von Widerständen unter 10 Ω und verzerrungsfreier Abbildung eines 2,5 MHz Impulssignals bei nichtmechanischer Antastung eines Anschlußrasters unter 25 mils [Mill 92].

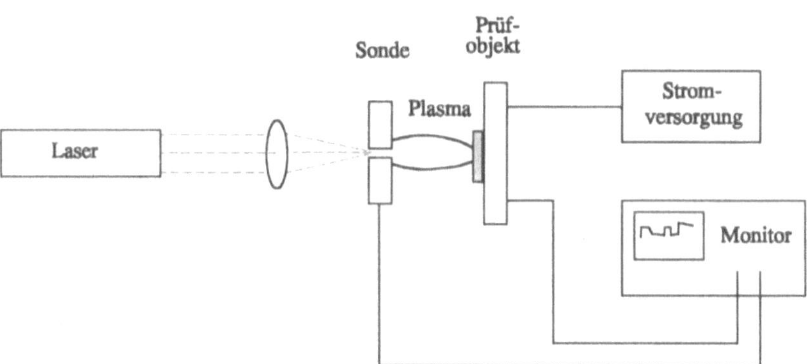

Bild 2.5 Radioelektrisches Prüfprinzip nach [Mill 92] (Übersichtsplan)

Abschließend sei darauf hingewiesen, daß für hoch zuverlässige elektronische Erzeugnisse oben erläuterte Prüfprinzipe seit langem Eingang in das umfangreiche Normenwerk der "Military Standards", z.B. [MIL 83], gefunden haben.

2.2 Funktionalität eines Diagnosesystems

In der Betriebsphase eines Computers dient die Diagnose dem Nachweis

- der Funktionsfähigkeit zu einem gegebenen Zeitpunkt (der Verfügbarkeit); dies muß nicht Fehlerfreiheit bedeuten, z.B. können von n redundanten Funktionseinheiten n-1 Einheiten ausgefallen sein
- der korrekten Erbringung einer aktuell geforderten Operation mit aktuellen Verarbeitungsdaten; festzustellen ist, ob in Hinsicht auf diese (und nur auf diese) Operation ein Fehler (eine Störung) aufgetreten ist.

Diesen Erfordernissen kann in Analogie zur Gewährleistung der Qualitätsforderungen an Fertigungsprozesse [West 91] (s. auch Bild 1.12 und Bild 1.13) mit einer Pre-Prozeß-, einer In-Prozeß- oder einer Post-Prozeß-Diagnose ("Prozeß" hier im Sinne der Informatik gebraucht) oder ihrer Kombination entsprochen werden.

Pre-Prozeß-Diagnose. Nach dem Einschalten, in bestimmten Abständen oder unmittelbar vor der Zuteilung der benötigten Betriebsmittel an einen Prozeß wird Gewißheit geschaffen, daß die Funktionsfähigkeit des Gesamtsystems bzw. der benötigten Betriebsmittel gegeben ist oder daß keine Fehler aus einer vorgegebenen Fehlermenge vorliegen. Die prophylaktische Abarbeitung von Diagnoseprozeduren oder -programmen ist außerdem ein probates Mittel, um latente Fehler sukzessive auszumerzen.

In-Prozeß-Diagnose. Nach der Zuteilung der Betriebsmittel bis zur Terminierung eines Prozesses wird gewährleistet, daß in diesem Intervall wirksam werdende Fehler (Störungen) oder ihre Einflußnahme auf den Prozeß erkannt werden und entsprechende Reaktionen erfolgen; Fehler in nicht benötigten Betriebsmitteln bleiben außer Betracht.

Post-Prozeß-Diagnose. Nach dem Terminieren des Prozesses wird die Korrektheit der von ihm erzeugten Ausgaben (Ergebnisse) geprüft; erst nach der Feststellung fehlerhafter Ausgaben werden gezielte Diagnosehandlungen zur Fehlerermittlung eingeleitet.

Für das Diagnosesystem als Gesamtheit der programmtechnischen und gerätetechnischen Mittel zur Bestimmung des technischen Zustands des Computersystems und zur Aufrechterhaltung seiner Verfügbarkeit sind zwei Arbeitsweisen möglich:

- *Diagnose unter Betriebsbedingungen*: Stimulierung des Prüfobjekts erfolgt in Reihenfolge und Wertzuweisung durch Signale, die im normalen Betrieb auftreten
- *Diagnose unter Testbedingungen*: Stimulierung des Prüfobjekts erfolgt in Reihenfolge und Wertzuweisung durch spezielle, zweckgerichtet generierte Signale.

Einen Überblick über den Gestaltungsspielraum gibt Bild 2.6. Im weiteren werden die einzelnen Elemente detailliert und näher beschrieben.

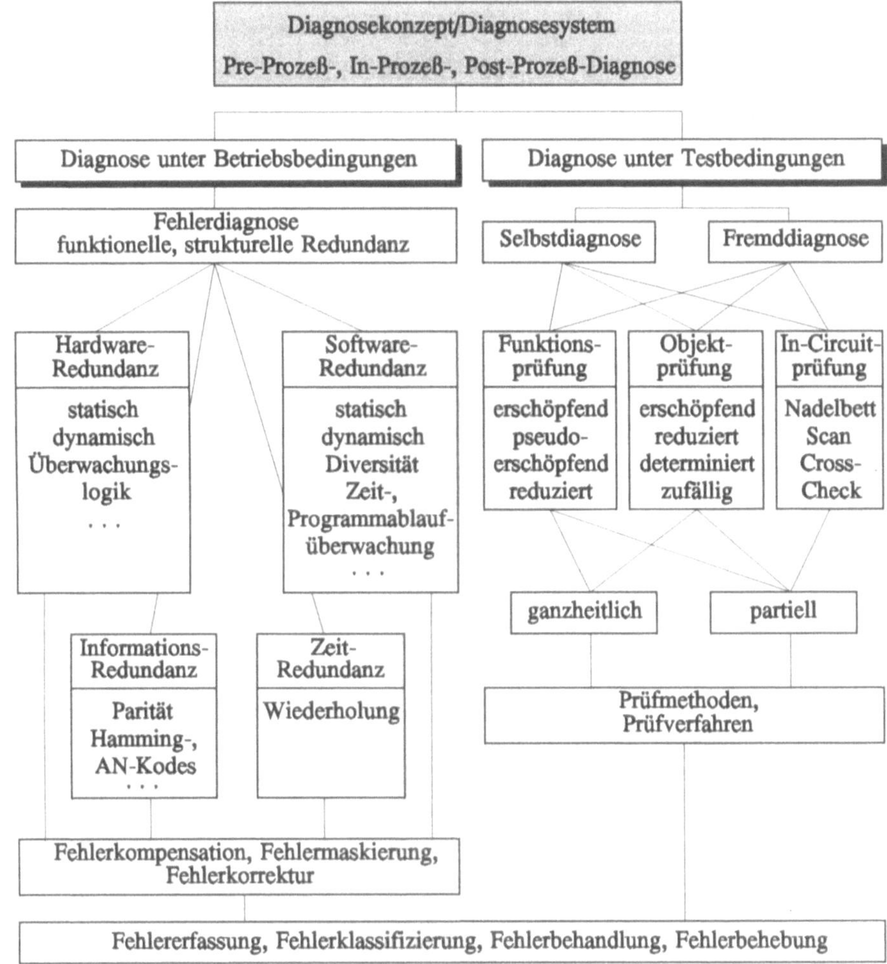

Bild 2.6 Elemente zur Gestaltung eines Diagnosesystems

Unter *Betriebsbedingungen* wird Fehlerdiagnose im engeren Sinn oder, umfassender, Fehlertoleranz angestrebt. Das verlangt die wahlweise Implementierung einer funktionellen oder strukturellen Hardware-Redundanz, einer Software-, Informations- oder Zeit-Redundanz. Unter *struktureller Redundanz* wird die Bereithaltung zusätzlicher, gleichartiges Eingangs-/Ausgangs-Verhalten zeigender Systemkomponenten (z.B. Dublierung einer ALU) verstanden, während die Erweiterung des Eingangs-/Ausgangs-Verhaltens um zusätzliche, für die engere Zweckbestimmung nicht notwendige Funktionen (z.B. Prüfsummenbildung) unter den Begriff der *funktionellen Redundanz* fällt.

Die strukturell redundanten Mittel können ständig an der Funktionserbringung beteiligt sein. Bei dieser *funktionsbeteiligten oder statischen Redundanz* stehen zu einem beliebigen Zeitpunkt mehrere Ergebnisse der geforderten Funktion zur Verfügung. Auf der Grundlage eines Vergleichs (*Relativtests*) kann auf die Gültigkeit (Fehlerfreiheit) von Ergebnissen geschlossen werden. Fehler, die sich in gleicher Weise auf die einzelnen Realisierungen auswirken, werden nicht erkannt. Zum anderen können strukturell redundante Mittel auch erst nach einem festgestellten Ausfall oder Versagen an der Funktionserbringung beteiligt (*nichtfunktionsbeteiligte oder dynamische Redundanz*) werden. Grundlage für das Aktivieren der Redundanz ist hier ein *Absoluttest*, der auf die Erfüllung vorgegebener Kriterien ausgerichtet ist.

Auftretende Fehler werden im Moment ihres Wirksamwerdens auf die aktuelle Betriebsfunktion bzw. mit kurzer Verzögerung erkannt und behandelt. Diese Arbeitsweise eines Diagnosesystems erfordert einen besonders weitsichtigen und Systeminterna berührenden Diagnoseentwurf, da die Durchgängigkeit und Kompatibilität der Implementierungen vom Logikniveau bis zum Systemniveau (vgl. Bild 1.6) gewährleistet werden muß. Nachträgliche Änderungen sind mit einem umfangreichen Redesign verbunden.

Unter *Testbedingungen* muß durch das Diagnosesystem eine spezielle Prüfmustergenerierung, Prüfdatenauswertung und Prüfablaufsteuerung übernommen werden. Diese Funktionen können extern in bezug auf das Diagnoseobjekt (Fremddiagnose) oder im Rahmen des Diagnoseobjekts (Selbstdiagnose) realisiert werden. Für die Selbstdiagnose sprechen die ständige Verfügbarkeit der Diagnosemittel und die Möglichkeit einer funktionskonvertierenden Nutzung von Ressourcen des Objekts als Diagnosemittel. Letzteres erlaubt, den als nachteilig empfundenen Overhead zu minimieren.

Unterschiedliche Konsequenzen insbesondere für die Diagnosesicherheit erwachsen aus der Wahl einer funktions- oder strukturorientierten Prüfstrategie und diese untersetzender Prüfmethoden und Prüfverfahren. Weniger komplexe Objekte können ganzheitlich einer Diagnose unterzogen werden. Alternative ist die Partitionierung eines Objekts in Bestandteile, die unabhängig voneinander geprüft werden (vgl. Abschn. 1.3.2).

Aus den Überlegungen der vorangegangenen Abschnitte soll nun die potentielle *Funktionalität eines Diagnosesystems* (Bild 2.7) abgeleitet werden. Die Auswahl und Kombination einzelner funktioneller Bestandteile, ihre verfahrenstechnische Realisierung sowie ihre Implementierung sind Gegenstand des im Abschn. 1.2.3 angesprochenen Diagnoseentwurfs. In einem realen Computersystem sind sie eher konzeptionell, denn physikalisch separiert auszumachen.

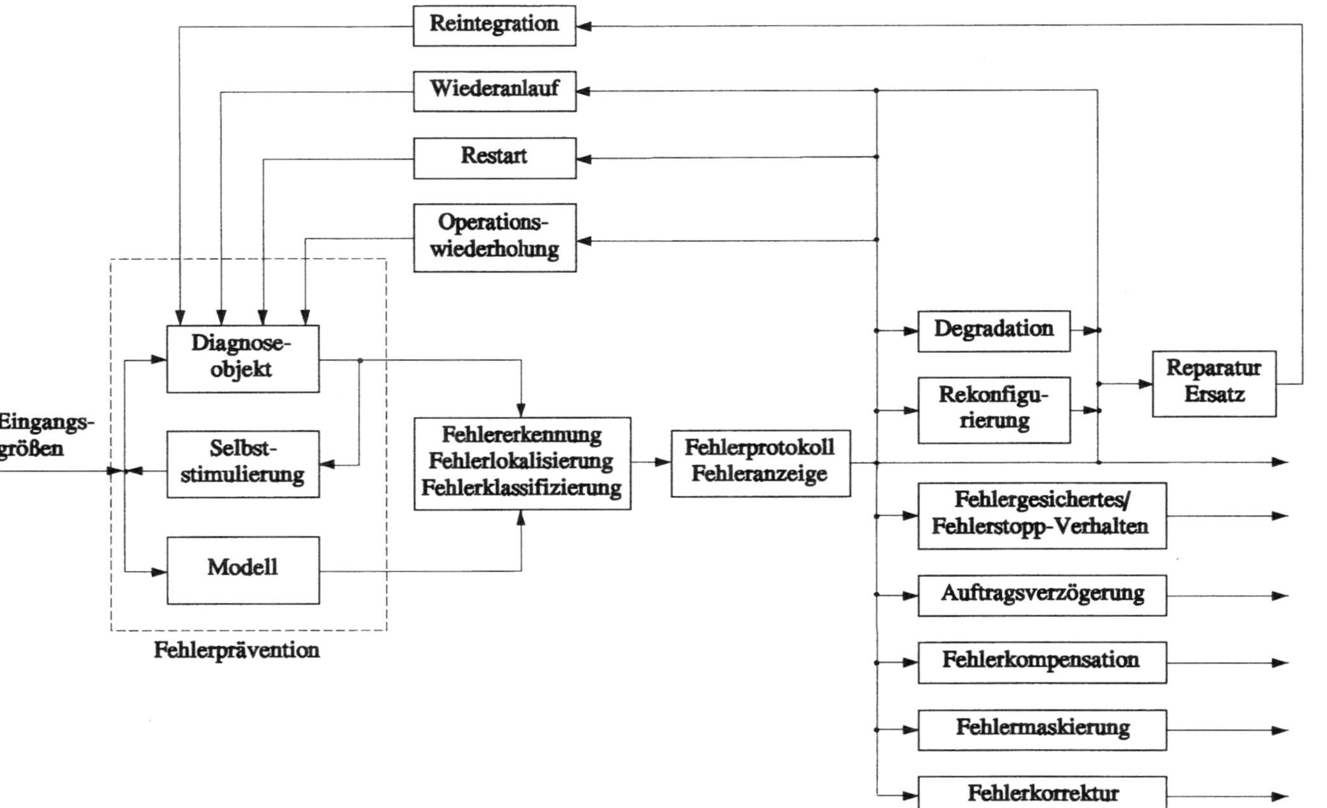

Bild 2.7 Übersicht funktioneller Bestandteile eines Diagnosesystems

Fehlerprävention. Vorsorglich getroffene Maßnahmen wie Burn-in, Abschirmung vor Umwelteinflüssen oder deren Stabilisierung (Lüftung, Kühlung), Eingabemasken für die Datenerfassung u.ä. sollen beitragen, daß Fehler erst garnicht entstehen.

Abbildung des Diagnoseobjekts. Will man zu einer Diagnoseaussage kommen, muß die aktuell vorliegende Beschaffenheit (z.B. ausgedrückt durch logische Zustände) des Diagnoseobjekts mit der geforderten Beschaffenheit in Relation gesetzt werden. Die geforderte Beschaffenheit muß durch ein *Modell* des Diagnoseobjekts abgebildet werden. Für wissensbasierte Diagnosesysteme [Breu 89] muß das Modell nicht nur Informationen zum Verhalten der funktionsfähigen Diagnoseobjekte, sondern auch Informationen über das Fehlverhalten liefern. Die Modelle können durch gespeicherte Referenzdaten, ein Simulationsprogramm, ein physikalisches (materielles), auch "golden device" genanntes, Muster des Objekts oder das Objekt selbst repräsentiert sein. Der letztere Fall trifft z.B. zu, wenn die Ergebnisse zweier Programmläufe verglichen werden (Zeitredundanz).

Fehlererkennung, Fehlerlokalisierung, Fehlerklassifikation. *Fehlererkennung* stellt das absolute Minimum an Funktionalität des Diagnosesystems dar. Sie beruht auf einer zielgerichteten, systematischen Analyse der beobachteten Beschaffenheitsrelation und auf ihrer Auswertung unter Anwendung von Fehlerkriterien. Letztere sind daran orientiert, ob unter Betriebsbedingungen oder unter Testbedingungen geprüft wird, vor allem aber an der Art des Prüfmerkmals (logischer Zustand, elektrischer Parameter, Zeit u.ä.). Ideal für die Fehlererkennung wäre ein globales, systemumfassendes Fehlerkriterium; unter der Randbedingung zeitlich sowie geräte- und programmtechnisch begrenzter Ressourcen ist ein solches jedoch nur partiell praktizierbar.

Die weitere Verfahrensweise nach einem erkannten Fehler hängt vom Ergebnis der *Fehlerklassifizierung* ab. Vorrangig ist nach der zeitlichen Dauer der Fehlerwirkung (vgl. Bild 1.24) zu unterscheiden. Zu diesem Zweck wird ein als fehlerhaft erkannter Funktionsablauf eventuell mehrfach repetiert. Wiederholt sich dabei das Fehlverhalten nicht, ist auf einen transienten oder intermittierenden Fehler zu schließen; anderenfalls liegt ein permanenter Fehler vor.

Im allgemeinen kann das Netz der Fehlererkennung nicht so dicht geknüpft werden, daß dem beobachteten Fehlverhalten unmittelbar der Ort der auslösenden Ursache zugeordnet werden kann. Um die Auswirkungen eines Fehlers auf die weitere Funktionserbringung zu beseitigen und eine ausgefallene bzw. gestörte Einheit geeignet zu behandeln, ist deren *Lokalisierung* vorzusehen. Zu diesem Zweck müssen, über die Fehlererkennung hinaus, Strukturinformationen über das Computersystem herangezogen werden. Auf den Fehlerort kann durch logische Bearbeitung des Fehlersyndroms geschlossen werden oder die Systembestandteile sind systematisch zu überprüfen. Eine systemeigene automatische Fehlerlokalisierung kann sehr aufwendig sein, so daß leistungsfähigere Implementierungen hohen Verläßlichkeitsbedürfnissen vorbehalten bleiben. Die Auflösung des Fehlerorts entspricht der kleinsten auswechselbaren oder rekonfigurierbaren bzw. wiederherstellbaren Einheit (Einschub, Leiterkarte, Gerät, Sequenz von Mikrobefehlen oder Befehlen), ist also an der vorgesehenen Fehlerbehebung orientiert.

Die richtige Reaktion auf ein Fehlverhalten setzt im allgemeinen eine weitergehende Analyse seiner Ursachen voraus. Zum Beispiel wird eine unterbrochene Papierzufuhr für einen Drucker anders zu beheben sein als eine falsche Geräteadresse. Ein entsprechendes Analyseprogramm kann natürlich nur eine begrenzte Menge vorzugebender Unzulänglichkeiten unterscheiden. Als Werkzeug für die Erarbeitung der Vorgabe ist wiederum das Qualitätshaus (s. Abschn. 1.2.2) zu empfehlen.

Fehleranzeige, Fehlerprotokollierung. Die Anzeige eines nichtbehebbaren Fehlers und der irregulären Beendigung eines Auftrags bzw. die Anforderung eines Bedienereingriffs im Ergebnis der Diagnose sind gleichfalls zum minimalen Funktionsumfang zu zählen. Fehlersituationen sollten protokolliert werden, auch wenn sie im Ergebnis nachfolgender Fehlerbehandlungen toleriert werden. Ein solches "Fehlerlog" wurde schon in frühen Rechnern realisiert [Hsia 81]. Aus den Aufzeichnungen (Fehlersyndromen) lassen sich Fehler lokalisieren, Hinweise auf lokale Häufungen von Unzulänglichkeiten, auf Qualifikationsdefizite in der Bedienung, auf unfreundliche Umgebungsbedingungen oder Vorzeichen des Umschlagens intermittierender in permanente Fehler gewinnen.

In Abhängigkeit vom erkannten, analysierten und lokalisierten Fehler können unterschiedliche Maßnahmen eingeleitet werden, um trotz vorhandener Unzulänglichkeiten das beabsichtigte Verhalten bzw. einen gerade noch akzeptierbaren Systemzustand zu gewährleisten. Man spricht von *Fehlerbehandlung*.

Auftragsverzögerung. Bei leicht behebbaren Ursachen, die zwar die Ausführung eines Auftrags vereiteln, aber keine Verarbeitungs- oder Programmdaten verfälschen (oben genannte unterbrochene Papierzufuhr oder Überlastung eines Kanals), wird der Auftrag zunächst zurückgestellt. Die Weiterarbeit erfolgt entweder unmittelbar nach der Wiederherstellung der Ausführungsvoraussetzungen bzw. nach einer ausdrücklichen Bestätigung z.B. durch den Nutzer.

Operationswiederholung. Für transiente oder intermittierende Fehler kann die Wiederholung (*retry*) als fehlerhaft gekennzeichneter Operationen gleichzeitig sowohl ihrer Unterscheidung von permanenten Fehlern (siehe oben) als auch ihrer Behebung dienen. Voraussetzung ist, daß sich die Fehler nicht über die beteiligten Einheiten hinaus fortgepflanzt haben und während der Wiederholung nicht mehr präsent sind, also nicht gespeichert wurden. Damit sind für diese Verfahrensweise die Mikrobefehlsebene, die Befehlsebene und Eingabe/Ausgabe-Operationen favorisiert. Von den Mitteln zur Fehlererkennung sind hardwarenahe Implementierung und kurze Reaktionszeiten zu fordern. Alle in Beziehung zu einem Befehl stehenden Daten werden zu geeigneten Punkten der Befehlsausführung gespeichert und der Befehlsfortschritt wird durch Statusinformationen gekennzeichnet. Wird ein Fehler erkannt, werden die letzten gültigen Daten restauriert. Der Befehl wird auf den entsprechenden Status zurück- und fortgesetzt. Da intermittierende Fehler häufig länger als ein Wiederholungszyklus andauern, ist ein mehrmaliger Wiederholungsversuch sinnvoll. Durch eine erfolgreiche Operationswiederholung wird Fehlerfreiheit nach innen (in den Grenzen der Einheit, innerhalb der Schicht) und nach außen (gegenüber der Funktionsumgebung oder höher gelagerten Schichten) erreicht.

Fehlerkompensation. Diese Bezeichnung soll hier in Übereinstimmung mit ihrer lateinischen Wurzel für ein Verfahren gebraucht werden, nach dem an einer Summierstelle die Wirkung einer auftretenden Abweichung durch eine entgegengerichtete aufgehoben wird. Sie ist hauptsächlich zur Behebung von Parameterfehlern gedacht und unabdingbar für die Gewährleistung einer Reihe von Hilfsfunktionen (Spannungs-, Taktversorgung). Wird die Ursache der ursprünglichen Abweichung nicht beseitigt, wird in den Grenzen eines Aussteuerbereichs Fehlerfreiheit nach außen abgebildet.

Fehlerkorrektur. Ein als fehlerhaft erkannter Zustand wird durch einen korrekten Zustand ersetzt. Prädestiniert sind fehlererkennende und fehlerkorigierende Kodes für den Transfer, die Speicherung und auch für die Verarbeitung von Daten (s. Abschn. 4.6). Im Rahmen des möglichen Korrekturpotentials wird nach außen Fehlerfreiheit abgebildet. Eine Fehlerfreiheit nach innen wird nur bedingt, z.B. für die transiente Verfälschung eines Bits in einem Datenwort, erreicht.

Fehlermaskierung. Voraussetzung ist die Verfügung über funktionsbeteiligte (statische) Redundanz. Bei n identischen Einheiten kann das Fehlverhalten von (n - 1) / 2 Einheiten nach außen verborgen werden, indem z.B. durch Mehrheitsentscheidung (s. Abschn. 4.1) nur die Weiterverarbeitung der als fehlerfrei angenommenen Informationen erlaubt wird. Da die Fehlerursache nicht behoben ist (keine Fehlerfreiheit nach innen), ist es sinnvoll, die Maskierungsereignisse zu registrieren, um eine Erschöpfung des Maskierungspotentials durch Fehlerakkumulation rechtzeitig zu erkennen.

Rekonfigurierung. Das Computersystem kann die Fähigkeit besitzen, als fehlerbehaftet erkannte und lokalisierte Komponenten physikalisch oder logisch außer Betrieb zu stellen (z.B. sperren von Speicherbereichen), eventuell Reservekomponenten einzugliedern oder auch, wie in Multiprozessorsystemen oder Rechnernetzen üblich, Prozesse und Betriebsmittel neu zuzuordnen. Die Ausgliederung von Einheiten oder die Verlagerung von Prozessen kann mit einem Leistungsabfall (graceful degradation) verbunden sein. Die Degradation kann sich auf die Überlebenswahrscheinlichkeit des Systems durch das Aufbrauchen von Reserven, auf den Funktionsumfang oder die Ausführungszeit von

Aufträgen beziehen. Da dies in der Regel vom Nutzer zunächst unbemerkt geschieht, ist auch hier die Protokollierung zu empfehlen, um die Instandsetzung einzuleiten.

Fehlergesichertes und Fehlerstopp-Verhalten. Insbesondere im industriellen Einsatz von Computern [Kirr 88] wird beim Auftreten nichtbehebbarer Fehler gefordert, die Arbeit der Anlage einzustellen (fail-stop) oder die Funktionalität der Anlage soweit zurückzunehmen, daß keine Gefährdungen für die Umgebung zu erwarten sind (fail-safe).

Wiederanlauf. Neben Fehlerkompensation, Fehlerkorrektur und Fehlermaskierung ist der Wiederanlauf (recovery) ein verbreitetes Mittel, um einen fehlerfreien Zustand des Computersystems nach einem erkannten Hardware- oder Softwarefehler und eventueller Rekonfigurierung zu erzielen [Bowe 93].

In der Regel wird ein Verarbeitungszustand wiederhergestellt, der vor dem Zeitpunkt der Fehlererkennung bestand (backward error recovery). Zu diesem Zweck werden auf einem zuverlässigen Medium, hardwaremäßig bzw. durch das Betriebssystem oder das Anwenderprogramm veranlaßt, in Intervallen als Rücksetzpunkte (checkpoint) alle Informationen gespeichert, die für eine Wiederaufnahme des durch einen Fehler unterbrochenen Prozesses benötigt werden. Liegen kooperierende Prozesse vor, so müssen eventuell auch diese zurückgesetzt werden.

Der Wiederanlauf kann auch auf der Basis eines akzeptierbaren Systemzustands erfolgen, der nach dem Ausfallzeitpunkt liegt (forward error recovery). In diesem Fall sind zusätzliche Operationen, die die erkannte Fehlerwirkung eliminieren, erforderlich [Long 90].

Restart. Ein Neustart des Programms wird erforderlich, sofern ein Wiederanlauf in einem Rücksetzpunkt (Rücksetzlinie) nicht erfolgreich war. Ein System-Restart ist nach einer wiederholten Programmstörung oder nach einem Ausfall der allgemeinen Stromversorgung nicht zu umgehen.

Reintegration. Nach der physikalischen Ausgliederung einer Einheit und ihrer Reparatur ist diese wieder in die Konfiguration des Systems einzugliedern.

In Abhängigkeit von der gewählten Lösung (und Implementierung) differieren die für die Fehlerdiagnose und die Fehlerbehandlung bereitzustellenden Hardware-, Software- und Zeit-Ressourcen recht stark. Im Bild 2.8 sind orientierende Verhältnisse gezeigt.

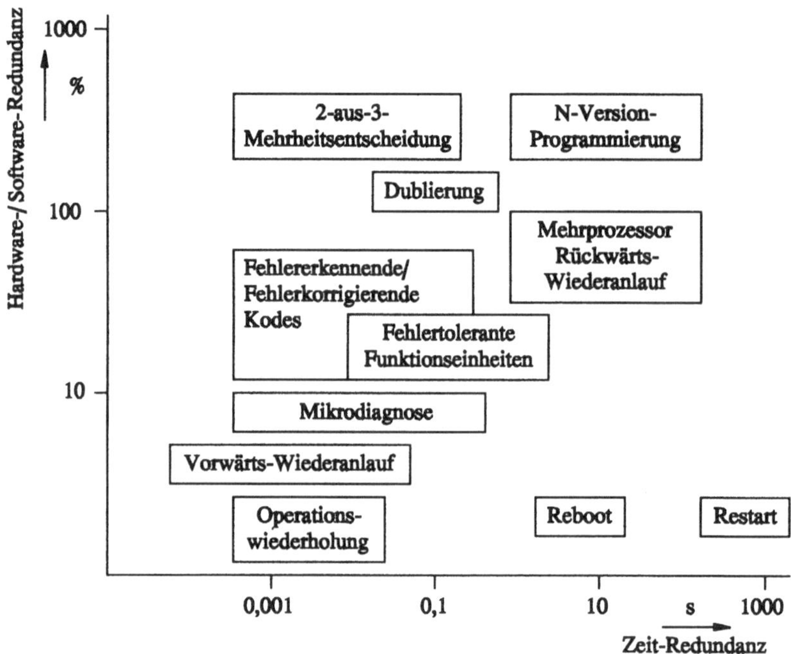

Bild 2.8 Hardware-, Software-, Zeit-Relationen nach [Male 91]

Das Zusammenspiel von Fehlererkennung, -klassifizierung, -lokalisierung und Fehlerbehandlung ist im Bild 2.9 beispielhaft und vereinfacht illustriert (vgl. [Shin 84]).

Während der Laufzeit eines Programms wird, periodisch oder aperiodisch vorbestimmt, eine fehlerfreie Stelle vor einem eventuellen Versagenszeitpunkt fixiert. Durch Hardware-Prüfstrukturen oder durch auf der System- bzw. Applikationsebene initiierte Tests wird ggf. ein Fehler signalisiert. Die Fehlersignale, relevante Zustandsdaten und die weiteren Fehlerbehandlungsaktivitäten werden protokolliert.

Im Falle eines System- oder Applikationsfehlers wird, sofern ein Rücksetzpunkt verfügbar ist, der Prozeß an diesem Punkt wieder aufgenommen. Für Anwendungen mit relativ kurzen zyklischen Prozessen ist es sinnvoll, einen Restart auszuführen. Allerdings kann es notwendig sein, durch einen Systemdienst die Datenhistorie zur Verfügung zu halten.

Handelt es sich um einen logischen Fehler (z.B. Bitfehler in einem gelesenen Speicherwort), der korrigiert oder maskiert werden kann, so wird das Programm fortgesetzt, nachdem dies geschehen ist. Stehen keine Korrektur- oder Maskierungsressourcen zur Verfügung (z.B. für mehrfache Bitfehler), wird versucht, durch Wiederholen der Operation, bei der der Fehler aufgetreten ist, diesen zu übergehen.

Bei transienten Fehlern wird dies erfolgreich sein. Eine mehrmalige erfolglose Wiederholung läßt auf einen permanenten Fehler schließen. Weitergehende Prüfungen zur Fehlerlokalisierung müssen folgen. Nach einer ggf. ausgeführten Rekonfigurierung wird der Prozeß auf den Rücksetz- oder auch auf den Startpunkt zurückgenommen. Ist das Diagnosesystem jedoch überfordert, bleiben weitere Aktivitäten dem Wartungspersonal überlassen.

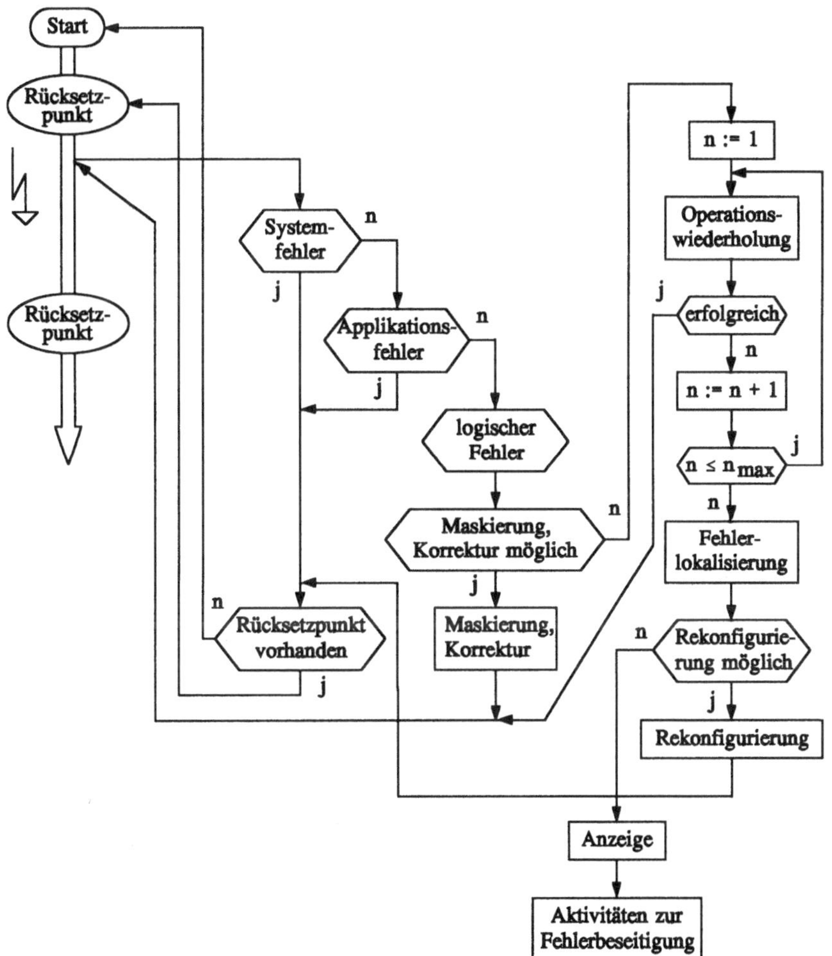

Bild 2.9 Zusammenspiel von Fehlererkennung, -klassifizierung, -lokalisierung und Fehlerbehandlung

2.3 Organisation und Struktur von Diagnosesystemen

Die Erörterungen zu Diagnosesystemen auf der Basis nichtelektrischer Informationsträger im Abschn. 2.1 werden nun für elektrische Informationsträger wieder aufgenommen. Auch hier kann zwischen Lösungen bis und ab der Inbetriebnahme des Computersystems unterschieden werden.

Für die Diagnose in der Herstellung der Rechnerbaugruppen werden vornehmlich rechnergestützte Prüfeinrichtungen (ATE - automatic test equipment) in vielfältigen Modifikationen eingesetzt. Zu ihren Aufgaben gehören:

A Modellbildung und Bereitstellung der Vergleichsnormale (eventuell in Form eines natürlichen Musters)
B Zuführung und Kontaktierung des Prüfobjekts
C Anregung (Stimulierung) des Prüfobjekts
D Informationserfassung aus der Reaktion von Objekt und Modell
E Informationswandlung
F Informationsübertragung
G Informationsverarbeitung
H Informationsspeicherung
I Bewertung (Vergleich) der vorliegenden Informationen von Objekt und Modell
K Verteilung der zur Anregung erzeugten und zur Auswertung vorgesehenen sowie andersgearteter Signale
L Anzeige bzw. Registrierung verschiedenartiger Signale und ihrer Informationsparameter
M Schaffung geforderter Prüfbedingungen
N Steuerung aller Funktionen
O Dialog Prüfpersonal - Prüfeinrichtung
P Kontrolle des fehlerfreien Prüfablaufs
Q CAE - Anbindung (Host-Rechner, Lokales Rechnernetz).

Ihre Zuordnung ist in der verallgemeinerten Struktur einer solchen Prüfeinrichtung (Bild 2.10) gekennzeichnet. Ein ausgeprägter modularer Aufbau und eine offene Systemarchitektur gewährleisten eine gute Anpassung an die jeweiligen Prüfparameter, Prüfverfahren, Prüfschärfe und Prüfdurchsatz.

Mit dem Aufbau von rechnergestützten Qualitätsmanagementsystemen werden automatisierte Prüfeinrichtungen so gestaltet, daß sie in Lokale Rechnernetze eingebunden werden können. Durch die Vernetzung kann die Prüfeinrichtung auf die Netzwerkbeschreibung, die Leiterplattengeometrie, die Logiksimulation oder die Bauelementebibliotheken des Entwurfssystems zugreifen. Die Prüfeinrichtung bringt ihrerseits on-line Datenmaterial für Fortschrittskontrolle, Auftragssteuerung, Bilanzierung, Qualitätsgeschichte u.ä. ein.

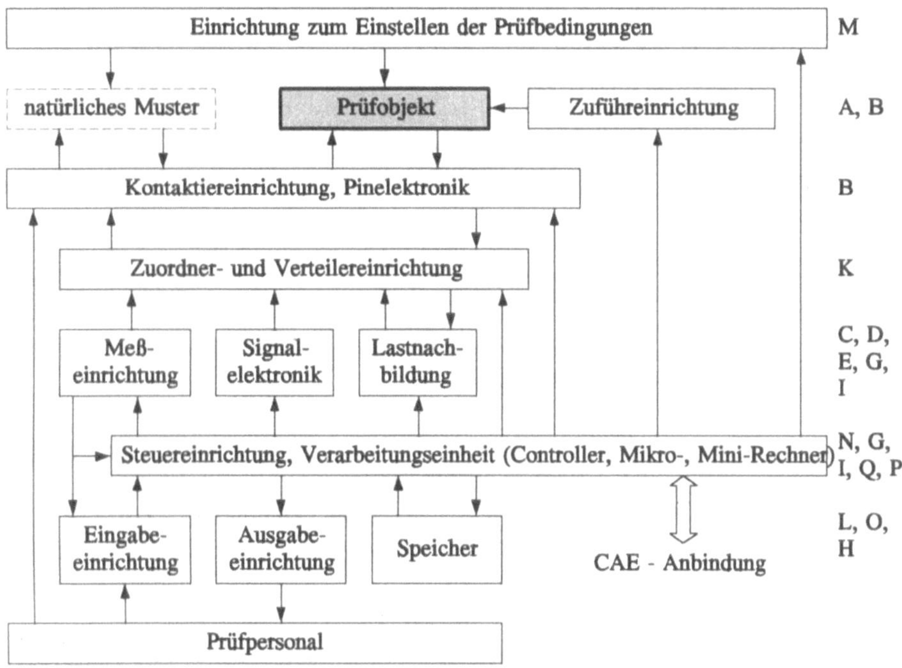

Bild 2.10 Verallgemeinerte Struktur einer Fertigungsprüfeinrichtung

ATE stellen praktisch spezialisierte Rechensysteme dar. Aufgrund des immer preisgünstigeren Hardwareaufbaus, wird das Preis-Leistungs-Verhältnis durch die programmtechnische Ausstattung: Prüfsprache, Betriebssystem, Prüfprogrammgenerierung und andere Dienstprogramme bestimmt.

Bei der Bestimmung des technischen Zustands des Diagnoseobjekts wird a priori vorausgesetzt, daß die Diagnosemittel funktionstüchtig sind. Im Qualitätsmanagement wird das durch die Prüfmittelüberwachung gewährleistet.

Während für die im Herstellungsprozeß eingesetzten Diagnosesysteme die klare Trennung von Diagnoseobjekt und Diagnosemittel die Regel ist, gilt diese Abgrenzung für Diagnosesysteme in der Betriebsphase nur bedingt. In Abhängigkeit von der Arbeitsweise unter Betriebsbedingungen oder unter Testbedingungen, von den gewählten Prüfstrategien oder Prüfmethoden können sich wechselnde Konfigurationen ergeben, weil

- zum gleichen Zeitpunkt Rechnerkomponenten sowohl dem Diagnoseobjekt als auch den Diagnosemitteln zuzurechnen sind; triviale Beispiele sind Stromversorgung oder Takterzeugung und -verteilung

- Rechnerkomponenten multifunktionell genutzt werden; ein ladbarer Mikroprogamm-speicher kann z.B. neben der Bereitstellung normaler Betriebssequenzen auch der Bereitstellung von Diagnosesequenzen dienen
- Rechnerkomponenten funktionskonvertierbar gestaltet werden; Register können z.B. über einen Betriebsmodus und einen Testmodus verfügen und im Testmodus die Generierung von Testmustern oder die Kompression von Testdaten (s. Abschn. 7.4) übernehmen.

Auch aus diesen Gründen kann nicht immer a priori davon ausgegangen werden, daß alle als Diagnosemittel benutzte Ressourcen funktionsfähig (fehlerfrei) sind. Für die Hardware- und Software-Ressourcen, die eine minimale Funktionsfähigkeit des Diagnosesystems gewährleisten, wurde der Begriff *Diagnosekern* (hardcore) geprägt. Diese Ressourcen müssen alternativ oder in Zusammenstellung

- einer intensiven Vorprüfung unterworfen werden und für die Anwendungsdauer eine gegen Null gehende Ausfallwahrscheinlichkeit haben
- selbstprüfend (s. Abschn. 4.8.3) bzw. fehlerkorrigierend (s. Abschn. 4.6.3) sein
- durch geeignete Gestaltung der Diagnoseprogramme durch diese selbst aufgebaut werden (s. Abschn. 4.9).

Diese schwimmenden Konturen beachtend, lassen sich vier Ausführungsformen realisieren. Auch sie sind selten in reiner Form, eher kombiniert anzutreffen.

Externe zentralisierte Diagnose. Große Rechenanlagen verfügen zur externen zentralisierten Diagnose über einen Diagnosecomputer vor Ort und im Fall einer praktizierten Ferndiagnose beim Hersteller [Siew 91]. In diesem ist der Diagnosekern konzentriert. Über den Systembus hat er Zugriff zu den Systemressourcen. Gegebenenfalls kann er über spezielle Schnittstellen und Scan-Wege (s. Abschn. 6.4) beliebig kleine Funktionselemente bis zum einzelnen Flipflop hinunter erreichen.

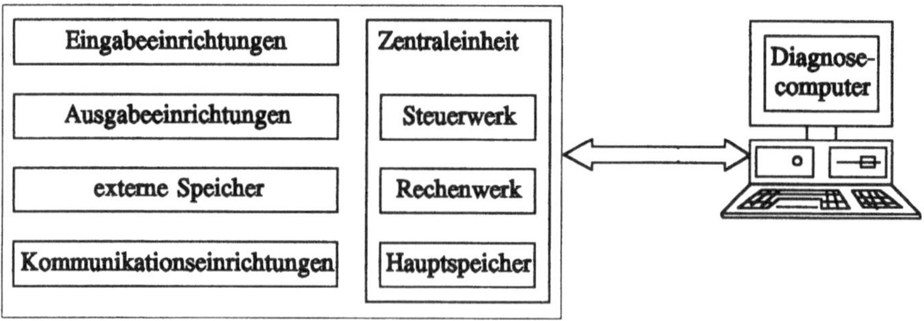

Bild 2.11 Externe zentralisierte Diagnose

In [Liu 84] werden Diagnoserechnern (s. Bild 2.11)

- Systeminitialisierung (Setzen der Hardware in einen vorbestimmten Zustand, laden von Mikroprogrammen, Start des Betriebssystems)
- In-Prozeß-Betriebsüberwachung
- Fehlerdiagnose und Fehlerbehandlung
- Konsolfunktionen
- Unterstützung von Diagnosehandlungen in Entwicklung und Fertigung

zugeordnet. Im allgemeinen werden solche Funktionen wie Wiederanlauf, Rekonfigurierung oder Reintegration im Zusammenwirken mit dem Betriebssystem wahrgenommen. Von Vorteil sind die relativ eindeutige Definition des Diagnosekerns und der Maßnahmen zur Sicherung seiner Funktionsfähigkeit. Der funktionelle Entwurf und der Diagnoseentwurf vereinfachen sich, das eigentliche Computersystem wird von Diagnosefunktionen entlastet, was seinerseits das Leistungsverhalten verbessert.

Interne zentralisierte Diagnose. Wie Bild 2.12 aussagt, können auch intern wesentliche Diagnosemittel zentralisiert werden, um mit begrenztem Hardware- und Software-Aufwand unterschiedliche Systemkomponenten geforderten Diagnoseprozeduren zu unterwerfen. Bei der im Bild unterstellten Patternmethode (s. Abschn. 4.3) werden nacheinander ausgewählte Funktionseinheiten durch die zentralisierten Diagnosemittel geprüft. Neben der Steuerung der Stimulierung und der Testdatenauswertung sind auch Übertragungswege zum Prüfobjekt freizuschalten bzw. unerwünschte Informationsflüsse zu blockieren. Als fehlerfrei befundene Komponenten werden zur Prüfung weiterer genutzt, so daß der ursprüngliche Diagnosekern sukzessive erweitert wird (Bootstrap-Prinzip).

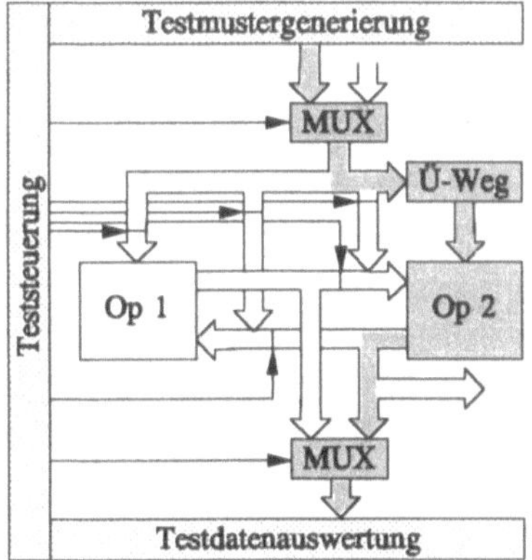

Bild 2.12 Interne zentralisierte Diagnose

Interne verteilte Diagnose. Die einzelnen Diagnoseobjekte besitzen selbst die Mittel, um ihren technischen Zustand zu bestimmen (Bild 2.13). Dem mehrfachen Bedarf an gleichartigen Diagnosemitteln steht eine Ersparnis an Prüfzeit entgegen, da nebenläufige Diagnoseprozesse organisiert werden können. Wesentlich einfacher und häufiger können Pre-Prozeß-Diagnosen für einzelne Objekte, die an den aktuellen Funktionen des Systems gerade nicht beteiligt sind, durchgeführt werden. Für die Koordinierung und Abfrage der einzelnen Objekte ist es sinnvoll, einen speziellen Diagnosebus vorzusehen. Über diesen ist auch die Funktionsfähigkeit der verteilten Diagnosekerne prüfbar.

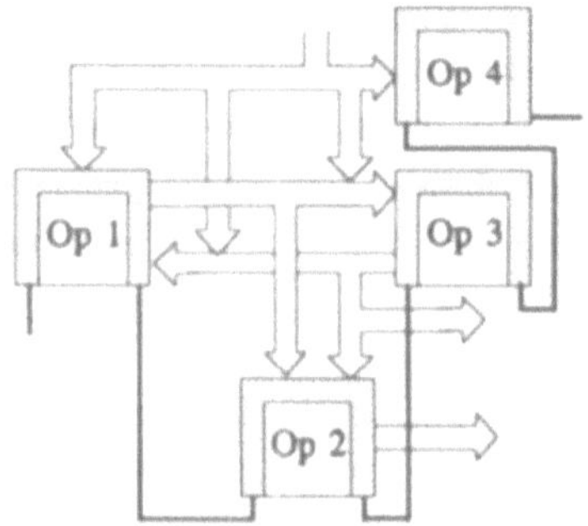

Bild 2.13 Interne verteilte Diagnose

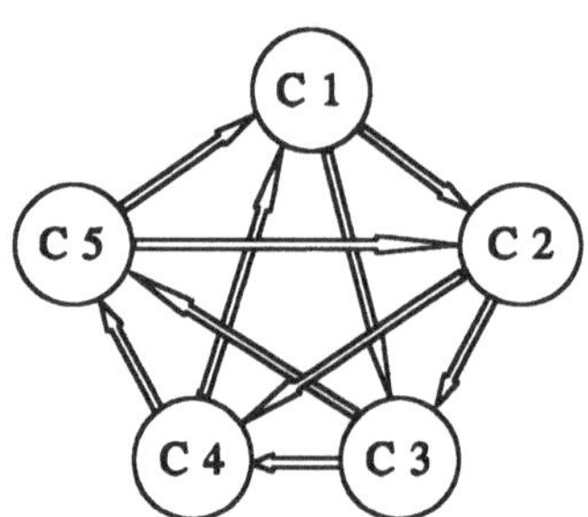

Bild 2.14 Externe verteilte Diagnose

Externe verteilte Diagnose. Sie kommt vornehmlich für lose gekoppelte autonome Computer in Frage [DalC 87]. Sie arbeiten an einer gemeinsamen Aufgabe und kommunizieren durch Austausch von Nachrichten über eine zweckmäßig konfigurierte Kommunikationsstruktur (Bild 2.14). Verbundene Rechnerknoten können sich gegenseitig testen, wobei wechselnd ein Knoten die Rolle des Diagnosecomputers übernimmt. Häufiger führen die autonomen Computer jedoch eine Selbstdiagnose durch und tauschen "Lebenszeichen" (Syndrome) aus. Die Fehlererkennung erfolgt intern auf einen Knoten des Kommunikationssystems bezogen. Extern und verteilt ist die Diagnose insofern, als daß jeder eingebundene Computer die Syndrome aller anderen auswertet und fehlerhafte Knoten lokalisiert. Da der Diagnosekern verteilt ist, wirkt sich der Ausfall einer begrenzten Anzahl von Rechnerknoten nicht auf die Diagnosesicherheit aus (s. Abschn. 3.1).

Ein weiterer Vorteil verteilter Systeme besteht darin, relativ einfach eine Post-Prozeß-Diagnose vornehmen zu können [Dilg 86]. Programmkopien mit identischen Daten werden parallel auf verschiedenen Computern ausgeführt und ihre Verarbeitungsergebnisse verglichen.

In der Regel werden diese Varianten in Kombination eingesetzt.

Schichtenmodell und Diagnosemittel. Zur logischen Strukturierung von Rechensystemen bedient man sich gern eines Schichten- oder Schalenmodells. Jeder dieser Schichten lassen sich Diagnosemittel zuordnen (Bild 2.15).

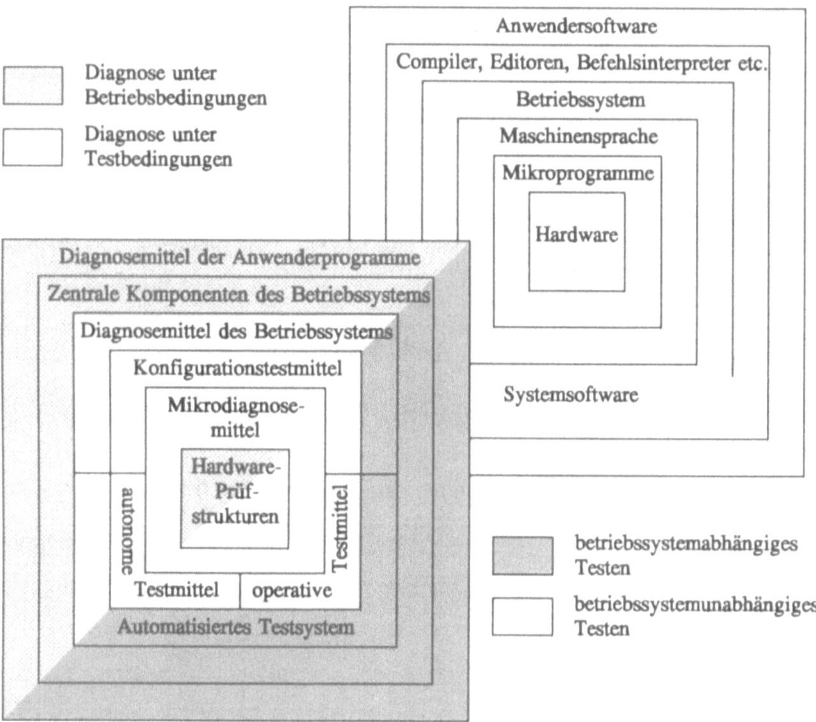

Bild 2.15 Zuordnung von Diagnosemitteln in einem Schichtenmodell

Man erkennt zunächst die beiden möglichen Arbeitsweisen des Diagnosesystems. An der *Diagnose unter Betriebsbedingungen* sind gerätetechnische Mittel, residente Programme des Betriebssystems und Anwenderprogramme beteiligt. Die Stimulierung der Hardware erfolgt durch die Anwender- und Systemprogramme. Implementierungsabhängig werden Hardware-, Software- und Bedienungsfehler erkannt. Die Menge der erkennbaren Fehler ist qualitativ und quantitativ begrenzt. Deshalb ist die *Diagnose unter Testbedingungen* nicht als alternativ, sondern als unabdingbar zur Abdeckung der unter Betriebsbedingungen nicht lösbaren Aufgaben zu sehen. Die Hardware wird durch spezielle Testprogramme und/oder gerätetechnische Mittel stimuliert, die im Hintergrund der Hauptprozesse, in Betriebspausen oder nach festgestellten Betriebsfehlern aktiviert werden. Der Fehlererkennung und -lokalisierung liegen Fehlermodelle (s. Abschn. 3.2.2) zugrunde.

Die Diagnose kann sowohl unter Kontrolle des Betriebssystems als auch eines Diagnosesteuerprogramms oder des Bedieners oder eines externen Instruments (Diagnosecomputer) ablaufen. Dementsprechend sind zwei weitere wichtige Domänen gekennzeichnet: *betriebssystemabhängiges Testen und betriebssystemunabhängiges Testen*. Eine diesbezügliche Entscheidung berührt die Fragen nach dem Diagnosekern und mögliche Belastungen bzw. Entlastungen des Betriebssystems.

Auf der untersten Ebene sind der zweckbestimmenden funktionellen Apparatur spezielle Hardware-Prüfstrukturen hinzugefügt. Sie stehen allen Schichten zur Verfügung. Der Entwicklungsstand der mikroelektronischen Basis erlaubt, einen immer größeren Anteil der im Abschn. 2.2 erörterten Funktionalität des Diagnosesystems in die Hardware zu verlagern. Die Entscheidung für den Einsatz von Hardware-Prüfstrukturen schließt die Auswahl der Prüfmethode, die schaltungstechnischen Implementierung und Gewährleistung der zeitlichen und strukturellen Durchgängigkeit ein, um die Verschleppung von Fehlern zu verhindern.

Unter Betriebsbedingungen erfolgt durch Hardware-Prüfstrukturen

- die Erkennung von Störungen und Ausfällen im Moment ihres Aktivwerdens durch Auslösen eines Interrupts
- die Klassifizierung durch Wiederholen der fehlerhaften Operation
- eine grobe Lokalisierung (Prozessor-, E/A-, Geräte-Fehler usw.)
- eine Unterstützung der Fehlerbehandlung durch gerätetechnische Befehlswiederholung, Fehlerkompensation, -korrektur, -maskierung und Abschalten defekter Komponenten.

Unter Testbedingungen

- werden die Signale der Prüfstrukturen nicht durch dem Betriebssystem zugehörige Programme, sondern durch Testprogramme bearbeitet
- sind Prüfstrukturen von Interesse, die die Prüfgerechtheit (s. Kapitel 6) bis hin zum Hardware-Selbsttest (s. Kapitel 7) gewährleisten.

Auf die multifunktionelle und funktionskonvertierbare Nutzung von Hardwarekomponenten sei nochmals hingewiesen.

In unmittelbarer Nähe zur Hardware sind die *Mikrodiagnosemittel* zu finden. Die Hardware wird auf der Ebene der Mikroinstruktionen geprüft. Die Auflösung reicht damit bis zum Register-Transfer-Niveau. Die Mikrodiagnoseprogramme und die binären Testmuster für Fehlererkennung und -lokalisierung stehen ROM-resident zur Verfügung oder werden vor dem Test geladen. Kombiniert man die Mikroprogrammsteuerung des Prüfvorgangs mit Scan-Strukturen, so kann selbst der Zustand eines einzelnen Speicherelements gesteuert und beobachtet werden.

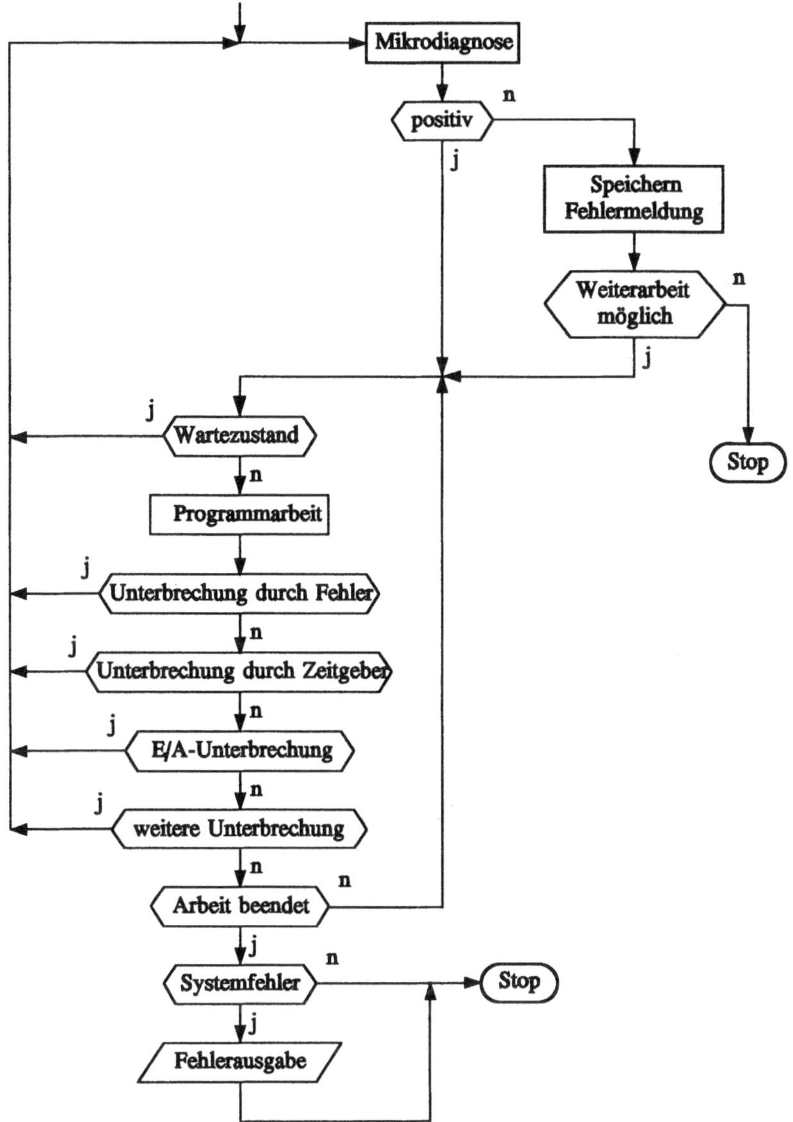

Bild 2.16 Steuerablauf mit Mikrodiagnose nach [Hübn 82]

Die Mikrodiagnoseprogramme bestehen aus Mikroinstruktionen, die

- die zu testenden Mikrooperationen auslösen bzw. die beteiligten Hardware-Elemente ansprechen
- das Lesen der stimulierenden Testmuster und das Schreiben der Reaktionsmuster im Speichermedium bewerkstelligen

- den eventuell offenbarten Fehler zu einem Beobachtungspunkt transportieren
- die Bewertung der Reaktionsmuster erlauben.

Das sind in der Regel Mikroinstruktionen, die auch für die Ausführung der normalen Maschinenbefehle zuständig sind. Die Effektivität wird durch speziell für die Diagnosezwecke entwickelte Mikroinstruktionen verbessert. Auch die Organisation von Programmschleifen zum Zwecke der Fehlerklassifizierung bereitet keine Schwierigkeiten. Gewisse Eingabe/Ausgabe- und Anzeige-Funktionen, Datenwege sowie ein relativ kleiner Speicherbereich müssen als Diagnosekern unterstellt bzw. a priori gesichert werden. Nach dem Bootstrap-Prinzip wird der Diagnoseraum ausgedehnt.

Gestartet durch den Bediener oder einen Diagnosecomputer, sind Mikrodiagnoseprogramme für den autonomen Betrieb, also für den Einschalttest oder die Schaffung des Diagnosekerns für nachfolgende Testprogramme auf der Maschinenbefehlsebene, prädestiniert. Andererseits kooperieren sie mit dem Betriebssystem (Bild 2.16) und werden in Wartephasen aktiviert. Während der Mikrodiagnose liegt die Steuerung in der Regel beim Mikrodiagnoseprogramm. Andere Programme können nicht aktiv sein.

Auf der Maschinensprachebene angesiedelte *autonome Testmittel* dienen der Bestimmung des technischen Zustands zentraler Ressourcen - Zentraleinheit, Hauptspeicher, Eingabe/Ausgabe - ohne das Betriebssystem in Anspruch zu nehmen. Benötigt werden dafür Lade-, Steuer- und Dienstprogramme, Testprogramme zum Aufbau des Diagnosekerns sowie Testprogramme für die einzelnen Objekte. Die algorithmischen Grundlagen zur Erarbeitung letzterer werden im Kapitel 5 behandelt. Auch unter diesen Testbedingungen können die Hardware-Prüfstrukturen aktiv sein und ihren Anteil an der Fehlererkennung haben, sofern die Testprogramme für die Bearbeitung der Unterbrechungssignale ausgelegt sind, die ja sonst vom Betriebssystem wahrgenommen wird.

Daneben werden in dieser Ebene Testprogramme zur Diagnose der Peripherie zunächst unabhängig vom Betriebssystem und der konkreten Systemkonfiguration geschrieben, die *operativ* aufgerufen werden können. Sie übernehmen den Test

- von Eingabe/Ausgabe-Befehlen
- der Gerätesteuerungen
- weiterer elektronischer und elektromechanischer Komponenten bis hin zu solchen Parametern wie die Rotationsgeschwindigkeit von Laufwerken
- von Zustandsmeldungen nach normalen Endebedingungen und nach provozierten Fehlern.

Da die peripheren Geräte nicht zu jedem Zeitpunkt einem Anwenderprogramm zur Verfügung stehen müssen, lassen sich die operativen Testmittel auch im Hintergrund von Anwendungen betriebssystemgesteuert einsetzen.

Zur Bestimmung der Konfiguration der Anlage, der Funktionsfähigkeit ihrer Komponenten und zum Test ihres spezifikationsgemäßen Zusammenwirkens dienen in dieser Ebene autonome *Konfigurationstestmittel.* Ein entsprechender Test vor dem Laden des Betriebssystems und der Ausführung komplexer Anwenderprogramme hat sich als sinnvoll erwiesen.

Alle autonom, also unabhängig vom Betriebssystem, lauffähigen Programme werden insbesondere bei der Inbetriebnahme, in der Instandhaltung und für die prophylaktische Fehlersuche benötigt.

Die komplexe Diagnose der Rechenanlage in ihrer Einheit von Hardware und Software erfolgt unter Steuerung des Betriebssystems. Grundlage sind erprobte und katalogisierte Kontrollaufgaben (Benchmarks), die hier unter *Automatisiertes Testsystem* geführt sein sollen. Neben der Ausführung der Diagnosefunktionen im engeren Sinne können auch Leistungs- und Zuverlässigkeitsparameter bestimmt werden.

Diagnosemittel des Betriebssystems lassen sich sowohl für die Arbeit unter Betriebs- als auch unter Testbedingungen vorsehen. Zu ihnen gehören Zeitüberwachung, Mehrfachverarbeitung, Protokollierung von Fehlzuständen (Fehlerlog), Analyseprogramme von Fehlersyndromen oder im allgemeinsten Fall auch ein Diagnose-Betriebssystem.

Unter Betriebsbedingungen sorgen in den Anwenderprogrammen (s. Abschn. 4.9) und in den zentralen Komponenten des Betriebssystems verankerte programmtechnische Mittel (Interruptsystem, Wiederanlauf, Restart) in Zusammenarbeit mit den genannten Hardware-Prüfstrukturen für die Korrektheit der Verarbeitung und die Verfügbarkeit der Anlage.

Diagnosesysteme in der angeklungenen Komplexität waren im Entwicklungszeitraum der Computertechnik eher für leistungsstarke Großrechner (Mainframes) und Minicomputersysteme typisch. Wenngleich es gelungen ist, deren Leistungsfähigkeit im hohen Maß auf autonom oder im Cluster betriebene Workstations bzw. Personalcomputer zu verlagern - die Diagnoseerfordernisse sind geblieben. So wie die Übertragung von Architektur- und Organisationsprinzipen, die zunächst ihre Anwendung im Großrechnerbereich fanden, in miniaturisierte Rechensysteme zu beobachten ist, so erfolgt auch eine Adaption von Diagnosekonzepten. Dieser Trend ist insbesondere im Bereich industrieller und kommerzieller Anwendungen zu verzeichnen [Spec 95]. Die Form und der Platz einzelner Lösungen freilich ändern sich: aus dem Diagnosecomputer wird z.B. die Erweiterungskarte mit dem Diagnoseprozessor, aus dem Selbsttest eines Geräts wird der Selbsttest einer Funktionseinheit, ja eines Integrierten Schaltkreises.

3 Prüfstrategien

Mit der allgemeinen Beschreibung des Diagnoseobjekts (Bild 3.1)

$$\vec{a} = Op \{ \vec{e}; \vec{i}; \vec{v} \} \tag{3.1}$$

wird ein multidimensionaler Raum aufgespannt, in dem die Realisierungen der Ausgangsgröße liegen. Die Bestimmung des technischen Zustands bzw. der Nachweis der Gesamtheit von Eigenschaften und Merkmalen eines Rechnersystems, die seine Eignung zur Erfüllung vorgegebener Erfordernisse bestimmen, heißt in voller Konsequenz, für jede mögliche Variation von Realisierungen der Eingangs- und Einflußgrößen sowie der inneren Zustände des Prüfobjekts die Realisierungen der Ausgangsgrößen auf die Einhaltung der Toleranzbedingungen zu prüfen. Der mit der Anzahl der Größen und mit der Zahl ihrer Realisierungen extrem wachsende Zeitaufwand macht dies unmöglich.

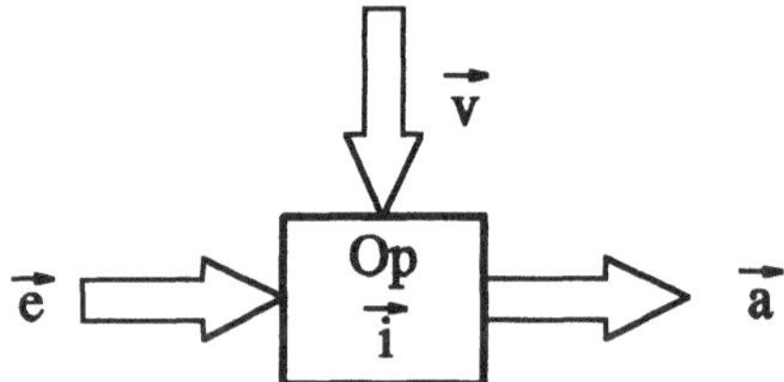

Bild 3.1 Modell eines Diagnoseobjekts

In der Praxis muß man sich auf der Grundlage einer umfassenden Analyse der Zweckerfüllung, des Signal- und Informationsflusses, der funktionellen Wechselbeziehungen sowie potentieller Unzulänglichkeiten

- auf die Prüfung einer Auswahl charakteristischer Punkte im multidimensionalen Raum unter eventueller Berücksichtigung von Kontinuität und Stetigkeit der funktionellen Beziehungen
- auf die voneinander unabhängige Prüfung einzelner Größen
- auf die Prüfung ausgewählter Arbeitsregime bzw. Arbeitsroutinen
- auf die Erkennung einer Auswahl repräsentativer und prävalierender Fehler

beschränken.

Aus dem unterschiedlichen Gebrauch dieser Einschränkungen resultieren unterschiedliche *Prüfstrategien* [Kärg 86].

3.1 Funktionsprüfung

Der Funktionsprüfung liegt die Absicht zugrunde, die Erfüllung der Gl. (3.1) (also der Zweckbestimmung: Dateneingabe/-ausgabe, arithmetische Operationen, Speichern, Signalverstärkung, Modulation usw.) direkt und unmittelbar nachzuweisen. Kennzeichnend für diese Prüfstrategie sind:

- Das Diagnoseobjekt wird als Black-box behandelt. Es interessiert nur das durch die Anregung der Eingänge über die Ausgänge abfragbare Verhalten des Objekts. Zu solchen Eingängen und Ausgängen zählen Anschlüsse von nicht reparierbaren Bauelementen, von Schaltkreisen, von Unterbaugruppen, die zum Zweck der Kommunikation mit anderen Systembestandteilen oder zu Prüfzwecken auf konstruktive Systemschnittstellen (z.B. Steckverbinder) geführt werden.
- Zur Bildung der alternativen Prüfaussagen "funktionstüchtig" oder "nicht funktionstüchtig" liegen der Funktionsprüfung im Gegensatz zu anderen Prüfstrategien die Ausgangssignale zugrunde, die ein funktionstüchtiges Prüfobjekt aufzuweisen hätte. Sie sind durch die funktionelle Beschreibung des Objekts ermittelbar. Genaugenommen beschränkt man sich damit auf die Fehlererkennung im gegebenen Systemniveau.
- Die Funktionsprüfung kann unter Betriebsbedingungen oder unter Testbedingungen durchgeführt werden.

Unter *Betriebsbedingungen* entsprechen die Anregungssignale den Eingangssignalen beim Betreiben des Objekts bzw. ihrer Imitation. Betriebsalgorithmen bzw. Betriebsprogramme werden in Echtzeit abgearbeitet.

Unter *Testbedingungen* werden zur Anregung spezielle Testsignale, Testmusterfolgen, Befehlskombinationen, Operanden genutzt. Anliegen ist die Stimulierung von Worst-Case-Situationen bzw. die Erzeugung leicht auswertbarer Reaktionen des Diagnoseobjekts. Die Abarbeitung ist unter Echtzeitbedingungen bis hinunter zu Statikbedingungen möglich.

Da das Ziel der Funktionsprüfung im Nachweis besteht, daß das Objekt auf eine bestimmte Stimulierung mit einer bestimmten Realisierung der Ausgangsgröße reagiert, werden keinerlei Annahmen über potentielle Unzulänglichkeiten gemacht. Einzige Voraussetzung ist die Kenntnis des geforderten Eingangs-/Ausgangsverhaltens, womit sich die Frage nach dessen Beschreibung stellt.

3.1.1 Beschreibungsformen

Analoge Objekte werden überwiegend durch Funktions-, Differential-, Differenzen- oder Integralgleichungen bzw. Gleichungssysteme beschrieben. Sie charakterisieren am umfassendsten das Diagnoseobjekt. Für komplizierte Abhängigkeiten kann sich ihre approximative Beschreibung mit Hilfe einfacher mathematischer Operationen (z.B. Reihenzerlegung) erforderlich machen. Den Informationsgehalt reduzierende Beschreibungen sind Tabellen- und Diagrammdarstellungen. Durch Digitalisierung der analogen Größen wird der Wertevorrat eingeschränkt. Diagrammdarstellungen sind im Zusammenhang mit der Angabe von Toleranzfeldern besonders für frequenzselektive Objekte üblich. Komplizierte Systeme werden durch höhere Programmiersprachen bzw. Entwurfssprachen beschrieben.

Bei der Funktionsprüfung analoger Objekte macht man sich oft die Kontinuität und Stetigkeit ihrer Kennlinien zunutze, d.h., daß nicht alle Punkte im multidimensionalen Raum überprüft werden, sondern nur ausgewählte Eckwerte.

Auch für die Beschreibung *diskreter Objekte* gibt es unterschiedliche Beschreibungsformen, von denen problemabhängig differenzierter Gebrauch gemacht wird.

Wahrheitstabelle. Sie ist einfach auf der Grundlage gedanklicher Experimente mit der Black-box erstellbar (vgl. [Moor 56]). Für jede Wertebelegung der Eingänge (Eingangsmuster) sind die Wertebelegungen der Ausgänge (Ausgangsmuster) zu fixieren. Für binäre kombinatorische Schaltungen mit n Eingängen enthält die Wahrheitstabelle 2^n Eintragungen (Bild 3.2a). Für die Reihenfolge der Eintragungen gibt es keine Vorschrift.

Eine *erschöpfende Funktionsprüfung* (exhaustive test) erfordert den Nachweis jeder Belegung der Wahrheitstabelle. Unter Bezugnahme auf Gl. (3.1) ergeben sich für kombinatorische Schaltungen

$$p_k = 2^n \cdot \prod_{i=1}^{k} z_{vi} \tag{3.2}$$

(z_{vi} - Anzahl der Realisierungen der Einflußgrößen) Prüfschritte. Die Einflußgrößen spielen in Klassifikationsprüfungen und bei Abnahmeprüfungen unter Worst-Case-Bedingungen eine Rolle. Sie können hier außer Betracht bleiben.

Eine Abschätzung für ein Objekt mit n = 20 Eingängen und damit etwa $p_k \approx 10^6$ Prüfschritten ergibt eine Prüfdauer von 1 s, wenn man eine Prüfzeit/Belegung von 1 µs unterstellt. Objekte dieser Größenordnung werden im allgemeinen als obere Grenze für die Anwendung der erschöpfenden Funktionsprüfung betrachtet.

Der im Zusammenhang mit dem Begriff Funktionsprüfung gebrauchte Zusatz "erschöpfend" bedeutet nur, daß alle Belegungen der Wahrheitstabelle nachgewiesen werden. Er ist nicht im Sinne einer nachgewiesenen Fehlerfreiheit des Objekts zu interpretieren. Durch eine erschöpfende Funktionsprüfung werden alle Fehler, die den kombinatorischen Charakter des Diagnoseobjekts nicht verändern, erkannt. Nicht erkannt werden Fehler, die einen

Speichereffekt, also ein sequentielles Verhalten, bewirken (s. Abschn. 3.2.2). Für ihre Erkennung ist eine bestimmte Reihenfolge der Eingangsmuster (aufeinanderfolgende Initialisierungs- und Prüfmuster) erforderlich, die bisher nicht verlangt wurde. Soll die Prüfaussage "funktionstüchtig" auch die Abwesenheit solcher Fehler einschließen, muß das Objekt für alle Variationen der Eingangsbelegungen ohne Wiederholung überprüft werden. Das erfordert

$$p_{ks} = V_{2^n}^{(s+1)} \tag{3.3}$$

(s - sequentielle Tiefe) Prüfschritte, da definitionsgemäß keine Angaben über die innere Struktur und auf sie bezogene Defekte vorliegen sollen. Für das AND-Gatter ist eine solche Sequenz im Bild 3.2b gezeigt.

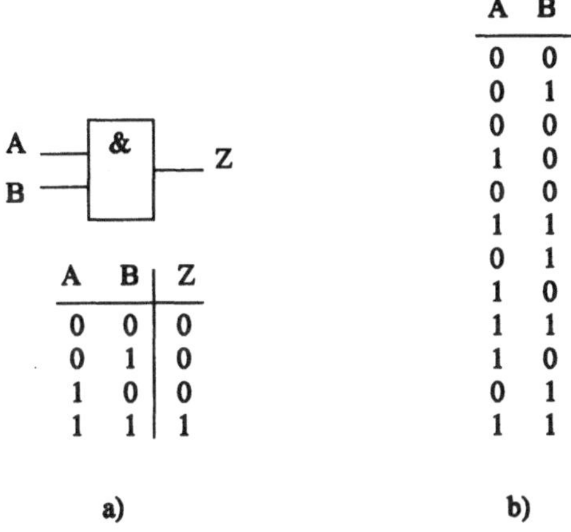

A	B	Z
0	0	0
0	1	0
1	0	0
1	1	1

a)

A	B
0	0
0	1
0	0
1	0
0	0
1	1
0	1
1	0
1	1
1	0
0	1
1	1

b)

Bild 3.2 AND-Gatter: a) Wahrheitstabelle; b) Variationen der Klasse 2 der Eingangsmuster

Eine Abschätzung mit den oben verwendeten Daten, zeigt für etwa $p_{ks} = 10^{12}$ Prüfschritte eine Prüfdauer von etwa 11,5 Tagen. Der Versuch, mit einer Funktionsprüfung Fehler zu erfassen, die das kombinatorische Verhalten einer Schaltung in ein sequentielles verfälschen, ist daher nicht sinnvoll. Für diese Problemstellung, ist die Anwendung der strukturorientierten Prüfstrategie (s. Abschn. 3.2) zu empfehlen.

Eine Funktionsprüfung auf der Grundlage der Wahrheitstabelle hat u.a. den Vorteil, daß mit dieser die Prüfmuster gegeben sind und nicht speziell berechnet werden müssen. Die Generierung aller möglichen Eingangsbelegungen ist unkompliziert durch Software- oder Hardwarezähler bzw. rückgekoppelte Schieberegister zu bewerkstelligen, was für eine implementierte Selbstprüfung des Objekts von Nutzen ist.

Um dieser Vorteile willen, werden Diagnoseobjekte mit einer großen Zahl von Eingängen in Teilschaltungen mit signifikant geringerer Eingangszahl partitioniert und diese einer *lokal-* oder *pseudo-erschöpfenden Funktionsprüfung* unterworfen. Die Partitionierung kann hardwaremäßig z.B. durch Multiplexer oder funktionell erfolgen [McCl 81].

Im Bild 3.3 ist die Partitionierung mit Hilfe von Multiplexern gezeigt. Gekennzeichnet ist die Signalleitung für die lokal-erschöpfende Prüfung der Teilschaltung 1. Neben dem zusätzlichen Hardwareaufwand sind die durch den Einbau der Multiplexer hervorgerufenen Signalverzögerungen zu beachten.

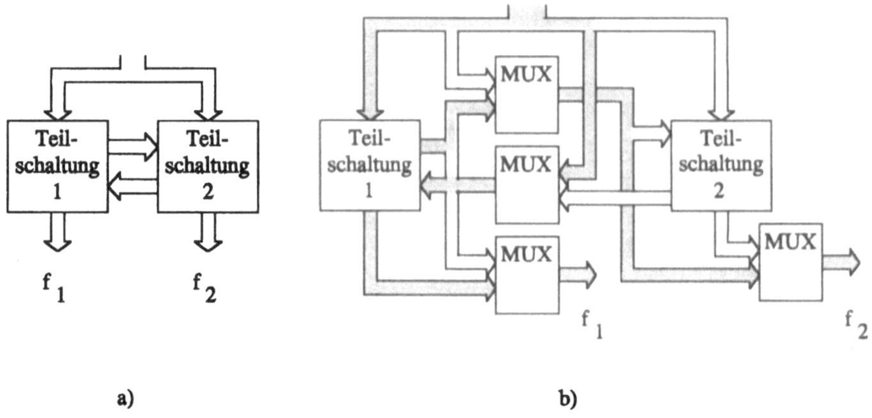

Bild 3.3 a) Ausgangsobjekt; b) modifiziertes Objekt nach [McCl 81]

Bestimmte Objekte sind ohne zusätzliche Hardware-Veränderungen funktionell partitionierbar und pseudo-erschöpfend prüfbar. In [McCl 81] ist dies für die Arithmetisch-Logische-Einheit 74181 demonstriert. Das Prinzip soll an einer vereinfachten Bitscheibe (Bild 3.4) gezeigt werden. Sie verfügt über die Dateneingänge X und Y, den Übertragseingang C_{i-1} sowie die Steuereingänge S_1 und S_2. Für eine erschöpfende Funktionsprüfung wären 2^5 Prüfmuster nötig. Die Bitscheibe läßt sich jedoch funktionell in die Funktionsauswahl (FS) und den Volladder partitionieren. Die Wahrheitstabelle für die Funktionsauswahl soll die 2^3 Einträge nach Bild 3.4b aufweisen. Ihre Erfüllung läßt sich am Summenausgang Σ beobachten, wenn $X = 0$ und $c_{i-1} = 0$ gesetzt werden. Bei $S_1 = 1$ und $S_2 = 0$ wird $Y' = Y$ und die Wahrheitstabelle des Volladders (Bild 3.4c) kann in 2^3 Prüfschritten nachgewiesen werden. Die Anzahl der Prüfschritte läßt sich weiter reduzieren, da sich Prüfmuster in den beiden Komplexen wiederholen. Der Gewinn an Prüfzeit wird mit steigender Verarbeitungsbreite der Arithmetisch-Logischen-Einheit immer spürbarer.

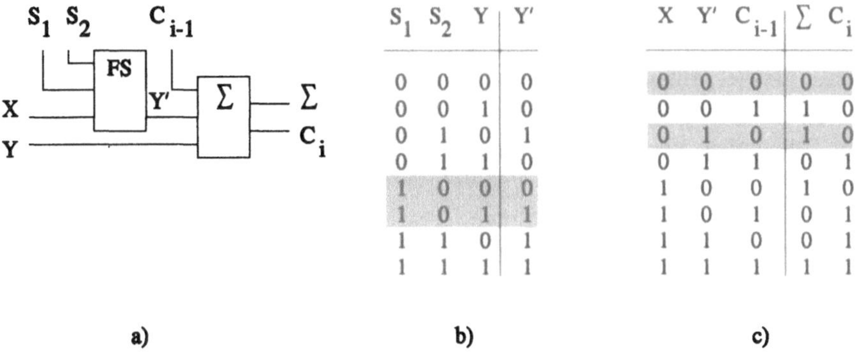

Bild 3.4 Beispiel einer funktionellen Partitionierung: a) Bitscheibe einer ALU; b) Wahrheitstabelle der Funktionsauswahl; c) Wahrheitstabelle des Volladders

Ein anderes Verfahren der pseudo-erschöpfenden Funktionsprüfung nutzt den Umstand, daß in einer Schaltung mit mehreren Ausgängen diese nicht von allen Eingängen, sondern nur von einer begrenzten Anzahl unterschiedlicher Eingänge abhängen. Ein häufig zitiertes Beispiel sind Paritätsgeneratoren, die zur Datensicherung eingesetzt werden. Der in [McCl 82] untersuchte Paritätsgenerator SN54/74LS630 besitzt 23 Eingänge und 6 Ausgänge. Für die erschöpfende Funktionsprüfung wären also 2^{23} Prüfmuster erforderlich. Abgeleitet aus der Paritätsprüfmatrix des verwendeten Hammingkodes hängt jeder Ausgang jedoch nur von jeweils 10 (unterschiedlichen) Eingängen ab. Die damit gegebenen 6 Abhängigkeitsfächer lassen sich parallel mit 2^{10} Prüfschritten pseudo-erschöpfend prüfen.

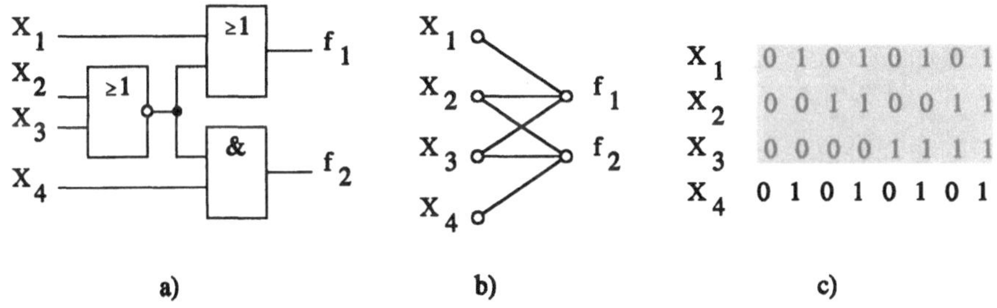

Bild 3.5 Pseudo-erschöpfende Prüfmuster: a) Beispielobjekt; b) Abhängigkeitsfächer; c) Prüfmuster

Das Prinzip soll wieder an einem überschaubaren Beispiel erläutert werden. Für die Schaltung nach Bild 3.5a zeigt Bild 3.5b die beiden Abhängigkeitsfächer für die Ausgänge f_1 und f_2. Der Fächer zum Ausgang f_1 läßt sich lokal-erschöpfend mit den im Bild 3.5c gekennzeichneten 2^3 Mustern prüfen. Mit dem gleichen Prüfmustersatz könnte anschließend auch der Fächer zum Ausgang f_2 geprüft werden. Die pseudo-erschöpfende Funktionsprüfung umfaßte damit $2 \cdot 2^3$ Prüfschritte. Für das Beispiel lassen sich beide Fächer allerdings parallel prüfen. Da X_1 und X_4 jeweils nur in einem Fächer enthalten sind, kann der Eingang X_4 mit der gleichen Patternfolge wie der Eingang X_1 belegt werden. In diesem Fall umfaßt die pseudo-erschöpfende Funktionsprüfung nur 2^3 Prüfschritte im Vergleich zu 2^4 Prüfschritten für die erschöpfende Funktionsprüfung der Gesamtschaltung.

Im allgemeinen liegen Fächer mit unterschiedlichen Eingangszahlen w vor, die sich auch nicht immer ohne weiteres parallel prüfen lassen. Die Zahl der Prüfschritte p_1 liegt deshalb innerhalb der Grenzen

$$2^{w_{max}} \leq p_1 \leq k \cdot 2^{w_{max}} \tag{3.4}$$

mit w_{max} - größte Fächerweite, k - Anzahl der Fächer.

Mit der Generierung pseudo-erschöpfender Prüfmuster beschäftigen sich auch [Barz 81], [Tang 83], [Aker 85], [Vasa 85].

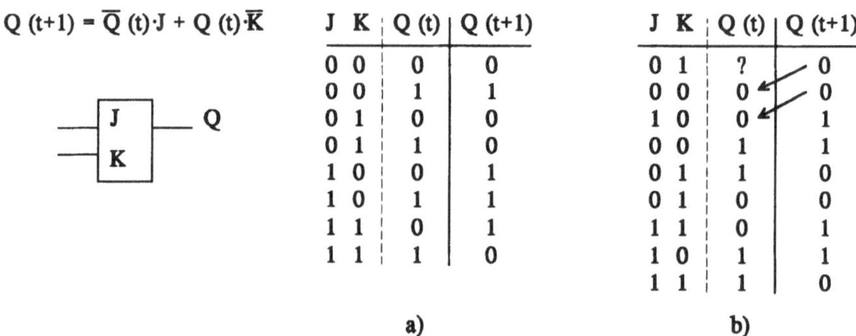

J	K	Q (t)	Q (t+1)
0	0	0	0
0	0	1	1
0	1	0	0
0	1	1	0
1	0	0	1
1	0	1	1
1	1	0	1
1	1	1	0

a)

J	K	Q (t)	Q (t+1)
0	1	?	0
0	0	0	0
1	0	0	1
0	0	1	1
0	1	1	0
0	1	0	0
1	1	0	1
1	0	1	1
1	1	1	0

b)

Bild 3.6 a) Wahrheitstabelle eines JK-Flipflops; b) sinnvolle Prüfmusterfolge

Für kombinatorische Schaltungen ist die Reihenfolge der Einträge in der Wahrheitstabelle und die Folge ihrer Abarbeitung unerheblich. Dies gilt nicht für sequentielle Schaltungen. Da die aktuelle Realisierung der Ausgangsfunktion sowohl von den aktuellen Belegungen der Eingangsvariablen als auch vom inneren Zustand der Schaltung unmittelbar vor dem Anlegen der Eingangssignale abhängt, erhöht sich zunächst die Zahl der Einträge in der Wahrheitstabelle und damit die Zahl der Prüfmuster. Hinzu kommt, daß zum Beginn der Prüfung die Schaltung in einen bekannten Zustand versetzt (initialisiert) werden muß. Gleiches gilt vor der Überprüfung bestimmter Prüfmuster. Durch eine durchdachte Abarbeitungsfolge der Einträge in der Wahrheitstabelle (Bild 3.6) läßt sich die Anzahl der

Initialisierungsmuster minimieren. Die Anzahl der Prüfschritte für eine erschöpfende Funktionsprüfung sequentieller Objekte ergibt sich demnach zu

$$p_s = 2^{n+i} + z_i \tag{3.5}$$

mit n - Anzahl der Eingänge, i - Anzahl von Speicherelementen, z_i - Anzahl von Initialisierungsmustern.

Für komplexe Objekte bleibt die Beschreibung durch Wahrheitstabellen problematisch. Nach [Feue 83] wurden für den eventuellen Nachweis der Konformität eines Mikroprozessors der Klasse Intel 8080 anhand von Wahrheitstabellen 10^{32} Prüfmuster ermittelt, was einer Prüfzeit von 10^{20} Jahren bei einer Prüffrequenz von 1MHz entspricht.

Es erhebt sich die Frage, ob man sich bei der Funktionsprüfung auf der Grundlage der Wahrheitstabelle unter Bezugnahme auf Kontinuität und Stetigkeit des Funktionsverlaufs auf den Nachweis ausgewählter Einträge in der Wahrheitstabelle beschränken darf. Für die Funktionsprüfung eines Zählers läßt sich in der Literatur folgende Empfehlung finden:

- Rücksetzen der Flipflops
- Prüfen, ob die Ausgänge "0" sind
- Zähler takten, bis der maximale Stand erreicht ist
- Prüfen, ob die Ausgänge nach dem Überlauf "0" sind.

Wendet man diese Empfehlung auf den mit einem Verdrahtungsfehler behafteten Zähler nach Bild 3.7 an, so stellt man fest, daß die irrtümliche Prüfaussage "funktionstüchtig" schon nach Erreichen der Hälfte der maximalen Zählkapazität getroffen werden würde.

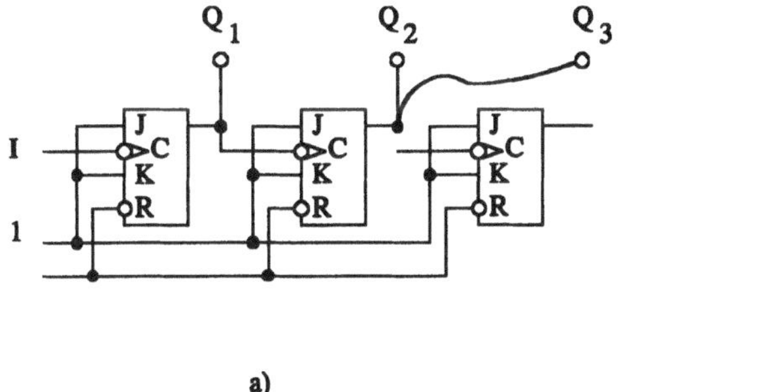

a)

Q_1	Q_2	Q_3	$Q_{3\ Soll}$
0	0	0	0
1	0	0	0
0	1	1	0
1	1	1	0
0	0	0	1
1	0	0	1
0	1	1	1
1	1	1	1

b)

Bild 3.7 a) Fehlerbehafteter Zähler; b) Wahrheitstabelle

Die Konzeption einer *reduzierten Funktionsprüfung* auf der Grundlage von Wahrheitstabellen ist nicht formalisierbar und birgt schwer zu kalkulierende Risiken.

Boolesche Algebra. Auch die Darstellung der Ausgangsbelegungen und innerer Zustände als Funktion der Eingänge und der zuvor bestehenden Zustände durch logische Operatoren wie Konjunktion, Disjunktion, Negation usw. ergibt keinen Ansatz für eine formalisierte Reduzierung des Prüfmustersatzes. Es muß die Erfüllung der Booleschen Gleichungen für jede Variation der Realisierungen der Variablen zum entsprechenden Zeitpunkt geprüft werden. Die Ausdrücke werden mit wachsender Komplexität der Objekte jedoch schnell unübersichtlich und unhandlich bzw. sind mit einem vertretbaren Aufwand nicht zu erstellen. Der Vorteil dieser Beschreibung liegt in der relativ einfachen Umformung der Ausdrücke und der Möglichkeit mathematischer Manipulationen. Prüftechnische Applikationen liegen eher auf dem Feld der strukturorientierten Objektprüfung. Mit Hilfe des Booleschen Differentialkalküls [Sell 68a] läßt sich elegant die Empfindlichkeit von Pfaden durch das Prüfobjekt gegenüber Signaländerungen bestimmen.

Graph. Graphendarstellungen bilden insbesondere sequentielle Systeme anschaulich ab und fanden wohl erstmals mit [Rama 67] Eingang in die Diagnostik. Wie aus den Überlegungen zur Testmusterfolge eines Flipflops (Bild 3.6) zu ersehen war, ist nicht nur relevant, wie ein Ausgangszustand durch welche Eingangsbelegungen erzeugt wird, sondern auch aus welchem anderen Zustand er erreicht werden kann. Durch einen Graphen werden nun die möglichen Systemzustände durch Knoten und die möglichen Zustandsübergänge durch Kanten abgebildet. Auf den Kanten sind die Überführungsbedingungen angegeben. Knoten (Zustände), die nicht durch eine Kante verbunden sind, können auch nicht direkt ineinander überführt werden (Bild 3.8).

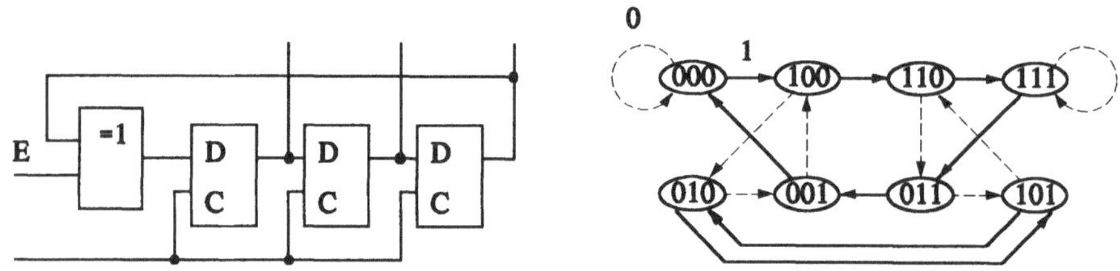

Bild 3.8 Beispiel eines sequentiellen Objekts mit zugeordnetem Graphen

Das Diagnoseobjekt ist funktionsfähig, wenn sich alle Zustände einstellen lassen und alle Übergänge bei den vorgesehenen Eingangsbelegungen ausgeführt werden. Im Diagnoseobjekt sollten keine äquivalenten Zustände möglich sein und der Graph sollte streng zusammenhängend sein. Eine erschöpfende Funktionsprüfung ist als Nachweis aller möglichen Kanten zu formulieren. Aufgrund der Äquivalenz der Beschreibungsformen erhalten wir auch hier 2^{n+i} Übergänge zuzüglich notwendiger Initialisierungsfolgen, die durch die Installierung eines Reset minimiert werden können. Auch für die Graphendarstellung ist kein Formalismus bekannt, der eine reduzierte Funktionsprüfung mit kalkulierbarem Risiko ermöglichen würde.

Komplexe Beschreibungsformen. Komplexe Beschreibungsformen, wie problemorientierte Sprachen, objektorientierte Sprachen, spezielle Entwurfssprachen (z.B. VHDL) oder der Befehlssatz eines Prozessors sind für die Konzeption einer Funktionsprüfung auf dem Systemniveau prädestiniert.

Auf den Befehlssatz bezogen, muß die Funktionsprüfung den Befehlsvorrat b, die Variationen der Befehle durch unterschiedliche Operanden v und die Kombinationen von Befehlen k berücksichtigen. Für die Anzahl der Prüfschritte ergibt sich nach [Teub 72]:

$$p_B = \frac{(bv)!}{k!\,(bv - k)!} \; . \qquad (3.6)$$

Eine solche Anzahl von Prüfschritten erschöpfend nachzuweisen ist nicht vertretbar bzw. unmöglich.

3.1.2 Lokalisierung funktionsuntüchtiger Funktionseinheiten

Die Prüfaussagen "funktionstüchtig" oder "nichtfunktionstüchtig" sind ausreichend für nicht reparierbare bzw. auswechselbare Diagnoseobjekte bis hin zu hybriden Unterbaugruppen oder VLSI-Schaltkreisen. Zwei Gesichtspunkte zwingen dazu, komplizierte Objekte in ihren Systembestandteilen zu betrachten (Dekomposition) und deren auf konstruktive Schnittstellen gelegte Zugänge in die Prüfung mit einzubeziehen. Einerseits kann der Funktionsnachweis über die Systemausgänge nicht immer mit ausreichender Effizienz geführt werden. Das betrifft insbesondere Systeme mit Rückführungen oder auch mit Wandlungen der physikalischen Natur der Informationsträger. Andererseits muß im Rahmen einer Degradation, Rekonfiguration oder Instandsetzung eine Fehlerlokalisierung vorgenommen werden, wofür in der Regel die Auswertung der Systemausgänge allein nicht ausreicht [Shie 76].

Die Art und Weise der *Dekomposition* hängt von der konstruktiven Gestaltung des Diagnoseobjekts ab (hierarchischer Aufbau, konstruktive Schnittstellen, gerätetechnische Redundanz). Weitere Erwägungen verbinden sich mit dem Niveau der angestrebten Fehlerlokalisierung und Instandsetzung (Geräte, Baugruppen, Schaltkreise, diskrete Bauelemente). Sofern das zu einer logischen oder funktionellen Isolierung einzelner Bestandteile und zu ihrer unabhängigen Prüfung führt, werden Elemente der In-Circuit-Prüfung (s. Abschn. 3.3) tangiert. Damit ist für die Fehlerlokalisierung bzw. für die sinnvolle Auswahl einer Folge von Prüfungen neben der Kenntnis des funktionellen Verhaltens der Systembestandteile auch die Kenntnis ihres funktionellen Zusammenwirkens, d.h. die Kenntnis der

Struktur Voraussetzungen. Die Einbeziehung von Strukturinformationen ist auch die Berührungsstelle zur dritten der Prüfstrategien - der Objektprüfung (s. Abschn. 3.2).

Die weiteren Erörterungen werden an einem Funktionsschaltplan illustriert, der in Anlehnung an [Serd 71] folgende Prämissen erfüllt:

- Für jede Funktionseinheit sind die funktionelle Verknüpfung der Eingangs- und Ausgangsgrößen, die an sie gerichteten Erfordernisse (Qualitätsmerkmale) sowie die Verfahren ihrer Prüfung bekannt
- Jede Funktionseinheit hat einen Ausgang bei beliebiger Anzahl von Eingängen
- Eine Funktionseinheit ist nicht funktionstüchtig, wenn für eine allen Erfordernissen gerecht werdende (normgerechte) Eingangsgröße die Ausgangsgröße irgendein Erfordernis nicht erfüllt (Ausgangsgröße fehlerbehaftet)
- Erfüllt auch nur eine Eingangsgröße einer Funktionseinheit nicht alle Erfordernisse, werden auch die für die Ausgangsgröße relevanten Erfordernisse nicht erfüllt
- Systemeingänge erfüllen alle Erfordernisse
- Verbindungslinien sind fehlerfrei (Verbindungsdefekte werden den angrenzenden Funktionseinheiten zugeordnet).

In einen derartigen Funktionsschaltplan (Bild 3.9) läßt sich jedes Diagnoseobjekt überführen. Unter Umständen kann es notwendig sein, Systembestandteile mit mehreren Ausgängen weiter aufzugliedern. Bezüglich des Charakters der Eingangs- und Ausgangssignale, ihrer Informationsparameter und eines eventuellen Fehlverhaltens der Systemelemente werden keine Einschränkungen gemacht.

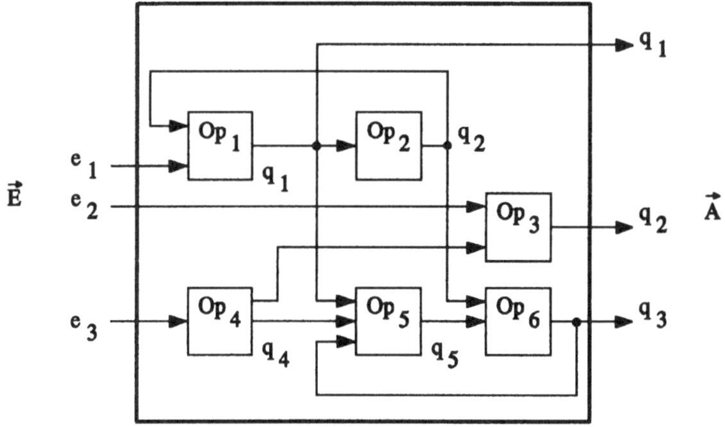

Bild 3.9 Diagnoseobjekt mit unterlegter Struktur

Wird das Diagnoseobjekt in N Funktionseinheiten aufgegliedert und werden jeder die alternativen Zustände "funktionstüchtig" oder "nichtfunktionstüchtig" zugestanden, so sind 2^N-1 Fehlzustände des Gesamtobjekts zu unterscheiden. In der Praxis kann man davon ausgehen, daß zu einem Betrachtungszeitpunkt nur eine von N Funktionseinheiten defekt sein wird. Damit müssen nur N Fehlzustände berücksichtigt werden.

Verschiedentlich wird, auf [Chan 65] zurückgehend, eine *Fehlertabelle* benutzt, um Fehlzustände und ihre Fortpflanzung über andere Systembestandteile abzubilden bzw. um sie einer formalisierten Behandlung zugänglich zu machen.

Die Fehlertabelle des Diagnoseobjekts nach (Bild 3.9) ist im Bild 3.10a wiedergegeben. Es bedeuten: q_i - Ausgangszustand einer Funktionseinheit (normgerecht oder fehlerbehaftet); f_j - Fehlzustand einer Funktionseinheit. Im Kreuzungspunkt von q_i und f_j wird eine "1" eingetragen, wenn der Fehlzustand f_j der Funktionseinheit Op_j einen fehlerbehafteten Ausgangszustand q_i der Funktionseinheit Op_i bewirkt. Eine "0" zeigt an, daß der Fehlzustand f_j keine Wirkungen auf den Ausgangszustand q_i hat.

q_i \ f_j	f_1	f_2	f_3	f_4	f_5	f_6
q_1	1	1	0	0	0	0
q_2	1	1	0	0	0	0
q_3	0	0	1	1	0	0
q_4	0	0	0	1	0	0
q_5	1	1	0	1	1	1
q_6	1	1	0	1	1	1

a)

q_i \ f_j	f_1	f_2	f_3	f_4	f_5	f_6	g_i
q_1							
q_2							
q_3	0	0	1	1	0	0	2
q_4							
q_5/q_6	1	1	0	1	1	1	5

b)

Bild 3.10 Fehlertabelle

Der *Nachweis der Funktionstüchtigkeit* für das Gesamtobjekt soll mit einer minimalen Anzahl von Prüfungen bzw. an einer minimalen Anzahl von Ausgängen erfolgen. Diese Fragestellung läßt sich formalisieren, indem man in der Fehlertabelle sich überdeckende Zeilen eliminiert. Das heißt, es können Zeilen entfallen, für die bei stellenweiser Konjunktion der Zeilenvektoren gilt:

$$\vec{q}_k \cdot \vec{q}_s = \vec{q}_k \;, \quad k \neq s \;. \tag{3.7}$$

Im Beispiel betrifft das die Zeilen 1, 2 und 4. Durch aufeinanderfolgende Verknüpfung der

Zeilen q_1 und q_2; q_2 und q_5, q_4 und q_5 sowie Streichen der entsprechenden Zeilen wird die Fehlertabelle nach Bild 3.10b erhalten. (Durch Prüfen der Ausgangszustände q_1, q_2 und q_4 wäre der Nachweis der Funktionstüchtigkeit der Elemente 1, 2 und 4 möglich. Das wird jedoch auch durch Beobachtung der Ausgangszustände q_5 bzw. q_6 mit übernommen.) Die Funktionstüchtigkeit des Diagnoseobjekts kann also am effektivsten durch die Prüfung der Ausgangszustände q_3 und q_6 oder q_3 und q_5 nachgewiesen werden. Die Entscheidung für eine der beiden Möglichkeiten läßt sich auf der Grundlage anderweitiger Prüfbedingungen (physikalische Natur der Informationsträger, Prüfkosten, Verfügbarkeit von Prüfmitteln usw.) treffen. Es kann also sinnvoll sein, den Ausgang q_5 auf eine konstruktive Schnittstelle zu legen.

Betrachtet man das Ergebnis näher, so stellt man fest, daß damit zwei Abhängigkeitsfächer bezüglich der Ausgänge q_3 und q_6 im Sinne der pseudo-erschöpfenden Prüfung erhalten wurden, die nacheinander zu prüfen sind. Auf die Reihenfolge der auf diese Art bestimmten Prüfungen bezogen, ist offensichtlich der Ausgangszustand vorzuziehen, auf den die größte Anzahl von Fehlfunktionen abgebildet werden. Als Kriterium läßt sich also formulieren:

$$g_i = \max \sum {''1''} \tag{3.8}$$

(Σ "1" Summe aller "1" in der Zeile).

Im Beispiel gelten als Prüfungen höchster Güte, mit denen der Nachweis der Funktionstüchtigkeit zu beginnen ist, die Prüfungen bezüglich q_6 oder q_5 mit dem Gewicht 5.

In die Kostenfunktion können auch Ausfallwahrscheinlichkeiten $p(f_j)$

$$g_i = \max \sum p(f_j) {''1''} \tag{3.9}$$

oder Prüfkosten $c(q_i)$

$$g_i = max \sum \frac{p(f_j) {''1''}}{c(q_i)} \tag{3.10}$$

einbezogen werden [Prot 72], was in der Regel aber an der mangelnden Verfügbarkeit solcher Daten scheitert.

Die *Lokalisierung funktionunstüchtiger Funktionseinheiten* soll anhand des Diagnoseobjekts nach Bild 3.11 erörtert werden.

Das offensichtlichste Verfahren ist das der Pfadverfolgung. Ausgehend vom Systemausgang, an dem die Funktionsuntüchtigkeit des Prüfobjekts festgestellt wurde, wird in Richtung zum Eingang schrittweise verfolgt, welche Funktionseinheit für die Qualitätsabweichung verantwortlich ist. Das Verfahren ist leicht überschaubar und wird häufig intuitiv angewandt, wenn keine algorithmische Vorgehensweise vorgegeben ist. Es ist jedoch leicht einzusehen, daß das Verfahren weder vom zeitlichen noch vom gerätetechnischen Aufwand her optimal ist.

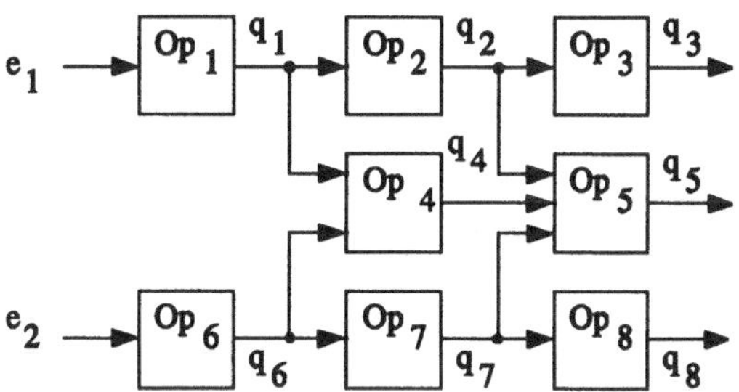

Bild 3.11 Diagnoseobjekt ohne Rückführungen

Zur Bestimmung optimaler Prüffolgen zur Lokalisierung funktionsuntüchtiger Funktionseinheiten sind zwei Prozeduren gebräuchlich:

- sequentielle Diagnoseprozedur
- kombinatorische oder parallele Diagnoseprozedur.

Unter einer *sequentiellen Diagnoseprozedur* versteht man die aufeinanderfolgende Prüfung der Systembestandteile nach fester bzw. flexibler Reihenfolge. Von fester Reihenfolge spricht man, wenn sie unabhängig davon, welches Systemelement eine Fehlfunktion zeigt, realisiert wird. Eine flexible Reihenfolge liegt vor, wenn die nachfolgende Prüfhandlung in Abhängigkeit vom Ergebnis der vorhergehenden gewählt wird.

Die Optimierung einer *flexiblen Lolalisierungsfolge* ist möglich

- auf der Grundlage des Informationsgewinns, den eine Prüfung liefert, mit der Entropie [Brul 60] oder speziellen Gewichten [Chan 65] als Maß
- auf der Grundlage der Ausfallwahrscheinlichkeit einer Funktionseinheit unter Berücksichtigung des zeitlichen und gerätetechnischen Aufwands [Kozl 68]
- unter Anwendung der dynamischen Programmierung [Glus 59].

Das nachfolgend beschriebene Verfahren beruht auf einem iterativen Ansatz nach [Chan 65] und verwendet ein in [Prot 72] vorgeschlagenes Gewicht. Die iterative Bestimmung der Lokalisierungsfolge für das Diagnoseobjekt nach Bild 3.11, für das vorangehend Funktionsuntüchtigkeit festgestellt wurde, kann anhand des Bildes 3.12 nachvollzogen werden.

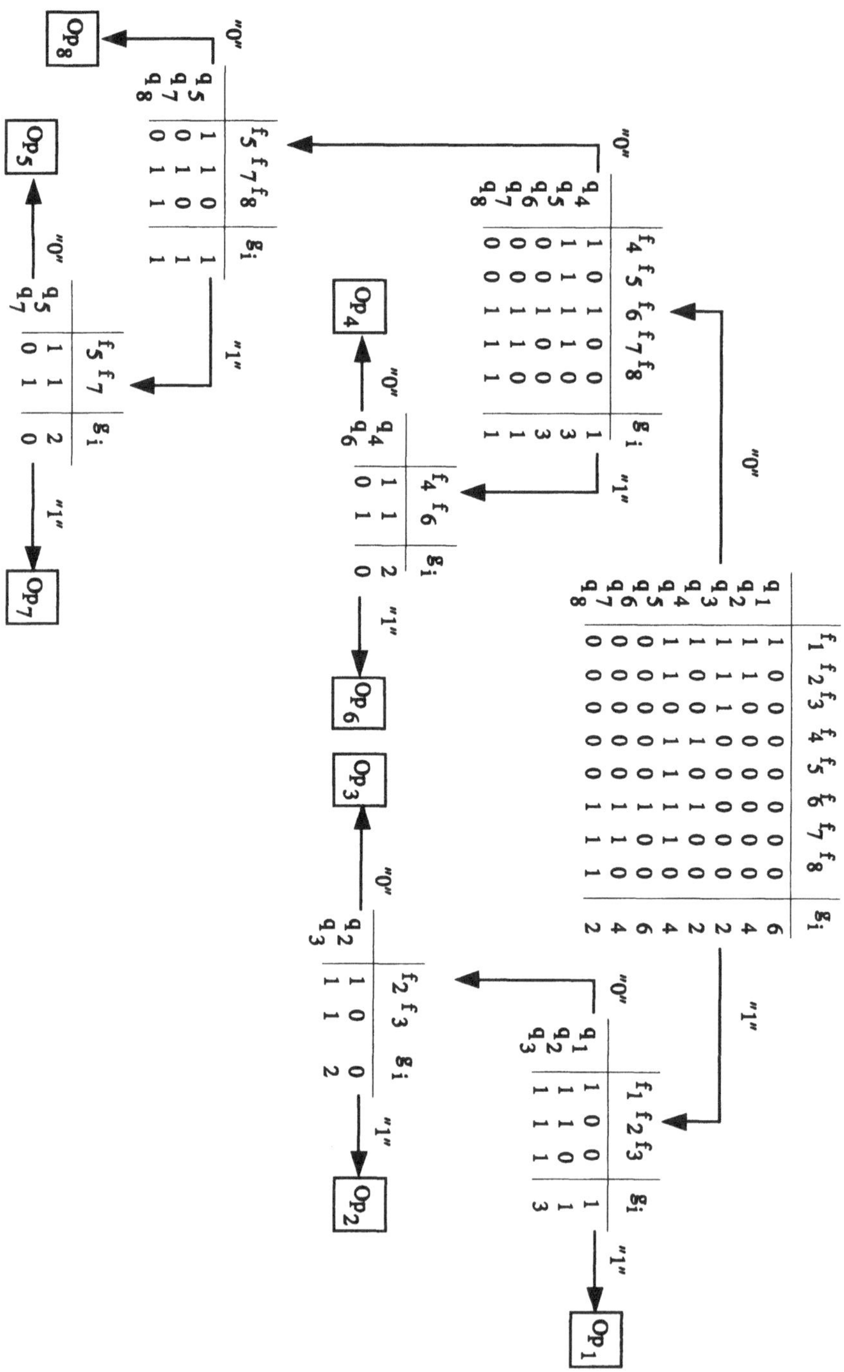

	f_1	f_2	f_3	f_4	f_5	f_6	f_7	f_8	g_i
q_1	1	0	0	0	0	0	0	0	6
q_2	1	1	0	0	0	0	0	0	4
q_3	1	1	1	0	0	0	0	0	2
q_4	1	0	0	1	0	1	0	0	2
q_5	1	1	0	1	1	1	1	0	4
q_6	0	0	0	0	0	1	0	0	6
q_7	0	0	0	0	0	1	1	0	4
q_8	0	0	0	0	0	1	1	1	2

	f_4	f_5	f_6	f_7	f_8	g_i
q_4	1	0	1	0	0	1
q_5	1	1	1	1	0	3
q_6	0	0	1	0	0	3
q_7	0	0	1	1	0	1
q_8	0	0	1	1	1	1

	f_1	f_2	f_3	g_i
q_1	1	0	0	1
q_2	1	1	0	1
q_3	1	1	1	3

	f_4	f_6	g_i
q_4	1	1	2
q_6	0	1	0

	f_2	f_3	g_i
q_2	1	0	0
q_3	1	1	2

	f_5	f_7	f_8	g_i
q_5	1	1	0	1
q_7	0	1	0	1
q_8	0	1	1	1

	f_5	f_7	g_i
q_5	1	1	2
q_7	0	1	0

Bild 3.12 Iterative Bestimmung einer Lokalisierungsfolge

Ausgangspunkt ist wieder die Fehlertabelle für das Diagnoseobjekt, aus der ein erster zu beobachtender Ausgang q_i auszuwählen ist. Ein Ausgang, der alle Fehlzustände f_j nachweist (alles "1" in der Zeile), wäre zwar ideal für die Erkennung eines Funktionsausfalls, liefert aber keinen Beitrag zur Unterscheidung der Fehlzustände. Auch der Informationsgewinn aus der Beobachtung eines Ausgangs, an dem kein Fehlzustand nachweisbar ist (alles "0" in der Zeile), ist gleich Null. Nach Shannon [Shan 48] ist ein maximaler Informationsgewinn durch eine Prüfung zu erwarten, die die Menge der Ausgangszustände halbiert. Als Auswahlkriterium wird deshalb genutzt:

$$g_i = \min \left| \Sigma'' 1'' - \Sigma'' 0'' \right|. \tag{3.11}$$

Anhand der in der Tabelle für jede Zeile bestimmten Gewichte wird als erstes der Ausgangszustand q_3 geprüft. Dadurch wird die Menge der Fehlzustände in die Untermengen f_1, f_2, f_3 und f_4, f_5, f_6, f_7, f_8 geteilt. Ist der Ausgangszustand q_3 fehlerhaft (mit "1" gekennzeichnet), so wird im weiteren dem nach rechts gerichteten Pfeil gefolgt. Für die vermutlichen Fehlzustände f_1,f_2,f_3 wird die Fehlertabelle aufgestellt. Als nächstes kann der Ausgangszustand q_1 geprüft werden. Ist dieser fehlerhaft ("1"), so liegt ein Defekt in der Funktionseinheit Op_1 vor. Ist q_1 normgerecht, so können nur die Fehlzustände f_2 oder f_3 verantwortlich sein. Die Prüfung des Ausgangszustands q_2 ergibt Klarheit. In analoger Weise wird die linke Seite der Darstellung abgearbeitet, falls die erste Prüfung des Ausgangszustands Normgerechtheit (mit "0" am nach links gerichteten Pfeil gekennzeichnet) ergeben hat.

In der als Ausgangspunkt genutzten Fehlertabelle weisen mehrere Zeilen das minimale Gewicht 2 auf. Das heißt, daß es mehrere Kandidaten für den Beginn der Lokalisierungsfolge und dadurch auch unterschiedliche Fortsetzungen gibt. Das weist darauf hin, daß das beschriebene Verfahren nicht zu einem globalen Optimum sondern nur zu einem lokalen Optimum führt.

Eine Lokalisierungsfolge wird anschaulich durch einen *Entscheidungsbaum* wiedergegeben; den des Beispielobjekts zeigt Bild 3.13.

Wie auch schon beim Nachweis der Funktionstüchtigkeit können in der Kostenfunktion Ausfallwahrscheinlichkeiten und Prüfkosten berücksichtigt werden:

$$g_i = \min \left| \Sigma\, p(f_j)'' 1'' - \Sigma\, p(f_j)'' 0'' \right|, \tag{3.12}$$

$$g_i = \min c(q_i) \left| \Sigma\, p(f_j)'' 1'' - \Sigma\, p(f_j)'' 0'' \right|. \tag{3.13}$$

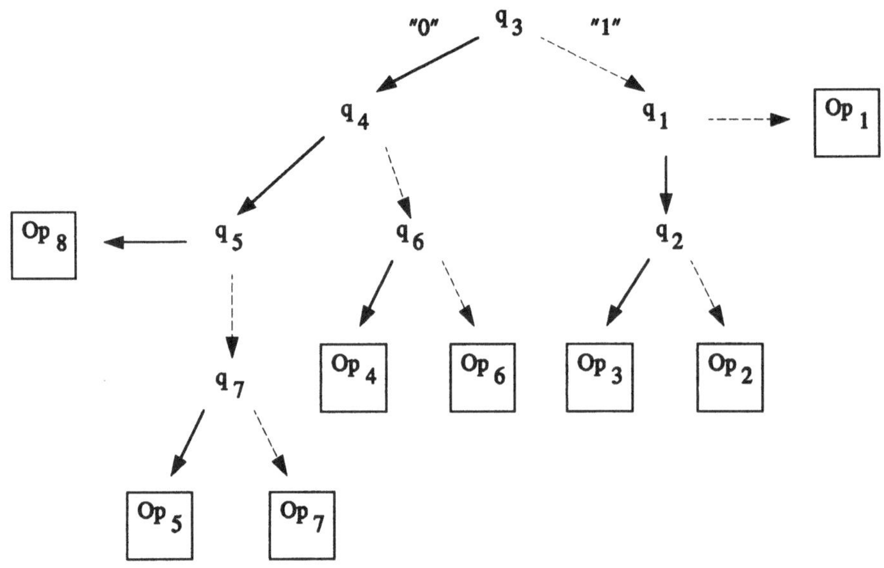

Bild 3.13 Lokalisierungsfolge als Entscheidungsbaum

Die Konzeption einer *kombinatorischen* oder *parallelen Diagnoseprozedur* sieht vor, erst nach der Fixierung aller Ausgangszustände zu analysieren, welche Funktionseinheit für die Fehlfunktion des Gesamtsystems verantwortlich ist.

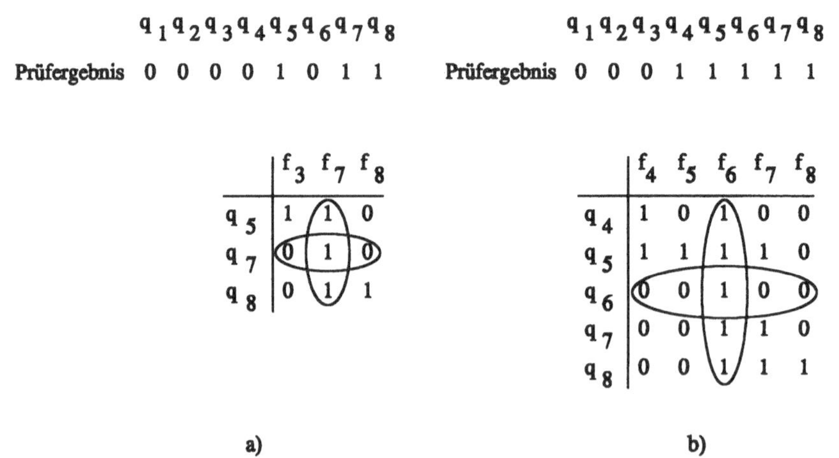

Bild 3.14 Prüfergebnisse zur Lokalisierung funktionsuntüchtiger Funktionseinheiten

Bild 3.14 zeigt zwei hypothetische Prüfergebnisse unter der schon oben gemachten Voraussetzung, daß nur eine Funktionseinheit defekt sein wird. Im Fall a) sind die Ausgangszustände q_5, q_7, und q_8 als nicht normgerecht fixiert worden. Aus der Untermatrix der ursprünglichen Fehlertabelle erkennt man, daß nur der Fehlzustand f_7 an allen drei Ausgängen beobachtet werden kann bzw., daß in der Zeile q_7 nur der Fehlzustand f_7 für den fehlerhaften Ausgangszustand q_7 verantwortlich gemacht werden kann. Analoges gilt für den Fall b), für den ein Defekt der Funktionseinheit Op_6 zu schlußfolgern ist. Im allgemeinen ist der Aufwand für die logische Verarbeitung der Prüfergebnisse und der Lokalisierungsaufwand höher als bei der sequentiellen Diagnoseprozedur.

In den bisherigen Betrachtungen wurde eine zentralisierte Diagnose unterstellt. Für eine *verteilte Diagnose* großer Systeme bis hin zu Prozessornetzwerken wurden erstmals in [Prep 67] Modellbedingungen formuliert:

- Ein System besteht aus n Funktionseinheiten mit gleicher Ausfallwahrscheinlichkeit, von denen jede Funktionseinheit eine Anzahl anderer Funktionseinheiten prüfen kann; eine Selbstdiagnose bzw. gegenseitige Diagnose ist jedoch nicht vorgesehen
- Für jede Funktionseinheit sind die stimulierenden Prüfmuster und die zugeordneten Reaktionen bekannt
- Im Ergebnis einer Prüfung wird eine Funktionseinheit als "funktionstüchtig" oder als "nichtfunktionstüchtig" bzw. als "fehlerfrei" oder "fehlerbehaftet" klassifiziert
- Das Prüfergebnis gilt als sicher, wenn die prüfende Funktionseinheit den an sie gestellten Anforderungen entsprechend funktioniert; anderenfalls ist das Ergebnis unbestimmt
- Die Anzahl fehlerhafter Funktionseinheiten kann $t \geq 1$ sein
- Die Diagnose wird in einem Diagnosedurchlauf, der die normale Arbeit des Systems unterbricht, systemweit durchgeführt.

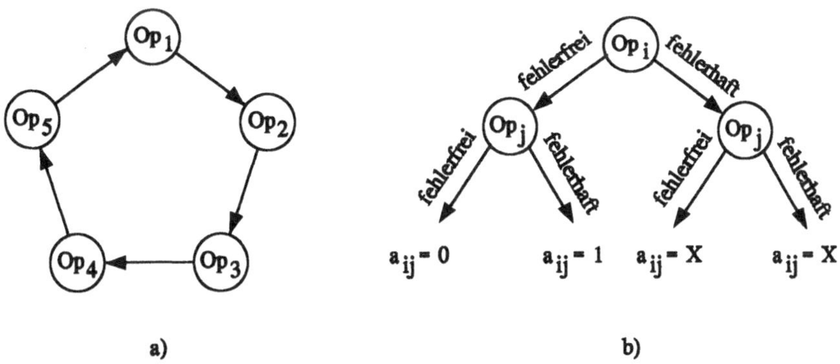

Bild 3.15 a) Graph eines Diagnoseobjekts; b) Kodierung der Prüfergebnisse

Im Diagnosemodus wird das Diagnoseobjekt durch einen gerichteten Graphen repräsentiert. Jede Funktionseinheit wird als Knoten und jede Prüfverbindung (Op_i; Opj) als Kante abgebildet (Bild 3.15). Da die prüfende Funktionseinheit Op_i selbst defekt sein kann, sind als Prüfergebnisse der geprüften Funktionseinheit Op_j möglich: $a_{ij} = \{0; 1\}$ und $a_{ij} = X$ (unbestimmt). Aus dem Bild 3.15a ist die Kodierung ersichtlich. Aufgrund dessen, daß eine fehlerfreie Funktionseinheit als fehlerhaft und eine fehlerhafte als fehlerfrei ausgewiesen werden kann, spricht man von einer *symmetrischen Unsicherheit*.

Dieses Modell ermöglicht, die Beziehungen zwischen der Anzahl der Systemelemente n, der Anzahl der gleichzeitig defekten Funktionseinheiten t und ihrer Diagnostizierbarkeit zu formulieren.

Für ein Diagnoseobjekt, in dem jede Funktionseinheit jeweils nur eine andere Funktionseinheit prüft, wird der Systemzustand durch einen *Syndromvektor* gekennzeichnet, der als einzelne Prüfergebnisse die Elemente

$$(a_{12}; a_{23}; \ldots; a_{ij}; \ldots; a_{n1})$$

enthält. Für einen *Einzelfehler* wird der Syndromvektor aus den Elementen (X 0 0 ... 0 1) (Op_1 fehlerhaft) bzw. ihren zyklischen Vertauschungen ($Op_{i \neq 1}$ fehlerhaft) gebildet. Eine fehlerhafte Funktionseinheit ist immer erkennbar und durch die Sequenz 0 0 ... 1 immer lokalisierbar.

Beim Auftreten von *Mehrfachfehlern* steigt die Zahl potentieller Syndromvektoren stark an (Bild 3.16). Die Lokalisierbarkeit von Mehrfachfehlern hängt von der Unterscheidbarkeit der Syndromvektoren ab. Der Übersichtlichkeit halber, sei die Systemgröße auf n = 5 beschränkt.

Fehleranzahl	0	1	2	3
Syndromvektoren	0 0 0 0 0	X 0 0 0 1	X X 0 0 1	X X X 0 1
		1 X 0 0 0	1 X X 0 0	1 X X X 0
		. . .	. . .	. . .
		. . .	. . .	. . .
			X 1 X 0 1	X X 1 X 1
			1 X 1 X 0	1 X X 1 X
			. . .	. . .
			. . .	. . .

Bild 3.16 Mögliche Syndromvektoren für Einzel- und Mehrfachfehler

Daß in der Diagnosestruktur des Beispiels (eine Funktionseinheit prüft jeweils nur eine andere) Mehrfachfehler nur erkannt, aber nicht lokalisiert werden können, ist schon aus den Syndromvektoren der ersten Zeile der Aufstellung im Bild 3.16 ersichtlich. Sie sind im Prinzip nicht unterscheidbar. Bei näherer Betrachtung der Zweifachfehler eröffnet sich jedoch ein Ausweg.

Es lassen sich zunächst zwei Diagnoseprozeduren formulieren:

- *Diagnose ohne Austausch (Reparatur)* einer nichtfunktionstüchtigen Einheit (einschrittige Diagnoseprozedur). Ein Diagnoseobjekt mit n Systembestandteilen ist t-dia-gnostizierbar ohne Austausch, wenn alle der die Zahl t nicht überschreitenden, fehler-haften Funktionseinheiten ohne Austausch identifiziert (lokalisiert) werden können.
- *Diagnose mit Austausch (Reparatur)* einer nichtfunktionstüchtigen Einheit (sequentielle Diagnoseprozedur). Ein Diagnoseobjekt mit n Systembestandteilen ist sequentiell t-diagnostizierbar, wenn mindestens eine der die Zahl t nicht überschreitenden, fehlerhaften Funktionseinheiten ohne Austausch identifiziert (lokalisiert) werden kann.

Das Beispielobjekt ist 2-diagnostizierbar mit Austausch. In den Syndromen (X X 0 0 1) und (X 1 X 0 1) bzw. in den Syndromen mit zyklischer Vertauschung dieser Elemente weisen die Sequenzen 0 0 1 und 1 1 0 1 immer auf eine fehlerhafte Funktionseinheit. Wird diese ausgewechselt, kann durch einen zweiten Diagnosedurchlauf die zweite fehlerhafte Funktionseinheit festgestellt werden.

Für Dreifachfehler ist diese Verfahrensweise nicht erfolgreich, da z.B. durch die Existenz eines Syndromvektors der Form (X X 1 X 1) nicht eine fehlerhafte Einheit sicher zu bestimmen ist.

Auch ein aus $n = 5$ Funktionseinheiten bestehendes Diagnoseobjekt ist 2-diagnostizierbar ohne Austausch, wenn die Einschränkung, daß eine Funktionseinheit jeweils nur eine andere prüft, fallen gelassen wird.

Allgemein gilt folgende Beziehung für eine t-Diagnostizierbarkeit ohne Austausch:

$$n \geq 2t + 1 \ . \tag{3.14}$$

Demnach ist es für ein System im Geltungsbereich der Beziehung (3.14) immer möglich, eine Diagnosestruktur (Prüfverbindungen) zu finden, die eine t-Diagnostizierbarkeit ohne Austausch gewährleistet. Ein solches System ist immer t-diagnostizierbar ohne Austausch, wenn jede Funktionseinheit durch mindestens t andere Einheiten geprüft wird. Hinsichtlich des Beweises sei auf [Prep 67] verwiesen.

Diagnoseobjekte mit $n = 2t + 1$, in denen jede Funktionseinheit genau t andere prüft, werden als optimal betrachtet. Bild 3.17a zeigt eine solche Diagnosestruktur für das aus $n = 5$ Funktionseinheiten bestehende, ohne Austausch 2-diagnostizierbare Objekt.

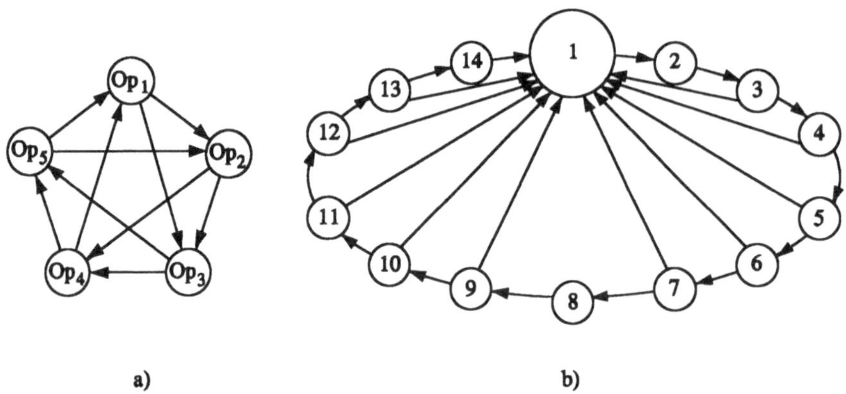

Bild 3.17 a) Ohne Austausch 2-diagnostizierbares Objekt;
b) Sequentiell 6-diagnostizierbares Objekt nach [Prep 67]

Für die Realisierung einer Diagnoseprozedur ohne Austausch werden also N = nt Prüfverbindungen benötigt. Wie oben gezeigt wurde, ist durch die Anwendung einer sequentiellen Diagnoseprozedur eine Entschärfung der Anforderungen zu erwarten. In [Prep 67] wird die Existenz von Diagnosestrukturen nachgewiesen, für deren sequentielle t-Diagnostizierbarkeit zu fordern ist:

$$N = n + 2t - 2 \,. \tag{3.15}$$

Ein solches sequentiell 6-diagnostizierbares Objekt ist im Bild 3.17b dargestellt.

Im Ergebnis eines Diagnoselaufs ist es notwendig, aus den erhaltenen Syndromvektoren die fehlerhaften Funktionseinheiten zu identifizieren. Eine Möglichkeit ist die Erstellung eines *Fehlerhandbuchs*, wie es für Einzelfehler des Diagnoseobjekts nach Bild 3.15 im Bild 3.18 geschehen ist.

a_{12}	a_{23}	a_{34}	a_{45}	a_{51}	
0	0	0	0	1	Op_1 fehlerhaft
1	0	0	0	1	
1	0	0	0	0	Op_2 fehlerhaft
1	1	0	0	0	
0	1	0	0	0	Op_3 fehlerhaft
0	1	1	0	0	
0	0	1	0	0	Op_4 fehlerhaft
0	0	1	1	0	
0	0	0	1	0	Op_5 fehlerhaft
0	0	0	1	1	

Bild 3.18 Fehlerhandbuch für Einzelfehler

Eine effektivere Lösungsmöglichkeit bieten auch hier Entscheidungsbäume. Der Entscheidungsbaum mit fester Folge ist im Bild 3.19 zu sehen. Unabhängig vom im aktuellen Diagnosedurchlauf erhaltenen Syndromvektor, wird dieser in der Reihenfolge seiner Elemente a_{12}, a_{23}, a_{34}, a_{45}, a_{51} analysiert.

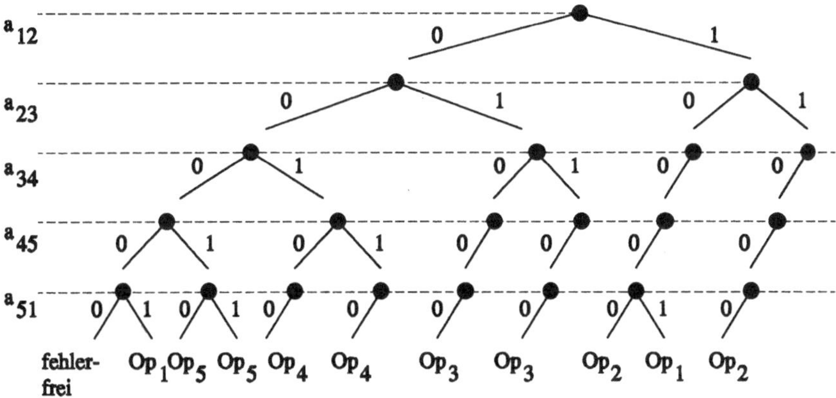

Bild 3.19 Entscheidungsbaum mit fester Folge

Ein nach Bild 3.12 erstellter Entscheidungsbaum mit flexibler Folge erbringt eine weitere Reduzierung der Identifizierungsschritte (Bild 3.20). Er gibt auch Aufschluß über die günstigste Reihenfolge der Prüfungen für den Nachweis der Funktionstüchtigkeit des Diagnoseobjekts.

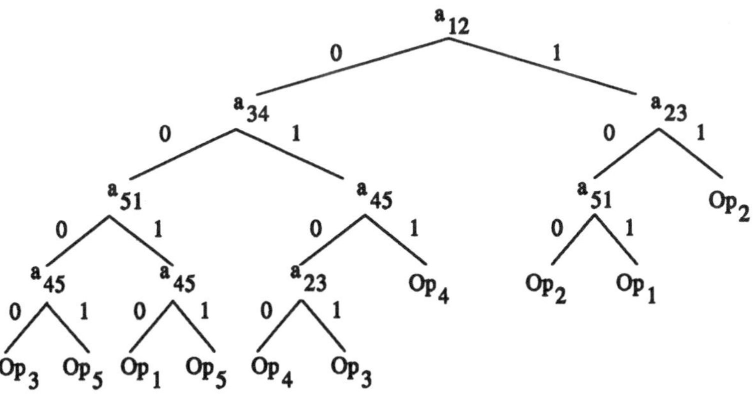

Bild 3.20 Möglicher Entscheidungsbaum mit flexibler Folge

In Ausgestaltung, Erweiterung und Konkretisierung dieses Ansatzes zur verteilten Diagnose werden in

- [Bars 76] und [Holt 81] die für komplexe Funktionseinheiten realistischere Annahme einer *asymmetrischen Diagnoseunsicherheit* eingeführt (es wird angenommen, daß die Prüfung einer fehlerhaften Funktionseinheit durch eine fehlerhafte Einheit nur das Ergebnis "funktionsuntüchtig", nicht aber das Ergebnis "funktionstüchtig" erbringen kann)
- [Russ 75a], (Russ 75b] von Diagnoseobjekten ausgegangen, in denen mehrere relativ einfache Funktionseinheiten (Adder, Multiplexer, Speicher) beim Test anderer Funktionseinheiten zusammenwirken; als Beispiel dient das Diagnosesystem der IBM 360/50
- [Mahe 76] vorgeschlagen, den Zufallscharakter der Fehlerereignisse im Rahmen einer Diagnose ohne Austausch zu berücksichtigen, während in [Fuji 78] diese Betrachtung auf die sequentielle Diagnostizierbarkeit ausgedehnt wird
- [Blou 77] sich selbst prüfende Funktionseinheiten zugelassen und wahrscheinlichkeitstheoretische Bewertungen der Diagnoseergebnisse erhalten
- [Sahe 78] Systeme betrachtet, in denen Funktionseinheiten geprüft werden, ohne den Betriebszustand des Systems zu beeinträchtigen
- [Frie 75] und [Karu 79] das Konzept der t-von-s-Diagnostizierbarkeit entwickelt (ein System mit $f \leq t$ Fehlern kann durch den Austausch von maximal $s \geq t$ Einheiten diagnostiziert und repariert werden)
- [Meye 78] und [Kuhl 80] Diagnosealgorithmen entwickelt, die ähnlich wie beim Bootstrap-Prinzip von der Existenz eines Hardcore ausgehen und zur sukzessiven Ausweitung der Diagnose nur schon geprüfte Funktionseinheiten heranziehen.

3.2 Objektprüfung

Gegenüber der Strategie der Funktionsprüfung geht die Objektprüfung von einer entgegengesetzten Grundidee aus:

- Die Prüfung ist nicht auf den Nachweis der Funktion nach Gl. (3.1) gerichtet, sondern auf den Nachweis eines Fehlers im Diagnoseobjekt
- Es wird die Anwesenheit von im Detail benennbaren und aufzählbaren Fehlern f_i angenommen, nicht ihre Abwesenheit
- Werden keine Fehler nachgewiesen, so gilt das Diagnoseobjekt als fehlerfrei in bezug auf die in Betracht gezogene Fehlermenge $\mathcal{F}$
- Die Objektprüfung wird unter Testbedingungen ausgeführt.

Damit schließt die Objektprüfung auch die Bewertung von Topologien und Strukturen, der Kontaktierung oder der Bestückungstreue auf der Grundlage der im Abschn. 2.1 behandelten nichtelektrischen Prüfprinzipe ein. Hier soll jedoch das elektrische Prüfprinzip im Vordergrund stehen.

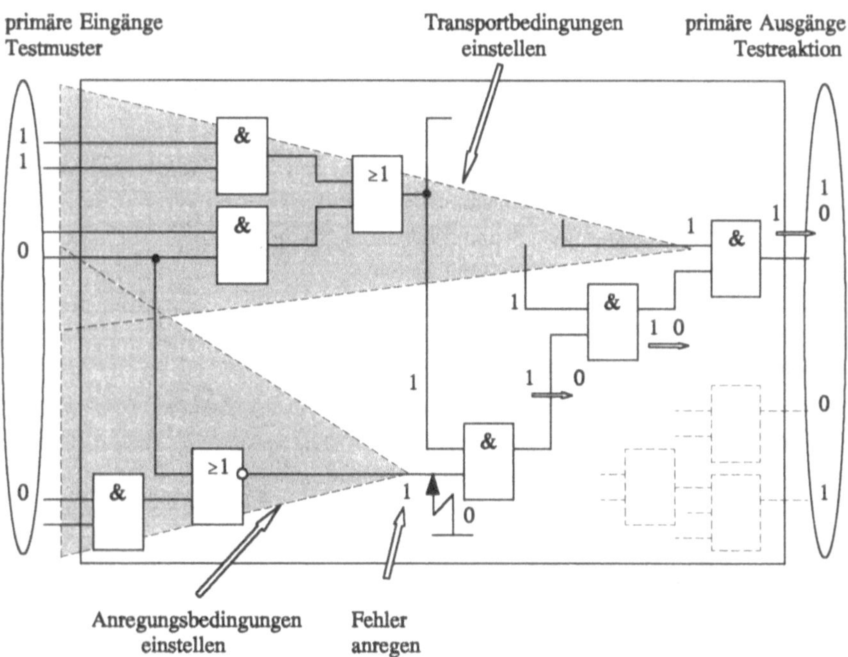

Bild 3.21 Strategie Objektprüfung

Der Fehlerort ist in der Regel für eine Adaptierung nicht zugänglich. Für das Anlegen der Testmuster und das Beobachten der Reaktion des Diagnoseobjekts stehen lediglich seine *primären Eingänge* und *Ausgänge*, d.h. die an konstruktiven Schnittstellen liegenden Zugänge (Pins, Steckverbinder), zur Verfügung (vgl. Bild 3.21). Schon hier sei angemerkt, daß es im Rahmen der prüfgerechten Gestaltung des Objekts üblich ist, durch spezielle Prüfstrukturen wie z.B. Schieberegister innere *sekundäre* Zugänge zu schaffen. Ein physikalischer Defekt muß angeregt werden, sich elektrisch, vorzugsweise logisch zu offenbaren. Beispielsweise muß am Ort eines mechanischen Kurzschlusses der Eingangsleitung eines Gatters gegen die Speisespannung oder die Masse versucht werden, einen solchen Logikpegel zu erzeugen, der eine vom fehlerfreien Fall unterscheidbare Ausgangsreaktion des Gatters gewährleistet. Diese Reaktion wird beobachtbar gemacht, indem ein Pfad vom Fehlerort zu den primären und ggf. sekundären Ausgängen freigeschaltet wird. Das Anregungssignal und die Transportsignale werden über die primären und ggf. sekundären Eingänge eingestellt; d.h., die Testmuster haben sowohl die Fehlerbedingungen als auch die Transportbedingungen zu berücksichtigen. In bestimmten Schaltungsstrukturen kann es zu Konflikten bei der simultanen Gewährleistung dieser beiden Bedingungen kommen. Fehler, die nicht gleichzeitig angeregt und zu einem Beobachtungspunkt transportiert werden können, sind *nichterkennbare Fehler* im Rahmen der gegebenen Testrealisierung. In Schaltungen mit Speicherverhalten ist anstelle eines Testmusters eine Testmusterfolge notwendig, um die Schaltung zu initialisieren, den Fehler anzuregen und zu transportieren.

Zur prüftechnologischen Vorbereitung der Objektprüfung gehören:

- Beschreibung der Struktur des Diagnoseobjekts mit der gewünschten Auflösung (Transistor-, Gatter-, Register-Transfer-Niveau)
- Beschreibung der Funktion der Strukturelemente
- Analyse potentieller Fehlerursachen und Fehler
- Verallgemeinerung der Fehleranalyse und Ableitung bzw. Auswahl eines Fehlermodells
- Festlegen der Menge in Betracht zu ziehender Fehler $\mathcal{F}$
- Bestimmen der Eingänge und ihrer Belegung sowie innerer Zustände (für sequentielle Schaltungen), die die Anregung angenommener Fehler und den Transport der Fehlersignale zu einem Beobachtungspunkt gewährleisten
- Bestimmen der Reaktion des Objekts für den fehlerfreien Fall und bei Anwesenheit des Fehlers einschließlich der Ausgänge bzw. Prüfpunkte, an denen die den Fehler offenbarenden Signale beobachtet werden können.

3.2.1 Beschreibung der Struktur

Ausgangspunkt für die Funktionsprüfung war die das Ein-/Ausgabeverhalten eines Systems charakterisierende Black-box (Bild 3.1 und Gl. 3.1). Für die Objektprüfung muß diese nun aufgebrochen und mit Informationen über die Verknüpfung von Strukturelementen eines niedrigeren Abstraktionsniveaus, etwa des Gatterniveaus, unterlegt werden. Durch Hierarchisierung kann man die Beschreibung vom

- Systemniveau mit Prozessoren, Speichern, Steuerwerk, Ein-/Ausgaben, Kanälen usw. als Strukturelemente (vgl. Bild 1.6)

über die algorithmische Ebene und das

- Register-Transfer-Niveau mit Registern, Bussen, Arithmetisch-Logischen-Einheiten, RAMs usw. als Strukturelemente
- Logik- oder Gatterniveau mit Gattern, Flipflops oder Moduln, deren Funktion durch Boolesche Gleichungen angebbar ist, als Strukturelemente
- Transistorniveau mit Transistoren, Kapazitäten und Widerständen als Strukturelemente

bis zum

- Layoutniveau mit geometrischen Elementen als Strukturelemente

spannen und auch für komplexe Objekte die Übersicht wahren [Ramm 89]. Aufgrund traditioneller Denkgewohnheiten ist die grafische Darstellung strukturell-funktioneller Beziehungen auch heute die für den Menschen verständlichste und gebräuchlichste Beschreibung elektronischer Systeme, wobei den Hierarchieebenen Blockschaltpläne, Logikpläne, Stromlaufpläne und Layoutpläne entsprechen.

Mit dem Logik-Entwurf setzt üblicherweise die Entwurfsautomatisierung ein. Die Synthese von Systemen aus einer höheren Ebene heraus ist noch nicht allgemeiner Stand der Technik [Marw 92]. Für die Mensch-Maschine-Kommunikation verfügen Entwurfssysteme deshalb über Ein- und Ausgabemöglichkeiten von Logikplänen. Sie sind auch das geeignete Mittel für eine manuelle Prüfvorbereitung und für die Illustration von Konzepten und Lösungen. Für die Datenhaltung, den Datenaustausch und die rechnergestützte Verarbeitung sind Schaltpläne allerdings ungeeignet. Dafür haben sich die sogenannten *Netzlisten* herausgebildet. Nach einer Phase ausufernder unterschiedlicher Detaillösungen, von denen Tab. 3.1 nur einen kleinen Einblick geben soll, sind internationale Normierungsergebnisse wie das "*Electronic Design Interchange Format*" - EDIF [EDIF 89] gefragt.

Tabelle 3.1 Ausgewählte Netzlisten und ihre Merkmale

Netzliste	Formatierung		Orientierung		Verwendung von Bezeichnern					
					Bauteilbezeichner			Pinbezeichner		
	ja	nein	Bauteil	Verbindung	anwenderspezifischer Name	anwenderspezifischer Name und Bibliotheksname		Pin-Nummer		aus Bauelemente-Bibliothek
						abgehobene Liste	Zuordnung bei Verwendung	implizit	explizit	
OrCADPCB	√		√				√		√	
Cadnetix	√			√		√			√	
FutureNet	√		√				√	√		√
HILO	√		√				√	√		
Mentor	√			√					√	
PCAD	√		√				√		√	
RacalRedac		√		√	√				√	
EDIF	√			√		√				√

Prinzipiell ist die Formatierung oder die Art der Bezeichner unerheblich. Die Vielfalt der Lösungen verhindert allerdings eine kompatible Verwendung der Software-Tools, die bei Verwendung einer genormten Beschreibung ohne zusätzlichen Aufwand für die Konvertierung möglich ist.

EDIF erlaubt eine hierarchische Beschreibung. In jedem Niveau lassen sich Moduln (cell) definieren, die in einer Bibliothek zur weiteren Verwendung abgelegt werden können. Bild 3.22 zeigt das exemplarisch. Für den rechnergestützten Entwurf werden neben der Verbindungsstruktur und der Verhaltensbeschreibung der Strukturelemente weitere Angaben wie z.B. Layoutdaten benötigt. Deshalb können in EDIF unterschiedliche Sichten (view) einer Schaltung: Schematic-View für den Schaltplan unter Nutzung graphischer Elemente, LogicModel-View für Simulationsmodelle von Bauteilen, PcbLayout-View für gedruckte Schaltungen u.a. behandelt werden. In der Netlist-View zur Auflistung der Bauteile und ihrer Verbindungen werden die Zellen mit ihren äußeren Anschlüssen (interface) und der untersetzenden inneren Struktur (contents) verbindungsorientiert beschrieben. Strukturelemente und ihre Benennung können frei gewählt bzw. aus der Bibliothek abgerufen werden. Als Beispiel einer EDIF-Notierung soll das Cell-Konstrukt eines Halbadders angeführt werden.

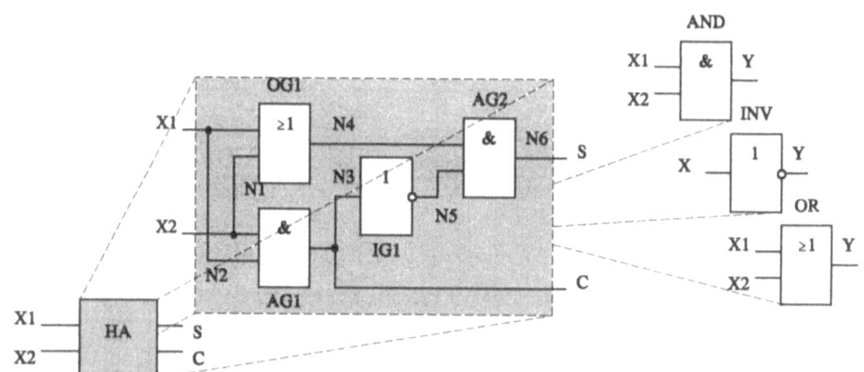

Bild 3.22 Hierarchie in EDIF

```
(cell HALBADDER
   (view NET (viewType NETLIST)
      (interface (port X1 (direction INPUT))
                         (port X2 (direction INPUT))
                         (port S (direction OUTPUT))
                         (port C (direction OUTPUT)))
         (contents
                 (instance OG1 (viewRef NET (cellRef OR)))
                 (instance AG1 (viewRef NET (cellRef AND)))
                 (instance AG2 (viewRef NET (cellRef AND)))
                 (instance IG1 (viewRef NET (cellRef INV)))
                 (net N1 (joined (portRef X2)
                                  (portRef X2 (instanceRef OG1))
                                  (portRef X1 (instanceRef AG1))))
                 (net N2 (joined (portRef X1)
                                  (portRef X1 (instanceRef OG1))
                                  (portRef X2 (instanceRef AG1))))
                 (net N3 (joined (portRef C)
                                  (portRef Y (instanceRef AG1))
                                  (portRef X (instanceRef IG1))))
                 (net N4 (joined (portRef Y (instanceRef OG1))
                                  (portRef X1 (instanceRef AG2))))
                 (net N5 (joined (portRef Y (instanceRef IG1))
                                  (portRef X2 (instanceRef AG2))))
                 (net N6 (joined (portRef S)
                                  (portRef Y (instanceRef AG2)))))))
```

Für eine strukturorientierte Testsatzerstellung kommen auch Matrizendarstellungen und Graphen (vgl. Bild 3.51) bzw. Petri-Netze [Musg 88] in Frage. Sie lassen sich leicht aus einer Netzliste gewinnen und haben den Vorteil, daß über ihnen mathematische Operationen ausführbar sind.

3.2.2 Fehleranalyse und Fehlermodellierung

In der makroskopischen Fehlerbetrachtung im Abschn. 1.4 wurde u.a. herausgearbeitet, daß Fehlfunktionen der Computerbaugruppen ihre Ursache in Unzulänglichkeiten im Entwurf, in Mängeln an den eingesetzten Materialien, technologischen Verfahren und Fertigungsausrüstungen, in chemo-physikalischen Prozessen der Alterung, in Umwelteinflüssen und in subjektiven Einflüssen des Menschen haben. Sie bilden ihre Wirkungen in den Lebensphasen, in den Entwurfssichten (Verhalten, Struktur, Geometrie, Diagnose) und Entwurfsebenen, in den Technologien und Schaltungstechniken höchst unterschiedlich ab. Damit bedarf es einer der jeweiligen Wirkungssphäre konformen Abbildung - eines *Fehlermodells*.

Ein Fehlermodell läßt sich sowohl auf deduktiven als auch auf induktiven Wegen gewinnen. Der deduktive Ansatz beruht auf phänomenologischen Beobachtungen in einer bestimmten Wirkungsphäre (z.B. Gatter-Ebene, Struktur, TTL-Technik, MSI/LSI, Fertigung) und dem Rückschluß auf Defekte in der zugrundeliegenden Struktur. Zum Beispiel lassen sich Gattereingänge nicht treiben bzw. Gatterausgänge nicht schalten. Dieses Phänomen wird mit dem Haftfehlermodell beschrieben und läßt sich auf Strukturdefekte in der Transistorebene, auf geometrische Abweichungen auf dem Layoutniveau und eventuell auf Schwankungen von Dotierungsergebnissen zurückführen. Nicht immer ist eine solche Kette bis zum untersten Niveau nachweisbar. Dies wäre auch nur gefordert, wenn man mit dem Diagnoseergebnis Einfluß auf die Fertigungsprozesse des Objekts nehmen wollte. Kritischer ist es, wenn eine Unzulänglichkeit auf niederem Niveau nicht durch das gewählte Fehlermodell abgebildet wird. Im Rahmen der Objektprüfung wird diese Unzulänglichkeit nicht erkannt, führt aber möglicherweise zu einer Fehlfunktion. Die Übertragung eines so gewonnenen Fehlermodells auf andere Technologien, Schaltungstechniken usw. ist also nicht unproblematisch und bedarf einer Antwort auf die Frage: Wie realistisch spiegelt das Fehlermodell die oben genannten Unzulänglichkeiten, Mängel und Einflüsse wider?

Beim induktiven Ansatz steht diese Frage gewissermaßen am Anfang aller Überlegungen. Zwischen den Qualitätsmerkmalen eines Erzeugnisses, den Einflußgrößen von Ausgangsmaterialien (Zusammensetzung, Konzentrationen, Abmessungen u.ä.), den Einflußgrößen der technologischen Verfahren und Ausrüstungen (Druck, Temperatur, Einwirkzeit u.ä.) sowie der Umwelt gibt es einen physikalischen, chemischen oder physikalisch-chemischen Zusammenhang. Dabei ist das erzeugte Qualitätsmerkmal selten eine determinierte, eher eine mehrdimensionale zufällige Veränderliche. Die Qualitätsmerkmale der Endprodukte setzen sich aus partialen Qualitätsmerkmalen zusammen, die in den einzelnen Stufen des vielschrittigen Fertigungsprozesses einer elektronischen Einrichtung gebildet werden. Dem Fertigungsfortschritt entsprechend, sind sie stofflicher, struktureller, topologischer, nicht-elektrischer (geometrischer, mechanischer) und elektrischer Natur. Abweichungen und Streuungen in den Einflußgrößen führen zu Abweichungen und zu einer Varianz der Qualitätsmerkmale, die über das spezifizierte Maß hinausgehen kann und dann als Fehler anzusprechen ist (Bild 3.23).

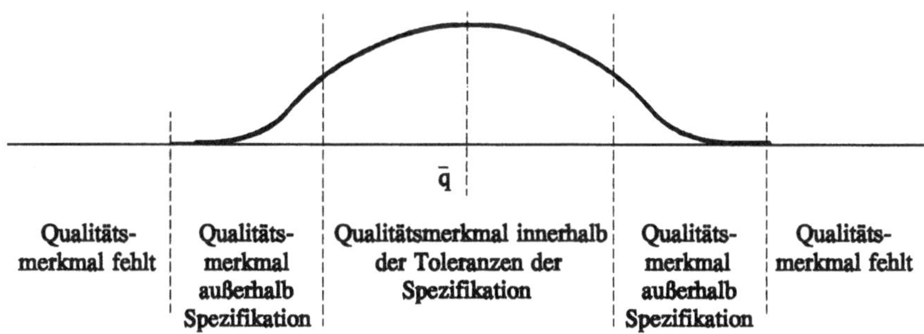

Bild 3.23 Varianz eines Qualitätsmerkmals

Die Verfahren zur mathematischen Formulierung dieser Zusammenhänge [Hein 74] sind recht anspruchsvoll. Auch gelingt es nicht, den Zusammenhang über alle Prozeßschritte bis zum Qualitätszustand des Endprodukts, sondern nur über gewisse Zwischenschritte zu spannen. Für rechnergestützte Untersuchungen gibt es vielfältige Software-Werkzeuge für

- Prozeßsimulation [Fasc 93], z.B. SUPREM [Law 88], mit deren Hilfe Dotierung, Oxidation, Epitaxie, Belichtung, Ätzen, Bedampfen u.ä. bewertbar sind
- Schaltelementesimulation [Fasc 93], z.B. MINIMOS [Häns 87], [Boni 88], PRIDE [Simp 91] zur Bewertung und Modellierung von Transistoren durch Lösung der Halbleitergleichungen
- Netzwerkanalyse, z.B. PSPICE, zur Bewertung des analogen bzw. digitalen oder gemischt (mix-mode) elektrischen Verhaltens
- Systemanalyse, z.B. ALLEGRO, LASAR, CADAT [West 90], um den Einfluß des Leiterplatten-Layouts, der Interaktion zwischen Schaltkreisen, von Gatterlaufzeiten, mechanischer und thermischer Beanspruchungen zu bewerten.

Markante, aussagekräftige partiale Qualitätsmerkmale und entsprechende physikalische Defekte sind mit dem Layout in der VLSI-Fertigung und dem Bauelementeträger (Leiterplatte) in der Gerätefertigung verbunden. In [Shen 85] wurden für eine n-Kanal MOS-

Technologie als wesentliche, das logische Verhalten beeinflussende physikalische Defekte extrahiert:

- Kurzschlüsse
  Metall - Metall
  Metall - Polysilizium
  Metall - Diffusionsgebiet
  Metall - Diffusionsgebiet - Polysilizium
  Polysilizium - Polysilizium
  Polysilizium - Diffusionsgebiet
  Diffusionsgebiet - Diffusionsgebiet
- parasitärer Transistor
- ständig leitender Transistor
- ständig sperrender Transistor.
- Durchbrüche
  Metall - Metall
  Metall - Polysilizium
  Metall - Diffusionsgebiet
  Metall - Diffusionsgebiet - Polysilizium
  Polysilizium - Polysilizium
  Polysilizium - Diffusionsgebiet
  Diffusionsgebiet - Diffusionsgebiet
- verändertes Transistor W/L-Verhältnis
- fehlender Transistorkanal

Das Ergebnis einer Analyse für bestückte Leiterplatten zeigt Tab. 3.2 [Kärg 85].

Tabelle 3.2 Physikalische Defekte in der Fertigung bestückter Leiterplatten

Fertigungsschritt	physikalische Unzulänglichkeit	Folgefehler				
		Leiterbildfehler	Bestükkungsfehler	Kontaktfehler	Verbindungsfehler	Finalfehler
Warenübernahme	fehlerhafte Bauteile					√
Warenübergabe	Verwechslungen		√			
Verpackung	mechanische Beschädigung,	√			√	√
Transport	Deformation					
	Verschmutzungen	√		√		
	Überlagerung	√		√		
	Korrosion	√		√		
mechanische	Kratzer, Risse, Druckstellen,	√			√	
Bearbeitung	Abschabungen					
	Delaminierungen	√				
	Folienabhebung	√			√	
	Hofbildung					√
	Grat, Ausfaserungen, Verbrennungen	√		√		
	Positions-, Maß-, Formabweichung	√	√		√	
thermische Behandlung	Schrumpfung, Dehnung	√	√		√	
	Rückstände flüssiger Reagenzien	√			√	

Tabelle 3.2 (Fortsetzung)

Fertigungsschritt	physikalischer Defekt	Folgefehler				
		Leiter-bild-fehler	Bestük-kungs-fehler	Kon-takt-fehler	Verbin-dungs-fehler	Final-fehler
Vorbehandlung	Schmutz-, Reinigungsmittel-rückstände	√		√	√	
	Gasblasen	√		√	√	
	Markierungen, Schichten	√	√			
Herstellen des Leiterbilds	fehlender Ätz-, Galvanoschutz	√			√	
	fehlende Isolation				√	
	fehlende Metallisierung	√		√	√	
	fehlender Korrosionsschutz			√		
	fehlender Lötstopp				√	√
	Unterätzungen, Ätzmittelreste	√			√	
Pressen	Deformationen		√		√	
	mangelnde Polimerisation					√
	Schichtversetzungen	√			√	
	Isolationsdurchbruch				√	
	Lageveränderung der Leiterzüge	√			√	
Bauteilevorbereitung	Verwechslungen		√			
	Deformationen, mechanische Beschädigung		√	√	√	√
	Verunreinigung		√			
Bestücken	falsche Bauelemente					√
	falsche Orientierung				√	
	mangelnde Fixierung			√	√	
	mechanische, elektrische Beschädigung					√
	Verunreinigung			√		
Kontaktieren	Unterbrechungen, Kurzschlüsse				√	
	beschädigte Bauteile					√
	Verbrennungen, Delaminierungen				√	√
	Abheben, Versenken von Leiterzügen				√	√
	Lageveränderung				√	
	unzulängliche Kontaktstelle					√
Verdrahten	Kurzschlüsse, Unterbrechungen				√	
	falsche Verbindungen				√	

Angesichts der kaum überschaubaren Zahl physikalischer Unzulänglichkeiten, deren Anwesenheit a priori an verschiedenen Orten des Objekts anzunehmen ist, scheint der Ansatz einer strukturorientierten Prüfung noch nicht überzeugend. Für eine Reduzierung der in Betracht zu ziehenden Menge von Defekten bedarf es statistischer Daten möglichst aus der laufenden Fertigungslinie für das konkrete Produkt. In der Anlaufphase von Fertigungen empfielt sich eine eher pessimistische Defektannahme, da eventuelle Qualitätseinbrüche stärker zu Buche schlagen als eine zunächst überdimensionierte Vorsorge. Unter Einsatz der o.g. Software-Werkzeuge führt der nächste Schritt vom physikalischen Defekt über die elektrische Entsprechung zur konformen Abbildung für das elektrische Prüfprinzip und die Objektprüfung in der logischen, algorithmischen oder Verhaltensebene. Die Inhomogenität der Defektmenge läßt erwarten, daß mehrere Fehlermodelle der Objektprüfung zugrunde gelegt werden müssen.

An die Formulierung eines Fehlermodells sind folgende (durchaus nicht widerspruchsfreie) Anforderungen zu stellen:

- schlüssige Abbildung einer Fehlerursache in die gewünschte Beschreibungsebene
- für die Fehlerlokalisierung adäquates Auflösungsvermögen
- Möglichkeit der abstrakten und rechnergestützten Verarbeitung
- Abbildung realer physikalischer Fehlerursachen
- möglichst großer Anwendungsbereich (unterschiedliche Technologien, Schaltungstechniken)
- Abzählbarkeit der Fehlermenge zur Bestimmung der Diagnosesicherheit.

Haftfehler. Als sehr effizient im Sinne der gestellten Anforderungen an ein Fehlermodell hat sich die Abbildung physikalischer Unzulänglichkeiten unterschiedlicher Schaltungstechniken als Haftfehler auf dem Gatter- bzw. Logik-Niveau erwiesen. In diesem klassischen Modell wird angenommen, daß Leitungen bzw. Eingänge und Ausgänge von Gattern ständig auf dem logischen Null-Pegel (als Fehler s-a-0 bezeichnet) oder auf dem logischen Eins-Pegel (als Fehler s-a-1 bezeichnet) liegen.

Für die im Bild 3.24 gezeigten Kurzschlüsse und Leitungsunterbrechungen ist das offensichtlich schlüssig. Die Eingänge von TTL-Gattern werden durch Mehremitter-Transistoren und ihre Ausgänge durch Gegentaktendstufen gebildet. Durch eine Unterbrechung der Eingangsleitung kann kein Emitterstrom fließen, was einer Belegung des Eingangs mit einer logischen 1 entspricht. Eine fehlende Verbindung zur Masse verhindert, daß der Ausgang jemals auf logisch 0 gezogen werden kann. Bei einer Unterbrechung der Stromversorgung sind beide Zweige der Gegentaktendstufe gesperrt. Da damit wieder eine Abflußmöglichkeit für einen Strom aus einem nachfolgenden Gatter fehlt, ist dieser Defekt als Fehler s-a-1 interpretierbar.

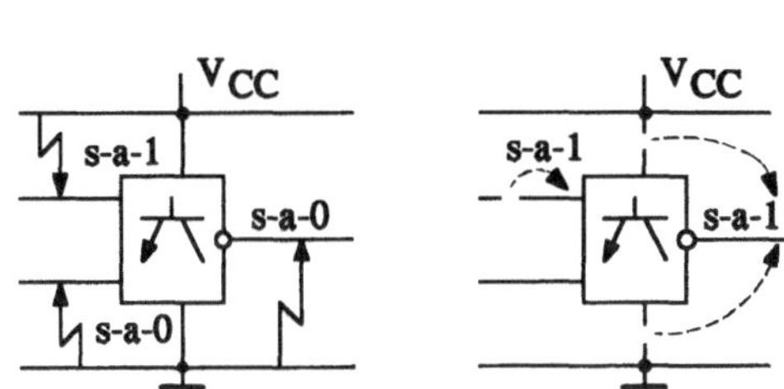

Bild 3.24 Haftfehler auf Leitungen

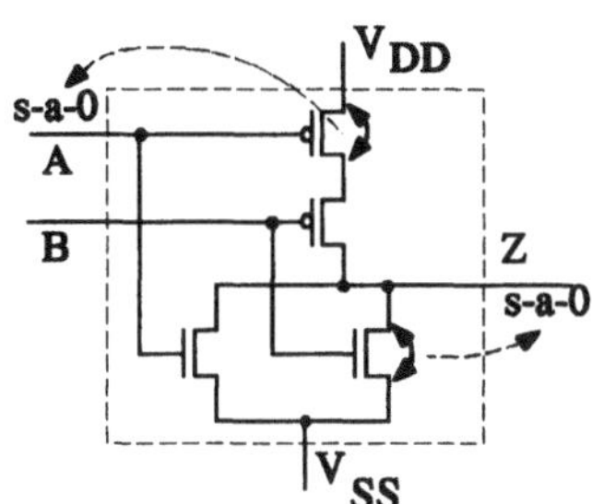

Bild 3.25 CMOS NOR-Gatter

Wie realistisch ist aber die Annahme, daß Defekte in der inneren Transistorstruktur durch derartige Haftfehler modelliert werden können? Antwort auf diese Frage geben u.a. [Beh 82] für Transistor-Transistor-Logic (TTL), [Maly 84] und [Bane 84] für Metal-Oxide-Semiconductor-Logic (MOS). Insbesondere Unzulänglichkeiten der technologischen Prozesse zur Erzeugung leitender Schichten aus Metall oder Polysilizium und isolierender Schichten aus Siliziumdioxid, aber auch Diffusion bzw. Ionenimplantation sind für Haftfehler verantwortlich.

Aus Bild 3.25 läßt sich exemplarisch erkennen, daß ein ständig leitender Transistor im Pull-up-Zweig, durch einen ständigen Null-Pegel am entsprechenden Eingang modellierbar ist. Überflüssiges Polysilizium kann einen Kurzschluß zwischen Source und Drain und damit diesen Defekt in der Transistorstruktur bewirken. Ein Fehler s-a-0 am Ausgang wird durch eine fälschliche Verbindung in der Metallisierungsebene oder auch durch einen Implantationsdefekt verursacht.

Die *Fehlermenge* für das Haftfehlermodell ist leicht abzählbar. Unter der Annahme, daß immer nur ein Haftfehler auftritt, sind in einer Schaltung mit m Signalleitungen zunächst

$$\Sigma_1 = 2m \qquad (3.16)$$

Einfach-Haftfehler festzustellen. Ist eine Schaltung mit mehreren Fehlern behaftet, so wird in der Regel unterstellt, daß es sich um voneinander unabhängige Einfachfehler handelt. Jede der m Leitungen kann dann die drei Zustände: fehlerfrei, s-a-0, s-a-1 besitzen. Demnach wären für die Schaltung

$$\Sigma_2 = 3^m - 1 \qquad (3.17)$$

unterschiedliche Einfach- und *Mehrfach-Haftfehler* zu konstatieren. Diese Fehlerzahl wird für komplexere Schaltungen schnell nicht mehr handhabbar. Sieht man von dem relativ seltenen Fall ab, daß sich Fehler gegenseitig maskieren können, so reicht in der Fertigung integrierter Schaltkreise die Erkennung eines einzigen Fehlers aus, da ja keine Reparatur erfolgen wird. Das gleiche gilt für Baugruppen unter Betriebsbedingungen, wenn eine Fehlerbehandlung einsetzen soll. Man kann davon ausgehen, daß Testmuster für Einfachhaftfehler auch Mehrfachfehler erkennen. Diese Verfahrensweise, sich auf Einfachfehler zu beschränken, wird durch Untersuchungsergebnisse in [Hugh 86] und [Jaco 87] gestützt.

Für weitere Überlegungen soll ein NAND-Gatter (Bild 3.26) dienen.

A, B → & → Z

Fehlermenge A	Fehlermenge B	Fehlermenge Z	Testmuster Nr.	A	B	Z fehlerfrei	Z fehlerbehaftet
s-a-0			1	1	1	0	1
s-a-1			2	0	1	1	0
	s-a-0		3	1	1	0	1
	s-a-1		4	1	0	1	0
		s-a-0	5	1	0	1	0
			6	0	1	1	0
			7	0	0	1	0
		s-a-1	8	1	1	0	1

Bild 3.26 Testmuster für NAND-Gatter

Zum Nachweis eines Haftfehlers ist auf der als fehlerbehaftet angenommenen Leitung der inverse Logikpegel zu erzeugen. Die den Fehler anregende (steuernde) Eingangsbelegung ist in der Tabelle schattiert. Um eine eventuelle Abweichung des Pegels eines Beobachtungspunkts (hier Z) vom fehlerfreien Fall bemerken zu können, muß durch eine entsprechende Belegung des anderen Gattereingangs die Durchschaltung vom angeregten (gesteuerten) Prüfpunkt zum beobachteten Prüfpunkt gewährleistet werden. Da in einer konjunktiven Verknüpfung der Ausgangspegel durch logisch 0 an einem Eingang vorbestimmt wäre, ist logisch 1 eine solche transportierende Eingangsbelegung. Für disjunktive Verknüpfungen gilt die Umkehrung.

Für den Nachweis des Fehlers Z: s-a-0 ist es notwendig, lediglich einen der Eingänge mit 0 zu belegen. Die Belegung des anderen Eingangs ist unerheblich (don´t care Bedingungen). Daraus resultieren die alternativen Testmuster 5, 6, 7.

Aus der Tabelle ist ersichtlich, daß die Fehler A: s-a-0, B: s-a-0 und Z: s-a-1 durch die gleichen Testmuster (A; B) = (1; 1) erkannt werden. Fehler, die wechselseitig durch gleiche Testmuster nachgewiesen werden, heißen *äquivalente Fehler* [McCl 77]. Für den Nachweis aller Fehler einer Äquivalenzklasse ist demnach nur ein Testmuster erforderlich. Da nur noch ein (beliebiger) Fehler je Äquivalenzklasse zu betrachten ist, reduziert sich die Fehlermenge für ein Grundgatter mit n Eingängen von 2n + 2 auf

$$\Sigma_3 = n + 2 \tag{3.18}$$

(vgl. Bild 3.27). Im Bild 3.27 ist ebenfalls gezeigt, daß die Fehleräquivalenzen auch auf einem Pfad einer idealen Baumstruktur gelten.

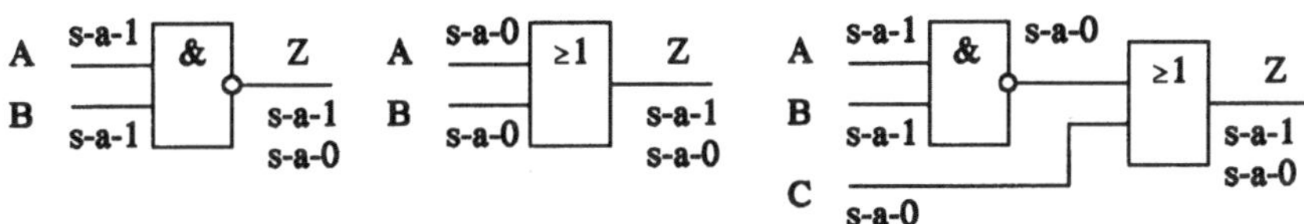

Bild 3.27 Reduzierung der Fehlermenge durch Beachtung der Fehleräquivalenz

Bei der Analyse der Testmuster für den Fehler Z: s-a-0 am Ausgang des NAND-Gatters im Bild 3.26 fällt auf, daß die Testmuster (A; B) = (0; 1) und (A; B) = (1; 0) auch für A: s-a-1 und B: s-a-1 gelten. Das Testmuster (A; B) = (0; 0) weist jedoch darauf hin, daß hier keine Wechselseitigkeit gegeben ist. Man spricht deshalb nicht von Fehleräquivalenz, sondern von *Fehlerdominanz*. Nach [Poag 62] dominiert ein Fehler f_2 (hier Z: s-a-0) einen Fehler f_1 (hier A: s-a-1 und B: s-a-1), wenn jedes Testmuster für f_1 auch den Fehler f_2 nachweist, nicht aber umgekehrt. Es ist hinreichend, in die Fehlermenge nur die dominierten Fehler f_1 aufzunehmen.

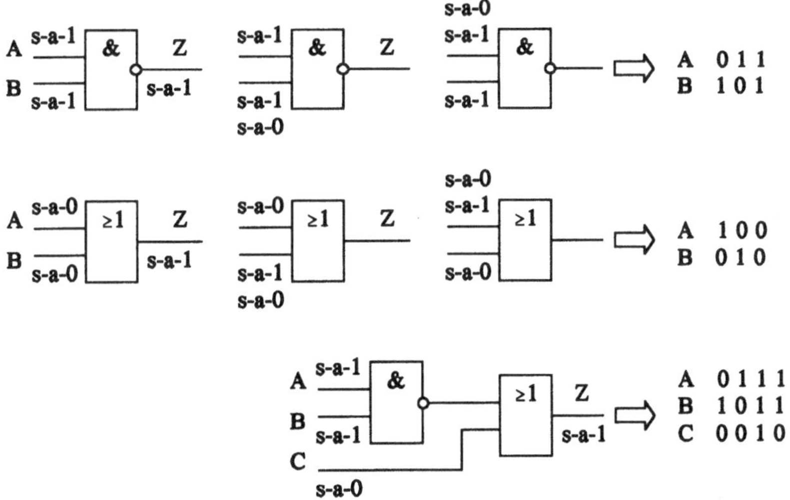

Bild 3.28 Reduzierte Testmengen unter Beachtung der Fehleräquivalenz und der Fehlerdominanz

Bild 3.28 zeigt mögliche Fehlermengen für Grundgatter und für die Baumstruktur sowie die korrespondierenden vollständigen und minimalen Testsätze für die Erkennung aller Einfach-Haftfehler. Der Umfang der Fehlermenge reduziert sich unter Beachtung der Fehleräquivalenz und der Fehlerdominanz auf n + 1 Einfach-Haftfehler für Grundgatter und ideale Baumstrukturen.

Analoge Überlegungen gelten für Mehrfach-Haftfehler. Für Grundgatter steht die ermittelte Fehlermenge vom Umfang

$$\Sigma_4 = n + 1 \quad (3.19)$$

für alle Einfach- und Mehrfach-Haftfehler.

Für freistrukturierte Schaltungen gehört die Bestimmung der Äquivalenzklassen allerdings zu den NP-vollständigen Problemen [Ibar 75], für die nur äußerst rechenintensive Algorithmen mit einem exponentiell steigenden Aufwand existieren. Das Problem ist beherrschbar, wenn man sich auf bestimmte Schaltungsstrukturen wie etwa auf zweistufige AND/OR-Logik beschränkt [Koha 71] oder überhaupt auf den Anspruch, zu einer minimalen Fehlermenge oder zu einem minimalen Testsatz zu gelangen, verzichtet und sich zunächst mit annähernden Ergebnissen begnügt. Ein so gewonnener Testsatz kann anschließend z.B. mit Hilfe einer Fehlersimulation weiter minimiert werden.

Für *redundanzfreie Baumstrukturen ohne rekonvergente Verzweigungen* (fan-out) besteht eine solche Näherung darin, für alle n primären Schaltungseingänge Einfach-Haftfehler zu modellieren [To 73]. Da in einer derartigen Baumstruktur immer ein Pfad, auf dem das Durchschalten beider Logikpegel gewährleistet werden kann, von einem Eingang zu einem Ausgang führt, erkennen die resultierenden 2n Testmuster alle Einfach- und Mehrfach-Haftfehler der Schaltung. Obgleich größer als die oben genannte Minimalzahl von n + 1 Testmustern, ist diese Anzahl aber immer noch deutlich geringer als die 2^n Testmuster eines erschöpfenden Testsatzes.

Für *Schaltungen mit rekonvergenten Verzweigungen* (Bild 3.29), die in der Schaltungspraxis sehr häufig sind, müssen die obigen Aussagen modifiziert werden.

Die Wirkung von Fehlern an Verzweigungsknoten ist nicht einheitlich (Bild 3.29b). Der eingezeichnete Kurzschluß wird die Pegel aller drei Leitungen l; l_1, l_2 bestimmen. Ein Haftfehler am Ausgang des Gatters G_1 wird gleichermaßen als Haftfehler an den Eingängen der Gatter G_2 und G_3 modellierbar sein. Bestimmte Haftfehler z.B. am Eingang des Gatters G_3 müssen jedoch als rückwirkungsfrei auf die angeschlossene Leitung betrachtet werden (vgl. Bild 3.24) und wirken deshalb nicht gleichermaßen auf die Leitungen l und l_1. Es empfielt sich deshalb, neben den primären Eingängen der Schaltung die Gattereingänge an Verzweigungen als Prüfpunkte zur Anregung von Fehlern zu behandeln. Dies ist gleichbedeutend mit der immer möglichen Zerlegung einer kombinatorischen Schaltung in verzweigungsfreie Schaltungsteile. Im Bild 3.29 ist diese Zerlegung eingezeichnet.

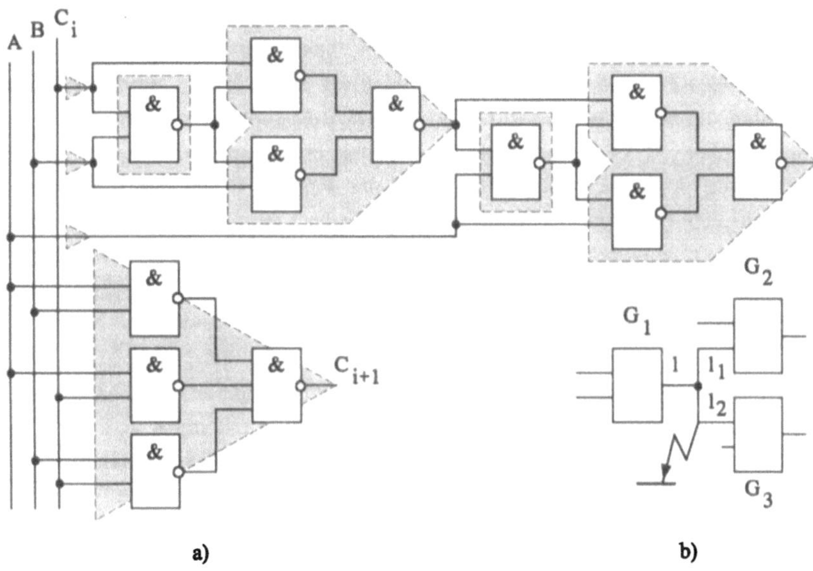

Bild 3.29 a) Adder als Schaltung mit rekonvergenten Verzweigungen; b) Verzweigungsknoten

Für den Nachweis aller Einfach- und Mehrfachfehler sind nunmehr die Haftfehler an den primären Eingängen und an den Eingängen der verzweigungsfreien Schaltungsteile zu modellieren - ein Verfahren, das in vielen Software-Tools für die Testsatzgenerierung implementiert ist. Im Zweifelsfall muß die Fehlerüberdeckung des Testsatzes (vgl. Abschn. 3.4) als Komponente der Diagnosesicherheit mittels Fehlersimulation verifiziert bzw. bestimmt werden.

Leider sind nicht alle physikalischen Defekte als Haftfehler abbildbar. Auch sind für den allgemeinen Fall freistrukturierter Logik die geschilderten vorteilhaften Bedingungen und Strukturen eher für Teilschaltungen repräsentativ. Generalisierende Verfahren zur Testsatzerstellung (s. Kapitel 5) bauen jedoch darauf auf bzw. nutzen sie.

Brückenfehler (Verbindungsfehler). Sie manifestieren die ungewollte elektrische Verbindung zwischen signalführenden Leitungen. Die theoretisch mögliche Anzahl aller Schlüsse zwischen zwei oder mehr Leitungen beträgt [Micz 88]:

$$\Sigma_5 = \sum_{i+2}^{m} \binom{m}{i} = 2^m - m - 1. \tag{3.20}$$

Aufgrund der Gegebenheiten des konkreten Layouts, wird ein großer Teil davon allerdings ausgeschlossen sein.

Neben der Fehlermenge ist zu beachten, welche Strukturelemente auf welche Weise kurzgeschlossen werden, da hieraus unterschiedliche Konsequenzen erwachsen [Mei 74], [Mala 92]. Von der Schaltungstechnik hängt es ab, welchen gemeinsamen Signalpegel die kurzgeschlossenen Leitungen annehmen. Bei positiver Logik erfolgt auf dem Gatterniveau die Abbildung als Brückenfehler durch eine AND-Verknüpfung (es setzt sich der Null-Pegel durch). Eine OR-Verknüpfung ist das Ergebnis eines dominierenden Eins-Pegels bei negativer Logik. Kann sich allerdings keiner der Pegel a priori durchsetzen, was bei Streuungen in den Ersatzwiderständen der betroffenen Leitungen vorkommen kann, tritt ein indifferenter Zustand ein. Zusätzlich zur Unterteilung der Brückenfehler in *AND-Typ* oder *OR-Typ* ist zu unterscheiden, ob ein Brückenfehler den kombinatorischen Charakter einer Schaltung verändert oder nicht.

Brückenfehler, die den kombinatorischen Charakter nicht verändern, sind prinzipiell durch Testmuster für Haftfehler nachweisbar, sofern sie überhaupt erkennbar sind [Frie 74]. Für den Nachweis eines Brückenfehlers ist es erforderlich, die verdächtigen Leitungen durch eine Belegung mit unterschiedlichen Pegeln anzuregen, ihre ungewollte Verbindung zu offenbaren. Für die Anregung des im Bild 3.30a gezeigten Brückenfehlers zwischen den Eingängen eines NOR-Gatters in positiver Logik kommen die Belegungen (A; B) = (1; 0) oder (A; B) = (0; 1) in Frage. Unter Hinzunahme der Transportbedingung C = 0 sind dies aber auch Testmuster für die Haftfehler A: s-a-0 bzw. B: s-a-0 (vgl. Bild 3.28). Mit anderen Worten: der Brückenfehler dominiert die genannten Haftfehler.

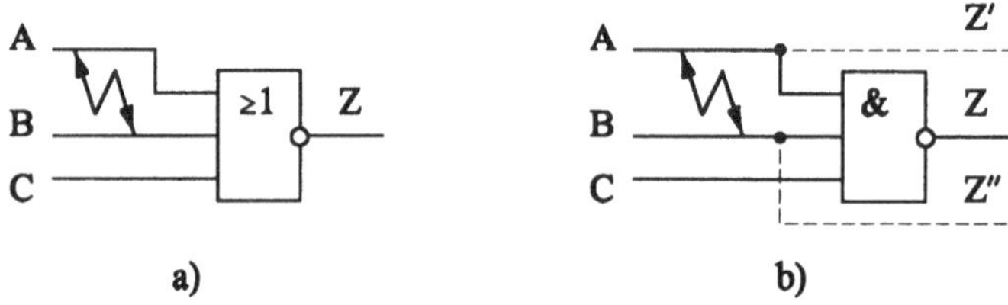

Bild 3.30 Brückenfehler zwischen Gattereingängen
a) dominiert Haftfehler; b) nur an Verzweigungen beobachtbar

Der Brückenfehler zwischen den Eingängen eines NAND-Gatters in positiver Logik (Bild 3.30b) ist im Rahmen der bisher betrachteten Fehlermodelle am Ausgang des Gatters jedoch nicht beobachtbar. Nur wenn von einer Verzweigung einer oder auch beider Leitungen ein Pfad zu einem Beobachtungspunkt freigeschaltet werden kann bzw. wenn ein solcher speziell in das Objekt eingefügt wird, ist eine Fehlererkennung gegeben.

Brückenfehler rückführenden Charakters stellen ungewollte Verbindungen zwischen Gattereingängen und Gatterausgängen, die in einem Signalpfad liegen, dar. Sie verändern den kombinatorischen Charakter einer Schaltung, indem sie einen Speichereffekt provozieren. So wird die im Bild 3.31a gezeigte, ursprünglich kombinatorische Kaskade zweier NAND-Gatter durch den Kurzschluß zwischen den mit Z und E bezeichneten Leitungen zu einer sequentiellen Schaltung. Durch Umzeichnen erhält man die gewohnte Darstellung des elementaren RS-Flipflops.

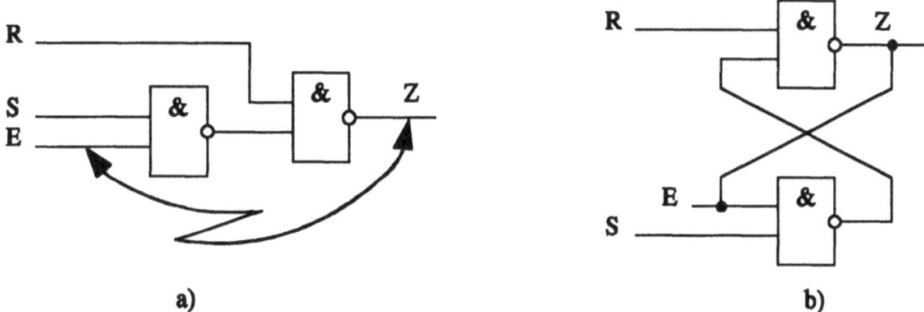

Bild 3.31 a) Brückenfehler an NAND-Kaskade; b) bewirktes Speicherelement

Ein Testmuster für die Anregung des Brückenfehlers muß an E und Z unterschiedliche Pegel erzeugen. Wird Z = 1 gewählt, so resultiert (R; S; E) = (0; x; 0). Bei Anwesenheit des Fehlers wird Z auf Null gezogen. Eine andere Herangehensweise besteht darin, den ungewollten Speichereffekt nachzuweisen. Zu diesem Zweck wird das nachzuweisende Speicherelement mit (R; S; E) = (1; 0; 1) auf Z = 0 gesetzt (initialisiert) und danach der "Speicherbefehl" des Flipflops (R; S; E) = (1; 1; 1) angelegt. Bei Anwesenheit des Brückenfehlers bleibt Z = 0 bestehen; bei Abwesenheit des Fehlers wäre Z = 1 zu erwarten.

Der minimale Testsatz für die Haftfehler der NAND-Kaskade besteht aus den vier Mustern (R; S; E) = (1; 1; 1); (0; 0;1); (1; 1; 0); (1; 0; 1). Das Muster (R; S; E) = (0; x; 0), d.h. (0; 0; 0) oder (0; 1; 0), ist nicht enthalten. Es müßte also hinzugefügt werden. Die beiden Testmuster zum Nachweis des Speichereffekts: (R; S; E) = (1; 0; 1) und (1; 1; 1) sind im Testsatz zwar enthalten, müssen aber in der geforderten Reihenfolge an das Prüfobjekt angelegt werden.

In der Schaltung nach Bild 3.31 ist die Anzahl der Signalinvertierungen in der Rückführungsschleife eine gerade Zahl. Eine ungerade Zahl von Invertierungen in einer Rückführungsschleife kann zum Oszillieren der Schaltung führen. Für das kurzgeschlossene Gatter im Bild 3.32 tritt das bei der Belegung (A; B) = (1; 1) für den Zeitraum $t + n\Delta T$ ein. Die Frequenz hängt von den Gatterlaufzeiten Δt in der Schleife ab. Man überzeugt sich leicht, daß das Muster (A; B) = (1; 0) aus dem Haftfehlertestsatz den Brückenfehler nachweist.

Bild 3.32 Oszillierendes NAND-Gatter

Stellt man den konkreten Bezug zur Technologie und dem Transistor-/Elektrikniveau her, so können gewisse Unsicherheiten in der Anwendung dieses Fehlermodells nicht ignoriert werden [Acke 83]. Eine Analyse der Ersatzschaltung von CMOS-Gattern z.B. nach Bild 3.25 zeigt, daß ein Brückenfehler in Abhängigkeit von der Transistorgeometrie und der Eingangsbelegung sowohl dem OR-Typ als auch dem AND-Typ zugerechnet werden kann (Bild 3.33). Dadurch erweitert sich die Fehlermenge.

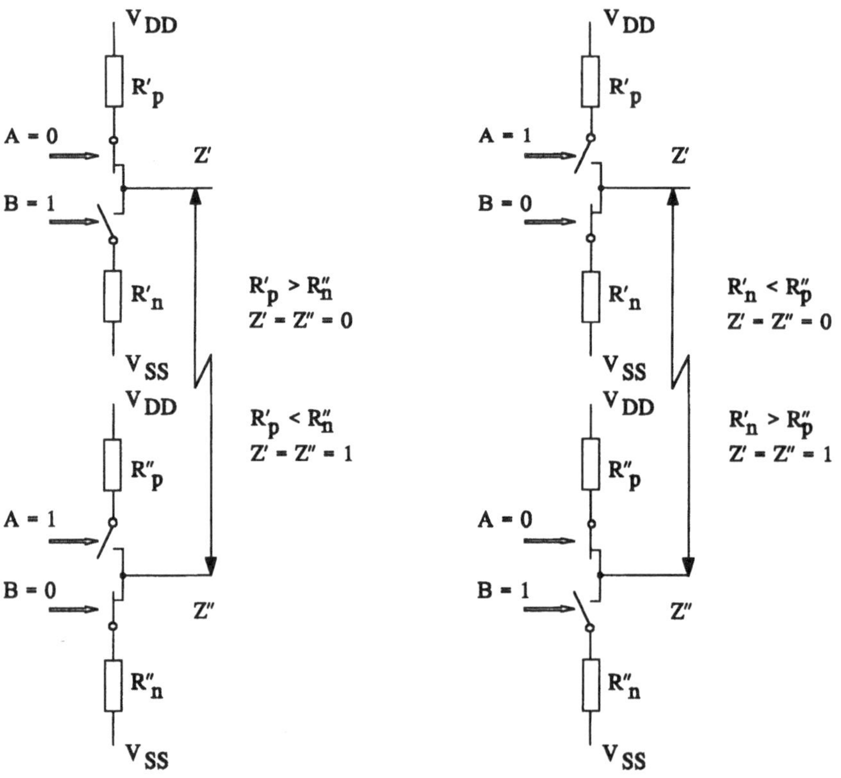

Bild 3.33 Mögliche Wirkungen eines Brückenfehlers

Stuck-open-Fehler. In CMOS-Gattern kann man neben dem ständigen Festhalten von Eingängen und Ausgängen auf dem Null- oder Eins-Pegel einen Speichereffekt beobachten, für den das klassische Haftfehlermodell auf dem Gatterniveau keine Abbildung bietet. Dieser Sachverhalt wurde erstmals in [Wads 78] untersucht. Die Erklärung für den ungewollten Speichereffekt findet sich auf dem Transistorniveau. Neben den schon im Bild 3.25 demonstrierten Haftfehlern zeigt die induktive Fehleranalyse physikalische Defekte auf, die sich als ständig gesperrte (stuck-open) Transistoren im Pull-up-Zweig bzw. Pull-down-Zweig z.B. des NOR-Gatters abbilden. Im Bild 3.34 sind die dadurch hervorgerufenen Unterbrechungen der Pfade für das Aufladen bzw. Entladen der Lastkapazität symbolisch eingezeichnet. Aus der Wahrheitstabelle sind die Konsequenzen für Einfachfehler ersichtlich.

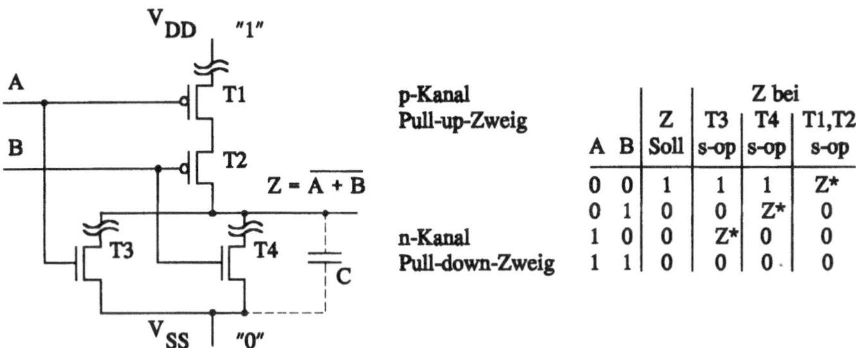

A	B	Z Soll	Z bei T3 s-op	Z bei T4 s-op	Z bei T1,T2 s-op
0	0	1	1	1	Z*
0	1	0	0	Z*	0
1	0	0	Z*	0	0
1	1	0	0	0	0

Bild 3.34 CMOS NOR-Gatter mit Stuck-open-Fehlern

Bei (A; B) = (0; 0) gibt es im fehlerfreien Fall über die leitenden Transistoren T1 und T2 (T3 und T4 sperren) einen Pfad, über den die Lastkapazität C aufgeladen werden kann, und am Ausgang stellt sich der Eins-Pegel ein. Eventuelle Stuck-open-Fehler im Pull-down-Zweig (T3: s-op, T4: s-op) wirken sich nicht aus. Ist jedoch der Pull-up-Zweig unterbrochen (T1, T2: s-op), kann die Lastkapazität nicht aufgeladen werden; der zuvor vorhandene Ladungszustand bleibt erhalten: Z = Z*.

Bei (A; B) = (0; 1) müßte T1 leiten, T2 sperren, T3 sperren, so daß sich die Lastkapazität über den leitenden Transistor T4 auf den Null-Pegel entladen könnte. Stuck-open-Fehler im Pull-up-Zweig und im Pfad T3 haben keinen Einfluß. Eine Unterbrechung im Pfad T4 verhindert jedoch das Entladen und der vorherige Zustand wird gespeichert: Z = Z*. Über Leckströme erfolgt im Laufe der Zeit ein Ladungsausgleich.

Die Verhältnisse bei (A; B) = (1; 0) erklären sich wegen der Schaltungssymmetrie in analoger Weise.

Für (A; B) = (1; 1) gibt es auch beim Auftreten von Einfachfehlern immer einen Pfad für den Ladungstransport, so daß sich ein Stuck-open-Fehler nicht auswirkt.

In Anwesenheit des Stuck-open-Fehlers im Pull-up-Zweig wird das NOR-Gatter für die Belegung (A; B) = (0; 0) eine Fehlfunktion aufweisen; der Stuck-open-Fehler ist dem Haftfehler Z: s-a-0 äquivalent. Die Stuck-open-Fehler im Pull-down-Zweig führen für die Belegungsfolgen (A; B) = (0; 0); (0; 1) und (A; B) = (0; 0); (1; 0) (und nur für diese) zu Fehlfunktionen. Damit sind das auch die Testmuster für die Fehlererkennung, wobei die Belegung (0; 0) der Initialisierung dient und die Belegungen (0; 1) bzw. (1; 0) den Fehler anregen. Man spricht von einem *Zwei-Pattern-Test*.

Der Vergleich mit den Testmustern für Haftfehler (Bild 3.28) zeigt, daß ein wie folgt geordneter Testsatz sowohl die Haftfehler an den Gatteranschlüssen als auch die Stuck-open-Fehler nachweist: (0; 0); (1; 0), (0; 0), (0; 1). Ein solcher Ansatz, Testmuster für Haftfehler zur Erkennung von Stuck-open-Fehlern geeignet zu ordnen, wird auch für komplexere Schaltungen verfolgt [Chan 83], wird aber schnell unhandlich.

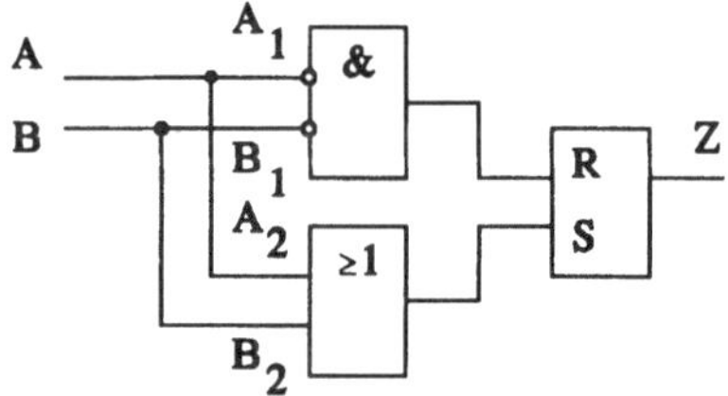

Bild 3.34	A: s-a-0	B: s-a-0	Z: s-a-0	T1: s-op	T2: s-op	T3: s-op	T4: s-op
	A: s-a-1	B: s-a-1	Z: s-a-1	⇓	⇓	⇓	⇓
	⇓	⇓	⇓				
Bild 3.35	A: s-a-0	B: s-a-0	Z: s-a-0	A_1: s-a-1	B_1: s-a-1	A_2: s-a-0	B_2: s-a-0
	A: s-a-1	B: s-a-1	Z: s-a-1				

Bild 3.35 Abbildung von Transistorfehlern durch Haftfehler im Gatterniveau

Die frühe Entwicklung von effizienten Algorithmen mit Fehlermodellen auf dem Gatterniveau (vgl. Kapitel 5) und die Verfügbarkeit entsprechender Software-Tools hat Arbeiten befördert, Fehler im Transistorniveau durch Haftfehler einer äquivalenten logischen Darstellung auf dem Gatterniveau zu modellieren [Jain 83], [Jain 85b]. Dabei werden u.a. Gateanschlüsse von n-Kanal-Transistoren durch Gattereingänge, Gateanschlüsse von p-Kanal-Transistoren durch invertierende Gattereingänge, Reihenschaltungen von Transistoren durch AND-Gatter, Parallelschaltungen von Transistoren durch OR-Gatter und Gatterausgänge auf dem Transistorniveau durch einen sogenannten "modeling block" nachgebildet. Letzterer wird durch seine Wahrheitstabelle beschrieben und stellt im Prinzip ein RS-Flipflop dar, an dessen Ausgang sich bei der "verbotenen" Belegung der Null-Pegel durchsetzt. Die fehleräquivalente Schaltung für das NOR-Gatter zeigt Bild 3.35.

Unter Nutzung der im Bild 3.35 angegebenen Fehlertransformationen wird der Testsatz für Haftfehler an den Leitungen A, B, Z, A_1, B_1, A_2, B_2 erstellt. Die fehlererkennenden Muster für A_1, B_1: s-a-1 und A_2, B_2: s-a-0 führen dann wegen (R; S) = (0; 0) auf den Speicherzustand.

Auch für diesen Ansatz geht die Handhabbarkeit mit wachsender Schaltungsgröße zurück. Zusätzlich ist zu bemerken, daß nicht alle in der fehleräquivalenten Schaltung benennbaren Haftfehler auf einen physikalischen Defekt im Transistornetzwerk zurückführbar sind.

Untersuchungen zeigen, daß in Mischgattern und komplexeren Schaltungen aufgrund unterschiedlicher Anstiegs- oder Abfallzeiten der Signale an primären Eingängen und unterschiedlicher Signallaufzeiten bis zum Fehlerort Stuck-open-Fehler maskiert werden können [Jain 83]. Der Effekt soll an einem Mischgatter nach Bild 3.36 erläutert werden.

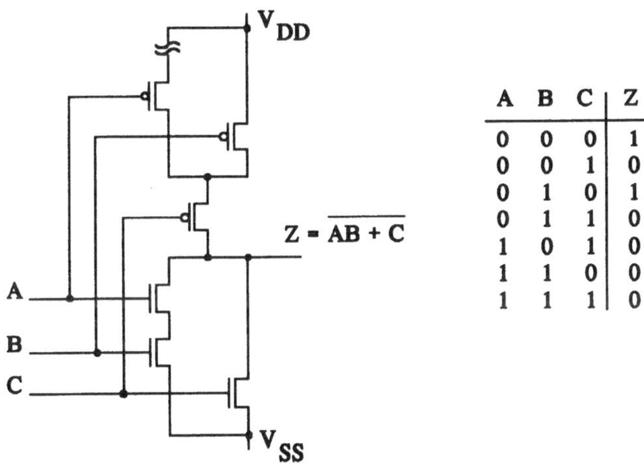

A	B	C	Z
0	0	0	1
0	0	1	0
0	1	0	1
0	1	1	0
1	0	1	0
1	1	0	0
1	1	1	0

Bild 3.36 Mischgatter mit Stuck-open-Fehler

Für den Nachweis des eingezeichneten Stuck-open-Fehlers ist der Ausgang Z auf logisch 0 zu setzen. Ein mögliches Initialisierungsmuster ist (A; B; C) = (0; 0; 1). Das nachfolgende Testmuster (A; B; C) = (0; 1; 0) soll im fehlerfreien Gatter Z = 1 bewirken. Die Anwesenheit des Stuck-open-Fehlers führt auf den offenbarenden Speicherzustand Z* = 0. Eine eventuelle schaltungs- und technologiebedingte Verzögerung der Pegel an A und

B gegenüber C im Testmuster hat jedoch zur Folge, daß sich nach dem Initialisierungsmuster kurzzeitig ein Übergangsmuster (A; B; C) = (0; 0; 0) einstellt, welches den Initialzustand auf Z = 1 verändert. Der dann mit dem Testmuster (A; B; C) = (0; 1; 0) korrespondierende Speicherzustand Z* = 1 entspricht der Ausgangsbelegung für das fehlerfreie Gatter. Der Stuck-open-Fehler wurde maskiert.

Durch eine geschickte Wahl der Testmusterfolge z.B. (A; B; C) = (1; 1; 0); (0; 1; 0) kann das Auftreten verfälschender Übergangsmuster verhindert werden. Solcherart gewählte Patternfolgen heißen "*robuste Testmuster*". Mit ihrer Generierung beschäftigt sich [Redd 84].

Stuck-on-Fehler. Sie sind auf dem Transistorniveau das Gegenstück zu den Stuck-open-Fehlern und repräsentieren physikalische Defekte, die sich in ständig durchgesteuerten bzw. kurzgeschlossenen (stuck-on) Transistoren äußern. Während ein Stuck-open-Fehler bei bestimmten Eingangsbelegungen bewirkt, daß der Gatterausgang von V_{DD} bzw. V_{SS} isoliert ist, hat ein Stuck-on-Fehler zur Folge, daß der Gatterausgang sowohl mit V_{DD} als auch mit V_{SS} verbunden ist (Bild 3.37). Sein Potential hängt vom Verhältnis der Ersatzwiderstände der Pull-up- und Pull-down-Zweige und diese wiederum von der Transistorgeometrie ab. Wie nachfolgende Schaltstufen dieses Potential verarbeiten, ist unbestimmt.

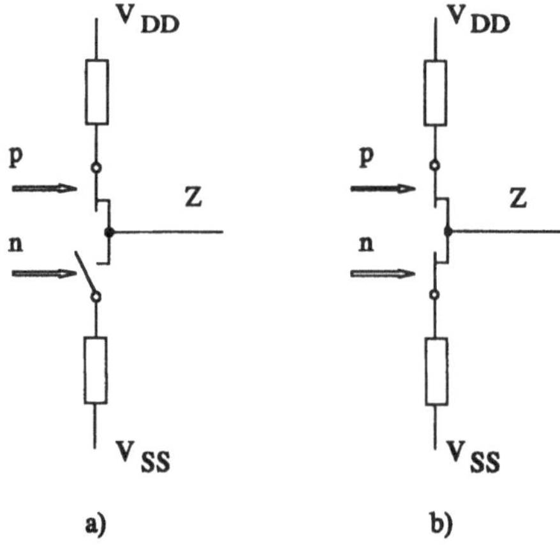

Bild 3.37 Ersatzschaltplan eines CMOS-Gatters
a) fehlerfrei;b) Stuck-on-Fehler im Pull-down-Zweig

Ein Stuck-on-Fehler bewirkt im Grunde einen (analogen) Parameter-Fehler. Nur wenn sich der Ersatzwiderstand eines Zweiges signifikant von dem des anderen Zweiges unterscheidet, können Stuck-on-Fehler durch Haftfehler auf dem Gatterniveau abgebildet werden. Zum Beispiel kann T3: s-on durch den Haftfehlertest (A; B) = (0; 0) erkannt werden, falls sich Z = 0 durchsetzt.

I_{DDQ}-Fehler. Bestimmte physikalische Defekte in CMOS-Schaltungen wie Unterbrechungen, Gate-Oxid-Durchbrüche, Brücken, ständig durchgesteuerte Transistoren werden auf dem Gatterniveau nicht adäquat abgebildet. Sie können zu indifferenten Zuständen führen und folglich durch Testsätze für logische Fehler nicht in einem ausreichenden Maße erkannt werden. Dieses für die statische CMOS-Technik entwickelte Fehlermodell [Mala 82], [Hawk 86] spiegelt deshalb die als *Parameterfehler* bezeichnete Verletzung von Toleranzbereichen analoger Qualitätsmerkmale wider.

Im ordnungsgemäßen technischen Zustand eines CMOS-Gatters gibt es durch die gegenphasige Arbeitsweise der Pull-up- und der Pull-down-Zweige keinen direkten Strompfad zwischen V_{DD} und V_{SS} und folglich nur einen sehr kleinen Ruhestrom im nA-Bereich. In der Schaltphase steigt die Stromstärke in der Versorgungsleitung aufgrund der Ladeströme der parasitären Kapazitäten um Größenordnungen bis in den mA-Bereich. Bei Anwesenheit der genannten Defekte bilden sich bei bestimmten Signalbelegungen niederohmige Strompfade zwischen V_{DD} und V_{SS}, z.B. bewirkt durch schwimmendes Gate-Potential bzw. Drain-Source-Kurzschluß (Bild 3.38a), Gate-Oxid-Durchbruch (Bild 3.38b) oder Leitungskurzschluß (Bild 3.38c).

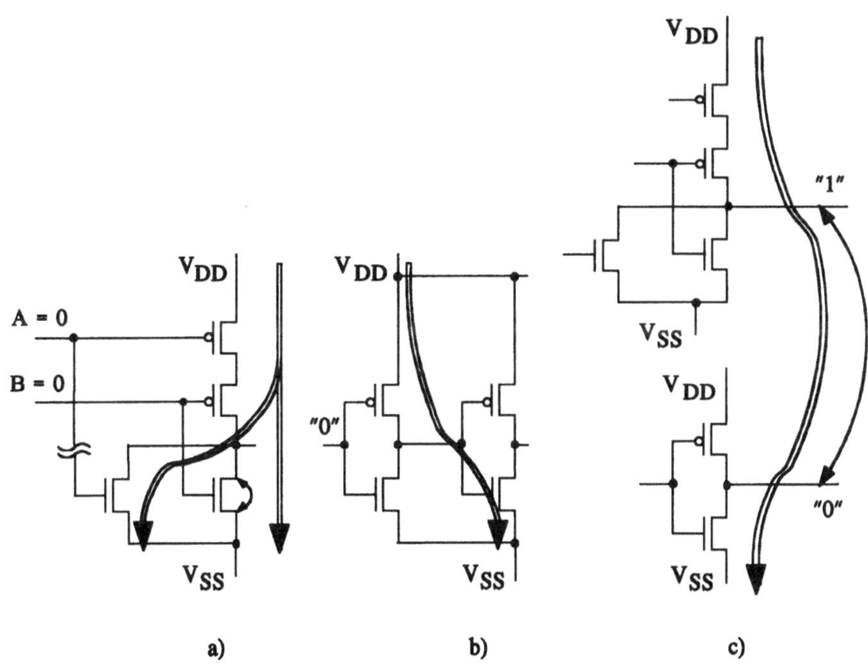

Bild 3.38 I_{DDQ}-Fehler nach [Maly 88] und [Sode 86]

Die Stromstärke der Fehlerströme läßt sich über die Ersatzwiderstände bestimmen (Bild 3.39). Für elementare Gatter und V_{DD} = 5 V weisen schon Ruheströme von 1 µA auf Unzulänglichkeiten hin. In [Aitk 92] wurde für die Untersuchung komplexer ASIC mit etwa 36 000 Transistoren ein minimaler Fehlerstrom von 30 µA angesetzt. Die als fehlerhaft erkannten Schaltkreise zeigten eine Verteilung der Ruheströme zwischen 30 µA und 5 mA (Bild 3.39a).

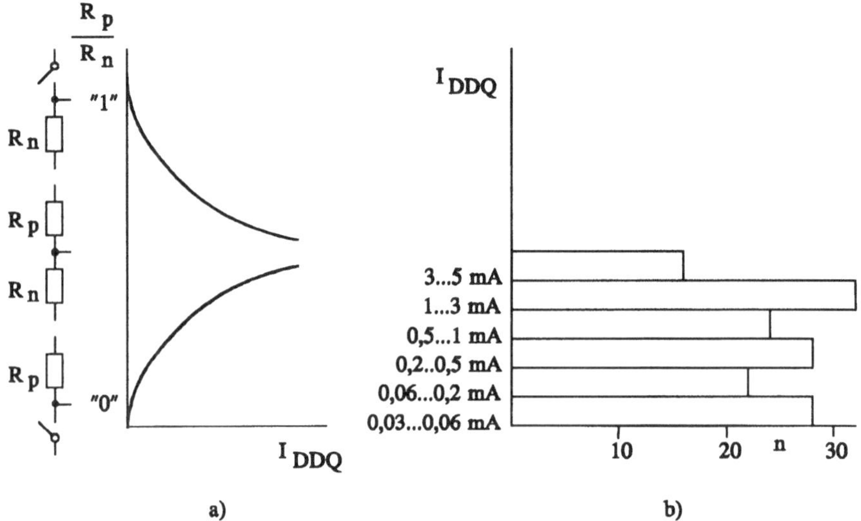

Bild 3.39 a) Verhältnis der Ruhestromstärken;
b) Histogramm der Fehlerstromstärken für ein komplexes ASIC

Die Anregung physikalischer Defekte, sich als I_{DDQ}-Fehler zu offenbaren, muß für Brückenfehler zwischen Gatterleitungen unterschiedliche Signalpegel auf ihnen gewährleisten. Zum Nachweis eines Stuck-on-Fehlers eines Transistors muß dieser mit einem den Sperrzustand bewirkenden Signalpegel belegt werden, und sein Pendant im komplementären Gatterzweig muß in den leitenden Zustand gesteuert werden. Der Vorteil bei der Ermittlung der Testmuster besteht darin, daß man sich nur um die Anregung der Defekte bemühen muß, nicht um den Transport der Fehlerreaktion durch die Schaltung zu einer beobachtbaren konstruktiven Schnittstelle. Der Transport erfolgt gewissermaßen automatisch zur Versorgungsleitung.

Der Fehlerstrom wird für jedes Testmuster nach dem Abklingen der Schaltvorgänge bewertet. Da die Versorgungsleitungen mit Kondensatoren großer Kapazität abgeblockt sind, bewegt sich die Testfrequenz nur im niederfrequenten Bereich. Diese relativ geringe

Testfrequenz wird im allgemeinen durch weniger umfangreiche Testsätze, bezogen auf das Haftfehlermodell bei mindestens gleicher Fehlerüberdeckung, aufgewogen [Frit 90].

Der Test auf I_{DDQ}-Fehler ist für die Fertigungsprüfung von Schaltkreisen, weniger von Baugruppen oder Systemen, prädestiniert. Periodische Tests in Betriebspausen oder im Hintergrund einer Anwendung eines Computers lassen Defekte, die sich noch nicht als logische Fehler geäußert haben, im Vorfeld erkennen. Für diese Zwecke werden entsprechende Stromsensoren in die Schaltkreise integriert. Das bekannte Simulationssystem HILO wurde inzwischen für die Durchführung des I_{DDQ}-Tests erweitert [HILO 94].

Delay-Fehler. Eines der wichtigsten Merkmale digitaler Systeme ist ihre Arbeitsgeschwindigkeit [Hitc 82]. Sie wird durch das Schaltverhalten der einzelnen Gatter bestimmt. Das Schaltverhalten wird durch die Anstiegs-, Abfall- und Verzögerungszeiten (Definitionen s. Bild 3.40) beschrieben. Auch die Angabe der maximal erlaubten Schaltfrequenz ist üblich. Die Gesamtverzögerung einer Schaltung ermittelt sich aus der Summe der Gatterverzögerungen entlang des längsten Pfades. Zur algorithmischen Bestimmung relevanter Pfade siehe z.B. [Li 89].

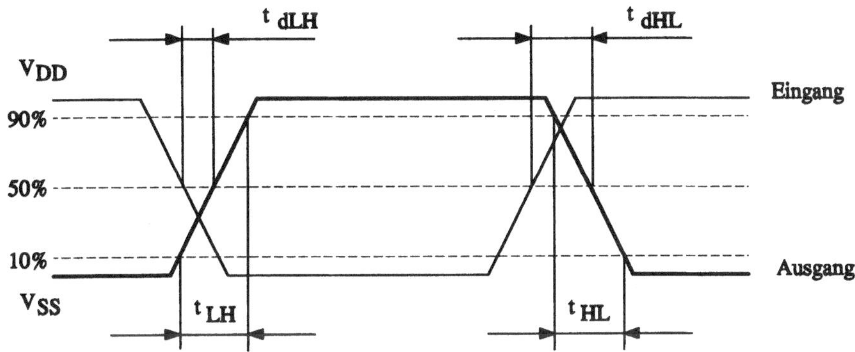

Bild 3.40 Definitionen: t_{LH} Anstiegszeit; t_{HL} Abfallzeit; t_{dLH} bzw. t_{dHL} Verzögerungszeiten bei Änderung des Ausgangssignals

Verständlich, daß auch Abweichungen von den Zeitspezifikationen zu Fehlfunktionen führen können. Das Delay-Fehlermodell ist ebenso wie die I_{DDQ}-Abbildung den (analogen) parametrischen zuzuordnen. Da bei statischen Tests etwa auf der Basis des Haftfehlermodells zeitliche Bedingungen keine Berücksichtigung finden, sind sie für die Erkennung von Delay-Fehlern ungeeignet. Andererseits erwächst die Berechtigung dieses Fehlermodells aus der Tatsache, daß sich bestimmte physikalische Defekte (ähnlich wie für I_{DDQ}-Fehler) eher als Parameterfehler und weniger als logische Fehler äußern.

Tests für digitale Schaltungen sind vorzugsweise auf die Bewertung von Delay-Fehlern entlang eines Pfades ausgerichtet [Smit 85], die ja Delay-Fehler der einzelnen Gatter einschließen. Für den Nachweis eines Fehlers in einer kombinatorischen Schaltung wird eine Zwei-Pattern-Sequenz benötigt. Das erste Muster initialisiert die Schaltung in einen Zustand, von dem aus zu einem Zeitpunkt t_1 eine Pegeländerung gestartet, zu einem Beobachtungspunkt transportiert und dort zu einem Zeitpunkt t_2 fixiert werden kann (Bild 3.41). Das zweite Muster muß also neben der Pegeländerung die Transportbedingungen entlang des Pfades gewährleisten. Für sequentielle Schaltungen sind anstelle einzelner Muster Sequenzen anzulegen.

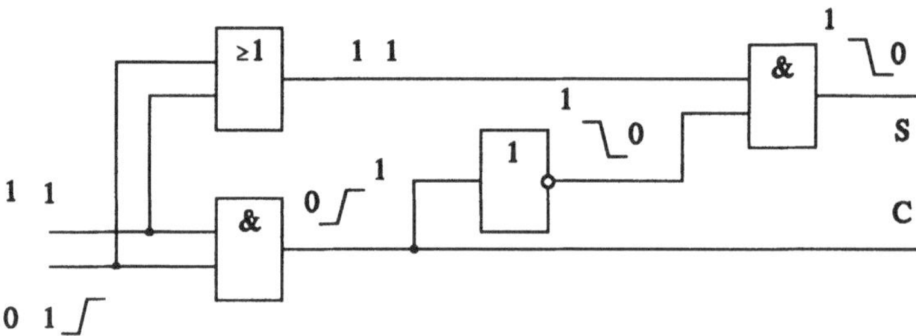

Bild 3.41 Pfad für einen Delay-Fehler-Test in einem Halbadder

Die Zeitdifferenz (t_2 - t_1) muß im spezifizierten Toleranzbereich, z.B. innerhalb eines in der Computerhardware verwendeten Taktrasters liegen. Das Testergebnis ist natürlich nur verwertbar, wenn die ermittelte Verzögerungszeit des Pfades nur durch die auf ihm liegenden Gatter beeinflußt wird. Durch eine entsprechende Wahl der Patternfolgen kann man erreichen, daß Signalwettläufe (Hazards) in der umgebenden Schaltung nicht zu einer Verfälschung (Maskierung) der Pfadverzögerung führen. Zur Generierung solcher "*robuster Testmuster*" siehe auch [Lin 87].

Der Test auf Delay-Fehler ist aufgrund der erforderlichen Testmustersequenzen und der Gewährleistung störimpulsfreier Pfade für den Transport der Pegelübergänge aufwendig. Seinen Platz hat er in der Fertigung elektronischer Systeme mit kritischen Anforderungen an die Arbeitsgeschwindigkeit, wie sie für Echtzeitanwendungen typisch sind.

Funktionsfehler. Die Fehlermodellierung auf dem Transistorniveau wird angesichts integrierter Schaltkreise, deren Transistoranzahl die Millionengrenze weit überschritten hat, wegen der explodierenden Fehlermenge und des Datenumfangs für die Beschreibung und die Simulation des Prüfobjekts äußerst diffizil, wenngleich physikalische Defekte realer abgebildet werden als in höheren Niveaus. Andererseits verkörpern bei steigender Komplexität integrierte Schaltkreise funktionell abgeschlossene Systembestandteile, deren strukturelle Beschreibung dem Anwender weder auf dem Transistorniveau noch auf dem Gatterniveau zur Verfügung steht. Dem tragen Konzepte Rechnung, die Fehlererkennung in das abstraktere Funktionsblock- bzw. Registertransferniveau zu verlagern, ohne den Plausibilitäts- und Realitätsbezug spürbar zu mindern. Die Pionierarbeit wurde von Thatte und Abraham [That 80] geleistet.

Das Prinzip der Extraktion von Funktionsfehlern soll, dem induktiven Ansatz folgend, für einfache Funktionseinheiten gezeigt werden. Bild 3.42 illustriert die Überlegungen für einen rekonvergenzfreien *Dekoder* 1-aus-n, wie er auch zur Dekodierung von Adressen Verwendung findet.

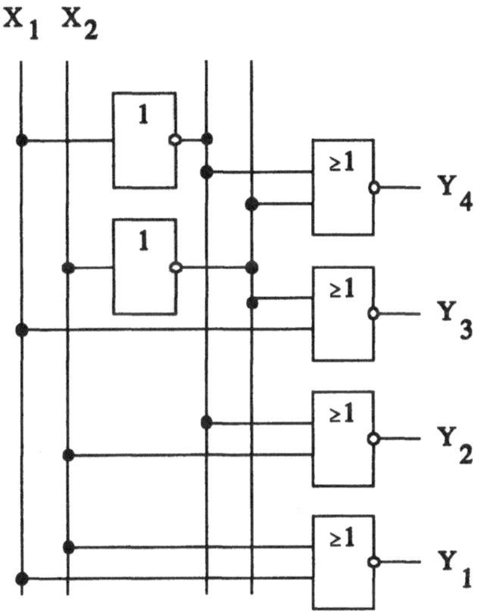

		Soll			
X_1	X_2	Y_1	Y_2	Y_3	Y_4
0	0	1	0	0	0
1	0	0	1	0	0
0	1	0	0	1	0
1	1	0	0	0	1

Bild 3.42 Dekoder 1-aus-n

Im fehlerfreien Fall ist, dem Eingangskode entsprechend, jeweils eine und nur eine Ausgangsleitung Y_i ausgewählt, d.h. mit logisch 1 belegt. Dieser Fall wird üblicherweise durch $f_D(Y_i) = Y_i$ beschrieben. Ein Haftfehler $Y_i := 0$ an einem Ausgang bewirkt, daß bei Vorliegen des korrespondierenden Kodeworts keine Ausgangsleitung ausgewählt ist: $f_D(Y_i) = 0$ (vgl. Bild 3.43). Die gleiche Wirkung haben die s-a-1 Fehler an den Eingängen der NOR-Gatter und an den Ausgängen der Inverter sowie s-a-0 Fehler an den Eingängen der Inverter. Ein Haftfehler $Y_j := 1$ an einem Ausgang hat zur Folge, daß zusätzlich zur beabsichtigten Aktivierung der Ausgangsleitung Y_i eine weitere Leitung Y_j ausgewählt wird: $f_D(Y_i) = Y_i; Y_j$. Dieser Funktionsfehler ist auch bei einem s-a-0 Fehler an einem der Eingänge der NOR-Gatter oder an einem der Ausgänge der Inverter oder bei einem s-a-1 Fehler der Eingänge der Inverter zu konstatieren. Haftfehler auf den Eingangsleitungen führen dazu, daß anstelle der vorgesehenen Ausgangsleitung eine andere Leitung ausgewählt wird: $f_D(Y_i) = Y_j$. Kurzschlüsse vom OR-Typ (logisch 1 setzt sich durch) zwischen den Gatterausgängen und vom AND-Typ (logisch 0 setzt sich durch) zwischen den Gattereingängen ziehen die gleichzeitige Auswahl mehrerer Ausgangsleitungen des Dekoders nach sich, während Kurzschlüsse vom AND-Typ zwischen den Ausgangsleitungen bzw. vom OR-Typ zwischen den Gattereingängen die Auswahl irgendeiner Ausgangsleitung verhindern. Implementierungsunabhängig ist das Fehlermodell im Bild 3.43 zusammengefaßt.

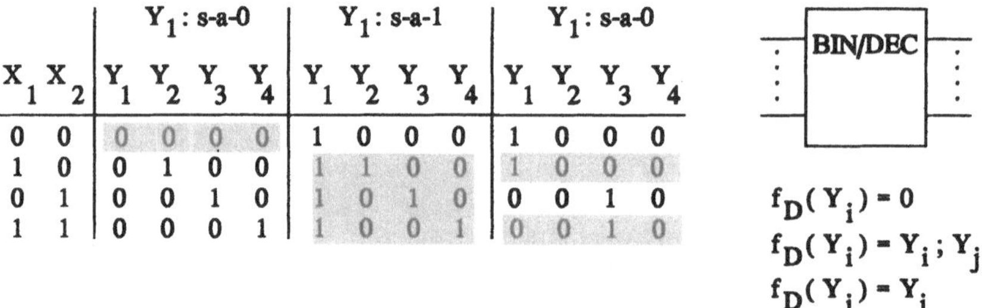

		Y_1: s-a-0				Y_1: s-a-1				Y_1: s-a-0			
X_1	X_2	Y_1	Y_2	Y_3	Y_4	Y_1	Y_2	Y_3	Y_4	Y_1	Y_2	Y_3	Y_4
0	0	0	0	0	0	1	0	0	0	1	0	0	0
1	0	0	1	0	0	1	1	0	0	1	0	0	0
0	1	0	0	1	0	1	0	1	0	0	0	1	0
1	1	0	0	0	1	1	0	0	1	0	0	1	0

Bild 3.43 Beispiel der Extraktion von Funktionsfehlern

Zum gleichen Ergebnis kommt man, wenn man die Funktionsfehler aus dem Transistorniveau heraus extrahiert. Die Wirkung von Stuck-open-Fehlern ist wieder abhängig von der Patternfolge. Nimmt man eine Implementierung der NOR-Gatter nach Bild 3.34 und T4: s-op an, so wird z.B. bei der Adreßkodefolge $(X_1;X_2) = (1; 1); (1; 0)$ der Speichereffekt an Y_4 wirksam. Zusätzlich zur Ausgangsleitung Y_2 bleibt die Leitung Y_4 ausgewählt.

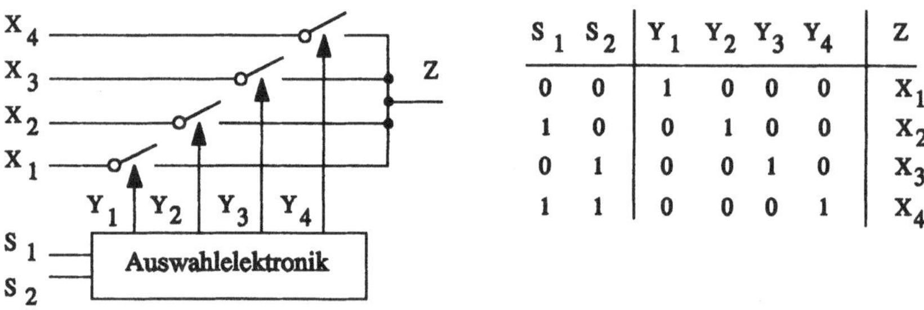

S_1	S_2	Y_1	Y_2	Y_3	Y_4	Z
0	0	1	0	0	0	X_1
1	0	0	1	0	0	X_2
0	1	0	0	1	0	X_3
1	1	0	0	0	1	X_4

Bild 3.44 Prinzip eines Multiplexers

Eine andere wichtige Grundfunktion der Computerhardware ist das Durchschalten einer Signalleitung, ausgewählt aus mehreren anliegenden Leitungen (Bild 3.44) etwa zur Aufschaltung eines Registerfiles auf einen Datenbus. Einen solchen *Multiplexer* kann man als eine Schaltung betrachten, die aus einer Steuer- oder Auswahlelektronik sowie den durchzuschaltenden Signalleitungen besteht. Funktionsfehler können sowohl den Signalpfaden als auch der Auswahlelektronik zugeordnet werden [Micz 87].

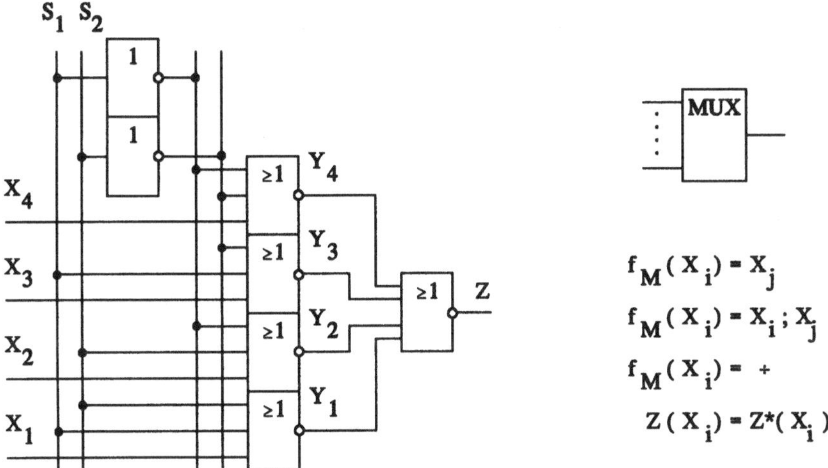

Bild 3.45 Multiplexer und extrahierte Funktionsfehler

Verwendet man den oben analysierten Dekoder als Auswahlelektronik (Bild 3.45), so lassen sich die diesem Funktionsteil zuzuordnenden Fehler einfach schlußfolgern:

- Anstelle der vorgesehenen Variablen X_i wird eine andere Variable X_j durchgeschaltet: $f_M(X_i) = X_j$; $Z = X_j$
- Zusätzlich zur vorgesehenen Variablen X_i wird eine andere Variable X_j durchgeschaltet: $f_M(X_i) = X_i; X_j$; $Z = X_i \cdot X_j$ oder $Z = X_i + X_j$ in Abhängigkeit von der Implementierung. Diese Funktionsfehler schließen auch Brückenfehler zwischen den Signalleitungen ein.

Die auf die Signalpfade bezogenen Funktionsfehler sind offensichtlich:

- Keine Realisierung einer Variablen X_i läßt sich durchschalten: $f_M(X_i) = \div$.
  Der logische Zustand der Ausgangsleitung Z (0, 1 oder hochohmig) hängt von der konkreten Implementierung ab. Diese z.B. durch Unterbrechungen, Stuck-open-Fehler der Schaltelemente oder Haftfehler auf den Signalleitungen bewirkten Funktionsfehler

schließen auch die durch Unzulänglichkeiten der Auswahlelektronik nicht erfolgende Auswahl irgendeiner Leitung ein.

- Der invertierende Wechsel der Realisierung einer durchzuschaltenden Variablen X_i führt bei Anwesenheit von Stuck-open-Fehlern zum Speichereffekt Z (X_i) = Z* (X_i), wovon man sich anhand der Implementierung nach Bild 3.45 und Bild 3.34. leicht überzeugen kann.
- Die aufeinanderfolgende Auswahl von Signalleitungen führt bei komplementären Realisierungen der Variablen X_i und X_j und bei Anwesenheit von Stuck-open-Fehlern zum Speichereffekt Z* (X_i).

In [Abra 85] wird gezeigt, daß dieses Fehlermodell auch für die weniger aufwendige Implementierung aus Transfer-Gattern (Bild 3.46) gilt, also implementierungsunabhängig ist.

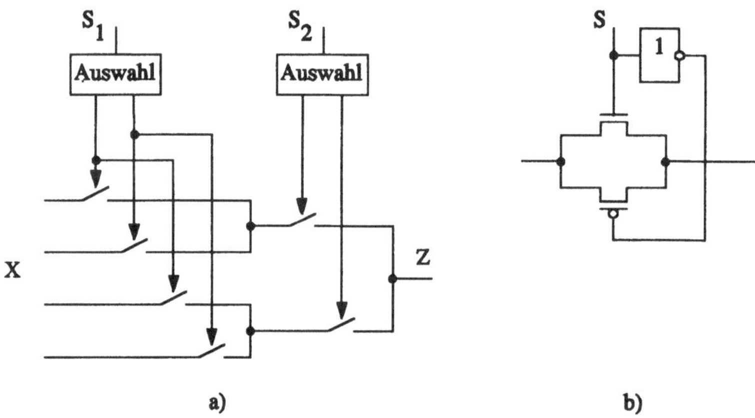

Bild 3.46 a) Zweistufiger Multiplexer; b) Schaltglied aus Transfer-Gattern

Programmable Logic Arrays (PLA) haben wegen ihrer regulären Struktur und der damit verbundenen aufwandsgünstigen Technologie die konventionelle Logik insbesondere bei der Implementierung von Steuerfunktionen in Computern ersetzt. Ihre Realisierung lehnt sich eng an die Beschreibung Boolescher Funktionen durch die Disjunktive Normalform bzw. die Summe-von-Produkten-Darstellungen an, die z.B. mit

$$Z_1 = X_1 \cdot \overline{X_2} + X_2 \cdot X_3 \cdot X_4$$
$$Z_2 = X_1 \cdot X_3 + X_2 \cdot \overline{X_4} \qquad (3.21)$$

gegeben sein soll. Konzeptionell wird diese Boolesche Funktion mittels einer zweistufigen AND/OR-Logik umgesetzt (Bild 3.47). Der Dekoder stellt hier die Variablen und ihre Negierten zur Verfügung. Im allgemeinen sind auch andere Dekoderfunktionen möglich [Schm 80]. Durch das AND-Array werden die booleschen Produkte gebildet, während das OR-Array dieselben (in der Regel zu mehr als einem Ausgangsterm) disjunktiv verknüpft. Unzureichendes Vereinfachen der booleschen Ausdrücke etwa durch den Verzicht auf mögliche Absorptionen A + AB = A zieht Redundanzen in der Implementierung des PLA nach sich.

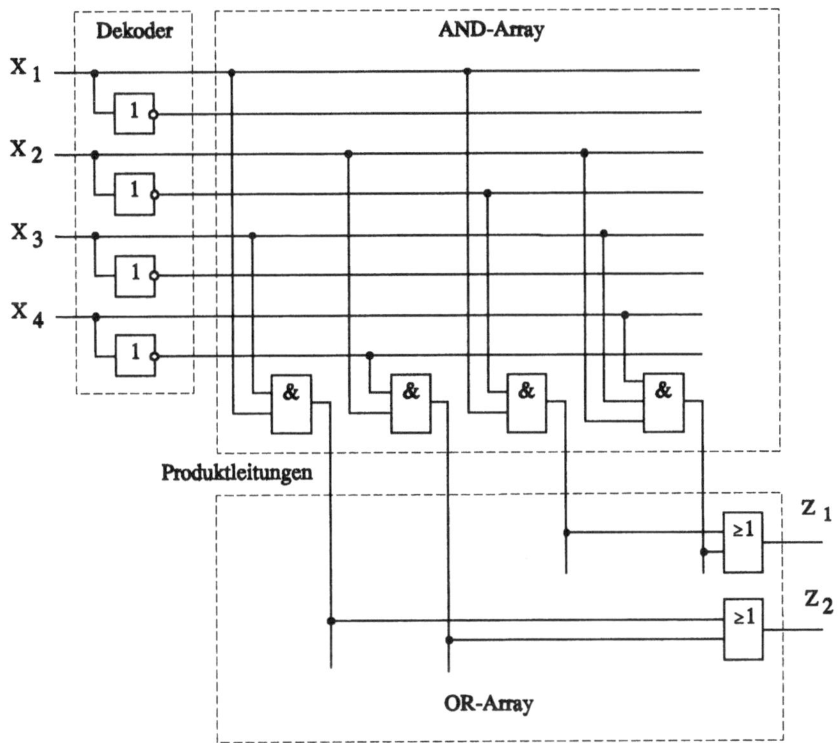

Bild 3.47 Beispiel PLA

PLA werden bevorzugt in NMOS-Technologie mit NOR/NOR-Arrays gefertigt. Die Äquivalenz zum AND-Array wird durch Anwendung des De-Morgan-Theorems

$$\overline{A \cdot B} = \overline{A} + \overline{B} \tag{3.22}$$

gewahrt und dem PLA nachgeschaltete Inverter heben die Invertierung der Summenterme wieder auf (Bild 3.48). Die Programmierung des PLA in Bezug auf die gewünschte Boolesche Funktion Z_i wird durch Beschalten der Kreuzungspunkte in den AND- bzw.

OR-Arrays mit Schalttransistoren vorgenommen. In der Programmiermatrix (Bild 3.48) steht im AND-Array eine Null für einen vorhandenen, eine Eins für einen abwesenden Transistor. Im OR-Array gilt die umgekehrte Zuordnung.

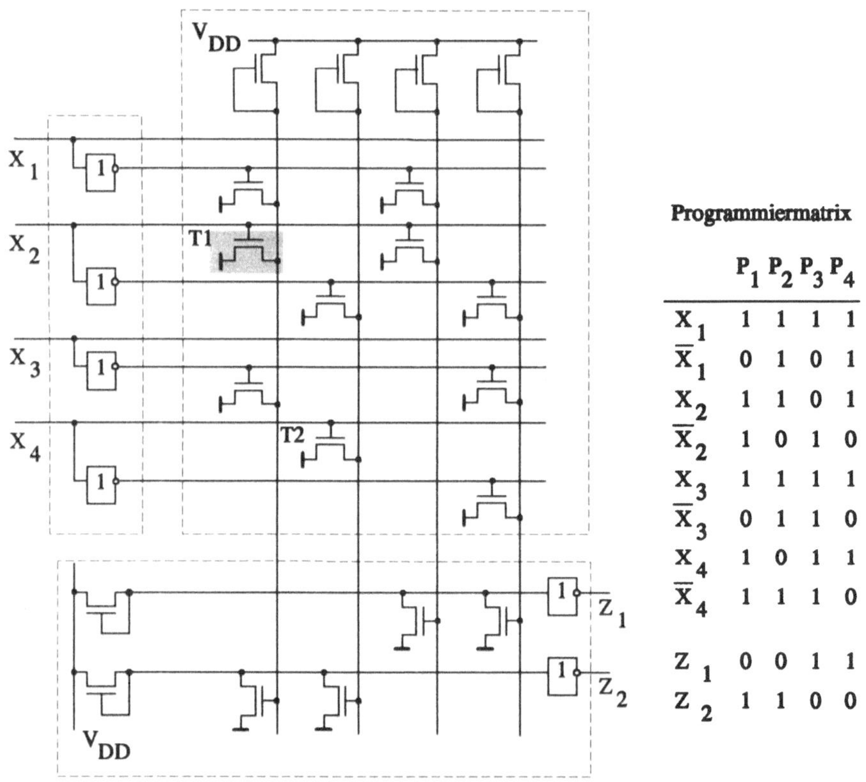

	P_1	P_2	P_3	P_4
X_1	1	1	1	1
$\overline{X}_1$	0	1	0	1
X_2	1	1	0	1
$\overline{X}_2$	1	0	1	0
X_3	1	1	1	1
$\overline{X}_3$	0	1	1	0
X_4	1	0	1	1
$\overline{X}_4$	1	1	1	0
Z_1	0	0	1	1
Z_2	1	1	0	0

Bild 3.48 PLA Implementierung in NMOS-Technologie

Bisher betrachtete Fehlermodelle wie Haftfehler und Brückenfehler sind auch für die Testsatzerstellung für PLA anwendbar. Sie überdecken jedoch nicht alle Fehler, die auf ungewollt fehlende oder zusätzliche bzw. defekte Programmierungstransistoren an den Kreuzungspunkten der Leitungen zurückzuführen sind. Diese *Kreuzungspunktfehler (Crosspoint-Fehler)* stehen im Mittelpunkt der Fehlermodellierung für PLA [Smit 79]. Für ein PLA mit n Eingangsvariablen X_i; p Produkttermen und l Ausgangsleitungen Z_i umfaßt die Fehlermenge

$$\Sigma_6 = (2n + l)p \tag{3.23}$$

Einfach-Kreuzungspunktfehler. Mit dem Nachweis von Einfachfehlern wird auch ein

Großteil der Mehrfachfehler erfaßt. Auf der Basis von Einfach-Kreuzungspunktfehlern werden in [Smit 79] vier Funktionsfehlerarten klassifiziert, deren originale Benennung hier übernommen wird:

- *Growth Fault*: Eine fehlende Kreuzungsverbindung im AND-Array eliminiert fälschlicherweise eine Eingangsvariable im entsprechenden Produktterm (dieser wird unabhängig von der Variablen)
- *Shrinkage Fault*: Eine zusätzliche Kreuzungsverbindung im AND-Array führt fälschlich eine neue Eingangsvariable (eine weitere Abhängigkeit) in den Produktterm ein
- *Appearance Fault*: Eine zusätzliche Kreuzungsverbindung im OR-Array führt fälschlich einen Produktterm als zusätzlichen Summanden in eine Ausgangsfunktion ein
- *Disappearance Fault*: Eine fehlende Kreuzungsverbindung im OR-Array eliminiert fälschlicherweise einen Produktterm aus den Summanden der Ausgangsfunktion.

Um z.B. einen Test in Bezug auf den Produktterm X_1X_3 der Ausgangsfunktion Z_2 auszuführen, muß nach der schon bekannten Verfahrensweise - Fehler anregen, transportieren, Reaktion beobachten - der zweite Term der logischen Summe als Transportvoraussetzung im OR-Array auf logisch 0 gesetzt werden, was mit $X_2 = 1$ und $X_4 = 1$ erreicht werden kann (vgl. Bild 3.48). Ein durch den zusätzlichen Schalttransistor T1 bewirkter "Shrinkage Fault" wird durch $X_2 = 1$ angeregt; die Transportbedingungen für das AND-Array werden mit $X_1 = 1$ und $X_3 = 1$ gewahrt. Bei Abwesenheit des Fehlers ist $Z_2 = 1$ zu erwarten, bei Anwesenheit des Fehlers wird $Z_2 = 0$. Die Belegung $(X_1; X_2; X_3; X_4) = (0; 1; 0; 1)$ ist ein Testmuster für den durch den fehlenden Schalttransistor T2 bewirkten "Growth Fault" im zweiten Produktterm der Ausgangsfunktion. $X_4 = 1$ regt hier den Fehler an. $Z_2 = 0$ ergibt sich bei Abwesenheit, $Z_2 = 1$ bei Anwesenheit des Fehlers.

Aufgrund der oben erwähnten möglichen Redundanz in der Auslegung des PLA, haben bestimmte fehlende oder zusätzliche Kreuzungspunktverbindungen keinen Einfluß auf die realisierte Ausgangsfunktion und sind folglich nicht nachweisbar.

Die in [Smit 79] und [Osta 79] vorgestellten Verfahren zur Testsatzerstellung basieren auf der Annahme einfacher und nachweisbarer Kreuzungspunktfehler. Der überwiegende Teil mehrfacher Kreuzungspunktfehler, der Haft- und Brückenfehler wird dabei mit erfaßt. Ohne weitere Details zu vertiefen, sei nur darauf verwiesen, daß ein auf den Gate-Anschluß eines Programmiertransistors wirkender Haftfehler diesen beständig durchgesteuert oder gesperrt hält und damit den gleichen Effekt hat, wie ein Kreuzungspunktfehler.

Die Regularität von PLA hat viele Arbeiten befördert, die durch einen prüfgerechten Entwurf des PLA eine Diagnose mit universellen, funktionsunabhängigen Testsätzen relativ geringen Umfangs ermöglichen (s. Abschn. 6.3).

Auch *Halbleiterspeicher* weisen Defektmechanismen auf, die auf dem Transistor- oder Gatterniveau allein nicht ausreichend modelliert werden können. Aus der Sicht der funktionellen Fehlermodellierung besitzen die Ausführungen als

- ROM (Read Only Memory) für Mikroprogramme unterschiedlicher Steuerwerke oder auch für permanente Anwenderprogramme
- RAM (Random Access Memory) mit statischen (SRAM) bzw. dynamischen Speicherzellen (DRAM) für den überwiegenden Teil des Haupt- oder Arbeitsspeichers

viele Gemeinsamkeiten. Auch die Unterteilung in wort- und bitorientierte Speicherorganisation führt nicht zu prinzipiell unterschiedlichen Ergebnissen. Die signifikanten Bestandteile eines Speicherbausteins sind aus dem Bild 3.49 ersichtlich. Dieses Strukturmodell ist zunächst ausreichend, da die stark implementierungsabhängigen Parameterfehler nicht Gegenstand dieser Betrachtungen sind.

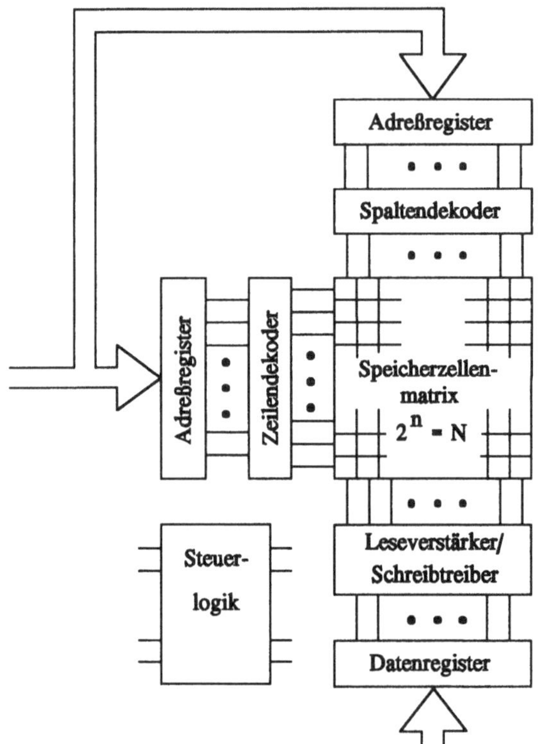

Bild 3.49 Wesentliche Bestandteile eines Speicherbausteins

Die grundlegenden Untersuchungen in [Haye 75], [Barr 76], [Nair 78], erbrachten folgende, auch in neuererZeit [VdGo 92] allgemein anerkannte Fehlerbilder:

- *Haftfehler* an Speicherzellen
- *Haftfehler* in der Dekoderlogik, die nicht durch die oben erläuterten Funktionsfehler erfaßt sind
- *Übergangsfehler*, die eine Änderung des Inhalts einer Speicherzelle in einer Richtung ($0 \rightarrow 1$ oder $1 \rightarrow 0$) verhindern
- *Brückenfehler* vom AND- oder OR-Typ zwischen benachbarten Speicherzellen
- *Datenverlust* einer Speicherzelle, bedingt durch Leckströme oder α-Partikel
- *Koppelfehler*, die eine Veränderung des Inhalts einer Speicherzelle, provoziert durch die Änderung der Belegung einer anderen Speicherzelle, beschreiben
- *Musterabhängige Fehler* einer Speicherzelle, d.h. verfälschter Zustand der Speicherzelle in Verbindung mit bestimmten Belegungsmustern in anderen, insbesondere angrenzenden Zellen.

Hat man keine Kenntnisse über das Layout des Speicherbausteins, d.h. über die Zuordnung der logischen Adressen zur physikalischen Anordnung der Speicherzellen, sind Brücken- und Koppelfehler im Prinzip zwischen beliebigen Speicherzellen anzunehmen. Koppelfehler können auch als spezielle musterabhängige Fehler betrachtet werden.

Funktionsfehler der Dekoder kann man als Haftfehler (keine Wort- oder Bitleitung ausgewählt) oder Koppelfehler (mehrere Adreßleitungen ausgewählt) von Speicherzellen auffassen. Haftfehler im Datenpfad haben den gleichen Effekt wie Haftfehler von Speicherzellen, während Brückenfehler oder Übersprechen von Datenleitungen sich wie Koppelfehler von Speicherzellen benachbarter Spalten äußern.

Auch in Betracht zu ziehende verlängerte Zugriffs- oder Erholungszeiten bzw. nichterfolgende Pegelumschaltung der Schreib/Leselogik in Verbindung mit bestimmten Schreib/Lesefolgen lassen sich als Haftfehler interpretieren, sofern mit Zugriffsfrequenzen getestet wird, die den Betriebsbedingungen entsprechen.

Die Abwesenheit der jeweiligen Fehler wird durch die Ausgabe vorgegebener Daten nach vorangegangenen Schreib/Lesezyklen nachgewiesen. Das Problem besteht weniger in der Auswahl fehleranregender Testmuster bzw. Testmusterfolgen bei musterabhängigen Fehlern, da im Gegensatz zur freistrukturierten Logik die Einstellprobleme für die Fehleranregung und den Fehlertransport mit der Adressierung gelöst sind, sondern in der auch für Funktionsfehler extrem umfangreichen potentiellen Fehlermenge.

Bei N Speicherzellen beträgt die Anzahl unterschiedlicher Speicherbelegungen 2^N. Hinzu kommt die mögliche Abhängigkeit der Ausgangsdaten von der aktuellen Speicherbelegung und der Adressierungsfolge. Der in [Haye 75] vorgeschlagene Testsatz zur Erkennung uneingeschränkt aller musterabhängigen Fehler hat einen Umfang von

$$\Sigma_T = (3N^2 + 2N) \cdot 2^N \tag{3.24}$$

Testschritten. Diese zeitlich nicht beherrschbare Anzahl von Testschritten kann nur durch die Eingrenzung der Fehlermenge vermindert werden. In den späteren Arbeiten [Suk 80], [Haye 80] wird deshalb die Musterabhängigkeit auf den gegenseitigen Einfluß einer Basiszelle und direkt benachbarter Speicherzellen reduziert (Bild 3.50a). Mit diesen Nachbarschaftsarrays kann dann nichtüberlappend das Speicherfeld ausgefüllt werden. Bild 3.50b zeigt, daß durchaus auch Implementierungen der Speichermatrix und der Adressierung existieren, die andere Nachbarschaftskonzepte erfordern.

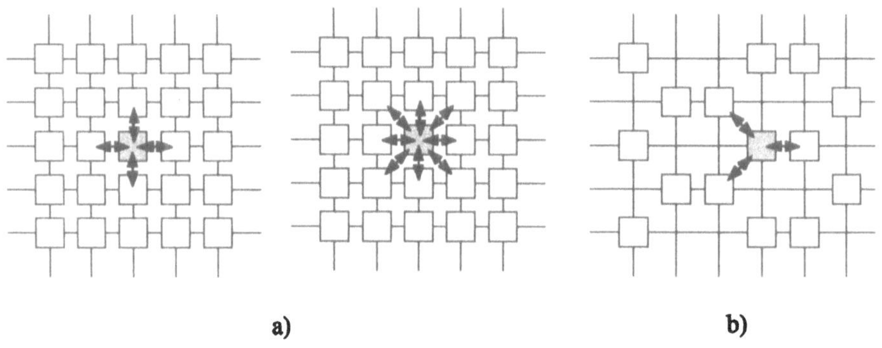

Bild 3.50 Gegenüberstellung von Nachbarschaftskonzepten: a) nach [Haye 80] und [Suk 80]
b) bei gefalteten Bitleitungen nach [Ober 90]

ROM können als Spezialfälle der Random Access Memories betrachtet werden. Die zu betrachtende Fehlermenge reduziert sich natürlich aufgrund des eingeschränkten Funktionsumfangs ("Nur-Lesen") bzw. der nicht ausgeführten Architekturbestandteile für das Schreiben des Speichers.

Damit sind Funktionsfehlermodelle für fast alle wesentlichen Elemente der im Abschn. 1.3 vorgenommenen funktionellen Dekomposition eines *Prozessors* in

- Datenspeicherung
- Adreßdekodierung
- Datenmanipulation
- Datentransfer
- Befehlsdekodierung
- Steuerfunktionen

verfügbar. In leicht modifizierter Form sind diese Fehlermodelle neben der graphen-theoretischen Abbildung der Architektur Ausgangspunkt der Testsatzgenerierung für Mikroprozessoren in [That 80], die sich lediglich auf frei verfügbare Informationen wie den Befehlssatz $I = \{I_1; I_2; \dots I_p\}$ und Funktionsumfang (Organisation) des Mikroprozessors stützt. Der den Mikroprozessor modellierende Systemgraph enthält die Register $R = \{R_1; R_2; \dots R_q\}$ als Knoten. Zusätzliche Knoten "IN" und "OUT" stellen die Verbindung zum Hauptspeicher bzw. zur Eingabe/Ausgabe-Peripherie dar. Die Kanten des Graphen repräsentieren den mit der Ausführung eines Befehls verbundenen Datenfluß zwischen Quell- und Zielregistern, bzw. den Knoten "IN"/"OUT" und Registern, der auch eine Datenmanipulation einschließt. Bild 3.51 zeigt das Fragment eines solchen Systemgraphen für Sprungoperationen. Laufen Befehle in mehreren Schritten ab, so sind diese durch Hochzahlen gekennzeichnet. Zum Beispiel wird mit I_i^1 eine Sprungadresse in den Programmzähler PC und mit I_i^2 zur Schnittstelle "OUT" (Adreßbus) übertragen. Mit I_j^1 wird der Programmzähler bei Erfüllung der Bedingung $R_C = 0$ inkrementiert und der neue Stand mit I_j^2 zur Schnittstelle transportiert.

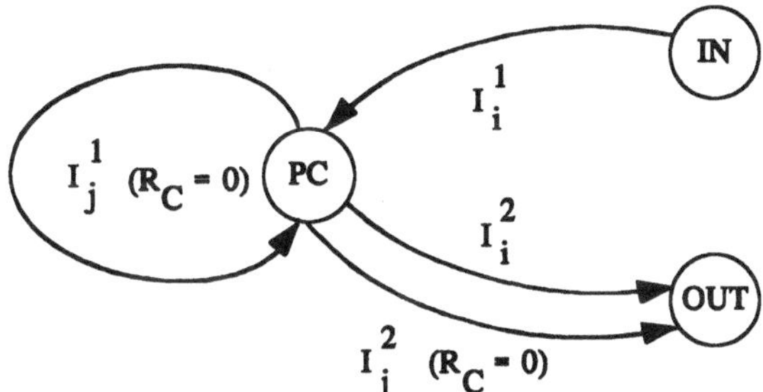

Bild 3.51 Fragment eines Systemgraphen nach [That 80]

Die eingeführten Funktionsfehlermodelle seien bei Beibehaltung der oben benutzten Notation kurz zusammengefaßt:

Registerdekodierung:

- $f_D(R_i) = 0$
  Das Lesen eines nichtadressierbaren Registers ergibt technologieabhängig einen Null- oder Einsvektor
- $f_D(R_i) = R_j$
- $f_D(R_i) = R_i; R_j; \dots$
  Das Lesen mehrerer gleichzeitig adressierter Register ergibt technologieabhängig eine bitweise AND- bzw. OR-Verknüpfung.

Befehlsdekodierung und Steuerung:
- $f_D(I_i) = 0$
- $f_D(I_i) = I_j$
- $f_D(I_i) = I_i;\ I_j$.

Datenspeicherung:
- Haftfehler der Registerzellen.

Datentransfer:
- Haftfehler auf Busleitungen
- Brückenfehler zwischen Busleitungen
- Übersprechen zwischen Busleitungen.

Datenmanipulation:
- Hierunter werden sowohl Manipulationen von Operanden und Adressen als auch von Steuerinformationen (Programmzähler, Kellerspeicherverwaltung) verstanden. Funktionsfehlermodelle sind bisher nicht bekannt geworden. Es wird für diese Funktionsgruppen auf Testsätze zurückgegriffen, die erschöpfend oder strukturorientiert auf dem Transistor- oder Gatterniveau gewonnen wurden.

Der Nachweis der modellierten Funktionsfehler (der Nachweis ihrer Abwesenheit) wird durch die Abarbeitung extern gespeicherter Sequenzen von Transfer-, Verarbeitungs- oder Sprungbefehlen (nicht von Testpattern) unter Verwendung von Quell- und Zielregistern sowie geeignet gewählter Operanden geführt. Die Befehlssequenzen sind so gewählt, daß damit alle möglichen Pfade zwischen dem steuerbaren Knoten "IN" und dem beobachtbaren Knoten "OUT" (d.h. alle Knoten und Kanten des Systemgraphen) überdeckt werden. Die Reihenfolge der Testschritte ist nicht veränderbar.

Das Fehlermodell für die Befehlsdekodierung und Steuerung ist nicht kritiklos. Für Mikroprogramm-Steuerwerke ist die gleichzeitige Abarbeitung mehrerer Befehle nicht realistisch. Dagegen ist die nur unvollständige Ausführung von Befehlen zu erwarten. Eine Verbesserung des Modells in dieser Hinsicht wird in [Brah 84] vorgenommen, indem ein Befehl $I = \langle m_1;\ m_2;\ \ldots\ m_k \rangle$ als Sequenz von Mikrobefehlen m und diese wiederum als Summe von Mikroordern $m = (\mu_1;\ \mu_2;\ \ldots\ \mu_l)$ zu verstehen ist. Für die Mikrobefehle gilt dann das oben beschriebene Fehlermodell für die Befehlsdekodierung und Steuerung. Zusätzlich wird berücksichtigt, daß

- Mikroordern, die normalerweise inaktiv sind, aktiviert werden
- eine Mikroorder oder mehrere nicht aktiviert werden und demzufolge ein Befehl nicht vollständig ausgeführt wird.

Damit wird zwar das gestellte Ziel, ein genaueres Fehlermodell zu kreieren, erreicht, gleichzeitig aber auch ein größeres Wissen um Implementierungsdetails vorausgesetzt.

Ähnliche Funktionsfehlermodelle für Prozessoren wurden in [Roba 80], [Abra 81] und [Thev 83] entwickelt.

Die Unstimmigkeiten bei der Modellierung von Mikroprogramm-Steuerwerken führten zum Vorschlag, anstatt des Befehlssatzes eine Register-Transfer-Beschreibung eines Prozessors als Ausgangspunkt der Fehlermodellierung zu wählen [Su 81]. Die Funktion eines Prozessors kann durch eine Folge von Operatoren einer Register-Transfer-Sprache eindeutig beschrieben werden. Ein solcher Operator (statement) [Min 82]:

$$k : (t;C) \quad R_d \leftarrow f\,(R_{s1};\ R_{s2};\ \ldots;\ R_{sp}),\ \rightarrow n \qquad (3.25)$$

besteht aus den Elementen: k - Marke, t; C - zeitliche und logische Bedingung für die Ausführung des Operators, R_d - Zielregister, (R_{si}) - Inhalt der Quellregister, f - Operation über den Inhalt von Quellregistern, ← - Datentransfer, → n - Sprung zum Operator n. Da jedes der Elemente verfälscht sein kann, ist mit folgenden Funktionsfehlern zu rechnen:

- (k/k´) Markierungsfehler
- (t/t´) Synchronisationsfehler
- (C/C´) Bedingungsfehler
- (R_i/R_i') Register Dekodierfehler
- $(R_i)/(R_i')$ Speicherfehler
- (f/f´) Befehl Dekodierfehler
- (f)/(f´) Datenmanipulationsfehler
- (←/←´) Datentransferfehler
- (→n/→n´) Sprungfehler.

Der Fehlernachweis wird über eine Folge von ausführbaren Operatoren erbracht, die die Verfälschung eines Operators bis zu einem Ausgangsoperator transportieren, dessen Ausführungsergebnis beobachtet werden kann. Da auch diese Fehlermodellierung Implementierungsdetails nicht widerspiegelt, sind auch alle Nachteile einer Black-box-Darstellung inbegriffen.

Zusammenfassend ist festzustellen, daß die Auswahl eines Fehlermodells bzw. die Entwicklung eines solchen für ein zu lösendes Diagnoseproblem eine zutiefst diffizile Angelegenheit ist, widersprüchliche Aspekte aufweist und die Beachtung vielfältiger Randbedingungen erfordert.

Eine sehr realitätsnahe, technologieadäquate Abbildung physikalischer Defekte ist nur auf einem niederen Beschreibungsniveau, dem Transistorniveau gegeben. Über die Maßen wachsende Fehlermengen lassen den Ausweg in technologiefernen, ja implementierungsunabhängigen Fehlermodellen im Register-Transfer-Niveau oder sogar im Systemniveau suchen. Je abstrakter das Fehlermodell ist, desto einfacher wird die Testsatzerstellung, desto größer ist aber auch die Wahrscheinlichkeit, daß nicht alle physikalischen Defekte abgedeckt werden [Eiche 83]. D.h., die Abstraktion von Strukturinformationen führt zu Unsicherheiten über den Geltungsbereich solcher Modelle und die Vollständigkeit erstellter Testsätze. Eine allgemeine Lösung für die Fehlermodellierung in der Funktions- oder Verhaltenssphäre steht noch aus.

Für die breite Akzeptanz des Haftfehlermodells sind ausschlaggebend: erprobte und übersichtliche Handhabbarkeit, in Designsystemen verfügbare Softwareunterstützung, signifikante (wenn auch nicht vollständige) Erfassung anderer Fehlerarten (Transistorfehler, Brückenfehler) sowie von Mehrfachfehlern durch Einfachfehler, (begrenzte) Übertragbarkeit von Fehlernachweisalgorithmen in das Transistor- und Register-Transfer-Niveau, quantitativ bewertbare Diagnosesicherheit.

Für ausgewählte Prüfobjekte (Speicher) ist die Berücksichtigung spezieller Fehlermodelle (musterabhängige Fehler) unumgänglich.

Nicht nur in unterschiedlichen Lebensphasen des Prüfobjekts wird der kombinierende bzw. hierarchische Gebrauch der verschiedenen logischen Fehlermodelle, ergänzt um die parametrischen Merkmale, angezeigt sein.

3.3 In-Circuit-Prüfung

Funktionsprüfung und Objektprüfung erfordern einen hohen, mit der Komplexität des Diagnoseobjekts steigenden Aufwand zur prüftechnologischen Vorbereitung (Erstellung der Prüfmuster) sowie in der gerätetechnischen Realisierung. Zentrales Anliegen einer alternativen Prüfstrategie ist demzufolge die spürbare Verringerung der Diagnosekomplexität. Die Grundzüge der "In-Circuit-Prüfung" bestehen im folgenden:

- Zugang zu sekundären Eingängen und Ausgängen zusätzlich zu primären Systemzugängen
- Partitionierung des Gesamtobjekts durch Selektion einzelner Systembestandteile, d.h., daß einzelne Bauelemente oder Funktionseinheiten bzw. Cluster von Bauelementen oder Funktionseinheiten des Gesamtobjekts im Schaltungsverbund selektiv stimuliert und geprüft werden
- nichtzerstörende Isolierung der selektierten Bestandteile von der Systemumgebung
- wahlweise Funktions- oder Objektprüfung der selektierten Elemente oder Cluster, die eine bedeutend geringere Komplexität als das Gesamtobjekt aufweisen
- Anerkennung der Konformität des Diagnoseobjekts, wenn
  - die Topologie fehlerfrei ist
  - fehlerfrei bestückt wurde (richtige Bauelemente, richtiger Platz, richtige Orientierung)
  - nach dem Kontaktieren fehlerfreie Verbindungen vorliegen (keine Unterbrechungen, keine Kurzschlüsse)
  - die kontaktierten Bauelemente funktionstüchtig im Sinne der Funktionsprüfung bzw. fehlerfrei im Sinne der Objektprüfung sind
- Fehlererkennung und -lokalisierung in einer Handlung (ausgenommen Bauelemente-Cluster) aufgrund der selektiven Prüfung
- Durchführung der Prüfung fast ausschließlich unter Testbedingungen.

Konventionelle Selektion. Insbesondere in der Fertigung elektronischer Einrichtungen und auf gedruckte Leiterplatten als konstruktive Ausführung bezogen, werden Bauelemente oder Cluster *mechanisch adaptiert.* Eingesetzt werden *Kontaktstift-Adapter*, im Service auch *Prüfspitzen* und *Prüfclips* (Bild 3.52). Der elektrische Kontakt zwischen Objekt und Prüfeinrichtung wird über in einem Träger angeordnete Kontaktstifte hergestellt. Ihre Anordnung entspricht in der Regel einem genormten Rastermaß. Die Positionierung der Leiterplatte wird durch Positionierstifte und entsprechende Durchbrüche in der Leiterplatte gewährleistet.

Für die Anwahl der Prüfpunkte gibt es verschiedene Lösungen bei Wahrung des prinzipiellen Konstruktionsprinzips:

- Die Kontaktstifte sind nicht einzeln zu betätigen; die Prüfpunkte sind mechanisch vorbestimmt.
- Die Kontaktstifte sind nicht einzeln zu betätigen. In einem universellen Adapter werden die Prüfpunkte über eine Verteiler- und Zuordnereinrichtung, die entsprechende Leitungen freigibt oder unterbricht, angewählt. Dieses Verfahren hat den Nachteil, daß der Bauelementeträger den Kontaktdruck aller Stifte aufnehmen muß.
- Die Kontaktstifte können einzeln und unabhängig voneinander betätigt werden.
- In der universellen Grundplatte werden nur die Positionen mit Kontaktstiften bestückt, die für die Antastung der zu prüfenden Konstruktionselemente benötigt werden.

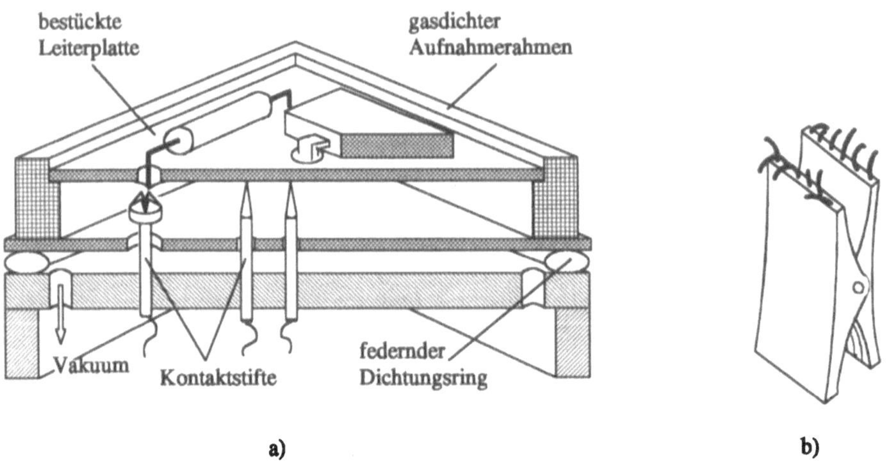

Bild 3.52 a) Kontaktstiftadapter; b) Prüfclip

Der Antrieb der Stifte und die Erzeugung der erforderlichen Kontaktkraft können manuell (Andruck durch Federkraft), pneumatisch, hydraulisch oder elektromechanisch erfolgen.

Um eine hohe Standzeit von Kontaktiereinrichtungen und einen geringen Kontaktwiderstand bzw. Spannungsabfall zu erreichen, werden Kontaktelemente mit Metallen (Gold, Silber) oder Legierungen (AgPd30 u.ä.) beschichtet. Eventuelle Oxidschichten werden durchstoßen oder durchschnitten. Zur Anwendung für unterschiedliche Adaptierungsstellen (flache Leiterzüge, kegelförmige Lötstellen u.ä.) stehen flächenhafte, kegel-, halbkugel-, schneiden- oder nadelförmige Kopfformen zur Auswahl. Die zu wählende Kontaktkraft liegt in den Grenzen von 1 bis 2 N. Die summarisch auf den Bauelementeträger wirkende Kontaktkraft kann zu Durchbiegungen oder sogar zur Zerstörung desselben (keramische Träger!) führen. Zur Verhinderung von falschen Prüfergebnissen wird eine Prüfung der erfolgreichen Kontaktgabe durchgeführt.

Neben den Spannungsabfällen an ohmschen Widerständen sind u.U. solche zu bekämpfen, die durch Versorgungsstromänderungen beim Umschalten digitaler Baugruppen an parasitären Blindwiderständen entstehen und als Störimpulse wirken. In diesem Fall sind mehrere Kontakte für eine parallele Zuführung der Versorgungs- und Masseleitungen vorzusehen.

Mit der beschriebenen Anordnung wird das Diagnoseobjekt von der Leiterseite her angetastet. Der Einsatz oberflächenkontaktierbarer Bauelemente (SMD) erfordert Kontaktstiftadapter, die eine beidseitige Kontaktierung erlauben. Wichtig ist, daß das Diagnoseobjekt prüfgerecht gestaltet wird. Angepaßte Packungsdichte und Rastermaß, Prüfpads für die Kontaktstifte bzw. Bewegungsfreiheit für Prüfclips sind Voraussetzungen für den Einsatz dieser Kontaktiereinrichtungen.

Die im Rahmen der Prüfung verwendete Stromart, die Informationsparameter und ihr Wertebereich sowie der Betriebszustand werden in Abhängigkeit vom Prüfobjekt (Leiterzüge, passive oder aktive, analoge oder digitale Bauelemente) gewählt.

Das Prüfen der Verbindungen (Topologie), der vollständigen Bestückung, der Orientierung der Bauelemente, der Parameter passiver Bauelemente und ausgewählter Parameter aktiver Bauelemente erfolgt ohne Zuschaltung der Versorgungsspannung. Die erforderliche Strom- oder Spannungseinspeisung in das angetastete Element übernimmt die Prüfeinrichtung.

Viele Prüfungen analoger Bauelemente können gleichstrommäßig durchgeführt werden. Grundlage der elektrischen Isolierung der Bauelemente sind die klassischen Beschaltungen von Operationsverstärkern (Bild 3.53) als Widerstands-Spannungs-Wandler.

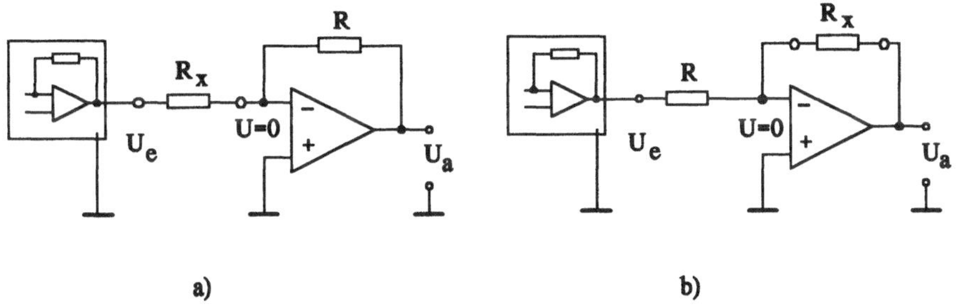

Bild 3.53 Widerstands-Spannungs-Wandler: a) Spannungseinspeisung; b) Stromeinspeisung

Die Widerstandswerte ergeben sich bei Spannungs- und Stromeinspeisung entsprechend

$$R_x = \frac{RU_e}{U_a}; \qquad R_x = \frac{RU_a}{U_e}. \tag{3.26}$$

Bei Messungen im Schaltungsverbund weist die Bestimmung der Widerstandswerte nach den Gleichungen (3.26) einen methodischen Fehler auf, da die Schaltungsumgebung das Ergebnis beeinflußt. Die unerwünschten Einflüsse der Schaltungsumgebung werden durch sogenanntes *analoges Guarding* weitgehend eliminiert. Aus dem Bild 3.54 ist ersichtlich, daß der Einflußwiderstand R' durch den zusätzlichen Massepunkt parallel zum idealerweise gegen Null gehenden Innenwiderstand der Spannungsquelle U_e geschaltet ist. Damit wird einer Stromverzweigung über R' entgegengewirkt. Eine Stromverzweigung über R'' ist faktisch ausgeschlossen, da bei sehr großer Leerlaufverstärkung des Operationsverstärkers die Spannungsdifferenz zwischen seinen Eingängen auf Null gehalten wird. Die durch die Widerstände R_x und R fließenden Ströme sind folglich vom gleichen Betrag.

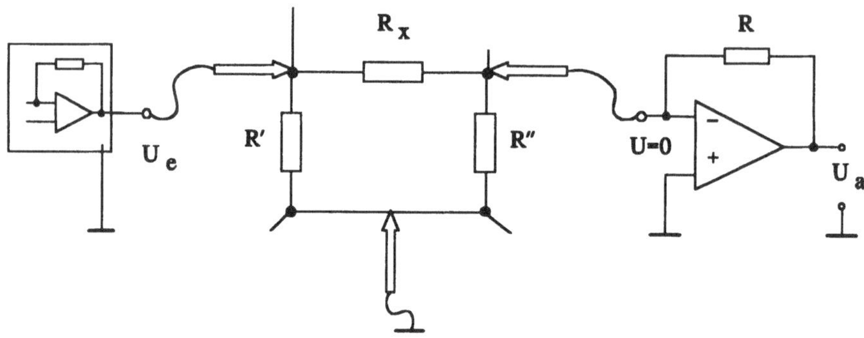

Bild 3.54 Analoges Guarding

Weitere Ursachen von Meßfehlern sind die Widerstände der Zuleitung, der Meßleitung und der Masseleitung, die Kontaktwiderstände der Zuordner- und Verteilereinrichtung (Relais bzw. elektronische Schalter), die Innenwiderstände der Quellen und der Meßkreise sowie die Offsetspannung des Operationsverstärkers. Je nach Meßbedingungen und geforderter Präzision der Messung wird mit Zwei- bis Sechs-Draht-Beschaltungen gearbeitet [Nits 86]. Um das störende Durchschalten von pn-Übergängen zu verhindern, wird die eingespeiste Spannung auf etwa 200 mV begrenzt.

Kurzschluß- und Unterbrechungsprüfungen werden auf Widerstandsbewertungen zurückgeführt.

Komplexe Impedanzen werden mit Wechselspannungen stimuliert, und es wird eine phasenrichtige Vierquadrantenmessung praktiziert. Andere mögliche Verfahren basieren auf der Auslösung von Übergangsprozessen bzw. Integrationsvorgängen verbunden mit Zeitmessungen (vgl. [Früh 87]).

Zur Prüfung von pn-Übergängen wird das Bauelement je nach Zielstellung - Prüfen der Flußspannung oder des Sperrstroms - in den Eingangskreis oder in die Rückführung des Operationsverstärkers geschaltet.

Digitale Funktionselemente werden nach dem Anlegen der Versorgungsspannung an das Gesamtobjekt geprüft. Dabei stellt sich in der Schaltung ein logischer Ruhezustand ein. Nach der mechanischen Adaptierung des zu prüfenden Funktionselements stimuliert man seine Eingänge mit einem ausgewählten Prüfmuster. Eine Isolierung des zu prüfenden Funktionselements von der Schaltungsumgebung im eigentlichen Sinne ist nicht vorgesehen; durch die Treiberleistung der Prüfeinrichtung werden seine Eingänge kurzzeitig in den gewünschten Zustand gezwungen. Die Ausgänge anderer Funktionselemente, die mit dem zu prüfenden Schaltelement verbunden sind, haben beliebige Zustände. Diese werden durch die treibenden Prüfmuster "überschrieben". Die durch das sogenannte "*Backdriving*" und "*Nodeforcing*" über leitende Endstufentransistoren und Bonddrähte fließenden Ströme (Bild 3.55) sind weitaus größer als die Betriebsströme und können zur Zerstörung der Funktionselemente führen (vgl. z.B. [Sobo 82]). Die durch die Prüfeinrichtung gelieferten Treiberströme müssen deshalb in ihrer Stärke und in ihrer Wirkungszeit begrenzt werden.

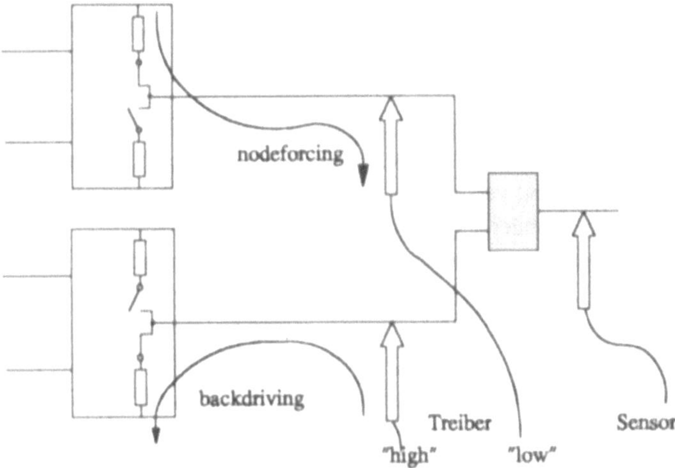

Bild 3.55 Backdriving und Nodeforcing bei selektiver Stimulierung digitaler Funktionselemente

Die Stimulierung kann sowohl auf der Grundlage der Wahrheitstabelle (Funktionsprüfung) als auch auf der Grundlage einer Fehlertabelle (Objektprüfung) erfolgen. Die Funktionsprüfung kann hier wieder zu ihrem Recht kommen, da Beschreibungsschwierigkeiten kaum bestehen und auch die Menge der Eingangskombinationen isoliert betrachteter Funktionseinheiten ausreichend begrenzt ist.

Werden flankengesteuerte Funktionselemente stimuliert, kann es beim schnellen Umschalten über vorhandene Rückführungen zu einem Pegeleinbruch kommen (Bild 3.56), der durch die Backdriving-Fähigkeit des Treibers erst wieder ausgeglichen werden muß. Der Einbruch wird eventuell durch das zu prüfende Funktionselement als Flanke interpretiert, was zu einer fälschlichen Sensor-Bewertung führt. Wenn möglich, ist die auf die getriebene Leitung arbeitende Funktionsumgebung inaktiv (disable) zu schalten oder durch entsprechende "*Guarding-Signale*" sind die Ausgangspegel der beeinflussenden Funktionsumgebung zu stabilisieren.

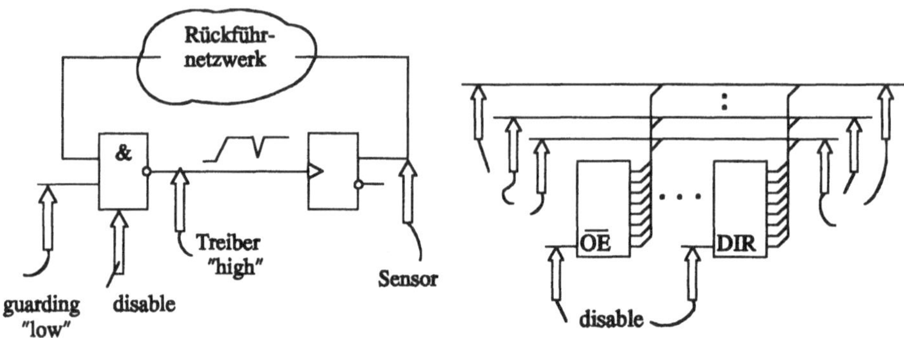

Bild 3.56 Guarding bzw. Deaktivierung digitaler Funktionselemente

Bild 3.57 Busprüfung bei mechanischer Antastung

Funktionselemente digitaler Diagnoseobjekte kommunizieren häufig über Datenbusse (Bild 3.57). Zur Busprüfung wird dieser freigeschaltet, indem die angeschlossenen Funktionselemente in den hochohmigen Zustand versetzt werden. Gelingt dies nicht, ist einer der Busteilnehmer defekt. Durch aufeinanderfolgendes Aktivieren der Busteilnehmer und Überwachen des Busses wird derjenige als defekt erkannt, der keine Änderung auf dem Bus bewirkt. Für die eigentliche selektive Prüfung eines Busteilnehmers wird dieser mit den entsprechenden Prüfmustern stimuliert, während alle anderen hochohmig geschaltet sind.

Zusätzlich zu den oben genannten konstruktiven Maßnahmen zur prüfgerechten Gestaltung des Objekts ist demnach aus schaltungstechnischer Sicht zu empfehlen, auch funktionell nicht benötigte Steuerpins (Reset, Enable, Disable u.ä) nicht direkt mit Masse oder der Versorgungsspannung zu verbinden, diese und auch Busse vorsorglich mit Pull-up- bzw. Pull-down-Widerständen zu versehen sowie Rückführungen logisch auftrennbar zu machen.

Alternative Selektion. Packungsdichte und Miniaturisierung der Topologie von Bauelementeträgern setzen Grenzen für die externe mechanische Adaptierung. Für miniaturisierte Kontaktstifte müssen kürzere Standzeiten akzeptiert werden, was sich ungünstig auf die Prüfkosten auswirkt. Noch stärker wird die externe mechanische Adaptierung durch das

Vordringen neuartiger Bauelementeträger und solcher Bauelementekonstruktionen wie Multi-Chip-Module (vgl. Abschn. 1.3) in Frage gestellt. Gesucht sind in das Diagnoseobjekt integrierte Zugriffsmöglichkeiten auf Systembestandteile. Ihre vielfältigen Ausprägungen - mit einfachen Implementierungen zusätzlicher Steuer- und Beobachtungspunkte beginnend, über Scan-Techniken, die auch als "silicon nails" betrachtet werden, bis hin zum "Cross-Check" - werden in den Abschnitten 6.3 und 6.4 behandelt.

3.4 Diagnosesicherheit

Vom Ergebnis einer Diagnosehandlung wird erwartet, daß es dem tatsächlichen Qualitätszustand des Diagnoseobjekts entspricht. Im Rahmen einer alternativen Prüfung beobachtet man die Ereignisse:

- Q^+: Das Diagnoseobjekt erfüllt die Qualitätsforderung (ist funktionstüchtig bzw. fehlerfrei)
- Q^-: Das Diagnoseobjekt erfüllt nicht die Qualitätsforderung (ist funktionsuntüchtig bzw. fehlerhaft)
- B^+: Das Diagnoseobjekt wird nach Prüfung als die Qualitätsforderung erfüllend (funktionstüchtig bzw. fehlerfrei) bewertet
- B^-: Das Diagnoseobjekt wird nach Prüfung als die Qualitätsforderung nicht erfüllend (funktionsuntüchtig bzw. fehlerhaft) bewertet.

Diagnoseprozessen wohnen jedoch genau wie Fertigungsprozessen und Erzeugnissen Unzulänglichkeiten inne, weshalb sich nach einer Prüfung folgende Konstellationen ergeben können (Bild 3.58):

- K_1: Das Diagnoseobjekt entspricht der Qualitätsforderung (ist funktionstüchtig bzw. fehlerfrei); der technische Zustand wird als fehlerfrei bewertet
- K_2: Das Diagnoseobjekt entspricht der Qualitätsforderung; der technische Zustand wird als fehlerhaft bewertet
- K_3: Das Diagnoseobjekt erfüllt nicht die Qualitätsforderung (ist funktionsunfähig, fehlerhaft); der technische Zustand wird als fehlerfrei bewertet
- K_4: Das Diagnoseobjekt erfüllt nicht die Qualitätsforderung; der technische Zustand wird als fehlerhaft bewertet.

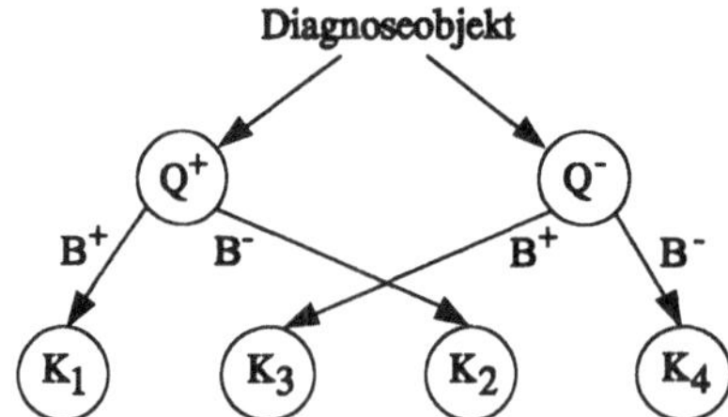

Bild 3.58 Konstellationen im Ergebnis einer Prüfung aufgrund unsicherer Bewertung

Es erhebt sich nun die Frage nach der Adäquatheit (Sicherheit) der getroffenen Bewertung und des tatsächlichen technischen Zustands des Diagnoseobjekts. Aus einer Reihe möglicher Kriterien wird bevorzugt auf die *Busch Formel* [Korn 61] zurückgegriffen. Sie erlaubt, über die A-priori-Wahrscheinlichkeiten $P(Q^+)$ bzw. $P(Q^-)$ des technischen Zustands des Objekts die A-posteriori-Wahrscheinlichkeiten $P(Q^+ | B^+)$ bzw. $P(Q^- | B^-)$ nach dem Vorliegen der Bewertungen zu bestimmen. Aussagen zur Diagnosesicherheit sind demnach die bedingte Wahrscheinlichkeit des Zustands Q^+ unter der Bedingung, daß eine Bewertung B^+ erfolgte:

$$P(Q^+ | B^+) = \frac{P(Q^+)P(B^+ | Q^+)}{P(Q^+)P(B^+ | Q^+) + P(Q^-)P(B^+ | Q^-)} \tag{3.27}$$

sowie die bedingte Wahrscheinlichkeit des Zustands Q^- unter der Bedingung, daß eine Bewertung B^- erfolgte:

$$P(Q^- | B^-) = \frac{P(Q^-)P(B^- | Q^-)}{P(Q^-)P(B^- | Q^-) + P(Q^+)P(B^- | Q^+)} . \tag{3.28}$$

Ist z.B. in einer beherrschten Fertigung bekannt, daß 94,0% der produzierten Baugruppen der Spezifikation entsprechen und daß in der Endprüfung 98,0% fehlerfreie Baugruppen sowie 3,0% fehlerhafte Baugruppen angenommen werden, so beträgt die Wahrscheinlichkeit, daß fehlerfreie Baugruppen ausgeliefert werden, $P(Q^+ | B^+) = 99{,}8\%$.

Die Annahme- und Rückweiswahrscheinlichkeiten (nicht zu verwechseln mit denen einer Stichprobenprüfung) werden durch subjektive Faktoren, objektive Unzulänglichkeiten der Prüftechnik sowie durch in den Abschnitten 3.1 bis 3.3 angeklungene methodische Unzulänglichkeiten beeinflußt. Damit erreicht die Diagnosesicherheit faktisch nie den Idealwert 1. Eine Aussage zur Diagnosesicherheit auf Grundlage der Gleichungen (3.27) und (3.28) trägt sehr globalen Charakter. Die notwendigen Ausgangsdaten sind auch nur durch umfangreiche statistische Erhebungen zu gewinnen. Ausgehend von einem *Ishikawa-Diagramm* [Ishi 82] (auch Ursachen-Wirkungsdiagramm genannt) (Bild 3.59) soll eine kurze Übersicht gegeben werden, welche Aussagen auch auf anderen Wegen gewonnen werden können bzw. inwieweit sich die globale Bewertung aus Einzelaspekten synthetisieren läßt.

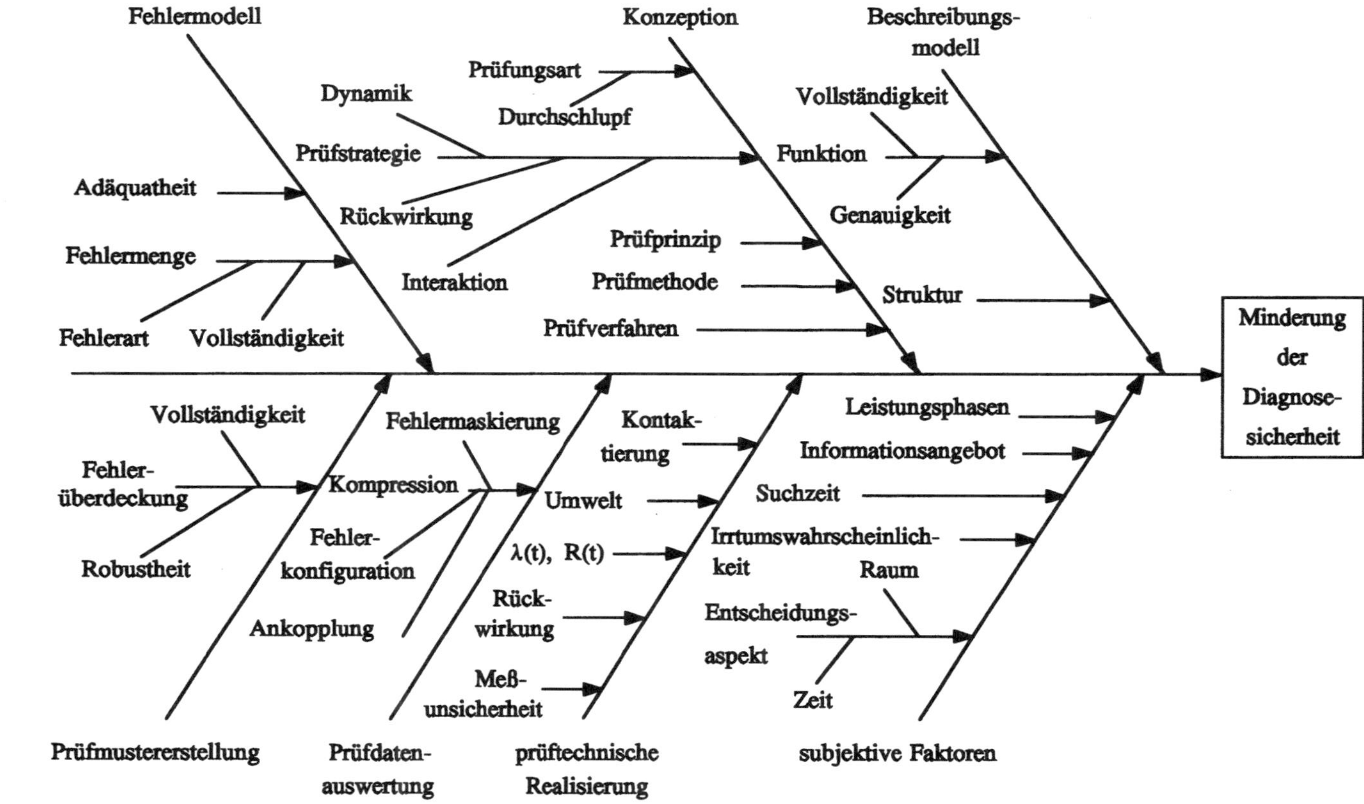

Bild 3.59 Ishikawa-Diagramm

Beschreibungsmodell. Die Bewertung der Adäquatheit der funktionellen Beschreibung eines Diagnoseobjekts ist die Achillesferse, da sie wie auch die Funktionsprüfung auf einen vollständig nicht zu realisierenden Vergleich hinausläuft. Vergleicht man als allgemeinen Fall das im Bild 3.1 gezeigte Modell Op mit dem realen Objekt Op_r, so kann als Kriterium der Adäquatheit für eine nichteuklidische Geometrie die Norm [Wosc 88]

$$\|\vec{\varepsilon}\| = d\,(\vec{A}_r, \vec{A}) = \|(\vec{A}_r - \vec{A})\| \tag{3.29}$$

bzw. für dynamische Modelle

$$\overline{\|\vec{\varepsilon}(t)\|} = \lim_{T\to\infty} \frac{1}{2T} \int_{-T}^{+T} \|\vec{\varepsilon}(t)\|\, dt \tag{3.30}$$

(*mittlere Abweichung*) dienen. Während Gleichung (3.29) auf digitale Systeme bezogen ist - man denke an den Kodeabstand, benutzt man ansonsten die auf der euklidischen Geometrie beruhende *mittlere quadratische Abweichung*

$$\|\vec{\varepsilon}\|^2 = d^2\,(\vec{A}_r, \vec{A}) = \|(\vec{A}_r - \vec{A})\|^2 \tag{3.31}$$

bzw.

$$\overline{\|\vec{\varepsilon}(t)\|^2} = \lim_{T\to\infty} \frac{1}{2T} \int_{-T}^{+T} \|\vec{\varepsilon}(t)\|^2\, dt\ . \tag{3.32}$$

Kann man die Abweichung als Zufallsgröße mit bekannter Verteilung betrachten, so ist ein Bezug zur Diagnosesicherheit in analoger Weise, wie unten für Meßunsicherheiten gezeigt, zu schaffen.

In vielen Fällen wird die Frage jedoch offenbleiben. So wird es auch keine quantitative Aussage zum eventuellen Verlust an Diagnosesicherheit bei Benutzung eines statischen anstelle eines dynamischen Beschreibungsmodells geben.

Prüfungsarten. Unter diesem Terminus stehen die in der Fertigung praktizierten 100%-Prüfungen und Auswahlprüfungen zur Diskussion. Der Begriff *100%-Prüfung* suggeriert eine nicht zu überbietende Diagnosesicherheit. Er besagt in dieser Beziehung jedoch nicht das geringste, sondern nur, daß jedes einzelne Erzeugnis einer Prüfung (mit allen immanenten Unzulänglichkeiten) unterworfen wird.

Im Rahmen der *Auswahlprüfung* werden Zufallsstichproben einer vorgegebenen Zahl n gleichartiger Objekte aus einem Los vom Umfang N geprüft. Sie ist in der Regel auf qualitative Merkmale - *Nominalmerkmale* - bezogen, weniger auf quantitative Merkmale - *Kontinuierliche Merkmale*. Jedes einzelne einer Prüfung unterzogene Erzeugnis wird alternativ als die Qualitätsforderung erfüllend (funktionsfähig, fehlerfrei) oder als die Qualitätsforderung nichterfüllend (funktionsunfähig, fehlerbehaftet) bewertet.

Ist im Rahmen einer solchen *Attributprüfung* die Anzahl k der als nichtzufriedenstellend festgestellten Erzeugnisse in der Stichprobe größer als eine vorgegebene Annahmezahl c, so wird das ganze Los als nichtzufriedenstellend zurückgewiesen. Bei $k \leq c$ wird das ganze Los angenommen. Die *Annahmewahrscheinlichkeit* P_α eines Prüfloses hängt bei vorgegebenen *Stichprobenumfang* n und *Annahmezahl* c offensichtlich vom *Anteil fehlerhafter Erzeugnisse im Los* p ab. Je kleiner der Fehleranteil, desto größer die Annahmewahrscheinlichkeit und umgekehrt. Diese funktionelle Abhängigkeit wird durch die sogenannte Operationscharakteristik (OC) abgebildet (Bild 3.60).

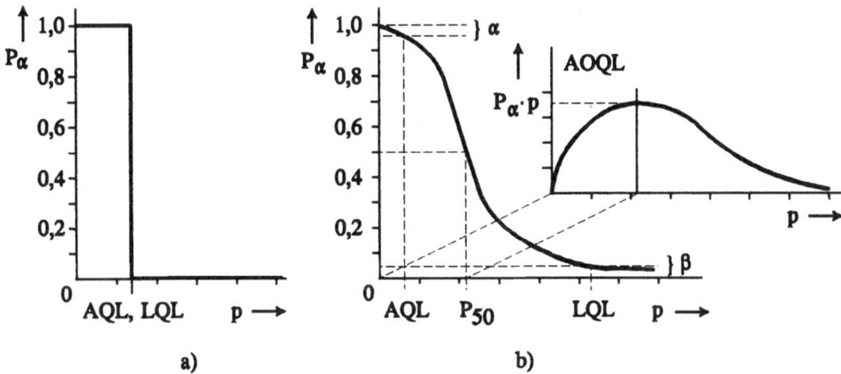

Bild 3.60 Operationscharakteristik für Attributprüfung: a) ideal; b) für unbekannten Fehleranteil

Würde man eine 100%-Prüfung der Lose vornehmen, so wäre nach der Prüfung der Anteil fehlerhafter Erzeugnisse p bekannt. Alle Lose mit einem Fehleranteil, der höchstens gleich einer vorgegebenen *annehmbaren Qualitätsgrenzlage* - AQL (acceptable quality level) ist, würden mit einer Annahmewahrscheinlichkeit von $P_\alpha = 1$ angenommen werden. Für Lose mit einem Fehleranteil $p > AQL$ wäre die Annahmewahrscheinlichkeit gleich Null (Bild 3.60a).

Bei einer Auswahlprüfung ist der Anteil fehlerhafter Erzeugnisse im Los unbekannt und wird von Los zu Los streuen. Die Operationscharakteristik ist als Summenhäufigkeitskurve der vorliegenden Verteilung zu bestimmen. Da geprüfte Objekte nicht in das Los zurückgelegt werden, gilt die hypergeometrische Verteilung, die für große N und kleine Fehleranteile p über die Binomialverteilung in die Poisson-Verteilung übergeht. Ein Los mit einem Fehleranteil $p \leq AQL$ wird mit einer von 1 verschiedenen, aber einer ihr möglichst nahekommenden Wahrscheinlichkeit angenommen werden (vgl. Bild 3.60b). Andererseits soll ein Los mit $p > LQL$ (limiting quality level - *rückzuweisende Qualitätsgrenzlage*) nur mit einer möglichst gegen 0 gehenden Wahrscheinlichkeit angenommen werden. Zwischen

Bereichen befindet sich ein indifferenter Bereich. Je enger dieser Bereich (je steiler die Operationscharakteristik) ist, desto besser werden anzunehmende von nichtannehmbaren Losen getrennt. Diese auch *Prüfschärfe* genannte Eigenschaft kann durch einen größeren Stichprobenumfang n und kleinere Annahmezahlen c positiv beeinflußt werden. Dies ist auch ohne mathematische Herleitung verständlich, da bei $n \rightarrow N$ die Auswahlprüfung in die 100%-Prüfung übergeht und die ideale Operationscharakteristik erreicht wird.

Aus der Operationscharakteristik ist aber auch ersichtlich, daß

- Lose mit einer Qualitätslage gleich der annehmbaren Qualitätsgrenzlage AQL mit einer Rückweiswahrscheinlichkeit α - *Lieferantenrisiko* - als nichtannehmbar bewertet werden
- Lose mit einer Qualitätslage gleich der rückzuweisenden Qualitätsgrenzlage LQL mit einer Annahmewahrscheinlichkeit β - *Abnehmerrisiko* - als annehmbar bewertet werden.

Neben diesen Risiken kann der *maximale Durchschlupf* - AOQL (average outgoing quality limit) als Charakteristikum für die Diagnosesicherheit dienen, wobei der Durchschlupf als der in den angenommenen Losen verbliebene Anteil fehlerhafter Erzeugnisse $AOQ = p \cdot P_\alpha$ definiert ist. Damit sind jedoch noch keine Aussagen bezüglich eventueller Unzulänglichkeiten der Diagnosemittel, methodischer Mängel oder subjektiver Faktoren des Prüfpersonals getroffen.

Attributprüfungen sind unter den erläuterten Aspekten nach DIN ISO 2859 [DIN 93] genormt. Für den Bereich der Computertechnik ist der AQL-Wert nur für die Auswahl des Stichprobenumfangs von Belang; als Annahmezahl wird $c = 0$ verlangt. Zu betonen ist, daß selbst dann Lieferanten- und Abnehmerrisiko sowie Durchschlupf nicht Null sind.

Prüfmustererstellung. Auch ohne Betrachtung spezieller Verfahren zur Erstellung von Prüfmustern bzw. Prüfmusterfolgen ist aus den Darlegungen dieses Kapitels sichtbar geworden, daß ein solches Verfahren auf das Beschreibungsmodell, auf das Fehlermodell und auf die Fehlermenge Bezug nehmen muß. Unzulänglichkeiten der Modellierung und unvollständige Fehlermenge mindern die Diagnosesicherheit. Andererseits ist kein Verfahren bekannt, daß gleichermaßen alle bekannten Fehlermodelle bedient. Es kann auch nicht gewährleistet werden, daß ohne mehr oder weniger große Forderungen an die Konfiguration des Diagnoseobjekts ein Verfahren für jeden Fehler aus der Fehlermenge ein Prüfmuster bereitstellt. Im Gegensatz zur Komplexität selbst dieses Teilproblems, ist mit der *Fehlerüberdeckung* (fault coverage) eine eher punktuelle Bewertung der Güte der Fehlererkennung auf der Basis eines erstellten Satzes von Prüfmustern gebräuchlich:

$$FC = \frac{\textit{Anzahl der erkennbaren Fehler}}{\textit{Anzahl der angenommenen Fehler (Fehlermenge)}} . \qquad (3.33)$$

Eine Wertangabe zur Fehlerüberdeckung $0 \leq FC \leq 1$ ist nur in Verbindung mit einer Benennung des Fehlermodells und der unterstellten Fehlermenge aussagefähig. Wird die Fehlerüberdeckung mit Hilfe einer Fehlersimulation ermittelt, ist die Güte des Simulators zusätzlich in Betracht zu ziehen. Wesentlich besser geeignet ist die Fehlerüberdeckung für den Vergleich unterschiedlicher Verfahren hinsichtlich ihrer Effizienz.

Faktisch ist mit diesem Kriterium nur die Haftfehlererkennung bewertbar. Ist $FC < 1$, so können fehlerhafte Diagnoseobjekte, als fehlerfrei deklariert, die Prüfung passieren. Dieser Durchschlupf ist desto ausgeprägter, je kleiner die Fehlerüberdeckung ist, aber auch je geringer die Ausbeute Y (yield) einer Fertigung ist. Letztere stellt die A-priori-Wahrscheinlichkeit, fehlerfreie Erzeugnisse zu fertigen, dar. Die Frage nach dem Durchschlupf unterscheidet sich von der eingangs dieses Abschnitts gestellten dadurch, daß fehlerfreie Objekte immer angenommen werden. In [Will 81] wird deshalb als Maß für den Durchschlupf der *Defekt-Level* - DL (defect level) definiert. Er ist gleich der Wahrscheinlichkeit, daß ein fehlerhaftes Objekt als fehlerfrei deklariert wird, dividiert durch eben diese Wahrscheinlichkeit plus der Wahrscheinlichkeit der fehlerfreien Fertigung eines Objekts. Der Zusammenhang der diskutierten Kenngrößen wird für gleichverteilte und unabhängige Fehler durch die Gleichung

$$DL = 1 - Y^{(1-FC)} \tag{3.34}$$

hergestellt.

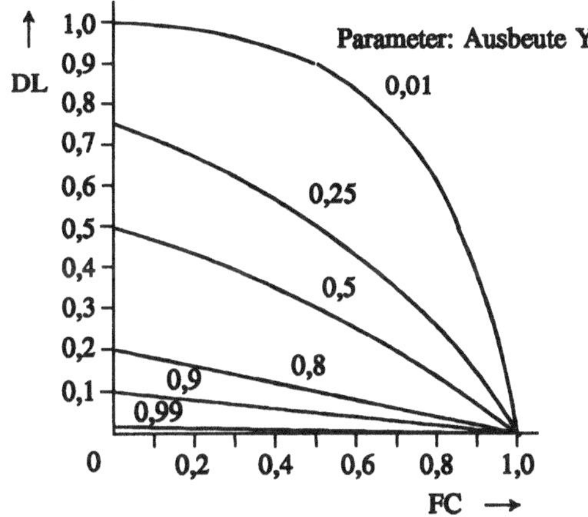

Bild 3.61 Abhängigkeit des Defekt-Level von der Fehlerüberdeckung [Will 86]

Der Defekt-Level DL_s des übergeordneten Systemniveaus, das i Bestandteile aufweist, kann nach Gl. (3.35) bestimmt werden:

$$DL_s = 1 - [(1 - DL)^i]^{(1-FC)}. \tag{3.35}$$

Damit können im Sinne der Interessenpartnerschaft zwischen Bauelemente und Gerätehersteller die prüftechnischen Anforderungen abgestimmt werden.

Zur Verbesserung der Aussagekraft der Kenngröße Fehlerüberdeckung wird in [Mori 86] eine als "Reale Fehlerüberdeckung" bezeichnete Modifizierung vorgeschlagen:

$$FC_r = \frac{NDFB}{NDFB + NDFS} \tag{3.36}$$

mit NDFB - number of detected faults in board test; NDFS - number of detected faults in system operation test. Die unscharfe Bezugsgröße Fehlermenge wird durch die Anzahl der im Systemtest erkannten Fehler ersetzt und damit der Systemtest unbegründet idealisiert. Da ein uneffizienter Systemtest den Wert FC_r erhöht, erscheinen Zweifel an der Sinnfälligkeit angebracht.

Prüfdatenauswertung. Für jedes der umfangreichen stimulierenden Prüfmuster (für jede Prüfmusterfolge) müssen die Prüfdaten, mit denen digitale Diagnoseobjekte auf die Stimulierung reagieren, zeitsynchron mit vorab ermittelten Solldaten verglichen werden. Das Ausmaß der bereitzuhaltenden Vergleichsdaten erschwert besonders die Implementierung von Selbstprüfungen. Man ist deshalb bestrebt, die Prüfdaten auf ein möglichst wenige Bit umfassendes Kennzeichen abzubilden (Bild 3.62).

Das Diagnoseobjekt reagiert auf die Stimulierung durch eine Prüfmusterfolge mit der Ausgabe von l Vektoren der Breite m:

$$\vec{a}_l = (a_{1l}; a_{2l}; \ldots; a_{il}; \ldots; a_{ml}).$$

Folglich gibt es 2^{lm} Variationen des Prüfdatenmassivs. Eines der Datenmassive kennzeichnet das fehlerfreie Objekt; $2^{lm} - 1$ sind fehlerkennzeichnende Datenmassive. Bei der seriellen Prüfdatenkompression werden die Bitmuster der Länge l jedes einzelnen Ausgangs auf ein Kennzeichen der Länge $r \ll l$ abgebildet:

$$\vec{K}_i = (k_{ir-1}; \ldots; k_{i2}; k_{i1}; k_{i0}).$$

Die parallele Prüfdatenkompression bildet das Prüfdatenmassiv der Dimension $l \cdot m$ auf ein Kennzeichen der Länge $r \ll l \cdot m$ ab:

$$\vec{K} = (k_{r-1}; \ldots; k_2; k_1; k_0).$$

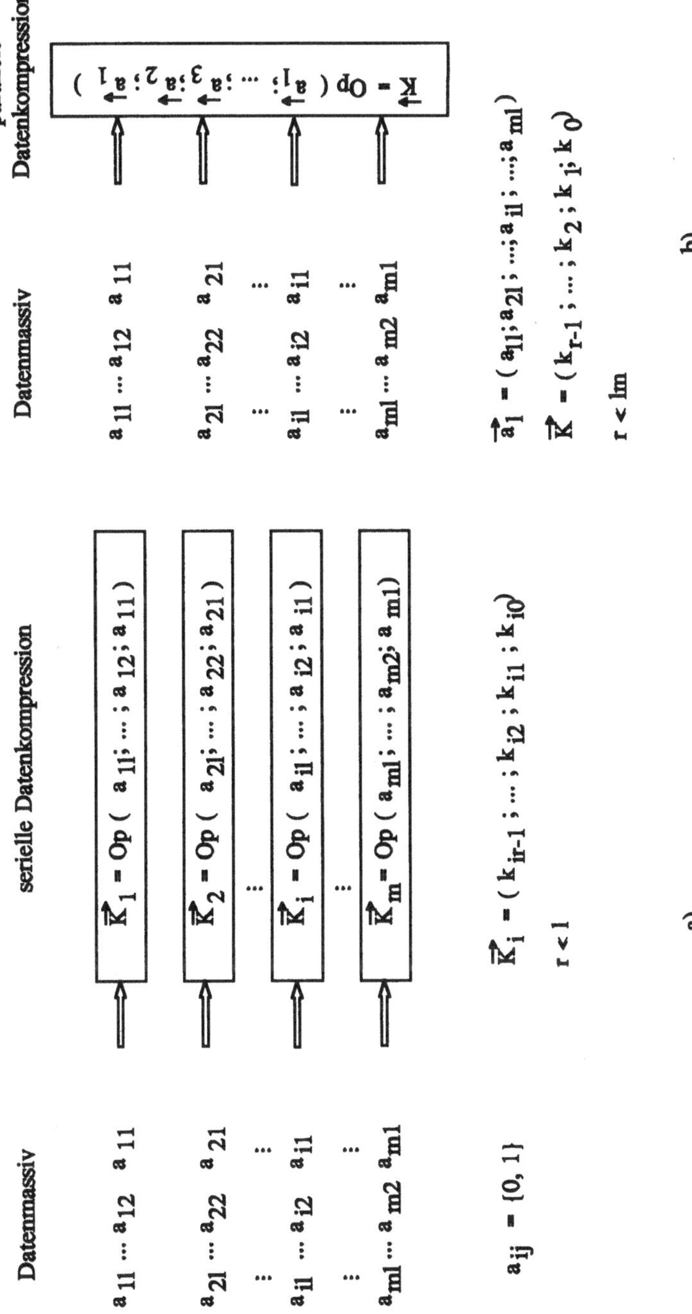

Bild 3.62 Anliegen der Prüfdatenkompression: a) serielle; b) parallele Prüfdatenkompression

Mit der Prüfdatenkompression ist also ein Informationsverlust verbunden. Für die Fehlererkennung ist allerdings nur erheblich, ob fehlerkennzeichnende Prüfdatenmassive auf das Kennzeichen für das fehlerfreie Objekt abgebildet und damit nicht erkannt werden. Die Wahrscheinlichkeit dafür wird *summarische Restfehlerwahrscheinlichkeit* p_R genannt und wie folgt bestimmt:

$$p_R = \frac{\textit{Anzahl nichterkennbarer fehlerkennzeichnender Datenmassive}}{\textit{Anzahl aller fehlerkennzeichnenden Datenmassive}} \quad . \qquad (3.37)$$

Gl. (3.37) stellt noch keinen Bezug zum Diagnoseobjekt, zur Stimulierung der in ihm anzunehmenden Fehler sowie zur Ankopplung der Prüfanordnung her und muß, dem jeweiligen Kompressionsverfahren (vgl. Abschn. 7.2) entsprechend, konkretisiert werden.

Prüftechnische Realisierung. Ein wesentlicher quantitativ bewertbarer Einflußfaktor der prüftechnischen Realisierung von Parameterprüfungen (Schaltzeiten, I_{DDQ}, Widerstand u.a.) ist die begrenzte Genauigkeit von Meß- und Prüfeinrichtungen. Die Entstehung einer falschen Bewertung eines Qualitätsmerkmals als Folge einer Meßabweichung ist im Bild 3.63 gezeigt.

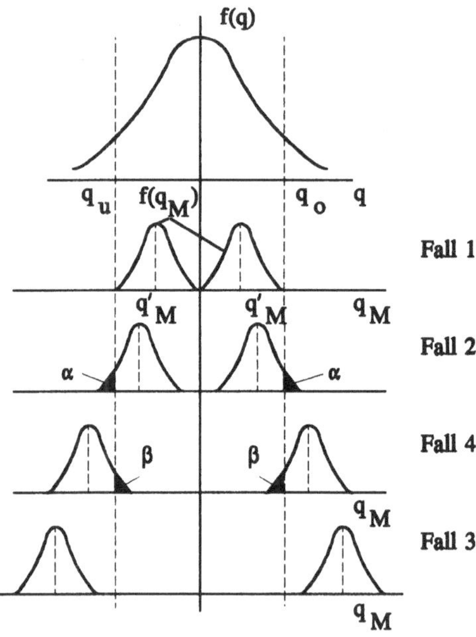

Bild 3.63 Falsche Bewertung infolge eines Meßfehlers

Die Realisierungen des Qualitätsmerkmals q unterliegen einer Zufallsverteilung mit der Wahrscheinlichkeitsdichte f(q). Ihre Streuung wird durch die Standardabweichung σ_q charakterisiert. Der zulässige Toleranzbereich ist durch den Mindestwert q_u und den Höchstwert q_o begrenzt. Mit q'_M sind die Meßwerte der Realisierungen des Merkmals bezeichnet. Nimmt man an, daß systematische Fehler der Messung ausgeschaltet sind, streut der Meßwert gemäß der Wahrscheinlichkeitsdichte $f(q_M)$ (Standardabweichung σ_{qM}). Die Folge ist, daß z.B. im Fall 2 die Realisierung des Merkmals als außerhalb des Toleranzbereichs liegend angenommen werden kann (geschwärzter Bereich), obwohl sie innerhalb der Toleranzgrenzen liegt. Weitere mögliche Konstellationen sind in der Tab. 3.3 aufgeführt.

Tabelle 3.3 Entscheidungsmöglichkeiten im Ergebnis der Prüfung

Fall	Tatsächliche Lage des Merkmals q im Toleranzbereich	Im Ergebnis der Prüfung angenommene Lage im Toleranzbereich
1	$q_u < q < q_o$	$q_u < q^* < q_o$
2	$q_u < q < q_o$	$q^* < q_u$ oder $q^* > q_0$
3	$q < q_u$ oder $q > q_o$	$q^* < q_u$ oder $q^* > q_o$
4	$q < q_u$ oder $q > q_o$	$q_u < q^* < q_o$

Im Fall 2 trägt der Lieferant das Risiko α, daß qualitätsgerechte Erzeugnisse als fehlerhaft ausgewiesen werden, während im Fall 4 der Abnehmer das Risiko β trägt, fehlerhafte Erzeugnisse als qualitätsgerecht bewertet zu bekommen. Die entsprechende Komponente der Diagnosesicherheit ergibt sich zu:

$$P_s = 1 - \alpha - \beta \ . \tag{3.38}$$

Bei Kenntnis der Verteilungsfunktionen lassen sich zwei grundsätzliche Aufgaben lösen:

- Bestimmung der Risiken α und β anhand vorgegebener Standardabweichungen σ_q und σ_{qM} sowie des Toleranzbereichs q_T
- Bestimmung der zulässigen Fehlergrenze der Prüf- und Meßmittel anhand vorgegebener Risiken α und β sowie des Toleranzbereichs q_T.

Die notwendigen Berechnungen für beliebige Verteilungsfunktionen sind äußerst aufwendig. Setzt man Normalverteilungen voraus, so gilt nach [Boro 50]:

$$\alpha = \int_{qu}^{qo} f(q) \left[\int_{-\infty}^{qu+\xi} f(q_M)\, dq_M + \int_{qo-\xi}^{\infty} f(q_M)\, dq_M \right] dq \tag{3.39}$$

$$\beta = \int_{-\infty}^{qu} f(q) \left[\int_{qu+\xi}^{qo-\xi} f(q_M)\, dq_M \right] dq + \int_{qo}^{\infty} f(q) \left[\int_{qu+\xi}^{qo-\xi} f(q_M)\, dq_M \right] dq \, . \tag{3.40}$$

ξ stellt hier eine Einengung des Toleranzbereichs q_T dar, womit eine Verringerung des Abnehmerrisikos erreicht wird.

Für die praktische Nutzung ist es vorteilhaft, die Lösungen der Gleichungen (3.39) und (3.40) als Nomogramme darzustellen (Bild 3.64). Auf der Abszisse ist das Verhältnis von Toleranzbereich q_T und der Standardabweichung der Messung σ_{qM} abgetragen. Die Ordinate ist in Einheiten der Risiken α und β geteilt. Als Parameter fungiert q_T/σ_q.

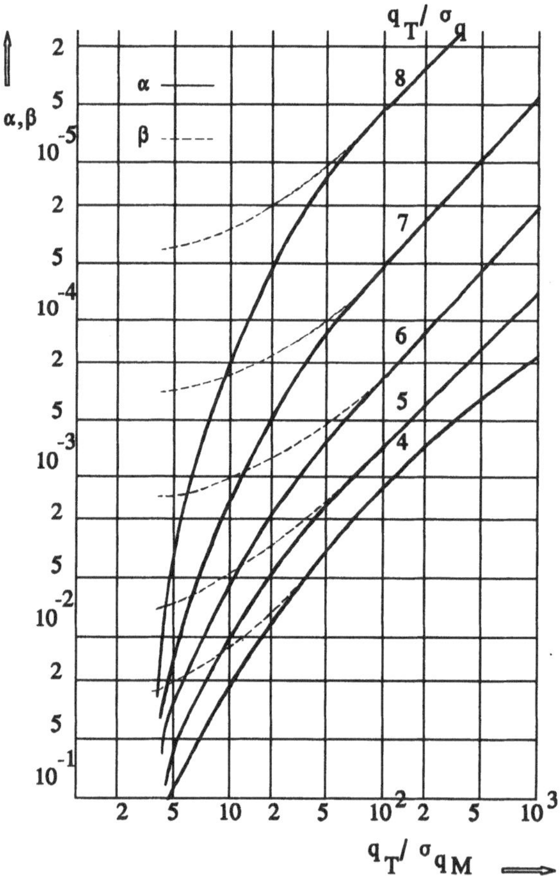

Bild 3.64 Nomogramm zur Bestimmung der Prüfgenauigkeit nach [Razu 75]

Zum Gebrauch des Nomogramms: Das Verhältnis von Toleranzbereich zur Streuung des Qualitätsmerkmals wird in der Regel mit $q_T/\sigma_q = 6$ gewählt. In diesem Fall liegen mit einer statistischen Sicherheit von 99,73% alle Realisierungen des Qualitätsmerkmals innerhalb der Toleranzgrenzen. Damit ist der Kurvenzug mit dem Parameter $q_T/\sigma_q = 6$ für die weitere Arbeit festgelegt. Aus dem Nomogramm ist ersichtlich, daß die Risiken α und β nicht unabhängig voneinander vorgegeben werden können. Im allgemeinen wiegt das Abnehmerrisiko schwerer, da bei Auslieferung fehlerhafter Erzeugnisse das Ansehen des Lieferanten leidet, Garantieleistungen fällig werden und bei Übernahme des Erzeugnisses in ein höheres Systemniveau dessen Funktionsuntüchtigkeit zu größeren Verlusten führen kann. Wird $\beta = 6 \cdot 10^{-4}$ vorgegeben, so ist der zugehörige Abszissenwert $q_T/\sigma_{qM} = 30$, d.h., die Standardabweichung des Meßergebnisses dürfte nicht mehr als $q_T/30$ betragen. Nimmt man die Grundfehlergrenze bei $\pm\, 3\sigma_{qM}$ an, so entspricht dies $\pm\, q_T/10$. Das Lieferantenrisiko beträgt dann etwa $\alpha = 10^{-3}$.

Sind in der Praxis die Ausgangsinformationen nicht verfügbar, so gilt als Faustregel, daß der Grundfehler der vorgesehenen Prüf- und Meßmittel nicht größer als 1/3, besser aber 1/10 des Toleranzbereichs des Qualitätsmerkmals betragen sollte.

Subjektive Faktoren. Prüfprozesse laufen in einer typischen Wechselwirkung "Mensch - Prüfeinrichtung - Diagnoseobjekt - Arbeitsumwelt" ab. Drei qualitativ unterschiedliche Elemente in der Tätigkeit des Prüfpersonals lassen sich feststellen:

- Informationelle Entscheidungsvorbereitung. Sie ist durch erfassende, wahrnehmende und modellbildende Komponenten gekennzeichnet. Durch das Diagnoseobjekt und die Prüfeinrichtung werden dem Prüfpersonal Signale angeboten, die den Qualitätszustand abbilden. Man spricht vom Informationsmodell. Auf dem Hintergrund aller angebotenen sind die im Sinne der Zielstellung informativen Signale zu suchen, zu entdecken, abzugrenzen und zu klassifizieren. Die Situation wird bewertet und die wahrgenommene Information im Zentralnervensystem in subjektive bildhaft-gedankliche Begriffe, Schemata, operative Wahrnehmungseinheiten transformiert, mit denen in anschließenden Denkprozessen operiert werden kann. Man spricht vom konzeptualen Modell.
- Entscheidungsfindung. Um zu Entscheidungen über notwendige Handlungen zu kommen, wird das konzeptuale Modell des Zustands des Diagnoseobjekts mit dem Sollzustand verglichen. Der Sollzustand kann im Gedächtnis des Prüfpersonals oder auch extern gespeichert sein. Nur in relativ wenigen Fällen gelingt es, eine Prüfung durchgängig so zu konzipieren, daß die Erkennung aller möglichen Fehler und ihre Lokalisierung mit maximaler Objektivität, nach streng vorgegebenem Programm, mit minimalem Entscheidungsspielraum für das Prüfpersonal erfolgt. In der Regel hat das Personal gedankliche Manipulationen, Gedankenexperimente mit Hilfe des konzeptualen Modells durchzuführen, Wege (Entscheidungen) zu suchen, um z.B. einen Fehler zu beseitigen oder Veränderungen zum Zwecke des Abgleichs am Objekt vorzunehmen oder eine

weitere Stimulierung des Diagnoseobjekts einzuleiten, die ihm zusätzliche Informationen liefert. Dabei bedient es sich erlernter oder aus Erfahrung gewonnener Lösungsverfahren, logischer Schlüsse oder heuristischer Regeln als innere Tätigkeitsmittel sowie äußerer Entscheidunghilfen, die ihm die Prüfeinrichtung auch selbst geben kann.

- Realisierung der Entscheidung. Die Entscheidungen werden an die Effektoren weitergeleitet, mit deren Hilfe entsprechende motorische Aktivitäten ausgeführt oder sprachliche Anweisungen gegeben werden.

Alle diese Elemente der Tätigkeit des Prüfpersonals werden durch erforderliche Zeitintervalle, die Wahrscheinlichkeit fehlerfreier Arbeit, geistige Anspannung und körperliche Anstrengungen - durch ihre Effektivität charakterisiert. Auf die Effektivität haben Einfluß:

- psychologische Faktoren der Informationswahrnehmung, -übermittlung, -speicherung, -verarbeitung und Entscheidungsfindung: Motivation, Qualifikation, Konzentration, Fertigkeiten, Fähigkeiten, Gewohnheiten, Aufmerksamkeit, Monotonie, Ermüdung
- physiologische, psychophysiologische Faktoren: Eigenschaften der Seh-, Hör- und anderer Sinnesorgane sowie der Effektoren
- arbeitshygienische Faktoren: Mikroklima, Arbeitskomfort, Beleuchtung, Lärm
- antropometrische Faktoren: Körpermaße, Körperhaltung, Aktionsradius
- den Menschen als gesellschaftliches Wesen charakterisierende Faktoren.

Die Spezifik der Wechselwirkung des Menschen mit dem Diagnoseobjekt unter Nutzung technischer Einrichtungen wird hauptsächlich dadurch bestimmt, welche Funktionen den technischen Einrichtungen übertragen sind. Das Wissen um die physiologischen und psychophysiologischen Möglichkeiten des Menschen sowie um die Besonderheiten der Wahrnehmung, des Gedächtnisses, des Denkens und der motorischen Aktivitäten ermöglicht die Gestaltung solcher Prüfprozesse und Prüfeinrichtungen, in denen sich Nachteile von Mensch und Technik kompensieren und sich ihre Stärken vorteilhaft ergänzen.

Subjektive Faktoren werden vorwiegend mittels empirischer Untersuchungen bewertet. In der Natur der Sache liegt es, daß ihre Ergebnisse mit vielfältigen Randbedingungen versehen sind. In der Tab. 3.4 sind beispielhaft einige Zusammenhänge qualitativ dargestellt. Zu Detailfragen muß auf die umfangreiche Fachliteratur verwiesen werden.

Zusammenfassend bleibt festzustellen: Nur einige der subjektiven und objektiven Unzulänglichkeiten im Diagnoseprozeß lassen sich ausreichend quantitativ bewerten. Die mangelnde Durchgängigkeit und Homogenität der Einzelbewertungen in der Wirkungskette lassen eine Gesamtaussage letztlich nicht zu. Der praktikable Weg besteht in der Optimierung der einzelnen Komponenten und der Wichtung ihres Anteils an der Unsicherheit des Diagnoseresultats.

Tabelle 3.4 Beispiele subjektiver Einflüsse auf die Diagnosesicherheit

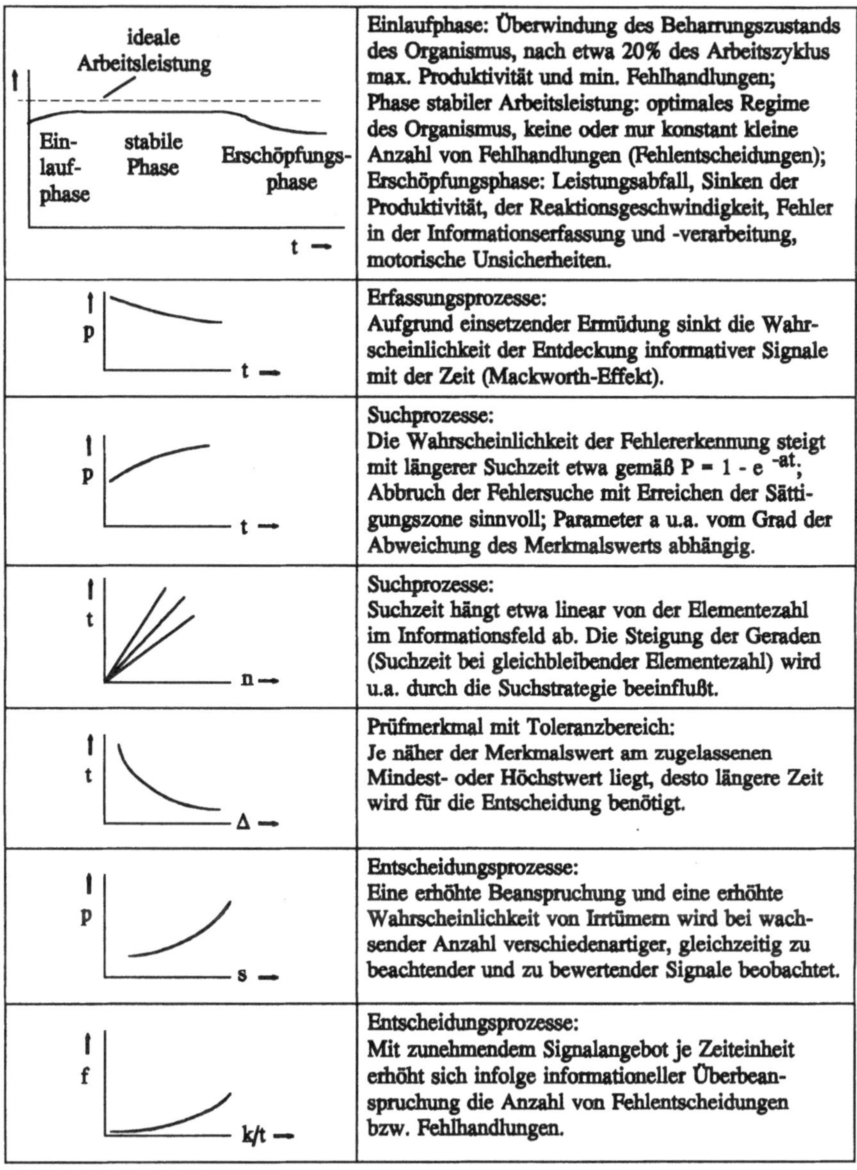

Arbeitsleistung über t	Einlaufphase: Überwindung des Beharrungszustands des Organismus, nach etwa 20% des Arbeitszyklus max. Produktivität und min. Fehlhandlungen; Phase stabiler Arbeitsleistung: optimales Regime des Organismus, keine oder nur konstant kleine Anzahl von Fehlhandlungen (Fehlentscheidungen); Erschöpfungsphase: Leistungsabfall, Sinken der Produktivität, der Reaktionsgeschwindigkeit, Fehler in der Informationserfassung und -verarbeitung, motorische Unsicherheiten.
p über t	Erfassungsprozesse: Aufgrund einsetzender Ermüdung sinkt die Wahrscheinlichkeit der Entdeckung informativer Signale mit der Zeit (Mackworth-Effekt).
p über t	Suchprozesse: Die Wahrscheinlichkeit der Fehlererkennung steigt mit längerer Suchzeit etwa gemäß $P = 1 - e^{-at}$; Abbruch der Fehlersuche mit Erreichen der Sättigungszone sinnvoll; Parameter a u.a. vom Grad der Abweichung des Merkmalswerts abhängig.
t über n	Suchprozesse: Suchzeit hängt etwa linear von der Elementezahl im Informationsfeld ab. Die Steigung der Geraden (Suchzeit bei gleichbleibender Elementezahl) wird u.a. durch die Suchstrategie beeinflußt.
t über Δ	Prüfmerkmal mit Toleranzbereich: Je näher der Merkmalswert am zugelassenen Mindest- oder Höchstwert liegt, desto längere Zeit wird für die Entscheidung benötigt.
p über s	Entscheidungsprozesse: Eine erhöhte Beanspruchung und eine erhöhte Wahrscheinlichkeit von Irrtümern wird bei wachsender Anzahl verschiedenartiger, gleichzeitig zu beachtender und zu bewertender Signale beobachtet.
f über k/t	Entscheidungsprozesse: Mit zunehmendem Signalangebot je Zeiteinheit erhöht sich infolge informationeller Überbeanspruchung die Anzahl von Fehlentscheidungen bzw. Fehlhandlungen.

3.5 Die Prüfstrategien im Vergleich

Eine zusammenfassende Bewertung läßt keine absolute Prävalenz einer der Prüfstrategien erkennen, wohl aber lassen sich bevorzugte Einsatzfelder, Vor- und Nachteile und somit Möglichkeiten ihrer sinnvollen Kombination benennen (Tab 3.5).

Tabelle 3.5 Vergleichende Aspekte der Prüfstrategien

Aspekt	Funktionsprüfung	Objektprüfung	In-Circuit-Prüfung
Diagnose-regime	Betriebsbedingungen, Testbedingungen	Testbedingungen	Testbedingungen, eingeschränkte Betriebsbedingungen
Diagnose-objekt	System, Funktionsgruppe; Hardware und Software	Baugruppe, Bauelement	Bauteil, Bauelement, Cluster
Betriebs-regime	dynamisch, Interaktion	statisch, quasidynamisch	statisch, dynamisch für Bauelemente oder Cluster
Diagnose-ergebnis	Funktionsnachweis; Fehlerlokalisierung auf Funktionsgruppe	Fehlerfreiheit im Rahmen des Fehlermodells; Fehlerlokalisierung auf Pfad, Knoten, Bauelement	Fehlerfreiheit im Rahmen des Fehlermodells; Fehlerlokalisierung gleichzeitig mit Fehlererkennung
Adaptierung	Interface, Steckverbinder	Interface, Steckverbinder	Kontaktstiftadapter, Interface bei Modul-Selektion, Boundary-Scan
Prüf-muster-erstellung	angelehnt an Entwurfsverifikation; aufwendig, differenziert formalisierbar	aufwendig, gut formalisierbar	wenig aufwendig, gut formalisierbar
Prüfzeit	funktionsabhängig	unabhängig von Funktion, abhängig von Fehlermenge	unabhängig von Funktion, und von Fehlermenge

An kein Fehlermodell und keine Strukturinformation gebunden, erlaubt die Funktionsprüfung die umfassendste Bewertung des technischen Zustands eines Diagnoseobjekts unter Einschluß der Dynamik und der Interaktion der Systemkomponenten. Sie ist damit für Implementierungen unter Betriebsbedingungen in den oberen Schichten des Diagnosesystems eines Computers prädestiniert. Mit speziellen Verfahren (pseudo-erschöpfende Prüfung) sind auch Einsatzmöglichkeiten in niederen Hierarchieniveaus gegeben. Als Abschluß der Fertigungsphase bzw. für die Inbetriebnahme ist die Funktionsprüfung (in diesem Kontext auch als Systemprüfung bezeichnet) unerläßlich. Gegenüber der Objektprüfung hat sie deutliche Vorteile bei der schnellen Fehlererkennung (man denke an das Interruptsystem). Eine Fehlerlokalisierung über die Systemzugänge ist nur bedingt realisierbar. Eine erschöpfende Funktionsprüfung kann mit akzeptierbarem Aufwand nur für Objekte mit relativ bescheidener Komplexität und geringer sequentieller Tiefe (Anzahl der Eingänge kleiner 20) realisiert werden. Für eine reduzierte Funktionsprüfung bedient man sich häufig der Eingabemuster für die Entwurfsverifikation. Nur für die erschöpfende Funktionsprüfung kann eine Aussage zur Diagnosesicherheit gemacht werden. Für eine reduzierte Funktionsprüfung läßt sie sich aufgrund ihrer heuristischen Elemente nur abschätzen.

An Fehlermodellen ausgerichtet, ist die Objektprüfung strukturorientiert und erfordert Testbedingungen. Die Dynamik wird durch die Prüfeinrichtung bestimmt. Implementierungen überstreichen alle Schichten des Diagnosesystems. In der Nutzungsphase des Computers kommt sie in der Regel beim Einschalten (z.B. Speichertest) oder nach einem unter Betriebsbedingungen erfolgten Fehlererkennung oder prophylaktisch in Arbeitspausen oder bei Reparaturhandlungen zum Einsatz. In der Fertigung steht die Fehlererkennung im Vordergrund. Eine Fehlerlokalisierung ist über die Systemzugänge möglich. Sie gewährleistet eine Fehlerfreiheit im Rahmen des gewählten Fehlermodells und der definierten Fehlermenge, damit aber keine umfassende Funktionstüchtigkeit. Mit der Entwicklung von Funktionsfehlermodellen ist eine Annäherung an die Funktionsprüfung erkennbar. Die Prüfmustererstellung ist eines der am besten untersuchten Teilprobleme der Diagnose digitaler Systeme, stark formalisiert und weit fortgeschritten automatisiert. Entsprechende Softwaretools sind Bestandteil nahezu jedes Entwurfssystems, womit auch die Gefahr einer kritiklosen Nutzung (Fehlermodell, Fehlermenge!) besteht. Der Aufwand für die Prüfmustererstellung steigt mit der 2. bis 3. Potenz der Anzahl der Schaltungsknoten.

Die In-Circuit-Prüfung nutzt Systemzugänge, speziell zugänglich gemachte Bauelementeeingänge und -ausgänge sowie Prüfpunkte, um das Gesamtobjekt für die Diagnose in weniger komplexe Objekte - im Extremfall bis zu diskreten Bauelementen und Leiterzügen - zu partitionieren und diese wiederum einer Funktionsprüfung bzw. Objektprüfung zu unterziehen. Spezielle Verfahren können in den unteren Schichten des Diagnosesystems implementiert sein. In der Fertigung ist sie für das Aufspüren einfacher, aber häufig vorkommender Fehler bzw. für die Fehlerlokalisierung prädestiniert. Der Hardware- und Softwareaufwand ist in der Regel geringer als für die anderen Prüfstrategien. Probleme bereitet die mechanische Kontaktierung. Die Stärken und Schwächen der Prüfstrategien ausgleichend, werden durch eine wählbare "Auflösung" - Bauelement, Cluster, Funktionsgruppe - die Grenzen zur Funktions- und Objektprüfung schwimmend und auch Interaktionen zwischen bestimmten Komponenten in die Prüfung einbezogen. Bei busorientierten Diagnoseobjekten wird dabei auch die In-Circuit-Emulation für Prozessoren, Speicher sowie Eingabe-, Ausgabe-Funktionsgruppen praktiziert. Der Ersatz der mechanischen Kontaktierung durch solche Buszugriffe und durch integrierte Prüfstrukturen (Boundary-Scan) macht die In-Circuit-Prüfung bei Beibehaltung ihrer strategischen Grundsätze für künftige Diagnosekonzepte interessant.

Tabelle 3.6 Varianten der Einbindung von Prüfstrategien in die Fertigungskette (Fertigungsschritte nicht gezeigt)

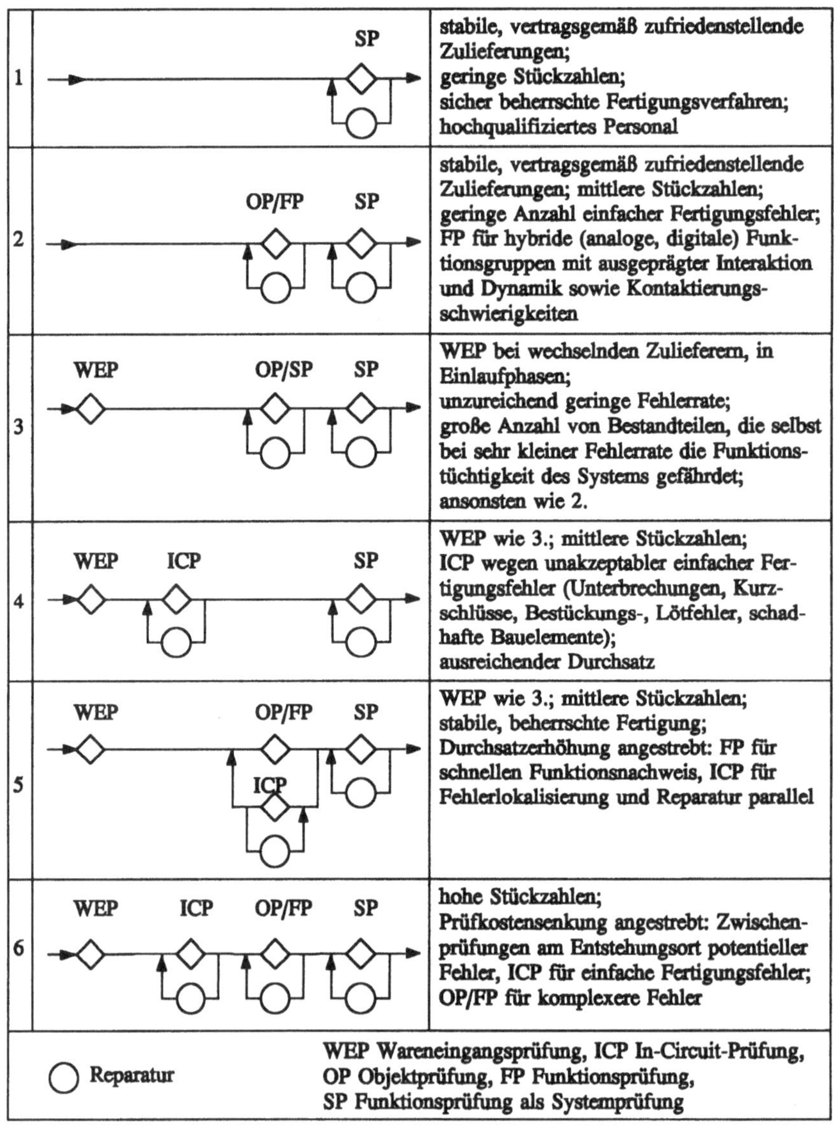

1	SP	stabile, vertragsgemäß zufriedenstellende Zulieferungen; geringe Stückzahlen; sicher beherrschte Fertigungsverfahren; hochqualifiziertes Personal
2	OP/FP SP	stabile, vertragsgemäß zufriedenstellende Zulieferungen; mittlere Stückzahlen; geringe Anzahl einfacher Fertigungsfehler; FP für hybride (analoge, digitale) Funktionsgruppen mit ausgeprägter Interaktion und Dynamik sowie Kontaktierungsschwierigkeiten
3	WEP OP/SP SP	WEP bei wechselnden Zulieferern, in Einlaufphasen; unzureichend geringe Fehlerrate; große Anzahl von Bestandteilen, die selbst bei sehr kleiner Fehlerrate die Funktionstüchtigkeit des Systems gefährdet; ansonsten wie 2.
4	WEP ICP SP	WEP wie 3.; mittlere Stückzahlen; ICP wegen unakzeptabler einfacher Fertigungsfehler (Unterbrechungen, Kurzschlüsse, Bestückungs-, Lötfehler, schadhafte Bauelemente); ausreichender Durchsatz
5	WEP OP/FP SP ICP	WEP wie 3.; mittlere Stückzahlen; stabile, beherrschte Fertigung; Durchsatzerhöhung angestrebt: FP für schnellen Funktionsnachweis, ICP für Fehlerlokalisierung und Reparatur parallel
6	WEP ICP OP/FP SP	hohe Stückzahlen; Prüfkostensenkung angestrebt: Zwischenprüfungen am Entstehungsort potentieller Fehler, ICP für einfache Fertigungsfehler; OP/FP für komplexere Fehler
	○ Reparatur	WEP Wareneingangsprüfung, ICP In-Circuit-Prüfung, OP Objektprüfung, FP Funktionsprüfung, SP Funktionsprüfung als Systemprüfung

Sowohl im Diagnosesystem eines Computers als auch in der Fertigung werden die Prüfstrategien in Kombination angewandt. Mit unterschiedlicher Anordnung von Wareneingangsprüfung, Objekt- bzw. Funktionsprüfung, In-Circuit-Prüfung und Systemprüfung im Fertigungsprozeß kann man u.a. auf Prozeßmerkmale wie Ausbeute, Durchsatz, Diagnosesicherheit, Durchschlupf, Prüfkosten, Fehlerkosten, kleinste reparierbare Einheit usw. reagieren. Tab. 3.6 zeigt einige von Randbedingungen diktierte Varianten ihrer Einbindung (nicht zu interpretieren als ihre gerätetechnische Realisierung) in der Fertigungskette.

Die Zweckmäßigkeit einer Wareneingangsprüfung wird immer wieder in Frage zu stellen sein; als Auswahlprüfung zur Lieferantenbeurteilung und insbesondere im Interesse einer Rückverfolgbarkeit bei Qualitätseinbrüchen bleibt sie bedeutsam.

Am Ende der Fertigungskette steht vor dem Ausliefern eines Erzeugnisses unabdingbar eine Systemprüfung im Sinne einer Funktionsprüfung. Geht man davon aus, daß die einzelnen Teilobjekte ihre Prüfungen bestanden haben, so ist im wesentlichen nun ihr Zusammenwirken zu prüfen. Eine reduzierte Funktionsprüfung anstelle der unmöglich ausführbaren erschöpfenden Funktionsprüfung ist damit akzeptierbar.

In der Regel verursachen automatisierte Prüfeinrichtungen für die Objekt- bzw. Funktionsprüfung höhere Kosten als In-Circuit-Tester. Es wäre deshalb unlogisch, sie für das Aufspüren elementarer Fertigungsfehler einzusetzen. In der Variante 6 wirkt die In-Circuit-Prüfung gewissermaßen als Filter für solche Fehler. Die nachfolgende Objekt- bzw. Funktionsprüfung dient der Erkennung komplexerer Fehlerbilder und der Prüfung unter realen Spannungsverhältnissen sowie der Ausführung notwendiger Abgleichhandlungen.

Die Prüfzeit für eine In-Circuit-Prüfung einer Baugruppe ist unabhängig von der Anzahl der Fehler, was bei relativ hoher Fehlerzahl für die Variante 6 spricht. Bei geringerer Fehlerzahl und um den Durchsatz fehlerfreier Baugruppen zu erhöhen, empfielt sich die Variante 5. Mit der Objekt- bzw. Funktionsprüfung wird ein schneller Funktionsnachweis angestrebt; die In-Circuit-Prüfung ist für die Fehlerlokalisierung parallel angeordnet.

Ergebnisse geräte- und kostenorientierter Musterrechnungen werden in [Schm 88] vorgestellt.

4 Prüfmethoden

Die das bestimmende Ziel einer Prüfung charakterisierenden Prüfstrategien lassen sich methodisch nach unterschiedlichen Regeln und Handlungsanweisungen - *Prüfmethoden* - umsetzen [Kärg 89]. Diese Prüfmethoden sind nicht auf bestimmte Prüfprinzipe oder Prüfstrategien geprägt. Sie sind im wesentlichen auf die Prüfung von Objekten mit digitaler Signalverarbeitung, aber auch auf Objekte mit analoger Signalverarbeitung anwendbar. Nicht immer lassen sie sich scharf abgrenzen.

4.1 Referenzmethode

Das Diagnoseobjekt und ein als fehlerfrei bzw. funktionstüchtig anerkanntes *Referenzmuster* werden mit identischen Eingangssignalen beaufschlagt (Bild 4.1). Ein Komparator erzeugt bei Nichtübereinstimmung der Ausgangssignale ein Fehlersignal Δ.

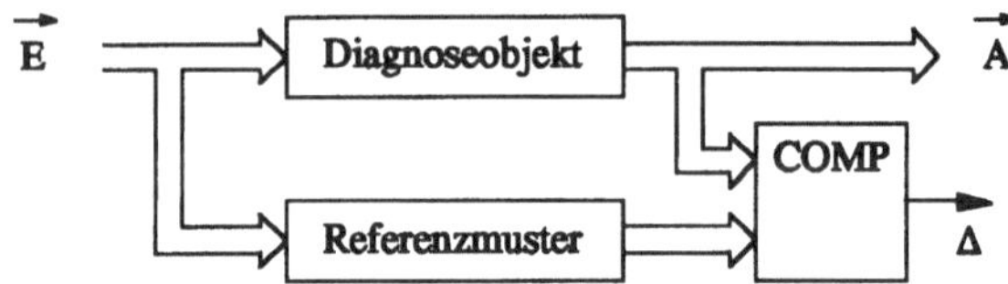

Bild 4.1 Referenzmethode

Die Referenzmethode ist einsetzbar:

- sowohl im Entwurf, in der Fertigung als auch im Betrieb des Objekts
- sowohl unter Betriebsbedingungen als auch unter Testbedingungen.

Es werden alle am Ausgang beobachtbaren Fehler unterschiedlichster Art (permanente, intermittierende, transiente; statische, dynamische; parametrische, logische) erkannt. Der Komparator muß natürlich für die relevanten Informationsparameter ausgelegt sein.

In der Fertigung dient ein vorab mit anderen Mitteln geprüftes *natürliches Muster* (golden device), ein Modell bzw. ein Emulator als Referenzmuster. Für die Fehlerlokalisierung sind simultan geführte Sonden hilfreich. Die Prüfmuster bzw. Prüfsignale zur Stimulierung des Objekts, die Qualität des Referenzmusters und die Präzision des Komparators beeinflussen die Diagnosesicherheit. Der Prüfaufwand bleibt gering, wenn man eine determinierte Stimulierung vermeiden kann, was jedoch nicht durchgängig gelingt. Verarbeitungsdaten können pseudozufällig erzeugt werden. Steuersignale (Reset, Hold, Enable), einander ausschließende Signale (Read, Write) sowie Synchronisationssignale sind determiniert bereitzustellen. Für die Prüfung von Zählern, Schieberegistern u.ä. werden ggf. Impulsfolgen benötigt. Bestimmte Objekte wie Speicher sind für eine pseudozufällige Stimulierung wenig geeignet.

Unter diese Methode fällt auch das in der Analogtechnik angewendete *Variationsverfahren*. Die Parameter des Referenzmusters werden so variiert, daß die Ausgangssignale von Objekt und Muster gleich werden. Aus den eingestellten Parametern schließt man auf den Zustand des Diagnoseobjekts.

Zur *Betriebsüberwachung* wird die Referenzmethode für Systeme mit höchsten Verläßlichkeitsansprüchen eingesetzt. Das Referenzmuster ist als Systemredundanz zu verstehen [Görk 89]. Die Fehlererkennungssicherheit hängt nur vom Komparator ab, der selbstprüfend und fehlersicher aufgebaut werden kann.

Werden das Diagnoseobjekt und das Referenzmuster diversitär entworfen [Aviž 86], so lassen sich sogar *Entwurfsfehler* erkennen.

In der schon zitierten Arbeit [Prep 67] war die Existenz von Funktionseinheiten, die über eine Diagnosekapazität verfügen, noch Vision. Die Fortschritte der Schaltungsintegration ermöglichten inzwischen die Implementierung der Referenzmethode in Schaltkreissysteme. Das Konzept der Mikroprozessorsysteme Intel iAPX 432 [JOHN 84] und Motorola MC-88xxx [Jone 90] z.B. sieht die problemlose Parallelschaltung der Ein- und Ausgänge zweier identischer Schaltkreise vor (Bild 4.2).

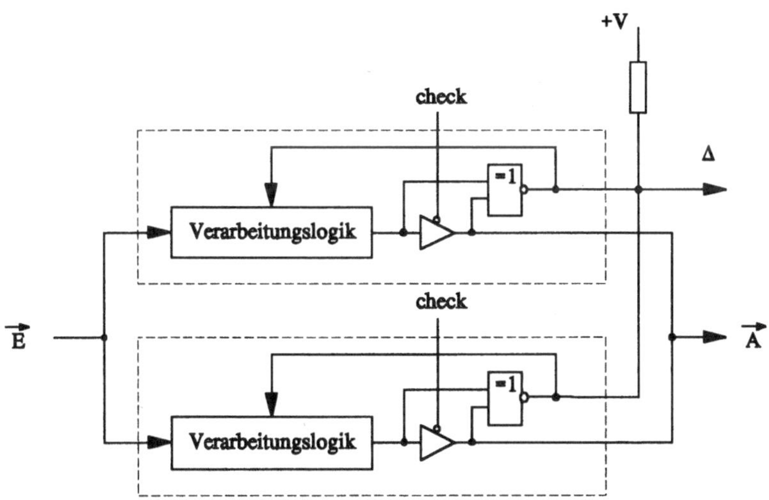

Bild 4.2 Implementierung der Referenzmethode in Schaltkreissystemen

Durch ein Steuersignal (check) wird einer der Schaltkreise in den "Mastermodus", der andere in den "Checkermodus" versetzt. Beide führen für gleiche Eingangssignale die gleichen Operationen aus. Die Ausgänge des "Checkers" sind jedoch hochohmig. Der integrierte Komparator des "Checkers" vergleicht die Ausgangssignale der beiden Schaltkreise und gibt bei Nichtübereinstimmung ein Fehlersignal ab. Eine innere Rückführung vom Komparator auf die Verarbeitungslogik erlaubt, eine Fehlerbehandlung einzuleiten.

Sollen auf der Basis der Referenzmethode Fehler toleriert werden, so sind mindestens drei Objekte mit identischer Funktionalität und eine Mehrheitsentscheidung über das Verarbeitungsergebnis erforderlich (Bild 4.3a). Kann der *Voter* selbst fehlerbehaftet sein, so wird auch seine redundante Auslegung sinnvoll sein [Chen 90] (Bild 4.3.b).

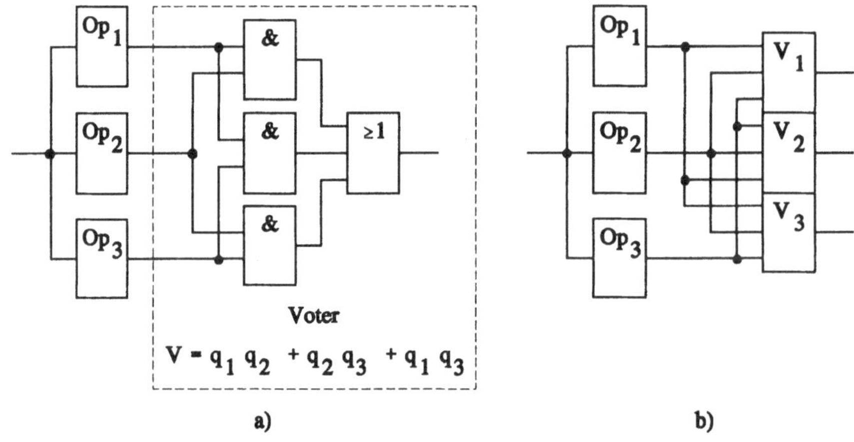

Bild 4.3 Referenzmethode zur Erzielung von Fehlertoleranz
a) Mehrheitsentscheidung 2-aus-3; b) redundant ausgelegter Voter

4.2 Inversionsmethode

In der analogen Informationsverarbeitung können auf der Basis von Operationsverstärkern relativ unkompliziert Umkehrfunktionen (Verstärken - Dämpfen, Integrieren - Differenzieren, Quadrieren - Radizieren) realisiert, mit ihrer Hilfe Eingangssignale einer elektronischen Einrichtung aus ihren Ausgangssignalen regeneriert und für einen Vergleich mit den originalen Eingangssignalen bereitgestellt werden (Bild 4.4). Auch in der Digitaltechnik existieren in diesem Sinne nutzbare, zueinander inverse Operationen (Schreiben - Lesen von Speicherelementen, Inkrementieren - Dekrementieren, Kodieren - Dekodieren). Besonders für freistrukturierte Logik ist die Existenz inverser Boolescher Funktionen jedoch stark eingeschränkt [Lore 64]. Andererseits lassen sich für die Mehrzahl Boolescher Funktionen Inverse für die Regenerierung zumindest einer Eingangsvariablen finden [Sell 68].

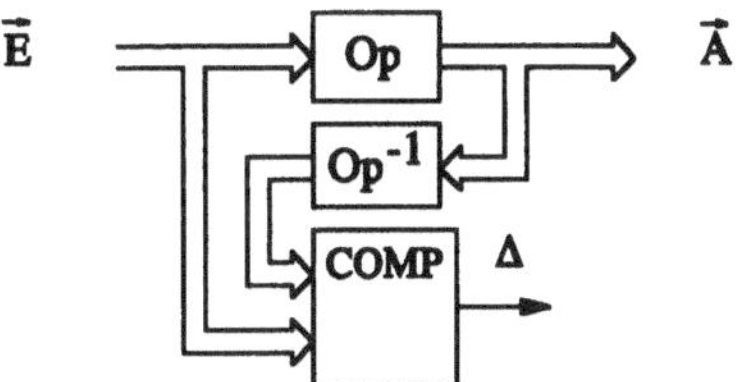

Bild 4.4 Inversionsmethode

Die inverse Operation Op^{-1} muß nicht explizit extern angelegt sein, sondern kann durchaus als eine Betriebsfunktion im Diagnoseobjekt enthalten sein. Zu beachten ist die mehr oder weniger große Verzögerung der Bereitstellung der regenerierten Eingangssignale.

Für ein freistrukturiertes Diagnoseobjekt Op zeigt Bild 4.5 die Wahrheitstabelle und die aus ihr gewonnene Schaltung Op^{-1} zur Regenerierung der Eingangssignale. Vorteile im Einsatz der Inversionsmethode zur Betriebsüberwachung gegenüber der Referenzmethode sind nur gegeben, sofern die schaltungstechnische Umsetzung der inversen Operation weniger aufwendig als die der Originalfunktion ist. Bezüglich der Diagnosesicherheit gelten die gleichen Überlegungen wie zur Referenzmethode.

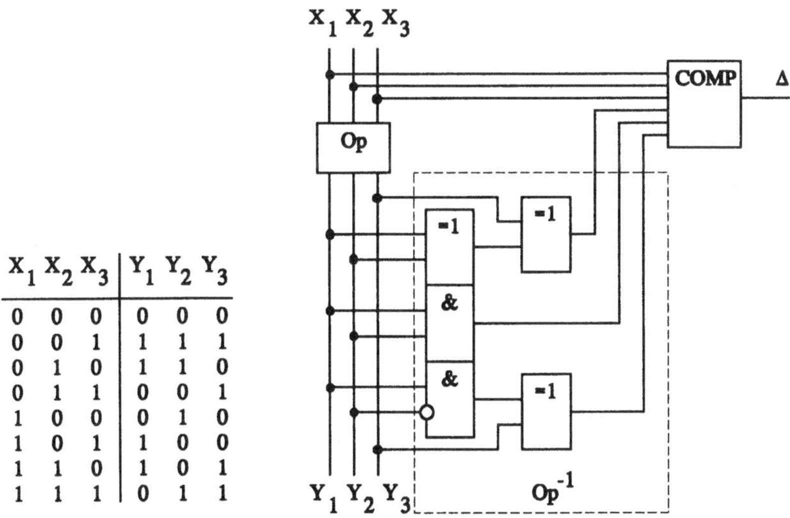

X_1	X_2	X_3	Y_1	Y_2	Y_3
0	0	0	0	0	0
0	0	1	1	1	1
0	1	0	1	1	0
0	1	1	0	0	1
1	0	0	0	1	0
1	0	1	1	0	0
1	1	0	1	0	1
1	1	1	0	1	1

Bild 4.5 Anwendungsbeispiel der Inversionsmethode für freistrukturierte Logik

4.3 Patternmethode

Das Diagnoseobjekt wird mit a priori ausgewählten Prüfmustern (Prüfpattern) bzw., allgemein gesehen, mit Eingangssignalen beaufschlagt. Seine Ausgangsreaktionen werden mit gleichfalls vorab ermittelten Sollmustern (Sollpattern) verglichen und eventuelle Abweichungen registriert (Bild 4.6). Der Zeitpunkt, zu dem die Sollmuster bereitzustellen sind, muß mit dem Zeitpunkt, zu dem die Ausgangsreaktion in Bezug auf das stimulierende Prüfmuster gültig ist, synchronisiert werden.

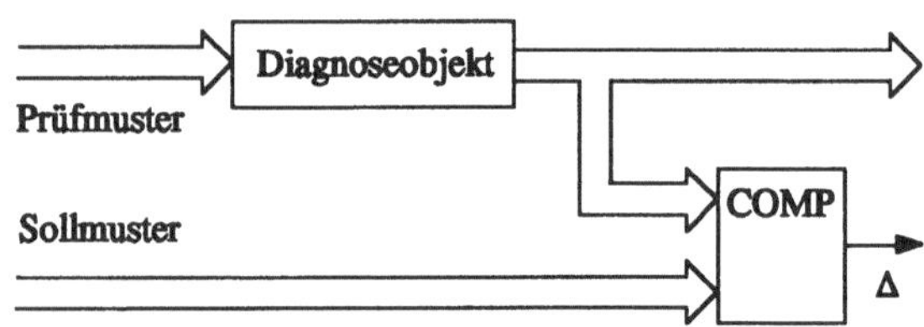

Bild 4.6 Patternmethode

Damit werden Testbedingungen vorausgesetzt. Unter der Prüfstrategie Funktionsprüfung korrespondiert die Patternmethode besonders mit den Beschreibungsformen Wahrheitstabelle und Automatentabelle. Die Diagnosesicherheit hängt hauptsächlich von der Vollständigkeit der Anregungsmuster ab. Unter der Objektprüfung und der In-Circuit-Prüfung sind die strukturelle und die funktionelle Beschreibung Ausgangspunkt für die Prüfmustererstellung. Die Diagnosesicherheit wird wesentlich durch das verwendete Fehlermodell und die erzielte Fehlerüberdeckung beeinflußt.

Als Entsprechung in der Analogtechnik ist das *Ortskurvenverfahren* zu betrachten. Hier werden im Rahmen der prüftechnologischen Vorbereitung die Fehlerortskurven der Bauelementeparameter berechnet. Die während der Prüfung ermittelten Punkte der realen Ortskurve werden zu den Fehlerortskurven in Beziehung gesetzt, wodurch neben der Fehlererkennung im gewissen Maße auch eine Fehlerlokalisierung möglich wird [Slow 87].

Für die Umsetzung der Patternmethode gibt es viele Freiheitsgrade sowohl in programmtechnischer als auch in gerätetechnischer Hinsicht (Tab. 4.1). Für die Stimulierung kommen in Frage:

- deterministische, auf der Basis einer unterstellten Fehlermenge berechnete Bitmuster
- erschöpfende bzw. pseudoerschöpfende Bitmuster
- pseudozufällige (daher reproduzierbare) Bitmuster
- Kodeworte eines vereinbarten Alphabets repräsentierende Bitmuster.

Sie können, ebenso wie die Sollmuster, für den Prüfvorgang

- speicherresident (aus einem ROM oder RAM) bereitgestellt
- auf der Register-Transfer-Ebene mikroprogrammiert erzeugt
- on-line algorithmisch berechnet
- durch spezielle Hardware-Strukturen generiert

werden.

Tabelle 4.1 Varianten der Bereitstellung von Prüfmustern im Rahmen der Patternmethode

	deterministische Prüfmuster	(pseudo)erschöpfende Prüfmuster	pseudozufällige Prüfmuster	Kodefolgen
speicher-residente	a priori funktions-, struktur-, fehlerorientiert erstellte Testsätze	Wahrheitstabelle, Automatentabelle	a priori erstellte Wertetabelle	ASCII, Graphik-Symbole
mikro-programm-mierte	Register-Transfer-, arithmetisch/logische Operationen mit speicherresidenten Daten; Prozessor-Selbsttestprogramm	Software-Zähler	Zufallszahlen-Generatoren	Befehle
on-line algo-rithmisch erzeugte	Speicher-Prüfmusterfolgen, System-Selbsttestprogramm	Verdrahtungs-Prüfmusterfolgen	rekursive, simulative Berechnung	für Über-tragungs-strecken
festver-drahtet generierte	nichtlinear rückgekoppelte Schieberegister	Zähler, Generatoren lokal erschöpfender Muster, linear rückgekoppelte Schieberegister	linear rückgekoppelte Schieberegister, zellulare Automaten	Kode-generatoren, Kodewandler

Die entsprechenden Kombinationen haben ihre Vor- und Nachteile. Sie erlauben jedoch, dem allgemeinen Diagnoseprozeß adäquate, objektangepaßte und aufwandsoptimierte Lösungen zu entwickeln.

So können mit vertretbarem Aufwand und angemessener Diagnosesicherheit mittels deterministischer Prüfmuster beliebige Objekte, mittels erschöpfender Muster vorzugsweise kombinatorische Schaltungen mit begrenzter Eingangszahl, mittels pseudozufälliger Prüfmuster neben kombinatorischen auch sequentielle Schaltungen mit geringer sequentieller Tiefe und mittels Kodeworten spezielle Diagnoseobjekte stimuliert werden.

Die speicherresidente Bereitstellung der Prüfmuster bleibt in der Regel externen Prüfeinrichtungen mit unkritischer Speicherkapazität vorbehalten. In Rechnersystemen kann durch das Nachladen benötigter Prüfmusterfolgen auf externe Speicher zurückgegriffen werden. Integrierte Lösungen sind nur bei einem geringen Prüfumfang akzeptabel. Für gut strukturierte Diagnoseobjekte (Speicher) ist die algorithmische Erzeugung der Muster günstiger als ihre Speicherung. Der entfallende Speicherbedarf wird jedoch gegen eine höhere Prüfzeit aufzurechnen sein. Einfache Algorithmen wie z.B. eine "laufende 1" können vorteilhaft gerätetechnisch ausgeführt werden, womit auch hohe Prüffrequenzen erreicht werden.

Für hardware-implementierte Selbsttests werden als Prüfmustergeneratoren vorzugsweise rückgekoppelte Schieberegister eingesetzt. Da in Rechnerstrukturen und auch in vielen anderen Diagnoseobjekten ohnehin Register vorhanden sind, bietet es sich an, diese mit geringen Hardwareergänzungen in einem Prüfmodus als Prüfmittel zu verwenden.

Für die Bereitstellung der Sollmuster gilt analoges. Vor dem Vergleich können die Reaktionen des Diagnoseobjekts auf seine Stimulierung zu einem charakteristischen Kennzeichen komprimiert werden. Verständlicherweise wird dann auch nur ein Kennzeichen als Sollmuster benötigt.

4.4 Substitutionsmethode

Diese Methode ist für die Diagnose von Bestandteilen eines elektronischen Systems bestimmt. Das Objekt, z.B. ein komplexer Schaltkreis oder eine auf einem Verdrahtungsträger ausgeführte Funktionsgruppe, wird als funktionelle und strukturelle Komponente der elektronischen Einrichtung betrieben, die seiner Zweckbestimmung entspricht (Bild 4.7).

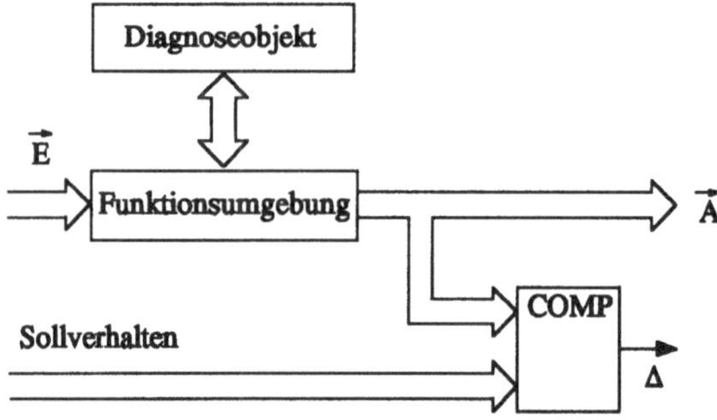

Bild 4.7 Substitutionsmethode

Die Funktionsumgebung dient als Prüfeinrichtung. Damit kann unter Betriebsbedingungen in Echtzeit geprüft werden. Auf die Funktionstüchtigkeit des Objekts wird aus dem Funktionieren des Gesamtsystems geschlossen. An kein Fehlermodell gebunden, werden alle angeregten und beobachtbaren Fehler erkannt.

Diese Prüfmethode ist in der Fertigung kleiner Stückzahlen sehr spezialisierter Objekte sinnvoll einsetzbar, in der universelle Prüfeinrichtungen überdimensioniert und nicht auslastbar wären. Hinzu kommt, daß nur in solchen speziellen Anwendungen eine quantitative Aussage zur Diagnosesicherheit gemacht werden kann. Außerdem wird die Substitutionsmethode in der Abnahme von Prozeßrechnersystemen für die Komponentenabnahme favorisiert [VDI 81].

4.5 Emulation

Bei dieser, speziell für mikroprozessorbasierte Systeme entwickelten, Methode wird eine Komponente des Prüfobjekts entfernt bzw. inaktiv geschaltet und durch die Prüfeinrichtung nachgebildet, was einer Umkehrung der Substitutionsmethode nahekommt (Bild 4.8).

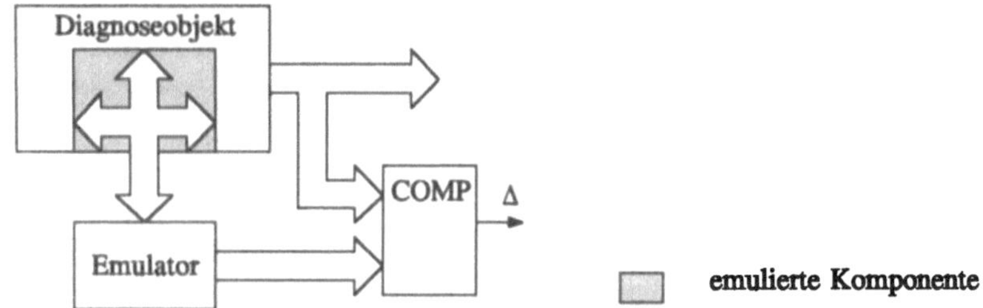

Bild 4.8 Emulation

Drei Varianten sind gebräuchlich:

Prozessor-Emulation. Der auf einem Sockel sitzende Prozessorschaltkreis des Diagnoseobjekts wird entfernt und an seine Stelle der Emulator-Steckverbinder eingeführt. Die Prüfeinrichtung enthält einen gleichartigen Prozessor, der unter ihrer Kontrolle ein in Assembler geschriebenes Prüfprogramm abarbeitet [Ferg 87]. Das Prüfprogramm wird durch die Prüfeinrichtung vorgehalten, kann aber auch in einem Speicherbereich des Diagnoseobjekts residieren. Die Anleihen bei Mikroprozessor-Entwicklungssystemen sind offensichtlich. Dies ist zunächst von Vorteil, weil die in der Entwicklungsphase des Rechnersystems entstandenen Verifizierungsprogramme übernommen werden können und sowohl hardwareseitig als auch softwareseitig keine Anpassungsprobleme zwischen Prüfeinrichtung und Diagnoseobjekt entstehen. Diese Nähe macht die Prozessor-Emulation eher für einen Einsatz in der Entwicklungsphase als in der Produktion geeignet.

Bus-Emulation. Der Prozessor-Schaltkreis des Diagnoseobjekts wird über einen Prüfadapter kontaktiert. Der Prozessor muß zunächst veranlaßt werden, sein Businterface freizugeben. Das kann durch ein Bus-Request erreicht werden. Nachdem der Prozessor sein Businterface hochohmig geschaltet hat, kann die Prüfeinrichtung die Bussteuerung übernehmen und für die angeschlossenen Busteilnehmer Befehlshol-, Lese-, Schreib-, Eingabe-, Ausgabe- oder Interruptzyklen initiieren [Phil 85]. Vorteile gegenüber der Prozessor-Emulation bestehen darin, daß die Prüfeinrichtung die vollständige Kontrolle über das Diagnoseobjekt hat, daß das Timing betreffende Worst-Case-Situationen geschaffen werden können und daß die Busherrschaft mit anderen Zugängen zum Diagnoseobjekt (Steckverbinder, Kontaktstiftadapter) koordiniert werden kann. Die Programmiersprache des Emulators ist hier unabhängig vom Zielprozessor, da nur gewährleistet werden muß, welche Aktivitäten auf dem Bus ablaufen sollen, nicht aber, wie sie durch den jeweiligen Prozessor zu realisieren sind.

Speicher-Emulation. Durch die Prüfeinrichtung wird der Programmspeicher nachgebildet. Der Prozessor wird durch einen eingeprägten Sprungbefehl veranlaßt, auf den emulierten Speicherbereich zuzugreifen und das dort residente Prüfprogramm abzuarbeiten [Fill 85]. Auf diese Weise wird die überlegene Speicherkapazität der Prüfeinrichtung nutzbar gemacht.

4.6 Informationsredundanz

Aus der Nachrichtentechnik stammt die Idee, die Redundanz (Weitschweifigkeit) in der Darstellung von Informationen für die Erkennung und Korrektur von Verfälschungen in den Informationselementen zu nutzen. Auf die Grundfunktionen eines Computersystems: Eingabe, Ausgabe, Übertragung, Speicherung, Verarbeitung von Informationen sowie die Steuerung und Hilfsfunktionen bezogen, gibt es für ihre Umsetzung unterschiedliche Konzepte. Allen ist jedoch die Annahme gemeinsam, daß die Anzahl der potentiell möglichen Ausgangsbelegungen eines Diagnoseobjekts größer als die Anzahl der funktionell genutzten bzw. zulässigen Belegungen sein möge. Ein fehlerhaftes oder gestörtes Diagnoseobjekt möge dann eine funktionell nicht vorgesehene Belegung erzeugen. Diese wird identifiziert, und eine Fehlermeldung wird ausgelöst (Bild 4.9).

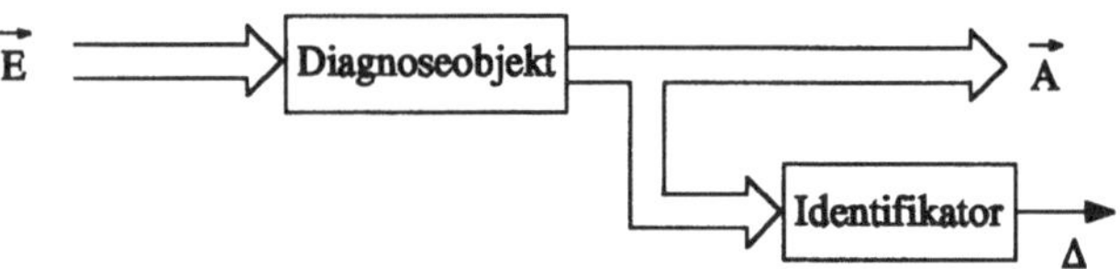

Bild 4.9 Prüfmethode Informationsredundanz

Die Methode ist für die Betriebsüberwachung prädestiniert. Permanente, intermittierende und transiente Fehler, die auf unzulässige Belegungen abgebildet werden, sind erkennbar. Die Diagnosesicherheit ist jedoch eingeschränkt und oft nicht quantifizierbar. In der Regel gibt man die erkennbaren Fehler an, ohne sie zur Anzahl aller möglichen Fehler in Beziehung zu setzen. Ein Ausweg liegt in der Annahme einer Fehlermenge und einer anschließenden Fehlersimulation.

4.6.1 Unbezweckte Informationsredundanz

Sieht man von den Belangen der Diagnose, Fehlertoleranz oder Zuverlässigkeit ab, so bedeutet Redundanz letzlich, gewisse zeitliche oder materielle Ressourcen ungenutzt zu lassen. Doch selbst dem Streben nach völliger Ausnutzung dieser Ressourcen sind Grenzen gesetzt.

Solche Grenzen können in den Informationsparametern der verwendeten Signale und in den Abbildungsvorschriften (Kodiervorschriften) der Daten von Informationsquellen auf die computerinternen Maschinenwörter begründet sein. Einen redundanzfreien (optimalen Kode) kann man nach [Shan 49] erhalten, wenn man Kodewörter mit variabler Länge, die von der Häufigkeit ihres Auftretens abhängt, konstruiert. In der Computertechnik bevorzugt man jedoch Kodes mit fester Wortlänge. Das bedeutet z.B., daß für die Darstellung einer Dezimalziffer vier Bits (eine Tetrade) bereitgestellt werden. Mittels dieser Tetrade sind 16 mögliche Kodewörter (Binärkombinationen) darstellbar, von denen jedoch nur 10 genutzt werden (Bild 4.10), ohne a priori die Nutzung der somit vorhandenen Redundanz für die Fehlererkennung zu bezwecken.

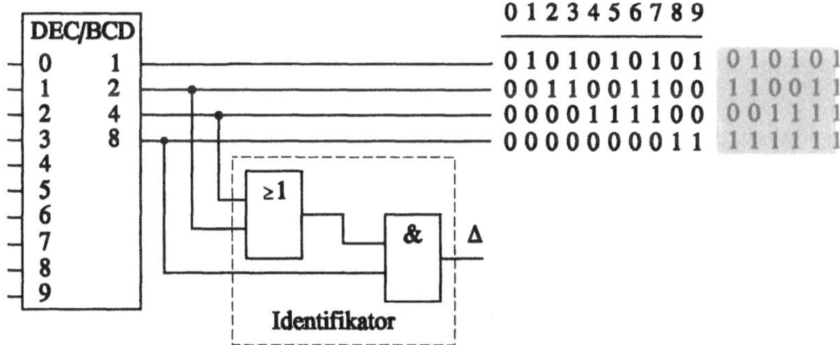

Bild 4.10 Kodierer für Dezimalziffern in BCD-Kode

Die Erkennung der nichtzugelassenen Binärkombinationen ist mit einfachen, jedoch individuell zu entwerfenden Mitteln möglich. Bei der Frage nach den erkennbaren Fehlern für das Beispiel nach Bild 4.10, wird offensichtlich, daß z.B. keine Fehler s-a-0 an den Ausgängen erkannt werden, da sie immer auf ein zugelassenes Kodewort führen. Ein Fehler s-a-1 auf der Ausgangsleitung 8 führt bei der Umsetzung der Dezimalziffern 2 bis 7 auf ein unzulässiges Kodewort. Gleiches trifft für einen Fehler s-a-1 auf der Ausgangsleitung 4 bzw. der Ausgangsleitung 2 bei der Umsetzung der Dezimalziffern 8 und 9 zu. Ein Fehler s-a-1 auf der Leitung 1 wird nicht erkannt. Aussagen zur Erkennung von Haftfehlern auf den Eingangsleitungen bzw. im Innern des Kodierers sind verständlicherweise nicht möglich, da seine innere Struktur nicht ausgewiesen ist.

Eine andere unbezweckte Redundanz hängt mit der Architektur des jeweiligen Computers zusammen. Bild 4.11 zeigt beispielhaft die Befehlsformate der IBM 360/370 Systeme. Stellt man für den Operationskode 1 Byte zur Verfügung, so lassen sich 256 Befehle darstellen. Ist die Befehlsliste kleiner, bleiben wieder Binärkombinationen ungenutzt.

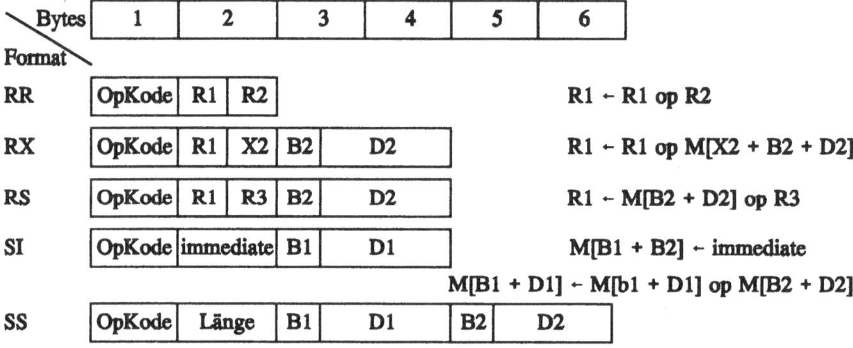

RR Register/Register; RX Register/indiziert; RS Register/Speicher; SI Speicher/immediate; SS Speicher/Speicher

Bild 4.11 Befehlsformate (vgl. [Dwor 89])

Eine weitere Möglichkeit ergibt sich aus der üblichen Unterteilung des physikalischen Adreßraums und der Zuteilung von Speicherplatz (Bild 4.12a).

Durch Adressierungsfehler ausgelöste Zugriffe auf unbenutzte Speicherbereiche lassen sich mittels zusätzlicher Adreßdekodierer, Schreibzugriffe mittels einer AND-Verknüpfung des Schreibsignals und des Chipselect-Signals (Bild 4.12b) erkennen.

Aus den Ausführungen ist ersichtlich, daß die Nutzung unbezweckter Redundanz für die Diagnose mit dem individuellen Entwurf eines Identifikators verbunden ist, und daß auch die erzielbare Diagnosesicherheit höheren Ansprüchen nicht genügen wird. Ein Ausweg besteht in der Verwendung fehlererkennender bzw. fehlerkorrigierender Kodes.

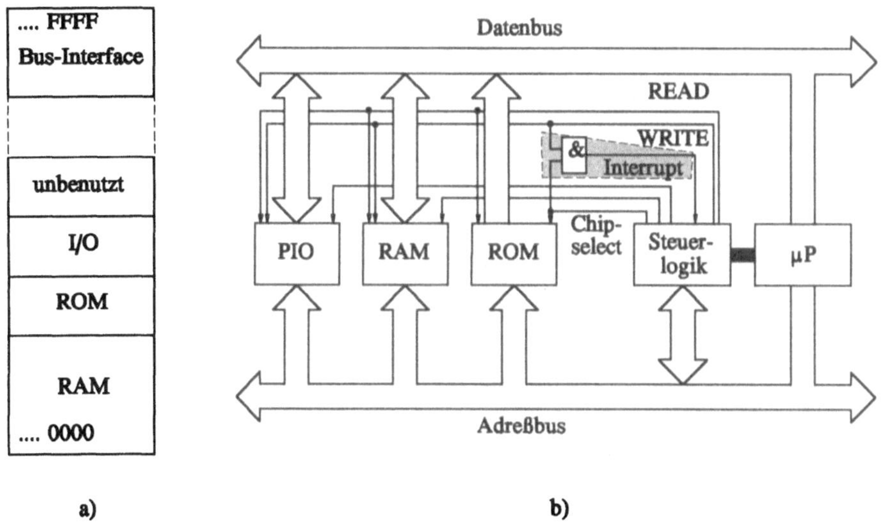

Bild 4.12 a) Unterteilung eines physikalischen Adreßraums;
b) Erkennung eines Schreibzugriffs auf Lesebereich

4.6.2 Koderedundanz

Ein k Bit langes binäres Informationswort wird wie folgt gebildet:

$$\begin{aligned} N(x) &= \sum_{i=0}^{k-1} N_i \cdot x^i \\ &= N_0 x^0 + N_1 x^1 + \ldots + N_{k-1} x^{k-1} \\ &= N_0 N_1 \ldots N_{k-1} \end{aligned} \qquad (4.1)$$

mit $N_i = \{0; 1\}$. Wird jede mögliche Binärkombination genutzt, so führt die Verfälschung auch nur eines Bits auf eine andere gültige Kombination. Zur Veranschaulichung wird häufig die geometrische Deutung eines Kodes als Hyperkubus herangezogen (Bild 4.13a). Die Wörter sind in den Eckpunkten so angeordnet, daß zwei durch Kanten verbundene Wörter sich jeweils durch ein Bit unterscheiden.

Vereinbart man jedoch nur jede zweite der möglichen Binärkombinationen als gültiges Kodewort, so führt die Verfälschung eines beliebigen Bits auf ein nichtzugelassenes Kodewort und wird somit erkennbar. Betrachtet man die so vereinbarten gültigen Kodeworte genauer, so kann man sie, aus zweistelligen Informationsworten unter Hinzufügen eines Paritätsbits entstanden, interpretieren (Bild 4.13b).

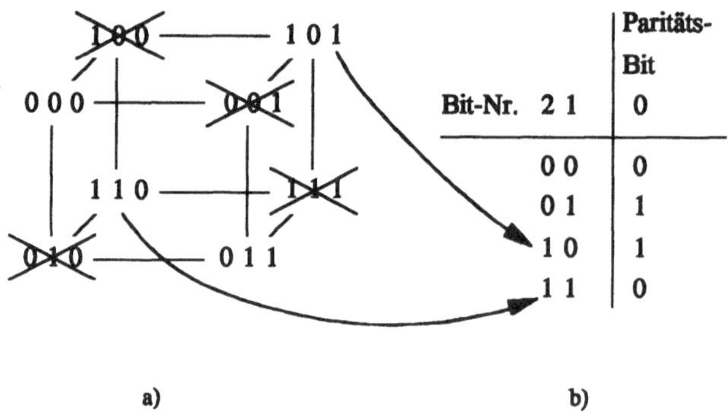

	Paritäts-Bit
Bit-Nr. 2 1	0
0 0	0
0 1	1
1 0	1
1 1	0

b)

Bild 4.13 a) Dreistelliger Binärkode in Würfeldarstellung
b) Interpretation als zweistellige Informationsworte mit Paritätsbit

Das der Information hinzuzufügende Paritätsbit erhält man aus

$$c = \sum_{i=0}^{k-1} N_i \bmod 2 \tag{4.2}$$

für die gerade Parität und für die ungerade Parität durch Negation von c. Die für das Hinzufügen des Paritätsbits und für die Überprüfung der Gültigkeit eines Kodeworts benötigte Modulo-2-Addition läßt sich sehr einfach durch kaskadierte EXOR-Gatter (auch als IC, z.B. TI 74 181, erhältlich) ausführen (Bild 4.14).

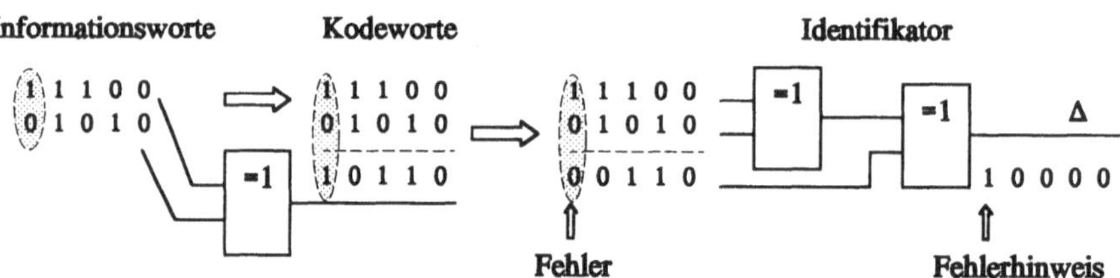

Bild 4.14 Bildung der Paritätsbits und Prüfen auf Gültigkeit der Kodeworte mittels EXOR-Gatter

Bei Verwendung eines Paritätsbits werden alle Fehler, die sich als Verfälschung eines Bits (einschließlich des Paritätsbits) oder einer ungeraden Anzahl von Binärstellen äußern, erkannt. Die Paritätsprüfung hat sich bei der Sicherung der Datenübertragung im Computersystem aber auch zur Überwachung arithmetischer und logischer Operationen bewährt.

Um die Bedingungen für die Fehlererkennung zu verbessern, wird in Verallgemeinerung der Grundidee der durch die k Bit langen Informationsworte N(x) gegebene Koderaum um p = n - k Dimensionen (Prüfzeichen) erweitert. Es werden im Falle *teilbarer Kodes* (z.B. Hamming-Kodes, Berger-Kode) n Bit lange Kodeworte K(x) der Form

$$K(x) = \sum_{i=0}^{k-1} N_i \cdot x^i + \sum_{j=k}^{n-1} P_j \cdot x^j \tag{4.3}$$

und im Falle *unteilbarer Kodes* (z.B. m-aus-n-Kodes mit d = 2) n Bit lange Kodeworte der Form

$$K(x) = \sum_{i=0}^{n-1} K_i \cdot x^i \tag{4.4}$$

erhalten. Die konkreten Verfahren sind Gegenstand der Kodierungstheorie [Pete 67], [Swob 73], [Wake 78].

Bedeutsam für das Vermögen, Fehler zu erkennen oder gar zu korrigieren, ist die nach *Hamming* [Hamm 50] benannte minimale *Distanz* d zwischen zwei Kodeworten:

$$d_{\min} = \sum_{i=0}^{n-1} K_{i;\,r} \oplus K_{i;\,s} \tag{4.5}$$

für alle Paare r ≠ s, der in der geometrischen Deutung des Kodes als Hyperkubus die minimale Anzahl der Kanten entspricht, die auf dem Weg von einem gültigen Kodewort zum anderen liegen.

Die Visualisierung solcher Wege (Bild 4.15) zeigt anschaulich die Bedingungen für Fehlererkennung und Fehlerkorrektur in Abhängigkeit von der Hamming-Distanz:

d = 1 Es lassen sich keine Fehler erkennen, da selbst die Verfälschung nur eines Bits auf ein anderes gültiges Kodewort führt.

d = 2 Es lassen sich 1-Bit-Verfälschungen erkennen. Eine beliebige 1-Bit-Verfälschung führt immer auf ein nichtzugelassenes Wort. Da 1-Bit-Verfälschungen in unterschiedlichen Kodeworten auf ein und dasselbe nichtzugelassene Wort führen können, ist eine Korrektur nicht möglich.

d = 3
- Es lassen sich 1-Bit-Verfälschungen erkennen und korrigieren. Beliebige 1-Bit-Verfälschungen führen immer auf nichtzugelassene, aber unterschiedliche Worte.
- Alternativ lassen sich 1-Bit- und 2-Bit-Verfälschungen erkennen. Beliebige dieser Verfälschungen führen auf nichtzugelassene Worte. Da 1-Bit- und 2-Bit-Verfälschungen aber auf ein und die selben nichtzugelassenen Worte

Kodewort ergeben.

d = 4
- Es lassen sich 1-Bit-Verfälschungen erkennen und korrigieren sowie 2-Bit-Verfälschungen erkennen. Beliebige dieser Verfälschungen führen immer auf nichtzugelassene Worte, niemals aber auf ein und die selben.
- Alternativ lassen sich 1-Bit-, 2-Bit- und 3-Bit-Verfälschungen erkennen. Auch hier würde eine 1-Bit-Korrektur aufgrund der Überlappung mit 3-Bit-Verfälschungen eventuell ein falsches gültiges Kodewort ergeben.

Verallgemeinernd, lassen sich bei gegebener Hamming-Distanz d

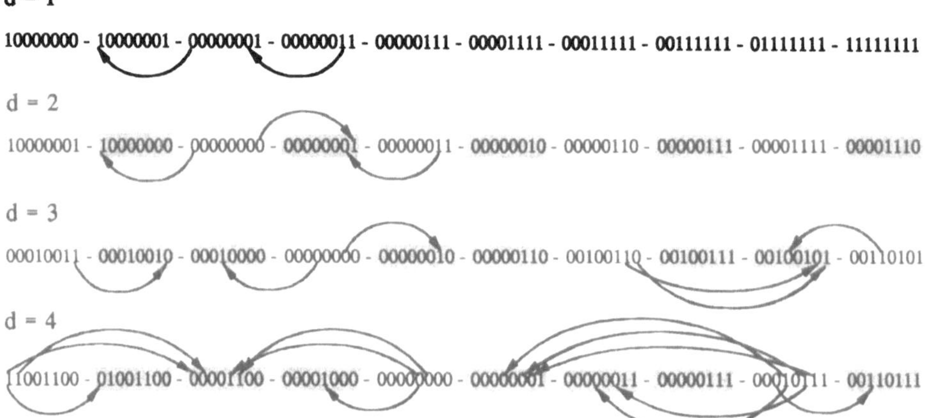

Bild 4.15 Bedingungen für Fehlererkennung und Fehlerkorrektur in Abhängigkeit von der Hamming-Distanz d (schattierte Kodeworte unzulässig)

$$v_e \leq d - 1 \tag{4.6}$$

v_e-Bit-Verfälschungen erkennen sowie

$$v_{ku} = \frac{d - 1}{2} \tag{4.7}$$

v_{ku}-Bit-Verfälschungen bei ungeradem d und

$$v_{kg} = \frac{d}{2} - 1 \tag{4.8}$$

v_{kg}-Bit-Verfälschungen bei geradem d korrigieren.

Aus diesen Bedingungen ist der erforderliche Aufwand abschätzbar. Will man 1-Bit-Verfälschungen im Kodewort (Gl. (4.3)) korrigieren, muß man bei p Prüfzeichen mit den

2^p möglichen Binärkombinationen (k + p) 1-Bit-Verfälschungen und den fehlerfreien Fall identifizieren, d.h.

$$2^p \geq k + p + 1 \qquad \textit{für } d = 3 \tag{4.9}$$

gewährleisten können. Gleichermaßen gilt [Hamm 50]:

$$2^{p-1} \geq k + p \qquad \textit{für } d = 4 \; . \tag{4.10}$$

Demzufolge sind bei d = 3 zu k = 32 Informationsbits p = 6 Prüfbits und bei d = 4 p = 7 Prüfbits hinzuzufügen. Neben zusätzlichem Speicherplatz sowie größerer Busbreite ist der Aufwand für die Kodierung, Dekodierung und Korrektur zu berücksichtigen. Für den Einsatz zur Fehlererkennung und -korrektur in Schreib-/Lesespeichern mit wahlfreiem Zugriff (RAM) in Computersystemen beschränkt man sich aus eben diesen Aufwandsgründen auf eine Hamming-Distanz von d = 3 oder d = 4.

Die Korrektur eines verfälschten Bits wird durch seine Invertierung vorgenommen. Die Lokalisierung des verfälschten Bits erfolgt z.B. im Falle teilbarer Kodes durch Auswertung des im Ergebnis der Prüfung erhaltenen Prüfzeichenstrings $P_k P_{k+1} \ldots P_{n-2} P_{n-1}$ (vgl. Gl. 4.3), der für jedes verfälschte Bit ein charakteristisches Syndrom darstellt. Das Nullsyndrom steht für den fehlerfreien Fall. Die Prüfzeichen kann man so generieren, daß das Fehlersyndrom sofort auf die verfälschte Bitstelle weist. Ein Syndrom 0110 würde also das verfälschte Bit Nr. 6 anzeigen. Auch andere Kodierungen des Fehlerortes sind durchaus gebräuchlich [Prad 80].

4.6.3 Fehlererkennung und Fehlerkorrektur in Datenerfassung, Datenübertragung und Datenspeicherung

Abgesehen davon, daß in der Computertechnik im Nahbereich vorwiegend mit parallelen Datenformaten, in der Nachrichtentechnik dagegen mit seriellen Bitströmen gearbeitet wird, lassen sich die dort entwickelten Verfahren für die Datenübertragung und die Speicherung mit geringen Modifizierungen übernehmen.

Paritätsprüfung. Durch die Einbeziehung eines Paritätsbits in ein Datenformat bzw. seine Erweiterung um ein solches lassen sich mit geringem Aufwand wirkungsvoll Verarbeitungs-, Programm- und Steuerdaten sichern. Als Beispiele für die Sicherung alphanumerischer Informationen können der ISO-7-Bit-Kode bzw. American Standard Code for Information Interchange (ASCII) mit 7 Informationsstellen und 1 Paritätsbit oder auch der Extended Binary-Coded Decimal Interchange Code (EBCDIC) mit 8 Informationsstellen und 1 Paritätsbit dienen (vgl. [DIN 76]). Um Fehlinterpretationen einer Dateneinheit auszuschließen, muß zwischen "Sender" und "Empfänger" die Art der Paritätsbildung und

Prüfung vereinbart sein: keine Parität, gerade Parität, ungerade Parität. Bei der Computerkommunikation kann das durchaus von Fall zu Fall unterschiedlich sein.

Da durch 1 Paritätsbit nur eine Erkennung von Einfach- bzw. ungeradzahligen Bitverfälschungen gegeben ist, muß eine gewünschte Korrektur durch (mehrmaliges) Wiederholen einer Übertragung oder eines Speicherzugriffs ausgeführt werden. Dafür können sowohl Hardware-Strukturen als auch Komponenten des Betriebssystems und der Anwender-Software vorgesehen werden (vgl. Abschn. 2.3). Verständlich, daß mit diesem Vorgehen nur transiente, nicht aber permanente Fehler korrigiert werden können.

Kreuzparitätsprüfung. Sie bietet sich für die in der Computertechnik verbreitete bitparallele-byteserielle Übertragung von Informationsmassiven und ihre entsprechende Aufzeichnung in externen Speichern an (Bild 4.16).

		N_{ij}						
i \ j	$P_{i\,LRC}$	6	5	4	3	2	1	0
0	0	0	0	1	0	1	0	0
1	1	1	1	0	0	1	1	1
2	0	1	1	1	1	0	0	0
3	1	0	0	0	1	1	1	0
4	1	0	1	1	0	0	1	0
5	0	0	1	0	1	1	1	0
6	1	1	0	1	0	1	1	1
7	0	1	1	1	1	1	1	0
$P_{j\,VRC}$		0	1	1	0	0	0	0

Bild 4.16 Datenblock, gesichert durch Kreuzparität

Für einen Datenblock wird über jedes Byte sowohl die *Querparität* $P_{j\,VCR}$ (VRC - Vertical Redundancy Check) als auch für jede Spur (Leitung) die *Längsparität* $P_{i\,LRC}$ (LRC - Longitudinal Redundancy Check) gebildet. Dadurch wird die Hamming-Distanz sowohl für die in den Spuren als auch in den Bytes angeordneten Informationen auf jeweils d = 2 und für den Datenblock auf d = 4 gebracht. Ist im Laufe der Übertragung oder der Aufzeichnung ein Bit N_{ij} verfälscht worden, so werden bei der Prüfung Abweichungen in der Querparität sowie in der Längsparität, damit die betroffene Spur i und das betroffene Byte j festgestellt. Durch Invertieren des Bits N_{ij} wird die 1-Bit-Verfälschung korrigiert. 2-Bit-Fehler werden sicher erkannt, können jedoch nicht korrigiert werden. Mehrfach-Verfälschungen werden erkannt, solange sie sich in einer Abweichung einer der Paritäten äußern.

CRC - Cyclic Redundancy Check. Die Computerkommunikation im Fernbereich, aber auch die Speicherung von Daten auf bzw. der Datenaustausch mit Plattenspeichern und Floppy Disk erfolgt bitseriell. Dabei ist mit der Verfälschung mehrerer aufeinanderfolgender Informationsstellen (sogenannte Burst- oder Bündel-Verfälschungen) zu rechnen. Da Paritätsprüfungen hier wenig effizient wären, greift man auf die Prinzipien der zyklischen Kodierung zurück. Die Bezeichnung "zyklisch" rührt daher, daß aus Kodeworten mit den Elementen $K_0\ K_1\ \ldots\ K_{n-2}\ K_{n-1}$ durch zyklisches Vertauschen neue Kodeworte wie $K_{n-1}\ K_0\ \ldots\ K_{n-3}\ K_{n-2}$; usw. gewonnen werden können. Auch die Modulo-2-Addition zweier Kodeworte ergibt ein neues Kodewort.

Datenfolgen nach Gl. (4.1) können in die Kodeform nach Gl. (4.4) gebracht werden, indem man das Polynom N(x) mit einem sogenannten *Generatorpolynom* G(x) multipliziert:

$$K(x) = N(x) \cdot G(x) \ . \tag{4.11}$$

Für eine Kodewortlänge n und eine Länge der Datenfolge k weisen die Polynome K(x) einen Grad (n - 1), N(x) einen Grad (k - 1) und folglich das Generatorpolynom einen Grad p = n - k auf: $G(x) = g_0x^0 + g_1x + \ldots + g_px^p$. Vor weiteren Erläuterungen sei darauf hingewiesen, daß mit Zahlen aus dem *Galois-Feld* GF(2) gerechnet wird. Demnach gilt 1 + 1 = 0 mod 2 (auch $1 \oplus 1 = 0$ geschrieben) und 1 - 1 = 0 mod 2. Multiplikation und Division von Polynomen werden nach den üblichen Regeln der Algebra ausgeführt.

Als Beispiel soll eine Datenfolge von 4 Bit auf ein Kodewort von 7 Bit abgebildet werden:

$N(x) = 1\ 0\ 0\ 1 = 1x^3 + 0x^2 + 0x^1 + 1x^0 = x^3 + 1$

$G(x) = x^3 + x + 1$

$K(x) = N(x) \cdot G(x)$

$= (x^3 + 1) \cdot (x^3 + x + 1) = x^6 + x^3 + x^4 + x + x^3 + 1$

$= x^6 + x^4 + x + 1 = 1\ 0\ 1\ 0\ 0\ 1\ 1$

Soll nun ein übertragenes oder aufgezeichnetes Kodewort auf eventuelle Bitverfälschungen geprüft werden, so muß seine Polynomdarstellung durch das Generatorpolynom dividiert werden:

$$\frac{K(x)}{G(x)} = \frac{N(x) \cdot G(x)}{G(x)} = Q(x) + \frac{R(x)}{G(x)} \ . \tag{4.12}$$

Ist keine Verfälschung aufgetreten, wird als Quotient die ursprüngliche Datenfolge erhalten. Ergibt die Division jedoch einen Rest, so ist mindestens 1 Bit verfälscht worden.

In Fortführung des Beispiels sei eine Verfälschung des niederwertigsten Bits angenommen.

$$
\begin{aligned}
K(x) &= 1\,0\,1\,0\,0\,1\,0 = x^6 + x^4 + x \\
K(x) : G(x) &= (x^6 + x^4 + x) : (x^3 + x + 1) = x^3 + 1 \\
&\quad \underline{x^6 + x^4 + x^3} \\
&\qquad\quad x + x^3 \\
&\qquad\quad \underline{x + x^3 + 1} \\
&\qquad\quad \text{Rest} \qquad 1
\end{aligned}
$$

Die Verfälschung wird also erkannt.

Diese Vorgehensweise hat den Nachteil, daß die Informationszeichen und die Prüfzeichen nicht separiert werden können. Um auf die bevorzugte Abbildung nach Gl. (4.3) zu kommen, modifiziert man wie folgt:

$$
\begin{aligned}
K(x) &= \sum_{j=0}^{p-1} P_j \cdot x^j + x^p \sum_{i=0}^{k-1} N_{i+p} \cdot x^i \\
&= P(x) + x^p \cdot N(x) \, .
\end{aligned} \tag{4.13}
$$

Für eine k Bit lange Datenfolge, die mit p Prüfzeichen gesichert werden soll, wird das entsprechende Polynom N(x) mit x^p multipliziert. Mit der Multiplikation wird die Datenfolge nicht verändert, sie bewirkt lediglich eine Bitverschiebung um p Stellen in Richtung der aufsteigenden Exponenten und schafft damit Platz für die p Prüfzeichen (auch *CRC-Prüfsumme* genannt).

Um einen Anhaltspunkt für die Bildung dieser Prüfsumme zu gewinnen, wird zunächst das Polynom $x^p \cdot N(x)$ durch das Generatorpolynom dividiert. Neben dem Quotientenpolynom Q(x) wird im allgemeinen ein Restpolynom R(x) erhalten:

$$
\frac{x^p\, N(x)}{G(x)} = Q(x) + \frac{R(x)}{G(x)} \, . \tag{4.14}
$$

Wenige elementare Umstellungen, wieder unter Beachtung der im Galois-Feld GF(2) zugelassenen Rechenoperationen, ergeben

$$
Q(x) \cdot G(x) = R(x) + x^p \cdot N(x) \, . \tag{4.15}
$$

Aus dem Vergleich der Gleichungen (4.13) und (4.15) wird ersichtlich, daß als CRC-Prüfsumme der Divisionsrest R(x) gelten kann. Verständlich, daß bei einer Forderung nach p Prüfzeichen das Restpolynom R(x) nur vom Grad p - 1 und damit das Generatorpolynom G(x) vom Grad p sein können: $G(x) = g_p x^p + \ldots + g_1 x + g_0$ und $R(x) = r_{p-1} x^{p-1} + \ldots + r_1 x + r_0$.

Die Beispielrechnung für die 4-Bit-Datenfolge mit p = 3 Prüfzeichen sieht nun wie folgt aus:

$N(x) = 1\,0\,0\,1 = x^3 + 1$ $\qquad$ $K(x) = R(x) + x^p \cdot N(x)$

$G(x) = x^3 + x + 1$ $\qquad$ $K(x) = x + x^2 + x^3 + x^6$

$x^p \cdot N(x) = x^3 \cdot (x^3 + 1) = x^6 + x^3 = x^3 + x^6 = \ldots 1\,0\,0\,1$

$$
\begin{array}{l}
x^p \cdot N(x) : G(x) = (x^6 + x^3) \quad : (x^3 + x + 1) = x^3 + x \\
\underline{x^6 + x^3 + x^4} \\
\qquad x^4 \\
\qquad \underline{x^4 + x^2 + x} \\
\qquad x^2 + x
\end{array}
$$

$K(x) = \underline{0\,1\,1}\,1\,0\,0\,1$

Rest $\quad 0x^0 + 1x^1 + 1x^2 \rightarrow 0\,1\,1$

Vereinfacht ausgedrückt, wird das Restpolynom als niederwertige Bits an die Datenfolge angehangen.

Zur Prüfung einer eventuellen Bitverfälschung ist die um die CRC-Prüfsumme verlängerte Datenfolge wiederum durch das Generatorpolynom zu dividieren:

$$\frac{K(x)}{G(x)} = \frac{R(x) + x^p \cdot N(x)}{G(x)} = \frac{Q(x) \cdot G(x)}{G(x)} \; . \tag{4.16}$$

Ist keine Bitverfälschung aufgetreten, wird das Quotientenpolynom erhalten. Im Falle einer Bitverfälschung tritt im Ergebnis der Division ein Rest auf:

$$\frac{K'(x)}{G(x)} = Q(x) + R_v(x) \; . \tag{4.17}$$

Wie im Abschn. 4.6.2 erläutert, hängen die Fähigkeiten der Fehlererkennung und Fehlerkorrektur von der gewählten Kodewortlänge n, der Länge der zu sichernden Datenfolgen k und damit von der Anzahl der Prüfzeichen p ab. Als wichtiger Faktor kommt die Wahl des Generatorpolynoms hinzu. Ohne tiefere Begründungen aus der Kodetheorie heranzuziehen, sollen hier die wesentlichen Feststellungen veranschaulicht werden.

Für eine angestrebte Kodewortlänge n soll das Generatorpolynom Teiler von $x^n + 1$ und, wie schon erwähnt, vom Grad p sein. Unter diesen werden sogenannte primitive Polynome bevorzugt. Primitive Polynome sind nicht weiter zerlegbar und gewährleisten eine maximale Zykluslänge von $2^p - 1$. Sie können z.B. [Pete 91] entnommen werden. Unter diesen Voraussetzungen beträgt die Hamming-Distanz d = 3.

Bild 4.17 demonstriert diese und die weiteren Ausführungen an einem konkreten Fall für Datenfolgen der Länge k = 4 und für p = 3 Prüfzeichen. Ausgewählt wurde das schon in den obigen Beispielen verwendete primitive Generatorpolynom $G(x) = x^3 + x + 1$.

N(x)		R(x)	$x^p \cdot N(x)$
$x^0 x^1 x^2 x^3$		$x^0 x^1 x^2$	$x^3 x^4 x^5 x^6$
0 0 0 0		0 0 0	0 0 0 0
1 0 0 0	*	1 1 0	1 0 0 0
0 1 0 0	*	0 1 1	0 1 0 0
1 1 0 0		1 0 1	1 1 0 0
0 0 1 0		1 1 1	0 0 1 0
1 0 1 0	*	0 0 1	1 0 1 0
0 1 1 0	*	1 0 0	0 1 1 0
1 1 1 0		0 1 0	1 1 1 0
0 0 0 1	*	1 0 1	0 0 0 1
1 0 0 1		0 1 1	1 0 0 1
0 1 0 1		1 1 1	0 1 0 1
1 1 0 1	*	0 0 0	1 1 0 1
0 0 1 1	*	0 1 0	0 0 1 1
1 0 1 1		1 0 0	1 0 1 1
0 1 1 1		0 0 1	0 1 1 1
1 1 1 1		1 1 1	1 1 1 1

a)

	0 0 1 1 0 1 0	K(x)
⊕	0 1 0 0 0 0 0	E(x)
	0 1 1 1 0 1 0	K'(x)

$R_V(x)$	E(x)
$x^0 x^1 x^2$	$x^0 x^1 x^2 x^3 x^4 x^5 x^6$
1 0 0	1 0 0 0 0 0 0
0 1 0	0 1 0 0 0 0 0
0 0 1	0 0 1 0 0 0 0
1 1 0	0 0 0 1 0 0 0
0 1 1	0 0 0 0 1 0 0
1 1 1	0 0 0 0 0 1 0
1 0 1	0 0 0 0 0 0 1

b)

Bild 4.17 a) Datenfolge mit CRC-Prüfsumme;
b) Zuordnung Verfälschungssyndrom R(x) und Fehlervektor E(x)

Die im Bild gekennzeichneten, mit den CRC-Prüfsummen versehenen Datenfolgen liegen in einem vom Generatorpolynom erzeugten Zyklus der Länge $2^3 - 1 = 7$. Man überzeugt sich leicht, z.B. auch unter Benutzung der Gl. (4.5), daß die Hamming-Distanz erwartungsgemäß $d = 3$ ist.

Allgemein und am konkreten Fall nachvollziehbar gilt:

- 1-Bit-Verfälschungen werden immer erkannt
- 2-Bit-Verfälschungen werden immer erkannt, sofern die Zykluslänge nicht kleiner als n ist

$$2^p - 1 \geq n \; . \tag{4.18}$$

- Ungeradzahlige Bitverfälschungen werden erkannt, wenn das Generatorpolynom den Term $x + 1$ enthält
- Burst-Verfälschungen der Länge b werden erkannt, sofern

$$b \leq p \; . \tag{4.19}$$

- Verfälschungen werden nicht erkannt, wenn der *Fehlervektor* E(x) ein Vielfaches von G(x) ist. Als Fehlervektor wird eine Bitfolge der Länge n bezeichnet, die genau in den Stellen eine 1 aufweist, in denen eine Bitverfälschung zu untersuchen ist. Die Modulo-2-Summe des ursprünglichen Kodeworts K(x) und des Fehlervektors E(x) ergibt dann das Ergebnis der Bitverfälschung K'(x). Gl. (4.17) ist somit zu schreiben:

$$\frac{K'(x)}{G(x)} = Q(x) + \frac{E(x)}{G(x)} . \tag{4.20}$$

  Die Bedingung für die Fehlererkennung (das Auftreten von $R_v(x)$) wird nur erfüllt, wenn E(x) nicht ohne Rest durch G(x) teilbar ist.
- Für die Bewertung der summarische Diagnosesicherheit kann Gl. (3.37) in der Formulierung

$$p_v = \frac{\textit{Anzahl nichterkennbarer, Bitverfälschungen kennzeichnender Worte}}{\textit{Anzahl aller Bitverfälschungen kennzeichnender Worte}} \tag{4.21}$$

  herangezogen werden. Da aus der Gesamtzahl 2^{k+p} möglicher Binärkombinationen 2^k Kombinationen für gültige Kodeworte stehen, beträgt die Zahl aller Bitverfälschungen kennzeichnenden Worte $2^{k+p} - 2^k$. Es wird angenommen, daß die einzelnen Bitverfälschungen gleichwahrscheinlich sind. 2^p unterschiedliche CRC-Prüfsummen können gebildet werden. Bei stochastischer Abbildung ist jede CRC-Prüfsumme demnach mit $2^k/2^p$ k Bit langen Datenfolgen verknüpft. Werden Bitverfälschungen auf diese Worte abgebildet, so werden diese als gültige Kodeworte interpretiert, und die Verfälschungen sind nicht erkennbar. In die Gl. (4.21) eingesetzt, ergibt sich

$$p_v = \frac{2^p \dfrac{2^k}{2^p}}{2^{p+k} - 2^k} ,$$

$$p_v = \frac{1}{2^p - 1} . \tag{4.22}$$

Sind aufgrund der verwendeten Hamming-Distanz Korrekturmöglichkeiten angelegt, kann wie folgt verfahren werden. Im Falle einer Bitverfälschung wird bei der Prüfung nach Gl. (4.20) ein Rest

$$R_v(x) = \frac{E(x)}{G(x)} \tag{4.23}$$

vom Grad p - 1 erhalten, der nur vom Fehlervektor abhängt und folglich das *Syndrom* für die Bitverfälschungen darstellt. Das Null-Syndrom steht für den verfälschungsfreien Fall, während alle anderen $2^p - 1$ Syndrome die Stellen der verfälschten Bit anzeigen. Im Bild 4.17b ist für das Beispiel die Zuordnung der Restpolynome (Syndrome) zu den Fehlervektoren gezeigt. Das durch das Syndrom (den Fehlervektor) angezeigte verfälschte Bit wird durch Invertieren korrigiert.

Sollen mehr Bitverfälschungen korrigiert werden, als die gegebene Hamming-Distanz ermöglicht, kann die Übertragung bzw. das Speicherlesen wiederholt werden. Die Korrektur wird dann allerdings nur für transiente und intermittierende Fehler erfolgreich sein. Da letztere insbesondere in der Datenübertragung charakteristisch sind, wird von der Korrektur durch Wiederholung bevorzugt Gebrauch gemacht. In den entsprechenden Übertragungsprotokollen sind auch die Generatorpolynome normiert. So empfielt z.B. die CCITT (Comité Consultatif International Télégraphique et Téléfonique) für die Schnittstelle X.25 zur Übertragung im Paketmodus nach dem HDLC-Protokoll (High Level Data Link Control) das Generatorpolynom $x^{16} + x^{12} + x^5 + 1$ für die Bildung von 16stelligen CRC-Prüfsummen [ISO 84], während im DECNET (DDCPM-Protokoll) dem Generatorpolynom $x^{16} + x^{12} + x^2 + 1$ der Vorzug gegeben wird.

Die Erzeugung redundanter Informationen mittels CRC und die CRC-Prüfung sind mit relativ geringem Hardwareaufwand und mit hoher Verarbeitungsgeschwindigkeit durch linear rückgekoppelte Schieberegister (s. Kapitel 7) zu verwirklichen und deshalb auch in einer Reihe von Interface-Schaltkreisen implementiert.

Erwähnenswert ist auch der Einsatz des Cyclic Redundancy Check für die Fehlererkennung in ROM oder in Funktionsgruppen, für die die Ausgabe von unveränderlichen hardware-verdrahteten oder speicherresidenten Bitmustern in gleichbleibender Sequenz charakteristisch ist (Operations-, Folgesteuerungen). Zu prüfen ist auf Einhaltung der zweckbestimmten Reihenfolge der Bitmuster und auf Bitverfälschungen letzterer (Bild 4.18). Mit der Programmierung des ROM bzw. der Folgesteuerung wird über die Sequenz der Bitmuster eine CRC-Prüfsumme gebildet und mit abgespeichert. Im Bild ist die Bildung einer solchen Soll-Prüfsumme durch ein linear rückgekoppeltes Schieberegister mit paralleler Einspeisung für drei Bitmuster gezeigt.

Der Vergleich der gespeicherten Soll-Prüfsumme und der im Ergebnis der Prüfung ermittelten Ist-Prüfsumme ergibt einen Hinweis auf eventuelle Fehler (im Bild für vertauschte Bitmuster demonstriert). Die schaltungstechnische Ausführung des Vergleichs läßt sich vereinfachen, wenn die Soll-Prüfsumme modifiziert wird, indem sie durch ein zusätzliches Bitmuster (im Beispiel 0 0 0) auf den Wert 111 gebracht wird.

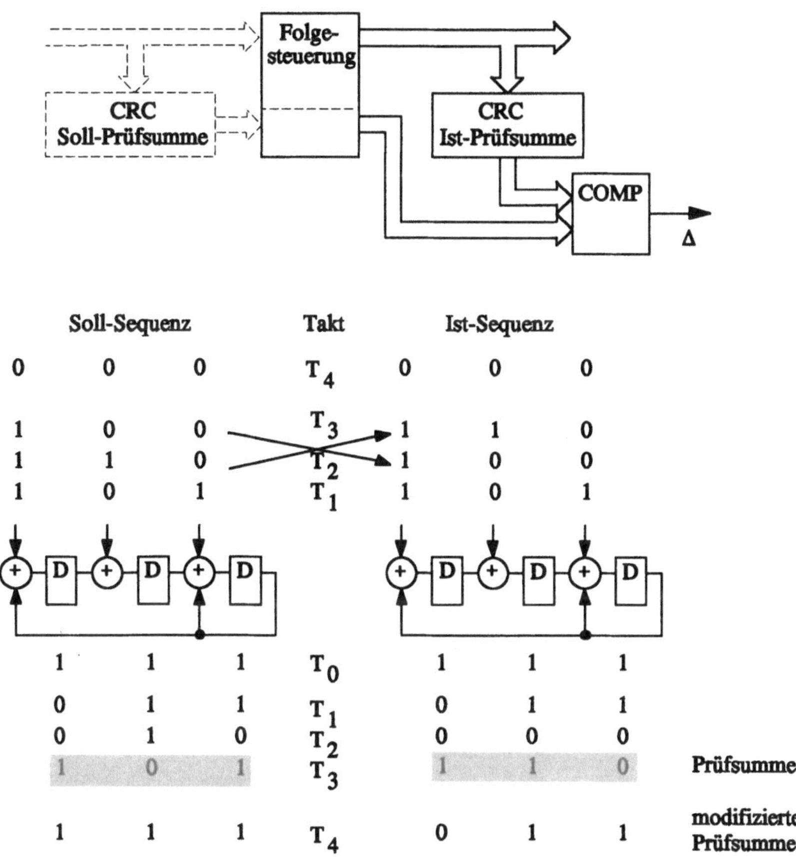

Bild 4.18 CRC-Anwendung für ROM bzw. Folgesteuerung

Hamming-Kodes. Kreuzparitätsprüfung und CRC sind nicht geeignet für die Fehlerdiagnose in Schreib-/Lesespeichern mit wahlfreiem Zugriff. Die einfache Paritätsprüfung erlaubt nur die Erkennung einer ungeraden Zahl von Bitverfälschungen. Stand der Technik ist jedoch die Korrektur von 1-Bit-Verfälschungen und die Erkennung von 2-Bit-Verfälschungen, was eine Hamming-Distanz $d = 4$ und Ergänzung jedes k Bit langen Datenworts um mehr als ein Prüfzeichen erfordert (Gl. (4.3)). Die Zahl der Prüfzeichen bestimmt sich aus Gl. (4.10) und ist für übliche Datenwortlängen von $k = 16$ mit $p = 6$ zu wählen.

Die einzelnen Prüfzeichen P_j werden durch Modulo-2-Addition verschiedener Daten N_i gewonnen. Die Kodetheorie läßt dafür weitgehend Freiheit. Im Schaltkreis Am 2960 [Am 80] werden z.B. folgende Verknüpfungen gebildet:

$$
\begin{aligned}
P_{16} &= N_1 \oplus N_2 \oplus N_3 \oplus N_5 \oplus N_8 \oplus N_9 \oplus N_{11} \oplus N_{14}\\
P_{17} &= N_0 \oplus N_1 \oplus N_2 \oplus N_4 \oplus N_6 \oplus N_8 \oplus N_{10} \oplus N_{12}\\
P_{18} &= N_0 \oplus N_3 \oplus N_4 \oplus N_7 \oplus N_9 \oplus N_{10} \oplus N_{13} \oplus N_{15}\\
P_{19} &= N_0 \oplus N_1 \oplus N_5 \oplus N_6 \oplus N_7 \oplus N_{11} \oplus N_{12} \oplus N_{13}\\
P_{20} &= N_2 \oplus N_3 \oplus N_4 \oplus N_5 \oplus N_6 \oplus N_7 \oplus N_{14} \oplus N_{15}\\
P_{21} &= N_8 \oplus N_9 \oplus N_{10} \oplus N_{11} \oplus N_{12} \oplus N_{13} \oplus N_{14} \oplus N_{15}.
\end{aligned}
$$

Das um Prüfzeichen erweiterte Datenwort $N_0\ N_1 \dots N_{14}\ N_{15}\ P_{16} \dots P_{21}$ wird gespeichert. Beim Lesen des Speichers werden durch die gleichen Verknüpfungen die Prüfzeichen $P'_{16} \dots P'_{21}$ gebildet. Durch Modulo-2-Addition $P(x) \oplus P'(x)$ wird ein 6stelliges Syndrom $S(x)$ erhalten. Das Null-Syndrom kennzeichnet die Übereinstimmung der aufgezeichneten und der gelesenen Informationen. Durch Dekodieren der von Null verschiedenen Syndrome können 1-Bit-Verfälschungen lokalisiert und korrigiert werden, sowie andere Bitverfälschungen gemeldet werden. Bild 4.19 zeigt schematisch die Verfahrensweise.

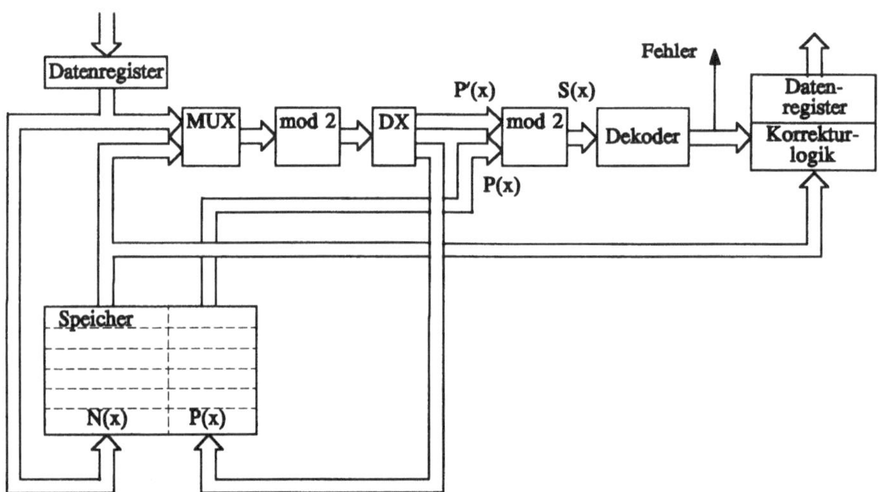

Bild 4.19 Schreib-/Lesespeicher mit Fehlererkennung und Fehlerkorrektur

Prüfziffern. Die Eingabe numerischer Daten, manuell oder über Klarschriftleser, ist hochgradig fehleranfällig. Ausgelassene oder zusätzliche, falsche oder vertauschte, verschobene oder verschriebene Ziffern werden beobachtet. Dem Bedürfnis, besonders diffizile Ordnungsdaten wie Kontonummern, Artikel- oder Bestellnummern zu sichern, kann mit dem Einfügen algorithmisch berechneter Prüfziffern an definierten Stellen dieser Daten Rechnung getragen werden. Die Prüfziffern werden in der Regel so bestimmt, daß im fehlerfreien Fall

$$\sum_{i=1}^{n} c_i \cdot N_i \mod M = 0 \tag{4.24}$$

gewährleistet ist. Als Modul (Divisor) haben sich aus Gründen der Diagnosesicherheit Primzahlen durchgesetzt. Mit den *Gewichtsfaktoren* c_i bei den Dezimalziffern N_i wird das Verfahren an die Art und die Häufigkeit der erwarteten Fehler angepaßt. Zum Beispiel wären "Zahlendreher" der Art 183 und 138 ohne Anwendung von Gewichtsfaktoren nicht feststellbar. Tab. 4.2 zeigt gebräuchliche Varianten.

Tabelle 4.2 Gewichtsfaktoren

	den Stellenwerten zugeordnete Gewichtsfaktoren c_i										
Modul	10^0	10^1	10^2	10^3	10^4	10^5	10^6	10^7	10^8	10^9	10^{10}
9	1	2	3	4	5	6	7	8	1	2	3
11	1	2	3	4	5	6	7	8	9	10	1
11	2	4	8	5	10	9	7	3	6	1	2
13	1	2	3	4	5	6	7	8	9	10	11
13	2	4	8	3	6	12	11	9	5	10	7

Als Anwendungsfall sei die Sicherung der Internationalen Standard-Buchnummern durch eine Prüfziffer angeführt. Sie haben die Form ISBN 3-7785-1120-3. Verwendet werden der Modul 11 und als Gewichtsfaktoren die natürlichen Zahlen in mit der Stellenwertigkeit aufsteigender Reihenfolge. Die rechts stehende Prüfziffer ist in die Prüfung mit einbezogen. Da man nur einstellige Prüfziffern verwenden will, wird anstelle der Prüfziffer 10 ein X geschrieben. Die Prüfung der oben genannten Nummer ergibt:

$(1 \cdot 3 + 2 \cdot 0 + 3 \cdot 2 + 4 \cdot 1 + 5 \cdot 1 + 6 \cdot 5 + 7 \cdot 8 + 8 \cdot 7 + 9 \cdot 7 + 10 \cdot 3) : 11 = 253 : 11 = 23$ Rest 0.

4.6.4 Diagnose arithmetischer und logischer Operationen

Unter dem Blickwinkel der Einführung zweckbestimmter Koderedundanz konkretisiert sich die Methode wie im Bild 4.20 gezeigt.

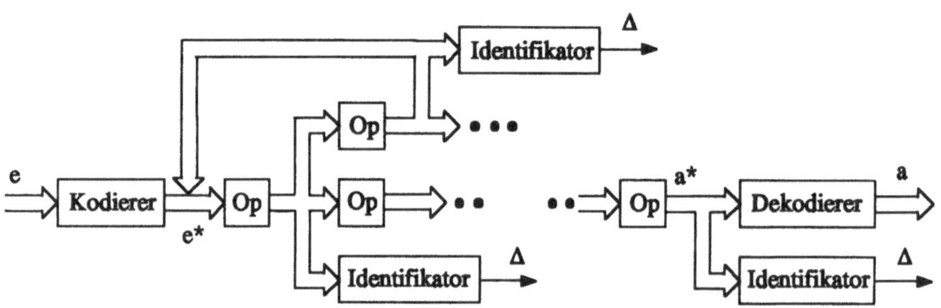

Bild 4.20 Durchgängige Nutzung zweckbestimmter Redundanz

Nachdem Eingangsinformationen Redundanz aufgeprägt wurde, wäre es sinnvoll, diese durchgängig für die Fehlererkennung zu nutzen, selbst wenn unterschiedliche Übertragungs-, Speicher- oder Verarbeitungsoperationen durchlaufen werden. Zunächst sollen mit zwei um jeweils ein Paritätsbit erweiterte Binär-Tetraden $N_{13}\ N_{12}\ N_{11}\ N_{10}\ P_1$ = 0 0 1 0 1 und $N_{23}\ N_{22}\ N_{21}\ N_{20}\ P_2$ = 0 0 1 1 0 einige Operationen ausgeführt werden (Bild 4.21).

	0	0	1	0	1
OR	0	0	1	1	0
	0	0	1	1	$\boxed{0}^{1}$

	0	0	1	0	1
AND	0	0	1	1	0
	0	0	1	0	$\boxed{1}^{0}$

$\bar{\bar{N}}_1$	1	1	0	1	$\boxed{1}^{0}$
$\bar{\bar{N}}_2$	1	1	0	0	$\boxed{0}^{1}$

	0	0	1	0	1
+	0	0	1	1	0
	0	1	0	1	$\boxed{0}^{1}$

	0	0	1	0	1
EXOR	0	0	1	1	0
	0	0	0	1	$\boxed{1}^{1}$

	0	0	0	1	1
+	0	1	1	1	1
	1	0	0	1	$\boxed{0}^{0}$

(?)

	0	0	0	1	1
+	0	1	1	1	1
	1	0	0	0	$\boxed{1}^{0}$

Bild 4.21 Operationen über mit Paritätsbits gesicherte Tetraden
(dem Ergebnis entsprechende Paritätsbits schattiert)

Nur im Ergebnis einer der logischen Operationen, der bitweisen Antivalenzbildung, wird ein Paritätsbit erhalten, das auch der Ergebnis-Tetrade entspricht. Durch die OR- bzw. AND-Verknüpfungen werden zwar die Ergebnis-Tetraden richtig erhalten, das Paritätsbit ist aber falsch. Im Ergebnis der Addition sind sowohl inadäquate Paritätsbits als auch falsch berechnete Summen zu erwarten. Die getrennte Verarbeitung der Paritätsbits eliminiert zwar ihren Einfluß auf die Summenbildung, ist aber noch nicht die Lösung.

Ohne Bewertungen der Diagnosesicherheit und des Zusatzaufwandes heranziehen zu müssen, weisen die Beispielrechnungen darauf hin, daß die bisher betrachteten Varianten der Koderedundanz im Bereich der linearen Operationen (Übertragung, Lesen, Schreiben, Speichern, Verstärken, Auffrischen, Antivalenz, Äquivalenz) sehr wirksam sind, daß ihre Ausdehnung auf nichtlineare Operationen aber mit Schwierigkeiten verbunden ist, da die redundanten Prüfzeichen nicht adäquat verarbeitet werden.

Der Entwerfer eines Diagnosekonzepts hat nun die Wahl:

- Modifizierung des Grundkonzepts der Prüfmethode Informationsredundanz in Bezug auf die eingesetzten Kodes, d.h., daß unter Umständen unterschiedliche Operationen durch unterschiedliche Kodes gesichert werden
- Beibehaltung einer Kodierungsvariante, Modifizierung der Bestimmung der Prüfzeichen, d.h., daß unter Umständen unterschiedliche Operationen durch unterschiedliche Algorithmen der Prüfzeichenbildung gesichert werden.

Auf [Diam 55] geht zurück, ganze Zahlen N durch Multiplikation mit einer ganzen Zahl A zu sichern, also nichtseparierbare Kodeworte der Art A · N zu bilden. Eine zur Erkennung etwaiger Verfälschungen durchgeführte Division eines Kodeworts wird im fehlerfreien Fall offensichtlich einen Rest

$$R = A{\cdot}N \bmod A = 0 \qquad (4.25)$$

ergeben. Verfälschungen, die auf einen Rest R ≠ 0 abgebildet werden, werden erkannt. Zur Erkennung von 1-Bit-Verfälschungen ist als Minimum A = 3 zu fordern [Brow 60].

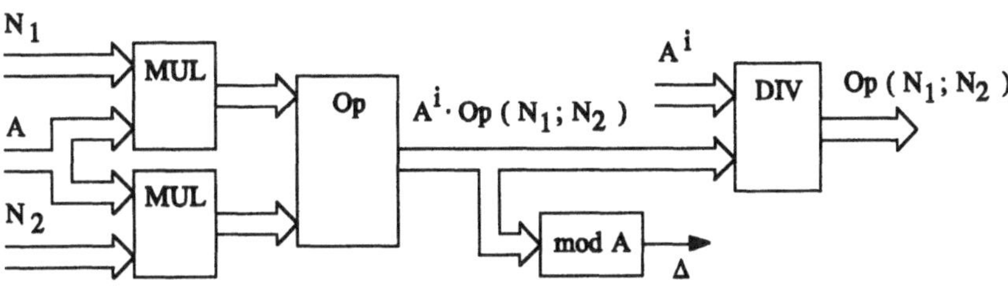

Bild 4.22 Fehlererkennung unter Verwendung eines AN-Kodes

Werden zwei Zahlen AN_1 und AN_2 miteinander verknüpft (Bild 4.22), so daß

$$Op\ (A{\cdot}N_1;\ A{\cdot}N_2) = A^i{\cdot}Op\ (N_1;\ N_2); \tag{4.26}$$

(i = 0 für Division, i = 1 für Addition und Subtraktion, i = 2 für Multiplikation) gilt, dann wird auch hier bei fehlerfreier Ausführung kein Rest im Ergebnis der Prüfprozedur

$$R = A^i{\cdot}Op\ (N_1;\ N_2) \bmod A = 0 \tag{4.27}$$

erhalten. Die Modulo-A-Operation wird nicht als Division und damit relativ zeitaufwendig, sondern als Kombinatorik oder auf der Basis eines ROM ausgeführt. Fragen der Diagnosesicherheit sind in [Brow 60] untersucht. Da Gl. (4.26) aber nicht für alle interessierenden arithmetisch-logischen Operationen gewährleistet werden kann, ist die Anwendung des AN-Kodes nur für Spezialanwendungen interessant.

Soll demgegenüber die in der Datenübertragung und -speicherung bewährte Paritätsprüfung beibehalten werden, so ist schon an den Beispielrechnungen (Bild 4.21) zu sehen, daß die Paritätsbits nicht gemeinsam mit den Datenbits, sondern getrennt von diesen verarbeitet werden müssen. D. h., anstelle der arithmetisch-logischen Operationen über Kodeworte

$$(\dots N_{33}\ N_{32}\ N_{31}\ N_{30}\ P_3) = Op((\dots N_{13}\ N_{12}\ N_{11}\ N_{10}\ P_1);(\dots N_{23}\ N_{22}\ N_{21}\ N_{20}\ P_2)) \tag{4.28}$$

sind

$$\begin{aligned}(\dots N_{33}\ N_{32}\ N_{31}\ N_{30}) &= Op((\dots N_{13}\ N_{12}\ N_{11}\ N_{10});(\dots N_{23}\ N_{22}\ N_{21}\ N_{20}))\\ P_3 &= \sum_{i=0}^{k-1} N_{3i} \bmod 2\end{aligned} \tag{4.29}$$

auszuführen und zum Ergebniswort ($\dots N_{33}\ N_{32}\ N_{31}\ N_{30}\ P_3$) zusammenzufügen. Parallel dazu wird aus den Paritätsbits P_1 und P_2 der Ausgangsoperanden sowie eventuell weiteren Verarbeitungsdaten das zu erwartende Paritätsbit des Ergebnisses P_3^* vorausbestimmt:

$$P_3^* = Op^*\ (P_1;\ P_2;\ P_c), \tag{4.30}$$

wobei Op und Op* nicht übereinstimmen müssen. Der Vergleich von P_3 und P_3^* liefert die Diagnoseaussage (Bild 4.23).

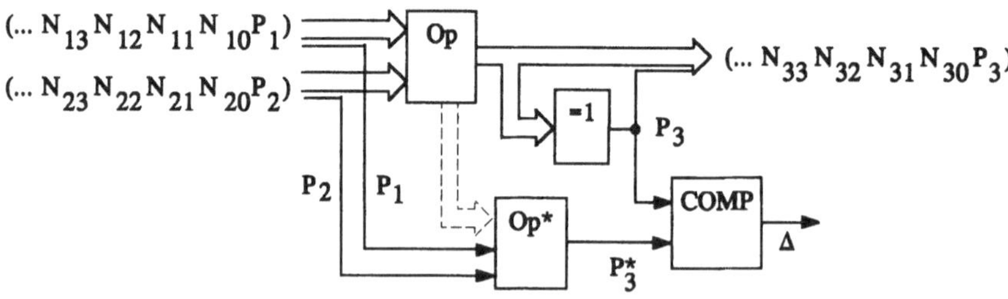

Bild 4.23 Fehlererkennung mittels Paritätsbits für arithmetisch-logische Operationen

In der Tab. 4.3 sind für die grundlegenden arithmetisch-logischen Operationen Beziehungen aufgelistet, nach denen die Parität des Verarbeitungsergebnisses vorausgesagt werden kann. Werden Multiplikation und Division durch fortgesetzte Addition und Verschieben realisiert, so werden die Teiloperationen wie angegeben überwacht. Rundungen erfordern eine gesonderte Behandlung. Zu den Herleitungen der Beziehungen s. [Sell 68b].

Tabelle 4.3 Vorausbestimmung der Paritätsbits des Ergebnisses

Operation	Vorausbestimmtes Paritätsbit	Bemerkungen	
Addition	$P_3^* = P_1 \oplus P_2 \oplus P_c$	P_c	Parität der Überträge
Subtraktion	$P_3^* = P_1 \oplus P_2 \oplus P_g$	P_g	Parität der "geborgten" Überträge
Shift	$P_3^* = P_{out} \oplus P_{in} \oplus P_1$	P_{out}; P_{in}	Parität der aus- und eingeschobenen Bits
EXOR	$P_3^* = P_1 \oplus P_2$		
OR	$P_3^* = P_1 \oplus P_2 \oplus P_c$	P_c	Parität der "Überträge"
AND	$P_3^* = P_c$	P_c	Parität der "Überträge"
Invertieren	$P_3^* = P1$ $P_3^* = P_1 \oplus 1$	für gerade Stellenzahl für ungerade Stellenzahl	

Auch hier werden durch die einfache Parität nur einzelne oder eine ungerade Anzahl von Fehlern erkannt. Auf die Diagnosesicherheit hat jedoch auch die Konstruktion der arithmetisch-logischen Einheit einen Einfluß. Bei der Analyse des Ripple-Carry-Adders nach Bild 3.29 zeigt sich, daß ein verfälschtes Bit in der Übertragslogik sich über die Bitscheiben fortpflanzt und folglich, sofern dadurch eine gerade Zahl der Stellen des Ergebnisoperanden betroffen sind, die Fehlfunktion nicht erkannt wird. Ein Gegenmittel besteht z.B. darin, die Übertragslogik zu dublieren [Hsia 63], d.h., für diesen Schaltungsteil die Referenzmethode zur Anwendung zu bringen.

Die Paritätsbildung nach Gl. (4.29) ist eigentlich ein Spezialfall einer *Restbildung* durch Division einer ganzen Zahl N durch einen Modul M:

$$R(N) = N \bmod M. \tag{4.31}$$

Die Hardware-Implementierung der Mod-M-Operation ist wenig aufwendig, wenn der Modul M der Beziehung

$$M = 2^p - 1; \quad p \geq 2 \tag{4.32}$$

(p Anzahl der Prüfbits) genügt; also M = 3, M = 7, M = 15 usw. (low-cost residue code). In diesen Fällen kann die Mod-M-Operation anstelle mittels Division durch eine Addition mit zyklischem Übertrag (ein eventueller Übertrag aus der höchstwertigen Stelle wird zur niedrigstwertigen Stelle addiert) ausgeführt werden [Aviž 71]. Je größer der Modul, desto geringer fällt die Restfehlerwahrscheinlichkeit nach Gl. (4.21) aus, Mehrfachfehler lassen sich erkennen, eine Fehlerkorrektur ist möglich, desto größer ist allerdings der Hardware-Overhead. Nach Untersuchungen von [Saye 87] liegt für M = 3 der Overhead für die Teststrukturen signifikant unter dem anderer gängiger Techniken.

Unkompliziert ist die Implementierung für die arithmetischen Operationen Addition, Subtraktion und Multiplikation, da zur Vorausberechnung des Rests des Ergebnisses die gleichen Operationen benötigt werden, denen die Operanden N_1 und N_2 unterworfen werden:

$$\begin{aligned}(N_1 + N_2) \bmod M &= ((N_1 \bmod M) + (N_2 \bmod M)) \bmod M \\ (N_1 - N_2) \bmod M &= ((N_1 \bmod M) - (N_2 \bmod M)) \bmod M \\ (N_1 \cdot N_2) \bmod M &= ((N_1 \bmod M) \cdot (N_2 \bmod M)) \bmod M,\end{aligned} \tag{4.33}$$

d.h., daß im Blockschaltplan (Bild 4.24) Op und Op* identische Operationen sind.

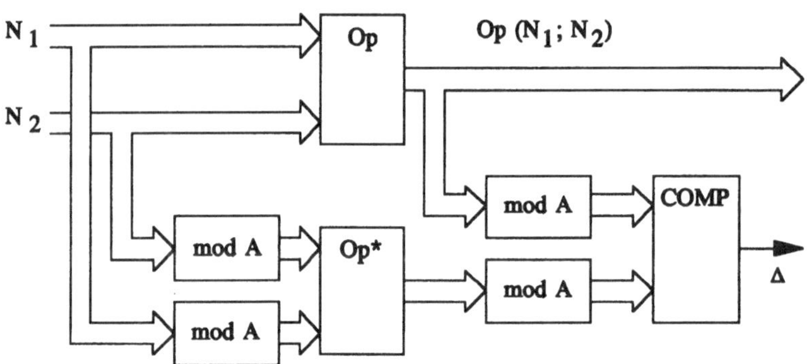

Bild 4.24 Fehlererkennung mittels Restbildung

Für die Division und für logische Operationen müssen wie bei der Fehlererkennung mittels Paritätsbildung Beziehungen gefunden werden, die eine Voraussage des Rests des Verarbeitungsergebnisses ermöglichen. Zum Beispiel kann

$$\frac{N_1}{N_2} = Q + \frac{R}{N_2} \tag{4.34}$$

mit Q Quotient und R Rest der Division in

$$N_1 - R = Q \cdot N_2 \tag{4.35}$$

umgeformt werden, woraus schließlich die Prozedur zur Fehlererkennung

$$(N_1 \bmod M - R \bmod M) \bmod M = (Q \bmod M \cdot N_2 \bmod M) \bmod M \tag{4.36}$$

resultiert. Hinsichtlich weiterer Äquivalenzbeziehungen sei auf [Mont 72] und [Sell 68b] verwiesen. Notwendige Rundungen und die Behandlung negativer Zahlen erfordern gesonderte Maßnahmen [Mand 72], [Jenk 83].

4.7 Zeitredundanz

Neben der Hardware- oder Systemredundanz (Abschn. 4.1) und der Informationsredundanz ist Zeitredundanz die dritte der in bestimmter Hinsicht austauschbaren Formen von Weitschweifigkeit in Computersystemen. Augenfällig ist der Tausch von Hardware (etwa des natürlichen Musters im Bild 4.1) gegen Zeit in der Grundidee der Zeitredundanz (Bild 4.25).

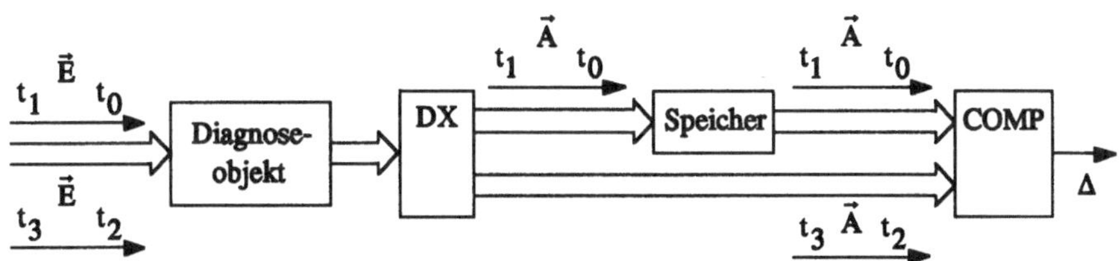

Bild 4.25 Zeitredundanz durch Operationswiederholung

Die Reaktion des Diagnoseobjekts in Form einer Ausgangsvektorfolge auf eine Stimulierung mit der Eingangsvektorfolge im Zeitintervall t_0 bis t_1 wird zwischengespeichert und im Zeitintervall t_2 bis t_3 mit der nunmehr aus dem Wiederholungslauf vorliegenden Ausgangsvektorfolge verglichen. Wesentliche Unterschiede bestehen in der zu erwartenden Diagnoseaussage. Während mit der Hardwareredundanz permanente, transiente und intermittierende Fehler zu erkennen sind, macht die als Operationswiederholung implementierte Zeitredundanz keine permanenten Fehler erkennbar.

Eine erste Variation der Grundidee wird durch die Anwendung des Dualitätsprinzips erreicht [Shed 78]. Zwei boolesche Operationen (Funktionen) Op und Op_d heißen zueinander dual, wenn

$$Op\ (x_n;\ \ldots;\ x_1;\ x_0) = \overline{Op_d\ (\overline{x_n};\ \ldots;\ \overline{x_1};\ \overline{x_0})} \tag{4.37}$$

gilt. Das heißt, daß sie für bitweise komplementäre Eingangsmuster komplementäre Ausgangsmuster liefern. Ein elementares Beispiel sind die AND- und OR-Verknüpfungen. Eine Operation, für die

$$Op\ (x_n;\ \ldots;\ x_1;\ x_0) = \overline{Op\ (\overline{x_n};\ \ldots;\ \overline{x_1};\ \overline{x_0})} \tag{4.38}$$

gilt, wird dann ebenso wie ihre Hardware-Implementation *selbstdual* genannt. Die Schaltungen zur Berechnung der Summe und des Übertrags des im Bild 3.29 gezeigten Adders sind z.B. selbstdual. Ist diese Selbstdualität von vornherein nicht gegeben, kann eine Operation (Funktion) mit n Variablen in eine mit dieser Eigenschaft ausgestattete Operation mit n+1 Variablen überführt werden (vgl. [Reyn 78]).

Zur Fehlererkennung wird das Dualitätsprinzip genutzt, indem alternierend das Diagnoseobjekt mit den komplementären Eingangsmustern beaufschlagt wird. Werden sowohl im Erstlauf als auch im Wiederholungslauf die gleichen Werte für die Ausgangsvariable erhalten, so ist auf einen Fehler zu schließen. Bild 4.26 demonstriert das für die Übertragslogik des genannten Adders.

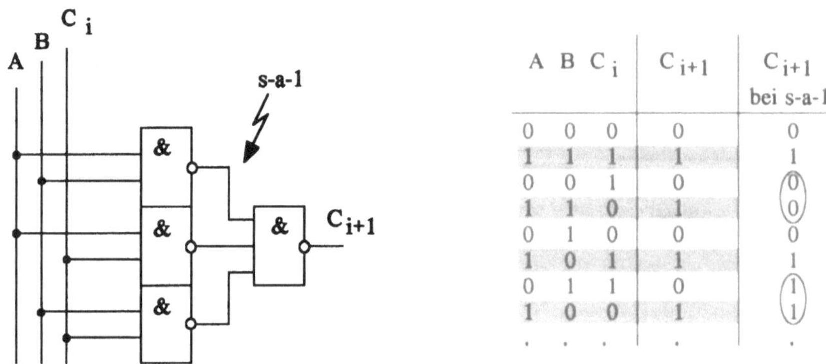

A	B	C_i	C_{i+1}	C_{i+1} bei s-a-1
0	0	0	0	0
1	1	1	1	1
0	0	1	0	(0)
1	1	0	1	(0)
0	1	0	0	0
1	0	1	1	1
0	1	1	0	(1)
1	0	0	1	(1)
.	.	.	.	.

Bild 4.26 Fehlererkennung mittels komplementärer Eingangsmuster (Wiederholungslauf schattiert)

Die Diagnose erstreckt sich hier auch auf permanente Fehler. Unter bestimmten, die Struktur betreffenden Randbedingungen, werden alle Fehler einer vorgegebenen Fehlermenge erkannt; die Schaltungen sind selbstprüfend [Reyn 78].

Die beschriebene Verfahrensweise nutzt offensichtlich die Tatsache, daß sich physikalische Defekte im Erstlauf und im Wiederholungslauf unterschiedlich auf die Verarbeitung der komplementären Muster auswirken. Gleiches liegt den Lösungen nach Bild 4.27 zugrunde.

In der Variante nach Bild 4.27a wird

$$Op^{-1}\{Op^*(Op)\} = Op^* \qquad (4.39)$$

gefordert (Op* Verarbeitungsoperation des Diagnoseobjekts), während in der Variante nach Bild 4.27b

$$Op\{Op^*\} = Op^*\{Op\} \qquad (4.40)$$

vorausgesetzt wird.

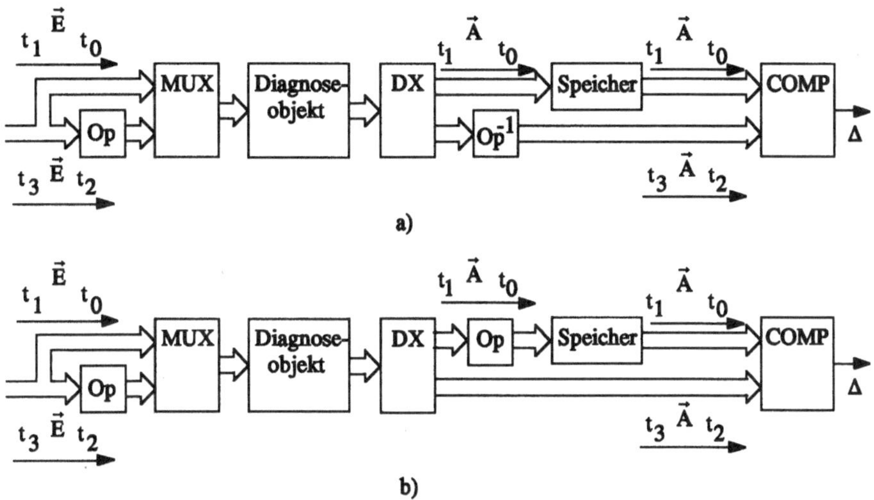

Bild 4.27 Varianten der Zeitredundanz

Die im Rahmen des Diagnoseentwurfs auszuwählende Operation Op muß zum einen mit einem Aufwand, der unter dem einer Dublierung des Diagnoseobjekts liegt, implementierbar sein. Zum anderen muß mit ihr eine ausreichend umfassende Fehlermenge abdeckbar sein. Für eine Arithmetisch-Logische Einheit (ALU) z.B. wird in [Pate 82] gezeigt, daß Rechts-Links-Schiebeoperationen diesen Ansprüchen genügen.

Der Einsatz der Prüfmethode Zeitredundanz ist verständlicherweise nur dort vertretbar, wo Reaktionszeiten eine untergeordnete Rolle spielen. Ihr vorrangiges Einsatzfeld ist deshalb weniger die Fehlererkennung, als vielmehr die Fehlerbehandlung durch Operationswiederholung (vgl. Abschn. 2.2) nach vorangegangener Fehlererkennung auf der Basis einer anderen Prüfmethode.

4.8 Hardware-Überwachung

Auch ohne Nutzung von Referenzmustern (Abschn. 4.1) oder der Informationsredundanz bzw. Zeitredundanz lassen sich für vorgegebene Fehlermodelle und Fehlermengen $\mathcal{F}$ Schaltungen zur Erkennung der Fehler $f_j \in \mathcal{F}$ entwerfen (Bild 4.28).

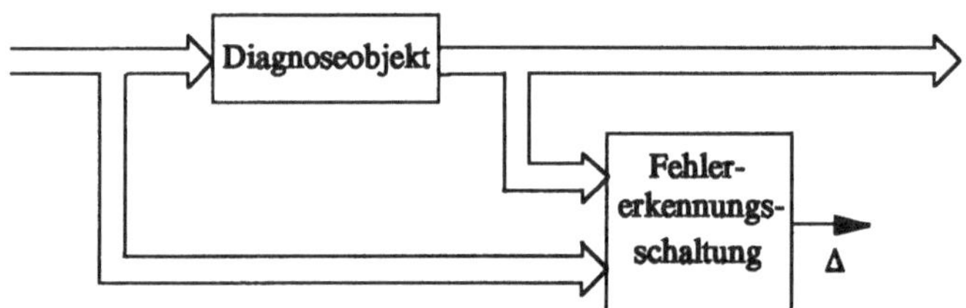

Bild 4.28 Prinzip der Hardware-Überwachung

Im fehlerfreien Fall werden durch ein kombinatorisches Diagnoseobjekt mit n Eingängen und m Ausgängen die Verknüpfungen

$$\begin{aligned} A_1 &= Op_1(E_1; \ldots; E_n) \\ A_2 &= Op_2(E_1; \ldots; E_n) \\ &\;\;\vdots \\ A_m &= Op_m(E_1; \ldots; E_n) \end{aligned} \tag{4.41}$$

realisiert. Die Eingangsvektoren $E = (E_1; E_2; \ldots; E_n)$ bilden die Eingangsmustermenge $\mathcal{E}$ und die Vektoren $A = (A_1; A_2; \ldots; A_m)$ die Ausgangsmustermenge $\mathcal{A}$. Bei Anwesenheit von Fehlern f_i, die auch an den Ausgängen beobachtbar sind, werden jedoch

$$A_i' \neq Op_i'(E_1; \ldots; E_n) \tag{4.42}$$

erhalten. Von einer Schaltung zur Erkennung dieser Fehler ist demnach zu fordern (vgl. [Graf 87]):

$$\Delta = Op^*(E; A) = \begin{cases} 0 \text{ für } \nexists f_j \text{ und } \forall A_i = Op_i(E_1; \ldots; E_n) \\ 1 \text{ für } \exists f_j \text{ und } \forall A \text{ mit } A'_i \neq Op_i(E_1; \ldots; E_n) \end{cases} \tag{4.43}$$

In dieser umfassenden Form steht Gl. (4.43) auch für die Referenzmethode (Bild 4.1), wenn man das Referenzmuster und den Komparator als *Fehlererkennungsschaltung* ansieht. Will man, wie mit der Implementierung der Methode Hardware-Überwachung angezielt, auf eine Dublierung des Diagnoseobjekts verzichten, so läßt sich das nur durch eine Beschränkung der Fehlermenge, der Menge der Eingangsmuster und der Menge der zu beobachtenden Ausgänge erkaufen. Damit ist auch der andere Grenzfall, die Schnittstelle zur Informationsredundanz benannt, wenn die Fehlererkennungsoperation Op* einen Identifikator zulässiger Kodeworte (vgl. Bild 4.9 und Bild 4.10) beschreibt.

4.8.1 Hardware-Überwachung für freistrukturierte Logik

Das Diagnoseobjekt sei durch die Verknüpfungen (4.41) beschrieben. Bei n Eingängen umfaßt die Menge der Eingangsmuster $\mathcal{E}$ 2^n mögliche Belegungen (Eingangsvektoren). Die Menge der Ausgangsmuster $\mathcal{A}$ umfaßt 2^m mögliche Belegungen bei m Ausgängen.

Die erste und bestimmende Entscheidung für die Implementierung der Hardware-Überwachung ist die Auswahl des Fehlermodells und der zu berücksichtigenden Fehlermenge, wobei sowohl permanente als auch transiente und intermittierende Fehler zulässig sind. Dazu wurden Ausführungen im Abschn. 3.2.2 gemacht. In Anlehnung an [Graf 87] soll am Beispiel einer Adder-Bitscheibe (Bild 3.29) das Lösungsspektrum gezeigt werden.

Die Hardware-Überwachung wird vorrangig unter Betriebsbedingungen angewendet. Es ist deshalb opportun, sich auf Einfachfehler zu konzentrieren. Die Adder-Bitscheibe wird als kleinste auswechselbare Einheit mit zu berücksichtigenden Haftfehlern an den Anschlüssen betrachtet. Erinnert sei daran, daß durch die Fehleräquivalenz auch Fehler in der inneren Struktur abgedeckt werden. Die Fehler sollen beim erstmaligen Auftreten erkannt werden.

In der Tab. 4.4 ist die Wahrheitstabelle für die gesuchte Fehlererkennungsoperation Op* der Adder-Bitscheibe aufgelistet. Eine solche Tabelle kann mit Hilfe eines Fehlersimulators erstellt werden. Da unter Betriebsbedingungen gearbeitet wird und die Forderung besteht, die Fehler beim erstmaligen Auftreten zu erkennen, sind auch alle Eingangs- und Ausgangsmuster zu berücksichtigen, die einen Fehler erkennbar werden lassen. (Für die Testsatzerstellung im Rahmen der Objektprüfung genügte es, ein Muster je Fehler zu finden (vgl. Abschn. 3.2.2)). Die Anzahl der Einträge in der Tabelle kann deshalb nicht mehr reduziert werden.

Die schattierten Zeileneinträge sind die Grundlage, um die Fehlererkennungsoperation Op* aufzustellen. Bekanntlich können sie als Maxterme (Volldisjunktionen) der konjunktiven Normalform einer logischen Operation aufgefaßt werden. Also

$$\begin{aligned} Op^* = {} & (\overline{A}+\overline{B}+\overline{C_i}+\overline{S}+\overline{C_{i+1}})\cdot(\overline{A}+\overline{B}+C_i+S+\overline{C_{i+1}})\cdot(\overline{A}+B+\overline{C_i}+S+\overline{C_{i+1}})\cdot(\overline{A}+B+C_i+\overline{S}+C_{i+1})\cdot \\ & (A+\overline{B}+\overline{C_i}+S+\overline{C_{i+1}})\cdot(A+\overline{B}+C_i+\overline{S}+C_{i+1})\cdot(A+B+\overline{C_i}+\overline{S}+C_{i+1})\cdot(A+B+C_i+S+C_{i+1}). \end{aligned} \tag{4.44}$$

Tabelle 4.4 Eingangsmuster für die Erkennung von Einfach-Haftfehlern eines Adders

A		B		C_i		C_{i+1}		S		A	B	C_i	S	C_{i+1}	S	C_{i+1}	Δ
s-a-0	s-a-1	s-a-0	s-a-1	s-a-0	s-a-1	s-a-0	s-a-1	s-a-0	s-a-1				Soll		Ist		
										0	0	0	0	0	0	0	0
							X			0	0	0	0	0	0	1	1
	X		X		X				X	0	0	0	0	0	1	0	1
										0	0	0	0	0	1	1	-
				X				X		0	0	1	1	0	0	0	1
	X		X							0	0	1	1	0	0	1	1
										0	0	1	1	0	1	0	0
							X			0	0	1	1	0	1	1	1
		X						X		0	1	0	1	0	0	0	1
	X				X					0	1	0	1	0	0	1	1
										0	1	0	1	0	1	0	0
							X			0	1	0	1	0	1	1	1
						X				0	1	1	0	1	0	0	1
										0	1	1	0	1	0	1	0
		X		X						0	1	1	0	1	1	0	1
	X								X	0	1	1	0	1	1	1	1
X								X		1	0	0	1	0	0	0	1
			X		X					1	0	0	1	0	0	1	1
										1	0	0	1	0	1	0	0
							X			1	0	0	1	0	1	1	1
						X				1	0	1	0	1	0	0	1
										1	0	1	0	1	0	1	0
X				X						1	0	1	0	1	1	0	1
			X						X	1	0	1	0	1	1	1	1
						X				1	1	0	0	1	0	0	1
										1	1	0	0	1	0	1	0
X		X								1	1	0	0	1	1	0	1
					X				X	1	1	0	0	1	1	1	1
										1	1	1	1	1	0	0	-
X		X		X				X		1	1	1	1	1	0	1	1
						X				1	1	1	1	1	1	0	1
										1	1	1	1	1	1	1	0

Die Wahrheitstabelle für die Fehlererkennungsoperation kann auch unbestimmte (don't care) Einträge Δ = - enthalten. Sie charakterisieren Situationen, die über das gewählte Fehlermodell hinausgehen (hier Mehrfachfehler) und können für die nachfolgende Minimierung und Optimierung der Fehlererkennungsoperation genutzt werden. Ohne dies für die Gl. (4.44) demonstrieren zu wollen, sei bemerkt, daß die resultierende Fehlererkennungsschaltung etwa von der Komplexität der Adder-Bitscheibe ist.

Um den Overhead klein zu halten, kann zunächst die zu berücksichtigende Fehlermenge reduziert werden. Weiterhin kann man die Überwachung auf eine Untermenge der potentiellen Belegungen beschränken, was einer Aufhebung der Forderung, die Fehler beim erstmaligen Auftreten zu erkennen, entspricht und folglich die Fehlerlatenzzeit erhöht.

Zur Demonstration sei die Fehlermenge Einfachfehler s-a-0 an den Anschlüssen der Adder-Bitscheibe zu berücksichtigen. Nach Tab. 4.4 sind sie mit der Untermenge der Belegungen (A; B; C_i; S; C_{i+1}) = (1; 1; 1; 0; 1); (1; 1; 1; 1; 0) nachweisbar. Der Entwurf der Fehlererkennungsschaltung über die disjunktive Normalform führt unmittelbar zur Fehlererkennungsoperation

$$Op^* = A \cdot B \cdot C_i \cdot \overline{S} \cdot C_{i+1} + A \cdot B \cdot C_i \cdot S \cdot \overline{C_{i+1}} = A \cdot B \cdot C_i \cdot (S \oplus C_{i+1}) \qquad (4.45)$$

und zum Bild 4.29a.

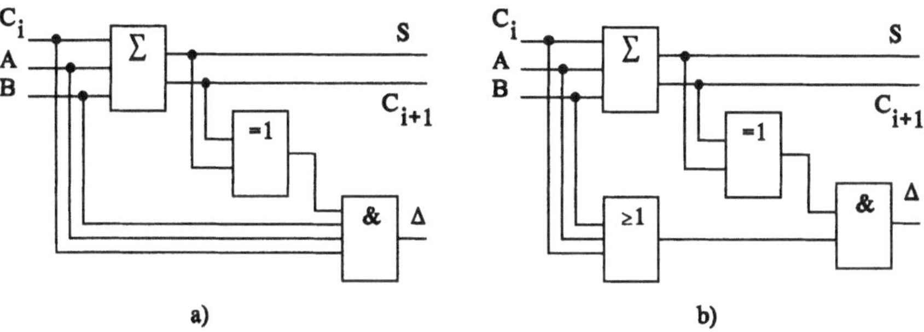

Bild 4.30 Varianten der Hardware-Überwachung einer Adder-Bitscheibe nach [Graf 87]

Wird für die Adder-Bitscheibe die Untermenge (A; B; C_i; S; C_{i+1}) = (0; 0; 1; 0; 0); (0; 1; 0; 0; 0); (1; 0; 0; 0; 0) als Vorgabe für den Entwurf gewählt, so wird über die Fehlererkennungsoperation

$$Op^* = (A + B + C_i)\overline{(S + C_{i+1})} \qquad (4.46)$$

die noch weniger aufwendige Fehlererkennungsschaltung nach Bild 4.29b erhalten. Schon die verbale Beschreibung der Lösung - Auslösen einer Fehlermeldung, wenn mindestens ein Eingang der Bitscheibe logisch 1 führt und dabei nicht mindestens ein Ausgang logisch 1 führt - weist darauf hin, daß aufgrund der Fehleräquivalenz auch eine Reihe von Mehrfachfehlern erkannt werden.

Der Entwurfsaufwand für sequentielle Diagnoseobjekte [Göss 91] ist erklärlicherweise höher, als für die hier behandelte kombinatorische Hardware.

Die kurze Reaktionszeit auf auftretende Fehler, die mit der Fehlererkennung unmittelbar verbundene Fehlerlokalisierung und die damit gegebene Möglichkeit einer schnellen Fehlerbehandlung z.B. durch Operationswiederholung bei transienten bzw. intermittierenden Fehlern oder durch automatische Rekonfigurierung des Systems oder durch Anfordern von Reparaturhandlungen überwiegen im allgemeinen den Nachteil zusätzlich aufzubringender Hardware-Ressourcen. Fehlererkennungsschaltungen sind deshalb in vielfältiger Form in der physikalischen Ebene des Diagnosesystems von Computern implementiert und werden durch das Interruptsystem bedient.

4.8.2 Hardware-Überwachung von Hilfsfunktionen

Auch Hilfsfunktionen (Takt, Uhr, Lüfter, Laufwerke u.a.) sind bevorzugte Anwendungsfelder dieser Prüfmethode. Über- bzw. Unterspannungen der Stromversorgung einschließlich eventueller Batterieversorgung lösen Warnungen vor bevorstehenden Stromausfällen aus (Bild 4.30a). Bei Einschalt- und Ausschaltprozessen bzw. kurzzeitigen Spannungseinbrüchen sprechen RESET-Generatoren (Bild 4.30b) an, die für eine Initialisierung des Systems bzw. für eine ordnungsgemäße Abschaltung sorgen.

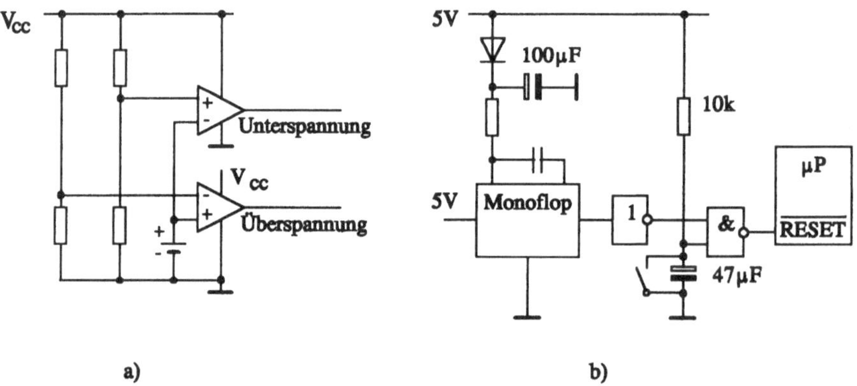

Bild 4.29 Überwachung der Stromversorgung
a) Komparator; b) RESET-Generator nach [Will 84]

Die Hardware-Überwachung eines Systemtakts CLK ist im Bild 4.31 gezeigt. Durch eine vom Systemtakt unabhängig generierte Impulsfolge werden zwei Zähler gespeist, die alternierend durch die Systemtaktaktivität zurückgesetzt werden. Die Wahl der Frequenz der Impulsfolge und der Zählerkapazität erfolgt in Verbindung mit dem beabsichtigten Zeitfenster für die Beobachtung des Systemtakts. Der Ausfall eines Taktzyklus führt zu einem Fehlersignal.

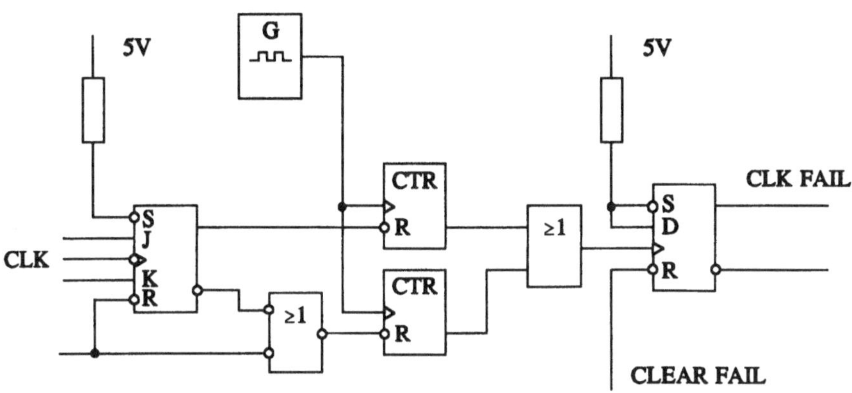

Bild 4.30 Taktüberwachung nach [Buyc 85]

Noch weitgehender ist die Überwachung der Takterzeugung nach [Chan 73] (Bild 4.32). Nicht nur die Taktaktivität sondern auch analoge Parameter des vierphasigen Systemtakts sind einbezogen. Die Fehlererkennungslogik signalisiert Impulsausfälle und nichttolerierbare Überlappungen einzelner Phasen des Taktes, indem diese "getort" werden. Änderungen der Impulsform werden durch Gleichrichten und Tiefpassfilterung auf eine Gleichspannung abgebildet. Die aus einem Vergleich mit einer Referenzspannung resultierende Differenzspannung wird durch einen Schwellwertkomparator bewertet.

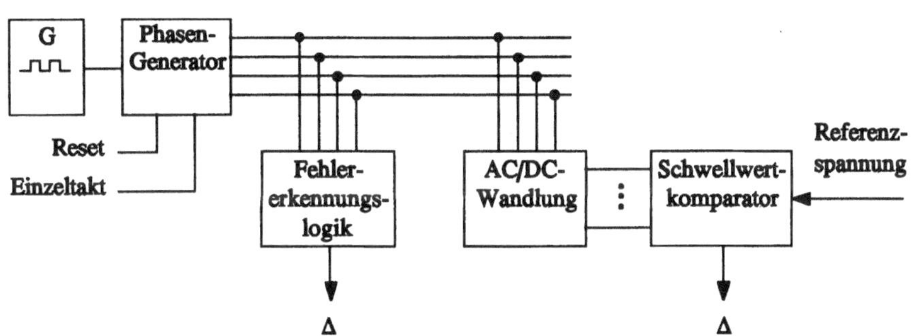

Bild 4.3132 Takt- und Taktparameter -Überwachung

4.8.3 Selbstprüfende Fehlererkennungsschaltungen

Bei der Behandlung einzelner Prüfmethoden wurde schon darauf hingewiesen, daß die Prüfstrukturen wie Referenzmuster, Vergleicher, Identifikator usw., d.h. alternative Diagnoseaussagen liefernde Fehlererkennungschaltungen allgemein, die Diagnosesicherheit beeinflussen. Durch Defekte in den Fehlererkennungsschaltungen können ansonsten beobachtbare Fehler der Diagnoseobjekte maskiert werden. Zum Beispiel wird ein Fehler s-a-1 an einem Eingang des NOR-Gatters der Fehlererkennungsschaltung nach Bild 2.29b dazu führen, daß stets $\Delta = 0$ (Diagnoseobjekt fehlerfrei) ausgegeben wird. Die Antwort auf die Frage "Wer überwacht den Wächter?" kann sicher nicht darin bestehen, lawinenartig Fehlererkennungsschaltungen mit Fehlererkennungsschaltungen zu versehen.

Als Antwort auf die provozierte Frage wurde in [Cart 68], [Ande 73] und [Wake 74] das Konzept der Selbstprüfbarkeit entwickelt. Unter diesem Aspekt wird eine Schaltung, beschrieben durch die Ein-/Ausgangsverknüpfungen (4.41), mit im normalen Betrieb geltenden Eingangsmustermenge $\mathbb{N} \in \mathcal{E}$ und Ausgangsmustermenge $\mathcal{S} \in \mathcal{A}$, durch folgende Eigenschaften charakterisiert:

- *Selbstprüfbarkeit* (self-testing). Für einen beliebigen Fehler f_j aus einer vorgegebenen Fehlermenge $\mathcal{F}$ wird für mindestens einen Eingangsvektor aus der geltenden Eingangsmustermenge ein Ausgangsvektor erzeugt, der nicht der geltenden Ausgangsmustermenge angehört:

$$\begin{aligned} A^{*} &\in S \quad \textit{für} \ \nexists f_j \ \textit{und} \ \forall E \in \mathbb{N} \\ A^{*} &\notin S \quad \forall f_j \in \mathcal{F} \textit{und} \ E_i \in \mathbb{N} \end{aligned} \tag{4.47}$$

  Der betreffende Eingangsvektor ist ein Prüfmuster für den Fehler f_i.
- *Fehlersicherheit (fault-secureness)*. Für einen beliebigen Fehler f_j aus einer vorgegebenen Fehlermenge $\mathcal{F}$ werden für jeden Eingangsvektor aus der geltenden Eingangsmustermenge ein den Verknüpfungen (4.41) entsprechender korrekter, der geltenden Ausgangsmustermenge zugehöriger Ausgangsvektor oder ein der geltenden Ausgangsmustermenge nichtzugehöriger Ausgangsvektor erzeugt:

$$\begin{aligned} A^{*} &= Op\,(E; f_j) = Op\,(E) \quad \forall f_j \in \mathcal{F} \textit{und} \ \forall E \in \mathbb{N} \\ A^{*} &= Op\,(E; f_j) \notin S \qquad \forall f_j \in \mathcal{F} \textit{und} \ \forall E \in \mathbb{N}\,. \end{aligned} \tag{4.48}$$

  Das heißt, bei Anwesenheit eines Fehlers aus der vorgegebenen Fehlermenge wird entweder der gleiche Ausgangsvektor wie bei Abwesenheit des Fehlers erhalten oder der erzeugte fehlerkennzeichnende Ausgangsvektor gehört nicht der zugelassenen Ausgangsmustermenge an. Der vorgegebenen Fehlermenge nichtzugehörige Fehler können jedoch den Verknüpfungen (4.41) nichtentsprechende inkorrekte, der geltenden Ausgangsmustermenge zugehörige Ausgangsvektoren provozieren. Diese sind nicht erkennbar.

- *Totale Selbstprüfbarkeit* (totally self-checking). Diese Eigenschaft liegt vor, wenn sowohl Selbstprüfbarkeit als auch Fehlersicherheit gegeben sind.

Diese Eigenschaften sind sowohl vom Diagnoseobjekt als auch von der Fehlererkennungsschaltung zu fordern. In der Abgrenzung der Eigenschaften für Diagnoseobjekte wird jedoch immer davon ausgegangen, daß die Eingangsvektoren (wie auch im Abschn. 3.1.2 formuliert) aus der im normalen Betrieb zugelassenen Eingangsmustermenge $\mathbb{N}$ stammen. Diese Voraussetzung ist für Fehlererkennungsschaltungen nicht aufrechtzuerhalten. Die Beziehungen (4.46) und (4.47) weisen Ausgangsvektoren des Diagnoseobjekts aus, die nicht aus der zugelassenen Ausgangsmustermenge $\mathcal{S}$ stammen. Diese sind jedoch Eingangssignale für die Fehlererkennungsschaltung, die folglich eine weitere Eigenschaft besitzen muß:

- *Kodetrennbarkeit* (code-disjointness). Eingangsvektoren, die nicht der im normalen Betrieb geltenden Eingangsmustermenge angehören, erzeugen Ausgangsvektoren, die nicht der im normalen Betrieb geltenden Ausgangsmustermenge angehören:

$$\begin{aligned} \vec{A} &= Op\,(\vec{E}) \in \mathcal{S} \quad \forall\, \vec{E} \in \mathbb{N} \\ \vec{A} &= Op\,(\vec{E}) \notin \mathcal{S} \quad \forall\, \vec{E} \notin \mathbb{N}\,. \end{aligned} \qquad (4.49)$$

Weitere Detaillierungen und Präzisierungen von Anforderungen sind mit den Arbeiten [Smit 78], [Smit 83], [Nico 84] und [Nany 85] verbunden.

Die im Abschn. 4.8.1 entworfenen Fehlererkennungsschaltungen (Bild 4.29) signalisieren mit $\Delta = 0$ den fehlerfreien normalen Betrieb des Diagnoseobjekts. Ein Fehler s-a-0 des Ausgangs der Fehlererkennungsschaltung wird daher nicht erkannt. Dem ist abzuhelfen, wenn die Fehlerfreiheit sowohl durch den 0-Pegel als auch durch den 1-Pegel signalisiert wird. Das ist mit einem Ausgang natürlich nicht zu gewährleisten. Die Schlußfolgerung ist, daß in bezug auf Einfachfehler total selbstprüfbare Fehlererkennungsschaltungen mindestens über zwei Ausgänge verfügen müssen, von denen keiner einen konstanten Pegel führen darf [Cart 68]. Der fehlerfreie normale Betrieb wird dann durch die Ausgangsvektoren der Fehlererkennungsschaltung (0; 1) oder (1; 0) signalisiert, während die Belegungen (0; 0) oder (1; 1) der Signalisierung eines Fehlers vorbehalten sind. Die Ausgangsvektoren entsprechen damit einem 1-Bit-Fehler erkennenden 1-aus-2-Kode mit einer Informationsstelle und einer Prüfstelle (Hamming-Distanz $d = 2$), die einfach das Komplement der Informationsstelle darstellt.

Bild 4.33a zeigt die Wahrheitstabelle für einen Komparator, wie er z.B. für die Referenzmethode (Bild 4.1) benötigt wird. Verglichen werden zwei Vektoren (E_1; E_2) und (E'_1; E'_2), die im fehlerfreien Fall bitweise komplementär sind. Für die Referenzmethode bedeutet das, daß die Ausgänge des Referenzmusters zu negieren sind oder daß das

Referenzmuster komplementär aufzubauen ist. Die Don't-Care-Einträge können wieder für die Optimierung der Implementierung genutzt werden. Der oben und hier angesprochene Entwurf auf der Basis von Wahrheitstabellen ist zwar universell und für beliebige Schaltungen anwendbar, wird aber ohne Unterstützung durch ein Entwurfssystem schnell unhandlich.

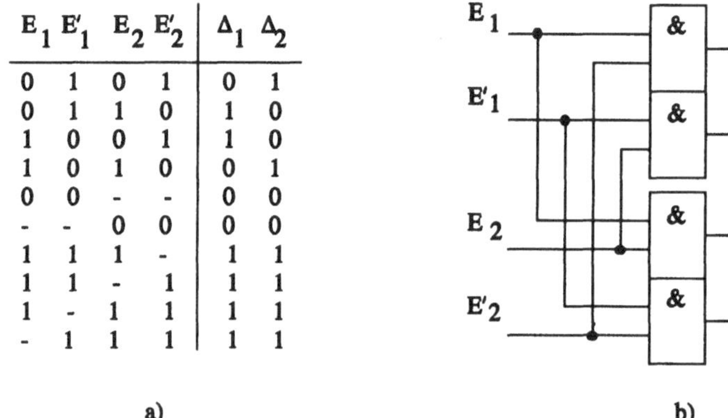

E_1	E'_1	E_2	E'_2	Δ_1	Δ_2
0	1	0	1	0	1
0	1	1	0	1	0
1	0	0	1	1	0
1	0	1	0	0	1
0	0	-	-	0	0
-	-	0	0	0	0
1	1	1	-	1	1
1	1	-	1	1	1
1	-	1	1	1	1
-	1	1	1	1	1

Bild 4.33 Total selbstprüfbarer Komparator nach [Gern 90]

Es ist leicht nachprüfbar, daß die Implementierung nach Bild 4.33b (two-rail code checker genannt) selbstprüfbar für Einfachfehler und kodetrennend ist. Die Schaltung ist kaskadierbar, um n Bit breite Vektoren zu vergleichen. Wird im normalen Betrieb dann aber nur eine Untermenge der möglichen 2^n Muster genutzt, können Prüfmuster unter den ungenutzten Binärkombinationen sein. Die Selbstprüfbarkeit der Kaskade muß neu bewertet werden [Fuji 87].

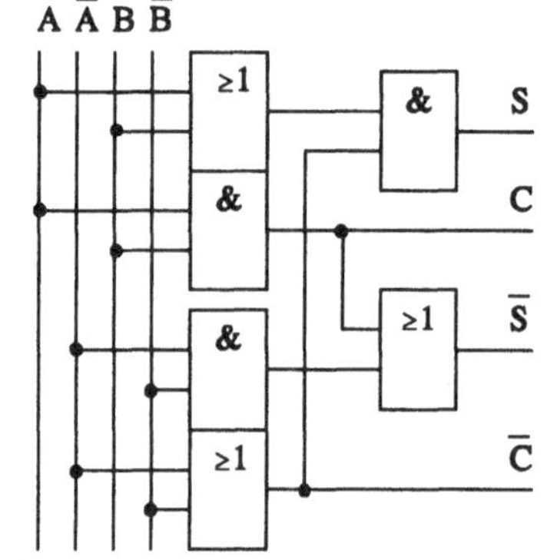

A	B	$\bar{A}$	$\bar{B}$	S	$\bar{S}$	C	$\bar{C}$
0	0	1	1	0	1	0	1
0	1	1	0	1	0	0	1
1	0	0	1	1	0	0	1
1	1	0	0	0	1	1	0

Bild 4.34 Selbstprüfbarer Halbadder

Komplementäre Signale sind natürlich auch ein gutes Mittel, um von vornherein selbstprüfbare Diagnoseobjekte aufzubauen [Sell 68]. Ein in dieser Technik entsprechend modifizierter Halbadder nach Bild 3.41 ist im Bild 4.34 zu sehen. Formal gesehen, sind im komplementären Zweig die OR-Gatter durch AND-Gatter und umgekehrt ersetzt, während die Negation durch einfache Leitungskreuzung erzielt wird. Letzteres ergibt auch eine Aufwandsverbesserung gegenüber einer Dublierung des Halbadders.

Eine andere verbreitete Aufgabe für einen Identifikator im Rahmen der Prüfmethode Informationsredundanz (Bild 4.9) ist die Paritätsprüfung. Die Konstruktionsvorschrift für einen selbstprüfbaren Paritäts-Identifikator soll an einem 8-Bit-Datenwort, paritätsbit-gesichert, demonstriert werden. Die 9 Zeichen werden in zwei Gruppen aufgeteilt und einer Baumstruktur kaskadierter EXOR-Gatter zugeführt [Cart 70]. Wie aus Bild 4.35 ersichtlich, besteht bei ungerader Parität das gesamte Eingangsmuster aus einer ungeraden Anzahl der Ziffer 1. Demzufolge wird ein Teilmuster an den EXOR-Gattern eine ungerade Anzahl, das andere jedoch eine gerade Anzahl aufweisen. Im fehlerfreien normalen Betrieb ist also am Ausgang des Identifikators $(\Delta_1; \Delta_2) = (0; 1); (1; 0)$ zu erwarten. Bei gerader Parität des fehlerfreien Datenworts ist der Ausgang eines der EXOR-Gatter zu negieren. - Werden alle Binärkombinationen in den Datenworten ausgeschöpft, so ist der Identifikator selbstprüfbar und kodetrennend. Wird nur eine Untermenge genutzt, muß diese Grundlösung modifiziert werden [Fuji 87].

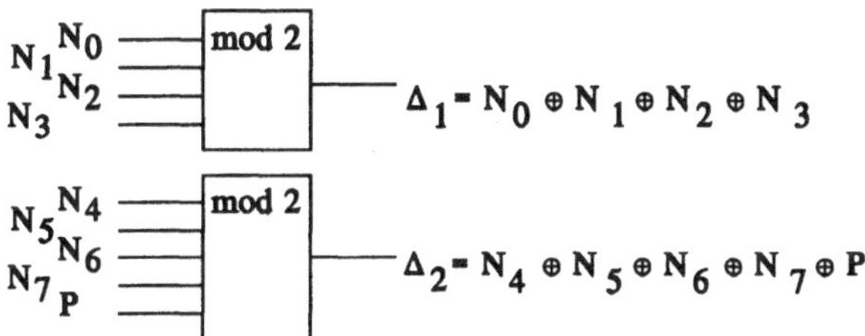

Bild 4.35 Selbstprüfbarer Paritäts-Identifikator

Das gleiche Konstruktionsprinzip kann für Identifikatoren von m-aus-n-Kodes, in denen jedes Kodewort m mal die Ziffer 1 und n-m mal die Ziffer 0 aufweist, mit einer Selbstprüfbarkeit bezüglich aller Einfachfehler angewendet werden. Entwürfe für mehrstufige AND-OR-Realisierungen sind in [Ande 73], Modifizierungen für m-aus-n-Kodes in [Redd 74], [Wang 79], [Pies 83] und Lösungen für separierbare Kodes (Berger-Kode, Restklassen-Kode) in [Ashj 77] enthalten.

4.9 Programmtechnische Methode

Die Klassifikation einer Programmtechnischen Methode mag als strittig erscheinen, da es nicht ungewöhnlich ist, daß Prüfmethoden eine Hardware- oder Software-Implementierung erfahren können. Zu dieser Unschärfe kommt hinzu, daß im Diagnosesystem unterschiedliche Methoden kombiniert sind und aufeinander aufbauen (z.B. Informationsredundanz und Hardware-Überwachung als Auslöser einer Maschinenfehlerunterbrechung, anschließende Interrupt-Routinen und Fehlerbehandlung). Einige der nachfolgend zu charakterisierenden Verfahren erheben jedoch durchaus Anspruch auf Eigenständigkeit.

Die Programmtechnische Methode ist für Objekte höherer Funktionskomplexität, die in ihren Funktionen programmierbar sind und deren Verhalten durch einen Befehlssatz vollständig beschrieben wird, prädestiniert (Bild 4.36).

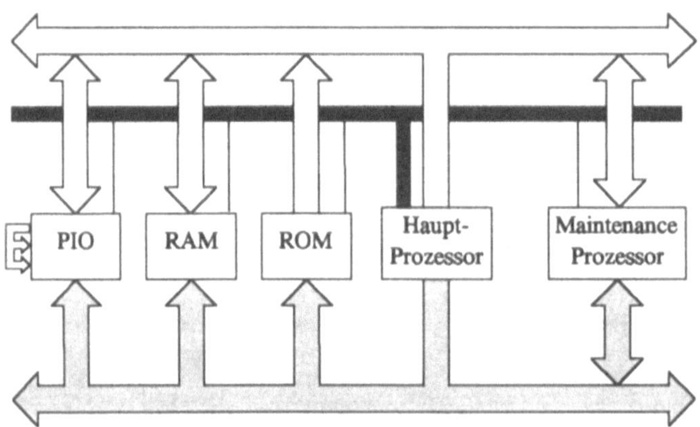

Bild 4.36 Programmtechnische Methode

Waren die bisher betrachteten Prüfmethoden im wesentlichen, wenn auch nicht nur, funktionsgruppen- (schaltungs-) orientiert, so bietet die Programmtechnische Methode vielfältige Möglichkeiten für die Diagnose der Hardware- und Software-Ressourcen in ihrem Zusammenwirken auf dem Systemniveau. Voraussetzung sind entsprechende Diagnoseprogramme bzw. in den Anwenderprogrammen eingelagerte diagnostische Programmsequenzen und eine gewisse Mindestfunktion des Diagnoseobjekts selbst. In Abhängigkeit vom Verfahren gibt es Programmsequenzen, die in jedem Lauf der Anwenderprogramme präsent sind, während andere nur beim Start des Systems oder in Arbeitspausen aktiviert werden oder dritte nur bei der Inbetriebnahme oder für die Wartung benutzt werden.

Die angesprochene Mindestfunktion des Diagnoseobjekts, die für die bisher betrachteten Prüfmethoden (vgl. z.B. Patternmethode) nicht unbedingt erforderlich war, muß durch Vorprüfungen oder eine geeignete Gestaltung des Diagnoseprogramms sichergestellt werden. Für so vorzuprüfende Hardware- und Software-Bestandteile wurde im Abschn. 2.3 der Begriff *Diagnosekern* eingeführt.

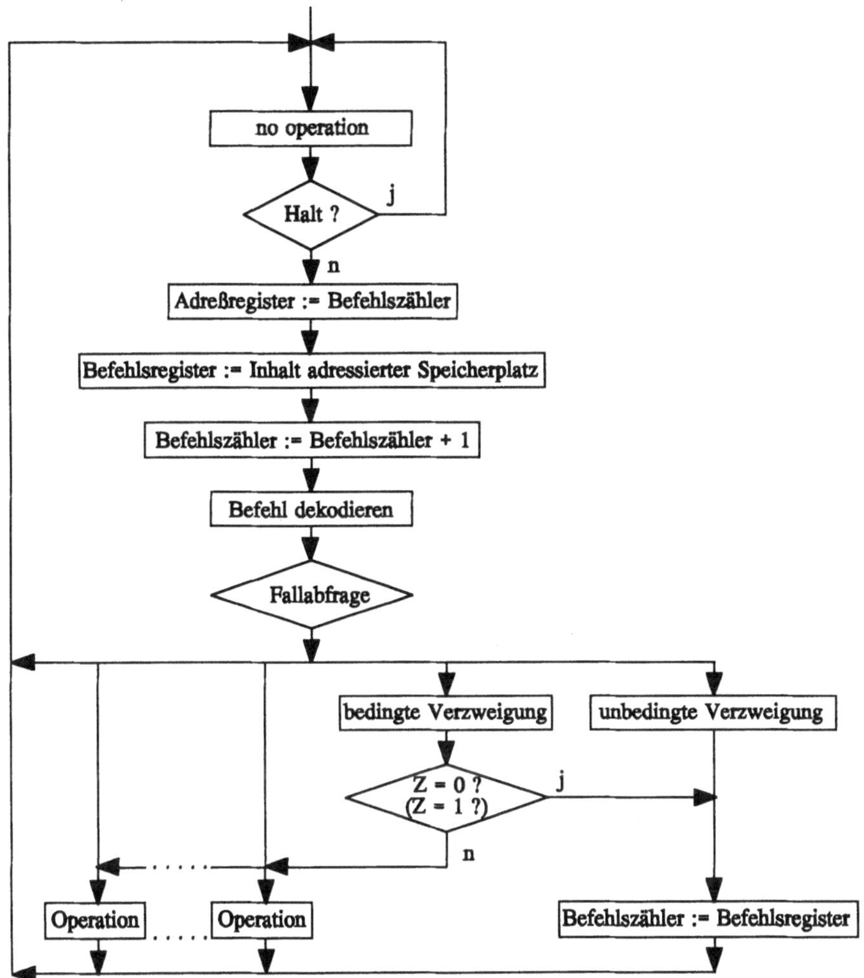

Bild 4.37 Befehlszyklus des von-Neumann-Rechners

Soll mit der Programmtechnischen Methode unter *Testbedingungen* geprüft werden, so ist das Diagnoseprogramm im allgemeinen im prüfobjekteigenen ROM abgelegt; es kann aber auch vor der Prüfausführung von einem externen Speicher in den RAM-Bereich geladen werden. Ein erfolgreiches Laden des Prüfprogramms vorausgesetzt, ist zunächst der Diagnosekern als Minimum beanspruchter Hardware und auf ihr ausführbarer Befehle aufzubauen. Dazu vergegenwärtige man sich den Befehlszyklus eines von-Neumann-Rechners (Bild 4.37).

Ein einzelner Befehl ist natürlich ohne äußere Hilfsmittel nicht prüfbar. Erst die sinnvolle Kombination von Befehlen zum Transfer von Daten- und Befehlsworten zwischen Hauptspeicher und Registern des Prozessors, für den Vergleich im Prozessor sowie für eine Verzweigung des Programmablaufs durch Veränderung des Befehlszählers ergibt minimale diagnostische Befehlsfolgen (vgl. [Ebel 78]). Eine solche Befehlsfolge könnte z.B. darauf abzielen,

- Daten von einem Speicherplatz in ein Register zu übertragen
- den Registerinhalt mit den ursprünglichen aus dem Speicher gelesenen Daten zu vergleichen
- bei Z = 1 (Ungleichheit) auf den HALT-Befehl zu verzweigen bzw. einen Pseudo-Halt durch eine Endlosschleife (durch Zeitüberwachung feststellen) zu provozieren
- Bei Z = 0 den Registerinhalt auf den Speicherplatz übertragen
- die Prüfsequenz zu wiederholen, den Vergleich aber mit den komplementären Daten zu vollziehen.

Dabei beanspruchte Hardware-Bestandteile sind neben den Hilfsfunktionen:

- Hauptspeicher mit Adreßregister, Adreßdekoder und Datenregister
- Adreß-, Daten-, Steuerbus, Bustreiber
- Befehlszähler, Befehlsregister, Befehlsdekoder
- Operationssteuerung
- Programmstatusregister
- allgemeine Register
- Arithmetisch-Logische Einheit.

Das macht auf den ersten Blick einen recht umfassenden Eindruck. Dieser wird jedoch relativiert, wenn man bedenkt, daß immer nur ein Teil der funktionellen Potenzen der Bestandteile (begrenzter Adreßraum, Steuerung bzw. Abarbeitung ausgewählter Operationen, Zero-Flag des Programmstatusregisters usw.) berührt ist. Man muß deshalb bestrebt sein, diese Grundbefehle mit verschiedenen Daten, unter Einbeziehung unterschiedlicher Hardware-Bestandteile (z.B. Register), in unterschiedlicher Kombination gründlich auszutesten, um so die Wahrscheinlichkeit der Erkennung von Fehlern zu erhöhen. Sofern keine Fehlermenge vorgegeben ist, ist die Bewertung der Diagnosesicherheit wieder problematisch.

Im weiteren werden nach dem *Bootstrap-Prinzip* unter Nutzung der schon geprüften Befehle und Hardware-Bestandteile sukzessive immer neue Ressourcen in die Prüfung einbezogen, bis schließlich das gesamte Diagnoseobjekt erfaßt wurde. Mit der Zunahme geprüfter Ressourcen erhöhen sich auch die Möglichkeiten, ein Ergebnis mit unterschiedlichen Befehlen oder Befehlssequenzen zu erzielen und diese miteinander zu vergleichen. Die Frage nach einer möglichst erfolgsträchtigen Reihenfolge dieser sukzessiven Erweiterung des Diagnoseobjekts, wird in [Srin 77] mit dem Versuch einer Wichtung beantwortet (Tabelle 4.5).

Tabelle 4.5 a) Bestimmung von Gewichtsfaktoren, befehlsorientiert

Befehle	Befehlsformat				mögliche Operationen				beanspruchte Busleitungen			Zyklus-zahl	Flag-Bits			Gewichts-faktor
	RR	RX	RS	...	AND	OR	NOT	...	A	D	S		Z	C	...	
Befehl 1																
Befehl 2																
Befehl 3																
...																

Tabelle 4.5 b) Bestimmung von Gewichtsfaktoren, hardware-orientiert

Hardware-Bestandteil	Anzahl der Gatterniveaus	Anzahl der Rückführungen	Anzahl beanspruchter Befehle	Gewichts-faktor
Adreßbus				
Befehlszähler				
Befehlsregister				
...				

Alle Zeileneinträge werden zur Bildung des Gewichtsfaktors aufaddiert. Die Befehle und die Hardware-Bestandteile mit den kleinsten Gewichtsfaktoren werden als die "sichersten" Ressourcen angesehen. Die sukzessive Einbeziehung in die Prüfung erfolgt in der Reihenfolge der aufsteigenden Gewichte. Aus diesen Überlegungen heraus, scheint eine Reihenfolge Busprüfung, Prüfung grundlegender Befehle, ROM-Prüfung, weiterer Befehlssatz, RAM-Prüfung, Interrupt-Prüfung, Peripherie-Prüfung angebracht zu sein. Teilweise müssen für die programmtechnische Selbstprüfung konstruktive Voraussetzungen im Diagnoseobjekt geschaffen werden. Eine solche ist die im Bild 4.36 links angedeutete Rückführung ausgegebener Daten auf die Eingabeports.

Hier sei ausdrücklich auf die Verbindung zur Patternmethode hingewiesen. Mit einem ausreichend geprüften Satz von Befehlen lassen sich für einzelne Hardware-Bestandteile Testmuster mit vorgegebener Fehlerüberdeckung im Sinne der Objektprüfung generieren.

Solche Prüfprogramme können im Hintergrund laufen, bzw. werden in Arbeitspausen prophylaktisch oder in der Wartung eingesetzt. Arbeitet das Diagnoseprogramm zum Zwecke der Fehlererkennung nach dem Prinzip der sukzessiven Erweiterung des Diagnoseraums, so ist für die Fehlerlokalisierung eine sukzessive Einengung des Diagnoseraums charakteristisch.

Der sequentielle Charakter der Programmabarbeitung von Einprozessor-Computern führt bei eingefügten Diagnosesequenzen zu einem Geschwindigkeitsverlust in der Bearbeitung der eigentlichen Aufgabe. Die nebenläufige Bearbeitung von Arbeits- und Diagnoseprogrammen wird mit dem Einsatz von *Diagnose-* (Maintenance-, Watchdog-, Service-, Konsol-) *Prozessoren* [Liu 84], [Mahm 88], die dann den Diagnosekern darstellen, bzw. in Mehrprozessor-Systemen ermöglicht.

Große Bedeutung hat der Einsatz der Programmtechnischen Methode unter *Betriebsbedingungen.*

Die hier betrachtete Programmtechnische Methode ist jedoch nicht mit dem *Testen von Software* (vgl. [Bell 84], [Haus 87], [Wall 90] zu verwechseln, das (hoffentlich) umfangreich und in unterschiedlichen Formen während der Software-Entwicklung, also in einer vorgelagerten Lebensphase, erfolgt, obwohl es auf den ersten Blick durchaus Gemeinsamkeiten gibt. Funktionale Tests prüfen ein Programm auf die Erfüllung seiner Spezifikation, strukturelle Tests auf die innere Struktur. In statischer Hinsicht erfolgt die Analyse des Quellkodes auf seinen logischen Aufbau, ohne daß Testdaten verwendet werden. In dynamischer Hinsicht wird die Ausführung eines übersetzten Programms mit konkreten Testdaten und die Überwachung der Gültigkeit der Programmergebnisse gefordert. Wie bei der Hardware-Diagnose hat man das Problem der Vollständigkeit bzw. Testdaten zu finden, die eine mindestens einmalige Ausführung eines jeden Befehls (Zweigüberdeckung) und eines jeden Kontrolltransfers sicherstellen. Mit dem Abnahmetest wird die Fehlerfreiheit eines Programms unterstellt.

Da Software im Gegensatz zur Hardware keine alterungsbedingten Fehlerbilder kennt, ist auch die Programmtechnische Methode nicht an Softwarefehlern in der Betriebsphase von Rechensystemen orientiert. Die in der Software verbliebenen Entwurfsfehler sind zwar noch ein Problem, ihre Erkennung durch die Programmtechnische Methode ist aber eher die Ausnahme.

Ausgangspunkt der hier anzustellenden Betrachtungen ist, daß Programme auf einer Hardware-Plattform abgearbeitet werden. Von der statischen Gegenständlichkeit eines Programms (Dokumentation, gespeicherter Kode) ist also seine dynamische Ausführung zu unterscheiden. Die Ausführung eines Programms wird oft als ein "Prozeß der Transformation von Daten eines gegebenen Eingabebereichs in einen gegebenen Ausgabebereich" beschrieben (vgl. [Kope 77]). Im Rechner gespeicherte oder über Eingabeports anliegende Daten werden umgeformt. Da Programme aus einer im Entwurf vorgegebenen Folge von Befehlen bestehen, interessiert in der Ausführungsphase eines Programms sowohl der Datenfluß als auch der Programmfluß. Der Multigraph eines Programms, in dem die Knoten Anweisungen repräsentieren (Bild 4.38), macht diese beiden Aspekte deutlich.

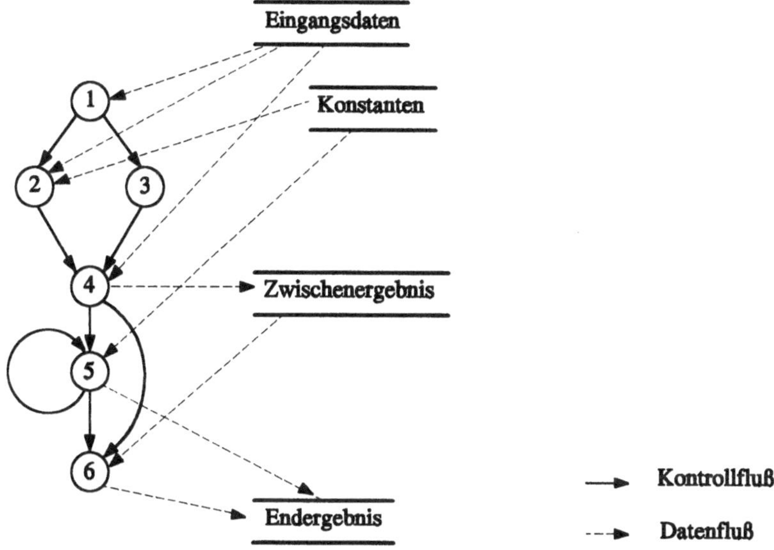

Bild 4.38 Multigraph eines Programms

Während der Programmfluß die einzelnen Aktionen der Verarbeitung im Computer charakterisiert, stellt der Datenfluß die folgerichtige Nutzung der Eingangsdaten über die Bestimmung von Zwischenergebnissen bis zur Ausgabe der Endresultate heraus. Permanente, intermittierende oder transiente Fehler im Rechensystem bzw. Bedienungsfehler können den Maschinenkode im Programmspeicher bzw. Programmdaten im Hauptspeicher, im Registerfile oder in externen Speichern verfälschen, den Kontrollfluß verändern und auf diesen Wegen oder auch direkt fehlerhafte Ergebnisse provozieren. Programmtechnische Prüfungen zur Gewährleistung der Korrektheit der Verarbeitung und der Verfügbarkeit der Anlage konzentrieren sich deshalb (Bild 4.39)

- auf das Ergebnis des auf einer gegebenen Hardware-Plattform ausgeführten Programms

und auf der Basis einer gemeinsamen Analyse von Programmfluß und Datenfluß, wie sie auch während des Systementwurfs mit Techniken wie "Strukturierte Analyse" praktiziert wird [DeMa 79],

- auf die Korrektheit des Programmablaufs
- auf die Konsistenz von Daten und Aktionen.

Einige Verfahren, wie der Einsatz diversitärer Programme oder die Lösung von Kontrollaufgaben sind auch für die Erkennung von Entwurfsfehlern geeignet.

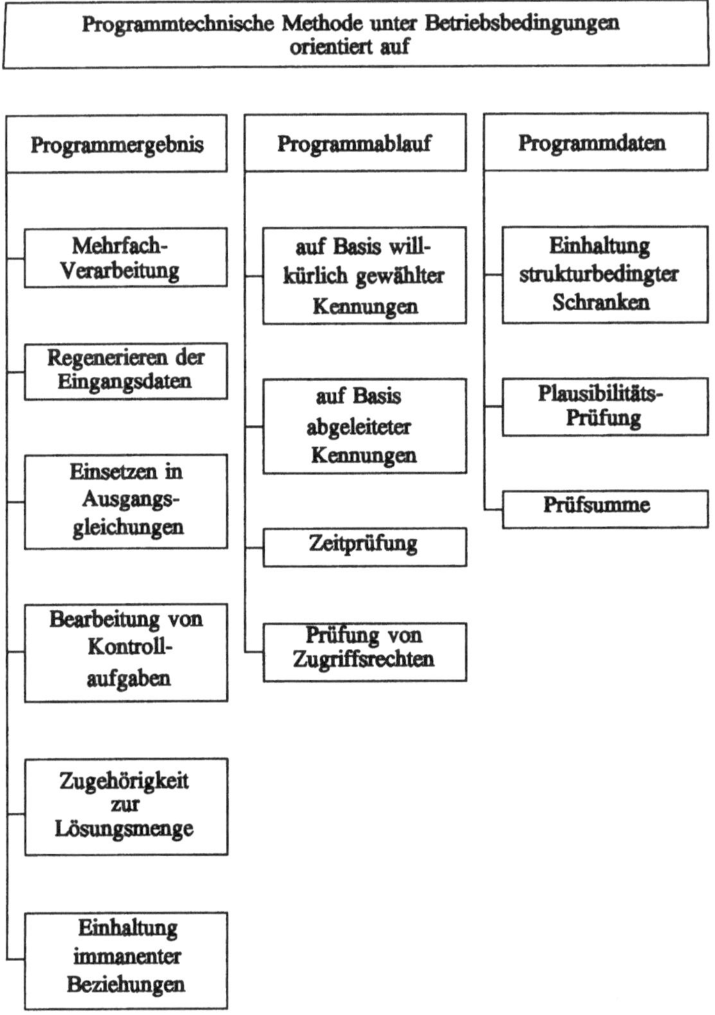

Bild 4.39 Unterteilung der Programmtechnischen Methode unter Betriebsbedingungen

4.9.1 Programmergebnis-orientierte Verfahren

Mehrfachverarbeitung. Sie ist ein grundlegendes Konzept zur Erzielung von Fehlertoleranz [Aviž 84]. In Erweiterung der Intentionen der Referenzmethode und der Methode der Zeitredundanz können hier sowohl Zeit- als auch Hardware- und Software-Ressourcen beteiligt sein. Es zeigt sich, daß jede der möglichen Kombinationen eine sinnvolle Anwendung sein kann bzw. auch erfahren hat.

Die Grundidee sieht den mindestens zweimaligen Durchlauf von identischen Programmsequenzen und den anschließenden Vergleich der Ergebnisse vor. Voraussetzung ist, daß gleichbleibende Eingangsdaten gewährleistet werden können. Damit werden transiente und intermittierende Fehler erkannt. Beim Einsatz diversitärer Programme werden auch Entwurfsfehler und u.U. permanente Fehler erfaßt. Es ist allerdings unbestimmt, welcher der Verarbeitungsläufe durch einen Fehler beeinträchtigt wurde. Stimmen die Ergebnisse nicht überein, hilft deshalb eine dritte Verarbeitung und eine Mehrheitsentscheidung. Nachteilig sind der zusätzliche Speicheraufwand und die längere Bearbeitungszeit (wenigstens Verdopplung). Der zusätzliche Zeitaufwand kann gegen zusätzlichen Hardwareaufwand "getauscht" werden, wenn man nebenläufige Prozesse z.B. in Mehrprozessorsystemen organisiert und damit die Referenzmethode einbezieht.

In einigen Fällen ist es möglich, einen vereinfachten bzw. *verkürzten Bearbeitungsalgorithmus* im Probelauf zu verwenden, um Zeit zu sparen. Als Beispiel kann die numerische Integration dienen, bei deren verkürzter Ausführung man mit größerer Schrittweite arbeiten kann. Für den Vergleich gilt es zu beachten, daß ein verkürzter Algorithmus in der Regel ein ungenaueres Ergebnis als der Originalalgorithmus liefert.

Eine wesentliche Entwurfsvorgabe ist die erlaubte Fehlerlatenzzeit. Entsprechend ist das Gesamtprogramm in wiederholbare Abschnitte zu unterteilen. Ein anderer Gesichtspunkt ist die zulässige Reaktionszeit (zwischen Eingaben und Ausgaben) des Systems. Jede Wiederholung beinhaltet auch "unproduktive" Operationen wie das Retten des Programmstatus, Bereitstellen der Daten und den Vergleich. Bei der Wahl kürzerer zu vergleichender Abschnitte wächst natürlich ihr Anteil an der Gesamtverarbeitung. Längere Vergleichsabstände bergen die Gefahr, daß in der Verarbeitung mehrere Fehler aufgetreten sein können und daß damit die Wahrscheinlichkeit sinkt, jemals zwei identische Verarbeitungsergebnisse zu erhalten. Das Optimum ist offensichtlich von der Fehlerwahrscheinlichkeit abhängig zu machen.

Eine interessante Modifizierung, die die genannten Nachteile weitgehend vermeidet, wurde mit der *"zyklischen Abwechslung"* für die Regelungstechnik entwickelt [Laub 84] (Bild 4.40).

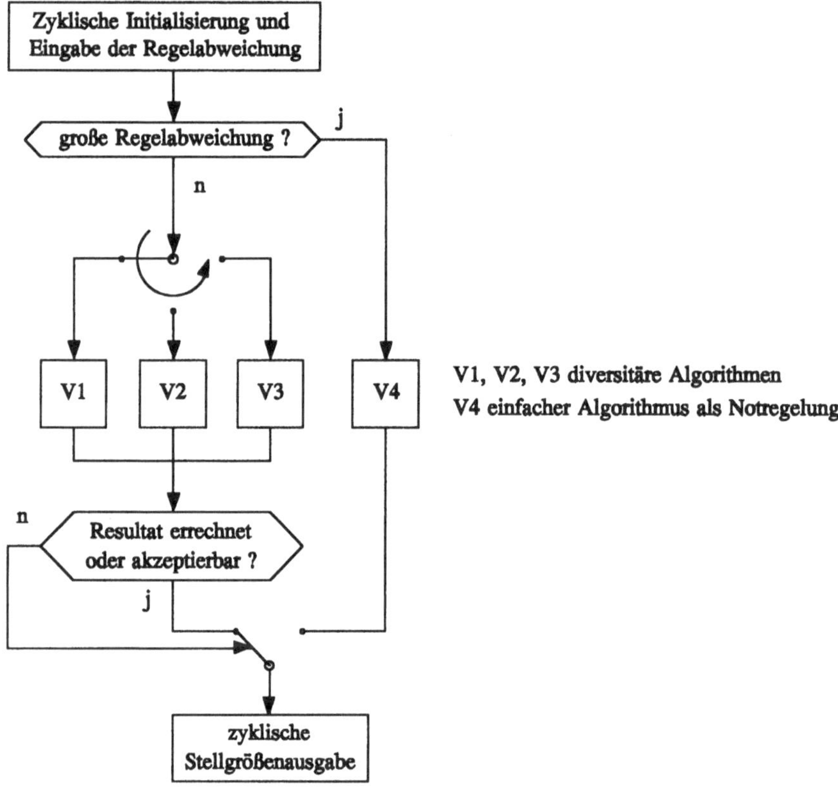

Bild 4.40 Verfahren der Zyklischen Abwechslung [Laub 84]

In bestimmten Anwendungen können die Auswirkungen eventueller Fehler in einem Programmlauf als Störungen im Regelkreis aufgefaßt werden. Durch diversitäre Programme werden die Störgrößen durch nachfolgende Stellgrößen ausgeregelt, wodurch Fehler nicht nur erkannt, sondern auch toleriert werden. Nur wenn die Regelabweichung zu groß wird, muß auf ein Notprogramm umgeschaltet werden.

Regenerieren der Eingangsdaten. Dieses aus der Schulzeit als Gegenprobe gut bekannte Mittel kann angewandt werden, wenn zu einer Operation eine eindeutig inverse Operation existiert, mit deren Hilfe die Eingangsdaten regeneriert werden können. Diese müssen mit vorgebbarer Genauigkeit mit den ursprünglichen Eingangsdaten übereinstimmen. Da man davon ausgehen kann, daß eventuelle Fehler im Rechensystem die zweckbestimmte und die inverse Operation nicht in gleicher Weise beeinflussen, sind neben transienten und intermittierenden Fehlern auch permanente Fehler erkennbar.

Einsetzen in Ausgangsgleichungen. Im Zuge der Bearbeitung von Gleichungssystemen z.B. für Steuerungszwecke kann es sinnvoll sein, die erhaltenen Ergebnisse in die Ausgangsgleichungen einzusetzen und deren Erfüllung im Rahmen einer vorgebbaren Genauigkeit zu überprüfen. Die Fehlererkennungseigenschaften sind ähnlich denen der Gegenprobe.

Bearbeiten von Kontrollaufgaben. Sie sind ein probates Mittel für die Inbetriebnahme oder in Wartungsphasen. Die Reaktion (das Ergebnis) des Rechensystems ist bekannt. Beliebige Fehler im Objekt, die Abweichungen hervorrufen, werden erkannt. Es empfielt sich, fehlermaskierende oder fehlerkorrigierende Ressourcen zu inaktivieren und ihre Wirksamkeit gesondert zu prüfen.

Zugehörigkeit zur Lösungsmenge. Für viele Anwendungen gibt es eine voraussagbare Lösungsmenge. Einem Definitionsbereich von Funktionen ist z.B. ein entsprechender Wertevorrat zugeordnet, wobei in der konkreten Applikation wiederum nur eine Untermenge des Wertevorrats einen physikalischen Sinn ergibt. Geprüft wird die Verletzung der Grenzen der Lösungsmenge. Im einfachsten Fall werden das Intervallgrenzen sein.

Einhaltung immanenter Beziehungen. Zwischen den Variablen einer Aufgabe bestehen oftmals Beziehungen, deren Verletzung auf einen Fehler in der Verarbeitung hinweist. Als Beispiele lassen sich nennen: Innenwinkelsumme eines Dreiecks gleich 180°, Zeilensummenvektor $c = \mathbf{A} \cdot b$ bei Matrixmultiplikation $\mathbf{A} \cdot \mathbf{B} = \mathbf{C}$ (vgl. [Stöc 92]).

4.9.2 Programmdaten-orientierte Verfahren

Die auf das Programmergebnis abstellenden Verfahren sind mit hohen Fehlerlatenzzeiten verbunden. Indem Zwischenergebnisse den gleichen Prozeduren unterworfen werden, können die Latenzzeiten zwar reduziert werden, ohne immer akzeptierbare Werte zu erreichen. Eine schnellere Fehlerreaktion wird mit datenorientierten Verfahren angezielt.

Einhaltung strukturbedingter Schranken. Solche Schranken im Eingabebereich eines ganzen Programms oder auch einzelner Programmoduln können durch den Definitionsbereich von Zuordnungen (z.B. reelle Zahlen $x \in [\, 0; \pi \,[$ für die Funktionen $y = \sin x$ und $y = \cos x$) oder die implementierten Algorithmen (z.B. Reihenentwicklung in einem bestimmten Bereich) gegeben sein. *Kopetz* [Kope 75] unterscheidet in

- teilweise Eingabefehlererkennung: Für ein Programmodul werden alle Schranken überprüft, die nur auf die in diesem Modul realisierten Algorithmen bezogen sind

- vollständige Eingabefehlererkennung: Für ein Programmodul werden darüber hinaus alle Schranken für die Datenbereiche der von ihm aufgerufenen Prozesse überprüft.

Aufgrund des hohen Entwicklungs- und Wartungsaufwands und sich verringernder Diagnosesicherheit (Fehlererkennungsroutine kann selbst durch Fehler beeinträchtigt sein) wird allerdings für eine teilweise Eingabefehlererkennung unter Voraussetzung einer systematischen Fehlerbehandlung über das gesamte Softwaresystem hinweg plädiert.

Plausibilitätsprüfungen. Während die o.g. Schranken sich aus formalen Gesichtspunkten ergeben, wird der Begriff Plausibilität hier im inhaltlichen Sinne benutzt [With 75]. Insbesondere in industriellen Computeranwendungen stehen auftretende Variablen für physikalische Größen, die in der Regel nicht beliebige Werte annehmen können. Ähnliche Voraussetzungen für Daten, die z.B. Preise, Stückzahlen, Masse u.ä. repräsentieren, findet man in den Bereichen der Wirtschaft. Auch implizite Eigenschaften wie Kontinuität oder Stetigkeit eines Prozesses können herangezogen werden.

Prüfsumme. Zur Sicherung der Eingabe extern bereitgestellter Daten, beim Laden von Programmen oder bei der Übertragung ganzer Datenmassive kann eine Prüfsumme über alle Worte eines Massivs gebildet werden. Gebräuchlich sind

- bitweise Modulo-2 Summenbildung
- arithmetische Summenbildung ohne zyklischen Übertrag
- arithmetische Summenbildung mit Übertrag des MSB in das LSB.

Die aktuell berechnete Prüfsumme ist mit der vorab ermittelten und mitgeführten Prüfsumme zu vergleichen.

In den höheren Programmiersprachen sind mit sogenannten *Zusicherungen (Assertionen)* Mittel gegeben, Wertemengen von Daten zu spezifizieren. Sie werden aus der Systemspezifikation, aus zu lösenden Aufgaben oder aus verwendeten Algorithmen abgeleitet, drücken invariante Beziehungen zwischen Programmvariablen aus und werden an verschiedenen Stellen des Programms eingefügt. Wie schon erwähnt, spielen dabei Aufzählungen, strukturbedingte Schranken, Funktionswerte oder gewisse Relationen eine Rolle.

Zusicherungen bestehen aus logischen Ausdrücken mit einigen Erweiterungen. Für die objektorientierte Sprache Eiffel zeigt das Bild 4.41 die syntaktischen Konstruktionen (vgl. [Meye 90]). Wie zu sehen, kann eine Routine mit den beiden Zusicherungen

- Vorbedingung (beschreibt die Eigenschaften, die beim Aufruf gelten müssen)
- Nachbedingung (beschreibt die Eigenschaften, die bei der Beendigung gewährleistet werden)

spezifiziert werden. Erwähnt sei, daß es in Eiffel auch andere Konstrukte mit Zusicherungen (Klasseninvariante, Schleifen, Check-Anweisungen) gibt.

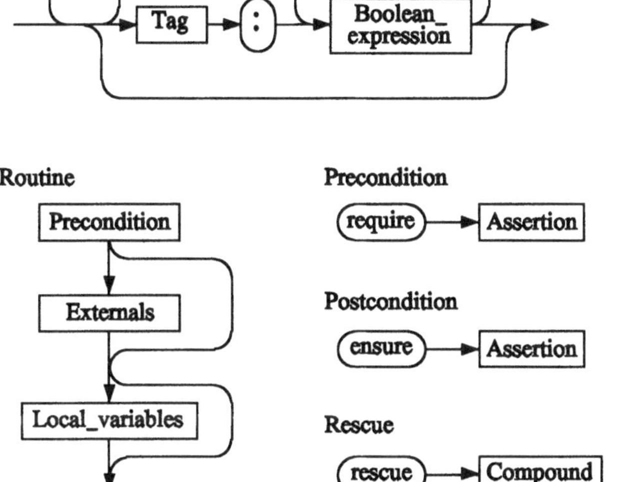

Bild 4.41 syntaktische Konstruktionen in der objektorientierten Sprache Eiffel nach [Meye 90]

Wurden Zusicherungen ursprünglich angewandt, um die Korrektheit und Robustheit von Softwareprodukten zu erzielen [Hoar 69], so können mit der Möglichkeit, Zusicherungen zur Laufzeit zu prüfen [Saib 77], [Andr 78] auch verbliebene Software-, Hardware- und Bedienfehler erkannt werden und Ausnahmebehandlungen (Fehlerbehandlungen) wie Abbruch, Wiederholen oder Wiederaufsetzen eingeleitet werden [Lee 84].

4.9.3 Programmfluß-orientierte Verfahren

In einem komplexen Hardware-/Software-System wirken sich sowohl permanente als auch transiente oder intermittierende Fehler sehr differenziert aus. Durch Fehlerfortpflanzung sind in der Regel mehrere Mechanismen - Adressierung, Operationsauswahl, Operationssteuerung usw. - betroffen. Untersuchungen an einem Mikroprozessor [Schm 82], in deren Verlauf simulativ Fehler auf den Adreß-, Daten- und Steuerbussen injiziert wurden, erbrachten das im Bild 4.42 illustrierte Ergebnis.

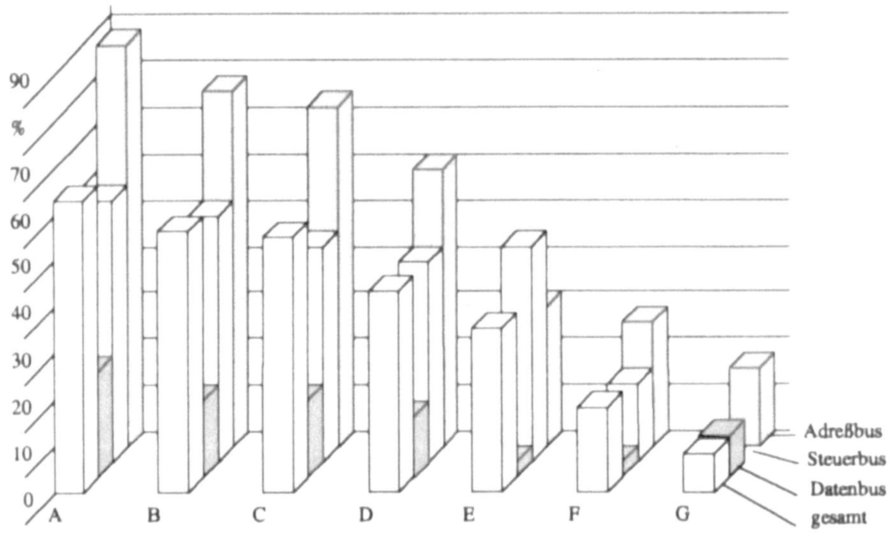

Bild 4.42 Wirkungen injizierter Fehler nach [Schm 82]

Wie zu sehen ist, führt der Großteil der Fehlerwirkungen

- A Verfälschung des Programmflusses
- B Verfälschung der Befehlsadresse
- C Zugriff auf unbenutzten Speicherbereich
- D ungültige Leseadresse (Daten)
- E ungültiger Befehlskode
- F ungültige Schreibadresse
- G Zugriff auf nicht existenten Speicherbereich

direkt oder indirekt auf einen inkorrekten Ablauf des Programms, weshalb den programmfluß-orientierten Verfahren eine nicht geringe Bedeutung zukommt.

Die programmfluß-orientierten Verfahren korrespondieren mit der *strukturierten Programmierung* und der angestrebten klaren Modularität von Softwaresystemen. Allen Verfahren ist gemeinsam, daß sie Programmeinheiten, z.B. Moduln, mit *Kennungen* versehen und deren Vorhandensein in vorbestimmter Folge oder auch Zeit prüfen. Die Kennungen können entweder willkürlich gewählt oder auch aus dem Programmkode abgeleitet werden.

Dem Einsatz flußorientierter Verfahren kommt entgegen, daß sich die Strukturierte Programmierung als Programmierstil durchgesetzt hat. Das Programm ist in Teile (Blöcke, Segmente, Moduln) untergliedert, die in der Regel Tasks repräsentieren. Es liegt eine Top-Down-Flußstruktur mit einem Eingang und einem Ausgang sowohl im Programm als auch in seinen Teilen vor. Nach teilweise kontroversen Diskussionen in den 60er Jahren [Dijk 68] wird auf die Verwendung unbedingter Sprünge verzichtet. Als generelle Kontrollstrukturen gelten lineare Sequenzen, Verzweigungen (Auswahl), Wiederholungen (Schleifen) und (Unterprogramm)aufrufe.

Nachfolgend soll ein Kontrollflußrechner mit zentralisierter Rechnerorganisation, im groben bestehend aus einem Prozessor, einer Kommunikationseinrichtung und einem Speicher unterstellt werden. Vom abzuarbeitenden Programm ist immer nur ein Befehl aktiv, d.h. wird vom Prozessor verarbeitet. Der Nachfolgebefehl wird durch den Zustand des Befehlszählers oder durch einen Sprungbefehl bestimmt. Durch die Möglichkeit von Verzweigungen existieren viele Pfade vom Eingang zum Ausgang des Programms. Sie lassen sich anschaulich mit Hilfe von Kontrollflußgraphen analysieren. Ziel einer diagnosekonformen Partitionierung ist es, eine Folge von Befehlen repräsentierende Subgraphen mit einem Eingangs- und einem Ausgangspunkt zu bestimmen, die für das Einfügen von Kennungen und entsprechenden Prüfanweisungen geeignet sind [Kane 75], [Yau 80]. Mit ihrer Hilfe soll festgestellt werden, ob die vom Computer gerade abgearbeitete Programm- und/oder Befehlssequenz einem Pfad durch das Programm entspricht. Dies erfordert, daß die Programmstruktur eines Systems mit flußorientierter Diagnose keinen Veränderungen unterliegt.

Für die Wahl der Prüfpunkte sind neben den strukturellen Erwägungen zu berücksichtigen:

- Speicherplatz für die Kennungen und die Prüfanweisungen
- Verlängerung der Programmlaufzeit
- zugestandene Fehlerlatenzzeit.

Diesen Faktoren wird mit unterschiedlichen Verfahren differenziert Rechnung getragen.

Willkürlich gewählte Kennungen. Die triviale Lösung zur Flußüberwachung bestände sicher darin, die vorangehenden und nachfolgenden Befehlsadressen während des Programmlaufs mitzuführen und mit dem Stand des Befehlszählers zu vergleichen. Speicherplatz- und Laufzeitbedarf wären kaum tragbar. Gefragt sind wieder Kompromisse zwischen Aufwand und Diagnosesicherheit.

Die Tatsache, daß ein bestimmtes *lineares Programmstück (Sequenz)* auch ausgeführt wurde, läßt sich feststellen, indem der Sequenz eine Kennung zugeordnet wird und diese vor der Ausführung im Hauptspeicher abgelegt wird. Mit einer der letzten Anweisungen der Sequenz wird dann die Übereinstimmung der Kennungen geprüft. Dieses minimalen Aufwand erfordernde Verfahren kann für längere lineare Programmstücke sinnvoll sein.

Für den Test eines Softwareprodukts wird als Minimum angesehen [Huan 78], jede *Programmverzweigung* zu verifizieren. Zur Laufzeit läßt sich der Fakt, daß eine Verzweigung stattgefunden hat und auch nur ein Zweig abgearbeitet wird, nachweisen, indem im Innern des ausgewählten Zweigs die Verzweigungsbedingung erneut geprüft wird (Bild 4.43a).

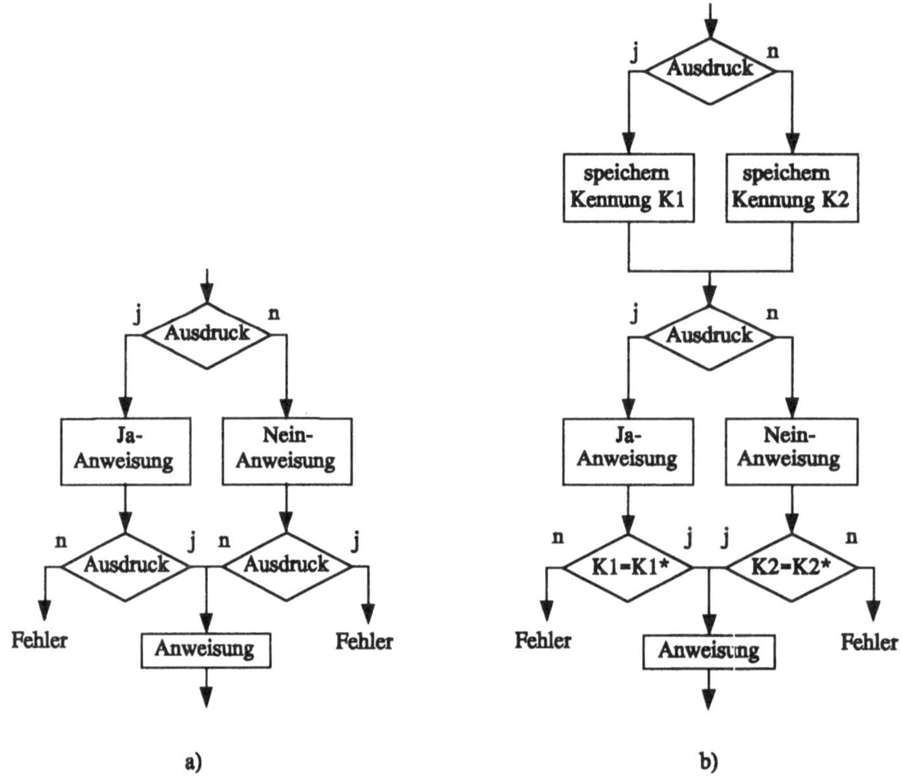

Bild 4.43 Überwachung von Verzweigungen

Eine andere Möglichkeit besteht darin (Bild 4.43b), nach der erfolgten Verzweigung durch den ausgewählten Zweig eine Kennung im Hauptspeicher abzulegen. Während der Abarbeitung der zweckbestimmten Anweisungen des Zweiges wird ein Vergleich seiner Kennung mit der abgespeicherten Kennung durchgeführt.

Mit beiden Verfahren werden permanente Fehler, die die Verzweigungsoperatoren in gleicher Weise verfälschen, offensichtlich nicht erkannt. Anregungen für weitere Verzweigungsvarianten gibt [Prob 82].

Zur Überwachung einer *Schleife* kann eine zweite Zählvariable eingeführt werden Bild 4.44a, die gleichfalls bei jedem Durchlauf inkrementiert wird. Eine Differenz der beiden Werte weist auf einen Fehler hin. Effektiver ist es, die Anzahl der Schleifendurchläufe auf unterschiedliche Art zu bestimmen [Šiba 77]. Zum Beispiel ergibt sich die Anzahl der Schleifendurchläufe bei einer numerischen Integration im Intervall $[x_0; x_n]$ und einer Schrittweite Δx zu $n = (x_n - x_0)/\Delta x$. Ein Fehler offenbart sich, wenn beim Verlassen der Schleife $x_i \neq x_n$ festgestellt wird (Bild 4.44b).

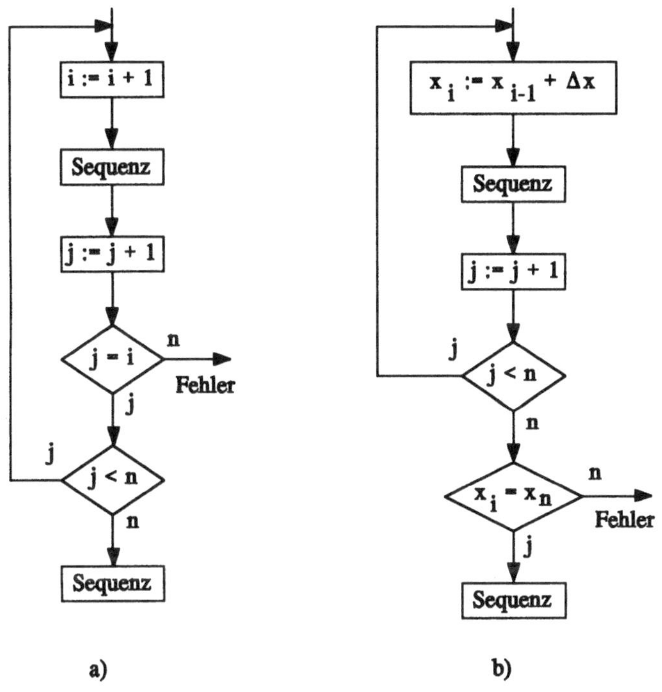

Bild 4.44 Überwachung von Schleifen nach [Šiba 77]

Soll die Reihenfolge der Abarbeitung von Programmstücken (Blöcke, Moduln) in der Laufzeit geprüft werden, so werden an die einzelnen Teile wiederum Kennungen vergeben. Jedes Programmstück führt seine Kennung und die seines Vorgängers mit. Der Vorgänger schreibt seine Kennung auf einen Speicherplatz. Vor Ausführung des nachfolgenden Teils wird das Vorhandensein dieser Kennung geprüft. Im Erfolgsfall wird das Programm normal fortgesetzt und das aktuelle Programmstück hinterläßt seine Kennung auf dem Speicherplatz. Bild 4.45 zeigt eingefügte Kennungen in linearen Programmstücken und in einer kopfgesteuerten Schleife mit Abbruchbedingung.

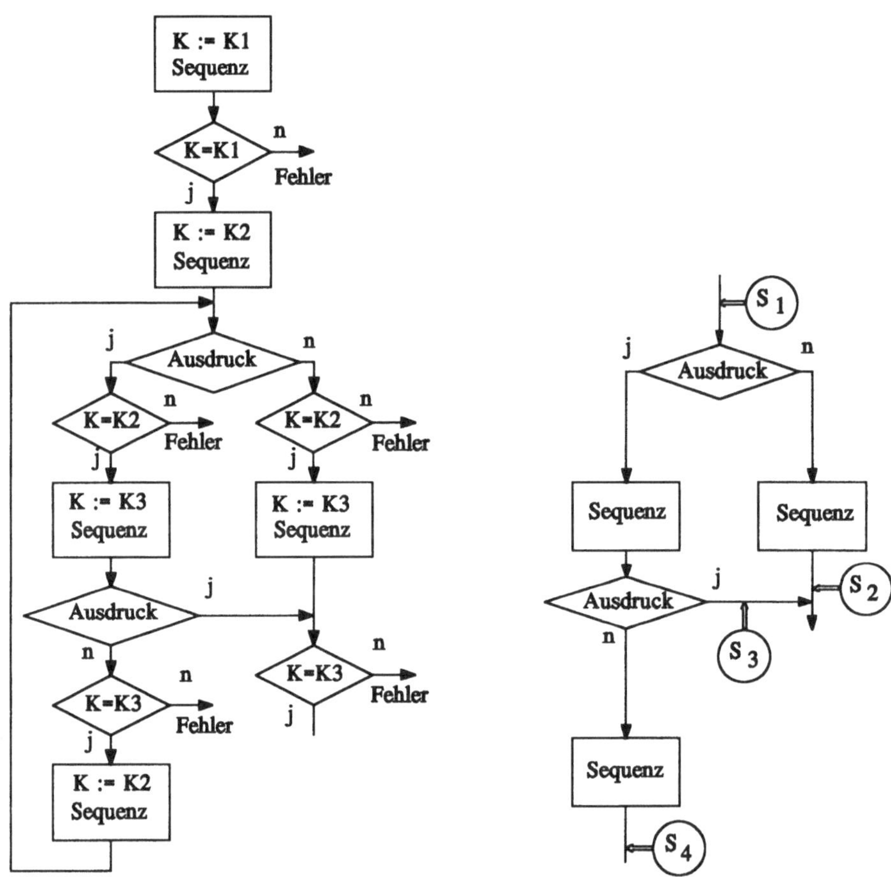

Bild 4.45 Überwachung der Abarbeitungsreihenfolge von Programmstücken

Bild 4.46 Signaturanalyse von Anweisungsfolgen

Abgeleitete Kennungen. Bei der Nutzung willkürlicher Kennungen werden "innere Fehler" eines Programmstücks (Bitverfälschungen in Anweisungen, inkorrekte Anweisungsfolge) nicht erfaßt. Die *Signaturanalyse* von Anweisungsfolgen (näheres s. u.) ermöglicht, auch diese Fehler zu erkennen. Über ein zeitinvariantes Programmstück wird während der Kompilierung bzw. Assemblierung eine Sollsignatur s ermittelt, die sowohl den Binärkode einer Anweisung als auch die Folge der Kodeworte abbildet (Bild 4.46).

Während der Laufzeit wird durch eine Hardware-Einrichtung (serieller oder paralleler Signaturanalysator, Monitor, Watchdog-Prozessor) über den Kode der ausgeführten Anweisungen wiederum die Signatur generiert, diese mit der Sollsignatur verglichen und ein Interrupt ausgelöst, falls beide nicht übereinstimmen. Anzumerken ist, daß Signaturen jeweils über einen Maschinenkode, über einen Mikrokode, über Steuersignale oder auch über diese gleichzeitig gebildet werden können [Srid 82]. Entsprechend ist der Zugriff für die o.g. Hardware-Einrichtung zu gestalten.

Die Signaturen rekonvergenter Verzweigungen stimmen verständlicherweise nicht überein (im Bild 4.46 $\mathbf{s}_2 \neq \mathbf{s}_3$). Um Konsistenz zu gewährleisten, werden die Signaturen aller Einfächerungen mit Hilfe entsprechender Überführungsvektoren auf eine für den Knoten gültige Signatur abgebildet. Für das abgebildete Beispiel sei $\mathbf{s}_3$ die gewünschte Signatur. Dann wird die Signatur des rechten Zweigs wie folgt modifiziert:

$$\mathbf{s}_3 = \mathbf{A} \odot \mathbf{s}_2 \oplus \mathbf{B} \odot \mathbf{v} \qquad (4.50)$$

mit **A** die Rückführungen des Signaturanalysators beschreibende Systemmatrix, **B** die Eingangsbeschaltung beschreibende Matrix und **v** Überführungsvektor. Die Modifizierung muß natürlich auch in der Laufzeit bewirkt werden. In gleicher Weise können alle Sollsignaturen zwecks Vereinfachung des Vergleichs in einen Eins-(Null)-Vektor überführt werden.

Die (ggf. modifizierte) Sollsignatur und ggf. auch der Überführungsvektor können in der Hardware-Einrichtung, die für die Laufzeitdiagnose vorgesehen ist, gespeichert sein oder in das Anwenderprogramm, welches für die Stimulierung des Rechensystems verantwortlich ist, eingebettet sein [Namj 83].

Im Falle in den Maschinenkode eingebetteter Signaturen (Überführungsvektoren) werden diese während der Laufzeit wie die Maschinenbefehle aus dem Programmspeicher gelesen. Um zu verhindern, daß die gelesenen Signaturen als Befehle interpretiert werden, sind die Speicherworte für Befehle und Signaturen mit unterschiedlichen Tag-Bits gekennzeichnet. Wird eine Signatur gelesen, so führt der Prozessor einen NOP-Befehl aus [Namj 82].

Zusätzliche Tag-Bits erfordern zusätzlichen Speicherplatz. Signaturen können jedoch auch in bestimmte prozessorabhängige Befehle eingebettet werden. Für den MC68000 z.B. wird dafür ein unbedingter Sprungbefehl mit einer Distanz +2 benutzt und in das Programmstück eingefügt. Im unmittelbar dem Sprungkode folgenden Speicherwort wird die 16-stellige Signatur aufbewahrt. In der Ausführung des Sprungbefehls werden diese zwei Byte übersprungen. Aufgrund des Befehlsvorbereitungskonzepts (Prefetch-Konzepts) wird die gespeicherte Signatur jedoch mit gelesen, vom Prozessor ignoriert, durch die Diagnoseeinrichtung erkannt und verarbeitet [Schu 87].

Bei der Instrumentierung der Prüfpunkte sind drei gegenläufig wirkende Kriterien zu beachten: Speicherplatz für die Einbettung der Signaturen, Verlust an Arbeitsgeschwindigkeit durch die Abarbeitung der zusätzlichen Befehle und akzeptierbare Fehlerlatenzzeit.

Zur Reduzierung der Anzahl explizit eingebetteter Signaturen bei Gewährleistung möglichst geringer Fehlerlatenzzeiten ist das "*Branch-Address-Hashing*" geeignet (Bild 4.47).

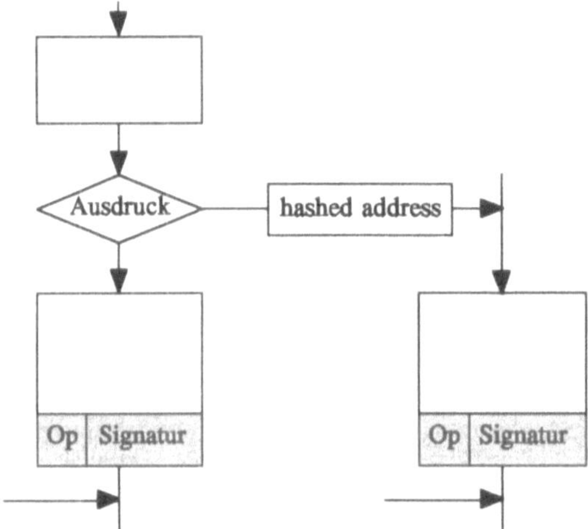

Bild 4.47 Branch-Address-Hashing nach [Schu 87]

Signaturen werden über verzweigungsfreie Programmstücke gebildet. Ist der Endpunkt eines Programmstücks eine Verzweigung, so wird im Sprungbefehl anstelle der Sprungadresse z.B. die bitweise EXOR-Verknüpfung der Sollsignatur mit der ursprünglichen Sprungadresse angegeben. Die in der Laufzeit generierte Signatur wird benutzt, um die ursprüngliche Sprungadresse zurückzugewinnen. Ist ein Fehler auf die Signatur abgebildet worden, wird fehlerhaft verzweigt, was durch die nächste explizit eingebettete Signatur offenbart wird [Schu 87].

Eine Reduzierung des Verlusts an Prozessorleistung aufgrund der Signaturanalyse von Befehlsfolgen wird in [Wilk 93] durch eine optimale Plazierung der Signaturen unter Verwendung eines graphen-theoretischen Ansatzes errreicht.

Prüfung von Zugriffsrechten. In der klassischen von Neumann-Architektur ist nur aus dem Operationskode des Maschinenbefehls ableitbar, ob ein Speicherwort eine Adresse, ein Programmkodewort oder ein Datum welchen Datentyps repräsentiert. Ein Abweichen vom korrekten Programmfluß kann auch durch einen fehlerhaften Speicherzugriff oder durch eine Verfälschung des Operationskodes hervorgerufen werden. Zum anderen ist für moderne Softwaresysteme das Zusammenwirken kooperierender Prozesse charakteristisch. Durch Zuordnen und Prüfen von *Zugriffsrechten* (capabilities, Schlüssel) [Fabr 74] können sich fortpflanzende Laufzeitfehler verhindert werden, was allerdings an einige Voraussetzungen in der Rechnerarchitektur gebunden ist [vgl. Patt 90].

Zunächst als Mechanismus auf Betriebssystemebene eingeführt, um System- und Nutzerprozesse voreinander zu schützen, wurde das Konzept allgemein auf Objekte angewandt, dehnen bestimmte Zugriffsrechte (nur Lesen, nur Schreiben, Lesen/Schreiben, Ausführen, Return u.ä.) zugeordnet werden. Solche Objekte sind zusammenhängende logische Speicherbereiche (Dateneinheiten, Programmkode, Speichersegmente oder -seiten). Der Zugriff erfolgt in der Regel über Schlüssellisten. Bild 4.48 zeigt eine Möglichkeit.

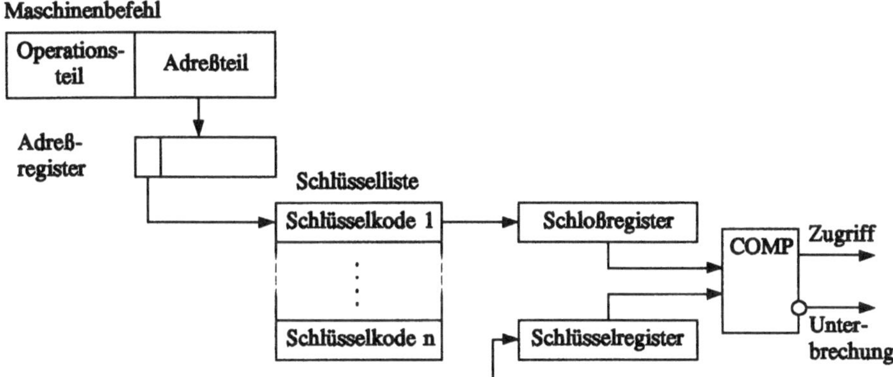

Bild 4.48 Schlüsselorientierte Adressierung

Einzelnen Speicherbereichen sind Bitkombinationen zugeordnet. Man könnte sagen, daß sie mit einem Schloß versehen sind. Die zu diesen Schlössern passenden Schlüssel werden in einer Schlüsselliste geführt. Der Zugriff auf die Schlüsselliste erfolgt über bestimmte Bitpositionen des Adreßregisters (des Adreßteils des Maschinenbefehls, vgl. Bild 1.18). Der Schlüsselkode wird in einem Schloßregister bereitgestellt. Andererseits führen Programmsequenzen Schlüssel, die gewissen Zugriffsrechten entsprechen, mit. Sie werden im Schlüsselregister bereitgestellt. Stimmen die Bitkombinationen in den Schloß- und Schlüsselregistern überein, wird der Zugriff auf den adressierten Speicherbereich erlaubt. Im entgegengesetzten Fall wird eine Unterbrechung ausgelöst.

Zeitüberwachung. Die Überwachung zeitlicher Abläufe gehört seit den Anfängen der breiten kommerziellen Nutzung von Computersystemen in verschiedenen Varianten zum Diagnosearsenal [Down 64] und wird im Zusammenwirken von gerätetechnischen und programmtechnischen Mitteln realisiert. Im Fachjargon werden diese Mittel als "*watchdog*" bezeichnet.

Sehr grob und global wird die Verfügbarkeit des Prozessors geprüft, indem von einem programmierbaren Zähler periodisch Interruptsignale erzeugt werden. Gleichzeitig wird ein zweiter Zähler gestartet, der nach Ablauf einer gesetzten Frist durch den Prozessor rückgesetzt werden muß.

In ähnlicher Weise können bestimmte Funktionen des Betriebssystems kontrolliert werden. Zum Beispiel kann durch jede nichtmaskierte Interruptanforderung ein Zähler gestartet werden, der durch eine der letzten Anweisungen der Interruptroutine in einer vorgeschriebenen Zeit rückzusetzen ist.

Auch die indirekte Erkennung von Abweichungen im Progammfluß ist möglich, läßt sich doch für die Mehrzahl der Programmstücke von Anwenderprogrammen mit den Grenzen der Eingangsdaten eine Laufzeit ermitteln. Ein Zähler wird durch die ersten Anweisungen mit einem entsprechenden Wert geladen und durch den Systemtakt dekrementiert. Läuft der Zähler ab, ohne daß das Programm das Ende der vorgesehenen Aktivitäten signalisiert hat, ist zu vermuten, daß ein Systemfehler eingetreten ist. Ein Interrupt wird ausgelöst. Will man dessen eventuelle Maskierung verhindern, besteht wieder die Möglichkeit, den Zähler zweistufig aufzubauen.

4.10 Die Prüfmethoden im Vergleich

Die vergleichende Gegenüberstellung der Prüfmethoden (Tab. 4.6) macht wesentliche Unterschiede deutlich, woraus wiederum unterschiedliche Einsatzgebiete resultieren. In kompakter Form kann sie nur qualitativ erfolgen und mag selbst dann strittig sein, da die Abhängigkeit vom konkreten Diagnoseobjekt, von den Anwendungsbedingungen und von der Umsetzung einer Methode in unterschiedlichen Verfahren sehr groß ist. Zwar liefern Prüfmethoden, die im normalen Arbeitsregime des Computers realisierbar sind, die umfassendste Bewertung der Funktionstüchtigkeit (einschließlich Dynamik, Interaktion), erkennen Fehler im Moment ihrer Wirkung und sind prinzipiell für den Aufbau fehlerkorrigierender Systeme geeignet, erfordern aber nicht unerhebliche Aufwendungen. Andererseits muß z.B. der Diagnose-Overhead der Referenzmethode für die Fertigung (gering, da ein Referenzmuster für alle zu prüfenden Exemplare eingesetzt wird) und für den Betrieb des Diagnoseobjekts (mindestens Verdopplung) grundsätzlich verschieden bewertet werden. Auch die differenzierenden Aspekte, die den übergeordneten Prüfstrategien (vgl. Abschn. 3.5) eigen sind, sind nicht außer Acht zu lassen.

Tabelle 4.6 Prüfmethoden - vergleichende Übersicht

Vergleichsaspekt	Referenzmethode	Patternmethode	Inversionsmethode	Substitutionsmethode
Diagnoseregime	Betriebs- bedingungen	Testbedingungen	Betriebs- bedingungen	Betriebsbedingungen (Testbedingungen)
Prüfstrategie	Funktionsprüfung (Objektprüfung)	Objektprüfung, In-Circuit-Prüfung	Funktionsprüfung	Funktionsprüfung
Beschreibung des Prüfobjekts	funktionell (strukturell bei Objektprüfung)	strukturell	funktionell	funktionell
Fehlermodell	nicht erforderlich (notwendig bei Objektprüfung)	erforderlich	nicht erforderlich	nicht erforderlich
Testsatz- erstellung	nicht erforderlich (notwendig bei Objektprüfung)	erforderlich	nicht erforderlich	nicht erforderlich
Prüftechnologi- scher Vorberei- tungsaufwand	gering	sehr hoch	gering	gering
Eignung für Implementierung in das Objekt	für besondere Zuverlässigkeits- bedürfnisse	sehr gut	gering	irrelevant
Diagnose- Overhead	gering für Ferti- gungsprüfung, sehr hoch bei Implementierung in das Objekt	hoch bis sehr hoch	sehr hoch	hoch

Tabelle 4.6: Prüfmethoden - vergleichende Übersicht (Fortsetzung)

Vergleichsaspekt	Emulation	Informations-redundanz	Zeit-redundanz	Hardware-überwachung	Programmtech-nische Methode
Diagnoseregime	Test-bedingungen	Betriebs-bedingungen	Betriebs-bedingungen	Betriebs-bedingungen	Testbedingungen, Betriebs-bedingungen
Prüfstrategie	Funktions-prüfung, Objektprüfung	Funktions-prüfung	Funktions-prüfung	Objektprüfung, Funktions-prüfung	Funktions-prüfung, Objektprüfung
Beschreibung des Prüfobjekts	funktionell, strukturell	funktionell	funktionell	strukturell, funktionell	funktionell, strukturell
Fehlermodell	erforderlich bei Objektprüfung	nicht erforderlich	nicht erforderlich	erforderlich	erforderlich bei Objektprüfung
Testsatz-erstellung	erforderlich bei Objektprüfung	nicht erforderlich	nicht erforderlich	nicht erforderlich	erforderlich bei Objektprüfung
Prüftechnologi-scher Vorberei-tungsaufwand	hoch	hoch	gering	sehr hoch, Hardware-Entwurf	verfahrensab-hängig, gering bis sehr hoch
Eignung für Implementierung in das Objekt	irrelevant	sehr gut	gering	sehr gut	sehr gut
Diagnose-Overhead	sehr hoch	gering bis hoch	hoch	hoch bis sehr hoch	gering bis hoch

5 Prüfen unter Testbedingungen. Algorithmische Grundlagen der Objektprüfung

Die 60er und 70er Jahre waren die Hohezeit der Entwicklung von Verfahren zur Fehlererkennung und Fehlerlokalisierung [Benn71], [Görk 73]. Neuere Konzepte [Bhat 89] und auch aktuelle kommerzielle Systeme wie "Intelligen" (Racal Redac), "NEXTGEN" (Zycad), "TESTSCAN" (Cadence), "PROSECUTOR" (Teradyne), "HITEST" (GenRad) und andere [Benn 90] greifen immer wieder auf die früheren Grundkonzepte zurück und passen diese an die aktuellen technischen und technologischen Erfordernisse an. Die grundlegenden Verfahren werden deshalb im folgenden dargestellt.

Ausgangspunkt sind die für die Objektprüfung unabdingbar vorangegangene Beschreibung potentieller physikalischer Unzulänglichkeiten durch ein Fehlermodell sowie die Bestimmung der Fehlermenge (s. Abschn. 3.2). Im folgenden werden Einfach-Haftfehler angenommen. Die Analyse und Bearbeitung der als fehlerbehaftet unterstellten Prüfobjekte beruht auf dem Vergleich ihrer Ausgangsreaktionen für den fehlerfreien und den fehlerhaften technischen Zustand. Während die Fehlererkennung auf die Unterscheidung des fehlerfreien und eines fehlerhaften Zustands gerichtet ist, bedarf die Fehlerlokalisierung noch der Unterscheidung aller relevanten fehlerhaften Zustände. Im Abschn. 3.2 wurden die Bedingungen für die Objektprüfung als strukturorientierte Prüfung erarbeitet:

- *Fehleranregung* (fault excitation, fault sensitization): Beaufschlagen des als Fehlerort unterstellten Eingangs eines Systemelements (einer Eingangsvariablen) mit einem logischen Wert, der durch den angenommenen logischen Fehlzustand (s-a-0, s-a-1) in seinen inversen Wert verfälscht wird
- *Fehlertransport* (fault propagation, path sensitization): Beaufschlagen der anderen Eingänge des Systemelements (der anderen Eingangsvariablen) mit logischen Werten derart, daß die angeregte Fehlerwirkung (Verfälschung einer Eingangsvariablen) als Verfälschung des logischen Zustands des Ausgangs (Verfälschung der Ausgangsvariablen) beobachtet werden kann; durch Gewährleisten der Transportbedingungen über die nachgeschalteten Elemente werden *fehlersensible Pfade* vom Fehlerort bis zu einem primären oder auch sekundären Ausgang geschaffen.

Da die Anregung eines Fehlers und die Pfadsensibilisierung in der Regel nur durch entsprechendes Beaufschlagen von Systemzugängen erfolgen kann, sind zusätzlich vorzunehmen:

- *Wertzuweisungen* (justification) an die Eingangsvariablen des Gesamtobjekts durch Rückrechnen der durch Fehleranregung und Fehlertransport geforderten internen Belegungen über die vorgeschalteten Elemente auf primäre (oder auch sekundäre) Eingänge

- *Wertfolgerungen* (implication) für interne Variablen aufgrund erfolgter Wertzuweisungen an sich verzweigende Variable.

In vermaschten Strukturen können durch die genannten Operationen widersprüchliche Forderungen an den logischen Zustand von Schaltungsknoten gestellt werden. Die Verträglichkeit der Forderungen wird über eine *Konsistenzprüfung* festzustellen sein.

Testmuster sind demnach logische Belegungen primärer und/oder sekundärer Eingänge, die einen Fehler f aus der Fehlermenge $\mathcal{F}$ am jeweiligen Fehlerort anregen sowie das Durchschalten der Fehlerwirkung zu primären und/oder sekundären Ausgängen gewährleisten, so daß deren logischer Zustand von der Anwesenheit oder Abwesenheit des Fehlers abhängt.

Neben diesem algorithmisch determinierten Konzept besteht die Möglichkeit, solche Testmuster aus der Menge der möglichen Eingangsbelegungen heuristisch oder zufällig auszuwählen bzw. Zufallsmuster zu generieren [Agra 88]. Durch Vergleich der Simulationsergebnisse für das fehlerfreie und das fehlerbehaftete Prüfobjekt wird die Fehlererkennungsfähigkeit der gewählten Binärkombination festgestellt. Das Vorgehen ist aus dem Bild 5.1a ersichtlich.

Als Vorteil dieses fehlerüberdeckungs-orientierten Konzepts, wird seine Nähe zum funktionellen Entwurf angesehen. Rechnergestützte Entwurfssysteme erlauben die benötigte Fehlersimulation. Ein Vergleich gängiger Techniken (parallele, deduktive, Concurrent-Fehlersimulation) wird in [Leve 81] vorgenommen. Die für die Entwurfsverifizierung benutzten Eingangsbelegungen sind in der Regel gute Kandidaten (aber auch nur solche) für Testmuster. Auch kann das Wissen um Besonderheiten des Prüfobjekts zur effizienteren Wahl der Eingangsmuster beitragen. Zum Beispiel ist es sinnvoll, Setz-, Rücksetz- oder Enable-Eingänge u.ä. nicht zufällig, sondern determiniert zu belegen.

Als Nachteil wird der im allgemeinen hohe Simulationsaufwand angesehen. Für die ersten ausgewählten Eingangsbelegungen wird ein exponentielles Ansteigen der Fehlerüberdeckung beobachtet (Bild 5.1b). Das bedeutet, daß jedes Testmuster mehrere bisher nicht erkannte Fehler entdeckt. Für die letzten 20% - 30% der Fehlermenge verläuft der Zuwachs der Fehlerüberdeckung nur noch proportional zur Anzahl der Testmuster. In [Goel 80] wird der Aufwand für die parallele Fehlersimulation durch die dritte Potenz der Gatteranzahl und durch die zweite Potenz der Gatteranzahl für die deduktive Fehlersimulation approximiert. Für größere Schaltungen muß man sich eventuell mit einer Fehlerüberdeckung von 90% - 95% bescheiden, weil akzeptierbare Bearbeitungszeiten überschritten werden. Um den Grad der Fehlerüberdeckung mit akzeptierbarem Aufwand weiter zu erhöhen, empfielt es sich, die Testmuster für die noch nicht erkannten Fehler in determinierter Weise zu bestimmen.

Auch zur Steigerung der Effizienz des Konzepts ist die Einbeziehung von algorithmisch determinierten Verfahren anzuraten, wenn der Zuwachs an neu erkannten Fehlern durch zufällig gewählte Eingangsbelegungen zu gering ausfällt.

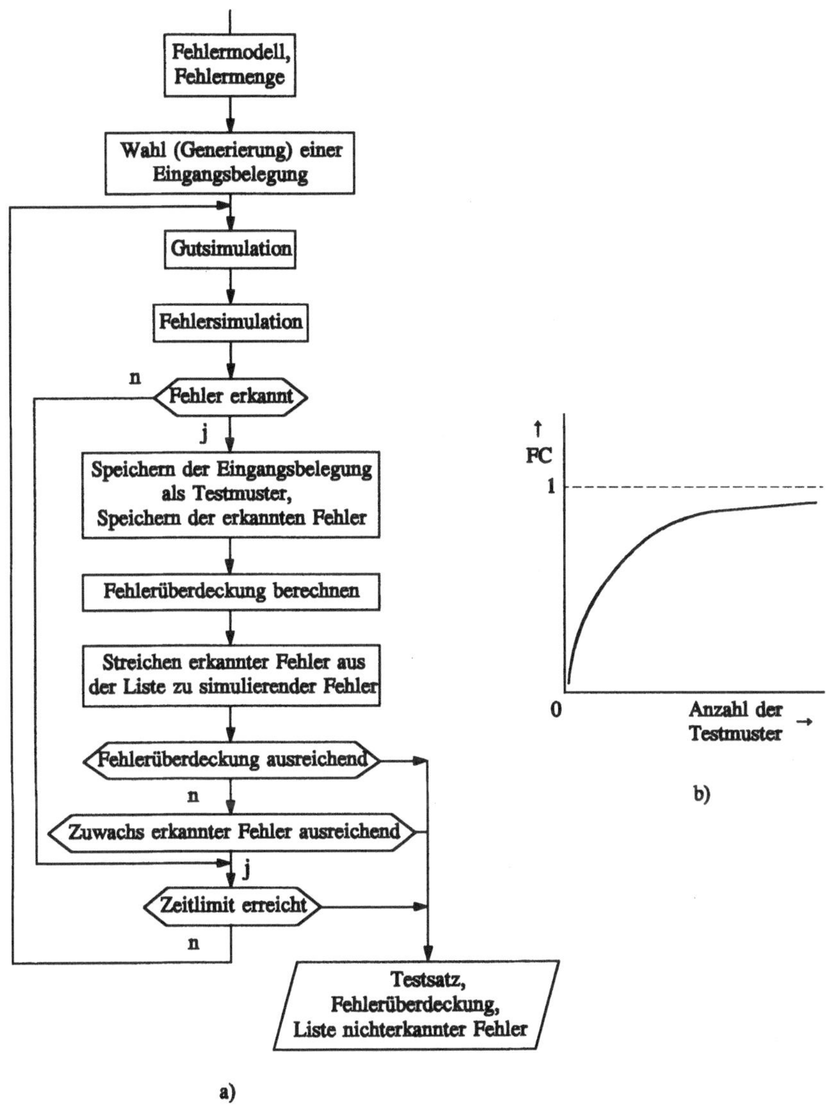

Bild 5.1 a) Ablauf der zufälligen Auswahl von Testmustern;
b) Fehlerüberdeckung in Abhängigkeit vom Bearbeitungsaufwand

Die Erläuterungen zum algorithmisch determinierten Konzept der Testmustergewinnung werden anhand des Bildes 5.2 (einem Schaltungsfragment des Adders nach Bild 3.29) fortgesetzt.

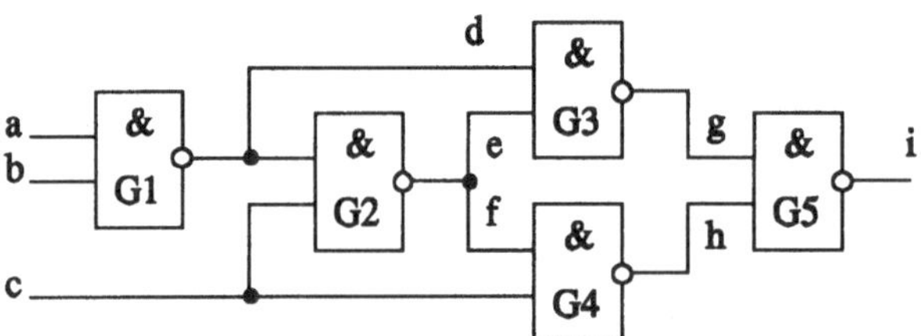

Bild 5.2 Schaltungsbeispiel

Im Abschn. 3.2.2, Bild 3.28 wurden für Grundgatter minimale Testsätze zur Erkennung ihrer Haftfehler angegeben. Es liegt nahe, eines der Gatter im Bild 5.2, z.B. G3, zur Fehleranregung und zum Fehlertransport mit einem solchen zu beaufschlagen.

a	b	c	d	e	f	g	h	i
			1	1		0		
			1	0		1		
			0	1		1		

Um eine durch einen Fehler bewirkte Verfälschung von g am Ausgang i beobachten zu können, muß die Transportbedingung h = 1 eingestellt werden. Der Ausgang i hängt dann nur noch von der Belegung auf g ab.

a	b	c	d	e	f	g	h	i
			1	1		0	1	1
			1	0		1	1	0
			0	1		1	1	0

Aus der Rückrechnung der Transportbedingungen h wird (bei Berücksichtigung der gleichen Belegungen für e und f) die Wertzuweisung für die Eingangsvariable c erhalten. Die Wertfolgerung für e aus der Zuweisung an c und der als Fehleranregung gewählten Belegung auf d ergibt Konsistenz.

a	b	c	d	e	f	g	h	i
		0	1	1	1	0	1	1
		1	1	0	0	1	1	0
		0	0	1	1	1	1	0

Im Rahmen der Rückrechnung der Belegung auf d kann die Wertzuweisung für die Eingangsvariablen a und b sinnvollerweise so gewählt werden, daß auch für G1 der minimale Testsatz für Haftfehler realisiert wird. Die Wertfolgerung für e ist konsistent.

a	b	c	d	e	f	g	h	i
0	1	0	1	1	1	0	1	1
1	0	1	1	0	0	1	1	0
1	1	0	0	1	1	1	1	0

Um auch das Gatter G5 auf alle Haftfehler zu testen, ist die Belegung (g; h) = (1; 0) hinzuzufügen. Aus der Rückrechnung für h = 0 folgt c = e = f = 1, und aus d = 0 folgt a = b = 1. Damit ist auch die Fehlererkennung an den anderen Gattern gewährleistet.

a	b	c	d	e	f	g	h	i
0	1	0	1	1	1	0	1	1
1	0	1	1	0	0	1	1	0
1	1	0	0	1	1	1	1	0
1	1	1	0	1	1	1	0	1

Auch in diesem einfachen Beispiel können Widersprüche aufgrund des möglichen Entscheidungsspielraums auftreten. Die Rückrechnung für (g; h) = (1; 0) könnte z.B. bei g = 1 ansetzen und e = 0 sowie d = x (beliebig) erbringen. Die Wertfolgerung zeigt wegen f = 0 mit h = 1 jedoch keine Verträglichkeit mit der zuvor für die Fehlererkennung gesetzten Belegung h = 0.

a	b	c	d	e	f	g	h	i
0	1	0	1	1	1	0	1	1
1	0	1	1	0	0	1	1	0
1	1	0	0	1	1	1	1	0
			x	0	0	1	0	1

Um den Widerspruch aufzulösen, muß ein *Rücksprung* (backtrack) zum letzten Entscheidungspunkt erfolgen, um die dort getroffene Entscheidung rückgängig zu machen und die alternative Entscheidung zu verfolgen. Diese kann hier d = 0 und e = 1 heißen, was a = b = c = 1, also das oben schon ermittelte Testmuster, nach sich zieht.

5.1 Pfadorientierte Algorithmen für freistrukturierte Logik

Die Ermittlung von Testmustern auf der Basis obiger einführender Betrachtungen trägt stark heuristischen Charakter. Erforderlich ist eine systematische Testsatzerstellung mit reduziertem Notationsaufwand, ohne die Fehlermenge explizit aufzählen zu müssen, mit algorithmischem Vorgehen. Aus den im Abschn. 3.2 dargelegten Gründen wird für die Testsatzerstellung für freistrukturierte Logik das Einfach-Haftfehlermodell bevorzugt.

D-Algorithmus. *Roth* führte in seiner Arbeit [Roth 66] eine Notation ein, die es erlaubt, die Beschreibung von fehlerfreien und fehlerhaften Zuständen einer Schaltung zusammenzufassen. Mit dem verwendeten Symbol D werden die beiden Belegungen "1" und "0" zusammengefaßt. Diese Festlegung ist zunächst willkürlich, muß aber, einmal getroffen, für eine Schaltung und den dafür zu ermittelnden Testsatz konsequent beibehalten werden. Damit existiert auch das Komplement $\bar{D}$ als Zusammenfassung der Belegungen "0" und "1". Zu beachten ist der wesentliche Unterschied zu der üblichen Notation für eine beliebige Belegung einer Booleschen Variablen x (don't care). Diese steht zwar auch für eine Belegung "0" oder "1", die Zuordnung ist jedoch für die Schaltung oder den Testsatz nicht gebunden und kann von Testmuster zu Testmuster wechseln.

Im Bild 5.3a wird diese Notation für ein NAND-Gatter und seine potentiellen Haftfehler (vgl. Bild 3.26) entwickelt. Im Bild 5.3b sind die sogenannten D-Implikanten für die kombinatorischen Grundgatter zusammengefaßt, wobei die komplementäre D-Notation mit angegeben ist und die Fehleräquivalenz und Fehlerdominanz ähnlich wie im Bild 3.28 berücksichtigt sind.

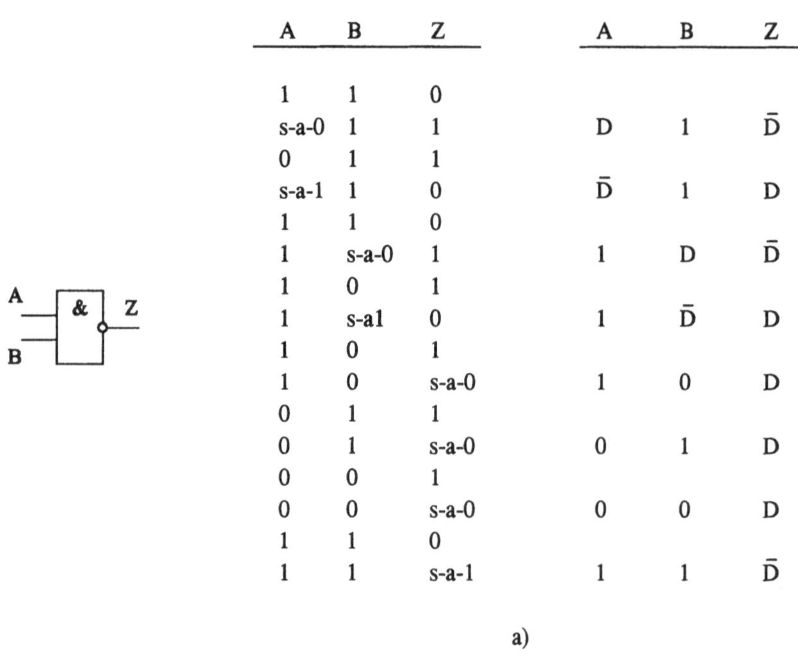

A	B	Z	A	B	Z
1	1	0			
s-a-0	1	1	D	1	$\bar{D}$
0	1	1			
s-a-1	1	0	$\bar{D}$	1	D
1	1	0			
1	s-a-0	1	1	D	$\bar{D}$
1	0	1			
1	s-a1	0	1	$\bar{D}$	D
1	0	1			
1	0	s-a-0	1	0	D
0	1	1			
0	1	s-a-0	0	1	D
0	0	1			
0	0	s-a-0	0	0	D
1	1	0			
1	1	s-a-1	1	1	$\bar{D}$

a)

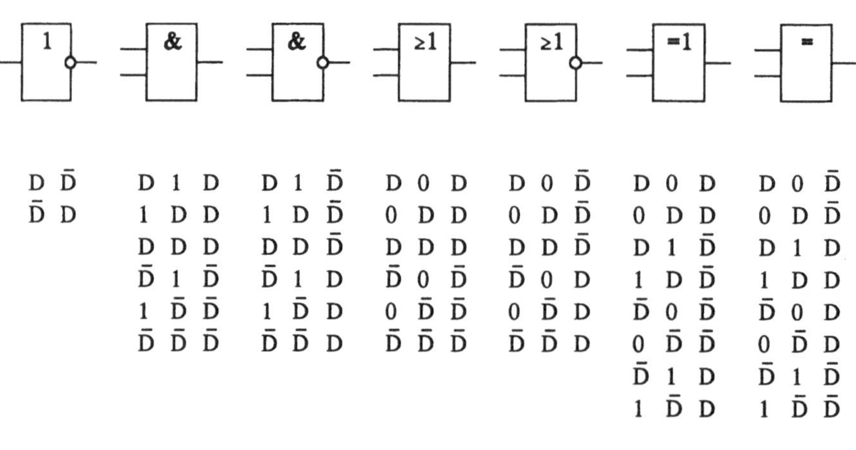

1		&			&			≥1			≥1			=1			=		
D	$\bar{D}$	D	1	D	D	1	$\bar{D}$	D	0	D	D	0	$\bar{D}$	D	0	D	D	0	$\bar{D}$
$\bar{D}$	D	1	D	D	1	D	$\bar{D}$	0	D	D	0	D	$\bar{D}$	0	D	D	0	D	$\bar{D}$
		D	D	D	D	D	$\bar{D}$	D	D	D	D	D	$\bar{D}$	D	1	$\bar{D}$	D	1	D
		$\bar{D}$	1	$\bar{D}$	$\bar{D}$	1	D	$\bar{D}$	0	$\bar{D}$	$\bar{D}$	0	D	1	D	$\bar{D}$	1	D	D
		1	$\bar{D}$	$\bar{D}$	1	$\bar{D}$	D	0	$\bar{D}$	$\bar{D}$	0	$\bar{D}$	D	$\bar{D}$	0	$\bar{D}$	$\bar{D}$	0	D
		$\bar{D}$	$\bar{D}$	$\bar{D}$	$\bar{D}$	$\bar{D}$	D	$\bar{D}$	$\bar{D}$	$\bar{D}$	$\bar{D}$	$\bar{D}$	D	0	$\bar{D}$	$\bar{D}$	0	$\bar{D}$	D
														$\bar{D}$	1	D	$\bar{D}$	1	$\bar{D}$
														1	$\bar{D}$	D	1	$\bar{D}$	$\bar{D}$

b)

Bild 5.3 a) Gleichzeitige Beschreibung der fehlerfreien und der fehlerbehafteten Schaltung durch Roths D-Notation;
b) D-Implikanten für Grundgatter

Diese Notation erlaubt nun folgende Interpretationen:

- D = 1 auf Leitung l → Leitung l ist fehlerfrei;
  D = 0 auf Leitung l → Leitung l ist fehlerbehaftet;
  $\bar{D}$ = 0 auf Leitung l → Leitung l ist fehlerfrei;
  $\bar{D}$ = 1 auf Leitung l → Leitung l ist fehlerbehaftet
- D beschreibt die Verfälschung einer Belegung 1 in eine Belegung 0, also einen Fehler s-a-0;
  $\bar{D}$ beschreibt die Verfälschung einer Belegung 0 in eine Belegung 1, also einen Fehler s-a-1
- D oder $\bar{D}$ am Ausgang eines Schaltelements charakterisieren den Transport einer Belegungsänderung durch das Element
- D bzw. $\bar{D}$, die Wertepaare (1; 0) bzw. (0; 1) repräsentierend, regen auf einer Leitung l sowohl Fehler s-a-0 als auch s-a-1 an.

Das heißt, wenn es gelingt, ein D bzw. $\bar{D}$ über einen Pfad zu einem primären bzw. sekundären Ausgang zu transportieren, so werden auf diesem fehlersensiblen Pfad alle Haftfehler erkannt. In Realisierung dieses Anliegens verfährt man wie folgt:

- Bereitstellen der D-Implikanten und der Wahrheitstabellen der in der Schaltung vorkommenden Elemente
- Beaufschlagen eines Fehlerorts für einen konkret angenommenen Fehler mit D bzw. $\bar{D}$
- Sukzessiver Transport der fehlererkennenden Belegungen D und $\bar{D}$ über die jeweils nächsten zu treibenden Elemente (Bildung von D-Ketten über alle möglichen Pfade bis zu einem primären oder sekundären Ausgang) unter Benutzung der D-Implikanten
- Rückrechnen zwecks Wertzuweisung an die Eingangsvariablen
- Konsistenzprüfung
- Rücksprung zur letzten frei wählbaren Entscheidung beim Feststellen von Widersprüchen und Versuch alternativer Belegungen.

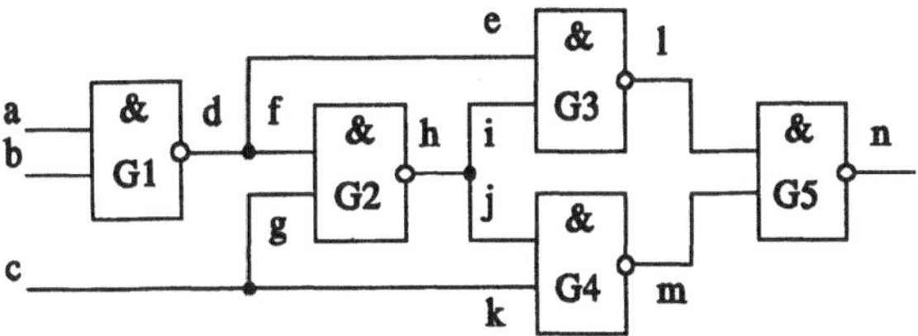

Bild 5.4 Schaltung zur Erläuterung des D-Algorithmus

Das Vorgehen wird anhand des schon bekannten Schaltungsbeispiels demonstriert. Sofern nicht als spezielle Aufgabe ein Testmuster für einen inneren Fehler gesucht ist, wird zur Erstellung eines Testsatzes für eine Schaltung als Ausgangspunkt ein Haftfehler an einem primären Eingang (z.B. auf der Leitung a) angenommen. Das ist von Vorteil, weil dadurch fehlersensible Pfade maximaler Länge gebildet und auf ihnen wirksame Haftfehler mitgetestet werden können. Aus der Tabelle für die D-Implikanten für ein NAND-Gatter (Bild 5.3) wird eine brauchbare Belegung gewählt.

a	b	c	d	e	f	g	h	i	j	k	l	m	n
D	1		$\bar{D}$										

Durch die Verzweigung der Leitung d sind nun auch die Leitungen e und f mit $\bar{D}$ beaufschlagt. Es wird eine durch *Roth* so genannte *D-Front* aus den Gattern, deren Eingänge durch ein D bzw. $\bar{D}$ aktiviert werden, gebildet.

a	b	c	d	e	f	g	h	i	j	k	l	m	n
D	1		$\bar{D}$	$\bar{D}$	$\bar{D}$								

Damit gibt es mehrere fehlersensible Pfade zum Ausgang, die auch als solche zu bearbeiten sind. Durch die Verfolgung nur einfacher fehlersensible Pfade ließe sich zwar der Berechnungsaufwand verringern, der Erhalt eines Testmusters wäre jedoch nicht garantiert, selbst wenn ein solches existieren würde. Für Schaltungen mit rekonvergenten Verzweigungen ist die Bearbeitung mehrfacher fehlersensibler Pfade Voraussetzung für das sichere Auffinden eines existierenden Testmusters [Schn 67].

Nunmehr wird versucht, die fehlerkennzeichnenden Belegungen über die nachgeschalteten Gatter zu transportieren. Mit dem Gatter G3 sei begonnen. Die D-Kette wird, mit einem brauchbaren Implikanten aus Bild 5.3 an Leitung e ansetzend, fortgeführt.

a	b	c	d	e	f	g	h	i	j	k	l	m	n
D	1		$\bar{D}$	$\bar{D}$	$\bar{D}$								
				$\bar{D}$				1			D		

Mit i = 1 sind auch h = j = 1 festgelegt. Zwecks Wertzuweisung an die Eingangsvariablen wird die Rückrechnung vorgenommen. Aus der Wahrheitstabelle für das Gatter G2 folgt, daß h = 1 mit g = 0 erzielt werden. Die Belegung von f ist im Prinzip unbedeutend, da g = 0 durchgreift. Aus g = 0 folgt auch c = 0.

a	b	c	d	e	f	g	h	i	j	k	l	m	n
D	1		$\bar{D}$	$\bar{D}$	$\bar{D}$			1			D		
		0				0	1		1				

Der zweite zu betrachtende Pfad für den Transport der fehleranregenden Belegung D auf der Leitung a über das Gatter G2 (Leitung f mit $\bar{D}$ beaufschlagt) ist, da durch g = 0 blockiert, gegenstandslos.

Fortzufahren ist mit dem nächsten durch l = D aktivierten Gatter - G5. Der entsprechende Implikant führt, an l = D ansetzend, die D-Kette bis zum Ausgang n.

a	b	c	d	e	f	g	h	i	j	k	l	m	n
D	1	0	$\bar{D}$	$\bar{D}$	$\bar{D}$	0	1	1	1		D		
											D	1	$\bar{D}$

Die Rückrechnung von m = 1 führt zunächst auf k = 0 und ist mit den zuvor zugewiesenen bzw. implizierten Belegungen c = 0 und j = 1 verträglich.

a	b	c	d	e	f	g	h	i	j	k	l	m	n
D	1	0	$\bar{D}$	$\bar{D}$	$\bar{D}$	0	1	1	1	0	D	1	$\bar{D}$

Analog werden die D-Ketten von den Eingängen b und c zum Ausgang gebildet.

a	b	c	d	e	f	g	h	i	j	k	l	m	n
1	D	1	$\bar{D}$	$\bar{D}$	$\bar{D}$	1	D	D	D	1	1	$\bar{D}$	D

a	b	c	d	e	f	g	h	i	j	k	l	m	n
x	0	D	1	1	1	D	$\bar{D}$	$\bar{D}$	$\bar{D}$	D	D	1	$\bar{D}$

Zur Ausführung der Prüfung auf technischen Diagnosemitteln muß die D-Notation natürlich wieder in die Wertepaare (1; 0) bzw. (0; 1) aufgelöst werden. Es werden vorerst sechs Testmuster erhalten.

	a	b	c	d	e	f	g	h	i	j	k	l	m	n
t_1	1	1	0	0	0	0	0	1	1	1	0	1	1	0
t_2	0	1	0	1	1	1	0	1	1	1	0	0	1	1
t_3	1	1	1	0	0	0	1	1	1	1	1	1	0	1
t_4	1	0	1	1	1	1	1	0	0	0	1	1	1	0
t_5	x	0	1	1	1	1	1	0	0	0	1	1	1	0
t_6	x	0	0	1	1	1	0	1	1	1	0	0	1	1

Die formale Erarbeitung der Testmuster ergibt keinen Testsatz minimalen Umfangs. Identische bzw. gleiche Fehler überdeckende Testmuster können gestrichen werden. Don't-Care-Belegungen leisten bei der Testsatzminimierung gute Dienste. Für das vorliegende Beispiel werden die Testmuster t_4 und t_5 für die Zuordnung x = 1 identisch. Analysiert man den Testsatz jedoch genauer, so zeigt sich, daß alle Einfach-Haftfehler schon durch die ersten vier Testmuster erkannt werden. Das sind übrigens die gleichen Testmuster, die schon in der Einführung zu diesem Kapitel gefunden wurden.

	a	b	c	d	e	f	g	h	i	j	k	l	m	n
t_1	s-a-0	s-a-0	s-a-1	s-a-1	s-a-1						s-a-1	s-a-0	s-a-0	s-a-1
t_2	s-a-1		s-a-1	s-a-0	s-a-0		s-a-1	s-a-0	s-a-0					s-a-0
t_3	s-a-0	s-a-0	s-a-0	s-a-1		s-a-1		s-a-0		s-a-0	s-a-0	s-a-1	s-a-1	s-a-0
t_4		s-a-1	s-a-0	s-a-0		s-a-0	s-a-0	s-a-1	s-a-1	s-a-1		s-a-0	s-a-0	s-a-1

Es scheint, daß mit dem Streichen der mit c = D beginnenden D-Kette auf die Fehleranregung des Eingangs c verzichtet wird. Wie man sieht, wird ein Fehler s-a-1 auf c jedoch auch durch die Testmuster t_1 und t_2 angeregt und über k und m bzw. über g, h, i und l zum Ausgang transportiert. Die durch t_3 und t_4 angeregten Fehler s-a-0 auf c werden über k und m bzw. über g, h, i und l geleitet.

Wichtiger als der Erhalt eines Testsatzes minimalen Umfangs ist, daß durch den Algorithmus für einen Haftfehler in einer kombinatorischen Schaltung ein Testmuster gefunden wird, sofern dieses existiert. Der in [Roth 66] angetretene Beweis soll hier nicht nachvollzogen werden.

Um die Behandlung von Widersprüchen zu zeigen, wird das Schaltungsbeispiel leicht verändert (Bild 5.5). Es sollen D-Ketten von c nach n bearbeitet werden.

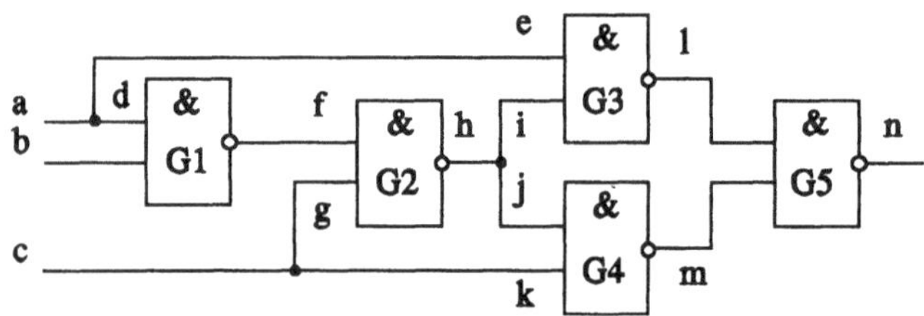

Bild 5.5 Modifiziertes Schaltungsbeispiel

Beaufschlagt man c mit D, werden durch g = k = D die Gatter G2 und G4 aktiviert. Als erstes soll versucht werden, unter Verwendung eines brauchbaren Implikanten den Pfad über G4 zu sensibilisieren. Die Rückrechnung von j = 1 führt auf a = b = 1.

a	b	c	d	e	f	g	h	i	j	k	l	m	n
		D				D			1	D		$\bar{D}$	
1	1				0		1						

Da sich Leitung a verzweigt, ergibt die Wertfolgerung letzlich für l = 0.

a	b	c	d	e	f	g	h	i	j	k	l	m	n
1	1	D	1		0	D	1		1	D		$\bar{D}$	
				1				1			0		

Durch die getroffenen Zuweisungen ist der Pfad über G2 durch die blockierende Belegung f = 0 gegenstandslos geworden. Deshalb wird versucht, die D-Kette, bei m = $\bar{D}$ ansetzend, über G5 zum Ausgang zu führen. Durch l = 0 gibt es jedoch keinen fehlertransportierenden Implikanten nach n. Der Versuch führt auf einen Widerspruch.

a	b	c	d	e	f	g	h	i	j	k	l	m	n
1	1	D	1	1	0	D	1	1	1	D	0	$\bar{D}$	
											1	$\bar{D}$	D

Die bei der Rückrechnung von j = 1 getroffene Zuweisung f = 0 war nicht die einzig mögliche. An den Beginn des Beispiels zurückkehrend, soll als Alternative f = $\bar{D}$ versucht werden.

a	b	c	d	e	f	g	h	i	j	k	l	m	n
		D				D			1	D		$\bar{D}$	
1	D				$\bar{D}$		1	1					

Die Wertfolgerung a = e = i = 1 führt jedoch wieder auf l = 0. Da es für keine der zuvor getroffenen Entscheidungen erfolgreiche Alternativen gibt, muß der gesamte Versuch, den Pfad c, k, m, n zu sensibilisieren, zurückgenommen werden.

Jetzt werden mit dem entsprechenden Implikanten der Pfad über G2 sensibilisiert, die Rückrechnung von f = 1 zwecks Zuweisung an die Eingangsvariablen vorgenommen und als Wertfolgerung für e = x erhalten. (Bemerkt sei, daß die Zuweisung auch mit a = 0 und b = x hätte entschieden werden können. Das hätte im weiteren wieder zu einem Widerspruch geführt.)

a	b	c	d	e	f	g	h	i	j	k	l	m	n
		D			1	D	$\bar{D}$			D			
x	0		x	x									

Durch h = i = j = $\bar{D}$ sind die Gatter G3 und G4 für die Anwendung einer Transportoperation vorbereitet. Ausgewählt sei der Implikant für G3, was in der Rückrechnung die Wertzuweisung für die noch unbestimmten Belegungen präzisiert.

a	b	c	d	e	f	g	h	i	j	k	l	m	n
x	0	D	x	x	1	D	$\bar{D}$			D			
1			1	1				$\bar{D}$	$\bar{D}$		D		

Eine Transportoperation über G4 auszuführen, ist erfolglos, da k = c = D definitiv vorbelegt ist. Das ist jedoch nicht tragisch, da ja der Pfad über G3 existiert. Er wird, mit l = D ansetzend, zum Ausgang geführt. Die Rückrechnung von m = 1 ist konsistent, da die Negation von D·$\bar{D}$ logisch 1 ergibt.

a	b	c	d	e	f	g	h	i	j	k	l	m	n
1	0	D	1	1	1	D	$\bar{D}$	$\bar{D}$	$\bar{D}$	D	D		
									$\bar{D}$	D	D	1	$\bar{D}$

Wie das Beispiel zeigt, kann es durch Rekonvergenzen erforderlich sein, Mehrfachimplikanten an Gattern der Art D $\bar{D}$ 1, D $\bar{D}$ 0, D D D, D D $\bar{D}$, $\bar{D}$ $\bar{D}$ $\bar{D}$, $\bar{D}$ $\bar{D}$ D zu betrachten. Mehrfachimplikanten, die einen bestimmten Zustand 1 oder 0 am Gatterausgang erzeugen, können für die Sensibilisierung nachgeschalteter Pfade verwendet werden. Mehrfachimplikanten, die am Gatterausgang ein D oder $\bar{D}$ erzeugen, sind für den Fehlertransport brauchbar. Sie drücken aus, daß eine frühere Verzweigung an diesem Gatter wieder zusammenläuft und daß ein angeregter Fehler über verschiedene Pfade zu diesem Gatter transportiert wurde. Differenziert ist jedoch die Möglichkeit zu bewerten, daß auf diesen Transportpfaden liegende Fehler auch erkannt werden. Letzteres ist nur gegeben, wenn die Unabhängigkeit der Eingänge gegeben ist. Für ein NAND-Gatter ist ein solcher Mehrfachimplikant D D $\bar{D}$. Im fehlerfreien Fall ergibt sich 1 1 0. Weist einer der Eingänge einen Fehler s-a-0 auf, so wird der Ausgangszustand verändert: 1 0 1. Ein Einfachfehler s-a-0 an einem der Eingänge wird erkannt. Ein Mehrfachimplikant $\bar{D}$ $\bar{D}$ D bedeutet 0 0 1 im fehlerfreien Fall. Eine Veränderung des Ausgangszustands ergibt sich hier jedoch nur, wenn beide Eingänge einen Fehler s-a-1 aufweisen: 1 1 0. Ein Einfachfehler s-a-1 an einem der Gattereingänge wird demnach durch diesen Mehrfachimplikanten nicht erkannt.

Zur Fehleranregung an inneren Fehlerorten kommen, neben den bisher benutzten D-Implikanten, auch sogenannte Fehlerimplikanten in Roths D-Algorithmus zur Anwendung. Sie weisen den Eingängen von Schaltelementen eindeutige Belegungen und den Ausgängen ein D-Symbol zu. Wie Bild 5.6 zeigt, sind mit ihnen nicht nur Haftfehler beschreibbar.

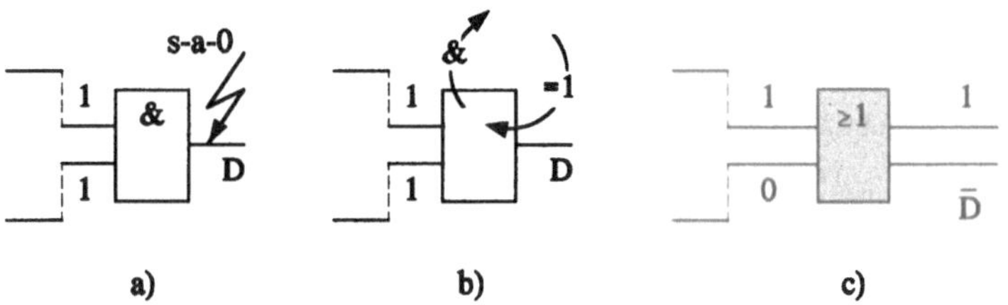

Bild 5.6 Fehlerimplikanten: a) Fehler s-a-0 am Ausgang; b) Vertauschung eines AND-Gatters mit einem EXOR-Gatter; c) Kurzschluß vom OR-Typ

Ein D am Ausgang eines AND-Gatters (Belegung 0 anstelle einer zu erwartenden Belegung 1) macht die Verfälschung einer AND-Verknüpfung in eine EXOR-Verknüpfung erkennbar, wenn beide Eingangsvariablen auf 1 gesetzt werden (Bild 5.6b). Zur Behandlung eines Kurzschlußfehlers vom OR-Typ zwischen benachbarten Leitungen stelle man sich am Fehlerort ein entsprechendes fiktives Gatter vor. Ein $\bar{D}$ (Belegung 1 anstelle Belegung 0) auf einer der Leitungen nach dem Fehlerort steht für die Anregung des Fehlers, wenn den Leitungen vor dem Fehlerort komplementäre Belegungen zugewiesen werden.

Die Erläuterungen zur prinzipiellen Vorgehensweise bei der Anwendung des D-Algorithmus deuten an, daß seine Effizienz von der Lösung von Detailfragen abhängt. Die Reihenfolge der auf das Setzen einer fehleranregenden Belegung am Fehlerort folgenden Prozeduren - Fehlertransport zu einem primären Ausgang, Rückrechnung zwecks Wertzuweisung an die internen bzw. Eingangsvariablen sowie Wertfolgerung - ist ursprünglich nicht festgelegt. Für Schaltungen mit Baumstruktur ist das auch unerheblich, da keine Konflikte in den Wertzuweisungen auftreten können. In vermaschten Strukturen dagegen können die Aussichten, ein Testmuster mit einer minimalen Anzahl von Rücksprüngen und von alternativen Entscheidungen zu finden, durchaus von dieser Reihenfolge abhängen.

Das kann auch am betrachteten Beispiel (Bild 5.5) augenscheinlich gemacht werden. Am Gatter G2 möge der Implikant $g = D$, $f = 1$, $h = i = j = \bar{D}$ zum weiteren Transport über Gatter G3 anliegen. Wird, von $f = 1$ ausgehend, zunächst die Rückrechnung und Wertzuweisung $a = 0$ und $b = x$ vorgenommen, so folgt $e = 0$. Da somit kein Transport über G3 möglich ist, wird ein Rücksprung und der Versuch $a = 1$ und $b = 0$ ausgelöst, der zu einem Testmuster führt. Bearbeitet man jedoch für den Implikanten an G2 zunächst den Transportpfad, werden $e = 1$ gewählt und den Eingangsvariablen $a = 1$ und $b = 0$ zugewiesen. Letzteres ist mit $f = 1$ konsistent.

Wenn mehrere Pfade existieren, so hat das Beispiel auch gezeigt, daß jeder für sich oder jede ihrer Kombinationen bearbeitet werden müssen. Kann ein Pfad nicht zu einem primären Ausgang geführt werden, müssen bereits getroffene Wertzuweisungen aufgehoben werden. Existiert kein sensibler Pfad vom unterstellten Fehlerort zu einem primären Ausgang, so ist der Fehler nicht erkennbar.

Das eigentliche Konfliktpotential liegt in den rekonvergenten Verzweigungen. An Gattern wieder zusammenlaufende, von einer Verzweigung abstammende Pfade können nicht mehr unabhängig voneinander belegt werden. Konflikte werden durch Rücksprungversuche und alternative Wertzuweisungen aufgelöst. Besonders aufwendig erweist sich die Bearbeitung von EXOR-Gatter enthaltenden Schaltungsstrukturen, wie sie zur Umsetzung der Prüfmethode Informationsredundanz (vgl. Abschn. 4.6) benötigt werden. Wie Bild 5.3 allein schon ausweist, stehen für EXOR- bzw. EXNOR-Gatter eine größere Anzahl alternativer Belegungen zur Auswahl. Ein Rücksprung ist im Rahmen des D-Algorithmus zu jeder Leitung erlaubt.

Betrachtet man mit [Goel 81] die Testsatzerstellung als einen Suchprozeß, so muß man für den D-Algorithmus einen *Suchraum* konstatieren, der alle Belegungen der primären Eingänge und der internen Leitungen einschließt, und in dem ein Punkt einem Testmuster für einen bestimmten Fehler entspricht. Maßnahmen zur Verbesserung der Effizienz erstrecken sich deshalb auf eine Begrenzung des Suchraums und auf eine zielgerichtete Bewegung im Suchraum von einem unbestimmten Ausgangspunkt zu einem Testmuster.

PODEM (Path-oriented decision making). Der von *Goel* [Goel 81] kreierte Algorithmus nutzt wesentliche Elemente des D-Algorithmus, wie die D-Notation, den Fehlertransport über sensible Pfade und die Wertfolgerung. Die wesentliche Neuerung ist die Begrenzung des Suchraums auf die 2^n Belegungen der n primären Eingänge einer kombinatorischen Schaltung. Für kombinatorische Prüfobjekte überdecken die Belegungen der primären Eingänge verständlicherweise die internen Belegungen. Da primäre Eingänge definitionsgemäß nur Quellen unverzweigter Signale sind, sind an sie erfolgende Wertzuweisungen unabhängig voneinander und konfliktfrei. Damit erklärt, sind auch nur Rücksprünge zu primären Eingängen gestattet.

Dieses Grundanliegen soll anhand des Entscheidungsbaums für die Bestimmung eines Testmusters für den Fehler s-a-0 auf der Leitung h (h = D in der D-Notation) der Schaltung nach Bild 5.5 demonstriert werden. Die Belegungen aller anderen Leitungen sind unbestimmt - x. Es soll mit der Wertzuweisung für den primären Eingang c begonnen werden. Welcher der beiden möglichen Logikpegel zuerst gesetzt wird, sei einer heuristischen Regel überlassen, die denjenigen Pegel bevorzugt, der sich am getriebenen Gatter durchsetzt (man spricht auch vom *steuernden Pegel*). Für die in der Schaltung vorkommenden NAND-Gatter ist das logisch 0. Nach der Wertzuweisung an einen primären Eingang wird die Wertfolgerung für die Belegungen der internen Leitungen vorgenommen. Die Ergebnisse sind in der Tabelle 5.1 zusammengefaßt.

Tabelle 5.1 Illustration des Entscheidungsprozesses in PODEM

	Wertzuweisung			Wertfolgerung											Entscheidungsbaum
	a	b	c	d	e	f	g	h	i	j	k	l	m	n	
	x	x	x	x	x	x	x	D	x	x	x	x	x	x	
1	x	x	0	x	x	x	0	D	D	D	0	x	1	x	c: 0 / 1 (ungenutzte Alternative)
2	0	x	0	0	0	1	0	D	D	D	0	1	1	0	a: 0 – Rücksprung - kein sensibler Pfad zum Ausgang
	Rücksprung zu a wegen ⇑ ⇑ ⇑														
3	1	x	0	1	1	x	0	D	D	D	0	$\bar{D}$	1	D	a: 1 – Testmuster (a; b; c) = (1; x; 0)

Die Wertzuweisung c = 0 wird zunächst akzeptiert, da aus der anschließenden Wertfolgerung keine Unverträglichkeiten erwachsen. Damit wird der ursprüngliche Suchraum von 2^3 Eingangsbelegungen halbiert. Die Suche in dem Teil des Suchraums, der alle Belegungen (a; b; c) = (x; x; 1) enthält, wird bis auf weiteres zurückgestellt. Im Bedarfsfall kann man darauf zurückkommen. Der Versuch, im 2. Schritt den primären Eingang a = 0 zu setzen, schlägt fehl. Die Wertfolgerung sensibilisiert keinen Pfad zum Ausgang. Es wird ein Rücksprung zur zuletzt erfolgten Wertzuweisung an den primären Eingang a vorgenommen. Die Zuweisung a = 0 und alle daraus resultierenden Wertfolgerungen werden annulliert. Der Entscheidungsbaum wird an dieser Stelle abgeschnitten. Das heißt, daß aus dem analysierten Suchraum von 2^2 Eingangsbelegungen alle Belegungen, die c = a = 0 enthalten, ausgegrenzt werden, ohne daß die Konsequenzen von Wertzuweisungen an noch nicht gesetzte primäre Eingänge (hier Eingang b) weiter untersucht werden müßten. Im verbleibenden Suchraum mit 2 Eingangsbelegungen wird die Suche nach einem Testmuster mit der alternativen Wertzuweisung a = 1 fortgesetzt. Die anschließende Wertfolgerung zeigt, daß ein Pfad vom Fehlerort (genauer gesagt, zwei Pfade) zum Ausgang sensibilisiert wird. Eine Verfälschung des Pegels am Fehlerort h = D (0 anstelle von 1) wird mit n = D am Ausgang beobachtbar.

Wäre auch die Wertzuweisung a = 1 fehlgeschlagen, so wären ein weiterer Rücksprung zum Knoten c im Entscheidungsbaum und die Suche im zunächst zurückgestellten Subraum fällig gewesen. Wie leicht nachvollziehbar, liegt in diesem Subraum tatsächlich auch ein Testmuster für den Fehler s-a-0 auf Leitung h: (a; b; c) = (1; 1; 1).

Auf diese Weise werden alle möglichen Eingangsbelegungen, wenn auch implizit, auf ihre Eignung als Testmuster untersucht. Ein Rücksprung und die Rücknahme einer Wertzuweisung werden in [Goel 81] dann vorgenommen,

- wenn nicht ein Pfad existiert, der für den Transport der Fehlerwirkung zu einem primären Ausgang sensibilisiert werden könnte
- oder wenn die Wertfolgerung am Fehlerort den gleichen Pegel ergibt, den der unterstellte Fehler bewirkt.

Die Strukturierung des Suchraums ist für das Beispiel noch einmal im Bild 5.7 gezeigt.

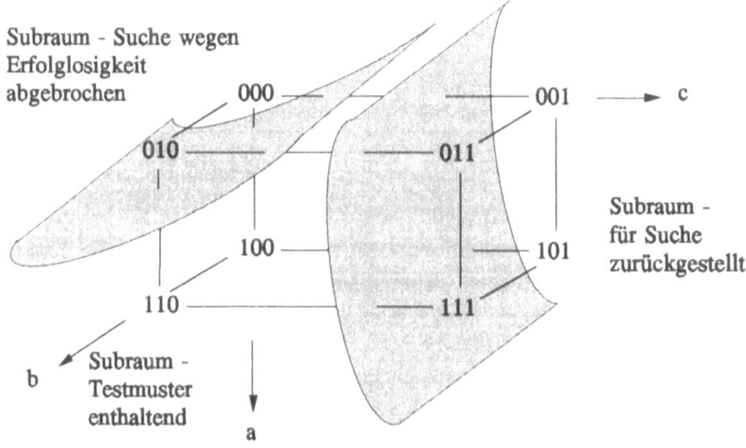

Bild 5.7 Strukturierung des Suchraums für das betrachtete Beispiel

Eine fehleranregende Belegung am Fehlerort kann im allgemeinen durch Wertzuweisungen an unterschiedliche primäre Eingänge gewährleistet werden (es gibt mehrere Pfade von primären Eingängen zum Fehlerort). Im Beispiel kann h = D entweder durch c = 0 oder durch a = b = 1 eingestellt werden. Andererseits kann durch Wertzuweisungen an unterschiedliche primäre Eingänge die Fehlerwirkung über unterschiedliche Pfade an (unterschiedliche) primäre Ausgänge transportiert werden. Durch die geschickte Wahl des primären Eingangs zur Erzeugung einer zweckdienlichen internen *Zielbelegung* (Bezeichnung nach [Goel 81] - *objektive*), kann die Anzahl von Rücksprüngen minimiert oder ein Subraum, der kein Testmuster enthält, möglichst frühzeitig identifiziert werden. Dafür dient in PODEM die Rückrechnung (*backtrace*) von der Zielbelegung zu primären Eingängen unter Einbeziehung von Heuristiken.

Zielbelegungen zur Fehleranregung sind solche, die ein D bzw. $\bar{D}$ am Fehlerort erzeugen. Zielbelegungen für den Transport einer Fehlerwirkung sind Belegungen, die die D-Front ein Gatterniveau näher zum Ausgang leiten. Ausgewählt wird eine Zielbelegung an dem Gatter, über das der kürzeste Pfad zu einem Ausgang führt.

In Ausführung der Rückrechnung von einer internen Zielbelegung auf die Eingänge wird das jeweils treibende Gatter betrachtet. Wird an einem von n Gattereingängen ein steuernder Pegel gefordert (0 für AND- bzw. NAND-Gatter, 1 für OR- bzw. NOR-Gatter), so wird der Gattereingang (Pfad) ausgewählt, der am einfachsten zu setzen ist. Bei einem eventuellen Fehlversuch entspräche das dem geringsten vergeblichen Rechenaufwand. Wird an allen Gattereingängen der gleiche Pegel gefordert, so wird der Pfad bearbeitet, der am schwierigsten zu setzen ist. Ein vergeblicher Versuch erspart die Bearbeitung für die anderen n - 1 Eingänge. Zur Bewertung der Schwierigkeit, einen Schaltungspunkt wie gewünscht zu belegen, werden Testbarkeitsmaße [Gold 79], [Benn 80], [Pate 86] herangezogen.

FAN (fan-out-oriented test generation algorithm). Wie schon bei der Behandlung des PODEM-Algorithmus vermerkt, sind rekonvergente Verzweigungen die eigentliche Ursache für Widersprüche in der Belegung von Schaltungspunkten bzw. dem Abreißen sensibler Pfade. PODEM hat die Anzahl der möglichen Rücksprungpunkte auf die Menge der primären Eingänge reduziert und durch die Einbeziehung von Heuristiken die Erfolgsaussicht, eine gewünschte Belegung erzielen zu können, verbessert. Bis zum Erkennen von Konflikten in der Folge der Prozeduren - Vorgabe einer Zielbelegung, Rückrechnung, Wertzuweisung an einen primären Eingang, Wertfolgerung für interne Belegungen - gibt es jedoch weiterhin Rechenschritte, deren Ergebnisse sich später als nicht nutzbar herausstellen können. So wird die Wertfolgerung von einer Wertzuweisung soweit wie möglich vorangetrieben. Wird an irgendeiner Stelle ein Konflikt festgestellt, sind von einem Rücksprung alle diesbezüglichen Wertfolgerungen betroffen. Der Teil von ihnen, der an der Konfliktsituation nicht beteiligt ist, wurde überflüssigerweise berechnet. Zur Verringerung des Rechenaufwands identifiziert der FAN-Algorithmus verzweigungsfreie Zonen und Verzweigungspunkte und läßt ihnen eine besondere Behandlung zuteil werden [Fuji 83].

Zur genannten Unterscheidung werden drei Arten von Leitungen identifiziert:

- *Freie Leitungen* (free lines) stammen aus verweigungsfreien Zonen, keiner ihrer Pfadvorgänger ist ein Verzweigungspunkt; Freie Leitungen können folglich widerspruchsfrei gesetzt werden
- *Gebundene Leitungen* (bound lines) stammen von einer Verzweigung ab; sie können folglich nicht unabhängig voneinander gesetzt werden
- *Kopfleitungen* (head lines) sind Freie Leitungen, die ein Gatter treiben, das in eine rekonvergente Verzweigung eingebunden ist, mindestens einer ihrer Pfadnachfolger ist

eine Gebundene Leitung; Kopfleitungen können folglich widerspruchsfrei gesetzt werden.

Im Bild 5.4 sind a, b, c, d Freie Leitungen, c sowie d Kopfleitungen und alle anderen Gebundene Leitungen.

Im Vergleich zum PODEM-Algorithmus sind die grundsätzlichen Prozeduren in folgenden Eckpunkten modifiziert:

1. Als Rücksprungpunkte sind im D-Algorithmus alle Schaltungsknoten, im PODEM-Algorithmus alle primären Eingänge zugelassen. Der FAN-Algorithmus führt Rücksprünge immer zu Kopfleitungen aus. Das bedeutet auch, daß Rückrechnungen mit dem Erreichen von Kopfleitungen gestoppt werden Die Einstellung der geforderten Belegung der Kopfleitung über die primären Eingänge, die laut Definition widerspruchsfrei möglich ist, wird auf einen späteren Zeitpunkt verschoben. Das hat den Vorteil, daß keine überflüssigen Berechnungen ausgeführt werden, falls der Pegel der Kopfleitung noch einmal verändert werden muß.

2. Zur Fehleranregung werden Implikanten bevorzugt, die obligatorisch für den unterstellten Fehler sind. Für Haftfehler an den Eingängen eines AND-Gatters sind das z.B. (vgl. Bild 5.3) D 1 D, 1 D D, $\bar{D}$ 1 $\bar{D}$, 1 $\bar{D}$ $\bar{D}$ und am Ausgang 1 1 D oder x x $\bar{D}$. Weitergehend werden in jedem Schritt des FAN-Algorithmus alle obligatorischen Belegungen bestimmt. Das bedeutet auch, daß die Prozedur Wertfolgerung sowohl vorwärtsgerichtet als auch rückwärtsgerichtet ausgeführt werden kann. (Im PODEM-Algorithmus wird die Wertfolgerung nur vom Eingang vorwärts zum Ausgang gerichtet ausgeführt.) Damit werden frühzeitig Subräume ausgegrenzt, und der bevorzugte Suchraum eingeschränkt.

Die Konsequenzen seien am Bild 5.8 betrachtet. Die in [Görk 89] als Implementierung eines Überwachungssystems für zwei Kanäle x und y zur Erzielung von Fehlertoleranz angegebene Schaltung ist auch als weitere Illustration zu Abschn. 4.1 von Interesse. Leitung h führt logisch 1, wenn die Kanäle x und y gleiche Belegungen aufweisen. Sie führt logisch 0, wenn die Belegungen differieren (Fehlerfall). Im Fehlerfall wird die Durchschaltung des Kanals y blockiert.

Gesucht sei ein Testmuster für den Fehler s-a-0 auf Leitung i. Der obligatorische Fehlerimplikant ist (h; e; i) = (1; 1; D). Aus e = 1 folgt sofort y = d = b = 1. Aus d = 1 ist g = 0 zu schlußfolgern. Wegen h = 1 und g = 0 ist f = 1 obligatorisch, was wiederum mit b = 1 zur Folgerung a = c = x = 1 führt. Damit wurde für den unterstellten Fehler das Testmuster x = y = 1 allein durch obligatorische Wertzuweisungen und Wertfolgerungen ohne jeden Rücksprung erzeugt.

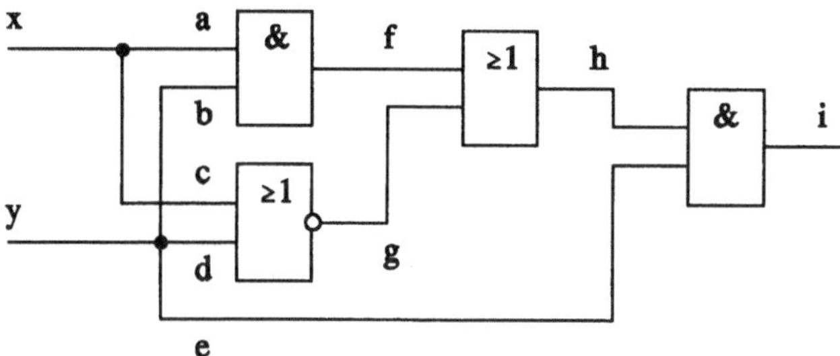

Bild 5.8 Beispielschaltung zum FAN-Algorithmus

Der PODEM-Algorithmus könnte zum Vergleich wie folgt verfahren. Mit der Zielbelegung i = D wird für die Rückrechnung (backtrace) zwecks Wertzuweisung an einen primären Eingang h = 1 (am schwersten zu setzen), g = 1 und y = 0 erhalten. (Der Algorithmus erkennt nicht die obligatorischen Belegungen z.B. y = 1.) Die Wertfolgerung, ausgehend von y = 0 führt über e = 0 zum Widerspruch auf Leitung i. Nach dem Rücksprung zu y wird dieser Eingang auf 1 gesetzt. Die nunmehrige Wertfolgerung mit e = d = b = 1 und g = 0 ist konsistent. Die folgende Rückrechnung von h = 1 zum Eingang x erbringt f = 1 = a = x = 1. Nachdem die Wertfolgerung Verträglichkeit zeigt, kann das Testmuster x = y = 1 bestätigt werden.

3. Wenn die D-Front aus nur einem Signal besteht und der Transportpfad nur über ganz bestimmte Gatter führt, so wird dieser Pfad obligatorisch sensibilisiert. Zum Beispiel kann ein Haftfehler auf Leitung h, mit D bzw. $\bar{D}$ angeregt, nur über das AND-Gatter zum Ausgang i transportiert werden. Der Pfad wird mit e = y = 1 obligatorisch sensibilisiert, womit sofort eine Wertzuweisung an einen der primären Eingänge erhalten wird.

4. Der PODEM-Algorithmus rechnet von einer Zielbelegung jeweils nur einen Pfad zu einem primären Eingang zurück. Im Bild 5.8 z.B. i-h-f-a-x oder i-h-g-c-x oder i-h-g-d-y oder i-h-f-b-y oder i-e-y. Der FAN-Algorithmus sieht eine multiple nebenläufige Rückrechnung über mehrere Pfade vor.

Ähnliche Konzepte zur Verbesserung der Effizienz deterministischer Testmustergenerierung werden in Arbeiten wie [Kirk 87] oder [Schu 88] verfolgt. Reserven sind auch in der Parallelisierung der Algorithmen [Klen 92] zu sehen. Ein Ansatz ist aus dem Bild 5.7 erkennbar. Zum laufenden Suchprozeß könnte parallel die Suche im zunächst zurückgestellten Subraum geführt werden. Andere Ansätze sind die parallele Bearbeitung verschiedener Fehler, verschiedener Schaltungspartitionen oder die Parallelisierung von Testgenerierung und Fehlersimulation zum Auffinden weiterer durch ein Testmuster abgedeckter Fehler. Die Abbildung logischer Schaltungen als neuronale Netze eröffnet den Weg zu massiv paralleler Testsatzerstellung [Chak 90].

Testsatzerstellung für sequentielle Schaltungen. Sie wird dadurch erschwert, daß die Belegung der Ausgangsvariablen definitionsgemäß (vgl. [DIN 88a]) nicht nur von den Eingangsbelegungen zum aktuellen Zeitpunkt, sondern auch vom inneren Zustand abhängt. Dieser innere Zustand wurde von den Eingangsbelegungen zu endlich vielen vorangegangenen Zeitpunkten bewirkt. Das heißt auch, daß eine einen inneren Fehler anregende Belegung in der Regel nur über eine Anzahl von Zeiteinheiten zu einem primären Ausgang transportiert werden kann. Die Erschwernis ist so erheblich, daß die Testsatzerstellung für sequentielle Schaltungen bis heute noch nicht zufriedenstellend gelöst ist.

Wie im Bild 5.9a demonstriert, lassen sich gewöhnlich in sequentiellen Schaltungen ein kombinatorisches Schaltnetz und die für die inneren Zustände verantwortlichen Speicherelemente bzw. Rückführungen lokalisieren.

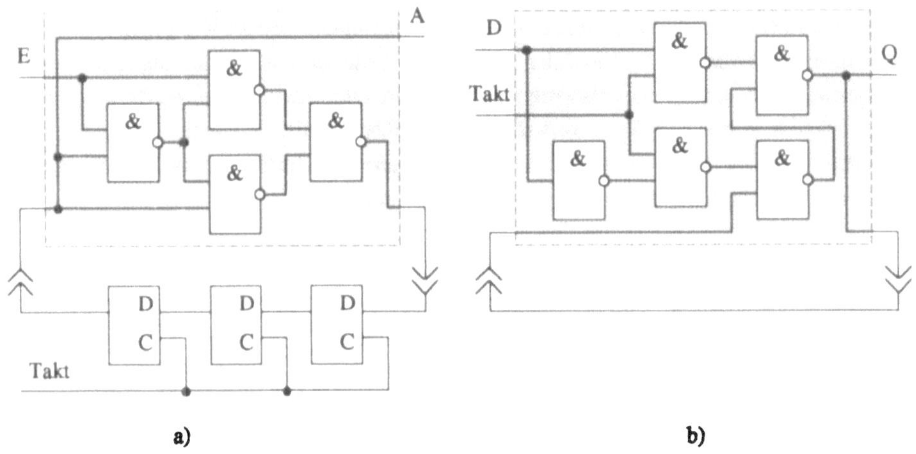

Bild 5.9 Modifizierte Darstellungen: a) Sequentielles Objekt nach Bild 3.8; b) D-Flipflop

Der Versuch liegt nahe, die bewährten Algorithmen zur Testsatzerstellung kombinatorischer Schaltungen anzuwenden. Um zu einer quasikombinatorischen Schaltung und zu einer Trennung von Ursache und Wirkung in der Schleife zu kommen, müssen offensichtlich die Rückführungen an den bezeichneten Stellen aufgetrennt werden. Damit entstehen sekundäre oder sogenannte Pseudo-Eingänge und -Ausgänge. Die konstruktive oder schaltungstechnische Auftrennung fällt in das Gebiet des prüfgerechten Entwurfs und wird im Kapitel 6 behandelt, während die "algorithmische Auftrennung" hier weiter verfolgt werden soll.

Die Bilder veranschaulichen auch die Abhängigkeit der aktuellen Belegung eines sekundären Eingangs von der Belegung eines sekundären Ausgangs zu einem früheren Zeitpunkt, der durch die sequentielle Tiefe bestimmt ist. Für die Bearbeitung der quasikombinatorischen Schaltung wäre es allerdings wünschenswert, zwischen den Eingängen und Ausgängen in zeitlicher Hinsicht nicht unterscheiden zu müssen. Auf [Kubo 68] und [Putz 71] geht die Idee zurück, die zeitliche "Lücke" durch die Bearbeitung einer Anzahl von Kopien der quasikombinatorischen Schaltung zu schließen. Die Kopien ersetzen den Zustandsspeicher. Jede einzelne Kopie steht für eine Zeiteinheit. Den allgemeinen Fall (s. z.B. [Chen 89a] zeigt Bild 5.10.

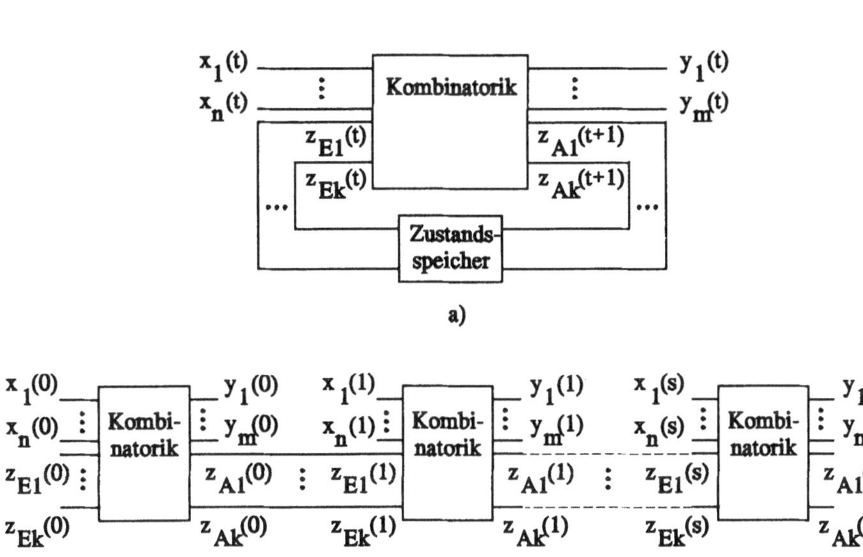

Bild 5.10 Sequentielles Objekt: a) übliches Modell; b) iteratives Äquivalent als Reihenschaltung seiner Kopien für einzelne Zeiteinheiten

Die Belegungen x(0) ... x(0) charakterisieren den Anfangszustand. Da dieser im allgemeinen unbekannt ist, darf den entsprechenden Leitungen im Zuge der Bearbeitung auch nur ein unbestimmter Wert zugewiesen werden. Die Replikation für jede Zeiteinheit schließt neben der Struktur auch den angenommenen Fehler und den Fehlerort ein. Das bedeutet, daß bei der Bearbeitung der einzelnen Kopien an den Fehlerorten keine Wertzuweisungen erfolgen dürfen, die dem Fehlerbild widersprechen. Für synchrone sequentielle Schaltungen wird der Takt im Sinne eines logischen Zustands zu einem fixierten Zeitpunkt behandelt.

In einer der Kopien ist eine den Fehler anregende Belegung vorzugeben. Für die Bestimmung der den Transport der Fehlerwirkung zu einem primären Ausgang gewährleistenden internen Belegungen und der erforderlichen Belegung der Eingangsvariablen können wiederum pfadorientierte Verfahren herangezogen werden. Es sind soviele Kopien zu generieren, wie für den Transport des angeregten Fehlers zu einem primären Ausgang und zur Einstellung der internen und der Eingangsvariablen benötigt werden. Die erforderliche Anzahl ist im allgemeinen a priori nicht bekannt. Die Prozeduren Fehlertransport und Wertzuweisung an die Eingangsvariablen sind über mehrere Zeiteinheiten verteilt. Es bleibt der konkreten Implementierung überlassen, ob sie in der direkten Folge der Zeiteinheiten (forward time, in Richtung der Zeiteinheit s), in der reversen Folge der Zeiteinheiten (reverse time, in Richtung der Zeiteinheit 0) oder kombiniert in beiden Richtungen des Zeitverlaufs ausgeführt werden [Kels 93]. Zur Erkennung des Fehlers wird somit eine Testmusterfolge erhalten, deren s + 1 Glieder durch die Belegungen der Eingangsvariablen für jede Kopie in der Reihenfolge der Zeiteinheiten von 0 bis s gebildet werden.

Für eine Beispielrechnung soll das D-Flipflop dienen. Ausgegangen wird von zwei Kopien für die Zeiteinheiten 0 und 1 (Bild 5.11).

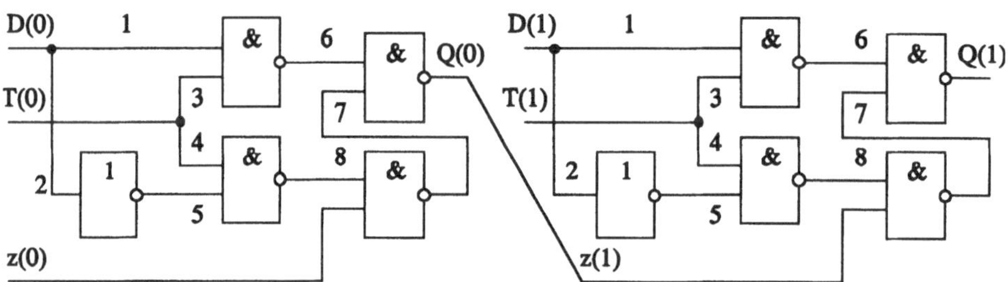

Bild 5.11 Iteratives Äquivalent des D-Flipflops für zwei Zeiteinheiten zur Testmusterberechnung

Unter Nutzung der D-Notation soll ein Fehler s-a-0 am Dateneingang bearbeitet werden. In der Zeiteinheit 1 wird der Dateneingang mit einem D ("1" im fehlerfreien Fall, "0" im Fehlerfall) beaufschlagt. Die D-Kette zum Ausgang Q1 wird in der üblichen Art gebildet. Die Rückrechnung ergibt zunächst z(1) = 0.

Zeiteinheit 0												Zeiteinheit 1										
D(0)	T(0)	z(0)	1	2	3	4	5	6	7	8	Q(0) z(1)	D(1)	T(1)	1	2	3	4	5	6	7	8	Q(1)
											0	D	1	D	D	1	1	$\bar{D}$	$\bar{D}$	1	D	D

Die Rückrechnung über die Kopie für die Zeiteinheit 0 fordert für die Leitungen 6 und 7 jeweils logisch 1 und D(0) = 0. Letzteres steht nicht im Widerspruch zum angenommenen Fehler s-a-0 am Dateneingang. Die Wertfolgerung mit T(0) = 1 zeigt Verträglichkeit für Leitung 7 = 1 und auch der Anfangszustand bleibt unbestimmt: z(0) = x.

Zeiteinheit 0												Zeiteinheit 1									
D(0)	T(0)	z(0)	1	2	3	4	5	6	7	8	Q(0) z(1)	D(1)	T(1)	1	2	3	4	5	6	7	8	Q(1)
0	1				1			1	1		0	D	1	D	D	1	1	$\bar{D}$	$\bar{D}$	1	D	D
		x		0		1	1		1	0												

Mit der Testmusterfolge (D; T) = (0; 1); (1; 1) wird der Fehler s-a-0 am Dateneingang angeregt und zum Ausgang transportiert. Der Ausgang wird Q = 1 im fehlerfreien Fall und 0 im Fehlerfall. Für dieses einfache Beispiel ist die Plausibilität offenkundig. Mit logisch 0 am Dateneingang wird mit einem ersten Taktimpuls das Flipflop unabhängig von der Anwesenheit des Fehlers mit 0 initialisiert. Mit dem nächsten Taktimpuls wird mit logisch 1 am Dateneingang bei Abwesenheit des Fehlers das Flipflop auf 1 gesetzt. Ein eventueller Fehler s-a-0 am Dateneingang verhindert das und ist somit erkennbar.

Das iterative Äquivalent des Prüfobjekts spiegelt die zeitlichen Gegebenheiten in der Schaltung nur sehr unvollkommen wider. Es kann deshalb auch nicht erwartet werden, daß bei der Verarbeitung der gefundenen Testmuster in einer asynchronen Schaltung Hazards oder Wettlauferscheinungen ausgeschlossen sind. Es empfielt sich, die Testmuster durch Simulation zu verifizieren.

Konnte für die Anwendung des D-Algorithmus auf kombinatorische Schaltungen festgestellt werden, daß ein Testmuster gefunden wird, sofern ein solches existiert, so gilt das nicht für sequentielle Schaltungen. Durch die Replikation des Fehlers in jeder Zeiteinheit wird ein Mehrfachfehler modelliert. Fehlerwirkungen können einander auslöschen. Ein anderer Grund ist, daß Wertzuweisungen für Leitungen in einer der Zeiteinheiten in Widerspruch mit Fehlerannahmen geraten können oder daß anstelle eines unbestimmten Anfangszustands ein bestimmter Speicherzustand gefordert wird. Diese Probleme können mit dem Übergang von der fünfwertigen Logik (D; $\bar{D}$; 0; 1; x) zu einer neunwertigen Logik gelöst werden. Wie gezeigt, beschreibt die fünfwertige Logik einen fehlerfreien und einen fehlerhaften Zustand gemeinsam, während die neunwertige Logik zusätzlich zwischen ihnen unterscheiden kann, indem die Werte "0 im fehlerfreien Fall", "0 im Fehlerfall" bzw. "1 im fehlerfreien Fall" und "1 im Fehlerfall" hinzugenommen werden [Muth 76].

Zusammengefaßt, wird wie folgt verfahren:

- Erstellen des iterativen Äquivalents der sequentiellen Schaltung, wobei die Anzahl der Kopien sich an der sequentiellen Tiefe orientiert
- Annahme eines Fehlers und Wahl einer Zeiteinheit für den Bearbeitungsbeginn, wobei

die Wahl der letzten Zeiteinheit im allgemeinen weniger Konsistenzprobleme erwarten läßt, als beim Bearbeitungsbeginn in einer früheren Zeiteinheit

- Bestimmung einer Testmusterfolge für den unterstellten Fehler z.B. unter Anwendung des D-Algorithmus
- Wiederholen der Bearbeitung mit einer um 1 erhöhten Kopienanzahl, falls nicht auflösbare Widersprüche in Wertzuweisungen konstatiert werden oder der unbestimmte Speicherzustand für die Zeiteinheit 0 nicht gewährleistet werden kann
- Verifikation der gefundenen Testmusterfolge durch Fehlersimulation
- Angabe der Fehler, für die keine Testmusterfolgen ermittelbar sind.

Die Vervielfachung der ursprünglichen Schaltung, die Abbildung von Einfachfehlern als Mehrfachfehler und die damit gewachsene Möglichkeit widersprüchlicher Forderungen haben natürlich Auswirkungen auf die Bearbeitungszeit und den Speicherbedarf rechnergestützter Testmustergeneratoren. In [Breu 76] wird gezeigt, daß die Anzahl der zu bearbeitenden Zeiteinheiten 4^i (i Anzahl der Speicherelemente) erreichen kann. Mehr noch als für kombinatorische Prüfobjekte sind effiziente Implementierungen der erläuterten Grundprinzipien gefragt, deren Leistungsfähigkeit auch an der erzielbaren Fehlerüberdeckung und dem Umfang des erhaltenen Testsatzes gemessen wird. Beispiele zur Verbesserung der Effizienz durch Einschränkung des Suchraums und der Steuerung des Suchprozesses sind

- Einsatz eines Fehlersimulators zur Ermittlung weiterer Fehler, die durch eine berechnete Testmusterfolge erkannt werden [Chen 89]
- Nutzung einer Wissensbasis zur Schaltungsspezifik und zum Testverfahren [Bend 89]
- Nutzung von Zustandsinformationen, die in vorangegangenen Berechnungsschritten gewonnen wurden [Auth 91]
- Bearbeitung der Zeiteinheiten in reverser Folge, nachdem ein primärer Ausgang für die Beobachtung des unterstellten Fehlers bestimmt wurde [Goud 91]
- Einführung eines RESET-Zustands und Annahme einer fehlerfreien Schaltung zur Konstruktion einer Musterfolge zur Fehleranregung [Ghos 91]
- A-Priori-Bestimmung der Anzahl der Kopien für die Bearbeitung eines unterstellten Fehlers sowie der Zeiteinheit, in der mit der Bearbeitung begonnen wird [Kels 93].

Trotz aller Bemühungen bleibt die Testsatzerstellung für freistrukturierte sequentielle Objekte, auch beim fehlerüberdeckungs-orientierten Ansatz (siehe vorn) [Agra 89], sehr aufwendig und ist nur für Schaltungen mittlerer Komplexität mit wenigen hundert Gattern praktikabel. Hier setzen die Maßnahmen der prüfgerechten Gestaltung (Kapitel 6) an.

5.2 Algorithmen für reguläre Speicherstrukturen

Im Abschn. 3.2 wurden das Strukturmodell eines bitorientierten Speicherbausteins (Bild 3.49) und die heranzuziehenden Fehlermodelle eingeführt. Speicherschaltkreise weisen in der Regel einen höheren Integrationsgrad auf als andere Funktionseinheiten. Deshalb liegt auch die Wahrscheinlichkeit von Fehlfunktionen von Schreib-/Lesespeichern signifikant über der anderer Systembestandteile. Folgerichtig entfällt der überwiegende Anteil aller Speicherausfälle auf die Speichermatrix. Eine Pareto-Analyse (s. Abschn. 1.4) weist im Falle einer kombinatorischen Schreib-/Leselogik 83,5% Haftfehler, 4,5% Datenverlust, 3% symmetrische Koppelfehler, 1,5% statische musterabhängige Fehler und 7,5% unbekannte Fehler aus [Kraś 93]. Wird eine sequentielle Schreib-/Leselogik verwendet, ist mit einem erheblichen Anteil (etwa 30%) von Stuck-open-Fehlern (kein Zugriff auf Speicherzelle möglich) zu rechnen. Für den Nachweis der Abwesenheit dieser Fehler sind alle Zellen möglichst unter Kenntnis von Implementierungsdetails sowie der Topologie der Speichermatrix in geeigneter Folge zu schreiben und mit dem Sollpegel vergleichend zu lesen. Die streng reguläre Struktur, eine hervorragende Steuerbarkeit und Beobachtbarkeit, die in den kurzen Pfaden von den primären Eingängen zu den Speicherzellen als potentielle Fehlerorte und von diesen zu den primären Ausgängen begründet sind, begünstigen die Testsatzerstellung für Halbleiterspeicher, während die umfangreiche potentielle Fehlermenge wieder zu Kompromissen zwingt.

Die unterschiedlichen Gegebenheiten und der Kompromiß zwischen erreichbarer Fehlerüberdeckung und erforderlicher Prüfzeit finden ihren Ausdruck in algorithmischen Testsequenzen, deren Länge proportional N (N Anzahl der Speicherplätze bzw. Adressen), proportional $N^{3/2}$ bzw. N^2 ist. Derartige Standardalgorithmen werden nachfolgend besprochen.

5.2.1 N-proportionale Algorithmen

Schreiben/Lesen. Diese, auch unter der Bezeichnung Memory Scan [Breu 76] oder Backround bekannte, Testfolge ist recht trivial (Tab. 5.2). In vier Phasen erfolgt in aufsteigender Adressierungsreihenfolge das Schreiben der Speicherzellen S-0 bzw. S-1 und das Lesen mit angeschlossenem Sollpegelvergleich L=0 bzw. L=1. Erkannt werden Einfach-Speicherzellenfehler. Aufgrund der identischen Belegung der einzelnen Zellen, werden maximale statische Störungen durch die Summe der Leckströme provoziert. Die Fehlererkennung erstreckt sich nicht auf die Adressierung. Adressierungsfehler können Speicherzellenfehler maskieren. Adreßregister und Adreßdekoder müssen als fehlerfrei unterstellt oder anderweitig geprüft werden. Da auf jede der N Speicherzellen 4 Zugriffe erfolgen, hat der Algorithmus die Komplexität 4N.

Tabelle 5.2 Schreiben/Lesen

Adresse A	Adressierungsfolge AF	Phasen			
		P1	P2	P3	P4
0		S-0	L=0	S-1	L=1
1	↓	S-0	L=0	S-1	L=1
2	↓	S-0	L=0	S-1	L=1
...					
N-2	↓	S-0	L=0	S-1	L=1
N-1	↓	S-0	L=0	S-1	L=1

Schachbrett. In einer ersten Phase wird ein schachbrettartiges Muster aus Nullen und Einsen geschrieben, so daß benachbarte Speicherzellen inverse Logikpegel tragen. In einer zweiten Phase wird das mit einem Sollpegelvergleich verbundene Lesen ausgeführt. Bleibt eine Pegeländerung bei der Adressierung benachbarter Zellen aus, so können dafür Speicherzellenfehler, Koppelfehler oder auch Dekoderfehler verantwortlich sein. Zwei gleichartige Phasen mit dem inversen Schachbrettmuster folgen nach. Die Komplexität der Grundform des Schachbrettalgorithmus (Tab. 5.3) beträgt 4N. Modifizierungen des Algorithmus spalten die Lesephasen in zeilenweises Lesen und spaltenweises Lesen auf. Neben der Erhöhung der Zahl der Speicherzyklen auf 6N, ist dann die Erkennung der Koppelfehler und der Dekoderfehler entsprechend auf die Zeilen bzw. Spalten ausgerichtet.

Tabelle 5.3 Schachbrett

Adresse A	Adressierungsfolge AF	Phasen			
		P1	P2	P3	P4
0		S-0	L=0	S-1	L=1
1	↓	S-1	L=1	S-0	L=0
2	↓	S-0	L=0	S-1	L=1
3	↓	S-1	L=1	S-0	L=0
...					
N-2	↓	S-1	L=1	S-0	L=0
N-1	↓	S-0	L=0	S-1	L=1

March. March-Algorithmen bilden eine ganze Untergruppe der N-proportionalen Algorithmen und werden wegen des günstigen Verhältnisses von erzielbarer Fehlerüberdeckung und erforderlicher Prüfzeit häufig eingesetzt. Ein March-Test wird durch eine endliche Abfolge von March-Elementen gebildet. Als March-Elemente werden endliche Abfolgen von Lese-/Schreiboperationen ... L=0 ... S-1 ... L=1 ... S-0 ... bezeichnet, die in aufsteigender oder absteigender Adressierungsfolge auf jede adressierte Speicherzelle in gleicher Art angewandt werden [Suk 81].

Die Vielfalt veröffentlichter March-Algorithmen ergibt sich aus der Variation der March-Elemente und ihrer Zusammenstellung zum March-Test. Leicht einzusehen, daß z.B. für den Test einer Speicherzelle auf einen Haftfehler s-a-0 eine Initialisierung mit 0 und ein March-Element L=0; S-1; L=1 notwendig ist. Dementsprechend variiert die N-proportionale Komplexität. In der Tab. 5.4 ist der "March 1 und 0" nach [Breu 76] mit der Komplexität 14N dargestellt.

Tabelle 5.4 March 1 und 0

A	AF	P1	P2	AF	P3	AF	P4	P5	AF	P6
0		S-0	L=0; S-1; L=1	↑	L=1; S-0; L=0		S-1	L=1; S-0; L=0	↑	L=0; S-1; L=1
1	↓	S-0	L=0; S-1; L=1	↑	L=1; S-0; L=0	↓	S-1	L=1; S-0; L=0	↑	L=0; S-1; L=1
2	↓	S-0	L=0; S-1; L=1		L=1; S-0; L=0	↓	S-1	L=1; S-0; L=0		L=0; S-1; L=1
...				↑					↑	
N-2	↓	S-0	L=0; S-1; L=1	↑	L=1; S-0; L=0	↓	S-1	L=1; S-0; L=0	↑	L=0; S-1; L=1
N-1	↓	S-0	L=0; S-1; L=1		L=1; S-0; L=0	↓	S-1	L=1; S-0; L=0		L=0; S-1; L=1

Durch die marschierende 1 bzw. 0 werden Dekodierfehler und Haftfehler der Speicherzellen erkannt. Durch die aufsteigende und absteigende Adressierung sind Koppelfehler zwischen der aktuell adressierten Zelle und den Vorgängern bzw. Nachfolgern feststellbar. An diesen Test kann nach einer Wartezeit eine Prüfung der Speicherzellen auf Datenverlust angeschlossen werden [Dekk 90].

Komplementäre Adressierung. Sie dient vorzugsweise der Prüfung der Adressierlogik, wobei die Adressierungsfolge so gewählt wird, daß von einer adressierten Speicherzelle zur anderen eine maximale Zahl von Positionen des Adreßkodes einer Änderung unterworfen wird (Tab. 5.5). Damit wird in der Adressierlogik eine maximale Zahl von Übergangsprozessen provoziert, sodaß auch Zeitparameter eine Bewertung erfahren.

Zur Initialisierung wird ein beliebiges Muster (z.B. ein Schachbrettmuster) in die Speichermatrix geschrieben. Die erste Zelle (Adreßkode 0...00) wird gelesen und die inverse Information in diese Zelle geschrieben. Der folgende Zugriff wird für die Zelle mit dem komplementären Adreßkode 1...11 ausgeführt. Mit der nächsten Iteration wird auf die Speicherplätze mit dem Adreßkode 0...01 und 1...10 zugegriffen. Der Prozeß wird fortgesetzt, bis jede Zelle adressiert worden ist. Der Grundalgorithmus hat die Komplexität 3N. Er kann für das inverse Initialisierungsmuster oder auch für andere sinnvolle Muster wiederholt werden.

Tabelle 5.5 Komplementäre Adressierung

A	AF	P1	AF	P2
0		S-0		L=0; S-1
1	↓	S-1		L=1; S-0
2	↓	S-0		L=0; S-1
...	↓			
N-2	↓	S-1		L=1; S-0
N-1	↓	S-0		L=0; S-1

Vorzugsweise werden Haftfehler und Dekodierfehler erkannt.

5.2.2 $N^{3/2}$-proportionale Algorithmen

Diagonalverschiebung. Dieser Test ist ein Vertreter einer Vielzahl von Algorithmen, die in unterschiedlicher Weise Verschiebungen eines Testmusters in einer quadratischen Speichermatrix vorsehen: Verschiebungen einzelner Zelleninhalte, Verschiebungen von Zeilen- bzw. Spaltenmustern, Verschiebungen von Diagonalen. Die zur Verschiebung vorgesehenen Komponenten werden mit Einsen (Nullen) beschrieben, während der Hintergrund der Speichermatrix mit Nullen (Einsen) gefüllt ist. Durch den Hintergrund werden wie beim Schreib-/Lesetest maximale Störungen beim Lesen provoziert. Da außerdem beim Lesen erst auf eine Reihe identischer Daten eine inverse Information folgt, sind auch die Trägheitseffekte der Lesehardware maximal ausgeprägt. Tab. 5.6 zeigt eine Variante. Nach der jeweiligen Lesephase werden die Speicherinhalte in einer Zeile nach rechts zyklisch verschoben (Verschieben der Nebendiagonale nach rechts). Wenn alle Speicherzellen einmal mit 1 belegt waren, kann zum inversen Initialisierungsmuster übergegangen werden.

Tabelle 5.6 Diagonalverschiebung

A	P1 Initialisierung	P2	P3 Verschiebung	P4	P5 Verschiebung	P6	
0		L=0		L=1		L=0	usw.; auch für inverses Initialisierungsmuster
1	0 0 0 1	L=	1 0 0 0	L=	0 1 0 0	L=	
2	0 0 1 0	L=	0 0 0 1	L=	1 0 0 0	L=	
...	0 1 0 0		0 0 1 0		0 0 0 1		
N-2	1 0 0 0	L=	0 1 0 0	L=	0 0 1 0	L=	
N-1		L=0		L=0		L=0	

Vorzugsweise werden Haftfehler der Speicherzellen, Dekodierfehler und Fehler, die durch Übergangsprozesse in den Bitleitungen (Leseverstärker) bedingt sind, erkannt.

Paarweises Lesen. Um musterabhängige Fehler festzustellen, müssen die Inhalte benachbarter Speicherzellen bezüglich einer Referenzzelle nach vorangegangenen Speicherzugriffen verifiziert werden. Sofern die Nachbarn nur in einer Zeile oder Spalte oder Diagonale durch paarweises Lesen (auch Ping-Pong genannt [Hnat 75]) auf gegenseitige Beeinflussung geprüft werden, hält sich die Komplexität mit $N^{3/2}$ auch hier noch in Grenzen. Bevor der Algorithmus anhand der Tab. 5.7 illustriert wird, sei auch bezüglich der oben behandelten Beispiele erwähnt, daß die Nachbarschaft der Adreßkodes nicht immer eine direkte Abbildung des Layouts der Speichermatrix ist. Die angegebenen Schemata illustrieren lediglich das Prinzip und müssen in Abhängigkeit von der geometrischen Anordnung der Speicherzellen modifiziert werden.

Tabelle 5.7 Paarweises Lesen innerhalb einer Spalte

Zeilenadresse $A_{i;\, j=const}$	AF	P1	Adressierungsfolge	P2	
0		S-0		L=0	usw. für alle Zellen als Referenzzelle; auch für Speicherzelleninhalt "0" vor Hintergrund "1"
1	↓	S-0		L=0	
2	↓	S-1		L=1	
3	↓	S-0		L=0	
4	↓	S-0		L=0	
...	↓				
$N^{1/2}$-2	↓	S-0		L=0	
$N^{1/2}$-1	↓	S-0		L=0	

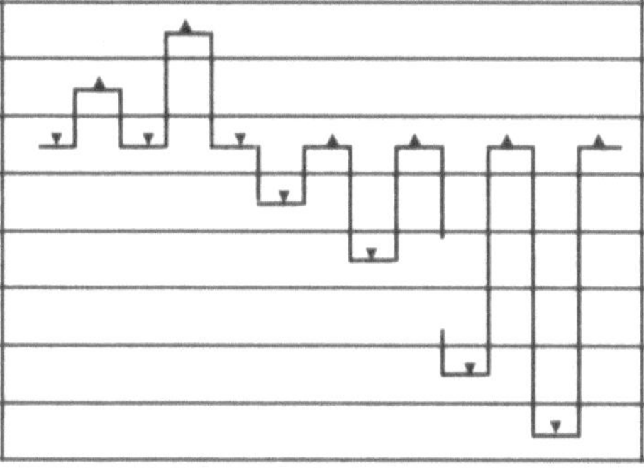

Die Speichermatrix wird mit Nullen gefüllt. In eine als Referenzzelle gewählte Speicherzelle wird eine 1 geschrieben. Danach werden alternierend die Referenzzelle und eine der Nachbarzellen in der Spalte gelesen. Jede Speicherzelle wird einmal Referenzzelle. Der Prozeß wird für das inverse Initialisierungsmuster wiederholt: Referenzzelle auf 0, alle anderen Speicherzellen auf 1.

Vorzugsweise werden Haftfehler, musterabhängige Fehler und Fehler in der Adressierlogik, die durch den schnellen alternierenden Wechsel der Adressen hervorgerufen werden, erkannt.

5.2.3 N^2-proportionale Algorithmen

Erweitert man die Anzahl der Speicherzellen, bei denen im Gefolge eines Zugriff eine Beeinflussung des Speicherinhalts einer Referenzzelle zu vermuten ist, auf alle Zellen der Speichermatrix, so sind auf eine Schreiboperation in der Referenzzelle mindestens N Leseoperationen fällig. Die Testlänge übersteigt damit N^2 Speicherzyklen. Zwar werden auf diese Weise recht vollständig alle Adreßübergänge in der Matrix für unterschiedliche Speicherzelleninhalte und für unterschiedliche Operationen geprüft, die Testzeit ist jedoch nur für kleinere Speicherkapazitäten bzw. für Speicherpartitionen akzeptabel.

Entsprechende Algorithmen [Fran 76], [Barr 76] werden in der Literatur mit den Vorsätzen "laufend (walking)" bzw. "galoppierend (galloping)" bezeichnet. Ein Test mit "Galoppierenden 0 und 1" beginnt beispielsweise mit dem Setzen aller Speicherzellen auf 0. Danach wird in die Zelle mit der Adresse A_0 als Referenzzelle eine 1 geschrieben. Es folgen verifizierende Leseoperationen für die Adressen A_1, A_0, A_1 sowie A_2, A_0, A_2 usw. bis alle Paare A_0-A_j, j= 1, 2 ... N-1 bearbeitet sind. A_0 wird auf 0 zurückgesetzt und verifizierend gelesen. Der Test wird fortgesetzt, indem in A_1 als Referenzzelle eine 1 geschrieben wird und die verifizierenden Leseoperationen wiederum für alle Adressenpaare, die A_1 einschließen, ausgeführt werden. Nachdem jede Speicherzelle einmal als Referenzzelle fungierte, kann der gesamte Prozeß für die Initialisierung der Speichermatrix mit 1 wiederholt werden.

Erkannt werden Speicherzellenfehler, Dekodierfehler und musterabhängige Fehler.

Für annähernd 30 Modifizierungen der hier vorgestellten Grundalgorithmen sind in [Geor 80] und [Goor 90] Bewertungen ihrer Effektivität und der Testlänge zu finden.

5.3 Testmuster für iterative Strukturen

Wo möglich, greift man bei VLSI-Implementierungen auf Wiederholstrukturen zurück, denn ihr vielfacher Einsatz verkürzt Entwurfs- und Verifikationszeiten. Zum Beispiel werden die einzelnen Informationsstellen von n-Bit-Operanden in Addierern, Subtrahierern, Multiplizierern, Komparatoren und anderen arithmetischen und logischen Funktionseinheiten durch solche Wiederholstrukturen verarbeitet. Schaltungsstrukturen, die durch eine ein- oder zweidimensionale Kaskadierung durch einheitliche Verbindung identischer Zellen gebildet werden, nennt man *Iterative Logik-Arrays*. In den Bildern 5.12 und 5.13 sind Beispiele solcher Schaltungsrealisierungen zu sehen.

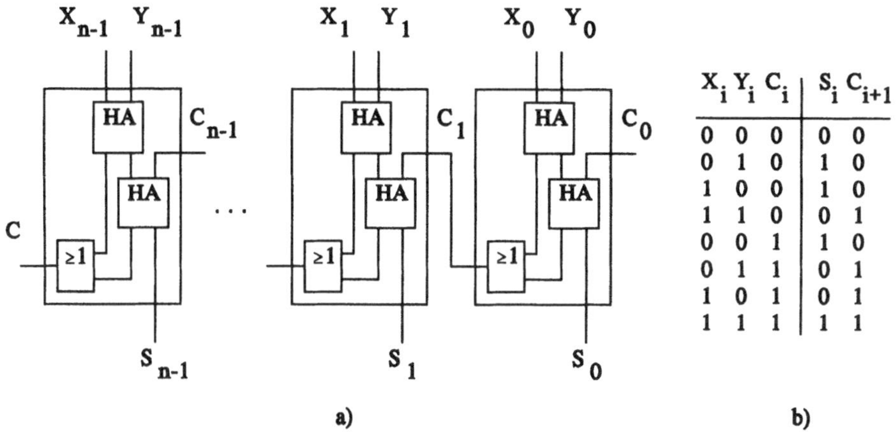

X_i	Y_i	C_i	S_i	C_{i+1}
0	0	0	0	0
0	1	0	1	0
1	0	0	1	0
1	1	0	0	1
0	0	1	1	0
0	1	1	0	1
1	0	1	0	1
1	1	1	1	1

Bild 5.12 Paralleladdierer: a) Iteratives Logik-Array;
b) Wahrheitstabelle für eine Zelle (HA Halbadder)

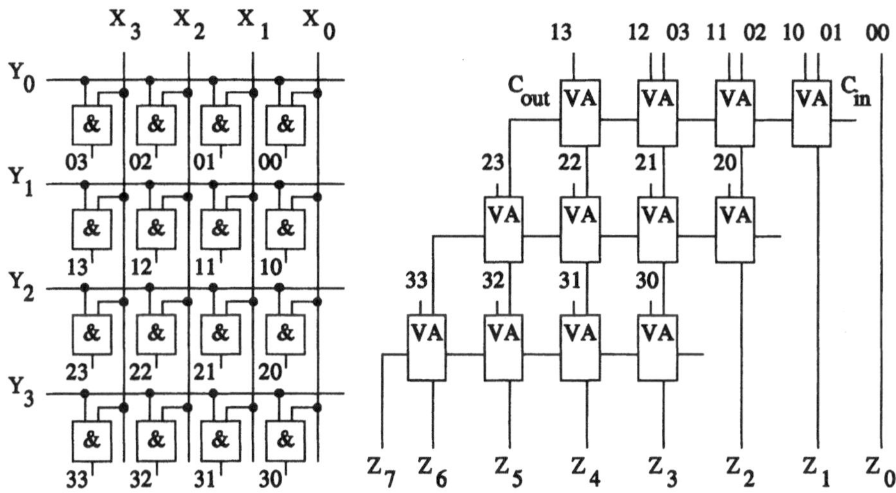

Bild 5.13 4-Bit-Parallelmultiplizierer als zweidimensionales Iteratives Logik-Array (vgl. z.B. [Bund 88])

Untersuchungen zum Zusammenhang zwischen der Regularität Iterativer Logik-Arrays und ihrer Testbarkeit wurden mit [Kaut 67] initiiert. Es wird ein Funktionsfehlermodell - das *Zellenfehlermodell* vorgeschlagen:

- in einem Array ist zu einem Prüfzeitpunkt nur eine Zelle fehlerhaft
- Verbindungen zwischen den Zellen sind fehlerfrei, eventuelle Unzulänglichkeiten können den Zellen zugeordnet werden
- der Zellenfehler bewirkt eine Verfälschung des Ausgangssignals der Zelle in einer beliebigen Weise, verändert jedoch nicht den kombinatorischen Charakter des Objekts in einen sequentiellen
- der Zellenfehler ist permanenter Art.

Dieses generelle Zellenfehlermodell kann im Sinne der Objektprüfung (vgl. Abschn. 3.2) modifiziert werden, indem für eine Zelle eine gewisse Fehlermenge unterstellt wird. Fehler aus dieser Menge verfälschen das Ausgangssignal der Zelle in einer bekannten Art.

Die Anwendung des generellen Zellenfehlermodells auf ein- und zweidimensionale Iterative Logik-Arrays mit unidirektionaler Verbindungstechnik führt nach [Kaut 67] auf eine Funktionsprüfung jeder Zelle. Alle Eingänge jeder Zelle müssen unabhängig von der Position der Zelle im Array steuerbar sein. Die Funktionsfähigkeit jeder Zelle wird durch Beaufschlagen ihrer Eingänge mit dem erschöpfenden Testsatz (vgl. Abschn. 3.1.1) auf der Basis der Wahrheitstabelle geprüft. Es muß möglich sein, die Reaktion des Prüfobjekts auf die einzelnen Prüfschritte zu einem Ausgang des Arrays zu transportieren, der beobachtet werden kann. Die Länge des Testsatzes für das Gesamtobjekt wächst somit linear mit der Anzahl der Arrayzellen. Dieses Herangehen stellt eine wesentliche Einsparung an Testzeit gegenüber der erschöpfenden Funktionsprüfung des Gesamtprüfobjekts dar.

Weitergehende Untersuchungen [Fried 73] zeigten die Existenz von Iterativen Logik-Arrays, die - unabhängig von der Anzahl der Arrayzellen - mit einer konstanten Zahl von Testschritten geprüft werden können. Diese Eigenschaft wird *C-Testbarkeit* genannt.

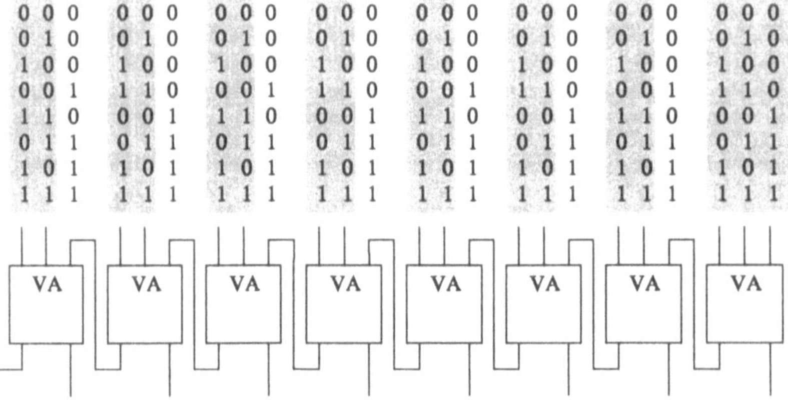

Bild 5.14 C-Testbarkeit eines Ripple-Carry-Addierers

Ein Vertreter von Schaltungen mit a priori gegebener C-Testbarkeit ist der im Bild 5.12 gezeigte Ripple-Carry-Addierer. Zur Demonstration sei Bild 5.14 angeführt. Jeder Volladdierer im Array läßt sich mit Hilfe des schattiert gekennzeichneten Testsatzes erschöpfend prüfen. Es ist leicht zu sehen, daß die 8 Testschritte der Wahrheitstabelle nach Bild 5.12b, in der Reihenfolge eventuell leicht verändert, entsprechen. Zieht man weitere - in der Reihenfolge der Pattern modifizierte - mögliche Testsätze in Betracht, so ergeben sich Freiheitsgrade zur Optimierung eventueller Testmustergeneratoren.

Das Konzept der C-Testbarkeit ist auch auf Array-Multiplizierer [Shen 84], [Beck 90], Array-Dividierer [Wey 89] bis hin zu Bit-Slice-Mikroprozessoren [Srid 81] übertragbar. Im Gegensatz zu a priori C-testbaren Addierern und Subtrahierern müssen solche Prüfobjekte allerdings durch Hinzufügen von zusätzlichen Eingängen, inneren Verbindungen oder Ausgängen prüfgerecht gestaltet werden. Diese zusätzlichen Strukturen werden nur während der Prüfabläufe genutzt; ein Einfluß auf die Informationsverarbeitung im normalen Arbeitsregime ist in der Regel lediglich durch hinzukommende Signalverzögerungen gegeben.

Schon im Abschn. 3.1.1 wurde erläutert, daß selbst durch eine erschöpfende Funktionsprüfung Fehler, die ein sequentielles Verhalten des Objekts provozieren, nicht ohne weiteres erkannt werden. In [Gizo 95] wird deshalb, aufbauend auf einem Testsatz für ein- oder zweidimensionale Iterative Logik-Arrays, eine Methode zur Transformation eines solchen Testsatzes in einen n-Pattern-Test z.B. für Stuck-open-Fehler entwickelt.

5.4 Testfolgen auf dem Register-Transfer-Niveau

Der Umfang der für die Testsatzerstellung zu verarbeitenden Daten steigt quadratisch bis kubisch mit der Anzahl der Gatter, die ein Prüfobjekt aufweist. Bis zu einem bestimmten Grad kann man dem entgegenwirken, indem man komplexere Strukturelemente als Grundlage der Objektprüfung wählt. Im Gajski-Diagramm (vgl. Bild 1.6) bedeutet das den Übergang vom Gatterniveau zum Register-Transfer-Niveau.

Im Register-Transfer-Niveau wird der Datenfluß und die Datenmanipulation zwischen und in den charakteristischen Strukturelementen: Multiplexer, Demultiplexer, Kodierer, Dekodierer, 1-Bit-Register (Flipflop), Zähler, Parallelregister, Schieberegister, Speicheranordnungen, Arithmetisch-Logische-Funktionseinheiten durch Mikrooerationen beschrieben (vgl. Bild 5.15). Da die Mikrooperationen in diesem Beschreibungsniveau elementar und nichtteilbar sind, beziehen sie sich auch unmittelbar auf die Strukturelemente (vgl. Gl. (3.25)), beispielsweise: $R_2 \leftarrow R_1$ Transfer der Daten aus Register 2 in Register 1; $PC \leftarrow PC + 1$ Inkrementieren des Befehlszählers; $R_3 \leftarrow R_1 \vee R_2$ ODER-Verknüpfung der Inhalte der

Register 1 und 2 und Transfer des Ergebnisses in Register 3; $R_1 \leftarrow M\ [R_2]$ Transfer des Inhalts der durch das Register 2 adressierten Speicherzelle in das Register 1.

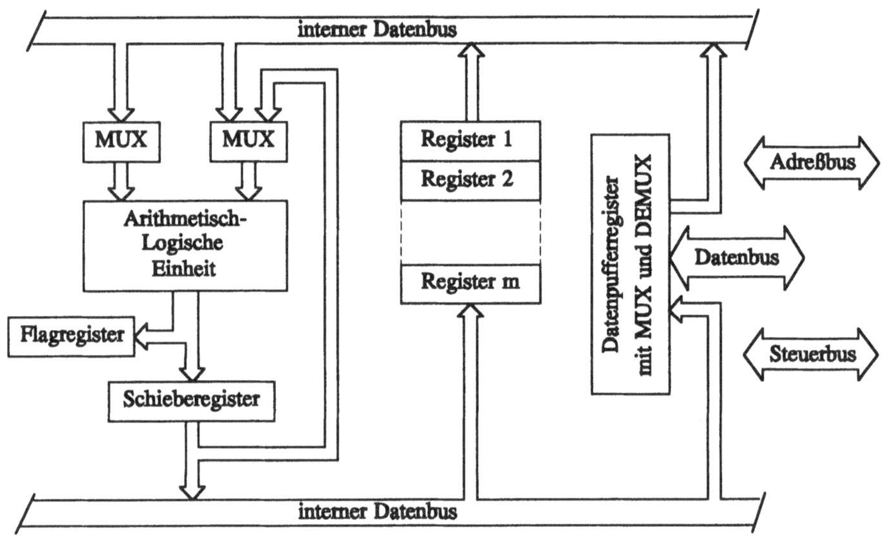

Bild 5.15 Beispiel einer Register-Transfer-Struktur

Die Mikrooperationen werden durch Steuersignale aus einer Mikroinstruktion, bereitgestellt durch einen Mikroprogrammspeicher, ausgelöst. Im Abschn. 2.3 wurde gezeigt, daß Mikroprogramme, neben ihrer klassischen Zweckbestimmung zur Implementierung eines Maschinenbefehlssatzes, im Diagnosesystem eines Computers zur hardwarenahen Fehlererkennung und -lokalisierung (Mikrodiagnose) eingesetzt werden können. Eventuell sind spezielle, nur für die Mikrodiagnose zu verwendende Mikroinstruktionen vorhanden.

Die Funktionalität der Register-Transfer-Struktur, d.h. das Zusammenwirken der Strukturelemente und die dafür verantwortlichen Mikrooperationen, lassen sich vorteilhaft durch eine Graphendarstellung beschreiben. Die Strukturelemente werden durch Knoten K_i und die Mikrooperationen durch Kanten M_{ij} (i Zielregister; j Quellregister) abgebildet, wobei nicht nur lineare Abfolgen, sondern auch Schleifenkonstrukte möglich sind. Das Mikrodiagnoseprogramm ist zum einen auf den Test des Datentransfers zwischen den Strukturelementen und zum anderen auf den Test der Verarbeitungsfunktion dieser Elemente gerichtet [Inag 72].

Voraussetzung für den Test des Datentransfers ist die Ermittlung aller möglichen Wege für den Datenfluß von einem Eingangsknoten zu einem Ausgangsknoten - eine elementare

Aufgabe für Graphen, die lineare Abfolgen repräsentieren. Graphen mit inhärenten Zyklen können in azyklische Graphen überführt werden. Es wird wie folgt verfahren:

- Formierung des Schaltungsgraphen und/oder seiner Verbindungsmatrix
- Bestimmen des Eingangsknotens, in den Testmuster eingespeist werden können, sowie des Ausgangsknotens, an dem die Reaktionen des Prüfobjekts abgegriffen werden können; Einführen von Pseudoknoten, falls mehrere E/A-Knoten existieren
- Ordnen und indizieren der Knoten: dem Eingangsknoten wird eine Ebene 1, den von ihm indizierten Knoten eine Ebene 2 usw. zugeordnet; gehört ein Knoten schon der vorangegangenen oder der gleichen Ebene an, wird er als Pseudoknoten gekennzeichnet, die Bewegung auf diesem Weg wird abgebrochen - erhalten wird eine Baumstruktur mit Pseudoknoten
- Bestimmen der Pfade vom Eingangs- zum Ausgangsknoten, die keine Pseudoknoten aufweisen
- Hinzufügen schon bestimmter Pfade, die auf dem kürzesten Weg zum Ausgangsknoten führen, zu den Pseudoknoten
- Bestimmen der Pfade, die 1, 2, ... k Zyklen enthalten, so daß alle Knoten und Kanten des Graphen durchlaufen werden
- Zusammenstellen aller möglichen Pfade.

Im Bild 5.16a ist ein hypothetischer Schaltungsgraph gezeigt. Knoten K_1 ist Eingangsknoten, K_4 ist Ausgangsknoten. K_2, K_3 und K_4 sind Knoten der 2. Ebene. Unter den Nachfolgern der Knoten K_2 und K_3 sind die Knoten K_3 und K_4 schon in der 2. Ebene indiziert worden. Sie werden deshalb in der 3. Ebene als Pseudoknoten gekennzeichnet. Dem Verfahren folgend, wird die im Bild 5.16b gezeigte Baumstruktur erhalten. Die Pfade
$K_1 \rightarrow K_4$
$K_1 \rightarrow K_3 \rightarrow K_4$
$K_1 \rightarrow K_2 \rightarrow K_5 \rightarrow K_4$
führen zum Ausgangsknoten. Die anderen Pfade in der Baumstruktur, die mit Pseudoknoten enden, werden - an den Pseudoknoten ansetzend und unter Beachtung eventueller Zyklen - mit den schon gefundenen Pfaden zum Ausgangsknoten ergänzt:
$K_1 \rightarrow K_2 \rightarrow K_3 \rightarrow K_4$
$K_1 \rightarrow K_2 \rightarrow K_5 \rightarrow K_8 \rightarrow K_2 \rightarrow K_5 \rightarrow K_4$
$K_1 \rightarrow K_2 \rightarrow K_5 \rightarrow K_6 \rightarrow K_7 \rightarrow K_6 \rightarrow K_8 \rightarrow K_2 \rightarrow K_5 \rightarrow K_4$.

Strengere Verfahren aus der Graphentheorie sind z.B. in [Bran 94] nachlesbar.

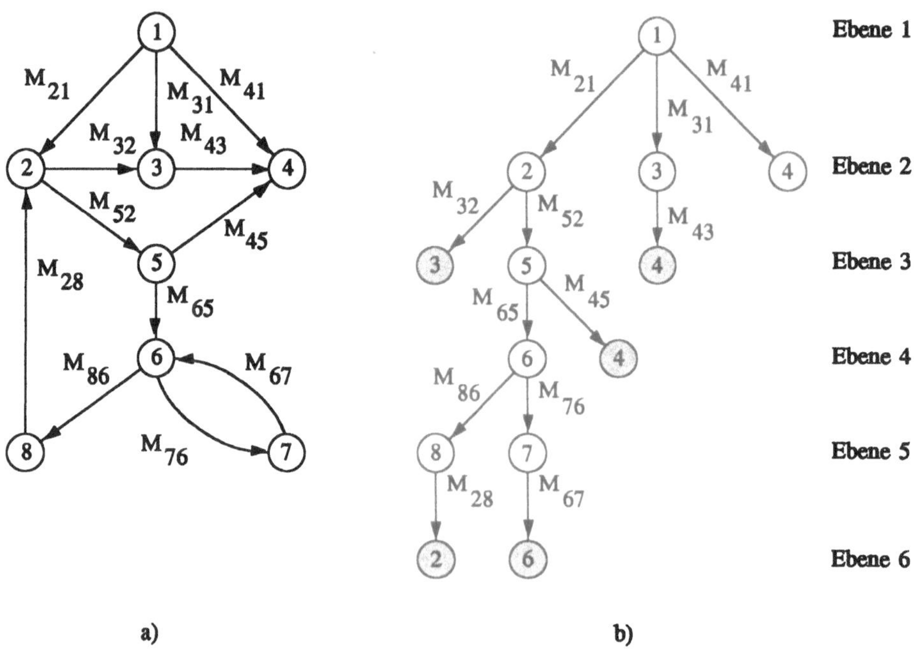

Bild 5.16 a) Hypothetischer Schaltungsgraph; b) Baumstruktur mit Pseudoknoten (schattiert)

Die Reihenfolge der Tests dieser Pfade wird nach dem Bootstrap-Prinzip gewählt. Begonnen wird mit dem kürzesten Pfad, der auch die geringste Zahl von Strukturelementen einschließt. Die getesteten Pfadabschnitte werden dann Bestandteil der nachfolgend zu testenden Pfade, so daß der Diagnoseraum sukzessive ausgedehnt wird.

Die gefundene Folge von Mikrooerationen muß im allgemeinen durch (eventuell als Standard implementierte) Mikroprogramme zur Einspeisung von Testmustern in den Eingangsknoten und für den Vergleich der am Ausgangsknoten erhaltenen Reaktionsmuster des Prüfobjekts mit bereitzustellenden Sollmustern sowie zur Behandlung des Prüfergebnisses (fehlerfrei, fehlerhaft) zum Mikrodiagnoseprogramm komplettiert werden.

Zum Test der Strukturelemente über den Datentransfertest hinaus, müssen natürlich die entsprechenden Mikrooperationen, beispielsweise Schieben rechts, Schieben links für Schieberegister, herangezogen werden. Die Testmuster für die Strukturelemente können vorab durch ein beliebiges der oben besprochenen Verfahren bestimmt und in einem Speicher bereitgehalten werden. Gegebenenfalls können für einen Ripple-Carry-Adder die mit dem Bild 5.14 entwickelten Testpattern Anwendung finden.

Auf letzteres Bezug nehmend, sei auf eine weitere Spielart der Mikrodiagnose hingewiesen. Die Bereitstellung der Testmuster für ein Strukturelement und die Auswertung der Reaktionsmuster kann durch zusätzlich eingebrachte Hardwarestrukturen (vgl. Kapitel 6) vorgesehen werden. Der Entwurf und die Implementierung der Mikroprogramme zur Steuerung solcher lokaler Testanordnungen werden in gleicher Weise vorgenommen, wie der Entwurf von Mikroprogrammsteuerungen für die rein funktionell zweckbestimmten Funktionseinheiten (siehe z.B. [Chro 89]).

5.5 Test durch zufällige Eingangsmuster

Bisher wurde erörtert, im Rahmen der Objektprüfung ein Prüfobjekt

- mit allen möglichen Eingangsmustern - d.h. erschöpfend
- auf der Grundlage eines Fehlermodells mit vorab bestimmten Eingangsmustern - d.h. algorithmisch determiniert berechnet bzw. fehlerüberdeckungs-orientiert zufällig ausgewählt

zu testen. Um Mißverständnisse zu vermeiden, sei betont, daß auch die zufällig ausgewählten und nachfolgend mittels Fehlersimulation hinsichtlich ihrer Fehlererkennungsfähigkeit verifizierten Eingangsmuster (vgl. Bild 5.1) letztlich einen determinierten Testsatz darstellen.

Der prüftechnologische Vorbereitungsaufwand für die erschöpfende Prüfung ist gering. Die Generierung aller möglichen Eingangsmuster in der Prüfausführung - beispielsweise softwaremäßig mittels einfacher Zählalgorithmen oder gerätetechnisch durch Verwendung von Hardware-Zählern oder rückgekoppelten Schieberegistern - ist unproblematisch. Als Nachteil wurde der mit wachsender Eingangsanzahl nicht akzeptierbar steigende Zeitbedarf für die Ausführung der Prüfung herausgearbeitet.

Determinierte Testsätze sind deutlich kürzer als die erschöpfende Menge der Eingangsmuster. Diesem Vorteil ist der hohe prüftechnologische Bearbeitungsaufwand für die Testsatzerstellung entgegenzustellen. Einer ROM-basierten Bereitstellung der gefundenen Testmuster ist die hohe erforderliche Speicherkapazität abträglich. Hardware-Generatoren sind im allgemeinen Fall zu aufwendig; ihre Realisierung ist nur für regelmäßig strukturierte Prüfobjekte unproblematisch (vgl. Daeh 83).

Eine weitere Möglichkeit, ein Prüfobjekt anzuregen, seinen technischen Zustand an beobachtbaren Ausgängen zu offenbaren, besteht darin, Testmuster aus der Menge möglicher Eingangsmuster zufällig und ohne Bezugnahme auf die Schaltungsstruktur und unterstellte

Fehler zu kollektionieren. Da diese zufällige Auswahl nicht so treffsicher wie die determinierte Berechnung sein kann, wird die Anzahl der Zufallsmuster zwischen der einer erschöpfenden Prüfung und der einer determinierten Prüfung liegen:

$$L_e > L_z > L_d \tag{5.1}$$

L_e Länge der erschöpfenden Eingangsmusterfolge, L_z Länge der Zufallsmusterfolge, L_d Länge der determinierten Testmusterfolge. Als Zahlenbeispiel seien Angaben aus [Daeh 83] herangezogen. Für die oft als Vergleichsobjekt benutzte ALU SN 74 181 werden die 8 Daten- und 4 Steuereingänge betrachtet. Die Anzahl der möglichen Eingangsmuster beträgt 2^{12}. Für die Erkennung der Haftfehler dieser Schaltung wurden 44 Testmuster determiniert berechnet. Diese Haftfehler wurden auch durch 908 Pseudozufallsmuster erkannt.

Damit ist der Zufallstest für Prüfobjekte sinnfällig, die nicht erschöpfend prüfbar sind (etwa kombinatorische Schaltungen mit einer Eingangsanzahl $n > 20$). Geprüft wird nach der Referenzmethode (vgl. Abschn. 4.1). Als Referenzmuster nach Bild 4.1 kommt ein fehlerfreies natürliches Muster (Modell, Emulator) oder eine Simulation des fehlerfreien Prüfobjekts in Betracht.

Für die nachfolgenden Betrachtungen seien kombinatorische Objekte und Fehler kombinatorischer Art unterstellt.

Fehlererkennungswahrscheinlichkeit. Während ein kombinatorischer Fehler f durch ein entsprechend determiniert berechnetes Testmuster (andere im Abschn. 3.4 diskutierte Einflüsse außer acht lassend) sicher nachzuweisen ist, wird er durch ein zufällig gewähltes Eingangsmuster E_j (s. Bild 5.17) offensichtlich nur mit einer gewissen Wahrscheinlichkeit erkannt.

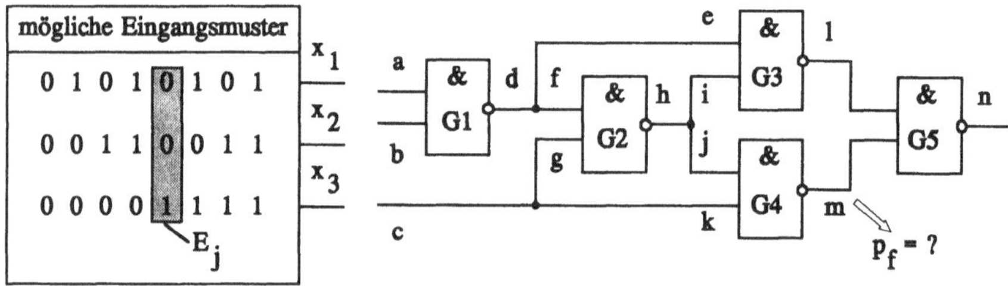

Bild 5.17 Prüfobjekt für zufällig ausgewählte Eingangsmuster

Zunächst soll angenommen werden, daß die Wahrscheinlichkeit der Belegung von Bitpositionen der Eingangsmuster $p(x_i)$, $i = 1, \ldots, n$ mit logisch 1 (sie sollen *Eingangswahr-*

scheinlichkeiten genannt werden) voneinander unabhängig gleich 0,5 sei. In diesem Fall liegt eine Gleichverteilung der Eingangsmuster vor. Da es für eine Schaltung mit n Eingängen $N = 2^n$ mögliche Variationen von Eingangsmustern gibt, besitzt jedes Eingangsmuster die Auftrittswahrscheinlichkeit $p(E_j) = 2^{-n}$. In einer Folge zufällig gewählter Eingangsmuster besteht die Möglichkeit, daß mehrere, nicht identische Zufallsmuster den Fehler f erkennbar werden lassen. Die in [Shed 75] und [Savi 84] eingeführte *Fehlererkennungswahrscheinlichkeit* p_f ist dann als die Anzahl der Eingangsmuster k, die zur Erkennung des Fehlers geeignet sind, bezogen auf die Anzahl der möglichen Variationen der Eingangsmuster $N = 2^n$ zu bestimmen:

$$p_f = \frac{k}{N}. \tag{5.2}$$

Für das schon im Abschn. 5.1 untersuchte Prüfobjekt nach Bild 5.17 ist leicht nachvollziehbar, daß der Fehler s-a-1 auf der Leitung m nur durch das Muster (a; b; c) = (1; 1; 1) aus der Menge der möglichen 8 Eingangsmuster zu erkennen ist. Seine Fehlererkennungswahrscheinlichkeit beträgt demnach $p_f = 1/8$. Der Fehler s-a-0 auf der Leitung m ist dagegen durch die Muster (0; 0; 1), (0; 1; 1), (1; 0; 1) und (1; 1; 0) erkennbar, woraus sich eine Fehlererkennungswahrscheinlichkeit von $p_f = 4/8$ ergibt.

Mit der Verwendung dieser Definition der Fehlererkennungswahrscheinlichkeit soll nachfolgend gelten, daß die Eingangsmuster für den Test in einem "echten" Zufallsprozeß gewählt werden. Das bedeutet, daß das gleiche Eingangsmuster auch mehrmals zufällig ausgewählt werden kann. Die Fehlererkennungswahrscheinlichkeiten bleiben damit konstant.

Diagnosesicherheit und Testsatzlänge. Die Fehlererkennungswahrscheinlichkeit sagt noch nichts darüber aus, mit welcher Wahrscheinlichkeit ein Fehler durch eine Folge von Zufallsmustern der Länge L erkannt wird. Die Wahrscheinlichkeit, daß unter L ausgewählten Mustern genau k Muster den Fehler f erkennen, wird durch die Binomialverteilung beschrieben (s. z.B. [Stöc 92]):

$$P(k) = \binom{L}{k} p_f^k \, (1 - p_f)^{L-k}. \tag{5.3}$$

Die Wahrscheinlichkeit, daß der Fehler durch keines der L Muster nachgewiesen wird, beträgt dann

$$P(0) = (1 - p_f)^L. \tag{5.4}$$

Offenbar ausgelöst durch die Arbeiten [Will 77], [Will 85], wird in der Literatur in dieser und den nachfolgenden Formeln der Klammerausdruck oft durch einen Exponentialausdruck mit der Eulerschen Zahl e = 2,718... als Basis geschrieben:

$$P(0) = e^{-p_f L}. \tag{5.5}$$

Die mathematische Berechtigung kann aus der Reihenzerlegung nach Taylor

$$e^x = 1 + \frac{x}{1!} + \frac{x^2}{2!} + \ldots \tag{5.6}$$

abgeleitet werden.

Die Wahrscheinlichkeit des alternativen Ereignisses, daß mindestens eines der L Muster den Fehler erkennbar werden läßt, ist zu bestimmen aus

$$P = 1 - P(0) = 1 - (1 - p_f)^L. \tag{5.7}$$

Die Diagnosesicherheit (die Qualität) des Zufallstests läßt sich durch die Wahrscheinlichkeit, ein fehlerbehaftetes Prüfobjekt als fehlerfrei zu deklarieren, charakterisieren. Offensichtlich macht Gl. (5.4) eine entsprechende Aussage. Ein vertretbarer Grenzwert wird in [Savi 84a] als *Escape Probability* p_{et} bezeichnet. Setzt man in Gl. (5.4) $p_{et} = P(0)$, so erhält man nach elementarer Umformung die Anzahl der Zufallsmuster (Testsatzlänge), die eine Erkennung des Fehlers mit vorgegebener Diagnosesicherheit gewährleistet:

$$L = \frac{\ln p_{et}}{\ln (1 - p_f)} . \tag{5.8}$$

Andere Autoren bedienen sich der Gl. (5.7), indem eine geforderte Größe 1 - P(0) = c_L - mit *Konfidenz* bezeichnet - als Ausdruck der Diagnosesicherheit dient [McCl 88]:

$$L = \frac{\ln (1 - c_L)}{\ln (1 - p_f)} . \tag{5.9}$$

Gibt man für einen Zufallstest eine Diagnosesicherheit, ausgedrückt durch $p_{et} = 0{,}01$ bzw. $c_L = 0{,}99$, vor, so werden für die Erkennung eines Fehlers, der eine Erkennungswahrscheinlichkeit $p_f = 0{,}001$ besitzt, 4603 zufällig gewählte Eingangsmuster benötigt.

Technische Realisierungen des Zufallstest verwenden keine "echten" Zufallsfolgen, sondern sogenannte Pseudozufallsfolgen. Sie können aufwandsgünstig mit rückgekoppelten Schieberegistern erzeugt werden. Als vorteilhaft wird auch ihre Reproduzierbarkeit empfunden. In einer Pseudozufallsfolge kommt ein Muster jeweils nur ein einziges Mal vor. Ein einmal gewähltes Eingangsmuster scheidet als Kandidat für eine erneute Wahl aus. Die Fehlererkennungswahrscheinlichkeiten bleiben nicht konstant. Ein solcher Prozeß wird durch die Hypergeometrische Verteilung beschrieben. Die Gewinnung von Aussagen analog zu Gl. (5.8) und Gl. (5.9) ist bedeutend schwieriger. Hier kann darauf verzichtet werden, da für Prüfobjekte, die aufgrund ihrer großen Eingangszahl nicht erschöpfend zu prüfen sind, die Testsatzlängen für einen "echten" Zufallsprozeß und einen Pseudozufallsprozeß in vertretbaren Relationen differieren [Wund 90] (vgl. dazu [Chin 87]). Genauer gesagt, liefert die Anwendung der Gl. (5.8) bzw. (5.9) auf pseudozufällige Testsätze leicht erhöhte Werte.

Die bisherigen Aussagen bezogen sich auf einen Fehler aus einer Fehlermenge $\mathcal{F}$. Die Wahrscheinlichkeit, alle Fehler $f \in \mathcal{F}$ durch eine Folge von L Zufallsmustern zu erkennen, läßt sich unter Verwendung der Einzelwahrscheinlichkeiten nach Gl. (5.6) durch die Produktformel bestimmen, sofern die Erkennung der einzelnen Fehler unabhängige Ereignisse darstellen:

$$P_{\mathcal{F}} = \prod_{f \in \mathcal{F}} (1 - (1 - p_f)^L). \tag{5.10}$$

Fälle, in denen diese Unabhängigkeiten nicht gegeben sind, werden in [Savi 84a] durch Markov-Ketten modelliert. Auch hier kann gezeigt werden, daß der Aufwand nicht lohnt und daß Gl. (5.10) eine gute Schätzung ist [Wund 90].

Die Ergebnisse beider Arbeiten führen zu dem Schluß, daß der Fehler mit der geringsten Fehlererkennungswahrscheinlichkeit p_{min} weitestgehend die zu fordernde Anzahl der Zufallsmuster L_z bestimmt:

$$L_z = \frac{\ln p_{et}}{\ln (1 - p_{min})}. \tag{5.11}$$

Der Grenzwert p_{et} steht hier für die beliebig klein vorgebbare Wahrscheinlichkeit, daß wenigstens ein Fehler aus der Fehlermenge durch den Zufallstestsatz nicht erkannt wird.

Für die Bewertung von determinierten Testsätzen ist die Fehlerüberdeckung (FC), Gl. (3.33), eingeführt. Im Kontext des Zufallstests ist sie als Zufallsgröße zu betrachten. Ihren Erwartungswert erhält man nach [Wagn 87] für einen "echten" Zufallstestsatz der Länge L aus

$$E(FC_L) = 1 - \frac{1}{M} \sum_{k=1}^{N} h_k \left(1 - \frac{k}{N}\right)^L, \tag{5.12}$$

M - Anzahl möglicher Haftfehler, $N = 2^n$ - Anzahl möglicher Eingangsmuster, k - Anzahl der Eingangsmuster, die einen Fehler f erkennen, h_k - Anzahl der Fehler mit der Fehlererkennungswahrscheinlichkeit k/N. Auch aus dieser Formel ist ersichtlich, daß der Fehler mit der geringsten Erkennungswahrscheinlichkeit weitestgehend Fehlerüberdeckung und Testsatzlänge bestimmt.

Der Zufallstest von sequentiellen Schaltungen ohne prüfgerechte Gestaltung ist diffizil, obwohl schon 1976 ein entsprechendes Modell [Shed 76] publiziert wurde. Er wird praktikabel durch den Einsatz von Scan-Techniken (siehe Kapitel 6), die es ermöglichen, für die Zeit der Prüfung eine sequentielle Schaltung in eine kombinatorische zu überführen.

Schätzungen von Zufallsgrößen. Die oben angeführten Gleichungen, die die Testsatzlänge und eine Größe zur Bewertung der Diagnosesicherheit verknüpfen, helfen, Wesenszüge des Zufallstests zu verstehen. Ihre Anwendung ist jedoch an die Kenntnis von Fehlererkennungswahrscheinlichkeiten gebunden.

Prinzipiell können die Fehlererkennungswahrscheinlichkeiten durch Simulation ermittelt werden. Dabei verliert der Zufallstest den Vorteil, einen geringeren prüftechnologischen Vorbereitungsaufwand als der determinierte Test zu benötigen. Es verbleibt allerdings der für einen integrierten Selbsttest wichtige Vorzug einer bedeutend günstigeren Erzeugung der Testmuster.

Eine zweite Möglichkeit ist die Schätzung von Fehlererkennungswahrscheinlichkeiten aus der Schaltungsstruktur. Es sei an die Prinzipien der determinierten Testsatzerstellung erinnert: Der Fehler wird am Fehlerort angeregt, sich zu offenbaren; die Fehlerwirkung wird durch Sensibilisierung eines Pfades vom Fehlerort zu wenigstens einem Ausgang transportiert (beobachtbar gemacht). Unter den Bedingungen eines zufällig gewählten Testmusters ist die Erkennungswahrscheinlichkeit eines Haftfehlers auf der Leitung l p_l(s-a-0 (s-a-1)) das Produkt der Wahrscheinlichkeit, einen Fehler anzuregen - Steuerbarkeit C_l(0 (1)), und der Wahrscheinlichkeit, die Fehlerwirkung an einem Ausgang beobachten zu können - Beobachtbarkeit B_l(0 (1)) [Jain 85b]:

$$p_l(s\text{-}a\text{-}0) = C_l(1)\cdot B_l(1); \quad p_l(s\text{-}a\text{-}1) = C_l(0)\cdot B_l(0). \tag{5.13}$$

Erfolgreich eingesetzte Analyseprogramme sind "Stafan" (statistical fault analysis) [Jain 84] und "Protest" (Probabilistische Testbarkeitsanalyse) [Wund 85]. In "Stafan" werden die genannten Wahrscheinlichkeiten im Zuge einer Simulation der fehlerfreien Schaltung mit dem vorgesehenen Testsatz, die für die Berechnung der Sollreaktion des Prüfobjekts ohnehin erforderlich ist, gewonnen. Die Steuerbarkeiten werden durch Zählen der entsprechenden Belegungen logisch 1 bzw. 0 an den Schaltungspunkten bestimmt. Die Beobachtbarkeit primärer Ausgänge beträgt definitionsgemäß 1. Die Beobachtbarkeiten von Eingängen vorgelagerter Logikelemente werden über analytische Beziehungen (s. [Jain 84]) berechnet, die verkettet letztlich auf die Beobachtbarkeiten der primären Eingänge führen.

Wie auch bei der determinierten Testsatzerstellung erfordern Schaltungsrekonvergenzen eine besondere Behandlung. Die Signalwahrscheinlichkeiten der sich über verschiedene Pfade ausbreitenden Signale sind voneinander abhängig. An Konvergenzpunkten müssen unterschiedliche Werte beispielsweise für die Steuerbarkeit erwartet werden. Um die Komplexität der Berechnungen zu begrenzen, verzichtet man auf die exakte Ermittlung der

Steuerbarkeiten und Beobachtbarkeiten. Der sogenannte Cutting-Algorithmus [Savi 84b] trennt rekonvergente Verzweigungen auf und berechnet minimale und maximale Grenzwerte für die Wahrscheinlichkeiten. Somit ist für die Bearbeitung der erhaltenen Baumstrukturen nur ein linear mit der Schaltungsgröße wachsender Aufwand anzusetzen.

Eine Schätzung der erreichbaren Fehlerüberdeckung für eine Zufallsmusterfolge der Länge L kann schließlich durch Anwendung von Stichprobenverfahren erfolgen. Aus der Menge der unterstellten Fehler M wird eine Stichprobe von m Fehlern gezogen. Für die Fehlerstichprobe wird eine Simulation mit dem letzlich für den Zufallstest vorgesehenen Testsatz durchgeführt. Die Fehlerüberdeckung der Stichprobe FC_s ist eine Schätzung der Fehlerüberdeckung für die eigentliche Fehlermenge FC. Nach [Agra 90] streut die Schätzung für $m^{-2} \ll m \ll M$, bei einer Konfidenz von 99% in den Grenzen von

$$FC = FC_s \pm 3{,}38 \frac{\sqrt{1 + 0{,}59m\, FC_s (1 - FC_s)}}{m}. \tag{5.14}$$

Für hier unterstellte umfangreiche Prüfobjekte mit einer Fehlermenge von M gleich 10^4 bis 10^6 ist bei einem Stichprobenumfang $m = 10^3$ die Reduzierung des Simulationsaufwands erheblich. Durch die auf die Stichprobe beschränkte Simulation können natürlich auch nur die in der Stichprobe nicht entdeckten Fehler aufgelistet werden.

Nichtgleichverteilte Eingangsmuster. Es gibt Prüfobjekte oder Teile von ihnen, die für einen Zufallstest wenig geeignet sind. Der Grund ist, daß bestimmte Eingangssignale zu selten oder zu häufig generiert werden. Ein eher akademisches Beispiel sind AND- bzw. OR-Gatter mit großer Eingangszahl ($n > 20$). Für eingangsseitige Haftfehler strebt die Erkennungswahrscheinlichkeit 2^{-n} gegen 0. Ähnlich sind PLA mit langen Produkttermen einzuschätzen. RESET oder ENABLE Eingänge von Schaltkreisen müssen bevorzugt mit logisch 0 bzw. 1 belegt werden. Zähler oder Schieberegister müssen mit langen Eins- oder Nullfolgen stimuliert werden. Auch freistrukturierte Schaltungen können einem Zufallstest widerstehende Fehler (random-pattern resistant faults) aufweisen. Im Ergebnis der Bestimmung der Fehlererkennungswahrscheinlichkeiten in einem Prüfobjekt durch Simulation oder durch Schätzverfahren können Fehler mit sehr kleinen Erkennungswahrscheinlichkeiten benannt werden. Da sie nach Gl. (5.11) weitestgehend die Länge der Zufallsmusterfolge bestimmen, wird man bemüht sein, ihre Erkennbarkeit durch

- schaltungstechnische Modifizierungen zur Verbesserung der Steuerbarkeit oder der Beobachtbarkeit des Fehlerorts
- Hinzufügen determiniert bestimmter Testmuster zum Zufallstestsatz
- Modifizierung der Verteilung der zufällig zu wählenden Eingangsmuster

zu erhöhen.

Wählt man die Eingangswahrscheinlichkeiten $p(x_i) \neq 0{,}5$, so sind veränderte Auftrittswahrscheinlichkeiten der Eingangsmuster $p(E_j)$ die Konsequenz:

$$p(E_j) = p(x_i)^s (1 - p(x_i))^{n-s}, \tag{5.15}$$

s Anzahl der Einsen, n - s Anzahl der Nullen in einem Eingangsmuster. Unter den Bedingungen nichtgleichverteilter Eingangsmuster ist die Fehlererkennungswahrscheinlichkeit nicht nach Gl. 5.2 zu bestimmen, sondern ergibt sich aus

$$p_f = \sum_{E_j \in \mathcal{E}_f} p(E_j), \tag{5.16}$$

$\mathcal{E}_f$ Menge der Eingangsmuster, die den Fehler f erkennen.

Ein Zahlenbeispiel soll wieder anhand des Objekts nach Bild 5.17 gerechnet werden. Die Wahrscheinlichkeit, daß eine Eingangsvariable den logischen Wert 1 annimmt, sei von 0,5 auf $p(x_i) = 0{,}75$ erhöht. Die Auftrittswahrscheinlichkeit des Eingangsmusters (1; 1; 1) verändert sich gemäß Gl. (5.15) von 1/8 auf 3,4/8. Da nur dieses Muster den Fehler s-a-1 auf der Leitung m erkennt, beträgt dessen Erkennungswahrscheinlichkeit auch 3,4/8 und ist damit etwa dreimal größer als bei einer Gleichverteilung der Eingangsmuster. Die Auftrittswahrscheinlichkeiten der Muster (0; 0; 1), (0; 1; 1); (1; 0; 1) und (1; 1; 0) betragen 0,38/8; 1,12/8; 1,12/8 und 1,12/8 entsprechend. Die Erkennungswahrscheinlichkeit für den Fehler s-a-0 auf Leitung m ergibt sich nach Gl. (5.16) zu $p_f = 3{,}75/8$. Der Wert liegt geringfügig unter dem, der für eine Gleichverteilung ermittelt wurde. Positiv ist zweifellos, daß beide Fehler nunmehr eine etwa gleiche Erkennungswahrscheinlichkeit aufweisen. Im allgemeinen Fall hätte das zur Konsequenz, daß die Länge der Zufallsmusterfolge verkürzt werden könnte.

Am Zahlenbeispiel ist auch deutlich geworden, daß Fehlererkennungswahrscheinlichkeiten nicht unabhängig voneinander manipuliert werden können. Die Berechnung effektivitätsverbessernder individueller Eingangswahrscheinlichkeiten ist ein anspruchsvolles Optimierungsproblem. Auf das Auffinden eines globalen Optimums muß aus Aufwandsgründen verzichtet werden. Lokale Optima werden u.a. in den Arbeiten [Lieb 84], [Lisa 87], [Wund 87], [Waic 89], [Mura 90] erzielt. Verbesserungen im Test konkreter Prüfobjekte (vgl. [Grue 93]) muß der zusätzliche Entwurfs- und Hardware-Aufwand entgegengestellt werden. Möglicherweise lassen sich verlängerte Zufallsmusterfolgen oder hinzugefügte determinierte Testmuster problemloser implementieren, um die Fehlerüberdeckung (Diagnosesicherheit) zu erhöhen. Die Aufwand-Nutzen-Relation muß von Fall zu Fall, besonders für allgemein freistrukturierte Prüfobjekte, sorgfältig bewertet werden.

6 Prüfgerechte Gestaltung

Die anhaltenden funktionellen und technologischen Entwicklungen der Computertechnik, die sich auf die Hochintegration elektronischer Bauelemente und auf daraus entspringende Schaltungs- und Systemtechniken gründen, haben ihre Achillesferse: die Entwurfsverifizierung, die Sicherung und der Nachweis der Fertigungsqualität, die Gewährleistung der Betriebszuverlässigkeit und der Verfügbarkeit werden zunehmend zu einem Produktivitäts-, Aufwands- und Realisierbarkeitsproblem. An der degressiven Preisentwicklung für Computertechnik haben die Prüfkosten kaum einen Anteil. Einer tendenziellen Erhöhung des relativen Prüfaufwands an den Gestehungskosten kann mit der Verbesserung der Beschreibungs- und Fehlermodelle, der Simulationssysteme, der Testsatzgenerierung und der Prüfeinrichtungen allein nicht ausreichend entgegengewirkt werden. Ein Ausweg besteht in der Nutzung bzw. Schaffung objektinhärenter Möglichkeiten für eine Prüfeffektivierung. Dazu gehören die im Abschn. 1.2 als eine Disziplin des Diagnoseentwurfs herausgestellte prüfgerechte Gestaltung von Diagnoseobjekten bis hin zur Integration von Prüfhardware und Prüfsoftware in das Diagnoseobjekt.

Verschiedene Autoren haben den begrifflichen Rahmen der *Prüfgerechtheit* (testability) von ihrer Charakterisierung als "Gegebenheit, einfach oder kostengünstig zu testen" [Fuji 86] (vgl. auch [Mil 85]) über ihre Auflösung in Testbarkeitsattribute [Gern 86], [Zhu 88] bis hin zur eingegrenzten quantitativen Bestimmung von Beobachtbarkeiten, Steuerbarkeiten und anderer Testbarkeitsmaße [Agra 82] gespannt.

Global besteht das Anliegen darin,

- das Mißverhältnis von Systemkomplexität und verfügbaren Systemzugängen aufzulösen
- eine zufriedenstellende Diagnosesicherheit zu gewährleisten
- den prüftechnologischen Vorbereitungsaufwand (Testsatz erstellen, Fehler simulieren, Kontaktstiftadapter konstruieren) zu reduzieren
- den materiellen und zeitlichen Aufwand der Prüfausführung in Grenzen zu halten.

Da diesem Anliegen immer nur im wechselseitigen Bezug zwischen dem Diagnoseobjekt, der Ebene seiner Betrachtung (Transistor-, Gatter-, Register-Transfer-Niveau) sowie Prüfprinzipen, Prüfstrategien, Prüfmethoden und Prüfeinrichtungen entsprochen werden kann, ist die prüfgerechte Gestaltung sowohl unter systemtechnischen als auch konstruktiven und schaltungstechnischen Aspekten zu sehen [Kärg 85]. Die mit dieser Aussage umrissene Lösungsvielfalt ist in diesem Buch nicht zu bewältigen. Die weiteren Ausführungen konzentrieren sich deshalb weitgehend auf die prüfgerechte Gestaltung in Verbindung mit der Patternmethode. In diesem Kapitel steht die externe Anordnung der wesentlichen Diagnosemittel (Testmustergenerierung, Testdatenauswertung, Teststeuerung) in Bezug auf das Diagnoseobjekt im Vordergrund. Insbesondere die vorzustellenden Schaltungstechniken stellen jedoch auch Komponenten für den Entwurf selbsttestender Hardwarestrukturen dar.

6.1 Systemtechnische Aspekte

Die systemtechnischen Aspekte tangieren die im Abschn. 1.2 erläuterte Forderung nach einer Integration des funktionellen Entwurfs und des Diagnoseentwurfs. Beginnend mit der Verzahnung der Funktions- und Prüfspezifikationen sollten

- Diagnosekonzepte möglichst alle Lebensphasen überstreichen
- neben der funktionellen Kompatibilität unterschiedlicher Bestandteile eines Computersystems auch die Kompatibilität der Diagnoseprozeduren gewährleistet werden; das gilt insbesondere auch für zu verwendende Schaltkreise unterschiedlicher Hersteller
- für einzelne Funktionseinheiten übergreifende Konzepte (beispielsweise der Einsatz von Informationsredundanz) verfolgt und Einzellösungen vermieden werden
- Lösungen für Erzeugnisfamilien vor objektspezifischen Lösungen stehen.

Dem kommen Entwurfsphilosophien entgegen, die

- modulare Konzepte verfolgen
- auf die Verwendung von Wiederholstrukturen ausgerichtet sind
- synchrone Schaltungstechniken bevorzugen, um Laufzeiteffekte, Hazards zu vermeiden
- den Einsatz genormter Prüfstrukturen (z.B. IEEE Standard Test Access Port and Boundary-Scan Architecture [IEEE 90]) unterstützen.

Da derzeit selbst für Integrierte Schaltungen automatisierte Syntheseverfahren nicht verfügbar sind, die z.B. aus einer Verhaltensbeschreibung Schaltungsstrukturen generieren, die sowohl den funktionellen als auch den Diagnosebelangen zufriedenstellend genügen, finden die systemtechnischen Aspekte in Vorgaben mit Richtliniencharakter wie Entwurfs-, Konstruktions- oder Prüfrichtlinien ihren Ausdruck. Diesbezügliche Entscheidungen werden im Rahmen des Qualitätsmanagement zu treffen sein. Vorgaben systemtechnischer Art können auch als Regelwerk in rechnergestützten Entwurfssystemen (vgl. [Hörb 86]) implementiert sein.

In diesem Kontext sei auch an die Möglichkeit der Ferndiagnose sowie an die Berücksichtigung von Gesichtspunkten der Fertigungsorganisation wie die Identifizierung und Rückverfolgbarkeit von Diagnoseobjekten (maschinenlesbare Kennzeichnung) bzw. des Service (Bestückungsaufdruck mit Koordinatenangaben) bis hin zur handhabungsfreundlichen Diagnosedokumentation erinnert.

6.2 Konstruktive Aspekte

Einheitliches Gefäßsystem. Für Gerätesysteme, die Ansprüchen auf Universalität, Flexibilität und auf weitgehende Austauschbarkeit genügen sollen, erweist sich neben der Vereinheitlichung von elektrischen und informationellen Schnittstellen auch die Vereinheitlichung konstruktiver Realisierungsbedingungen als nützlich. Diese Vereinheitlichung kann bis zu einem modularen Baukastensystem geführt werden. Prägnantes Beispiel sind hierarchisch gegliederte und in Abhängigkeit von den Einsatzbedingungen und Zielfunktionen konfigurierbare Prozeßrechensysteme im konventionellen Verständnis bzw. offene Mikrocomputersysteme auf VME-Bus- oder Profibus-Basis mit Leiterplatten im Europaformat als Bauteilträger [Dors 95]. Ein solches Baukastenprinzip schafft Bedingungen, die Prüfung hierarchisch und für Zulieferungen dezentral zu organisieren. In jeder Hierarchieebene können spezifische leistungsoptimierte Diagnosemittel eingesetzt werden Ohne großen Demontageaufwand lassen sich Systemelemente auswechseln. Ein abgestimmtes Sortiment elektronischer Einrichtungen (Prozessoren, Speicher, Umsetzer, Multiplexer, Demultiplexer, Eingabe-/Ausgabekanäle, Bus-Konverter, Vorverarbeitungseinheiten, Sensor-/Aktor-Interfaces u.ä.) ermöglicht die Fertigung höherer Stückzahlen und macht damit auch den Einsatz kostenintensiver Prüfeinrichtungen wirtschaftlich.

Konstruktion und Funktion. Der Aufgliederung im Rahmen des Gefäßsystems sollte auch die *funktionelle Dekomposition* entsprechen, wie es exemplarisch im Bild 6.1 gezeigt ist. Eine Baugruppe stellt dann eine abgeschlossene Funktionseinheit dar.

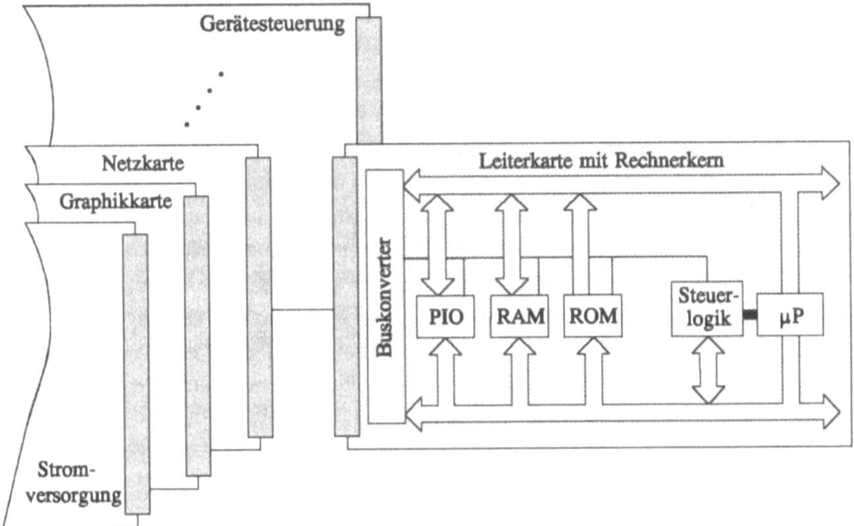

Bild 6.1 Bauteilträger mit abgeschlossener Funktionszuordnung

Wird eine Baugruppe aus mehreren Leiterplatten gebildet, so sollten auch diese funktionell abgeschlossen sein. Selbst dann kann die Funktion noch so komplex sein, daß eine Prüfung erschwert wird.

Eine konsequente Unterteilung nach Grundfunktionen wie Stromversorgung, Speichererweiterung, unterschiedliche Gerätesteuerungen, Meßwert- und Informationserfassung, Digitalfilterung, Prozeßvisualisierung u.ä. vereinfacht Schnittstellenbeschreibungen, verbessert das funktionelle Verständnis für Service, Fehlerlokalisierung sowie Reparatur und kommt einer funktionell orientierten Prüfstrategie (s. Abschn. 3.1) entgegen. Aus dieser Sicht ist der zu beobachtende Trend zu immer größer dimensionierten Bauteilträgern nicht zu begrüßen. Auf solchen Leiterplatten sollten zumindest funktionelle Cluster gebildet werden, die dann durch andere Mittel gegeneinander abgegrenzt werden können.

Konstruktion und Signaltyp. Besonders in rechnergestützten Systemen der Informationsgewinnung in Wissenschaft und Technik sowie der Regelung und Steuerung industrieller Prozesse werden neben digitalen auch analoge Signale verarbeitet. Die Prüfung von Funktionseinheiten mit analoger Informationsverarbeitung ist aufgrund des unbegrenzten Wertevorrats der Informationsparameter und ihrer eventuellen zeitlichen Bestimmtheit in der Regel diffiziler als die Prüfung digitaler Funktionseinheiten. Auch ist die Algorithmisierung weniger weit gediehen. Es liegt der Versuch nahe, digitale Prüfverfahren auch für analoge Funktionseinheiten anzuwenden. Diesbezügliche Arbeiten waren jedoch nur für eine eng begrenzte Schaltungsklasse - sogenannte Verknüpfungsschaltungen - und ausgewählte Informationsparameter erfolgreich [Kurz 80]. Es ist deshalb nach wie vor die konstruktive Trennung von Funktionseinheiten mit analoger und digitaler Signalverarbeitung zu empfehlen. Sollte ihre Plazierung auf einer Leiterplatte erfolgen, dann sind nichtüberlappende Cluster zu bilden, um die effektive Anwendung der unterschiedlichen Prüftechniken zu gewährleisten.

Konstruktion und Kontaktierung. Kontaktierungslösungen für Prüfzwecke können sehr teuer sein. Für ein Sortiment zu prüfender Baugruppen übersteigen die Kosten für Kontaktstiftadapter (s. Bild 3.52a) sehr bald die Investitionskosten der automatisierten Prüfeinrichtung. Deshalb sollte die Prüfung vorwiegend über primäre konstruktive Schnittstellen des Prüfobjekts (Steckverbinder, Buchsenleiste, Trennverteiler, Rückverdrahtung u.ä.) vorgenommen werden, um Kontaktiereinrichtungen zu vereinheitlichen. Diesem Zweck dienen eine vorgeschriebene Gestaltung der Leiterplatten (Abmessungen, Rastermaß, Einebenen-, Zweiebenen-, Mehrlagen-Ausführungen), genormte Steckverbinder und die einheitliche Belegung ihrer Kontaktelemente (Betriebsspannung, Masseleitungen, statische, dynamische Signale, Sondersignale).

Zur Isolation von Schaltungsclustern und ihrer selektiven Prüfung lassen sich ihre Verbindungen auftrennen, indem man sie über spezielle *Prüfsteckfassungen* oder über zusätzliche Steckverbinder führt. Die Verwendung von Prüfsteckfassungen ist auch beim Einsatz emulativer Prüfverfahren (s. Abschn. 4.5) angezeigt

Sollen zu Zwecken der Fehlerlokalisierung *Prüfclips* (s. Bild 3.52b) zur Anwendung kommen, müssen um die zu kontaktierenden Bauelemente herum entsprechende Freiräume gelassen werden.

Besonderer Vorsorge bedarf die Kontaktierung von *oberflächenkontaktierbaren Bauelementen* (surface mounted devices) im Rahmen der In-Circuit-Prüfung (Tabelle 6.1).

Tabelle 6.1 Prüfgerechte Anordnung von Kontaktierungsflächen nach Empfehlungen von [Siem 86]

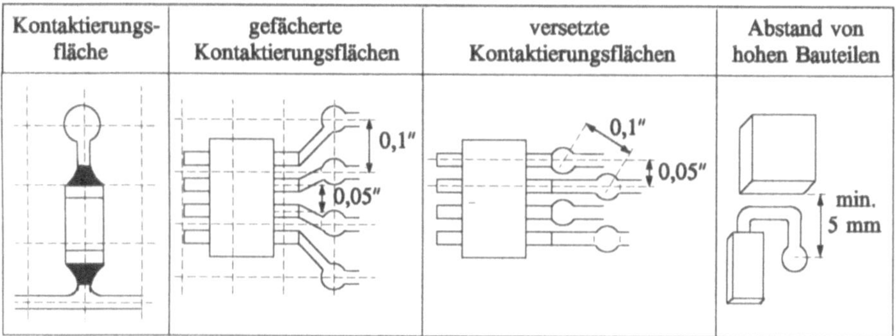

Es ist nicht ratsam, Kontaktstifte, wie bei bedrahteten Bauelementen (Bild 3.52a) üblich, auf die Anschlüsse von Bauelementen im Flat-Pack-Gehäuse aufzusetzen, da ein normalerweise nicht vorhandener Kontakt für die Dauer der Prüfung hergestellt werden kann. Es empfielt sich, spezielle *Kontaktierungsflächen* durch vergrößerte Lötflächen bzw. Leiterbahnabschnitte, Durchkontaktierungen oder besser durch separate, im Raster liegende Kontaktierungsflächen zu schaffen.

Mit dem Einsatz oberflächenkontaktierbarer Bauelemente ist in der Regel eine Verringerung des Rasters verbunden. Ein feineres Raster erfordert die Verwendung von Miniatur-Kontaktstiften. Durch die versetzte oder gefächerte Anordnung der Kontaktierungsflächen können die Mittenabstände zwischen ihnen vergrößert werden, wodurch der Gebrauch von kostengünstigeren Standardkontaktstiften mit längeren Standzeiten ermöglicht wird. Bei Kontaktierungen in der Nähe von hohen Bauelementen wird in Abhängigkeit von der Konstruktion der Kontaktstifte ein Mindestabstand einzuhalten sein.

Auch die Frage nach einer einseitigen oder zweiseitigen Bestückung ist einer Überlegung wert. In einem kostenbezogenen Variantenvergleich sollten die erwarteten konstruktiven

Vorteile einer beidseitigen Bestückung den Nachteilen der aufwendigeren Adapterkonstruktion gegenübergestellt werden. Werden Vakuumadapter eingesetzt, muß die Konstruktion der Leiterplatte auch einen freien Rand zum Einspannen berücksichtigen und die Aufrechterhaltung des Vakuums (keine offenen Durchkontaktierungen) gewährleisten.

6.3 Schaltungstechnische Aspekte

Eine funktionelle Entwurfsvorgabe (Spezifikation) läßt sich bekanntlich in unterschiedliche Schaltungsstrukturen umsetzen. Schon allein deshalb birgt die schaltungstechnische Realisierung das größte Potential, Prüfgerechtheit zu erzielen (Bild 6.2). Vielfach ist das nur in Verbindung mit konstruktiven Maßnahmen möglich. Neben hinzuzufügenden Bauelementen müssen zusätzliche Flächen auf dem Bauteilträger oder auf dem Chip, zusätzliche Schichten oder Anschlüsse bereitgestellt werden. In dem Maße, wie die Wirkung der prüfgerechten Gestaltung mehrere Lebensphasen der Diagnoseobjekte überdeckt, wächst auch ihre Effizienz. Ein auf diese Art zusätzlich betriebener Aufwand wird durch die Einsparung an Prüfkosten im gesamten Lebenszyklus wettgemacht werden.

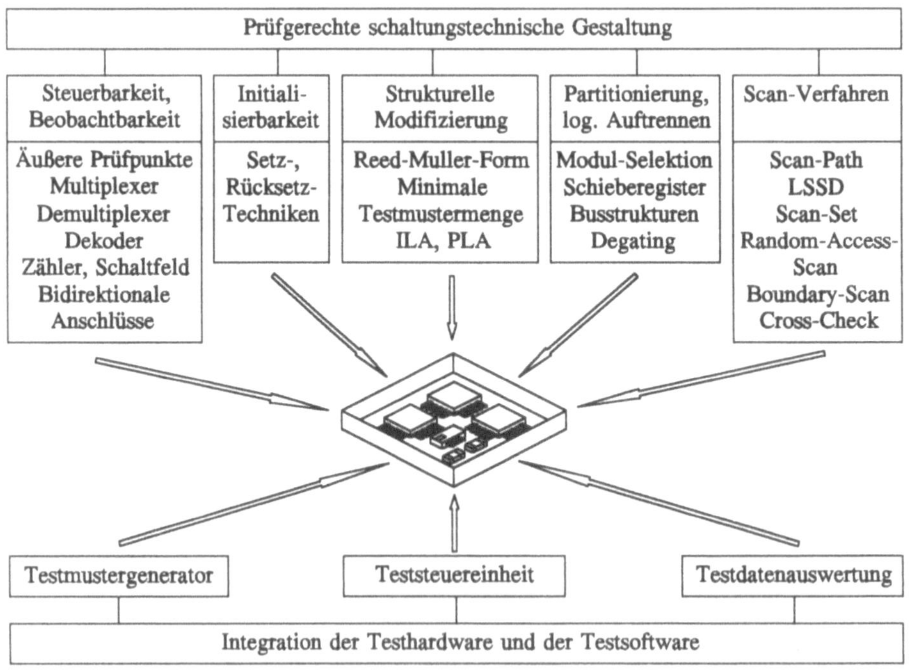

Bild 6.2 Instrumentarium prüfgerechter schaltungstechnischer Gestaltung

6.3.1 Maßzahlen für Steuerbarkeit und Beobachtbarkeit

Bei den im Bild 6.2 aufgeführten Techniken ist das Anliegen vorherrschend,

- *Initialisierbarkeit* - Versetzen der Schaltung in einen definierten Ausgangszustand, von dem aus alle weiteren erforderlichen logischen Zustände erreicht werden können
- *Steuerbarkeit* - Versetzen eines inneren Schaltungsknotens in einen gewünschten Zustand unter Nutzung eines primären Anschlusses (Eingangs)
- *Beobachtbarkeit* - Wahrnehmen einer Zustandsänderung eines inneren Knotens unter Inanspruchnahme eines primären Anschlusses (Ausgangs)

mit geringem Aufwand oder ansich zu erreichen. Sollen Schaltungsentwürfe analysiert und anschließend ein Handlungsbedarf abgeleitet werden, müssen die verbal charakterisierten Faktoren quantifiziert werden. Für den Test durch zufällige Eingangsmuster erfolgte das im Abschn. 5.5 mittels probabilistischer Größen. Für deterministische Tests erhielten mit dem Programm SCOAP (Sandia Controllability/Observability Analysis Program) [Gold 79], [Gold 80] auf dem Gatterniveau Zählgrößen Bedeutung, die in ähnlicher Weise auch durch andere Autoren [Chen 85] (teilweise als Kosten bezeichnet) Anwendung finden:

- $C^0(L)$ 0-Steuerbarkeit: minimale Anzahl von Leitungen (Knoten), die auf einen erforderlichen logischen Pegel gesetzt werden müssen, um auf der Leitung L (an dem Knoten) logisch 0 zu erzeugen, plus Wert für die Tiefe des Funktionselements (für Grundgatter gleich 1)
- $C^1(L)$ 1-Steuerbarkeit: minimale Anzahl von Leitungen (Knoten), die auf einen erforderlichen logischen Pegel gesetzt werden müssen, um auf der Leitung L (an dem Knoten) logisch 1 zu erzeugen, plus Wert für die Tiefe des Funktionselements
- B(L) Beobachtbarkeit: Anzahl der Leitungen, die auf einen erforderlichen logischen Pegel gesetzt werden müssen, um den logischen Zustand der Leitung L (des Knotens) an einem primären Ausgang wahrnehmen zu können.

Da die Initialisierbarkeit einen Spezialfall der Steuerbarkeit darstellt, muß keine gesonderte Zählgröße definiert werden.

Die Definitionen implizieren, daß die Beobachtbarkeit primärer Ausgänge gleich 0 ist, da ihre Belegung unmittelbar, ohne eine andere Leitung in einen bestimmten logischen Zustand versetzen zu müssen, einer Wahrnehmung zugänglich ist. Die Steuerbarkeit primärer Eingänge ist mit 1 zu bewerten, da sie (und nur sie) mit dem gewünschten Pegel belegt werden müssen. Die Bestimmung der entsprechenden Maße für Grundgatter ist in der Tab. 6.2 angegeben. Kann eine Belegung (z.B. für das AND-Gatter z = 0) auf verschiedene Art erzeugt werden (x = 0 oder y = 0), so ist der minimale Wert für das Maß zu berücksichtigen.

Tabelle 6.2 Berechnung der Maße für Steuerbarkeiten und Beobachtbarkeiten für Grundgattter

x 1 z	$C^0(z) = C^1(x) + 1$ $B(x) = B(z) + 1$	$C^1(z) = C^0(x) + 1$
x, y & z	$C^0(z) = \min\{C^0(x); C^0(y)\} + 1$ $B(x) = B(z) + C^1(y) + 1$	$C^1(z) = C^1(x) + C^1(y) + 1$ $B(y) = B(z) + C^1(x) + 1$
x, y & z	$C^0(z) = C^1(x) + C^1(y) + 1$ $B(x) = B(z) + C^1(y) + 1$	$C^1(z) = \min\{C^0(x); C^0(y)\} + 1$ $B(y) = B(z) + C^1(x) + 1$
x, y ≥1 z	$C^0(z) = C^0(x) + C^0(y) + 1$ $B(x) = B(z) + C^0(y) + 1$	$C^1(z) = \min\{C^1(x); C^1(y)\} + 1$ $B(y) = B(z) + C^0(x) + 1$
x, y ≥1 z	$C^0(z) = \min\{C^1(x); C^1(y)\} + 1$ $B(x) = B(z) + C^0(y) + 1$	$C^1(z) = C^0(x) + C^0(y) + 1$ $B(y) = B(z) + C^0(x) + 1$
x, y =1 z	$C^0(z) = \min\{(C^0(x) + C^0(y) + 1); (C^1(x) + C^1(y) + 1)\}$ $B(x) = B(z) + \min\{C^1(y); C^0(y)\} + 1$	$C^1(z) = \min\{(C^0(x) + C^1(y) + 1); (C^1(x) + C^0(y) + 1)\}$ $B(y) = B(z) + \min\{C^1(x); C^0(x)\} + 1$
D C Q	$C^0(Q) = C^0(D) + C^1(C) + C^0(C) + 1$ $B(D) = B(Q) + C^1(C) + C^0(C) + 1$	$C^1(Q) = C^1(D) + C^1(C) + C^0(C) + 1$
z x y	$C^0(x) = C^0(y) = C^0(z)$ $B(z) = \min\{B(x); B(y)\}$	$C^1(x) = C^1(y) = C^1(z)$

Die Formeln lassen sich unproblematisch für Gatter mit mehreren Eingängen modifizieren. Zur Bewertung von Schaltungsstrukturen werden die Maße für die einzelnen Leitungen (Knoten) verkettet. Die Berechnung der Steuerbarkeiten erfolgt vom Eingang, die der Beobachtbarkeiten vom Ausgang her. Das Vorgehen läßt sich anhand des Bildes 6.3 leicht nachvollziehen.

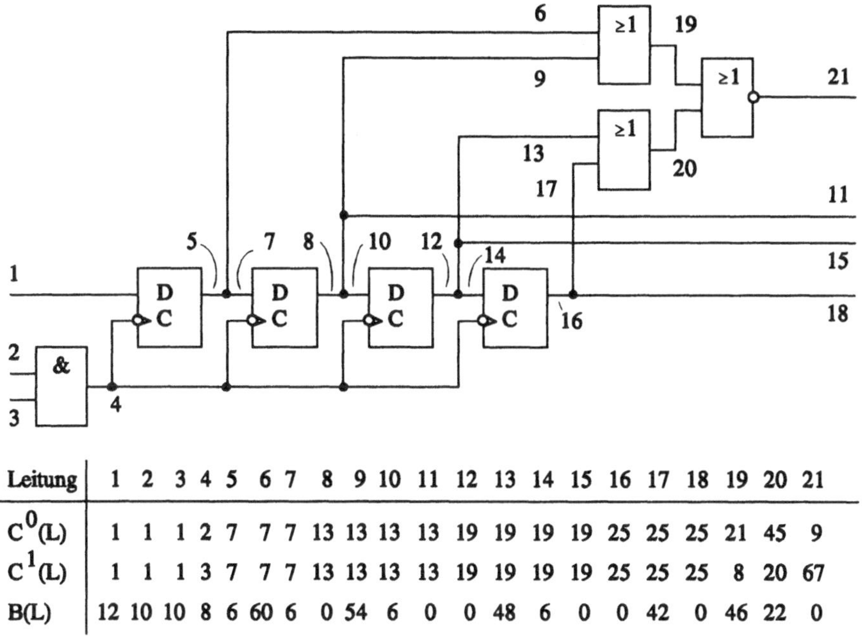

Leitung	1	2	3	4	5	6	7	8	9	10	11	12	13	14	15	16	17	18	19	20	21
$C^0(L)$	1	1	1	2	7	7	7	13	13	13	13	19	19	19	19	25	25	25	21	45	9
$C^1(L)$	1	1	1	3	7	7	7	13	13	13	13	19	19	19	19	25	25	25	8	20	67
B(L)	12	10	10	8	6	60	6	0	54	6	0	0	48	6	0	0	42	0	46	22	0

Bild 6.3 Prüfobjekt mit berechneten Maßen für Steuerbarkeiten und Beobachtbarkeiten

Selbst wenn nach [Agra 82] die Maße den realen Testaufwand nur annähernd widerspiegeln, sind sie doch zur Steuerung von Suchalgorithmen bei der Testsatzerstellung (vgl. Abschn. 5.1) brauchbar, und es lassen sich eine Reihe schaltungstechnischer Maßnahmen daraus ableiten.

6.3.2 Setz-/Rücksetz-Techniken

Die Steuerbarkeitswerte für die Knoten 5, 8, 12 und 16 im Bild 6.3 zeigen an, daß es mit fortschreitender sequentieller Tiefe schwieriger wird, die Speicherelemente in einen gewünschten logischen Zustand zu versetzen, zu initialisieren. Der Schwierigkeitszuwachs ist hier, bei einem Schieberegister, noch moderat, in Schaltungen mit frei eingebetteten Speicherelementen jedoch ausgeprägter. Es empfielt sich, Flipflops mit Setz- und Rücksetzfunktionen zu verwenden. Werden für die eigentliche Zweckbestimmung der Schaltung diese Funktionen nicht benötigt, sollten die entsprechenden Anschlüsse nicht unmittelbar mit der Masse oder mit der Versorgungsspannung verbunden werden. Eine Zusammenstellung schaltungstechnischer Lösungen, die die Nutzung von Setz- und Rücksetzfunktionen für die Testausführung erlauben, zeigt Tab. 6.3.

Tabelle 6.3 Schaltungstechnische Lösungen zur Nutzung von Setz- und Rücksetzfunktionen für die Testausführung nach [Schn 74], [Benn 76], [Rohd 93]

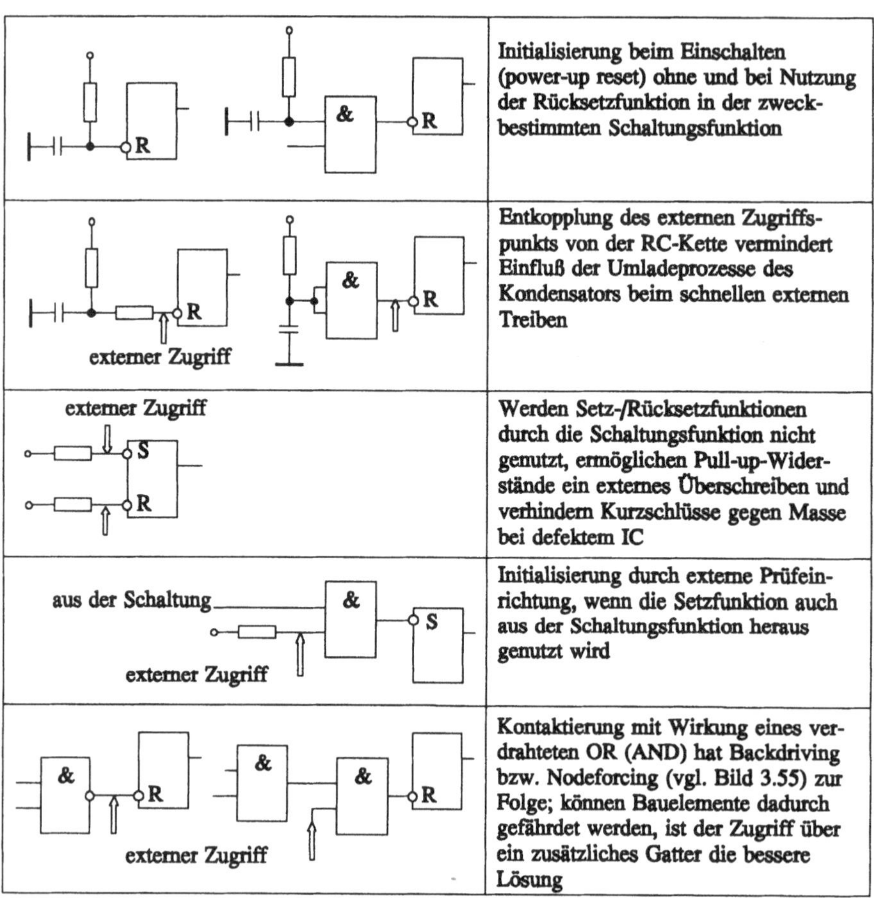

Schaltung	Erläuterung
R; & R	Initialisierung beim Einschalten (power-up reset) ohne und bei Nutzung der Rücksetzfunktion in der zweckbestimmten Schaltungsfunktion
R; externer Zugriff; & R	Entkopplung des externen Zugriffspunkts von der RC-Kette vermindert Einfluß der Umladeprozesse des Kondensators beim schnellen externen Treiben
externer Zugriff; S; R	Werden Setz-/Rücksetzfunktionen durch die Schaltungsfunktion nicht genutzt, ermöglichen Pull-up-Widerstände ein externes Überschreiben und verhindern Kurzschlüsse gegen Masse bei defektem IC
aus der Schaltung; &; S; externer Zugriff	Initialisierung durch externe Prüfeinrichtung, wenn die Setzfunktion auch aus der Schaltungsfunktion heraus genutzt wird
& R; & & R; externer Zugriff	Kontaktierung mit Wirkung eines verdrahteten OR (AND) hat Backdriving bzw. Nodeforcing (vgl. Bild 3.55) zur Folge; können Bauelemente dadurch gefährdet werden, ist der Zugriff über ein zusätzliches Gatter die bessere Lösung

6.3.3 Zusätzliche Steuer- und Beobachtungspunkte

Die für die Schaltung nach Bild 6.3 berechneten Maße weisen wesentlich höhere Werte für die Beobachtbarkeiten der Leitungen 19, 6, 9, 17 und 13 aus als für andere Schaltungspunkte. Daraus ist zu schlußfolgern, daß der Transport eines angeregten Fehlers über diese Pfade verhältnismäßig aufwendig ist. Diese Aussage ist plausibel, wenn man bedenkt, daß z.B. der Fehlertransport zum beobachtbaren primären Ausgang 21 über die Leitung 19 die Belegung der Leitung 20 mit logisch 0 erfordert. Letzteres setzt den Nullpegel an beiden Anschlüssen 13 und 17 des OR-Gatters voraus. Die dafür verantwortlichen Zustände der Speicherelemente 12 und 16 müssen aber erst über die Registerkette eingestellt werden.

Zur Verbesserung der Situation könnte man an der Leitung 19 einen zusätzlichen Beobachtungspunkt etablieren, d.h. beispielsweise, von der Leitung 19 eine zusätzliche Leitung auf einen primären Anschluß (Beobachtbarkeit 0) zu führen. Dadurch würden sich auch die Beobachtbarkeiten der Leitungen 6 und 9:

$B(6) = B(19) + C^0(9) + 1;\ B(6) = 0 + 13 + 1 = 14$

$B(9) = B(19) + C^0(6) + 1;\ B(9) = 0 + 7 + 1 = 8$

drastisch verringern.

An diesem Beispiel läßt sich eine allgemeine Regel für die Anordnung von Beobachtungspunkten festmachen. An Schaltungseinfächerungen wird die Beobachtbarkeit einer Leitung (hier z.B. Leitung 19) durch die Summe der Steuerbarkeiten der anderen eingefächerten Leitungen wesentlich mitbestimmt. Es empfielt sich daher, weitgefächerte Strukturen durch das Setzen von Beobachtungspunkten in Teilfächer aufzugliedern.

Analog läßt sich mit der Anordnung von zusätzlichen Steuerpunkten, die von den primären Eingängen aus setzbar sind, die Prüfgerechtheit eines Objekts verbessern. Für die Schaltung nach Bild 6.3 überlegt man sich, daß die schlechten Steuerbarkeitswerte der Leitungen 20 und 21 offensichtlich in der vorgelagerten Kette sequentieller Elemente ihren Ausgang haben. Der Versuch, die Speicherkette mit einem Steuerpunkt in der Leitung 8 aufzubrechen, ergibt das im Bild 6.4 festgehaltene Ergebnis.

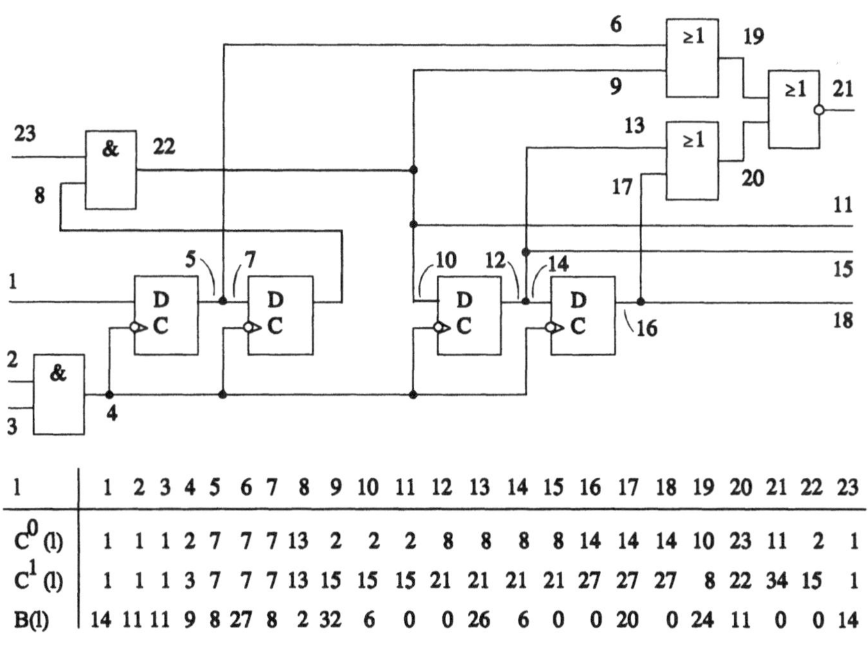

l	1	2	3	4	5	6	7	8	9	10	11	12	13	14	15	16	17	18	19	20	21	22	23
C^0 (l)	1	1	1	2	7	7	7	13	2	2	2	8	8	8	8	14	14	14	10	23	11	2	1
C^1 (l)	1	1	1	3	7	7	7	13	15	15	15	21	21	21	21	27	27	27	8	22	34	15	1
B(l)	14	11	11	9	8	27	8	2	32	6	0	0	26	6	0	0	20	0	24	11	0	0	14

Bild 6.4 Verbesserung der Prüfgerechtheit durch einen zusätzlichen Steuerpunkt

Die Werte für die 0-Steuerbarkeiten werden (besonders drastisch für die Leitung 20) gesenkt. Die 1-Steuerbarkeiten erhöhen sich unbedeutend. Das starke Absinken der 1-Steuerbarkeit der Leitung 21 hängt natürlich mit dem Wert der 0-Steuerbarkeit der Leitung 20 zusammen. Auch die Beobachtbarkeiten der einzelnen Punkte werden deutlich verbessert.

Zusätzliche Steuerpunkte können durch Bildung eines verdrahteten OR bzw. AND und eine Verbindung zu einem freien primären Anschluß des Prüfobjekts geschaffen werden. In der Regel ist diese triviale Lösung nicht akzeptabel. Übliche Techniken zur Etablierung von Steuerpunkten zeigt Tab. 6.4.

Tabelle 6.4 Nach [Moto 84] systematisiertes Einbringen zusätzlicher Steuerpunkte

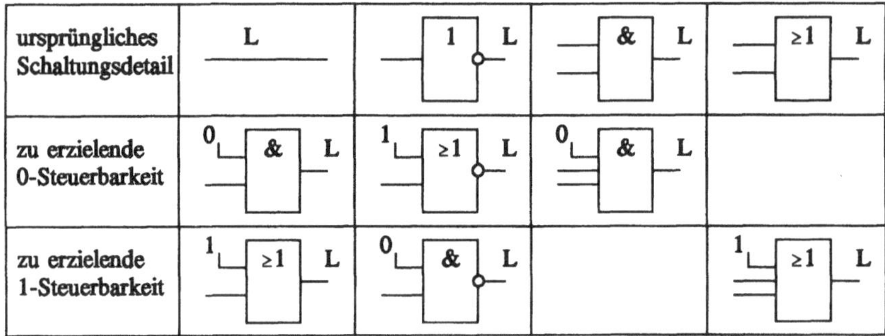

Steuer- und Beobachtungspunkte erfordern zunächst zusätzliche Leitungen und Anschlüsse am Prüfobjekt. Die Anzahl letzterer ist in der Regel knapp bemessen. Möglichkeiten der sparsamen Nutzung von Anschlüssen (u.a. vorgeschlagen in [Auth 79], [Berg 83]), zeigt schematisch Bild 6.5.

Eine die Zahl der verfügbaren Anschlüsse übersteigende Anzahl von Steuerpunkten kann über Demultiplexer oder Dekoder beschaltet werden. Noch weniger Anschlüsse werden benötigt, wenn sekundäre Prüfpunkte über Zähler, Dekoder und ein Halbleiterschaltfeld zeitmultiplex auf primäre Anschlüsse geschaltet werden.. Verwendet man für das Schaltfeld Umschalter, so lassen sich Anschlüsse multivalent als funktionelle Eingänge bzw. Ausgänge oder zur Herausführung von Beobachtungs- bzw Steuerpunkten nutzen. Durch die bidirektionale Gestaltung der Anschlüsse können Beobachtungspunkte oder Steuerpunkte bedient werden. Mit Hilfe von Multiplexern können verschiedene Beobachtungspunkte über einen Anschluß abgefragt werden. In gewisser Weise ist hier auch die Serialisierung parallel vorliegender Daten mit Hilfe von Schieberegistern einzuordnen. Wegen ihrer übergeordneten Bedeutung soll sie jedoch gesondert behandelt werden. Einige der angeführten Techniken wurden in der nach ihrem Erfinder benannten *Turino-Schaltung* (Totally Universal Reset, Initialization and Nodal Observation) [Turi 90] implementiert.

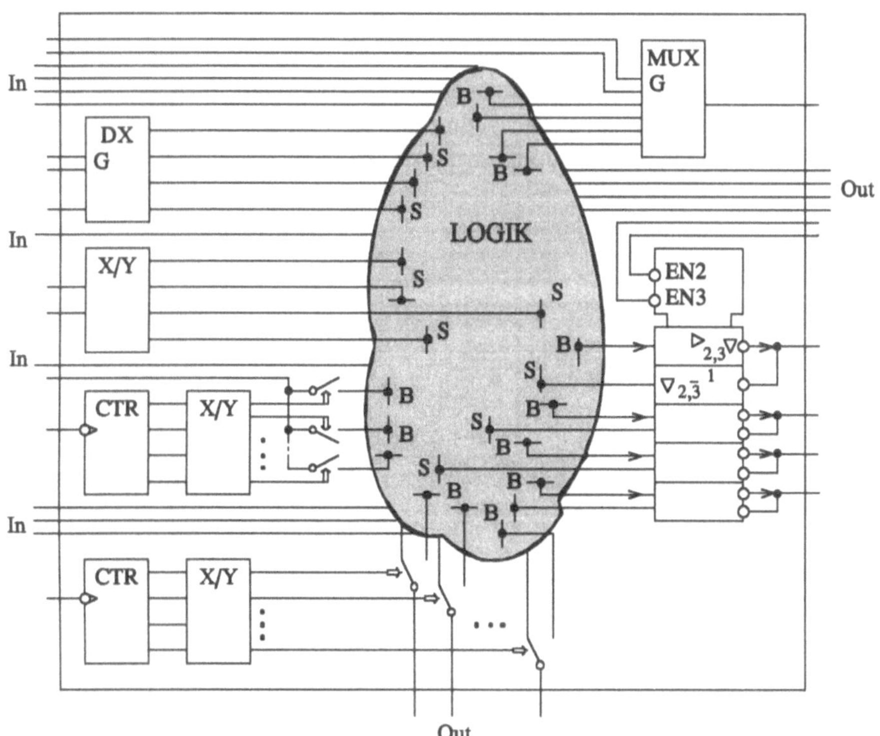

Bild 6.5 Nutzung von Anschlüssen des Objekts zu Prüfzwecken (schematisch)
S Steuerpunkte, B Beobachtungspunkte

6.3.4 Strukturelle Modifizierung

Mit und nach dem Erscheinen von [Mull 54] ist vielfach erwogen worden, Schaltungen strukturell so zu modifizieren, daß sie mit einer minimalen Anzahl von Eingangsmustern geprüft werden können. Ansätze für freistrukturierte Logik haben sich über ihre akademische Erörterung hinaus nicht durchgesetzt. Sie sollen dennoch kurz skizziert werden, um das Ideenfeld abzustecken.

Polynomiale Normalform. Jede echte Boolesche Funktion kann in disjunktiver Normalform, konjunktiver Normalform oder in polynomialer Normalform (Reed-Muller-Form) geschrieben werden:

$$\begin{aligned} f(x_1; x_2; \ldots; x_n) = {} & c_0 \oplus c_1\, x_1 \oplus c_2\, x_2 \oplus \ldots \oplus c_n\, x_n \\ & \oplus c_{1,2}\, x_1\, x_2 \oplus c_{1,3}\, x_1\, x_3 \oplus \ldots \oplus c_{1,n}\, x_1\, x_n \oplus \ldots \oplus c_{n-1,n}\, x_{n-1}\, x_n \\ & \oplus c_{1,2,3}\, x_1\, x_2\, x_3 \oplus \ldots \\ & \oplus c_{1,2 \ldots ,n-1,n}\, x_1\, x_2 \ldots x_{n-1}\, x_n. \end{aligned} \tag{6.1}$$

Die Konstanten c nehmen die Werte 0 oder 1 an und bestimmen damit, ob ein Produktterm existiert. Gl. (6.1) wird direkt implementiert. Das heißt, daß eine nur AND- und EXOR-Gatter einschließende allgemeine Schaltungsstruktur erhalten wird, wie sie im Bild 6.6 gezeigt ist. In einer konkreten Implementierung sind dann nur die AND-Gatter vertreten, die einen existierenden Produktterm repräsentieren.

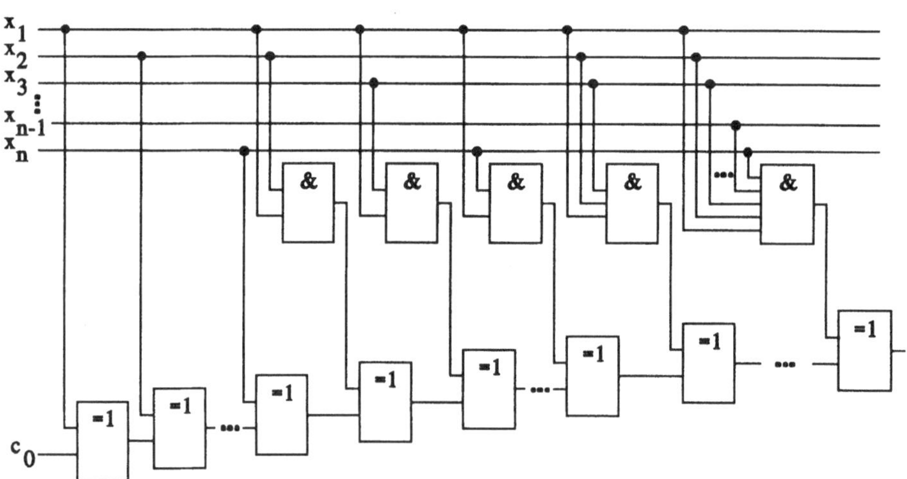

Bild 6.6 Umsetzung einer Booleschen Funktion in polynomialer Normalform in eine Schaltungsstruktur

Die polynomiale Normalform kann aus der Wertetabelle für $f(x_1; \ldots; x_n)$ gewonnen werden, wobei man zweckmäßigerweise über die Gewinnung der disjunktiven Normalform geht. Wie üblich, wird die Wertetabelle als zeilenweise Anordnung von Mintermen aufgefaßt. Berücksichtigt werden Minterme, für die der Funktionswert gleich 1 ist. In der disjunktiven Normalform werden die negierten Variablen $\overline{x}_i = x_i \oplus 1$ gesetzt und die OR-Verknüpfungen durch EXOR- Verknüpfungen ersetzt. Durch Anwenden der Rechengesetze der Booleschen Algebra (vgl. z.B. [Coy 88]) lassen sich die Ausdrücke vereinfachen. Der für c_0 erhaltene Wert ist im normalen Arbeitsregime bereitzustellen. In der Testdurchführung wird c_0 als Variable aufgefaßt.

Die Prüfbarkeit der im Bild 6.6 gezeigten Schaltungsstruktur wurde in [Redd 72] untersucht. Als Fehlermenge werden Einfach-Haftfehler an den AND-Gattern und Funktionsfehler eines einzelnen EXOR-Gatters unterstellt.

Zur Fehlererkennung in der EXOR-Kaskade muß jedes EXOR-Gatter mit jedem der vier möglichen Muster (0; 0); (0; 1); (1; 0); (1; 1) belegt werden. Das wird mit vier Eingangsmustern erreicht:

	c_0	x_1	x_2	x_3	...	x_{n-1}	x_n
1)	0	0	0	0	...	0	0
2)	0	1	1	1	...	1	1
3)	1	0	0	0	...	0	0
4)	1	1	1	1	...	1	1

Das erste Eingangsmuster gewährleistet an allen EXOR-Gattern die Belegung (0; 0). Das zweite Eingangsmuster belegt das erste EXOR-Gatter und alle ungeradzahligen mit (0; 1), während an allen geradzahligen Gattern (1; 1) anliegt. Mit dem dritten Eingangsmuster werden alle EXOR-Gatter mit (1; 0) beaufschlagt. Das vierte Eingangsmuster bewirkt schließlich die Belegung (1; 1) am ersten und allen ungeradzahligen EXOR-Gattern, während die geradzahligen Gatter mit (0; 1) belegt sind.

Mit der Abarbeitung der vier Eingangsmuster ist jedes AND-Gatter ausgangsseitig mit 0 und mit 1 stimuliert und folglich auf Fehler s-a-1 und s-a-0 geprüft worden. Damit sind auch an den Eingängen der AND-Gatter die Fehler s-a-0 überdeckt (vgl. Bild 3.28). Um die Fehler s-a-1 an den Eingängen der AND-Gatter zu erkennen, muß die Schaltung mit weiteren n (n Anzahl der primären Eingänge) Eingangsmustern stimuliert werden; die Belegung von c_0 ist unerheblich, da der Fehlertransport durch ein EXOR-Gatter immer gegeben ist:

	c_0	x_1	x_2	x_3	...	x_{n-1}	x_n
1)	-	0	1	1	...	1	1
2)	-	1	0	1	...	1	1
3)	-	1	1	0	...	1	1
...							
n-1)	-	1	1	1		0	1
n)	-	1	1	1	...	1	0

Unabhängig von der konkreten Schaltungsfunktion werden also die aufgeführten n + 4 universellen Eingangsmuster für die Erkennung der unterstellten Fehlermenge benötigt. Die Regularität der Eingangsmuster ist natürlich bei einer schaltungsinternen Generierung für einen hardware-basierten Selbsttest sehr förderlich. In [Salu 75] wurde das Konzept auf Mehrfach-Haftfehler und in [Bhat 85] auf Brückenfehler erweitert.

Minimale Prüfmustermenge. Im Abschn. 3.2.2 ist mit dem Bild 3.28 gezeigt worden, daß für die Prüfung der Grundgatter AND, NAND mit zwei Eingängen A und B auf Haftfehler die drei Eingangsmuster (A; B) = (0; 1); (1; 0); (1; 1) und für die Prüfung der OR-, NOR-Gatter die Muster (A; B) = (0; 1); (1; 0); (0; 0) notwendig und hinreichend sind. In Bezug auf Gatter mit n Eingängen und auf Baumstrukturen wurde die Anzahl der Prüfmuster mit n + 1 angegeben. Im Kapitel 5 wurde dann für die Schaltung nach Bild 5.2 demonstriert, wie für jedes Grundgatter die minimale, aus drei Belegungen bestehende Prüfmustermenge von den primären Eingängen aus eingestellt (gesteuert) und die Reaktionen am primären Ausgang beobachtet werden können. Aufgrund dessen, daß nicht jedes Gatter separat gesteuert und beobachtet werden kann, sind an den primären Eingängen mehr als drei Belegungen erforderlich.

Aus analogen Überlegungen wird in [Salu 74] eine Schaltungsstruktur entwickelt, die mit nur drei Eingangsmustern auf Haftfehler prüfbar ist. Das Verfahren geht von einer Implementierung einer Booleschen Funktion aus, die Grundgatter mit beliebigen Einfächerungen verwendet. Die Gatter mit einer Einfächerung größer als 2 werden durch kaskadierte Gatter mit zwei Eingängen ersetzt; deren Ausgänge werden an primären Ausgängen beobachtbar gemacht. Für das schon im Bild 5.2 betrachtete Schaltungsbeispiel reicht diese Maßnahme aus, um die Prüfung auf Haftfehler mit 3 Eingangsmustern vorzunehmen. Anhand des Bilds 6.7 überzeugt man sich leicht, daß jedes Gatter mit den relevanten drei Eingangsmustern beaufschlagt und jeder Gatterausgang beobachtbar ist.

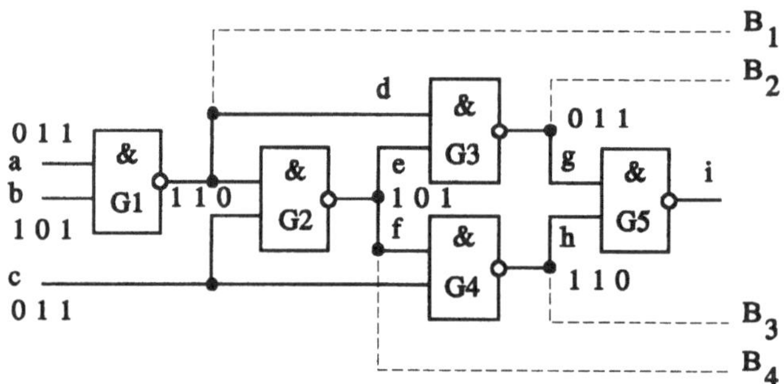

Bild 6.7 Durch zusätzliche Beobachtungspunkte modifiziertes Schaltungsbeispiel aus Bild 5.2

In der Regel ist diese erste Modifizierung nicht ausreichend. Man beaufschlagt die Gatter, die von den primären Eingängen unmittelbar getrieben werden, mit den für sie relevanten drei Prüfmustern und berechnet ihre Ausgangsreaktion. Nun vergewissert man sich, ob an den nachfolgend mit diesen Ausgangsmustern getriebenen Gattern die drei Prüfmuster vorliegen. Ist dies der Fall (die Muster sind kompatibel), kann die Berechnung über die nächste Gatterebene fortgesetzt werden. Sind die Muster nicht kompatibel, wird ein geeigneter Steuerpunkt nach Tab. 6.4 eingefügt. Zu beachten ist, daß auch für das zusätzliche steuernde Gatter die in Frage stehenden drei Prüfmuster zu erzeugen sind. Auch der Ausgang des steuernden Gatters muß wieder beobachtbar gemacht werden. Im Bild 6.8 wird das unter Verwendung des Prüfobjekts nach Bild 5.5 demonstriert.

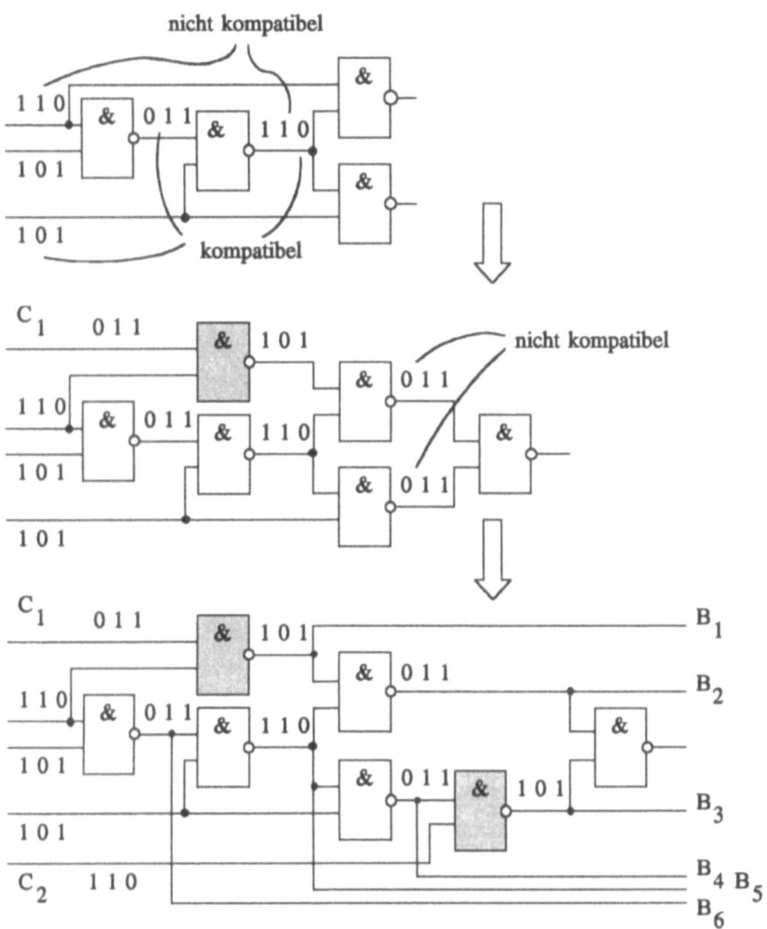

Bild 6.8 Prüfgerecht modifiziertes Prüfobjekt aus Bild 5.5

Das Verfahren scheint recht aufwendig. Die Anzahl zusätzlicher Eingangsanschlüsse C_i ist jedoch auf 6 begrenzt, da nur die sechs steuernden Muster (0; 0; 1); (0; 1; 0); (1; 0; 0); (1; 1; 0); (1; 0; 1); (0; 1; 1) gefordert sein können. Gleiche Muster können von einem Eingang zugeführt werden. Die Idee der völligen Beobachtbarkeit wird mit einem offensichtlich tragbaren Aufwand mit dem später noch zu behandelnden "Cross-Check" wieder aufgegriffen. Da die zusätzlichen Gatter auch im normalen Arbeitsregime von den Nutzsignalen durchlaufen werden (die Steueranschlüsse der Gatter werden so belegt, daß sich das Nutzsignal durchsetzt), muß eine zusätzliche Signalverzögerung in Kauf genommen werden.

Iterative Logik-Arrays. Bei der Behandlung der algorithmischen Grundlagen der Erstellung von Testsätzen wurden im Abschn. 5.3 die Besonderheiten Iterativer Logik-Arrays herausgestellt. Neben der dort eingeführten Eigenschaft der C-Testbarkeit spielt für die Prüfgerechtheit auch die *I-Testbarkeit* eine Rolle. Einem Objekt wird I-Testbarkeit hinsichtlich einer Fehlermenge zugesprochen, wenn jede Arrayzelle an ihrem beobachtbaren Ausgang die gleiche Reaktion auf das stimulierende Eingangsmuster zeigt. Diese Eigenschaft ist insbesondere für den aufwandsarmen Vergleich von Soll- und Ist-Pattern in hardware-basierten Selbsttestlösungen von Interesse [You 88]. Nur wenige Logik-Arrays besitzen a priori diese Eigenschaften. Die Frage nach den Möglichkeiten, einem Iterativen Logik-Array durch strukturelle Modifizierung zu diesen Eigenschaften zu verhelfen, muß hier mit einem Verweis auf [Srid 81a] und [Part 81] beantwortet werden.

Programmierbare Logik-Arrays. PLA werden immer häufiger zur Implementierung Boolescher Funktionen eingesetzt. Schon im "frühen" Intel-Prozessor 80 386 sind z.B. drei PLA mit jeweils 13 Eingängen und 16 Ausgängen, 19 Eingängen und 12 Ausgängen, 16 Eingängen und 18 Ausgängen implementiert. Trotz ihrer strukturellen Regularität, trotz einfacher Verbindungsschemata und funktioneller Überschaubarkeit sind auch PLA hinsichtlich der im Abschn. 3.2.2 analysierten Fehlermenge nicht von vornherein gut prüfbar. Gründe liegen in den großen Einfächerungen der AND-Elemente und der hohen Zahl der Variablen allgemein sowie in redundanten Schaltelementen und Rekonvergenzen.

Wie für freistrukturierte Logik kommt für PLA eine Prüfung entweder mit einem erschöpfenden oder mit einem determinierten Testsatz oder mit einem Zufallstestsatz in Frage.

Erschöpfende Testsätze, die sich aus 2^n Eingangsmustern (n Anzahl der Eingangsvariablen) rekrutieren, scheiden für PLA in den oben genannten Dimensionen aus.

Konventionell gehaltene pfadorientierte Testsätze [Smit 79] zur Anregung unterstellter Fehler am Fehlerort und zum Transport der Fehlerreaktionen zu einem beobachtbaren Ausgang sind zwar kürzer: $(2n + l)p$ Eingangsmuster für Einfach-Kreuzungspunktfehler (l Anzahl der Ausgangsleitungen; p Anzahl der Produktterme (vgl. Abschn. 3.2.2)), erfordern aber umfangreiche Berechnungen in der prüftechnologischen Vorbereitung.

Zufallstestsätze sind wenig effektiv [Eich 80]. Begründet ist dies in der relativ großen Zahl ungenutzter Kreuzungspunkte k zur Bildung der einzelnen Produktterme und der damit geringen Wahrscheinlichkeit von 2^{-k}, einen fälschlicherweise abwesenden Kreuzungspunkt durch ein zufälliges Eingangsmuster zu entdecken. Durch Kombination determinierter und zufälliger Testmuster läßt sich die Situation verbessern.

Zur Überwindung der genannten Schwächen sind zwei Richtungen gebräuchlich, ein PLA mit Strukturelementen zu versehen, die seine Prüfbarkeit verbessern sollen.

Auf der Grundlage der Prüfmethode Informationsredundanz werden fehlererkennende Kodes wie m-aus-n- oder Berger-Kodes und entsprechend ausgelegte Identifikatoren eingesetzt. Die Prüfung kann unter Betriebsbedingungen erfolgen und überdeckt damit sowohl permanente als auch transiente und intermittierende Fehler. Aus prinzipieller Sicht ist den im Abschn. 4.6 gemachten Aussagen nichts hinzuzufügen; zu Details siehe [Khak 82] und [Shar 88].

In Anwendung der Patternmethode verfolgen prüfgerechte Modifizierungen das Ziel,

- jeden Kreuzungspunkt steuerbar und beobachtbar zu machen
- eine konventionelle Testsatzerstellung zu umgehen und mit funktionsunabhängigen Testmustern stimulieren zu können
- diese stimulierenden Muster mit möglichst einfachen Mitteln generieren zu können
- einen einfachen Vergleich der Soll- und Ist-Reaktionen vornehmen zu können.

Diese Ziele verfolgend, sind eine Vielzahl von Entwürfen, u.a. [Hong 80], [Fuji 81], [Daeh 81], [Hass 83], [Khak 84], erarbeitet worden. Eine Taxonomie wird in [Zhu 88a] vorgestellt. Die grundlegenden, sich nur in der Implementierung unterscheidenden Ideen stammen von [Hong 80] und [Fuji 81]; dementsprechend soll das Beispiel-PLA nach Bild 3.48 modifiziert werden.

Im normalen Betrieb eines PLA werden durch eine Eingangsbelegung gewöhnlich mehrere Produktterme aktiviert. Um im Testbetrieb die Bitleitungen X_i, $\bar{X}_i$ einzeln aktivieren zu können, sind die Steuerleitungen C_1 und C_2 mit den entsprechenden Schalttransistoren eingefügt (Bild 6.9). Im Normalbetrieb führen C_1 und C_2 logisch 0, während im Testbetrieb mit logisch 1 auf einer Steuerleitung die entsprechenden Bitleitungen blockiert werden können. Um z.B. die Bitleitung X_3 zu aktivieren, werden $X_3 = 1$ und alle anderen Eingangsvariablen gleich 0 sowie $C_1 = 1$ und $C_2 = 0$ gewählt.

Zur Auswahl einer Produktleitung dient ein Schieberegister, welches wiederum Schalttransistoren steuert. Eine Produktleitung wird aktiviert, indem in der entsprechenden Registerzelle der Zustand 0 und in allen anderen Zellen der Zustand 1 eingestellt werden.

Das AND-Array erhält eine Zusatzspalte. Diese zusätzliche Produktleitung wird so mit den Bitleitungen verbunden, daß jede Zeile (jede Bitleitung) mit einer ungeraden Anzahl von Schalttransistoren versehen ist. Das OR-Array wird um eine Zusatzzeile erweitert, die derart mit den Produktleitungen verbunden ist, daß jede Spalte (Produktleitung) mit einer ungeraden Anzahl von Schalttransistoren versehen ist.

Diese zusätzlichen Leitungen (mit den entsprechend angeordneten Schalttransistoren) ermöglichen gemeinsam mit zwei zusätzlichen EXOR-Kaskaden, eine einfache Bewertung der Reaktionen des PLA auf bestimmte Stimulierungen auf der Basis von Paritätsprüfungen vornehmen zu können. Die stimulierenden Testmuster können unabhängig von der funktionellen Zweckbestimmung des PLA gehalten werden. Der Testsatz wird lediglich durch die Größe des PLA beeinflußt. Auch die Auswertung der Reaktionssignale ist unabhängig von der Funktion; es ist nur die Anzahl der EXOR-Gatter zu variieren.

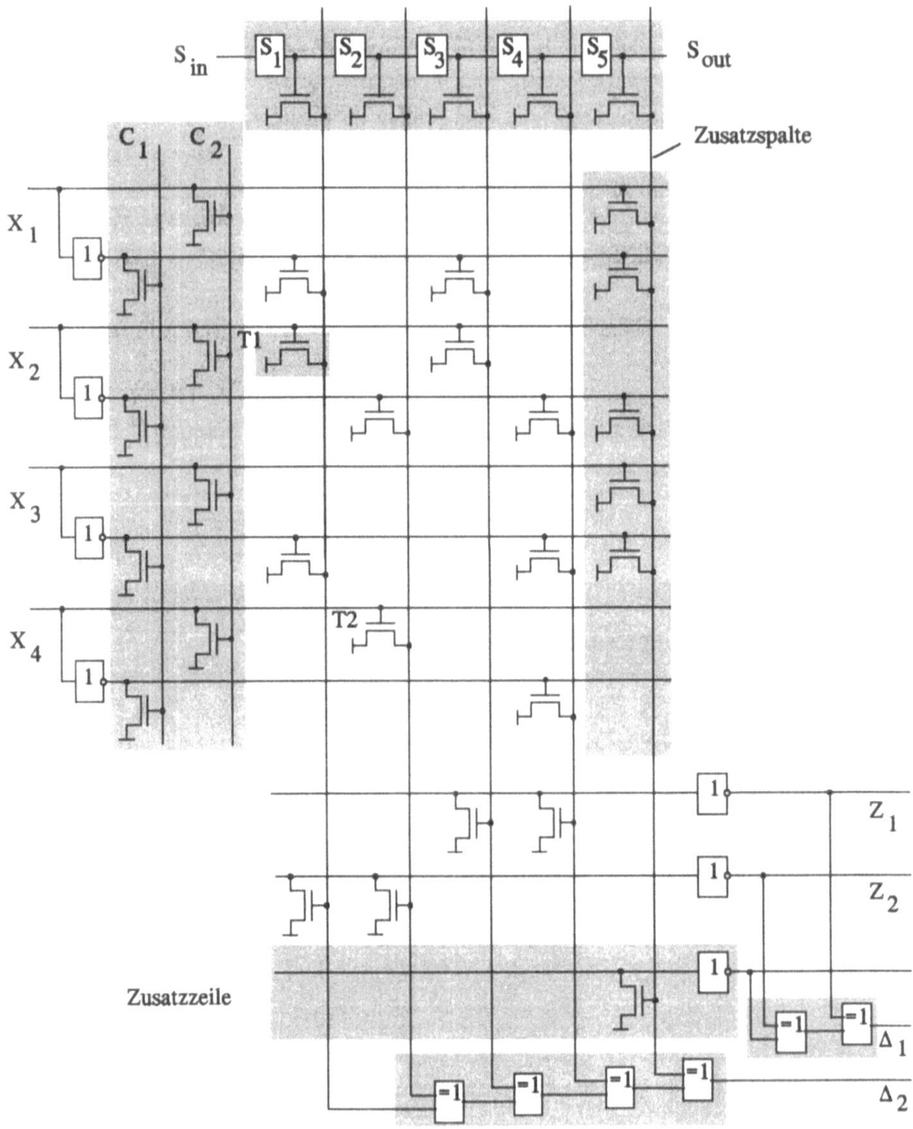

Bild 6.9 Nach dem Verfahren von [Fuji 81] modifiziertes PLA aus dem Bild 3.48

Der von [Fuji 81] gefundene funktionsunabhängige Testsatz für einfache Kreuzungspunktfehler und Haftfehler ist in der Tab. 6.5 aufgeführt. Mit der Testmusterfolge TM1; T_1M2; T_2M2; ...; T_{p+1}M2 ist an S_{out} die ordnungsgemäße Funktion des Schieberegisters beobachtbar. Mit den Testmusterfolgen TM_j2 und TM_j3 werden Produktleitungen ausgewählt und Kreuzungspunktfehler im OR-Array, Haftfehler an den Produktleitungen, an den Bitleitungen, an den Zeilen des OR-Arrays sowie fehlende Kreuzungspunkte und Haftfehler an den Steuerleitungen C_1 und C_2 nachgewiesen. Die Testmusterfolgen TM_i4 und TM_i5 erkennen Kreuzungspunktfehler und Haftfehler an den Bitleitungen im AND-Array sowie zusätzliche Kreuzungspunkte an den Steuerleitungen C_1 und C_2.

Tabelle 6.5 Funktionsunabhängiger Testsatz für prüfgerecht modifizierte PLA

	$X_1...X_i...X_n$	C_1	C_2	$S_1....S_j....S_{p+1}$	Δ_1	Δ_2
TM1	0......0......0	1	0	1......1......1	0	0
TM_j2 (j=1;...; p+1)	0......0......0	1	0	1......0......1	1	1
TM_j3 (j=1;...; p+1)	1......1......1	0	1	1......0......1	1	1
TM_i4 (i=1;...; n)	1......0......1	0	1	0......0......0	-	ε_p
TM_i5 (i=1;...; n)	0......1......0	1	0	0......0......0	-	ε_p
n Anzahl der Eingänge; p+1 Anzahl der Produktleitungen; ε_p=0, wenn p gerade; ε_p=1, wenn p ungerade; - unbestimmt						

6.3.5 Partitionierung

Neben Initialisierbarkeit, Steuerbarkeit und Beobachtbarkeit beeinflussen die Möglichkeiten der Partitionierung von Systemen bzw. der Trennbarkeit ihrer Bestandteile nicht unerheblich die Prüfgerechtheit. Die schon angesprochene Verminderung der Komplexität des Prüfobjekts ist dabei ein wichtiger, aber durchaus nicht der einzige Ausgangspunkt.

Signalorientierte Partitionierung. Lassen sich Funktionseinheiten mit einer Verarbeitung digitaler und analoger Signale nicht, wie im Abschn. 6.2 hingewiesen, konstruktiv aufteilen, so müssen sie mit schaltungstechnischen Mitteln zu separieren sein. Die Diagnose ist zwar auf der Betrachtungsebene der Prüfstrategien kompatibel, auch bestimmte Prüfmethoden wie Referenzmethode, Inversionsmethode oder Substitutionsmethode sind für Funktionseinheiten mit einer hybriden Signalverarbeitung geeignet, die Unterschiede in den auf eine Parameterprüfung hinauslaufenden Prüfverfahren sind jedoch gravierend (zur Diagnose analoger Systeme siehe z.B. [Liu 91]. Deshalb sollten als Minimum an den Schnittstellen zwischen analoger und digitaler Verarbeitung die analogen Signale - eventuell mit Hilfe analoger Multiplexer - beobachtbar gemacht werden. Gleiches gilt für die digitalen Signale an einer digital/analogen Schnittstelle, wofür das im Bild 6.5 gezeigte Instrumentarium, besonders aber Schieberegister (siehe unten), geeignet sind. In weitergehenden Konzepten werden auch die Schnittstellen steuerbar gemacht [Wagn 88]. In ähnlicher Weise sollten Schnittstellen mit Signalwandlungen wie etwa zwischen elektronischen und opto-elektronischen Funktionseinheiten behandelt werden.

Logisches Auftrennen. Da mit zunehmender sequentieller Tiefe die automatisierte Testsatzerstellung erschwert ist, die Testsatzlänge und damit die Testzeiten enorm wachsen, werden zur Beschränkung der sequentiellen Tiefe s Schaltungen partitioniert. Entsprechende Regeln können in Standardentwurfssystemen implementiert sein, wobei $s \leq 6$ für akzeptierbar gilt. Die angewendete Multiplextechnik nach [Hörb 86] zeigt Bild 6.10a. Insbesondere sollten lange Zählerketten aufgetrennt werden. Auf zusätzliche Beobachtungspunkte wird man in der Regel verzichten können, da der Überlauf bewertbar ist (Bild 6.10b).

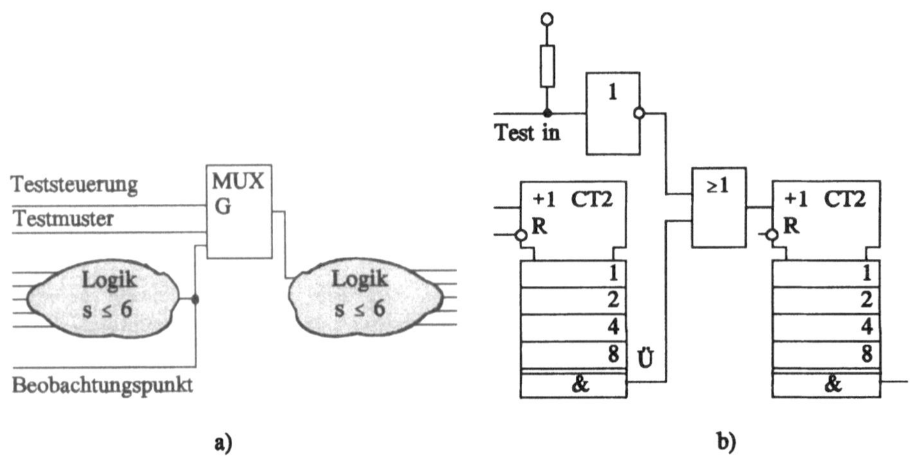

Bild 6.10 a) Beschränkung der sequentiellen Tiefe; b) Auftrennen langer Zählerketten

Gleichermaßen diffizil ist die Testsatzerstellung und besonders die Fehlerlokalisierung in Schaltungen mit Rückführungen. Damit gewünschte Stimulierungsmuster keinen Rückwirkungen ausgesetzt sind, lange Initialisierungssequenzen vermieden werden sowie Ursache und Wirkung bei der Fehlerlokalisierung auseinandergehalten werden können, empfielt es sich, die Rückführung für die Zeit der Ausführung der Prüfung logisch aufzutrennen (Bild 6.11). Das logische Auftrennen der Rückführleitung kann mit der Einführung eines Steuerpunkts kombiniert werden.

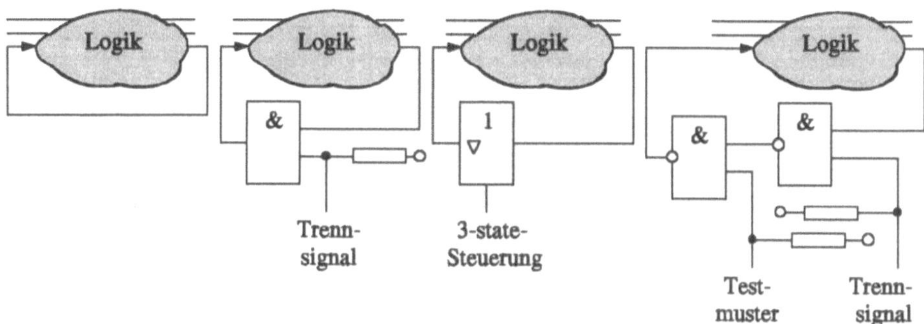

Bild 6.11 Logisches Auftrennen von Rückführungen nach [Benn 82]

Bei der Prüfung synchroner Schaltungen ist der Taktbereitstellung besondere Beachtung zu widmen. Verfügt das Prüfobjekt über einen eigenen Taktgenerator und werden die stimulierenden Eingangsmuster durch eine externe Quelle bereitgestellt, so hat es sich als nicht sinnvoll erwiesen, die externe Quelle durch den intern erzeugten Takt zu synchronisieren. Vielmehr sollte der Taktgenerator des Prüfobjekts logisch abgetrennt werden und ein durch die Testmusterquelle bereitgestellter Takt eingespeist werden können (Bild 6.12).

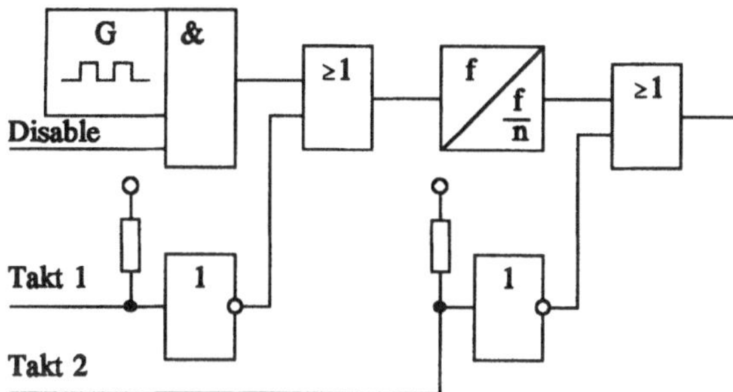

Bild 6.12 Logisches Abtrennen interner Taktgeneratoren und Einspeisen externer Taktsignale

Modul-Selektion. Beim Entwurf elektronischer Systeme verwendet man gern erprobte vorentworfene Moduln oder Makros, für die in der Regel auch vorbereitete Testsätze [Murr 88] zur Verfügung stehen. Die Modul-Selektion greift das im Zusammenhang mit der pseudo-erschöpfenden Funktionsprüfung von [McCl 81] entwickelte Partitionierungskonzept auf. In Verbindung mit schon erläuterten Maßnahmen des prüfgerechten Entwurfs (Multiplexen, Blockieren unerwünschter Datentransfers, Deaktivieren von Schaltkreisen) können Moduln aus der Systemumgebung in einem Diagnosemodus selektiert werden. Zur Verringerung des Overheads sind im Prüfdatenweg liegende Moduln als Übertragungswege zugelassen [Abad 87]. Das Prinzip ist schematisch im Bild 6.13 gezeigt.

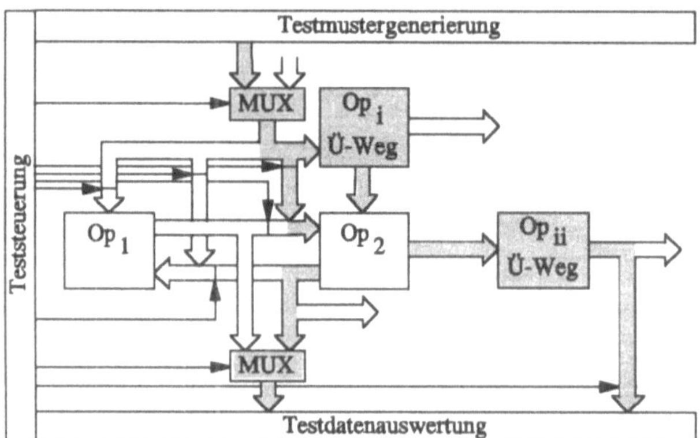

Bild 6.13 Modul-Selektion mit Nutzung von Übertragungswegen

Vorliegende vorgefertigte Testsätze müssen unter Berücksichtigung der Übertragungswege modifiziert werden. Dabei werden letztere als fehlerfrei betrachtet, weshalb nur ihre Funktion, nicht aber ihre innere Struktur berücksichtigt werden muß. Gut geeignet sind Busse, Register, Speicher, Multiplexer, ALU. Eine Verfälschung der Prüfmuster durch Defekte in den Übertragungswegen wird in der Regel erkannt. Soll die Fehlererkennung wie bei der mechanischen Adaptierung in der In-Circuit-Prüfung (vgl. Abschn. 3.3) gleichzeitig den Fehler lokalisieren, so müssen die Übertragungswege a priori fehlerfrei sein.

Da die nach diesem Konzept ausgewählten Moduln (Makros) überlappungsfrei sein sollten, kann ein beachtlicher Zeitgewinn durch ihre nebenläufige Prüfung erzielt werden.

Busstrukturen. Durch die Besonderheit, daß die wesentliche Kommunikation in Rechnerstrukturen über zentrale Leitungsbündel geführt wird, weisen Busstrukturen von Natur aus gute Partitionierungs- und Selektionsmöglichkeiten auf. Jede angeschlossene Funktionseinheit ist über den Bus voll stimulierbar und beobachtbar, also autonom prüfbar. In den Prüfvorgang nicht einbezogene Busteilnehmer werden deaktiviert. Busarchitekturen haben allerdings den Nachteil, daß in der Regel jeweils nur eine Funktionseinheit angesprochen werden kann und nebenläufige Prüfungen damit ausscheiden. Ist ein externer Prüfzugriff ins Auge gefaßt, sollte das Freischalten und Beschalten von Busleitungen und Steueranschlüssen über Pull-up- bzw. Pull-down-Widerstände vorbereitet sein. Zu beachten ist, daß Reaktionssignale von Busteilnehmern (z.B. Interruptbestätigungen) als Steuersignale für andere Funktionseinheiten vorgesehen sein können und damit den Prüfablauf stören können. Für ihre Blockierung ist Sorge zu tragen.

Selektion durch Schieberegister. Die Eingänge und Ausgänge eines zur Prüfung vorgesehenen Funktionselements sind mit jeweils einer Zelle eines Schieberegisters verbunden (Bild 6.14). Die Schieberegisterzellen sind im Vergleich mit herkömmlichen Registerzellen mit zusätzlichen Betriebsarten ausgestattet. Im Betriebsmodus sind sie transparent, d.h., ankommende und abgegebene Signale werden logisch nicht verändert. Sie werden allerdings gerinfügig verzögert, was beim Schaltungsentwurf zu berücksichtigen ist. Im Prüfmodus können die Registerzellen seriell geladen, parallel gelesen bzw. geschrieben werden und schließlich seriell ausgelesen werden. Das zu prüfende Element kann damit von seiner Umgebung isoliert stimuliert werden, und seine Reaktionen können, ohne andere Übertragungswege in Anspruch zu nehmen, beobachtet werden.

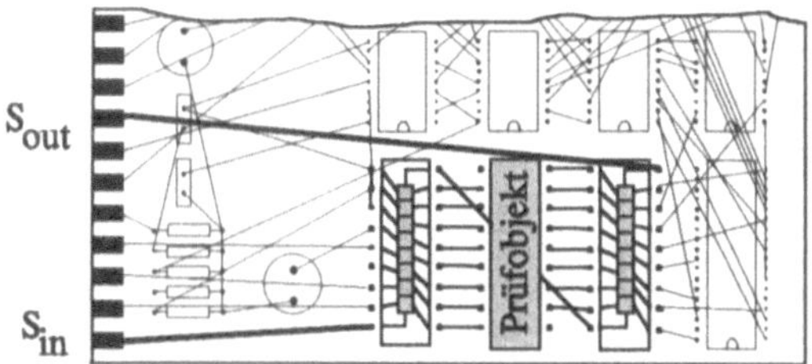

Bild 6.14 Selektion mit Hilfe von Schieberegistern

6.4 Scan-Verfahren

Mit dem bisher betrachteten Instrumentarium lassen sich die Schwierigkeiten bei der Bestimmung der Prüfmuster für sequentielle Schaltungen zwar verringern, aber nicht weitgehend genug vermeiden. Zum Teil ist es nur auf bestimmte Schaltungsklassen orientiert, löst nur begrenzte Teilprobleme oder die Prüfobjekte sind individuell zu modifizieren. Bezogen auf

- die Initialisierbarkeit der Prüfobjekte
- die direkte Steuerbarkeit und Beobachtbarkeit eingebetteter Speicherelemente
- die Ökonomie von primären Anschlüssen bei gleichzeitiger Ausbildung sekundärer Ein- und Ausgänge
- die Partitionierbarkeit insbesondere in Schaltungsteile kombinatorischen und sequentiellen Charakters
- die Nutzbarkeit bewährter Algorithmen für die Erstellung von Testsätzen und die Reduzierung der Länge derselben,

können Scan-Verfahren dagegen als eine generalisierende und integrative Weiterentwicklung angesehen werden, weshalb ihnen auch dieser eigenständige Abschnitt gewidmet ist.

6.4.1 Scan-Path

Im Sinne der eingangs genannten Zielvorgaben publizierten schon 1973 *Williams* und *Angell* einen Vorschlag, vor jedem Dateneingang eines Flipflops in einer sequentiellen Schaltung einen 2-Bit-Multiplexer anzuordnen. Dieser ermöglicht zwei Funktionsweisen der Flipflops: einen normalen *Arbeitsmodus*, in dem die Eingänge und Ausgänge der Flipflops mit dem kombinatorischen Schaltungsteil kommunizieren, und einen *Testmodus*, in dem die Flipflops zu einem Schieberegister konfiguriert sind. Gesteuert werden die Multiplexer über eine zusätzliche Steuerleitung "Mode" [Will 73].

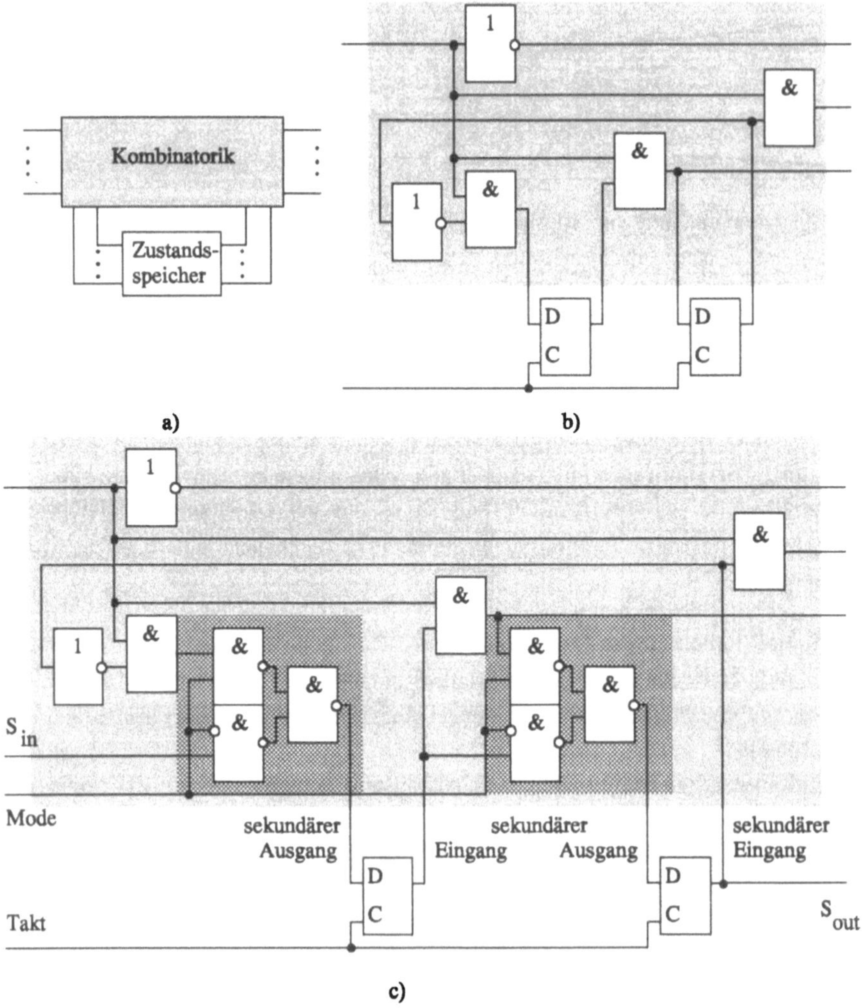

Bild 6.15 a) Modell eines sequentiellen Objekts (vgl. Bild 5.10); Beispiel eines solchen aus [Coy 88]; c) Modifizierung desselben nach [Will 73]

In dem solchermaßen modifizierten Prüfobjekt nach Bild 6.15 wird das normale Arbeitsregime durch Belegung der Steuerleitung mit logisch 1 gewährleistet. Im Testmodus oder Schieberegistermodus, der durch einen Null-Pegel auf der Steuerleitung "Mode" eingestellt wird, lassen sich alle Flipflops über den Scan-Eingang S_{in} seriell setzen und über den Scan-Ausgang S_{out} seriell lesen. Damit werden alle Anschlüsse der internen Speicherelemente zu *sekundären* Eingängen bzw. Ausgängen. Die Schaltung wird in einen kombinatorischen und einen sequentiellen Teil partitioniert.

Die Prüfprozedur beinhaltet:

- Schieberegistermodus: Test des Schieberegisters z.B. durch alternierendes Schieben von 0 und 1 oder 1 auf Hintergrund 0 bzw. 0 auf Hintergrund 1
- Schieberegistermodus: Einlesen des stimulierenden Musters für die sekundären Eingänge
- Arbeitsmodus: Stimulierung der primären Eingänge,
  Stimulierung der sekundären Eingänge,
  Übernahme der Reaktion des kombinatorischen Schaltungsteils in die Flipflops über die sekundären Ausgänge,
  Bewertung der Belegung an den primären Ausgängen
- Schieberegistermodus: Auslesen des Schiebegisters mit Bewertung,
  gleichzeitiges Einlesen des nächsten Testmusters.

Die Testsatzerstellung beschränkt sich damit auf den kombinatorischen Schaltungsteile und kann auf der Basis bewährter Verfahren (vgl. Abschn. 5.1) erfolgen.

Für praktische Realisierungen wird im allgemeinen mit einem zusätzlichen Hardwareaufwand von (5 ... 20)% gerechnet. Außerdem sind beim Entwurf für den Arbeitsmodus die durch die Multiplexer zusätzlich eingebrachten Gatterlaufzeiten zu beachten. Beim Entwurf von Schaltkreisen, für deren Prüfung Scan-Verfahren vorgesehen sind, werden natürlich speziell vorentworfene *scan-fähige* Flipflops mit zwei steuerbaren Eingängen (ein MUX muß nicht explizit ausgeprägt sein) und optimierten dynamischen Kennwerten verwendet. Das betrifft auch alle nachfolgend beschriebenen Verfahrensvarianten.

6.4.2 Level Sensitive Scan Design (LSSD)

Diese Variation bedient sich in Verbindung mit dem Scan-Path einer *pegelaktiven* Logik. Letzteres bedeutet, daß durch eine synchrone Schaltungstechnik mit strengen Taktschemata die Funktion des Objekts weder von den Anstiegs- und Abfallzeiten noch von den Verzögerungszeiten der einzelnen Gatter abhängt. Systemweit werden einheitliche hazardfreie Flipflops, die auf D-Flipflops (vgl. Bild 5.9b) basieren, eingesetzt. Dieses D-Flipflop bleibt für am D-Eingang anliegende Daten gesperrt und kann seinen Speicherzustand nicht wechseln, solange das Taktsignal C auf dem Null-Pegel liegt. Der Zustand vom Daten-Eingang wird erst mit C = 1 übernommen. Das patentierte ursprüngliche scan-fähige Flipflop zeigt Bild 6.16. Inzwischen gibt es viele Modifikationen, die jedoch von der Grundidee nicht wesentlich abweichen.

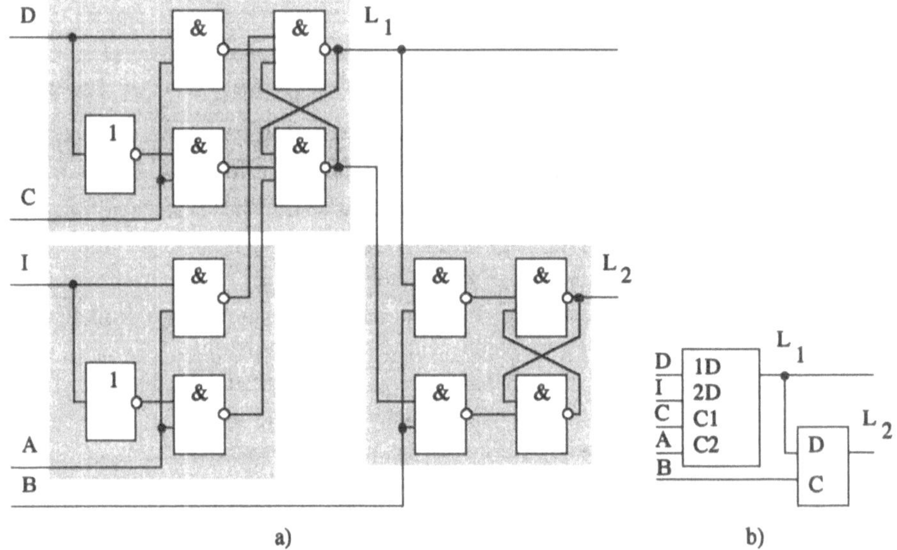

Bild 6.16 Zustandsgesteuertes scan-fähiges Flipflop nach [Eich 73] und [Eich 74]
a) Gatterdarstellung; b) Symbol

Das scan-fähige Flipflop besteht aus zwei Latches L_1 und L_2, und es hat zwei Daten-Eingänge: einen üblichen Eingang D und einen Scan-Eingang I für die Übernahme von Informationen im Schieberegistermodus. Gesteuert wird das Flipflop durch den Systemtakt C sowie sich nicht überlappende Taktsignale A und B.

Im normalen Arbeitsmodus führen die Steuersignale A und B logisch 0. Mit C = 1 können am Eingang D anliegende Daten in das Latch L_1 übernommen werden. Im Testmodus wird C = 0 gesetzt. Durch alternierende Belegung der Steuerleitungen (die Kombination A = 1, B = 1 ist verboten) werden die am Scan-Eingang I anliegenden Daten in die Latches übernommen: $A = 1, B = 0 \rightarrow L_1 = I$; $A = 0, B = 1 \rightarrow L_2 = L_1 = I$. Damit sind die Flipflops im Testmodus zu einem Schieberegister konfigurierbar. Bild 6.17 zeigt eine systemweite Konfiguration. Die einzelnen Systemelemente können Moduln, Integrierte Schaltkreise oder auch Leiterplatten darstellen.

Die prinzipielle Prüfprozedur ist der im Abschn. 6.4.1 beschriebenen analog.

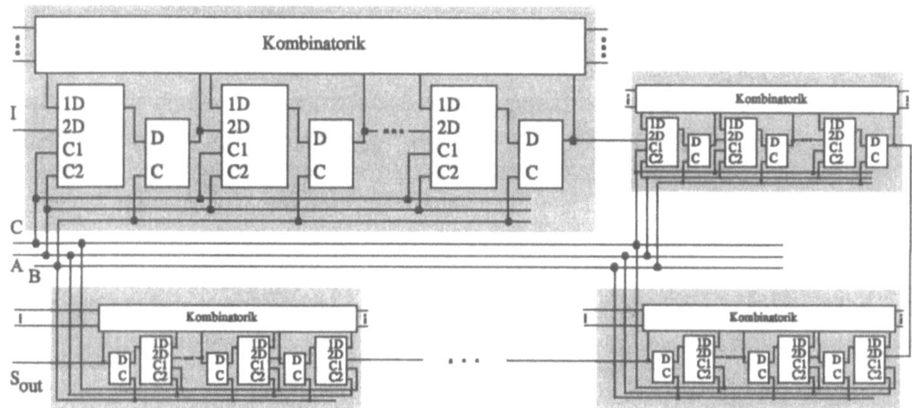

Bild 6.17 Systemweite Schieberegisterkonfiguration nach [Will 83]

Das Bild 6.16 eines scan-fähigen Flipflops und die dazu gegebenen Erläuterungen sagen nichts über Kommunikationsmöglichkeiten mit dem kombinatorischen Schaltungsteil aus. Bild 6.17 zeigt das sogenannte *Double-Latch-Design*. Die Verbindung des Speicherelements mit dem kombinatorischen Schaltungsteil wird über den Ausgang des Latches L_2 hergestellt. Mit anderen Worten, das Speicherelement stellt ein Master-Slave-Flipflop dar. Für die bestimmungsgemäße Funktion im Arbeitsmodus werden die zwei sich nicht überlappenden Taktsignale C und B benötigt (A = 0). Für den Schieberegistermodus gilt - wie oben erläutert - C = 0 und nichtüberlappendes Takten von A und B.

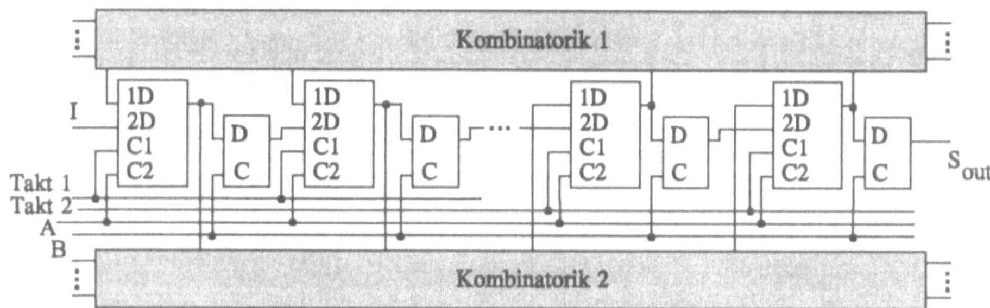

Bild 6.18 Single-Latch-Design nach [Eich 91]

In Schaltungen, in denen keine Master-Slave-Flipflops benötigt werden, kann die Kommunikation der Speicherelemente mit der Kombinatorik nur über das Latch L_1 geführt werden (Bild 6.18). In einem solchen *Single-Latch-Design* wird das Latch L_2 nur im Schieberegistermodus genutzt. Um allerdings, wie gewollt, Laufzeiteffekte auszuschließen, werden der kombinatorische Schaltungsteil und die Speicherelemente aufgeteilt. Die D-Eingänge einer ersten Gruppe von Speicherelementen werden von der Kombinatorik 1 gespeist, während ihre Ausgänge L_1 mit der Kombinatorik 2 verbunden sind. Die D-Eingänge und Ausgänge einer zweiten Gruppe von Speicherelementen haben eine entgegengesetzte Zuordnung. Im Arbeitsmodus werden die beiden Gruppen von Speicherelementen durch zwei sich nicht überlappende Systemtakte getaktet. Somit werden beispielsweise die in der Kombinatorik 2 verarbeiteten Ausgangssignale der ersten Gruppe von Speicherelementen erst mit dem Takt 2 in die Speicherelemente der zweiten Gruppe übernommen, nachdem die Übergangsprozesse abgeklungen sind.

Die Möglichkeit, das Single-Latch-Design durch Veränderung des Basis-Flipflops so zu modifizieren, daß sowohl das Latch L_1 als auch das Latch L_2 im Arbeitsmodus separat nutzbar sind [DasG 81], [Salu 82] sei der Vollständigkeit halber erwähnt.

6.4.3 Multiplexed Access Scan Testable Design (MAST)

In Objekten mit vielen Flipflops fällt die Schieberegisterkette entsprechend lang aus; für ihr serielles Schreiben und Lesen wird ein beachtlicher Zeitaufwand benötigt. Zur Abschwächung dieses Nachteils können scan-fähige Flipflops sFF in mehrere parallel betreibbare Schieberegister konfiguriert werden (Bild 6.19). Dem damit verbundenen zusätzlichen Bedarf an Anschlußpins kann mit dem schon bekannten Instrumentarium, beispielsweise mit dem Einsatz von Multiplexern und Demultiplexern begegnet werden. Im Bild 6.19 wird gezeigt, daß jeder der p Scan-Wege sich eingangsseitig über einen Demultiplexer einen Anschluß mit einem primären Eingang und ausgangsseitig über einen Multiplexer sich einen Anschluß mit einem primären Ausgang teilt. Die jeweils zweite Stufe der Multiplexer und Demultiplexer ist vorgesehen, falls die Scan-Wege auch einzeln angesprochen werden sollen.

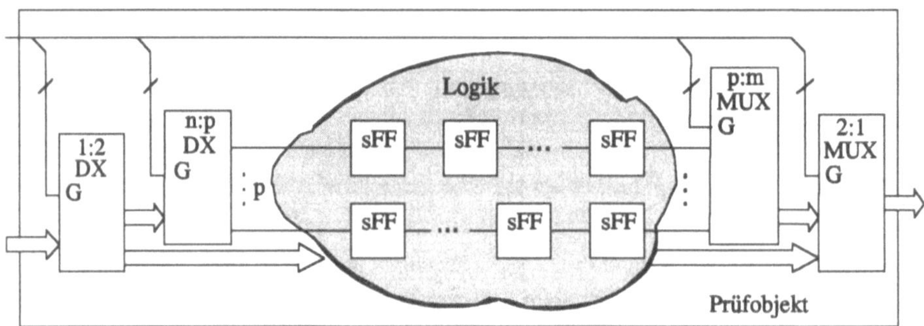

Bild 6.19 Multiplexed Access Scan Testable Design nach [Fasa 85]

6.4.4 Random-Access Scan

Das Management selbst relativ kurzer Schieberegister wird unbequem, wenn man nur auf einzelne Speicherelemente zugreifen will, da sich beispielsweise nur ein Bit in aufeinanderfolgenden Testmustern ändert. Abhilfe schafft der Einsatz von adressierbaren Flipflops und ihre Organisation ähnlich einem RAM (Bild 6.20).

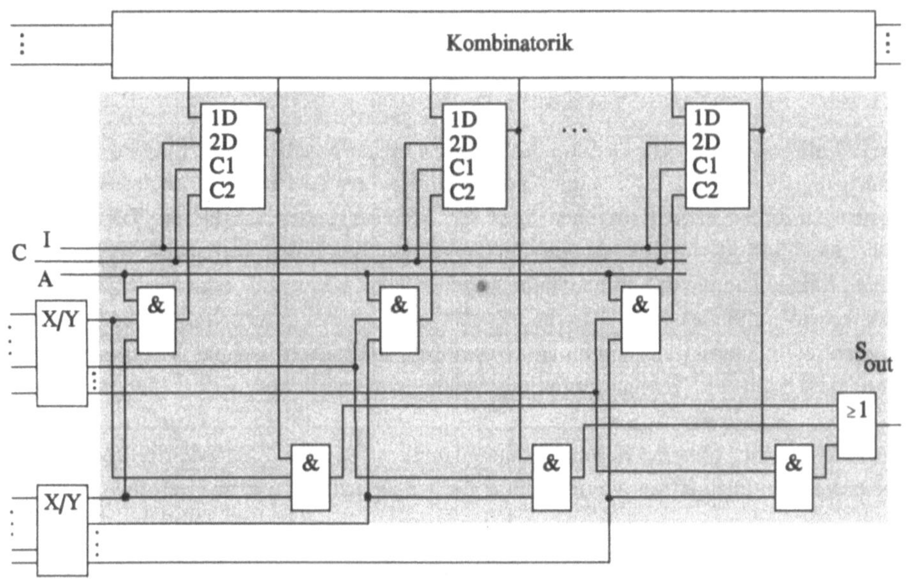

Bild 6.20 Mögliche Konfiguration eines Random-Access Scan nach [Ando 80]

Das Prüfobjekt ist - wieder gedanklich - in einen kombinatorischen Teil und in ein Speicherfeld mit RAM-ähnlicher Organisation geteilt. Die eingesetzten Speicherelemente [Ando 80] sind im Prinzip Variationen der schon bekannten Flipflops mit alternativ schaltbaren Eingängen. Im Arbeitsmodus werden die an 1D anliegenden Daten unabhängig vom Zustand der Adreßleitungen mit dem Systemtakt C übernommen. Im Prüfmodus übernimmt das durch die Adreßleitungen (Belegung 1) ausgewählte Flipflop die am Scan-Eingang I anliegenden Stimuli mit dem Prüftakt A; Der Eingang 1D ist gesperrt. Mit der Adressierung wird auch der Ausgang des Flipflops über das entsprechende AND-Gatter und das OR-Gatter am Scan-Ausgang S_{out} beobachtbar. Ein Schieberegister, wie bei den bisher betrachteten Konzepten wird nicht konfiguriert. Angemerkt sei, daß durch Adressierung der ausgangsseitigen AND-Gatter der Flipflops auch im Arbeitsmodus der Zustand eines Speicherelements abgefragt werden kann. Der auf den ersten Blick hohe Bedarf an Anschlußpins läßt sich reduzieren, wenn die Adreßregister (im Bild nicht gezeigt) seriell schreib- und lesbar gestaltet werden.

6.4.5 Scan-Set

Scan-Set ist eine Technik, die eine testunterstützende Struktur - ein Schieberegister - außerhalb der funktionellen (sequentiellen) Logik anordnet und bemüht ist, die Speicherelemente der ursprünglichen Funktionseinheit möglichst wenig zu modifizieren. Gefordert werden wieder Flipflops mit zwei steuerbaren Eingängen. Sie hat damit viel Ähnlichkeit mit der Partitionierungstechnik nach Bild 6.14. Mit der Implementierung in Schaltkreise beschäftigen sich [Stew 77] und [Stew 78]. Damit kann diese Technik auch als eine der geistigen Anregungen für die Entwicklung des Boundary-Scans (vgl. Abschn. 6.4.6) angesehen werden.

Im Prüfmodus werden die Stimuli für die geschaffenen sekundären Eingänge über das Schieberegister und die 2D Eingänge der Flipflops geladen und die an den sekundären Ausgängen anliegenden Reaktionen über das Schieberegister ausgelesen. Dabei müssen nicht alle Flipflops modifiziert und mit Schieberegisterzellen verbunden werden. Eine solche Konstellation wird immer dann gegeben sein, wenn die sequentielle Tiefe eines fehlersensiblen Pfades (vgl. Abschn. 5) gering ist. Eine andere Möglichkeit ist, auch gewünschte Prüfpunkte an kombinatorischen Schaltelementen auf das Schieberegister zu führen und damit die Testsatzgewinnung weiter zu vereinfachen.

Im Arbeitsmodus können wie beim Random-Access Scan die Zustände der kontaktierten Speicherelemente abgefragt werden, ohne die Schaltungsfunktion zu beeinflussen.

6.4.6 Boundary-Scan

Während die betrachteten Scan-Verfahren im wesentlichen die Bedingungen für die Testsatzerstellung und die Durchführung der Strategie Objektprüfung für sequentielle Schaltungen/Schaltkreise verbessern sollen, ist der Boundary-Scan, wie schon im Abschn. 3.3 angemerkt, eher für die Unterstützung der Strategie In-Circuit-Prüfung, beginnend mit dem Baugruppenniveau, vorgesehen. Da in einer z.B. auf einer Leiterplatte realisierten Baugruppe in der Regel Schaltkreise unterschiedlicher Hersteller eingesetzt werden, erhob sich die Notwendigkeit, die Schnittstellen zu normen. Dieser Aufgabe unterzog sich bei Mitarbeit vieler Unternehmen die "Joint Test Action Group" (JTAG). Ihre Ausarbeitungen wurden 1990 durch das "Institute of Electrical and Electronics Engineers" zum Industriestandard erhoben [IEEE 90].

Ab dem Baugruppenniveau ist folgendes Spektrum von Fertigungsfehlern in unterschiedlicher Verteilung charakteristisch: Unterbrechungen, Kurzschlüsse, falsch bestückte, falsch orientierte, fehlende, defekte Bauelemente, Kontaktierungsprobleme. Mit geistigen Anleihen bei der In-Circuit-Prüfung, der Schieberegisterselektion (vgl. Abschn. 6.3.5) und dem Scan-Set (vgl. 6.4.5) kommt man leicht zu den Schlüsselideen:

- zwischen jedem IC-Pin und der Kernlogik des Schaltkreises wird ein scan-fähiges (siehe vorn) Flipflop angeordnet, dessen Dateneingang NDI im normalen Arbeitsmodus über einen Multiplexer auf den Datenausgang NDO durchgeschaltet ist (vgl. Bild 6.21)
- im Testmodus lassen sich diese Flipflops über die Scan-Eingänge SDI und Scan-Ausgänge SDO zu einem Schieberegister konfigurieren; sie bilden das sogenannte Rand- oder *Boundary-Register* (im Standard auch Test-Daten-Register genannt)
- die Boundary-Register-Zellen sind so entworfen, daß sie sowohl das serielle Ein- und Ausschieben als auch die parallele Datenübernahme und Datenausgabe realisieren können; dabei muß die Kernlogik von der externen Umgebung isolierbar sein
- die zur Steuerung der chipinternen Testfunktionen notwendige Logik wird auf dem Chip integriert; als Verbindung zum externen Prüfbus dient ein Standard-Interface, das zumindest die Anschlüsse "Test Data Input", "Test Data Output"; "Test Clock" und "Test Mode Select" bereitstellen muß.

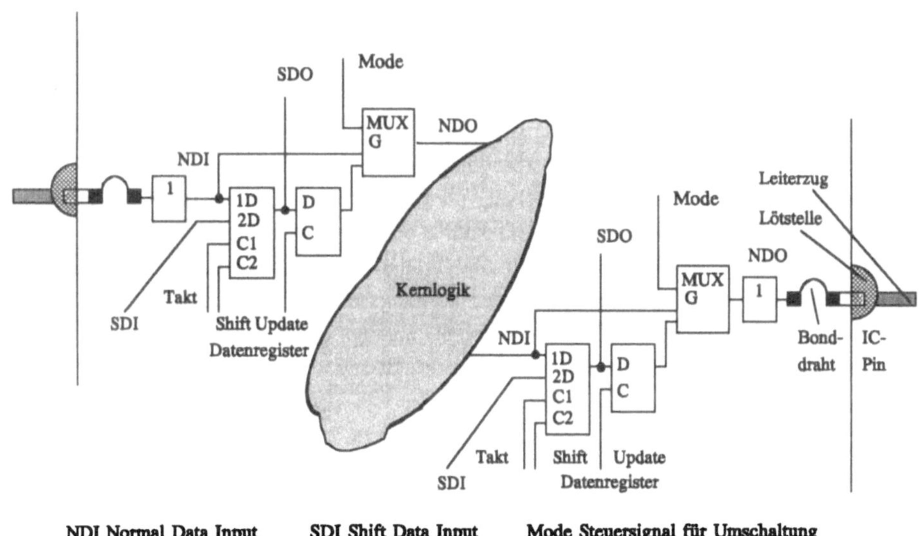

Bild 6.21 Illustration der Schlüsselideen des Boundary-Scan nach [Blee 93]

Im Bild 6.22 ist schematisch gezeigt, wie eine solche Implementierung die Erkennung und Lokalisierung der oben genannten Fehler in einer Leiterplattenbaugruppe unterstützen kann.

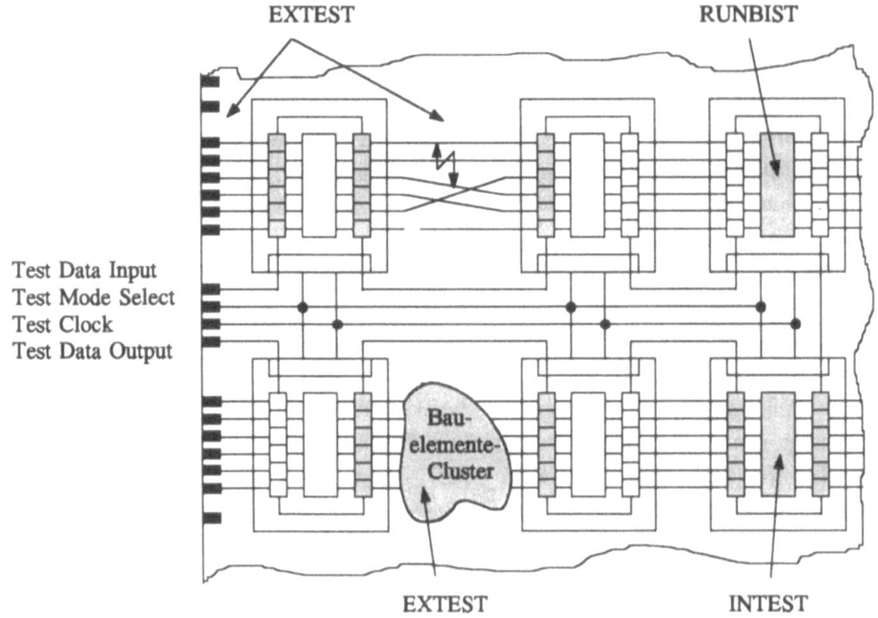

Bild 6.22 Leiterplatte mit Boundary-Scan-IC; schematische Darstellung von Testfunktionen

EXTEST. Prüfen der Boundary-Register, der Bonddrähte, der Anschlußkontakte, der Steckverbinderkontaktierung, der Verbindung von Leiterplattenanschlüssen zu Schaltkreisen und zwischen Schaltkreisen sowie von Bauelemente-Clustern, die sich zwischen Boundary-Scan-Schaltkreisen befinden. Die dafür benötigten Aktionen sind (vgl. auch Bild 6.21): serielles Einlesen von Testmustern und Transport zu den Ausgangszellen, parallele Ausgabe der Testmuster durch Update der ausgangsseitigen Boundary-Register-Zellen, parallele Übernahme (Capture) der Reaktionen in eingangsseitige Boundary-Register-Zellen der Empfängerschaltkreise, serielles Auslesen des Boundary-Registers zur Bewertung.

INTEST. Prüfen der internen Logik eines Schaltkreises. Nach dem seriellen Einlesen der Testmuster erfolgt hier die parallele Stimulierung der Kernlogik durch Update der eingangsseitigen Boundary-Register-Zellen, während die Reaktionen durch Capture parallel in die ausgangsseitigen Boundary-Register-Zellen übernommen werden. Die seriell ausgelesenen Daten werden bewertet.

Diese Testfunktion ist weniger für die Fertigung der Baugruppe, sondern eher in der Schaltkreisfertigung und in der Nutzungssphase des Gesamtsystems von Interesse. Beim Wafertest kann auf das mechanische Abtasten vieler Bondinseln verzichtet werden. Es müssen lediglich die Anschlüsse des Interfaces kontaktiert werden. In der Nutzungsphase und dabei speziell im Service leistet diese Testfunktion gute Dienste für die Fehlerdiagnose.

RUNBIST. Selbstprüfung eines Schaltkreises. Die Kernlogik wird durch das Boundary-Register von der Schaltkreisumgebung isoliert. Die Selbstprüfung kann ausgelöst, interne Testregister (vgl. Kapitel 7) können konfiguriert, adressiert, geladen und ausgelesen werden. Im Diagnosesystem eines Computers könnte diese Funktion beispielsweise während des Einschalttests oder in Stand-By-Zeiten genutzt werden.

SAMPLE. Abtasten der Zustände der Schaltkreiseingänge und -ausgänge im normalen Arbeitsmodus zu ausgewählten Zeitpunkten. Während in der Boundary-Register-Zelle der direkte Pfad zwischen NDI und NDO über den Multiplexer geschaltet ist, erfolgt die Synchrone Übernahme in die Register-Zelle. Damit ist gewissermaßen eine Logik-Analysator-Funktion realisierbar, die insbesondere für Inbetriebnahmen hilfreich ist. Aufgrund des Zeitbedarfs für das serielle Auslesen ist das Sampling-Intervall allerdings nicht beliebig kurz.

IDENTIFICATION. Prüfung der Identität des Schaltkreises nach dem Bestücken und Kontaktieren. Neben der Prüfung auf fehlende oder vertauschte Baulemente kann diese Funktion für die Rückverfolgung fehlerhafter Schaltkreise und für "papierlose" Reparaturprozesse genutzt werden.

BYPASS. Überbrücken des Boundary-Registers eines Schaltkreises. Diese Funktion ist keine direkte Testfunktion, sondern dient zu ihrer Beschleunigung. Soll beispielweise im Objekt nach Bild 6.22 das Bauelemente-Cluster geprüft werden, so werden als "Sender" der Stimuli und als "Empfänger" der Reaktionen nur die Boundary-Register der benachbarten Schaltkreise benötigt. Es wäre nicht rationell, das serielle Einlesen und Auslesen über den vollständigen Scan-Pfad von TDI bis TDO vorzunehmen. Die Boundary-Register der nichtbeteiligten IC sind zu überbrücken. Die Schaltkreise selbst befinden sich im Arbeitsmodus.

Die Funktionen IDENTIFICATION und BYPASS sind mit der im Bild 6.21 gezeigten Konfiguration nicht erklärt. Für ihre Implementierung wird eine weiter ausgebaute Testlogik benötigt. Im Bild 6.23 ist der durch den IEEE Standard 1149.1 abgedeckte Umfang an Testlogik illustriert. Nicht alle Bestandteile müssen in jedem Schaltkreis implementiert sein. In diesem Zusammenhang sei auch angemerkt, daß der Standard dem Entwickler einen weitgehenden Spielraum gewährt. Konkrete Realisierungen sind nicht genormt, sondern lediglich die Schnittstellen, also die Bedingungen, die eine allgemeine Nutzung des Konzepts ohne zusätzliche Informationen ermöglichen. Obligatorische Bestandteile sind der Test Access Port (TAP), der TAP-Controller, das Befehlsregister, das Bypassregister und natürlich das Boundary-Register. Die anderen Elemente sind optional. Sofern sie implementiert werden, müssen sie den Anforderungen des Standards entsprechen.

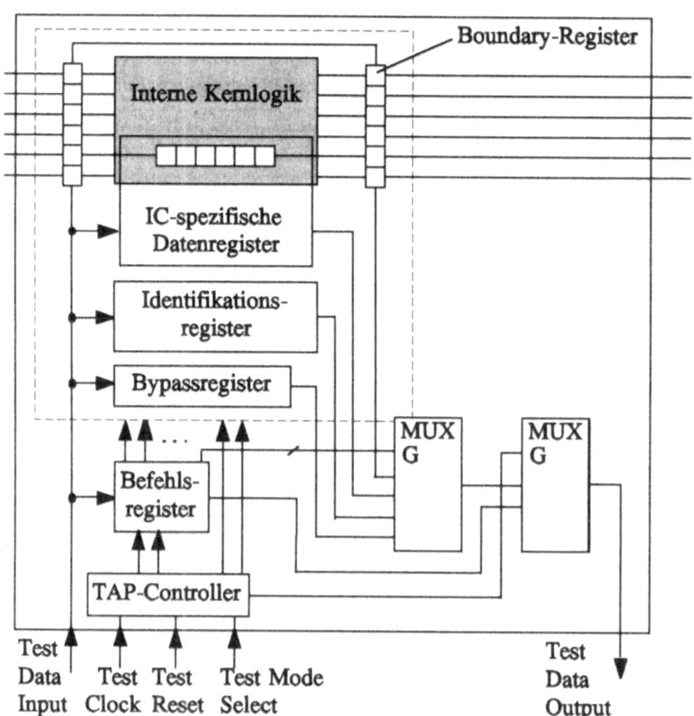

Bild 6.23 Bestandteile eines Boundary-IC (vereinfacht nach [IEEE 90]; Test Reset, Identifikationsregister und IC-spezifische Register sind freigestellt

Der *Test Access Port* ist das Interface des Schaltkreises mit den Signalanschlüssen

- Test Clock (TCK): vom Systemtakt unabhängiges Taktsignal zur Synchronisation der elementaren Testaktionen
- Test Mode Select (TMS): steuert in Verbindung mit der ansteigenden Flanke des Test Clocks die Zustandsübergänge des TAP-Controllers
- Test Data Input (TDI), Test Data Output (TDO): serieller Eingang bzw. Ausgang für Befehlsdaten, Testmuster oder sonstiger Daten, die sich auf die IC-spezifischen bzw. Identifikationsregister beziehen
- Test Reset (TRST): initialisiert (optional implementiert) die gesamte Testlogik; es wird der Arbeitsmodus des IC eingestellt.

Alle diese Signale wirken unidirektional. Der Test Data Output zeigt 3-state-Verhalten. Die Anschlüsse TMS und TDI sind intern mit Pull-up-Widerständen versehen, damit sie mit logisch 1 vorbelegt sind, wenn der Anschluß fälschlicherweise nicht kontaktiert ist.

Das *Bypass-Register*, dessen Bedeutung schon erläutert wurde, besteht lediglich aus einer einzigen Zelle (einfaches D-Latch).

Das *Identifikationsregister* besteht aus 32 Speicherzellen und enthält in kodierter Form Angaben über den Typ, die Version und den Hersteller des Schaltkreises. In einer optionalen Erweiterung können auch Angaben über die programmierte Funktion eines programmierbaren IC abgefragt werden.

Das *Befehlsregister* ist ein Schieberegister mit sowohl seriellen als auch parallelen Eingängen und Ausgängen und umfaßt mindestens zwei Zellen, da durch den Standard nur drei Befehle (EXTEST, BYPASS, SAMPLE/PRELOAD) obligatorisch vorgeschrieben werden. Das Register ist erweiterbar, sofern der Diagnoseentwurf von den im Standard als optional benannten oder sogar von selbstdefinierten Befehlen Gebrauch macht. Damit können unterschiedlich strukturierte Prüfprozeduren abgearbeitet werden.

Als *IC-spezifische Datenregister* können optional beispielsweise Scan-Register der internen Kernlogik oder andere für den Selbsttest benötigte Register eingebunden werden, wodurch die Flexibilität für Diagnosekonzepte deutlich erhöht wird.

Zum *Boundary-Register* ist zu ergänzen, daß die konkreten Realisierungen der Zellen von den auch funktionell geforderten Input/Output-Eigenschaften des Schaltkreises: unidirektionale Eingangs- oder Ausgangsstufen, bidirektionale Stufen, 3-state-Stufen u.ä. abhängen. Die im Bild 6.21 gezeigten Zellen sind nur ausgewählte Repräsentanten.

Die auszuführenden Testfunktionen EXTEST, INTEST usw. werden durch den Zustand des Befehlsregisters bestimmt. Wie oben erläutert, sind für die Ausführung dieser Funktionen eine Reihe zeitlich in Beziehung stehender elementarer Aktionen, wie Shift, Capture, Update u.a. notwendig. Wiederum im Interesse der Einsparung von Schaltkreisanschlüssen ist für die Erzeugung der entsprechenden Steuersignale ein endlicher Automat mit einem seriellen Steuerprotokoll - der *TAP-Controller* - vorgesehen. Gesteuert wird der TAP-Controller durch das Signal TMS im Zusammenwirken mit der ansteigenden Flanke des Test Clocks und (sofern implementiert) durch das asynchron wirkende Signal TRST.

Der Zustandsgraph des TAP-Controllers umfaßt 16 Zustände und ist im Bild 6.24 dargestellt. Der Initialzustand kann durch ein für das gesamte IC implementiertes Power-up-Reset, durch das optionale Reset TRST des TAP-Controllers oder durch TMS = 1 und fünf ansteigende Flanken von TCK. Es ist anhand des Graphen leicht nachzuvollziehen, durch welche Bitfolge am TMS Anschluß ein bestimmter Controllerzustand erreicht wird. Die Übersichtlichkeit wird durch die klare Strukturierung in einen die Datenregister betreffenden Zweig und einen das Befehlsregister betreffenden Zweig gefördert, wobei die innere Struktur der Zweige ansonsten gleich ist.

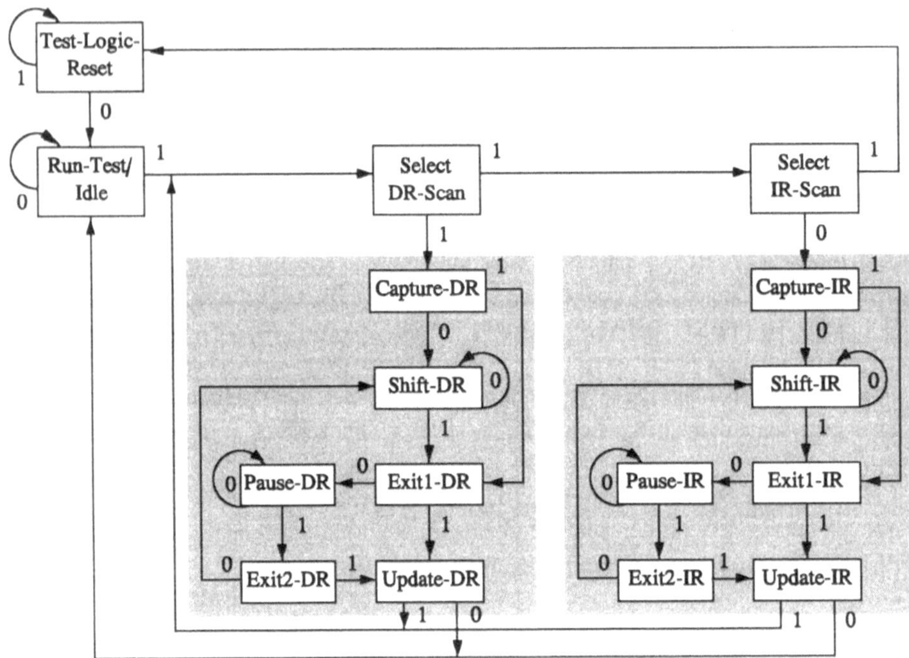

Bild 6.24 Zustandsgraph des TAP-Controllers nach [IEEE 90];
Zustandsübergänge bei TMS = 0 oder 1 und ansteigender Flanke des Test Clocks

Unter Einbeziehung von Detailinformationen über das Prüfobjekt, über die implementierte Testlogik, Befehle und ihre Kodierung, über die Funktion der jeweiligen Registerzellen lassen sich unterschiedliche Prüfprozeduren programmieren. Für die direkte Ansteuerung der Boundary-Register-Zellen sind nur die Controllerzustände Capture, Update und Shift verantwortlich. Die temporären Zustände Exit1, Exit2 und Pause erhöhen die Flexibilität durch die Möglichkeit von Verzweigungen und können für die Synchronisation von externen und internen Prüfmitteln dienen.

Run-Test/Idle ist ein temporärer Zustand zwischen Testoperationen bzw. der Zustand, bei dem IC-spezifische Testfunktionen wie Selbstprüfung ausführbar sind.

Die besondere Bedeutung des Boundary-Scan Konzepts dürfte in der Möglichkeit liegen, hierarchische Diagnosekonzepte und dezentrale, nebenläufige Selbsttestprozesse, die den Anteil seriell zu handhabender Datenmassive drastisch senken, zu organisieren. Seine Anwendung verbreitet sich kontinuierlich; inzwischen liegen auch gute Anleitungen zur Arbeit mit dem Standard und zu Applikationen vor, von denen neben dem schon zitierten Buch [Blee 93] auch [Maun 90] und [Park 92] genannt seien.

6.4.7 Cross-Check

Die Behandlung der systematischen Techniken zur prüfgerechten Gestaltung soll hier mit dem Cross-Check abgeschlossen werden, wenngleich er nur bedingt den Scan-Techniken zuzuordnen ist. Mit Hilfe von Scan-Registern werden Prüfobjekte partitioniert, durch den systematischen Einsatz modifizierter anstelle gewöhnlicher Flipflops werden sekundäre Eingänge und Ausgänge geschaffen und damit die Beobachtbarkeiten und die Steuerbarkeiten innerer Knoten drastisch verbessert. Mit dem Scan-Set werden zusätzliche serielle Pfade zu inneren Prüfpunkten eingerichtet, ohne die zweckbestimmten Speicherelemente des Prüfobjekts zu verändern. Die Länge der Scan-Set-Register hat natürlich ihre Grenzen in der Kosten- und Chipflächen-Inanspruchnahme. Hier setzt der Cross-Check mit seiner Intention, jedes Grundelement und jede Verbindung zwischen den Grundelementen zu prüfen, an. Die erfindungsgemäße Lösung zeigt Bild 6.25.

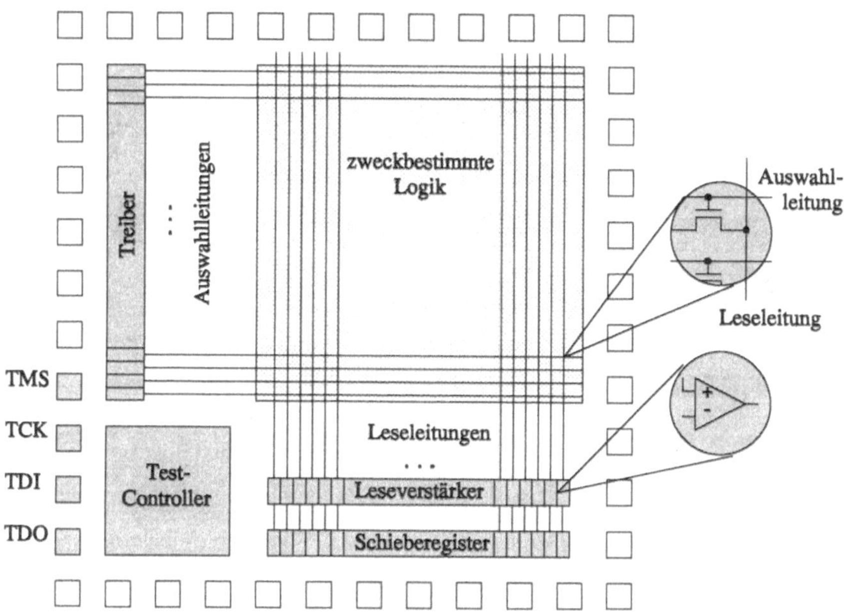

Bild 6.25 Floor Plan eines ASICs (vereinfacht) mit Cross-Check Strukturen nach [Ghee 88]

Über die zweckbestimmte Logik eines Schaltkreises wird eine Matrix aus Auswahlleitungen und Leseleitungen gelegt. Die Auswahlleitungen werden z.B im Polysilizium und die Leseleitungen in einer Metallisierungsebene ausgeführt. Den Kreuzungspunkten sind sehr kleine und leistungsschwache Transistorschalter zugeordnet. Ihr Gate ist mit der Auswahlleitung, ihr Drain mit der Leseleitung und Source mit dem Beobachtungspunkt kontaktiert. Mit jeweils 100 Auswahl- und Leseleitungen lassen sich schon 10^4 Beobachtungspunkte einrichten. Im Prinzip kann jedem Gatter ein sekundärer Ausgang zugeordnet werden.

Während der Prüfung wird das Objekt an seinen primären Eingängen stimuliert. Die Tatsache, daß jeder Schaltungsknoten beobachtbar ist, enthebt von der Sorge um die Sensibilisierung von Transportpfaden zu den primären Ausgängen, was wiederum die Testsätze erheblich vereinfacht und die Fehlerüberdeckung erhöht. Die Reaktionen der sekundären Ausgänge werden unter Steuerung des Test-Controllers durch zeilenweise Adressierung der Schalttransistoren über die Leseverstärker in ein Schieberegister übertragen. Diese können seriell ausgelesen werden. Eine bessere Lösung besteht jedoch in der internen Kompression der Daten über den gesamten Testsatz, indem das Schieberegister linear rückgekoppelt wird. Erst die so erhaltene Signatur wird zur Bewertung ausgelesen.

Das Interface zur Schaltkreisumgebung wird zweckmäßigerweise kompatibel zum IEEE Standard 1149.1 gehalten.

In dieser ursprünglichen Variante lassen sich die internen Knoten nicht steuern. Im Prinzip könnte unter Nutzung der vorhandenen Teststrukturen der Datenfluß vom Schieberegister zu den Schaltungsknoten gerichtet werden. Die Leistungsschwäche der Transistoren steht jedoch einem Überschreiben der Knotenpegel entgegen. Um dennoch zum Erfolg zu kommen, werden nach [Chan 93] die Basisflipflops so modifiziert, daß sie über die Schalttransistoren gesetzt werden können und somit zu sekundären Eingängen werden. Weitere Modifizierungen betreffen das Schieberegister, in dem die stimulierenden Daten bereitgestellt werden, sowie die Logik der Leseleitungen, so daß auch die Übertragung vom Schieberegister zur zweckbestimmten Logik ermöglicht wird.

Neben der recht offenkundigen Verbesserung der Bedingungen für die Erstellung der Prüfmuster und die Ausführung der Prüfung liegt ein weiterer Vorteil auf dem Gebiet der Fehlermodellierung und Fehlersimulation. Im Abschn. 3.2.2 wurde darauf verwiesen, daß Fehlermodelle auf einer höheren Ebene nicht immer die realen physikalischen Unzulänglichkeiten adäquat abbilden. Da beim Cross-Check die Auflösung bis in das Transistorniveau reicht, können als Grundlage einer Prüfung natürlich wieder Fehlermodelle herangezogen werden, die sehr nahe an der Fehlerursache in der physikalischen Ebene liegen.

6.4.8 Anmerkungen zu offengebliebenen Fragestellungen

Im Kapitel 6 konnten nur wesentliche Prinzipe und Techniken der prüfgerechten schaltungstechnischen Gestaltung behandelt werden. Viele mögliche Varianten, unterschiedliche Implementierungen und spezielle Lösungen für bestimmte Schaltungsklassen und für bestimmte Anwendungen konnten nicht berücksichtigt werden. Allein für PLA zählt man über zwanzig prüfgerechte Modifizierungen. Aus dieser Fülle vorhandener Basisinformationen für den Diagnoseentwurf wird in [Abad 85], [Breu 91] die Notwendigkeit abgeleitet, die Arbeit des Entwicklers durch wissensbasierte oder Expertensysteme zu unterstützen. In Anbetracht der zunehmenden Komplexität der Prüfobjekte wird dies zu einer Schlüsselfrage effektiver Prüftechnologien [Sauc 88]. Zwischenzeitlich können Checklisten zu Maßnahmen zur Verbesserung der Prüfbarkeit [Weye 88] helfen, gesammelte Erfahrungen anzubieten.

Um die Schere zwischen den Ursachen von Fehlern auf dem physikalischen Niveau und ihrer Abbildung in höheren Niveaus zu schließen, wurde im Abschn. 6.4.7 der Cross-Check als geeignet charakterisiert. Eine weitere entsprechende Arbeitsrichtung beschäftigt sich mit prüfgerechten Modifizierungen auf der Transistorebene, um Stuck-open- und Stuck-on-Fehler erkennbar und lokalisierbar zu machen [Liu 87], [Evan 88], [Gupt 89], [Buon 91], [Sara 92].

Für den Nachweis von Unzulänglichkeiten der Fertigung, die sich nur schlecht durch logische oder Funktionsfehlermodelle behandeln lassen, ist die I_{DDQ}-Prüfung (vgl. Abschn. 3.2.2) geeignet. Für ihre Anwendung werden in [Shie 93], [Segu 95] notwendige Zusätze (Sensorik) zur Schaltkreislogik behandelt. Die Evolution dieser Technik ist noch nicht abgeschlossen.

Die Ausführungen in diesem Buch haben im wesentlichen parametrische Qualitätsmerkmale ausgespart. Natürlich sind auch sie Gegenstand von Fertigungsprüfungen. Anregungen, wie für die Digital-Elektronik entwickelte Prüfstrukturen (Scan-Techniken) für die Prüfung zeitbezogener Parameter genutzt werden können, geben [Derv 91], [Köne 92].

7 Selbsttest nach der Patternmethode

Im Rahmen der Diskussion von Diagnosesystemen für Computer wurden im Kapitel 2 zwei prinzipiell unterschiedliche Herangehensweisen an die Selbstdiagnose eines Objekts - unter Betriebsbedingungen oder unter Testbedingungen - abgegrenzt (vgl. Bild 2.6). Als geeignet für die Selbstdiagnose unter Betriebsbedingungen wurden im Kapitel 4 die Referenzmethode, die Informationsredundanz, die Hardware-Überwachung und die Programmtechnische Methode herausgearbeitet (vgl. Tab. 4.6). Die Patternmethode findet im Diagnosesystem ihre Applikation unter Testbedingungen. Dabei wurde in jüngerer Zeit verstärkt die hardwaremäßige Integration der erforderlichen Diagnosefunktionen (Prüfmustergenerierung, Prüfdatenauswertung, Prüfablaufsteuerung) in hochintegrierte Standard- bzw. Anwendungsspezifische Schaltkreise durch alle nahmhaften Hersteller von Schaltkreisen und von Computersystemen - ganz im Sinne der im Abschn. 1.3.1 angesprochenen Interessenpartnerschaft - verfolgt. Sie ist die folgerichtige Weiterführung des Leitgedanken der prüfgerechten Gestaltung.

Da auf dem Schaltkreisniveau eine Fehlerlokalisierung und -beseitigung nicht zur Debatte steht, ist in den folgenden Ausführungen die Selbstdiagnose auf den fehlererkennenden Selbsttest (Selbstprüfung) reduziert. Die aus dem Abschn. 4.3 abgeleiteten Instrumentierungselemente der Patternmethode sind im Bild 7.1 gezeigt. Sie liegen letztlich den verschiedensten Selbsttestarchitekturen (vgl. auch [Gern 90] oder [Agra 93]) zugrunde.

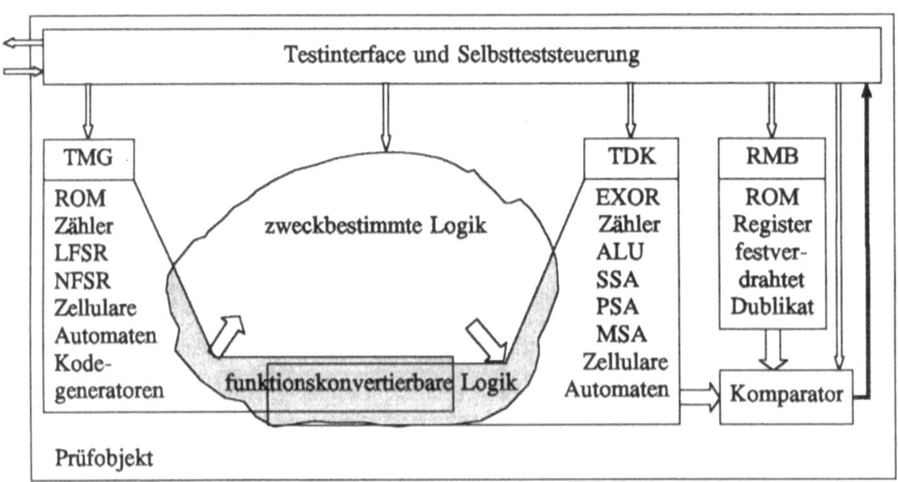

Bild 7.1 Komponenten zur Instrumentierung eines Selbsttests nach der Patternmethode

Das Prüfobjekt wird so ausgestattet, daß der *Selbsttest* ohne Beteiligung externer Hardware- bzw. Software-Ressourcen ausgeführt werden kann. Die erforderlichen Komponenten können sowohl zusätzlich zur zweckbestimmten Logik integriert sein als auch unter bestimmten Bedingungen im Testmodus aus funktionskonvertierbaren Bestandteilen der zweckbestimmten Logik konfiguriert werden. Die Verbindung zum eventuell hierarchisch organisierten Diagnosesystem wird über ein Testinterface - z.B. nach [IEEE 90] - gehalten. Über dieses Interface werden die Selbstteststrukturen aktiviert, die logische Isolation des Prüfobjekts von der Umgebung ausgelöst und Initialisierungs-, Referenz- sowie Testergebnisdaten, die alle in einem minimalen Umfang gehalten sind, ausgetauscht.

7.1 Instrumentierung der Testmustergenerierung

ROM-basierte Testmustergeneratoren. Die Patternmethode fordert die Stimulierung des Prüfobjekts mit Testmustern, die vorab auf der Grundlage eines gewählten Fehlermodells z.B. nach einem im Abschn. 5.1 behandelten Verfahren bestimmt wurden. Als Vorteile solcher deterministischer Testsätze wurde ihre Kürze im Vergleich mit erschöpfenden oder zufälligen Testsätzen (vgl. Gl. (5.1)) und die für das Fehlermodell berechenbare Fehlerüberdeckung herausgestellt. Es liegt der Versuch nahe, die Testmuster - ähnlich wie bei der Fremdprüfung - ROM-resident auf dem Schaltkreis bereitzuhalten (Bild 7.2a). Üblicherweise ist der Festwertspeicher für die Aufnahme von s Testmustern der Breite n auszulegen. Im allgemeinen wird der Speicherbedarf nicht für tragbar gehalten und höchstens für Spezialfälle sowie für eine kleine Fehlermenge, die durch andere Selbstteststrukturen nicht oder nur schwer erkennbar ist, akzeptiert [Agar 93]. Möglichkeiten zur Reduzierung des Hardware-Overheads und zur Verbesserung der Akzeptanz zeigen [Abou 83] und [Dand 84].

Vom Konzept der Anti-Selbstdualen Funktionen ausgehend, werden in [Abou 83] die determiniert berechneten s Testmuster für kombinatorische Fehler (Fehler erzeugen kein sequentielles Verhalten des Objekts) so abgebildet, daß die erhaltenen Muster in den ersten (n-k) Bits gleich sind; nur diese r Muster werden im ROM gespeichert (Bild 7.2b). Die fehlenden k Bits werden durch einen Zähler bereitgestellt. Ein Umsetzer, der ein EXOR-Array darstellt, erzeugt die eingangs berechneten $s = r \cdot 2^k$ Testmuster der Breite n.

In [Dand 84] wird davon ausgegangen, daß ein determiniert für ein kombinatorisches Fehlermodell berechneter Testsatz mit Hilfe eines Moore-Automaten generiert werden kann. Ein Register enthält ein erstes Testmuster. Das nachfolgend geforderte Testmuster wird aus dem zuvor bereitgestellten unter Anwendung einer geeigneten Überführungsfunktion generiert. Die Reihenfolge der Testmuster ist gegenüber dem ursprünglichen Testsatz verändert.

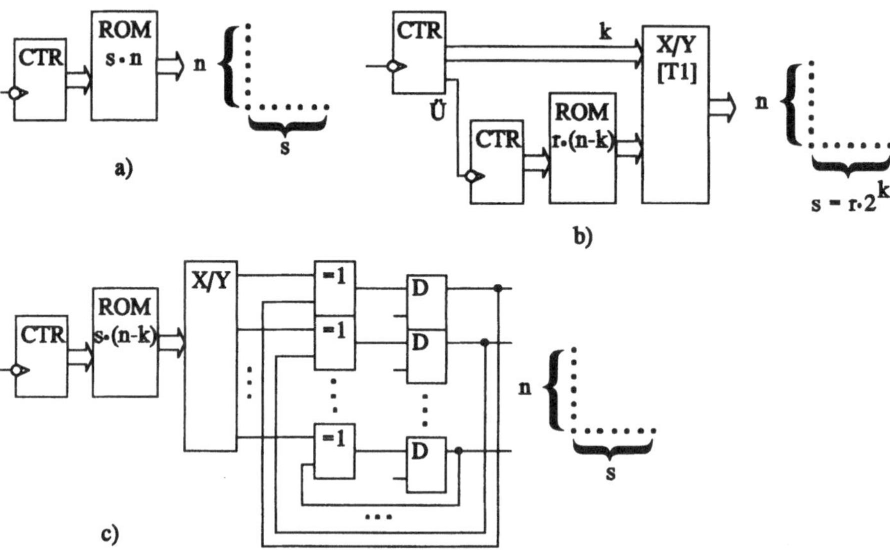

Bild 7.2 a) Konventionelle ROM-basierte Testmustergenerierung; b) Testmustergenerator nach [Abou 83]; c) Beispiel eines "Transition-based Test Generator" nach [Dand 84]

In dem Beispiel nach Bild 7.2c ist die Überführungsfunktion so gewählt, daß durch das EXOR-Array jeweils ein Bit des vorherigen Zustands des Registers invertiert wird, um das neue Testmuster zu erhalten. Welches Bit invertiert wird, wird durch das aktuelle Ausgabewort des ROM und den Dekoder bestimmt. Für simulierte Anwendungen wird eine Reduzierung der ROM-Kapazität bis zu 50% angegeben.

Zähler-basierte Testmustergeneratoren. Binärzähler werden für die Stimulierung von Daten- und Adreßeingängen von Speicherfeldern benötigt. Sie werden gleichfalls für die erschöpfende bzw. pseudo-erschöpfende Prüfung unter den im Abschn. 3.1.1 erläuterten Bedingungen eingesetzt. Soll ein Objekt, bestehend aus k Abhängigkeitsfächern mit unterschiedlicher Fächerweite w_i, parallel pseudo-erschöpfend stimuliert werden, so muß der Testgenerator für jeden Fächer - auch im Falle ihrer Überlappung - eine lokal-erschöpfende Menge von Testmustern bereitstellen. Ein universeller Generator, der dies für alle Variationen der maximalen Zahl w_{max} von Fächereingängen bewerkstelligt, kann durch einen Zähler mit einem nachgeschalteten EXOR-Array realisiert werden (Bild 7.3). Mit der Berechnung solcher EXOR-Arrays, die letztlich die lineare Unabhängigkeit aller Eingänge eines Fächers gewährleisten sollen, beschäftigen sich u.a. [Aker 89] und [Rajs 93].

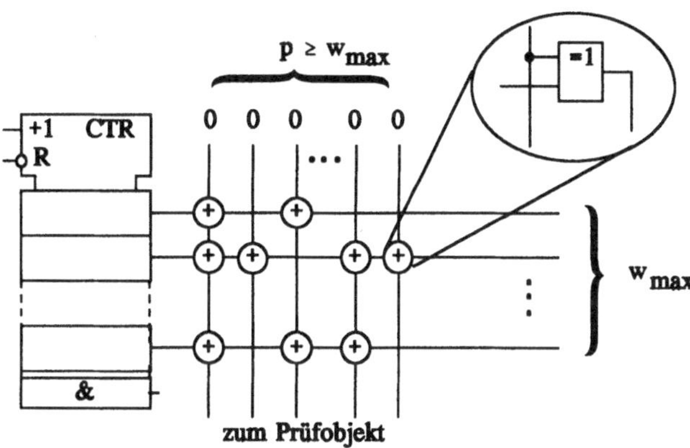

Bild 7.3 Zähler-basierter Testmustergenerator nach [Rajs 93]

Schieberegister-basierte Testmustergeneratoren. Sie stellen gegenüber den zählerbasierten Generatoren in der Regel effizientere Lösungen für die Bereitstellung erschöpfender Testsätze dar, sind als einfachste Form endlicher Automaten für die Bereitstellung zufälliger Eingangsmuster (s. Abschn. 5.5) prädestiniert und auch für die Generierung bestimmter determinierter Testmusterfolgen geeignet.

Benötigt wird eine Kettenschaltung aus r Speicherelementen mit serieller Datenübergabe, die durch einen Schiebetakt gesteuert wird. Damit in einem Taktintervall ein Speicherelement sowohl das Ausgangssignal des Vorgängers übernehmen als auch seinen Speicherzustand an den Nachfolger übergeben kann, werden Master-Slave-Flipflops, bevorzugt D-Flipflops, eingesetzt. Das Schieberegister arbeitet autonom, d.h. ohne bzw. konstante primäre Eingangsinformationen. Sollen sich, ausgehend von einem Startzustand, die Registerzustände nach r Takten nicht erschöpfen, muß das Schieberegister rückgekoppelt werden. Die parallel an den Registerzellen abgreifbaren Bitmusterfolgen oder auch die an jeder beliebigen Registerzelle seriell abnehmbaren Bitfolgen sind dann durch den Startzustand und die konkrete Realisierung der Rückführung bestimmt.

Eine lineare Rückführung kann auf zwei Wegen erzielt werden (Bild 7.4):

- *Interner EXOR-Typ* - Rückführung des Ausgangs des höchstwertigen Speicherelements S_{r-1} auf den Eingang des niederwertigsten Speicherelements S_0 und wahlweise an weitere Speicherelemente S_i ($0 < i \leq r-1$) und Einkopplung der rückgeführten Daten über Antivalenzelemente

- *Externer EXOR-Typ* - Rückführung des Ausgangs des Speicherelements S_{r-1} und wahlweise weiterer Speicherelemente S_i ($0 \leq i < r-1$) über ein Antivalenzelement auf den Eingang des Speicherelements S_0.

Der Begriff linear kennzeichnet hier, daß das Superpositionsprinzip gilt. Diese Eigenschaft wird durch die Verwendung von Antivalenzelementen in den Rückführzweigen gewährleistet.

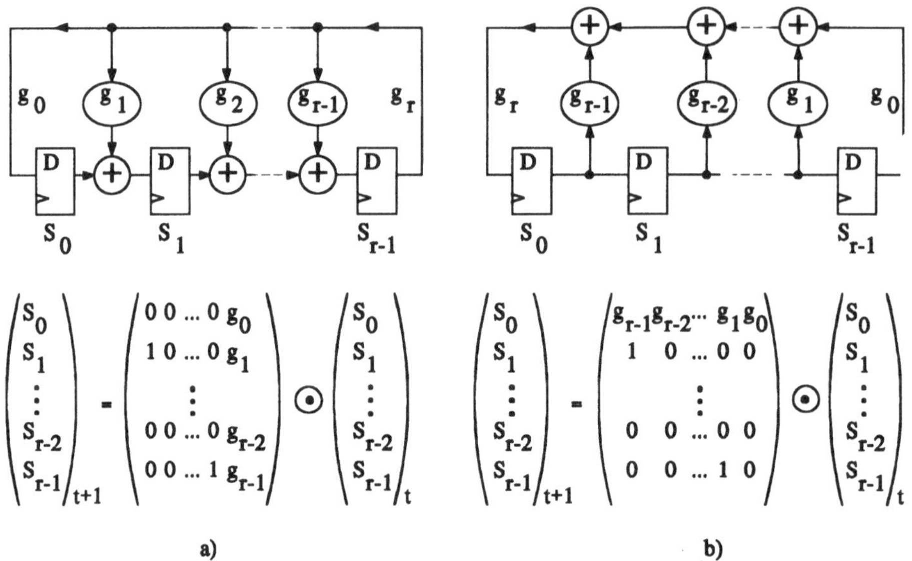

Bild 7.4 Schieberegister mit linearer Rückführung im autonomen Betrieb
a) Interner EXOR-Typ; b) Externer EXOR-Typ

Die allgemeinen Zustandsgleichungen für den Internen bzw. Externen EXOR-Typ lauten

$$\mathbf{s}_{t+1} = \mathbf{A}_I \odot \mathbf{s}_t; \qquad \mathbf{s}_{t+1} = \mathbf{A}_E \odot \mathbf{s}_t. \tag{7.1}$$

Aus dem Bild 7.4 ist zu ersehen, daß in den Zustandsgleichungen die Matrizen mit einer Spalte (Spaltenvektoren) $\mathbf{s}_t$ und $\mathbf{s}_{t+1}$ die Zustände des Registers zu den Zeitpunkten t und t+1 darstellen. Die quadratischen (r·r) Matrizen heißen *Systemmatrizen* **A**. Die Systemmatrix des Internen EXOR-Typs enthält in der letzten Spalte die Koeffizienten des *charakteristischen* oder *Rückführungspolynoms*:

$$g(x) = g_r x^r \oplus g_{r-1} x^{r-1} \oplus \ldots \oplus g_0 x^0 \tag{7.2}$$

mit $g_i \in \{0; 1\}$, während in der Systemmatrix des Externen EXOR-Typs diese Koeffizienten in der ersten Zeile geführt werden. Die Koeffizienten bilden die entsprechenden Rückführungen aus den Schaltplänen ab ($g_i = 0$ keine Verbindung; $g_i = 1$ bestehende

Verbindung). Man beachte die Reihenfolge der Anordnungen für die beiden Varianten. In jedem Fall gilt $g_r = g_0 = 1$.

Der Hardware-Aufwand für die beiden Varianten und die Zufallseigenschaften der generierten Testmusterfolgen sind gleich. Generatoren vom Internen EXOR-Typ haben den Vorteil, daß in der Rückführung nur die Gatterlaufzeit eines EXOR-Gliedes wirkt. Demgegenüber weist die EXOR-Kaskade beim Externen EXOR-Typ natürlich größere Verzögerungszeiten, die die mögliche Taktfrequenz beeinflussen, auf. Die Generatorstruktur ist allerdings kettenförmig kompakt, wodurch eine Funktionskonvertierung z.B. eines Scan-Registers oder eines gewöhnlichen Arbeitsregisters in einen Testmustergenerator im Selbsttest-Regime (s. Abschn. 7.4) vereinfacht wird.

Anschaulich lassen sich gewisse Eigenschaften der schieberegister-basierten Testmustergeneratoren mit Hilfe der im Abschn. 3.1.1 eingeführten Schaltwerksgraphen darstellen. Für das dort im Bild 3.8 gezeigte sequentielle Objekt wird das autonome Regime (Generator-Regime) im Bild 7.5 illustriert.

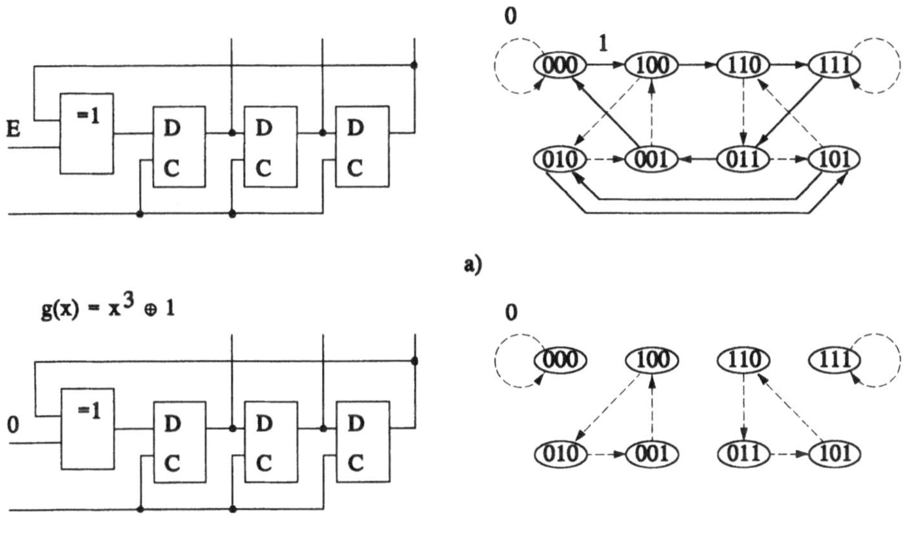

Bild 7.5 a) Schieberegister mit linearer Rückführung und zugeordneter Schaltwerksgraph nach Bild 3.8; b) autonomes Regime (Generator-Regime) dieses Schieberegisters

Der Schaltwerksgraph des Schieberegisters mit linearer Rückführung zerfällt im autonomen Regime in sogenannte Nullzyklen. Unter einem Nullzyklus wird ein geschlossener Graph verstanden, der einen Teil des gesamten Schaltwerksgraphen darstellt. Er enthält alle die Zustände (Knoten), die im autonomen Regime in Abhängigkeit vom Startzustand zyklisch durchlaufen werden. Der Generator mit dem Rückführungspolynom $g(x) = x^3 \oplus 1$ besitzt vier Nullzyklen. In Abhängigkeit vom Startzustand durchläuft er nur einen der Zyklen. Die Zykluslänge beträgt höchstens 3 Muster (Knoten).

Die Zyklusstruktur und die Folge der generierten Muster wird durch das Rückführungspolynom bestimmt. Unter den möglichen Rückführungspolynomen gibt es ausgezeichnete Vertreter - die sogenannten primitiven (im Galois-Feld nicht zerlegbaren) Polynome, von denen schon im Abschn. 4.6.3 gesprochen wurde. Generatoren mit r Speicherelementen und mit einem primitiven Rückführungspolynom degree r besitzen nach [Golo 82] immer genau zwei Nullzyklen, wobei der eine Nullzyklus nur aus dem Knoten (0; 0; ...; 0) besteht und der andere - man spricht auch vom Maximalzyklus - alle restlichen $2^r - 1$ Knoten (Registerzustände) enthält. Für $g(x) = x^3 \oplus x \oplus 1$ ist dieser Sachverhalt im Bild 7.6 illustriert.

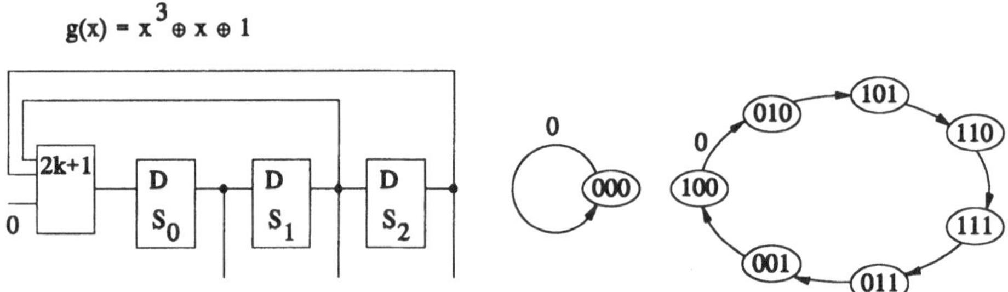

Bild 7.6 Zyklusstruktur des Generators mit dem primitiven Rückführpolynom $g(x) = x^3 \oplus x \oplus 1$

Mit der detaillierten Analyse solcher Strukturen beschäftigt sich [Golo 82]. Tabellen zur Auswahl primitiver Rückführungspolynome unterschiedlicher Grade sind auch in [Pete 91] zu finden.

Wichtige Analyseergebnisse für die Nutzung der schieberegister-basierten Generatoren sind (vgl. auch [Lidl 86]):

- Ein Generator mit r Speicherzellen und primitivem Rückführungspolynom vom Grad r generiert in einem maximalen Zyklus der Länge $2^r - 1$ alle möglichen Registerzustände außer dem Nullvektor $s = (0; \ldots; 0)^T$; der Einstieg in den Zyklus erfolgt durch Initialisieren des Registers mit einem Startzustand
- Jeder Zustand tritt im Zyklus nur einmal auf; die Reihenfolge der generierten Muster wird reproduziert
- Für ein gegebenes Rückführungspolynom g(x) degree r gibt es $2^r - 1$ Bitfolgen, die sich durch eine Phasenverschiebung unterscheiden; sie lassen sich an den Speicherelementen bzw. über lineare Phasenverschiebungsnetzwerke auskoppeln (s. Tab. 7.1)

Tabelle 7.1 Bitfolgen für den Generator nach Bild 7.6

S_0	S_1	S_2	$S_0 \oplus S_2$	$S_0 \oplus S_1 \oplus S_2$	$S_0 \oplus S_1$	$S_1 \oplus S_2$
1	0	0	1	1	1	0
0	1	0	0	1	1	1
1	0	1	0	0	1	1
1	1	0	1	0	0	1
1	1	1	0	1	0	0
0	1	1	1	0	1	0
0	0	1	1	1	0	1
1	0	0	1	1	1	0
0	1	0	0	1	1	1
1	0	1	0	0	1	1
1	1	0	1	0	0	1
1	1	1	0	1	0	0
0	1	1	1	0	1	0
0	0	1	1	1	0	1

- Die Anzahl aller "1" in einer seriellen Bitfolge eines Ausgangs innerhalb eines Zyklus beträgt 2^{r-1} und die der "0" $2^{r-1} - 1$ (vgl. Tab. 7.1); mit wachsendem r streben ihre Auftrittswahrscheinlichkeiten p(1) = p(0) gegen 0,5
- Die Autokorrelationsfunktion einer Bitfolge ist der Zykluslänge entsprechend periodisch

$$R(\tau) = \begin{cases} 1 \quad \textit{für}\ \tau = i(2^r - 1) \quad i = 0;\ 1;\ 2;\ \ldots \\ -\dfrac{1}{2^r - 1} \quad \textit{sonst.} \end{cases} \tag{7.3}$$

Schieberegister-basierte Testmustergeneratoren mit einem primitiven Rückführungspolynom generieren demnach Maximalzyklen, deren Zufallseigenschaften mit wachsender Anzahl der Speicherelemente r sich immer besser den Eigenschaften des idealen "Weißen Rauschens" annähern.

Dennoch sind die generierten seriellen Bitfolgen oder parallelen Testmusterfolgen keine echt zufälligen, sondern nur pseudo-zufällige Daten. Ihre Reihenfolge ist, ausgehend von einem gewählten Startmuster, determiniert. Doch gerade diese Eigenschaft macht sie für die Stimulierung eines Prüfobjekts nach der Patternmethode geeignet. Aufgrund der Reproduzierbarkeit der Stimuli können die Reaktionen des Prüfobjekts vorausbestimmt (berechnet, simuliert, am physischen Modell abgegriffen) werden; Soll- und Ist-Reaktionen können verglichen werden.

Die deterministischen Elemente in den pseudo-zufälligen Mustern können im Zusammenhang mit unterstellten Fehlermodellen und vorliegenden Schaltungsstrukturen konkreter Prüfobjekte das Erzielen einer geforderten Fehlerüberdeckung in Frage stellen. Werden beispielsweise die Anschlüsse A und B des CMOS NOR-Gatters nach Bild 3.34 durch die Ausgänge S_0 und S_1 des Testmustergenerators nach Bild 7.6 stimuliert, so wird niemals die Musterfolge (A; B) = (0; 0); (0; 1) auftreten (vgl. Tab. 7.1). Diese wäre aber für den Nachweis des Fehlers T4 s-op notwendig. Ein anderes mögliches Szenario zeigt Bild 7.7.

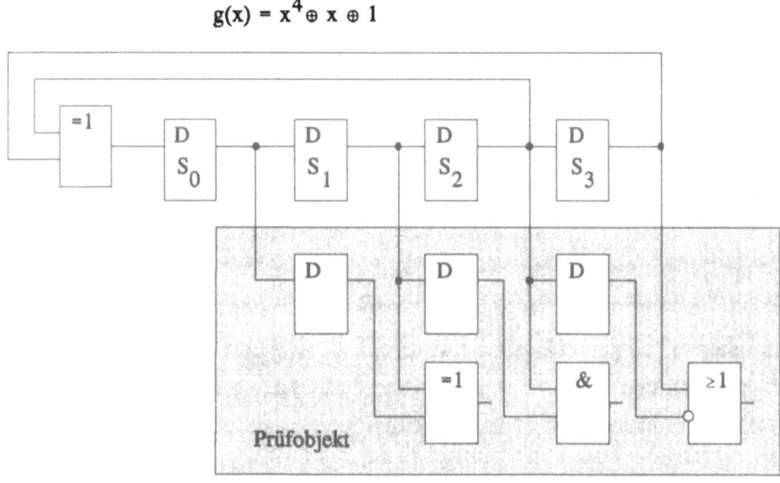

Bild 7.7 Beispiel unzulänglicher Fehlererkennung nach [Yarm 88]

In dem Fragment eines sequentiellen Prüfobjekts werden die Eingänge jedes der EXOR-, AND- und OR-Gatter jeweils paarweise mit den gleichen Belegungen stimuliert. Das bedeutet, daß am EXOR-Gatter der Fehler Ausgang: s-a-0, der eingangsseitige Kurzschluß am AND-Gatter und am OR-Gatter der Fehler Ausgang: s-a-1 nicht erkannt werden.

Als Gegenmaßnahmen sind denkbar:

- Veränderung der Zuordnung der Generatorausgänge und der Eingänge des Prüfobjekts
- Zwischenschalten eines Phasenverschiebungsnetzwerks
- Erweiterung der Registerlänge des Generators gemäß

$$degree\ g(x) > (s + 1) \cdot n \tag{7.4}$$

(s sequentielle Tiefe, n Anzahl der Eingänge des Prüfobjekts) und Abgriff der stimulierenden Signale an jedem zweiten Ausgang des Generators.

Für das Prüfobjekt im Bild 7.7 wäre nach Gl. (7.3) $r > (1 + 1)\cdot 4$, also eine Registerlänge von 9, mit den Auskopplungen S_0, S_2, S_4 und S_6 notwendig. Als primitives Rückführungspolynom käme z.B. $x^9 \oplus x^4 \oplus 1$ in Frage.

Detailliertere Analysen für problematische Schaltungskonfigurationen werden in [Yarm 88] vorgenommen; entsprechende Konstruktionsvorschriften werden vorgeschlagen.

Die zuletzt erörterte Lösung ist auch für die Erzeugung aller Variationen der Klasse 2 von Eingangsbelegungen ohne Wiederholung geeignet. Derartige Testmusterfolgen wurden für die Funktionsprüfung von kombinatorischen Schaltungen auf fehlerhaftes sequentielles Verhalten im Abschn. 3.1.1 gefordert. Der Sachverhalt läßt sich für die im Bild 3.2b aufgeführten Testmuster auch von Hand leicht nachrechnen. Benötigt wird ein Generator mit $r > (1 + 1)\cdot 2 = 5$. Als primitives Rückführungspolynom kann $g(x) = x^5 \oplus x^2 \oplus 1$ gewählt werden.

Im Abschn. 5.5 wurde erläutert, daß auch nichtgleichverteilte Stimulierungsmuster im Rahmen des Zufallstests eine gewisse Bedeutung haben. Signalwahrscheinlichkeiten werden jedoch beim Durchgang durch logische Elemente definiert verändert (Bild 7.8). Daraus ergibt sich eine einfache Möglichkeit, sogenannte *gewichtete Testmustergeneratoren* mit gewünschten Signalwahrscheinlichkeiten ihrer Ausgangssignale zu instrumentieren: einem Pseudozufallsgenerator wird ein aus OR-, AND-, NOT-Gattern kaskadiertes Netzwerk nachgeschaltet [Moti 87].

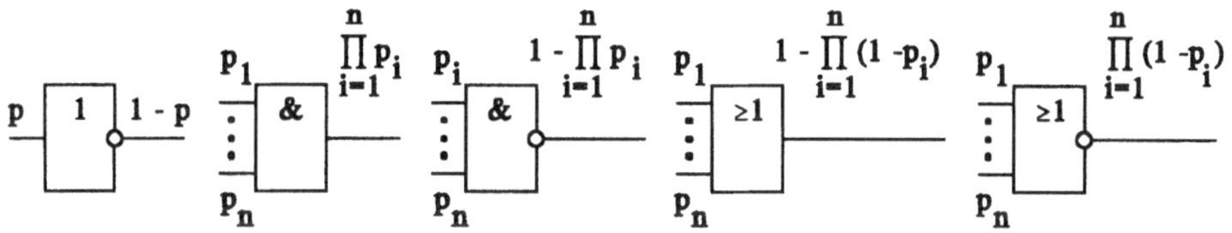

Bild 7.8 Eingangs-/Ausgangsbeziehungen für Signalwahrscheinlichkeiten nach [Park 75]

Dem Einsatz der betrachteten schieberegister-basierten Generatoren für die erschöpfende Prüfung steht das Fehlen des Zustands $s = (0; 0; \ldots; 0)^T$ im Maximalzyklus entgegen. Um ein Prüfobjekt mit r Eingängen erschöpfend zu prüfen, kann die Anzahl der Speicherelemente des Generators um ein Element auf $r+1$ erhöht werden. Der Ausgang des letzten Speicherelements bleibt für die Stimulierung ungenutzt [Hale 86]. An den r Schaltungseingängen werden alle 2^r möglichen Bitmuster erzeugt; allerdings mit der doppelten Anzahl von Taktintervallen. Die Redundanz der Bitmusterfolge ist in der Regel nicht störend, die Verdopplung schon.

Will man die Verdopplung der Prüfzeit umgehen, muß man den nur aus dem Zustand (0; 0; ...; 0) bestehenden Nullzyklus und den Maximalzyklus vereinen. Aus dem Bild 7.6 ist augenscheinlich, daß der Übergang vom Maximalzyklus in den minimalen Nullzyklus nur bei einer Beaufschlagung des Eingangs mit einer 1 erfolgen kann, was im autonomen Regime zunächst nicht vorgesehen ist. Es bietet sich an, nach dem Knoten (0; 0; ...; 1) den Übergang in den minimalen Nullzyklus vorzunehmen. Aus den Zuständen der Speicherelemente $S_0 = 0$, $S_1 = 0$; ... ; $S_{r-2} = 0$ muß logisch 1 erzeugt werden und mit der linearen Rückführung antivalent verknüpft auf den Eingang geführt werden. Damit wird in den Zustand (0; 0; ...; 0) übergegangen. Um wieder in den Maximalzyklus zum nächsten Knoten (1; 0; ...; 0) zurückzukehren, kann die gleiche Prozedur wiederholt werden. Für alle anderen Zustände muß logisch 0 mit der linearen Rückführung antivalent verknüpft auf den Eingang geführt werden.

In [Maen 87] werden für den genannten Zweck kaskadierte AND/OR-Netzwerke verwendet. Eine CMOS-Implementierung nach [Kärg 91] zeigt Bild 7.9.

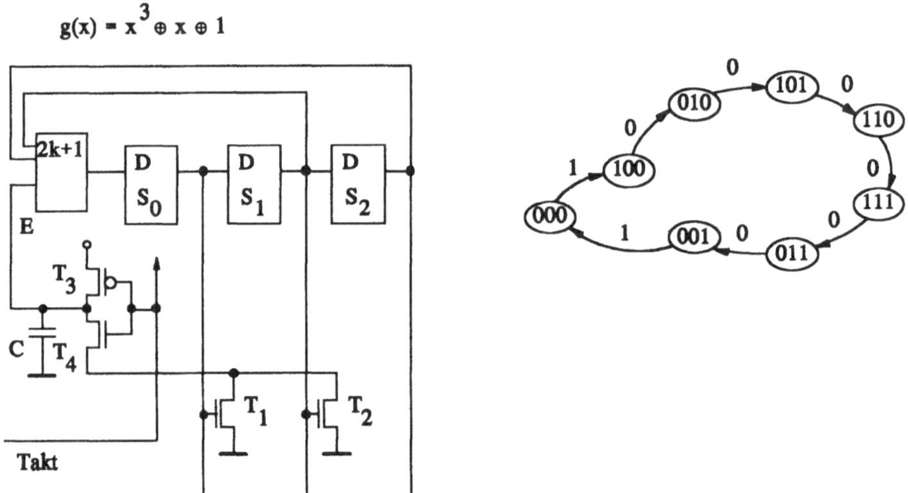

Bild 7.9 Generator einer erschöpfenden Testmustermenge

Immer, wenn der Generator den Zustand (0; 0; 1) generiert, sind die Transistoren T_1 und T_2 gesperrt. In einer ersten Taktphase wird der Transistor T_3 aufgesteuert, T_4 sperrt und die Lastkapazität C wird aufgeladen. In einer zweiten Taktphase wird T_3 gesperrt und T_4 aufgesteuert. Da T_1 und T_2 gesperrt sind, kann sich die Kapazität nicht entladen; E = 1 wird mit der Belegung des Antivalenz-Gatters verknüpft. Mit dem folgenden Wechsel der Taktphase wird $S_0 = 0$ gesetzt. Der Generator befindet sich jetzt im Zustand (0; 0; 0); T_1 und T_2 sind nach wie vor gesperrt. Letztlich wird $S_0 = 1$ gesetzt. Immer, wenn S_0

und/oder S_1 logisch 1 sind, kann sich die Lastkapazität in der zweiten Taktphase über T_1 und/oder T_2 entladen, es gilt $E = 0$ - nur die lineare Rückführung der Registerzustände wirkt wie schon erläutert; es wird zum nächsten Zustand im Zyklus übergegangen.

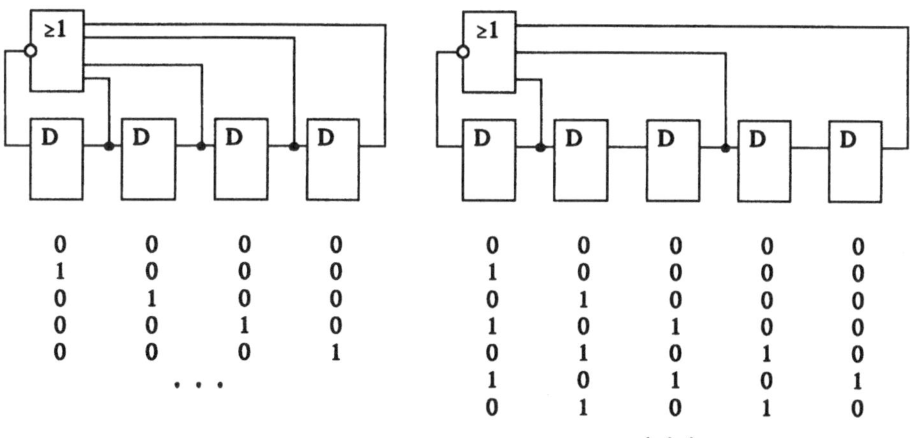

Bild 7.10 Beispiele von Generatoren determinierter Testmuster nach [Daehn 83]

Schieberegister-basierte Generatoren können prinzipiell auch zur Erzeugung determiniert berechneter Testmuster dienen. Die vorangegangenen Überlegungen haben gezeigt, daß es durch eine entsprechende Gestaltung der Rückführung möglich ist, die Reihenfolge der Testmuster im Zyklus zu verändern bzw. gewünschte Testmuster einzublenden. Untersuchungen von [Daeh 83] deuten allerdings darauf hin, daß der Aufwand für die Rückführung für den allgemeinen Fall determinierter Testsätze nicht tragbar ist. Spezielle Testmuster, wie "laufende 1", "laufende 0" oder "Schachbrett" und ähnliche, können dagegen sehr günstig mit nichtlinear rückgeführten Schieberegistern generiert werden (Bild 7.10).

7.2 Instrumentierung der Testdatenkompression

Im Ergebnis der Stimulierung mit einer aus m Testmustern bestehenden Folge reagiert das Prüfobjekt mit der Ausgabe von l Mustern der Breite m (m - Anzahl der zu beobachtenden Ausgänge) (s. Bild 3.62). Der bei der Fremdprüfung übliche Vergleich mit Solldaten - Muster für Muster und Bit für Bit - scheidet für den Selbsttest in der Mehrzahl der Fälle aus. Die Datenmassive nehmen solche Dimensionen $m \cdot l$ an, daß eine Speicherung der Solldaten im Prüfobjekt nicht tragbar ist. Andererseits ist es nur für eine sehr kleine Anzahl von Prüfobjekten (Speicher) möglich, die Solldaten simultan mit den stimulierenden Testmustern hardware-gestützt zu generieren.

Das Ziel der Testdatenkompression besteht deshalb darin, über die Soll- und Ist-Datenfolgen in gleicher Weise ein Kennzeichen der Dimension $1 \cdot r << m \cdot l$ zu bilden, um dann nur den Vergleich dieser Kennzeichen bedeutend weniger aufwendig führen zu können. Ist-Datenfolgen, die eine fehlerhafte Reaktion des Prüfobjekts auf eine Stimulierung abbilden, sollen natürlich zu einem Kennzeichen führen, das sich vom Kennzeichen der Soll-Datenfolge unterscheidet. Den 2^{ml} möglichen Variationen der unkomprimierten Datenmassive stehen jedoch nur 2^r mögliche Kennzeichen entgegen, so daß ein Informationsverlust unausbleiblich ist. Für die Prüfzwecke ist allerdings nur interessant, daß eine fehlerkennzeichnende Datenfolge nicht auf das Kennzeichen der Soll-Datenfolge abgebildet wird. Im konkreten Anwendungsfall ist diese Komponente der Diagnosesicherheit, die - als Restfehlerwahrscheinlichkeit bezeichnet - im Abschn. 3.4 eingeführt und mit der Gl. (3.37) definiert wurde, in Abhängigkeit vom Kompressionsverfahren und seiner Instrumentierung zu bestimmen.

Paritätsbildung. Im Abschn. 4.6.2 wurde als triviales Kennzeichen über ein binäres Informationswort das Paritätsbit herausgestellt. Die Instrumentierung der Paritätsbildung als Modulo-2-Addition serieller Datenfolgen ist ebenso einfach (s. Tab. 7.2). Die nach Gl. (3.37) bestimmte Restfehlerwahrscheinlichkeit p_R oder die Fehlererkennungswahrscheinlichkeit $(1 - p_R)$ beträgt jedoch nur 0,5, da lediglich $2^r = 2^1$ Kennzeichen für eine komprimierende Abbildung der Datenfolgen zur Verfügung stehen.

Zählverfahren. Sie sind ähnlich einfach zu instrumentieren (s. Tab. 7.2) wie die Paritätsbildung. Eine zusammenfassende Darstellung gibt [Fuji 78a]. Da sie jedoch eine vergleichsweise geringe Verbreitung gefunden haben, werden hier nur ihre Grundzüge erläutert.

Tabelle 7.2 Elementare Formen der Testdatenkompression (Bezeichnungen wie im Bild 3.62)

Paritätsbildung	Ereigniszählung	Übergangszählung	Flankenzählung
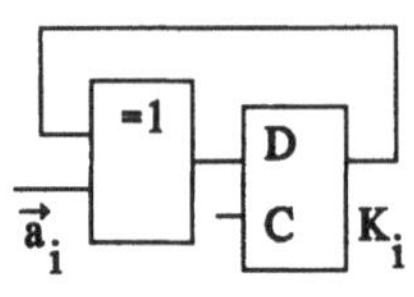 =1, D, C, $\vec{a}_i$, K_i	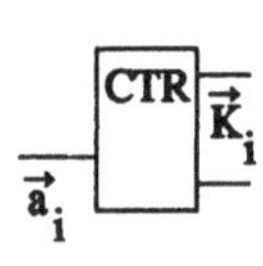 CTR, $\vec{a}_i$, $\vec{K}_i$	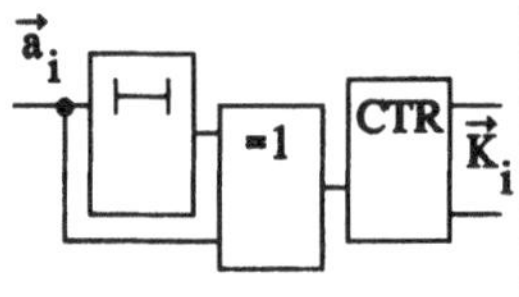 $\vec{a}_i$, =1, CTR, $\vec{K}_i$	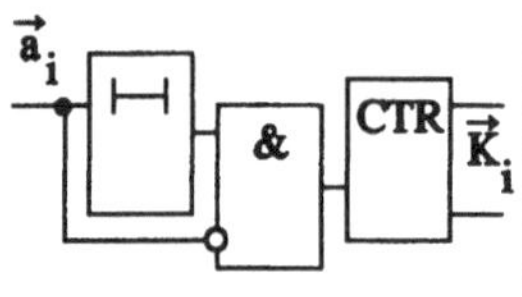 $\vec{a}_i$, &, CTR, $\vec{K}_i$
$K_i = \sum_{j=1}^{l} a_{ij} \bmod 2$	$\vec{K}_i = \sum_{j=1}^{l} a_{ij}$	$\vec{K}_i = \sum_{j=2}^{l} a_{ij-1} \oplus a_{ij}$	$\vec{K}_i = \sum_{j=2}^{l} a_{ij-1} \cdot \bar{a}_{ij}$

Das Verfahren der *Ereigniszählung* beinhaltet das Aufsummieren aller logischen 1 im seriellen Datenstrom. Bei einer maximalen Länge des Datenstroms von l wird eine Zählerlänge r gemäß next integer ≥ ld (l + 1) gewählt, um einen Überlauf des Zählers zu vermeiden und somit instrumentelle Unzulänglichkeiten auszuschließen. Einzelne und mehrfache Bitverfälschungen gleicher Art werden sicher erkannt. Verfahrensbedingte Unzulänglichkeiten bestehen offenbar darin, daß Folgen mit gleicher Anzahl, aber unterschiedlicher Anordnung der Ereignisse nicht unterschieden werden können.

Eine Modifizierung der Ereigniszählung ist die *Syndrombildung*. Wird ein Prüfobjekt mit n Eingängen mit allen 2^n möglichen Eingangsmustern stimuliert, so stellt das Verhältnis der Anzahl der logischen 1 im Ausgangsdatenstrom zur Anzahl der möglichen Eingangsmuster eine charakteristische Zahl - ein *Syndrom* $0 \leq S \leq 1$ - dar (s. Tab.7.3).

Tabelle 7.3 Syndromermittlung für Grundgatter

Gatter 1 (Eingang x, Ausgang a, negiert)	Gatter & (Eingänge x, y, Ausgang a)	Gatter ≥1 (Eingänge x, y, Ausgang a)	Gatter =1 (Eingänge x, y, Ausgang a)
x a 0 1 1 0 $S = \frac{1}{2}$	x y a 0 0 0 0 1 0 1 0 0 1 1 1 $S = \frac{1}{4}$	x y a 0 0 0 0 1 1 1 0 1 1 1 1 $S = \frac{3}{4}$	x y a 0 0 0 0 1 1 1 0 1 1 1 0 $S = \frac{1}{2}$

Im allgemeinen Fall wird das Syndrom wie folgt ermittelt:

$$S = \frac{\sum_{j=1}^{2^n} a_{ij}}{2^n} . \qquad (7.5)$$

Läßt man den auch hier auftretenden Informationsverlust außer acht, so führt das Auftreten bestimmter Fehler zu einem Abweichen vom Soll-Syndrom. Leider sind nicht alle Booleschen Funktionen derart testbar, können jedoch unter bestimmten Umständen prüfgerecht modifiziert werden [Savi 80].

Mit der *Übergangszählung* (transition count) wird der Vorgänger in der Binärfolge mit bewertet. Fixiert werden die Übergänge zwischen alternativen Ereignissen. Da nur l-1 Übergänge in einer l Bit langen Folge enthalten sind, kann die Zählerlänge um ein Speicherelement gegenüber der Ereigniszählung verkürzt werden. Bitverfälschungen, die die Anzahl der Übergänge nicht verändern, können nicht erkannt werden. Durch Umordnen der Testmuster kann die Fehlererkennungswahrscheinlichkeit für gegebene Fehler des Prüfobjekts verbessert werden [Haye 76]. Das führt im allgemeinen jedoch zur Verschlechterung der Fehlererkennung für andere Fehler.

Die *Flankenzählung* ist eine Variante der Übergangszählung. Während bei letzterer beide Übergänge bei einer Zustandsveränderung fixiert werden, werden im Rahmen der Flankenzählung nur die Anzahl der Anstiegsflanken oder die der Abfallflanken erfaßt.

Die Restfehlerwahrscheinlichkeit für die Verfahren der Übergangszählung kann nach [Froh 77] mit guter Näherung aus

$$p_R \approx \frac{1}{\sqrt{\pi \cdot l}} \tag{7.6}$$

bestimmt werden.

Signaturanalyse. Aufgrund ihrer beliebig klein zu haltenden Restfehlerwahrscheinlichkeit wird sie unter den Techniken der Datenkompression favorisiert [Fins 88]. Die Signaturanalyse wurzelt in der zyklisch redundanten Kodierung und hat damit die gleiche Basis wie der im Abschn. 4.6.3 behandelte Cyclic Redundancy Check (CRC). Im Bild 7.11 wird die Analogie deutlich gemacht.

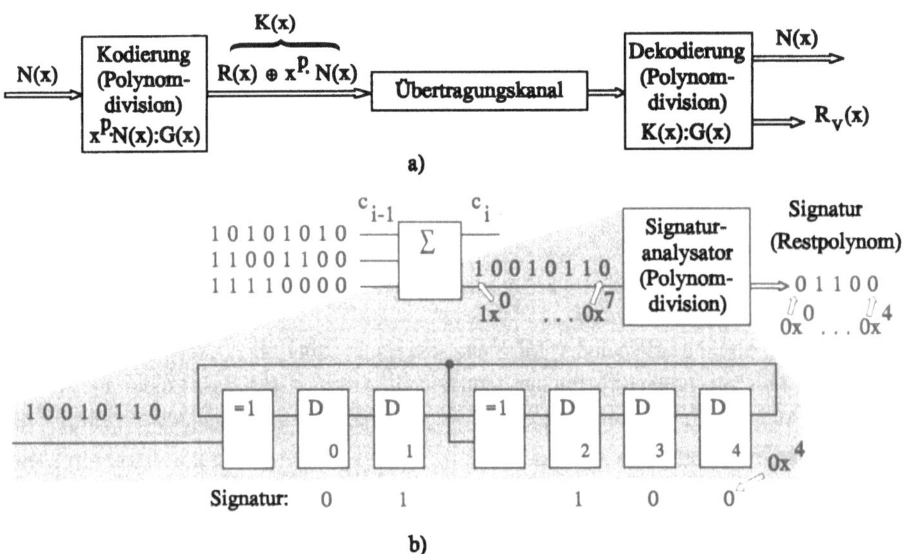

Bild 7.11 Analogie zwischen a) Cyclic Redundancy Check und
b) serieller Datenkompression (Signaturanalyse)

In beiden Fällen ist das im Ergebnis einer Polynomdivision erhaltene Restpolynom (bezeichnet als CRC-Summe im Rahmen des Cyclic Redundancy Check und als Signatur im Rahmen der Datenkompression) charakteristisch für das der Division unterzogene Eingangspolynom.

Zur näheren Beschäftigung mit dem mathematischen Hintergrund der Signaturanalyse ist [Voel 88] zu empfehlen.

Die Kompression des Datenstroms am Summenausgang des Adders (Bild 7.11b) läßt sich leicht nachvollziehen, indem man die Bitfolge am Eingang des Signaturanalysators als Polynom $0x^7 + 1x^6 + 1x^5 + 0x^4 + 1x^3 + 0x^2 + 0x^1 + 1x^0 = x^6 + x^5 + x^3 + 1$ schreibt und die Division mit dem Divisorpolynom, im Beispiel $x^5 + x^2 + 1$, ausführt. Als Restpolynom (Signatur) wird $0x^4 + 0x^3 + 1x^2 + 1x^1 + 0x^0 = x^2 + x$ erhalten. Für die Gegebenheiten nach Bild 7.11b ist sie die Soll-Signatur.

Zur schaltungstechnischen Umsetzung des beschriebenen Anliegens werden *synchron getaktete, linear rückgeführte Schieberegister*, die auch schon für die Instrumentierung von Testmustergeneratoren eine Rolle spielten, bevorzugt. Für das Beispiel nach Bild 7.11 entspricht das Divisorpolynom dem Rückführungspolynom; die Anzahl der Speicherelemente entspricht dem Grad des Divisorpolynoms. Der zu komprimierende Datenstrom wird, mit dem höchstwertigen Bit beginnend, Takt für Takt eingespeist. Nach Abschluß des Vorgangs steht im Signaturregister das Restpolynom - die für diese Bitfolge charakteristische Signatur.

Eine, aus welchem Grund auch immer, veränderte Bitfolge wird auf eine andere Signatur als die Soll-Signatur abgebildet. Beispielsweise wird für einen vom Adder abgegriffenen Datenstrom $x^7 + x^6 + x^5 + x^3 + 1$ die Signatur $x^4 + x$ (durch Division oder Einschieben in das Signaturregister) erhalten.

Leicht läßt sich auch die Wirkung des mit der Kompression verbundenen Informationsverlusts demonstrieren. Zum Beispiel wird auch die Datenfolge $x^7 + x^5 + x^4 + x^2 + x + 1$ auf die Soll-Signatur $x^2 + x$ abgebildet. Folglich kann diese Datenfolge nicht von der Soll-Datenfolge unterschieden werden.

Die andere mögliche Beschreibungsform - die Zustandsgleichung, die mit dem Bild 7.4 eingeführt wurde, lautet hier allgemein

$$\mathbf{s}_{t+1} = \mathbf{A} \odot \mathbf{s}_t \oplus \mathbf{B} \odot \mathbf{e}_t. \tag{7.7}$$

Die Spaltenmatrix s - die Signatur - beinhaltet die Zustände der Speicherelemente zum jeweiligen Zeitpunkt. Die Systemmatrix **A** enthält auch hier für den Internen EXOR-Typ die Koeffizienten des Rückführungspolynoms in der letzten Spalte und für den Externen

EXOR-Typ in der ersten Zeile. Die Matrix **B** beschreibt die Zuordnung der Eingänge des Signaturanalysators. Die Spaltenmatrix e_t enthält die zum Zeitpunkt t an den Eingängen des Signaturanalysators anliegenden logischen Zustände der zu komprimierenden Daten. Die Besetzungen der Systemmatrix **A** und der Matrix **B** bestimmen die konkrete Struktur des Signaturanalysators.

Schon diese kurze Einführung zeigt Gesichtspunkte auf, die für eine Instrumentierung der Signaturanalyse relevant sind [Kärg 90]:

- Grundstrukturen
- Eingangsanzahl und -zuordnung
- Rückführungen
- Overhead
- Diagnosesicherheit
- Variation der Datenfolge, Initialisierung
- Soll/Ist-Vergleich
- Testmanagement.

Für Signaturanalysatoren, die auf linear rückgeführten Schieberegistern basieren, sind drei Grundformen, die aus der Kombination der Merkmale "Anzahl der Eingänge" und "Art der internen Verarbeitung" erwachsen, bekannt (Bild 7.12).

	Signaturanalysatoren auf Basis linear rückgeführter Schieberegister		
Anzahl der Eingänge	einkanalig	mehrkanalig	
	m = 1	m > r	m ≤ r
Anzahl der Speicherzellen	r	r	r
interne Verarbeitung	seriell	seriell	parallel
summarische Restfehler-wahrscheinlichkeit p_R	$(2^{l-r} - 1)/(2^l - 1)$ $\approx 2^{-r}$	$(2^{ml-r} - 1)/(2^{ml} - 1)$ $\approx 2^{-r}$	$(2^{ml-r} - 1)/(2^{ml} - 1)$ $\approx 2^{-r}$
Grundform	serieller Signatur-analysator (SSA)	mehrkanalig serieller Signaturanalysator (MSA)	paralleler Signatur-analysator (PSA)

Bild 7.12 Grundformen von Signaturanalysatoren

Serielle Signaturanalysatoren besitzen nur einen Eingang. Sie wurden durch [Froh 77] in das Arsenal der Prüftechnik eingeführt. Ihre Struktur im autonomen Regime wurde schon mit dem Bild 7.4 vorgestellt. Um einen seriellen Datenstrom zu komprimieren, wird dieser, über ein Antivalenzelement mit der Rückführung verknüpft, in das erste Speicherelement des SSA eingespeist (vgl. Bild 7.11). In der Gl. (7.7) sind die Matrix **B** und die Spaltenmatrix e_t nur mit jeweils einem Element ≠ 0 besetzt. Um Mißverständnisse beim Vergleich unterschiedlicher Beschreibungsmöglichkeiten zu vermeiden, sei erwähnt, daß die mit einem SSA des Externen EXOR-Typs ermittelte Signatur (der Zustand des Registers) nicht dem im Ergebnis einer Polynomdivision ermittelten Restpolynom entspricht, aber dennoch kennzeichnend für die eingegebene, zu komprimierende Datenfolge ist. SSA finden bevorzugt in Verbindung mit Scan-Pfaden Anwendung. Die Erweiterung der Eingangsanzahl durch Parallel-Serien-Wandlung, Multiplexen oder Vorkomprimieren mittels Paritätsnetzwerken ist nicht effektiv.

Parallele Signaturanalysatoren besitzen im Unterschied zu SSA pro Speicherelement einen Eingang [Köne 79], [Nebu 83]. Alle Eingangssignale werden parallel über Antivalenzglieder eingespeist und auch parallel verarbeitet (Bild 7.12).

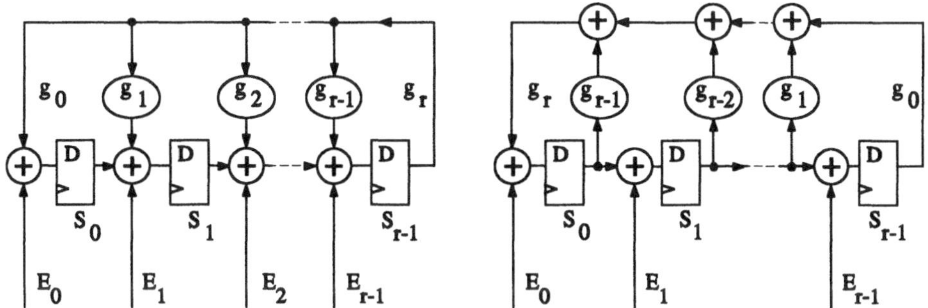

Bild 7.12 Parallele Signaturanalysatoren: a) Interner EXOR-Typ; b) Externer EXOR-Typ

In der Zustandsgleichung Gl. (7.7) steht die dem Typ entsprechende Systemmatrix. Die Matrix **B** ist eine Einheitsmatrix **E**, wenn alle m_{max} = r Eingänge genutzt werden. In diesem Fall sind auch alle Elemente der Spaltenmatrix e_t besetzt.

In vielen Selbsttestanordnungen übersteigt die Anzahl der gleichzeitig zu komprimierenden Signale m die der ursprünglich verfügbaren Eingänge r. Eine Verlängerung des Registers führt zu einem größeren Overhead. Bei einer Vorkompression durch Paritätsnetzwerke [Davi 82] zur Erweiterung der Eingangsanzahl muß mit einer Erhöhung der Restfehlerwahrscheinlichkeit der Gesamtanordnung gerechnet werden. Eine in dieser Hinsicht effektivere Lösung zeigt Bild 7.13. Sie kombiniert die Erweiterung der Anzahl der Eingänge mit einer Variation ihrer Zuordnung [Kärg 90]. Das allgemeine Prinzip besteht darin, jeweils einen Eingang in mindestens ein EXOR-Gatter so zu koppeln, daß paarweise zwei beliebige Eingänge mit mindestens einem unterschiedlichen EXOR-Gatter verbunden sind. Das Prinzip läßt sich auf Eingänge, die auf 3 und mehr EXOR-Gatter führen, erweitern. Damit kann auf Vorzugsfehlerbilder im Datenmassiv (s. unten) reagiert werden. Der Overhead wächst hier nur durch die Erweiterung der Antivalenzelemente; zusätzliche Speicherelemente werden nicht benötigt.

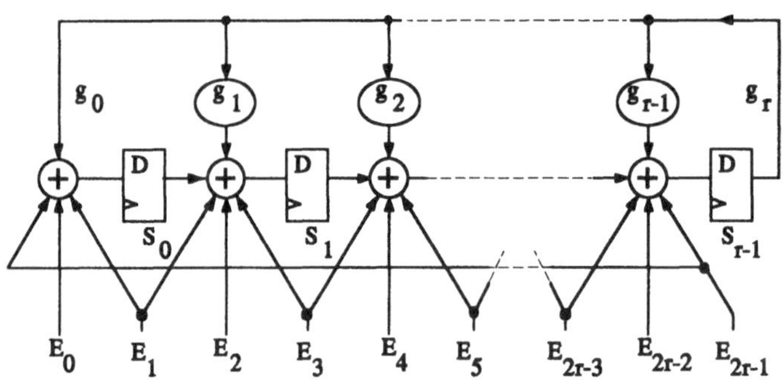

Bild 7.13 Erweiterung der Eingangsanzahl nach [Kärg 90]

Mehrkanalig serielle Signaturanalysatoren sind eine Alternative, über eine Eingangsanzahl, die die Anzahl der Speicherelemente übersteigt, zu verfügen. Ein SSA wird so modifiziert, daß er innerhalb eines Taktes m gleichzeitig auftretende Eingangssignale so verarbeitet, wie ein SSA eine m Bit lange Eingangsfolge in m Takten [Yarm 85]. Dafür ist die Zustandsgleichung Gl. (7.7) iterativ für m Takte zu entwickeln und die damit gegebene Struktur aufzubauen.

Als Beispiel soll ein einkanaliger SSA mit dem Rückführungspolynom $g(x) = x^3 \oplus x^2 \oplus 1$ nach diesem Prinzip auf vier Eingänge erweitert werden. Die iterative Entwicklung der Gl. (7.7) ergibt nach vier Takten (t+4)

$$
\begin{aligned}
S_{0;t+4} &= S_{0;t} \oplus S_{1;t} \oplus E_0 \oplus E_3 \\
S_{1;t+4} &= S_{0;t} \oplus S_{1;t} \oplus S_{2t} \oplus E_2 \\
S_{2;t+4} &= S_{0;t} \oplus S_{2;t} \oplus E_0 \oplus E_1 .
\end{aligned}
$$

Im Bild 7.14 ist die strukturelle Umsetzung zu sehen.

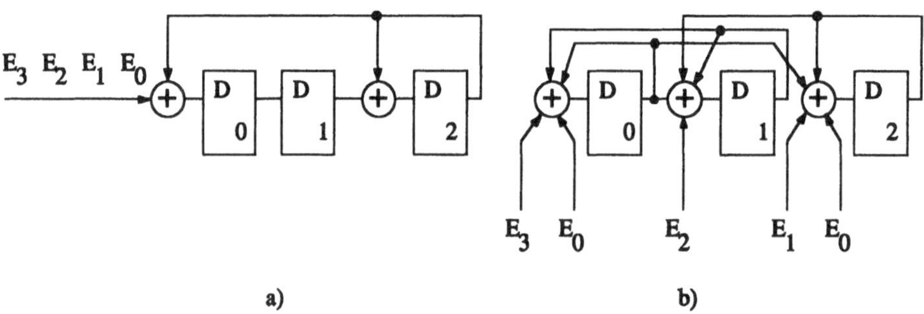

Bild 7.14 a) Einkanaliger SSA; b) modifizierter vierkanalig serieller Signaturanalysator

Die *Restfehlerwahrscheinlichkeit* - die Wahrscheinlichkeit, daß ein durch ein fehlerhaftes Prüfobjekt geliefertes Datenmassiv auf die gleiche Soll-Signatur abgebildet wird wie das Datenmassiv des fehlerfreien Prüfobjekts - ist der wichtigste Bewertungsmaßstab für Datenkompressionsverfahren und damit auch für die Instrumentierung der Signaturanalyse. Zur Prognose der zu erwartenden Restfehlerwahrscheinlichkeit gibt es viele Untersuchungsergebnisse, u.a. [Froh 77], [Smit 80], [Leis 83], [Will 86a], [Dami 89], [Ivan 89], [Prad 90]. Unter Gebrauch unterschiedlicher Modelle, unter Nutzung unterschiedlicher mathematischer Werkzeuge bestätigten sich in guter Näherung rechnerisch und simulativ letztlich die im Bild 7.12 aufgeführten, nach der Gl. (3.37) bestimmten Restfehlerwahrscheinlichkeiten (vgl. auch Abschn. 3.4). Es sind sogenannte summarische Restfehlerwahrscheinlichkeiten, da sie alle nichterkennbaren Einbit- und Mehrbitabweichungen des Ist-Datenmassivs vom Soll-Datenmassiv erfassen. Für hinreichend lange Datenfolgen (mit wachsendem l) streben sie gegen

$$p_R = 2^{-r}, \tag{7.8}$$

hängen also nur von der Anzahl der Speicherlänge ab. Für ein 16stelliges Signaturregister beträgt die Restfehlerwahrscheinlichkeit $p_R \approx 1{,}5 \cdot 10^{-5}$.

Die Restfehlerwahrscheinlichkeit ist jedoch nur eine Komponente der mit Unzulänglichkeiten behafteten Kette aus Beschreibungsmodell des Prüfobjekts, Fehlermodell, Testsatzerstellung und Testdatenauswertung. Berücksichtigt man, daß

- das Fehlermodell auf der Grundlage des Beschreibungsmodells die möglichen Fehler mit $E_{FM} < 1$ erfaßt
- die Fehlerüberdeckung des Testsatzes nach Gl. (3.3) $FC < 1$ beträgt
- die Diagnosesicherheit des gesamten Testvorgangs eine Größe $DT < 1$ nicht unterschreiten darf,

dann ist für die summarische Restfehlerwahrscheinlichkeit der Testdatenkompression

$$p_R \leq 1 - \frac{DT}{E_{FM} \cdot FC} \tag{7.9}$$

zu fordern, worauf aus Gl. (7.8) die erforderliche Anzahl der Speicherelemente bestimmt werden kann.

Da Gl. (7.8) den Erwartungswert einer Zufallsgröße repräsentiert, sagt sie nichts darüber aus, mit welcher Wahrscheinlichkeit Vorzugsabweichungen (also vorzugsweise 1-Bit- oder 2-Bit- oder z-Bit-Abweichungen) im Datenmassiv nicht erkannt werden. Solche Vorzugsabweichungen können für Computerbaugruppen durchaus relevant sein. Beispielsweise sind 2-Bit-Abweichungen von einem Soll-Datenmassiv häufig beim Test von Speichern und PLA zu beobachten [Kalo 94]. Die entsprechenden Einzel-Restfehlerwahrscheinlichkeiten können unter Nutzung von Mitteln der Kombinatorik, der Booleschen Algebra, der Kodierungstheorie (vgl. Abschn. 4.6) oder der Markov-Ketten bestimmt werden. Hier kann nur zusammengefaßt werden, daß die Einzel-Restfehlerwahrscheinlichkeiten signifikant die summarische Restfehlerwahrscheinlichkeit übersteigen können. Darauf kann im Prinzip mit der Wahl geeigneter Rückführungspolynome reagiert werden. Bedenkt man jedoch, daß jede konstruktive und technologische Realisierung eines Objekts spezifische chemo-physikalische Fehlerquellen hat, daß jeder mögliche (auch umgeordnete) Testsatz diese Fehler in unterschiedlicher Art und Weise anregen und an unterschiedlichen Ausgängen beobachtbar machen kann, daß eine freie Zuordnung der Ausgänge des Prüfobjekts zu den Eingängen des Signaturanalysators erfolgen kann und daß die Testdatenkompression in unterschiedliche Testkonfigurationen eingebunden sein kann, so ist zu vermuten, daß hinreichend gesicherte Ausgangsdaten für die Wahl der Rückführung wohl kaum zur Verfügung stehen. Auch eine komplette Fehlersimulation des Prüfobjekts gemeinsam mit den vorgesehenen Prüfstrukturen dürfte nur in Einzelfällen durchzuführen sein. Andererseits läßt sich mit dem Typ der Rückführung zwar die Zusammensetzung der $2^{lm-r} - 1$ nichterkennbaren fehlerkennzeichnenden Datenmassive beeinflussen, nicht jedoch der Gesamtumfang dieser Menge. In Analogie zum Cyclic Redundancy Check ist zumindest zu empfehlen, ein primitives Rückführungspolynom zu installieren.

Um einer erhöhten Einzel-Restfehlerwahrscheinlichkeit zu begegnen, ist alternativ zur Optimierung der Rückführung eher zu erwägen, das Signaturregister um zwei bis drei Speicherelemente zu erweitern, so daß die summarische Restfehlerwahrscheinlichkeit etwa um den Faktor 10 verringert wird.

Verfügt man über keine gesicherten Angaben über zu erwartende Fehler eines Objekts, ihre Anregbarkeit durch den Testsatz und ihre Beobachtbarkeit, so werden die Instrumentierungskomponenten Ankopplung des Signaturanalysators an das Prüfobjekt, Eingangsnetzwerk und Rückführungspolynom gewissermaßen zufällig gewählt. Untersuchungen an 96 Varianten einer Testkonfiguration aus diesen Komponenten (Bild 7.15) zeigten, daß keiner dieser Komponenten eine Präferenz bezüglich der zu erzielenden Diagnosesicherheit einzuräumen ist und daß einer Optimierung des Signaturanalysators über die Bereitstellung einer nach Gl. (7.8) und (7.9) hinreichenden Anzahl von Speicherelementen hinaus kein Erfolg beschieden ist [Kärg 94].

Sofern eine Komplettsimulation zur Verifizierung einer solchen "zufällig" gewählten Testkonfiguration unzumutbar ist, kann als Alternative eine Simulation einer Stichprobe vorgenommen werden. Nach dem Prinzip einer Bereichsschätzung ist zu prüfen, daß der Erwartungswert der binomialverteilten nichterkennbaren Fehler den Wert 2^{-r} nicht signifikant überschreitet. In der Praxis erweisen sich unter den geschilderten Bedingungen Signaturanalysatoren mit einer Anzahl von Speicherelementen $16 \leq r \leq 32$ und einer primitiven Rückführung als hinreichend geeignet.

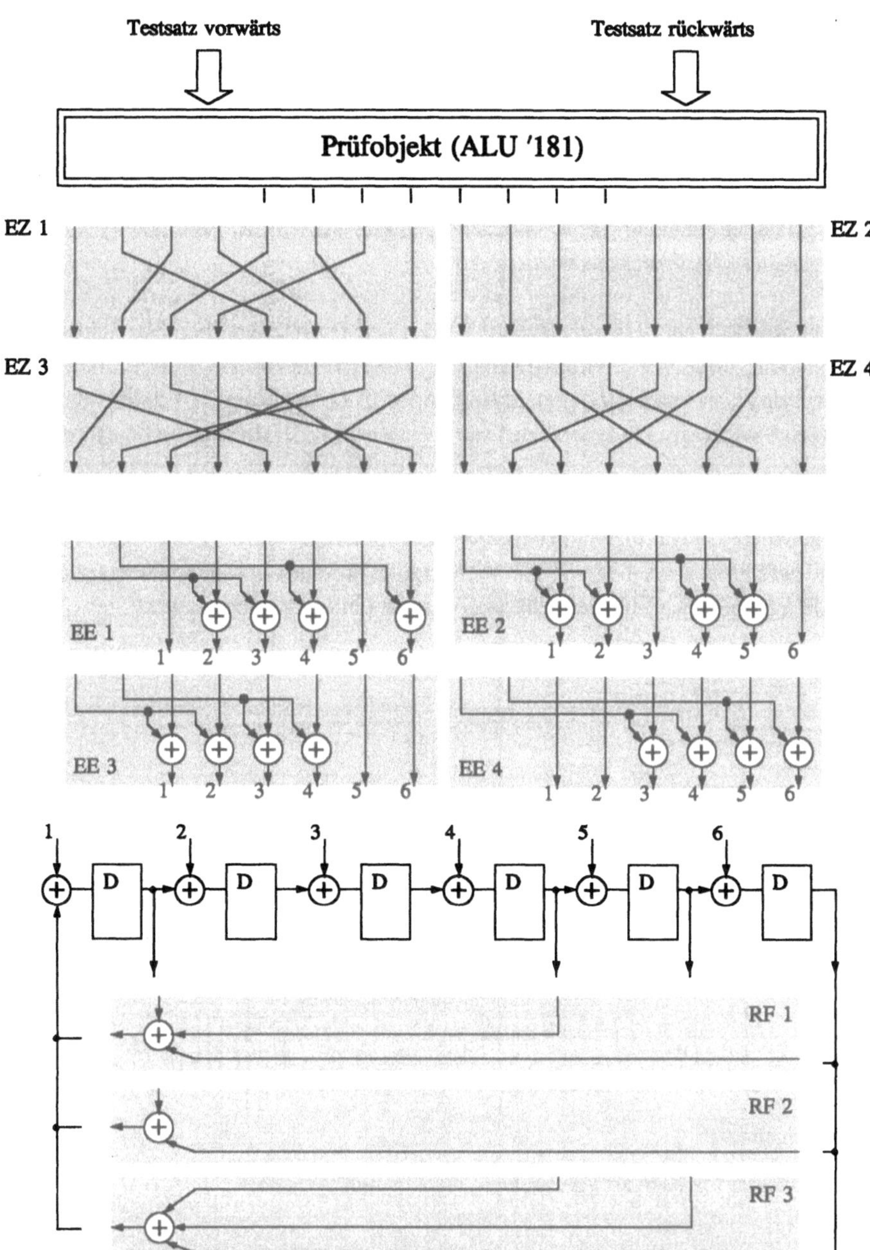

Bild 7.15 Versuchsanordnung nach [Kemn 95]
RF Rückführung, EE Eingangserweiterung, EZ Eingangszuordnung

7.3 Referenzmusterbereitstellung

Das Problem der Bereitstellung von Referenzmustern, um den Vergleich mit den Reaktionssignalen des Prüfobjekts im Prüfobjekt selbst zu führen, ist ähnlich gelagert wie bei der Testmustergenerierung. Eine ROM-basierte Bereitstellung von Referenzmustern für jeden Prüfschritt ist nur in Spezialfällen akzeptierbar. Alternativen sind für bestimmte Schaltungsklassen denkbar. Universellere Lösungen stehen in Verbindung mit einer vorangegangenen Testdatenkompression.

Prüfobjekt als Referenz. Für regelmäßig strukturierte Prüfobjekte (iterative Schaltungen) bietet es sich an, diese in funktionell gleichartig reagierende Blöcke zu partitionieren und letztere während der Prüfung mit den im Abschn. 6.3.5 beschriebenen Mitteln voneinander zu isolieren. Solcherart erhaltene Partitionen werden mit identischen Testmustern stimuliert, ihre Reaktionen können durch Komparatoren für jeden einzelnen Prüfschritt miteinander verglichen werden. Besonders geeignet sind Speicherstrukturen [Fins 86]. Im Bild 7.16 ist zu sehen, daß in einem Testmodus in k Speicherblöcken gleiche Speicherzellen adressiert, parallel geschrieben und gelesen werden. Werden durch den Komparator beim paarweisen Vergleich Differenzen festgestellt, wird ein Fehler signalisiert.

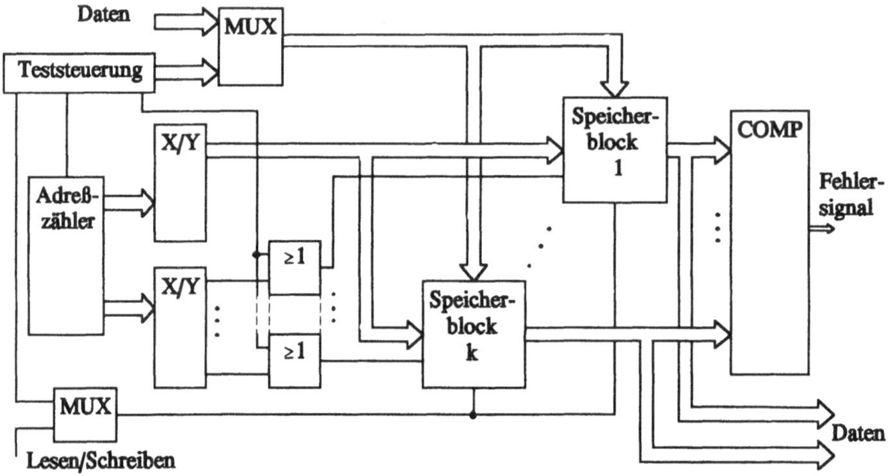

Bild 7.16 Speicherpartitionen als gegenseitige Referenz nach [Fins 86]

Voraussetzung dafür, Partitionen des Prüfobjekts gegenseitig als Referenz nutzen zu können, ist, daß sie keine identischen Unzulänglichkeiten aufweisen. Das ist in der Regel gegeben. Zur Gewährleistung der Diagnosesicherheit empfielt es sich, selbstprüfbare Komparatoren (vgl. Abschn. 4.8.3) einzusetzen.

Testmuster als Referenzmuster. Sofern die Ausgangssignale eines Prüfobjekts nur eine zeitverzögerte bzw. phasenverschobene Kopie seiner Eingangssignale sind, können die entsprechend zeitverzögerten bzw. phasenverschobenen Testmuster als Referenzmuster dienen. Prädestinierte Prüfobjekte sind wieder Speicherstrukturen [Kärg 92], [Kärg 92a]. Im Beispiel nach Bild 7.17 werden - nach einer Initialisierungsphase - durch einen Adreßzähler die zu stimulierenden Adressen des Prüfobjekts RAM angesprochen. Für jede Adresse wird durch das niederwertigste Bit des Adreßzählers ein Lese-/Schreibzyklus des RAM ausgelöst. Durch dieses Bit wird gleichfalls das Weiterschalten des als Testmustergenerator fungierenden Linear Feedback Shift Register bewirkt. In der Schreibphase werden die Testmuster in die jeweils adressierten Speicherstellen geschrieben. In der Lesephase stehen die Reaktionsdaten zur Bewertung an. Die Referenzdaten für den Komparator werden über ein lineares Phasenverschiebungsnetzwerk aus dem aktuellen Testmuster gewonnen. Zur Gewährleistung einer hinreichenden Diagnosesicherheit werden mehrere Prüfzyklen mit unterschiedlichen Startzuständen des Testmustergenerators durchlaufen.

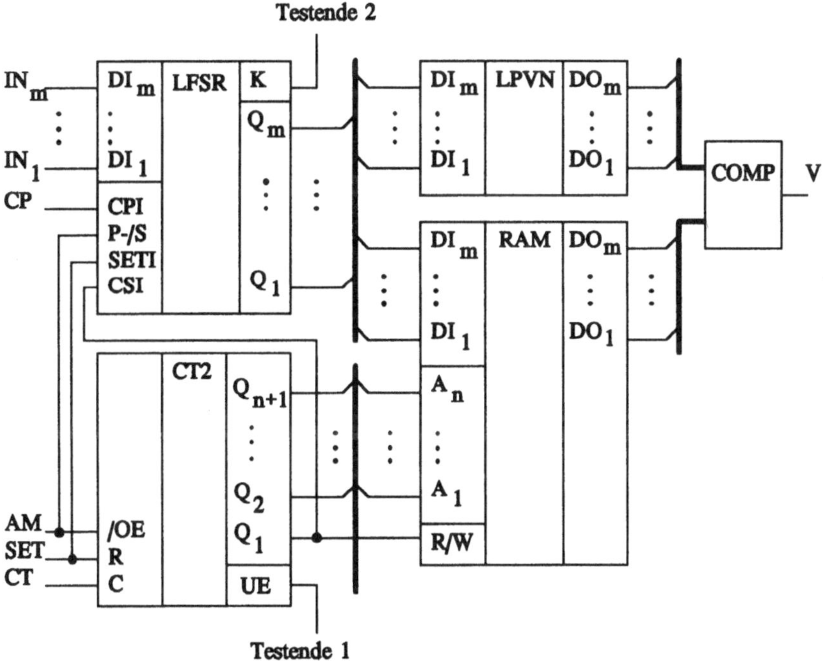

Bild 7.17 Verwendung eines Testmusters als Referenzmuster nach [Kärg 92]
LFSR Linear Feedback Shift Register, LPVN Lineares Phasenverschiebenetzwerk

Festverdrahtete Referenzmusterbereitstellung. Wiederum aus Aufwandsgründen kommt sie nur in Verbindung mit einer vorangegangenen Testdatenkompression in Frage. Als Kompressionsverfahren wird in folgendem die Signaturanalyse unterstellt.

Die bereitzustellende Soll-Signatur kann in Abhängigkeit von einem gewählten Startzustand (Start-Signatur) des Signaturregisters durch

- rekursive Berechnung nach Gl. (7.7)
- durch hardware- oder softwaremäßige Simulation des Signaturanalysators [Fuji 85]
- durch Abnahme von einem natürlichen Referenzmuster (golden device)

gewonnen werden. Aufwandsarme Komparatorstrukturen ergeben sich, wenn als Soll-Signaturen $s = (0; 0; \ldots; 0)^T$ bzw. $s = (1; 1; \ldots; 1)^T$ erhalten werden. Um diese Signaturen zu erhalten, ist in Abhängigkeit vom eingesetzten Testsatz ein bestimmter Startzustand des Signaturanalysators vorzusehen. Man geht prinzipiell wie bei der Ermittlung von Soll-Signaturen vor, wobei hier eine Rückrechnung bzw. ein Rückschluß vorzunehmen ist [McAn 86]. Im Bild 7.18 sind zwei Ausführungsbeispiele zu sehen.

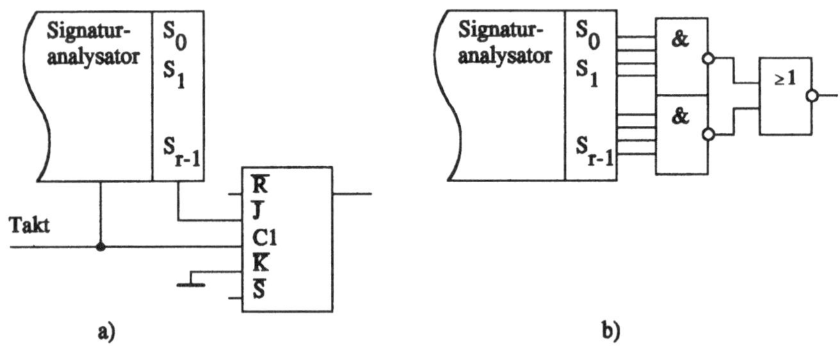

Bild 7.18 Vergleich einer Signatur mit der Soll-Signatur $s = (1; 1; \ldots; 1)^T$ nach [McAn 86]
a) Serielle Bewertung; b) Parallele Bewertung

Bei der seriellen Bewertung ist das JK-Flipflop rückgesetzt und geht bei der ersten logischen Null am J-Eingang in den Zustand Eins, somit die Abweichung von der Soll-Signatur $s = (1; 1; \ldots; 1)^T$ anzeigend. Für eine 8-Bit-Signatur ist der Hardware-Aufwand zunächst höher als bei paralleler Bewertung, bleibt bei längeren Signaturen dann aber konstant. Da Fehler im Komparator die Diagnosesicherheit im weit stärkeren Maße beeinflussen, als die im Abschn. 7.2 diskutierte Restfehlerwahrscheinlichkeit, sollten selbstprüfende Komparatoren [Luba 93] verwendet werden.

Unter bestimmten Bedingungen - beispielsweise für den Test von First-in-last-out-Speichern - ist die Kompression reversibler paralleler Testdatenmassive erwünscht. In diesem Fall ist die Behandlung der Soll- bzw. Start-Signaturen unproblematisch, sofern der Signaturanalysator auch für den Inversbetrieb ausgelegt ist [Kärg 90b]. Die direkte Folge der Testmuster wird im Vorwärtsbetrieb des Signaturanalysators auf eine Signatur abgebildet. Mit der inversen Folge der Testmuster durchläuft der Signaturanalysator im Inversbetrieb seinen Zyklus in umgekehrter Richtung. Mit dem Testende wird für das fehlerfreie Prüfobjekt wieder der Ausgangszustand des Signaturanalysators erhalten.

In verschiedenen Lebensphasen oder Einsatzfällen des Prüfobjekts ist nicht auszuschließen, daß die Stimulierung mit unterschiedlichen Testsätzen erfolgt bzw. bei einer Systemeinbindung eine externe Stimulierung erwogen wird. Gleichermaßen kann vorgesehen sein, einen Signaturanalysator zur Datenkompression wahlweise unterschiedlichen Partitionen des Prüfobjekts zuzuschalten. In allen diesen Fällen sind unterschiedliche Soll-Signaturen relevant. Um den Vergleich flexibel, aber dennoch aufwandsarm zu gestalten, bietet sich die nachfolgend skizzierte Lösung an.

Für einen bevorzugten Testsatz wird die Soll-Signatur als Referenz-Signatur $\mathbf{s}_R$ fest verdrahtet. Für jeden anderen Testsatz wird die zugehörige Soll-Signatur $\mathbf{s}_{soll}$ durch ein Überführungsmuster $\mathbf{e}_ü$ in die Referenz-Signatur $\mathbf{s}_R$ transformiert. Unterstellt man, daß die Eingangsmatrix **B** des Signaturanalysators eine Einheitsmatrix ist, so wird das Überführungsmuster gemäß der Beziehung

$$\mathbf{e}_ü = \mathbf{s}_R \oplus \mathbf{A} \odot \mathbf{s}_{soll} \tag{7.10}$$

berechnet (**A** Systemmatrix).

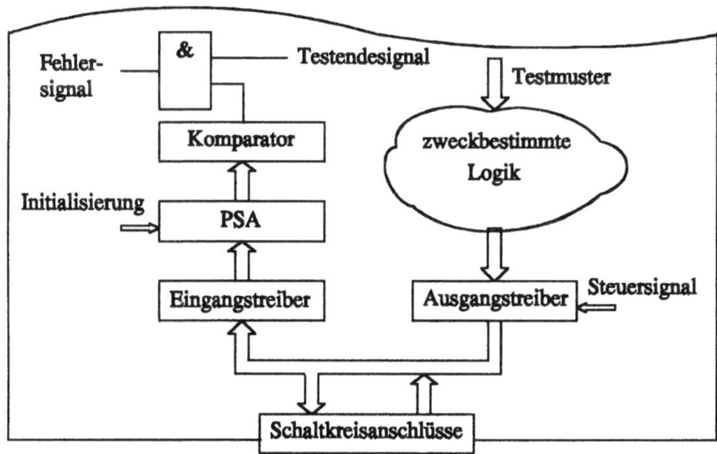

Bild 7.19 Einblenden eines Überführungsmusters nach [Kärg 90c]

In der Ausführung nach Bild 7.19 kann die zweckbestimmte Logik eines Schaltkreises mit unterschiedlichen Testsätzen stimuliert werden. Über die Ausgangs- und Eingangstreiber ist ein Paralleler Signaturanalysator angeschlossen, der je nach Testsatz unterschiedliche Soll-Signaturen für das fehlerfreie Prüfobjekt fixiert. Für einen bevorzugten Testsatz ist die Referenz im Komparator verdrahtet. Jeder andere Testsatz erzeugt zunächst eine Soll-Signatur, die mit der Referenz-Signatur nicht übereinstimmt. Deshalb kann - im Prinzip nach jedem beliebigen Prüfschritt - ein nach Gl. (7.10) berechnetes Überführungsmuster in den Signaturanalysator eingebracht werden, indem die Ausgangstreiber hochohmig geschaltet und die Schaltkreisanschlüsse mit dem Überführungsmuster beaufschlagt werden. Für Signaturanalysatoren, die mindestens genauso viele Eingänge wie Speicherelemente aufweisen, genügt eine einen Takt lange Überführungsfolge, die zweckmäßigerweise nach dem letzten Testmuster eingeblendet wird.

7.4 Funktionskonvertierbare Prüfstrukturen

Trotz wachsender Integrationsdichte bleibt der Platzbedarf ein wesentliches Charakteristikum logischer Entwürfe. Oft wird der Aufwand für die eigentliche Zweckbestimmung einer Funktionseinheit a priori als notwendig hingenommen, der Aufwand für integrierte Diagnosefunktionen dagegen wird als etwas "Zusätzliches", schwer Akzeptierbares empfunden. Unbeschadet dessen, daß hier ein Umdenken im Qualitätsmanagement notwendig ist (vgl. Abschn. 1.2), gibt es durchaus Ansätze, insbesondere durch den mehrfunktionalen Gebrauch von Schaltungsstrukturen Aufwendungen zu begrenzen.

Eine erste, bis in die Systemebene reichende Möglichkeit wurde unter den Gesichtspunkten der internen zentralisierten und der internen dezentralisierten Diagnose im Abschn. 2.3 diskutiert. Dem verringerten Hardware-Aufwand durch Zentralisierung der Diagnosefunktionen für mehrere Objekte steht der geringere Zeitbedarf für nebenläufig gestaltbare dezentralisierte Diagnoseprozesse entgegen.

Auf der Gatterebene wurden in Verbindung mit der Technik der Scan-Pfade wohl erstmals die Prinzipien funktionskonvertierbarer Prüfstrukturen

- Gestaltung eines Arbeitsmodus und eines Testmodus für das Prüfobjekt
- gesteuerte Realisierung unterschiedlicher für Prüfprozesse benötigter Funktionsweisen (serielle, parallele Datenübernahme oder -ausgabe, Datentransport, Datenspeicherung, Generieren, Komprimieren u.ä.) auf der Basis eines Grundelements

formuliert. Man findet sie in unterschiedlichen Ausführungen verwirklicht.

Built-In Logic Block Observer (BILBO). Grundelement dieser funktionskonvertierbaren Prüfstruktur ist ein scan-fähiges Flipflop, beispielsweise ein Master-Slave-D-Flipflop. Im Arbeitsmodus soll dieses Grundelement ein D-Latch darstellen, also einen Ausgang Q, abgeleitet vom Master-Flipflop. Für den Schieberegisterbetrieb wird der inverse Ausgang $\overline{Q}_S$ des Slave-Flipflops bereitgestellt [Köne 80]. Die Möglichkeiten der Funktionskonvertierung sind aus dem Bild 7.20 ersichtlich.

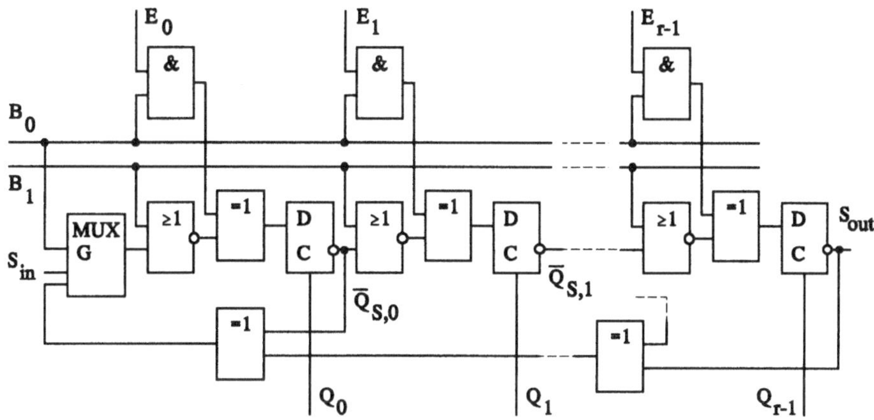

Bild 7.20 BILBO nach [Köne 80]

Der Arbeitsmodus wird mit $B_0 = B_1 = 1$ eingestellt. Die Eingangsdaten E_i sind auf die Dateneingänge der Flipflops geschaltet. Mit $B_0 = B_1 = 0$ wird ein Schieberegister zwischen S_{in} und S_{out} konfiguriert. Die Eingangsdaten sind über die AND-Gatter blockiert, die lineare Rückführung ist unwirksam. Seriell können Daten ein- und ausgeschoben werden, auch parallel abgenommen werden. Für $B_0 = 1$ und $B_1 = 0$ wirkt die Anordnung als PSA. Das Rückführungspolynom ist hier fest verdrahtet. Die Ausgänge der Speicherelemente können auch als Quellen zufällig erzeugter Testmuster genutzt werden. Beaufschlagt man in diesem Regime die Eingänge E_i mit logisch 0, so generiert das Schieberegister mit linearer Rückführung den autonomen Zyklus, sofern ein Startzustand ungleich 1 gewählt wurde. Die Steuerzustände $B_0 = 0$ und $B_1 = 1$ sind für das Rücksetzen der Speicherelemente vorgesehen. Eingänge und Rückführung sind blockiert, an den D-Eingängen der Flipflops liegt logisch 0 an.

Besonders günstig ist die Handhabung von BILBO-Anordnungen auf der Register-Transfer-Ebene und für Prüfobjekte, die - wie es auch für Rechnerfunktionsgruppen charakteristisch ist - von ihrer Zweckbestimmung her Registerstrukturen enthalten. Die Grundidee hat deshalb vielfältige Modifizierungen auch in kommerzieller Hinsicht erfahren [Fasa 82], [Kamo 82], [Danc 86], [Sabo 86] und Konzepte für den Selbsttest von Rechnerstrukturen beflügelt.

Funktionskonvertierbare Speicherzellen. Werden in freistrukturierten Prüfobjekten funktionskonvertierbare Register aus einzelnen verteilten Speicherzellen zusammengestellt, so ist schwer auszuschließen, daß zwischen den Eingängen und Ausgängen eines Registers keine Rückführungen über die Kombinatorik des Objekts existieren. Bei der Nutzung des Testregisters als PSA und gleichzeitig als Testmustergenerator würde eventuell die Linearität der Rückführung und damit die angestrebte Zyklusstruktur verloren gehen. Gefragt sind deshalb Speicherzellen, die gleichzeitig, aber unabhängig in einen Signaturanalysator und einen Testmustergenerator eingebunden werden können [Liu 87], [Wang 87]. Im Bild 7.21 ist eine Variante nach [Kärg 91a] gezeigt.

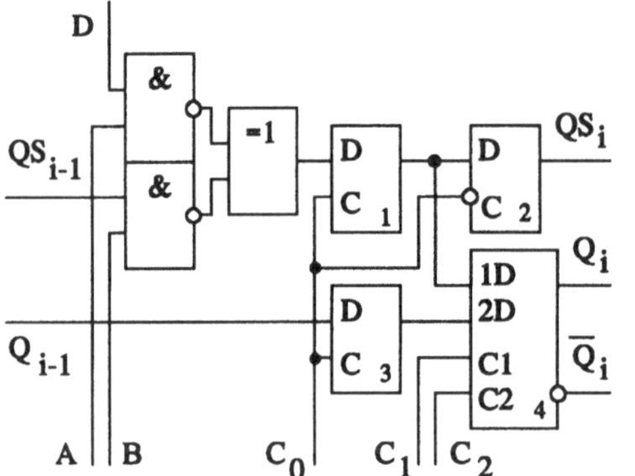

Ansteuertabelle	A	B	C_1	C_2
Anwendungsmodus	1	0	$\overline{C}_0$	0
Startzustand einstellen	0	0	$\overline{C}_0$	0
Selbsttest	1	1	0	$\overline{C}_0$
Serielles Schreiben	0	1	0	0
Ausgabe der seriellen Daten an Q_i und $\overline{Q}_i$	0	1	$\overline{C}_0$	0
Datenübernahme Eingang D ohne Änderung von Q_i ; $\overline{Q}_i$	1	0	0	0

Bild 7.21 Funktionskonvertierbare Speicherzelle

Durch eine entsprechende Kombination der Steuersignale lassen sich die in der Ansteuertabelle ausgewiesenen Funktionsweisen der Speicherzelle programmieren. Die Signale C_1 und C_2 sind dabei als das Vorhandensein oder Nichtvorhandensein des Taktsignals C_0 dargestellt. Im Anwendungsmodus ist der Schiebedateneingang QS_{i-1} blockiert. Der am Dateneingang D anliegende logische Zustand wird vom Latch 1 und eine halbe Taktphase später vom Latch 4 übernommen und steht als Datenausgang Q_i (auch negiert) zur Verfügung. Die anderen Funktionsweisen dienen der Instrumentierung von Prüfstrukturen. Ein definierter Startzustand der Speicherzelle wird durch Blockieren sowohl des Dateneingangs D als auch des Schiebedateneingangs QS_{i-1} und ein Taktspiel erreicht. Im Selbsttestmodus sind Dateneingang und Schiebedateneingang freigegeben. Die EXOR-verknüpften Signale werden in die Latches 1 und 2 übernommen. Die Latches 3 und 4 bilden ein Master-Slave-Flipflop zwischen dem Dateneingang Q_{i-1} und den Datenausgängen Q_i. Über den Schiebedateneingang QS_{i-1} und den Schiebedatenausgang QS_i kann die funktionskonvertierbare Speicherzelle in einen Parallelen Signaturanalysator und über den Dateneingang Q_{i-1} und den Datenausgang Q_i sowie über sein inverses Gegenstück in einen Testmustergenerator gleichzeitig, aber unabhängig voneinander, eingebunden werden. Die anderen Funktionsweisen sind anhand der Ansteuertabelle leicht nachvollziehbar.

7.5 Selbsttestanordnungen

Mit den Abhandlungen des Kapitels 6 und der Abschnitte dieses Kapitels wurden wesentliche Komponenten bereitgestellt, die zur Konfiguration von Selbsttestanordnungen nach der Patternmethode herangezogen werden können. Die zusammenfassenden Bilder 6.2 und 7.1 machen die Vielzahl der möglichen Kombinationen dieser Komponenten deutlich. Es ergeben sich vielfältige Variationen der Grundanordnung nach Bild 7.1. Für diesen Abschnitt ist eine repräsentative Auswahl publizierter Realisierungen getroffen. Auf die Darstellung von Details muß dabei verzichtet werden. Wie abschließend noch auszuführen sein wird, kann aus allgemeinen Erwägungen heraus kaum eine Lösung präferiert werden.

Selbsttestanordnungen mit zentralisierten Ressourcen. Diese Anordnungen sind noch stark an den konventionellen externen Prüfkonzepten orientiert. An das Prüfobjekt werden in der Regel nur minimale Anforderungen bezüglich seiner Kompatibilität gestellt.

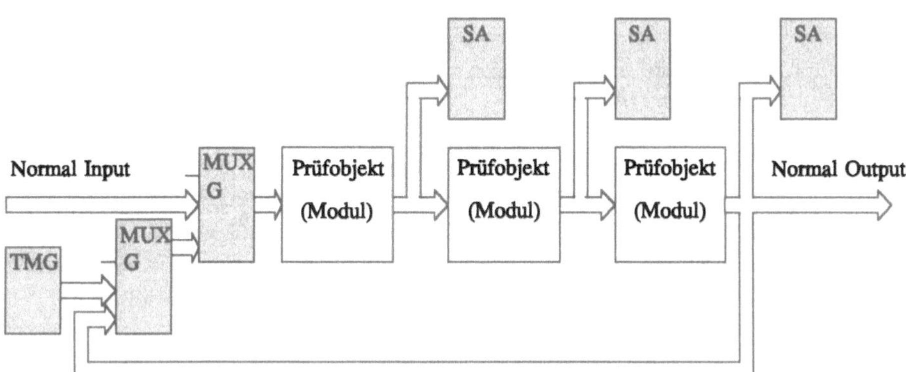

Bild 7.22 Konfigurationsbeispiel im Advanced Avionics Fault Isolation System nach [Beno 75] TMG Testmustergenerator; SA Signaturanalysator

Im Konfigurationsbeispiel nach Bild 7.22 werden im Testmodus stimulierende Zufallsmuster über einen Multiplexer eingespeist. Gleichzeitig wird eine vorhandene Rückführung blockiert, um Wirkung und Ursache im Fehlerfall identifizieren zu können. Die Interaktionen zwischen einzelnen Moduln werden so belassen, wie sie im Anwendungsmodus gebraucht werden. Sowohl kombinatorische als auch sequentielle Objekte sind zugelassen. Ist die sequentielle Tiefe gering, dann kann mit einer hohen Fehlerüberdeckung gerechnet werden. Jeder Modul ist mit einer fehlererkennenden Testdatenauswertung versehen, so daß im Fehlerfall die schnelle Lokalisierung des fehlerhaften Moduls gegeben ist.

Eine höhere Effizienz - insbesondere für komplexere Moduln - ist zu erwarten, wenn man, dem Konzept der lokal-erschöpfenden Prüfung (vgl. Bild 3.3) folgend, jede Schaltungspartition separat testet (Bild 7.23). Fixiert man die Zwischensignaturen für die einzelnen Partitionen, ist auch hier ein fehlerhafter Bestandteil in einfacher Weise lokalisierbar.

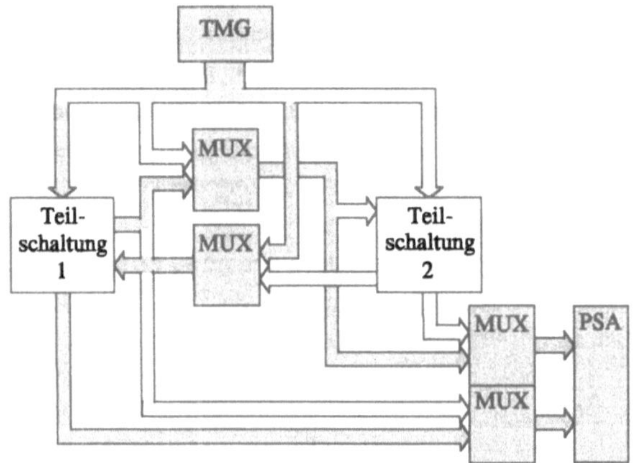

Bild 7.23 Lokal-erschöpfende Prüfkonfiguration nach [McCl 81] mit zentralisierten TMG und PSA

Bus-orientierte Anordnungen. Ein ähnliches Konzept für bus-orientierte Prüfobjekte erfordert lediglich die zusätzliche Einbindung eines Testmustergenerators und eines Signaturanalysators. Die Zuführung der Testmuster an das jeweils zu prüfende Systemelement und das Lesen der Reaktionssignale durch den Signaturanalysator werden durch Adressierung, Aktivierung bzw. Deaktivierung der Busteilnehmer gewährleistet.

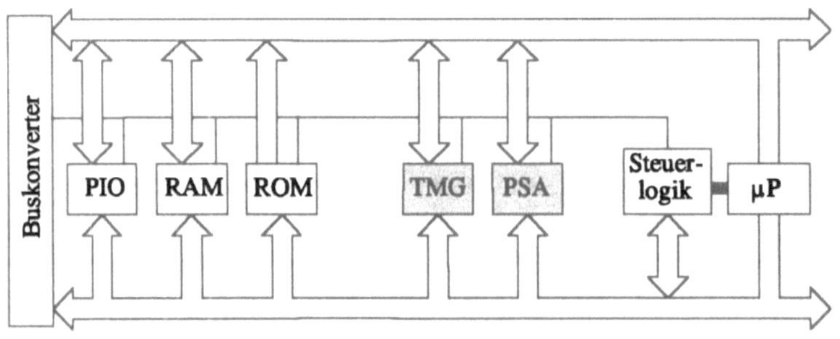

Bild 7.24 Selbsttestanordnung "Microbit" nach [Fasa 82a]

Im "Microbit"-Konzept nach [Fasa 82a] (Bild 7.24) wird der Systemkern durch einen programmtechnischen Prozessortest einer Diagnose unterworfen, während der hardwarebasierte Selbsttest mit den zentralisierten TMG und PSA auf die Schreib-/Lesespeicher und den Buskonverter gerichtet ist.

Besonders für Rechnerbaugruppen ist eine ausgeprägte, gut modularisierte Register-Transfer-Struktur charakteristisch. Arithmetische und logische Verarbeitungseinheiten sowie Speicherblöcke werden durch Register bzw. Eingangs-/Ausgangs-Puffer "eingerahmt". Es liegt deshalb nahe, diese Register als BILBO [Much 86] oder ähnlich funktionskonvertierbare Testregister [Kim 91] zu gestalten (Bild 7.25).

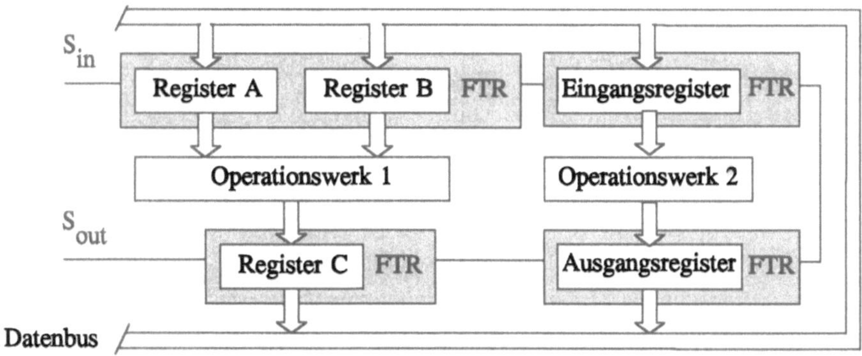

Bild 7.25 Modulare bus-orientierte Anordnung mit funktionskonvertierbaren Testregistern (FTR) nach [Much 86]

Ein erstes in der Signalflußrichtung liegendes funktionskonvertierbares Testregister übernimmt im Testmodus die Generierung pseudo-zufälliger Testmuster, während die an die Ausgänge der zu prüfenden Moduln gekoppelten Register als Parallele Signaturanalysatoren fungieren. Die FTR können sowohl parallel über den Bus als auch seriell in der Funktionsweise "Schieberegister" initialisiert und abgefragt werden. Bei entsprechender Ansteuerung sind nebenläufige Testprozeduren möglich - ein Vorteil gegenüber der Anordnung nach Bild 7.24.

Selbsttestanordnungen mit dezentralisierten Ressourcen. Nicht unbedingt Bus-Strukturen oder Scan-Pfade voraussetzend, basieren sie auf der funktionellen und konstruktiven Dekomposition der Prüfobjekte. Die Basis-Konfiguration (Bild 7.26a) findet sich in Netz- bzw. Pipeline-Strukturen wieder. Unmittelbar primären Eingängen und primären Ausgängen zugeordnet, ist die Basis-Konfiguration im "Built-in evaluation and self test (BEST)" für weniger komplexe Gate-Array-Schaltkreise umgesetzt [Lake 86]. Bei geringer sequentieller Tiefe wird die Modifizierung in scan-fähige interne Flipflops nicht für erforderlich gehalten.

Im Intel 80386 ist die Basis-Konfiguration in eine komplexe Schaltkreisstruktur eingebettet. Den unterschiedlich umfangreichen PLA sind jeweils angepaßte Generatoren von Pseudo-Zufallsmustern und PSA zugeordnet. Für die Adressierung eines ROM im Testmodus ist ein Binärzähler bereitgestellt.

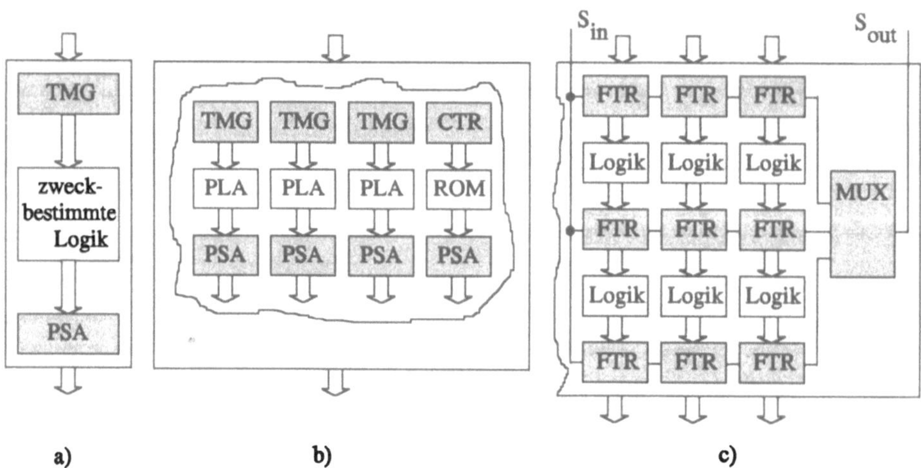

Bild 7.26 a) Basis-Konfiguration "BEST" nach [Lake 86]; b) Fragment der Selbsttestanordnung Intel 80386 nach [Gels 86]; c) Konfiguration des Macrolan Chips nach [Illm 89]

Die weitestgehende Anwendung findet das betrachtete Konzept im Macrolan Chip [Illm 89]. Alle Speicherzellen sind funktionskonvertierbar gestaltet. Aus ihnen werden im Testmodus bedarfsgerecht die funktionskonvertierbaren Testregister (FTR) konfiguriert. Das heißt, die im Prinzip frei strukturierte Schaltung wird in solche Partitionen gegliedert, die selbsttestbar sind sowie eingangs- und ausgangsseitig von den FTR (TMG bzw. PSA) eingerahmt werden. Im publizierten Beispiel wurden partitionsgerecht bis zu 73 linear rückgeführte Schieberegister mit Längen von 10 bis 41 Bit gebildet. Mit den funktionskonvertierbaren Registern lassen sich erschöpfende und quasi-erschöpfende Prüfprozeduren mit Zufallsmustern, Modul-Test- und Speicher-Testprozeduren realisieren. Im Schiebemodus können die FTR mit einem Startzustand geladen oder die erhaltenen Signaturen ausgelesen werden.

Sind Pseudo-Zufallsmustergeneratoren, zu prüfende Partitionen und PSA in einer Pipeline-Struktur angeordnet, so können in der Regel die im PSA in jedem Prüfschritt gebildeten Signaturen als Testmuster mit Zufallscharakter für die nachfolgende zu prüfende Partition genutzt werden. Da linear rückgeführte Schieberegister im autonomen Zyklus (TMG) jedes Testmuster nur einmal erzeugen, Signaturanalysatoren aber wiederholt gleiche Signaturen bilden können, sollte man sich von ihrer Austauschbarkeit überzeugen. Erforderlichenfalls muß die Pipeline-Struktur partitionsweise geprüft werden.

In neueren Arbeiten [Ryan 90], [Sett 91] wird die Basis-Konfiguration (Bild 7.26a) mit den Möglichkeiten des Boundary-Scans (vgl. Abschn. 6.4.6) kombiniert. Für Schaltkreise werden eingangsseitig in TMG konvertierbare und ausgangsseitig in PSA konvertierbare

Boundary-Register eingesetzt. Schaltungstechnische Grundlagen für die Konvertierung sind die mehrfach angesprochenen linear rückgeführten Schieberegister, aber auch Zellulare Automaten [Hort 90], von denen man sich bessere Zufallseigenschaften der generierten Musterfolgen und konstruktive Vorteile durch eine höhere Modularität verspricht.

Scan-pfadorientierte Selbsttestanordnungen. Wie schon bei der prüfgerechten schaltungstechnischen Gestaltung im engeren Sinn angedeutet, wird die Bedeutsamkeit der Scan-Technik auch für die Instrumentierung des Hardware-Selbsttests durch eine Vielzahl von Applikationen unterstrichen.

Der "LSSD on chip self-test" (LOCST) [LeBl 84] orientiert sich an in üblicher Weise (vgl. Abschn. 6.4.2) unter Verwendung von scan-fähigen Speicherelementen entworfenen Schaltungen (Bild 7.27).

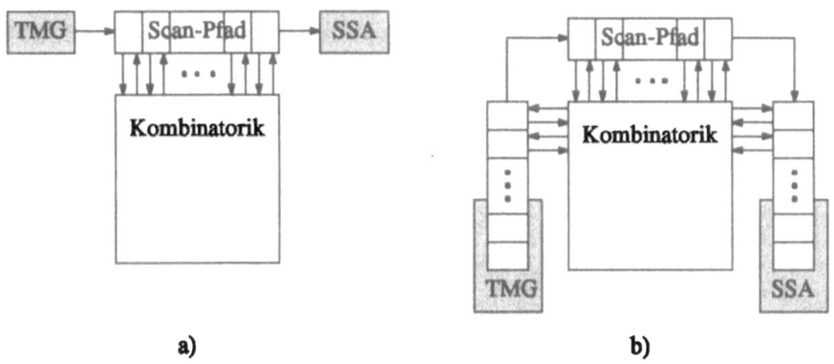

Bild 7.27 a) LOCST-Anordnung; b) Konvertierung von Teilen eines Boundary-Scan zur seriellen Stimulierung und Bewertung des Scan-Pfads

Ein ohnehin vorhandener Scan-Pfad wird seriell mit Zufallsmustern gespeist; die Testdaten werden in einem Seriellen Signaturanalysator komprimiert. In einer Modifikation werden der TMG und der SSA durch funktionskonvertierbare Boundary-Scan-Zellen gebildet. Der Vorteil dieser Anordnung liegt in der die zweckbestimmte Logik nicht berührenden Implementierung. Die Leistungsbeeinträchtigung des Betriebsmodus ist minimal. Gleichfalls unbeeinflußt bleiben die anderen möglichen Testregime - der LSSD-Test und der boundary-basierte Verbindungstest. Der Hardware-Overhead wird mit weniger als 2% angegeben. Die Teststrukturen eines jeden Schaltkreises werden über ein Testinterface - den sogenannten On-Chip-Monitor - gesteuert. Über einen Sieben-Leiter-Maintenance-Bus ist eine hierarchische Einbindung in ein Diagnosesystem bis hin zu einem Diagnoseprozessor (vgl. Abschn. 2.3) gegeben. Damit werden der Einschalttest, periodische Objektprüfungen während der Betriebsphase und eine eventuelle Off-line-Fehlerlokalisierung effektiv unterstützt.

Die serielle Arbeit mit Scan-Pfaden führt natürlich in Abhängigkeit von deren Länge zu Zeitproblemen. Kürzere Testzeiten können erreicht werden, wenn mehrere Scan-Pfade gebildet werden. Die Pfade werden parallel mit Testmustern beschickt, wobei jeder Pfad für sich seriell geschrieben und gelesen wird [McAn 85]. Dieses Konzept hat sich als STUMPS-Architektur (Bild 2.28) etabliert [Kell 90], [Rati 90].

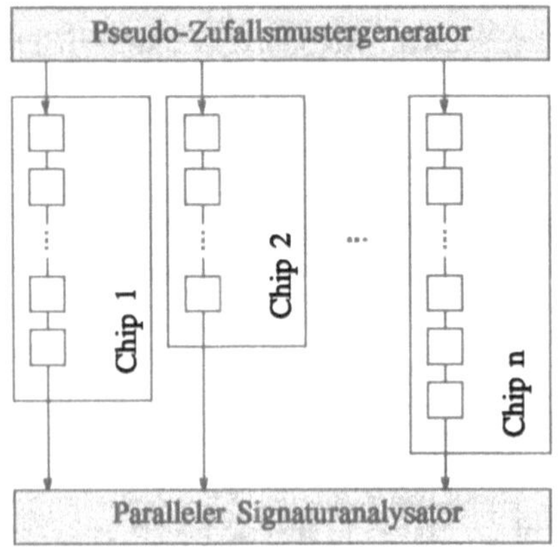

Bild 7.28 STUMPS-Architektur [Bard 87]

Das Bild 7.28 zeigt eine Anwendung für ein Multi-Chip-System. Für die Scan-Pfade ist die Verwendung von LSSD-Zellen (vgl. Bild 6.16) unterstellt. Durch alternierende Taktzyklen A; B werden die durch den TMG bereitgestellten Pseudo-Zufallsdaten in die Scan-Pfade eingelesen. Die Anzahl der Taktzyklen wird durch den längsten Pfad bestimmt. Danach folgt der eigentliche Prüfschritt: es wird ein Systemtakt ausgeführt - die Kombinatorik wird mit dem Zustand der Scan-Registerzellen stimuliert, die Reaktion der Kombinatorik wird in das Scan-Register übernommen. Mit den nachfolgenden Taktzyklen A; B werden die Testdaten auf eine Signatur im PSA abgebildet. Gleichzeitig mit dem Auslesen des Scan-Registers werden eingangsseitig die neuen Stimuli eingelesen. Die Testhardware - der Testmustergenerator, ein eventuell noch nachgeschaltetes lineares Phasenverschiebungsnetzwerk und der Parallele Signaturanalysator - ist in dem Multi-Chip-System in einem eigenständigen Test-Chip konzentriert.

Die Ausführungszeit für einen Prüfschritt in der STUMPS-Architektur wird durch das serielle Schreiben/Lesen des längsten der parallel bedienten Scan-Pfade bestimmt. Dem Ziel, die Ausführungszeit für einen Prüfschritt und damit auch die für den gesamten Test drastisch zu senken, dient eine als *Fast-forward-Test* bezeichnete Modifizierung [Bard 87]. Zu diesem Zweck werden zwei Paritätsnetzwerke gebildet. Das erste bildet die Parität über die Scan-Registerzellen und speist diese für jeden Prüfschritt in den PSA ein. Das zweite Netzwerk bildet die Parität der Systemdaten-Eingänge jeder Scan-Register-Zelle über alle Prüfschritte. Weitere Einzelheiten zeigt das Bild 7.29.

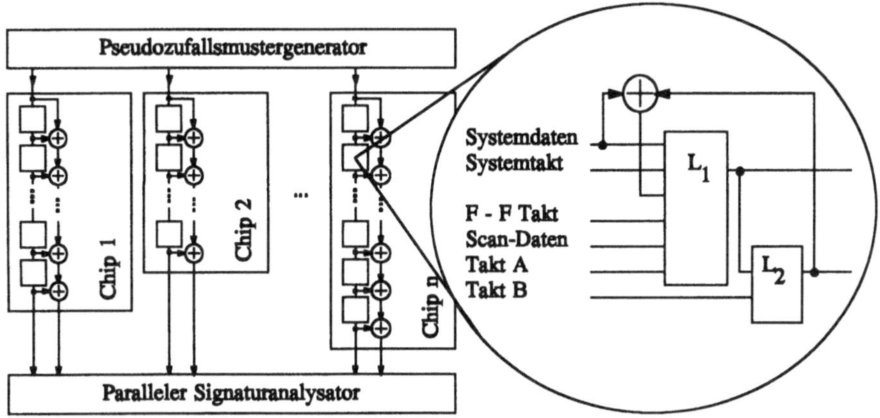

Bild 7.29 Fast-forward test STUMPS-Architektur [Bard 87]

Für jedes Chip ist das erste Paritätsnetzwerk zu sehen, das parallel zum Scan-Register aus EXOR-Gattern aufgebaut ist und das für jeden Prüfschritt die Parität des Ausgangszustands des TMG und des Zustands eines jeden L_2-Latches bildet und in den PSA einspeist. Um das zweite Paritätsnetzwerk zu schaffen, wird das bekannte LSSD-Flipflop wie gezeigt modifiziert. Im Anwendungsmodus ist der F-F Takt (ebenso wie die Signale A und B) unwirksam. Mit dem Systemtakt werden die Systemdaten in das L_1-Latch übernommen. Die normalen Scan-Operationen werden wie gewöhnlich über den Scan-Dateneingang und die alternierende Belegung der Signale A und B ausgeführt. Im Modus Fast-forward-Test sind nur die F-F und B Signale wirksam. Mit dem F-F Takt wird die EXOR-Verknüpfung des System-Dateneingangs und des Ausgangs des L_2-Latches in das L_1-Latch und mit dem B Signal in das L_2-Latch übernommen. Damit wird die "Paritäts-Geschichte" der System-Eingangsdaten seit dem Testbeginn geführt.

Die Testprozedur für ein Single-Latch-Design ist wie folgt zu beschreiben. TMG, Scan-Register und PSA werden in einen Startzustand versetzt (initialisiert). Die L_1-Ausgänge der Scan-Registerzellen stimulieren die Kombinatorik; deren Reaktion liegt an den System-Dateneingängen an. Mit dem F-F Takt wird die Parität der System-Datenleitungen in die L_1-Latches und mit dem B Signal in die L_2-Latches übernommen. Mit jedem nichtüberlappenden F-F und B Signalpaar wird also ein Prüfschritt realisiert. Der F-F Taktimpuls bewirkt gleichzeitig in jedem Prüfschritt, daß die Parität einer jeden Scan-Registerzelle über das parallel angekoppelte EXOR-Netzwerk in den PSA abgebildet wird. Der nachfolgende B Impuls bewirkt neben der Übernahme des L_1-Zustands in das L_2-Latch auch einen Schiebetakt für den TMG und das PSA. Diese alternierende Steuerfolge von F-F und B Signalen wird solange aufrechterhalten, bis die gewünschte Anzahl von Pseudo-Zufallsmustern erzeugt worden ist. Danach wird im Schiebemodus durch alternierende A und B Signale der Zustand des Scan-Registers, der ja noch die Paritäts-Geschichte der System-Eingangsdaten enthält, in das PSA abgebildet. Die erhaltene Signatur wird mit einer vorermittelten Signatur verglichen.

Der Wunsch, mit jedem Takt ein neues Prüfmuster bereitzustellen (also Prüfzeit zu sparen) und möglichst wenig Zusatzhardware bereitstellen zu müssen, liegt auch dem *Ring-Test* oder *Zirkularen Selbsttest* zugrunde.

Im Zuge der Datenkompression mittels Signaturanalyse werden Eingangsmuster stochastisch auf aktuelle Zustände (Signaturen) des Signaturanalysators abgebildet. Wie die von autonomen TMG bereitgestellten Musterfolgen besitzen auch Folgen von Signaturen Zufallseigenschaften. Es liegt deshalb die Überlegung nahe, Signaturanalysatoren sowohl für die Stimulierung eines Prüfobjekts als auch für die Kompression der Testdaten desselben einzusetzen. Bild 7.30 zeigt drei Varianten.

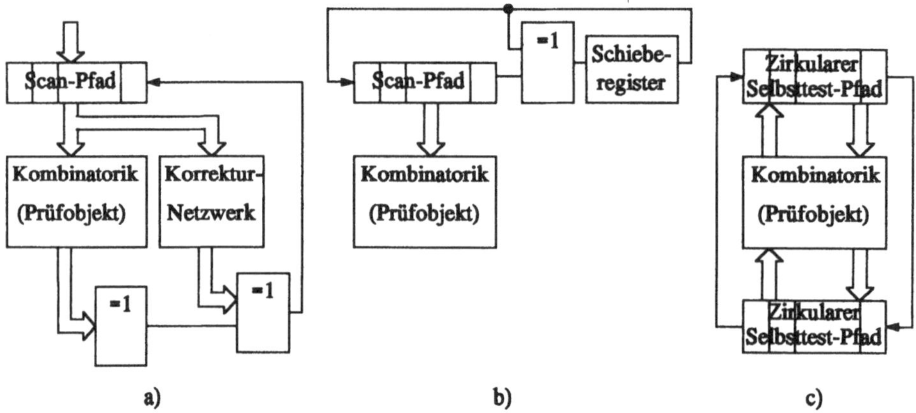

Bild 7.30 Varianten des Zirkularen Selbsttests
a) nach [Liti 83]; b) nach [Sege 81]; c) nach [Kraś 89]

In [Liti 83] wird das Prüfobjekt als Rückführungsnetzwerk eines Schieberegisters betrachtet und auch so geschaltet, so daß ein autonom arbeitendes rückgeführtes Schieberegister entsteht (Bild 7.30a). Dieses stimuliert nach dem Laden eines Startzustands mit jedem Takt das Prüfobjekt und bildet dessen Reaktionssignale auf eine aktuelle Signatur ab, die wiederum als Prüfmuster dient. Nach einer vorgegebenen Folgenlänge wird die erhaltene Signatur bewertet. Im Abschn. 7.1 wurde erläutert, daß linear rückgeführte Generatoren maximaler Zykluslänge zu bevorzugen sind. Nach [Liti 83] wird deshalb dem Prüfobjekt ein Korrekturnetzwerk beigeschaltet, so daß ein resultierendes Rückführungspolynom, das diesen Randbedingungen genügt, erhalten wird. Der Aufwand kann erheblich sein.

Im Interesse eines möglichst geringen zusätzlichen Hardware-Aufwands verzichten andere Zirkulare Selbsttest-Konzepte auf eine Vorabbestimmung und Beeinflussung des Rückführungspolynoms. In [Sege 81] wird ein prüfgerecht mit einem Scan-Pfad gestaltetes Prüfobjekt zwecks Realisierung eines Selbsttests lediglich um ein rückgeführtes Schieberegister (und wenige Mittel zur Teststeuerung) ergänzt (Bild 7.30b). Der Ausgang des Scan-Pfads ist über ein EXOR-Glied auf das erste Speicherelement des Schieberegisters und dessen Ausgang auf das erste Speicherelement des Scan-Pfads geschaltet. Scan-Pfad und Schieberegister werden mit einem Startzustand geladen. Mit einem Arbeitstakt wird die Kombinatorik stimuliert, ihre Reaktion wird in den Scan-Pfad übernommen. Durch eine Folge von Schiebetakten wird der Zustand des Scan-Pfads in eine Signatur im Schieberegister abgebildet. Gleichzeitig wird der alte Zustand des Schieberegisters als Testmuster in den Scan-Pfad eingelesen. Die Signaturen bilden also jeweils das neue Testmuster. Damit bildet auch hier das Prüfobjekt gewissermaßen das Rückführungsnetzwerk. Das kennzeichnende Rückführungspolynom ist in der Regel nicht bekannt. Das heißt, daß die Zyklusstruktur (vgl. Abschn. 7.1) nicht bekannt ist. Es kann zunächst kein Maximalzyklus garantiert werden. Die Testmustergenerierung kann sich in einem sehr begrenzten Zyklus "festfahren". Damit ist eine angemessene Diagnosesicherheit nicht zu gewährleisten. Eine konkrete Konfiguration kann nur über eine (aufwendige) Simulation verifiziert werden.

Die Problemlage ist auch in der Lösung nach [Kraś 89] (Bild 7.30c) unverändert. Hier wird auf ein zusätzliches Schieberegister verzichtet. Der Scan-Pfad und auch vorhandene Register werden aus einheitlichen Speicherzellen aufgebaut. Diese sind scan-fähig und verfügen eingangsseitig über ein EXOR-Gatter. Im Testmodus sind diese Zellen zu einem langen Register des internen EXOR-Typs mit Kompressionswirkung gefügt, wobei auch hier jede Signatur ein neues Testmuster darstellt. Von Vorteil ist, daß mit jedem Takt ein neues Testmuster bereitgestellt wird.

An der Analyse der Diagnosesicherheit von Zirkularen Selbsttestanordnungen wird intensiv gearbeitet [Robi 90], [Koth 93], [Carl 95], eine allgemeine Lösung steht jedoch noch aus.

Will man den Scan-Pfad als Testmustergenerator und Signaturanalysator nutzen, aber dabei eine Rückführung über das Prüfobjekt vermeiden, muß sich das Scan-Register im Testmodus in zwei unabhängige Testregister konvertieren lassen [Kärg 91b]. Im Bild 7.31 ist eine entsprechende Selbsttestanordnung wiedergegeben .

Die synchrone sequentielle Schaltung mit einheitlichen, funktionskonvertierbaren Speicherzellen wird im Selbsttestmodus in ein Scan-Register und in kombinatorische Schaltungsteile überführt. Das Scan-Register zerfällt in zwei nebenläufig betreibbare Testregister. Eines der Register ist in einen Generator pseudozufälliger Muster, das andere in einen Signaturanalysator eingebunden. Die Speicherzellen arbeiten nach dem Master-Slave-Prinzip, wobei durch die Verwendung eines gemeinsamen Masters ein Latch eingespart wird.

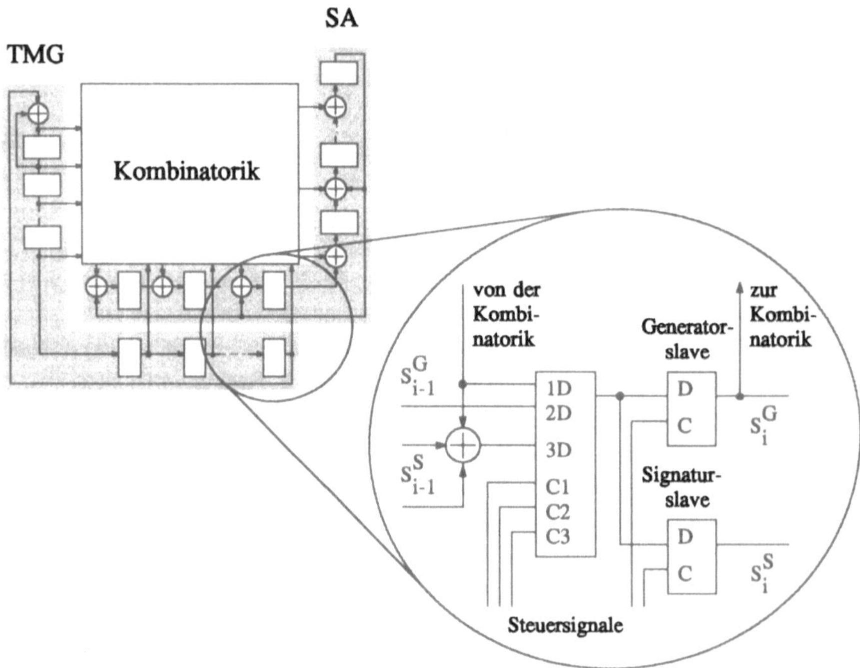

Bild 7.31 Selbsttestanordnung mit einem gleichzeitig in Testmustergenerator und Signaturanalysator konvertierbaren Scan-Register nach [Kemn 95]

Nach dem Einstellen eines definierten Startzustands in allen Registern werden die primären und sekundären Eingänge der zu prüfenden Schaltung durch den TMG stimuliert, und die Signale an den primären und sekundären Ausgängen werden in den PSA abgebildet. Testmustergenerator und Signaturanalysator schalten alternativ weiter. Vom seriellen Generatoreingang wird die Information in den gemeinsamen Master übernommen und an den Generatorslave weitergegeben. Anschließend übernimmt der gemeinsame Master die Information vom Ausgang des EXOR-Glieds und übergibt sie an den Signaturslave. Dabei erfolgt die Stimulierung und Bewertung gleichzeitig und unabhängig voneinander im gesamten Scan-Register, wodurch Korrelationen in den fehlererkennenden Eigenschaften der Testmuster und der Kompressionstechnik vermieden werden. Nach einer bestimmten Anzahl von Takten wird das Prüfergebnis gebildet.

7.6 Auswahl eines Selbsttestverfahrens

Die in den Kapiteln 6 und 7 dargestellten potentiellen Instrumentierungs- und Konfigurationsmöglichkeiten für einen hardware-basierten Selbsttest lassen vielfältige Kombinationen zu. Eine a priori zu bevorzugende Lösung gibt es nicht. Für eine zu treffende Entscheidung muß man

- sich zu Bewertungskriterien verständigen [Adhe 91]
- die Kriterien wichten und Prioritäten setzen
- generelle Vorgaben für den Diagnoseentwurf beachten
- darauf gestützt und eventuell die Hilfe von Expertensystemen nutzend [Zhu 88], zielkonforme Lösungen selektieren.

Unter Verwendung von [Zhu 88] und [Adhe 91] ist das Entscheidungsfeld im Bild 7.32 illustriert. Da die begrifflichen Inhalte in den vorangegangenen Kapiteln geklärt wurden, sind hier nur noch wenige Anmerkungen erforderlich.

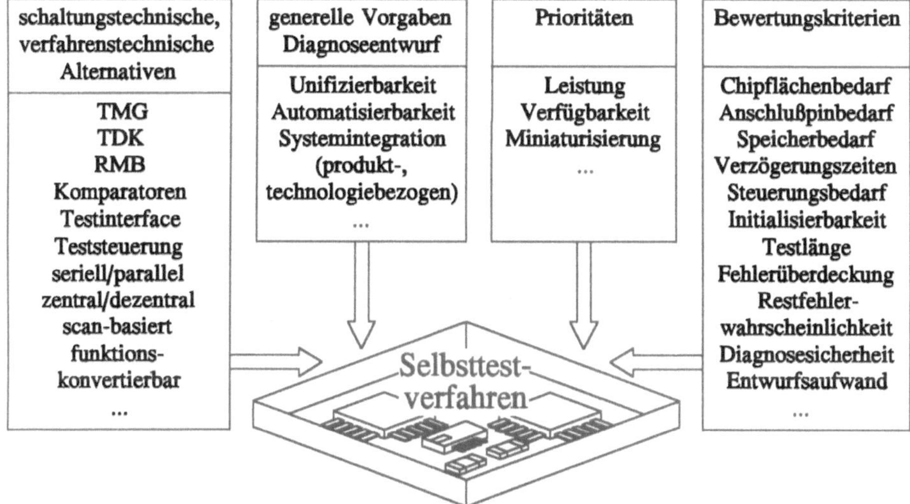

Bild 7.32 Auswahl von Selbsttestverfahren - Entscheidungsfeld

Für viele Fälle sind die Bewertungskriterien mit konkreten Zahlenangaben belegbar. Einige Kriterien charakterisieren nur die schaltungstechnische bzw. verfahrenstechnische Seite, während andere auch die Gegebenheiten des Prüfobjekts einbeziehen. Zur Diagnosesicherheit können teilweise nur unscharfe Aussagen ermittelt werden.

In Bezug auf reale Anwendungserfordernisse werden die Bewertungskriterien eine unterschiedliche Wichte haben. In bestimmten Anwendungen kann eine Leistungsminderung durch zusätzlich eingebrachte Teststrukturen nicht zugelassen werden, während in anderen Applikationen Verfügbarkeit um jeden Preis gefordert ist. Zu beachten ist auch die Korrelation zwischen bestimmten Kriterien, die dann nicht mehr unabhängig voneinander behandelt werden können. So führt die Forderung nach höherer Fehlerüberdeckung in der Regel zu einer Verlängerung der Testzeit.

Wesentliche Randbedingungen für die Wahl eines Selbsttestverfahrens gehen von generellen Vorgaben für den Diagnoseentwurf aus. Marktführende Hersteller zeichnen sich neben Innovationsfreude auch durch eine beständige technologische und prüftechnische Kultur aus. So zieht sich z.B. das Scan-Design von seinem Aufkommen bis heute durch alle bemerkenswerten prüftechnologischen Entwicklungen. Solche stabilen Elemente befördern natürlich die Unifizierbarkeit der Bauelementebasis, die Automatisierbarkeit von Entwurfsprozessen oder die Auslastung von Prüfmitteln. Nicht außer acht zu lassen sind bestehende oder zu erwerbende Schutzrechte. Ausreichend erläutert wurde auch schon, daß sich ein hardware-basiertes Selbsttestverfahren in ein übergeordnetes und phasenübergreifendes Diagnosesystem einordnen muß. Damit schließt sich der Kreis der Betrachtungen, der im Abschn. 1.2.3 mit Überlegungen über den Diagnoseentwurf begonnen worden war.

8 Literaturverzeichnis

[Abad 85] Abadir, M.S.; M.A. Breuer: A knowledge-based system for designing testable VLSI Chips. IEEE Design & Test (1985) 8, S. 56 - 68

[Abad 87] Abadir, M.S.; M.A. Breuer: Test schedules for VLSI circuits having built-in test hardware. Comput. Math. Applic. 13 (1987) 5/6, S. 519 - 536

[Abou 83] Aboulhamid, M.E.; E. Cerny: A class of test generators for built-in testing. IEEE Transactions on Computers C-32 (1983) 3, S. 957 - 959

[Abra 81] Abraham, J.A.; K.P. Parker: Practical microprocessor testing: Open and closed loop approaches. Proc. IEEE COMPCON 1981, S. 308 - 311

[Abra 85] Abraham, J.A.; V.K. Agarwal: Test generation for digital systems. In: Pradhan, D.K., Ed.: Fault-tolerant computing: Theorie and techniques. Englewood Cliff: Prentice Hall 1985

[Acke 83] Acken, J.M.: Testing for bridging faults (shorts) in CMOS circuits. Proc. 20th Design Automation Conference 1983, S. 717 - 718

[Adhe 91] Adhem, S.M.I.; H.T. Mouftah: Built-in self-test: techniques, attributes and selection. Journal of Semicustom ICs 8 (1991) 3, S. 3 - 11

[Agra 82] Agrawal, V.D.; M.R. Mercer: Testability measures - what do they tell us? Proc. International Test Conference 1982, S. 391 - 396

[Agra 88] Agrawal, V.D.: Statistical testing. In: Lombardi, F.; M. Sami (eds.): Testing and diagnosis of VLSI and ULSI. S. 33 - 47. Dordrecht, Boston, London: Kluwer Academic Publishers 1988

[Agra 89] Agrawal, V.D.; K.-T. Cheng; P. Agrawal: A directed search method for test generation using a concurrent simulator. IEEE Transactions on Computer-Aided Design 8 (1989) 2, S. 131 - 137

[Agra 90] Agrawal, V.D; H. Kato: Fault sampling revisited. IEEE Design & Test of Computers 7 (1990) 4, S.32 - 35

[Agra 93] Agrawal, V.D.; C.R. Kime; K.K. Saluja: A tutorial on built-in self-test. IEEE Design & Test of Computers 10 (1993) 3, S.73 - 82; 10 (1993) 6, S. 69 - 77

[Akao 90] Akao, Y.: Quality Function Deployment - integrating customer requirements into product design. Cambridge Productivity Press 1990

[Aker 85] Akers, S.B.: On the use of linear sums in exhaustive testing. Proc. 15th International Symposium on Fault-Tolerant Computing 1985, S. 148 - 153

[Aker 89] Akers, S.B.; W. Jansz: Test set embedding in a built-in self-test environment. Proc. International Test Conference 1989, S. 257 - 263

[Am 80] Datenbuch American Microdevices. Sunnyvale, California 1980

[Ande 73] Anderson, D.A.; G. Metze: Design of totally self-checking check circuits for m-out-of-n-codes. IEEE Trans. on Computers C-22 (1973) 3, S. 263 - 269

[Ando 80] Ando, H.: Testing VLSI with Random-Access Scan. Digest COMPCON 80, S. 50 - 52

[Andr 78] Andrews, D.M.: Software fault tolerance through executable assertions. 12th Asilomar Conf. Circuits Syst. Comput. 1978, S. 641 - 645

[Ashj 77] Ashaee, M.J.; S.M. Reddy: On totally self-checking checkers for separable codes. IEEE Transactions on Computers C-26 (1977) 8, S. 737 - 744

[Auth 79] Auth, W.: Prüfstrukturen auf hochintegrierten LSI-Schaltkreisen. NTG-Fachberichte 68 (1979), S. 159 - 161

[Auth 91] Auth, E.; M.H. Schulz: A test-pattern generation algorithm for sequential circuits. IEEE Design & Test of Computers (1991) June, S. 72 - 85

[Aviž 71] Avižienis, A.: Arithmetic error codes: cost and effectiveness studies for application in digital system design. IEEE Transactions on Computers C-20 (1971) 11, S. 1322 - 1331

[Aviž 84] Avižienis, A.; Kelly, P.J.: Fault tolerance by design diversity: Concepts and experiments. Computer (1984) 8, S. 67 - 80

[Aviž 86] Avižienis, A.; J.-C. Laprie: Dependable computing: From concepts to design diversity. Proc. of the IEEE 74 (1986) 5, S. 629 - 638

[Bane 84] Banerjee, P; J.A. Abraham: Charakterization and testing of physikal failures in MOS logic circuits. IEEE Design & Test 1 (1984) 8, S. 76 - 86

[Bard 87] Bardell, P.H.; W.H. McAnney; J. Savir: Built-in test for VLSI: Pseudorandom techniques. New York: John Wiley & Sons 1987

[Barr 76] Barraclough, W.; A.C.L. Chiang, W. Sohl: Techniques for testing the microcomputer family. Proceedings of the IEEE 64 (1976) 6, S. 943 - 950

[Bars 76] Barsi, F.; F. Grandoni; P. Maestrini: A theory of diagnosability of digital systems. IEEE Transactions on Computers C-25 (1976) 6, S. 585 - 593

[Barz 81] Barzilai, Z.; J. Savir; G. Markowsky; M.G. Smith: The weighted syndrome sums approach to VLSI testing. IEEE Transactions on Computers C-30 (1981) 12, S. 996 - 1000

[Bhat 89] Bhattacharya, D.; B.T. Murray; J.P. Hayes: High level test generation for VLSI. IEEE Computer 22 (1989) 4, S. 16 - 24

[Beck 90] Becker, B.; J. Hartmann: Optimal-time multipliers and C-testability. Journal of Information Processing and Cybernetics EIK 26 (1990) 10, 547 - 561

[Beh 82] Beh, C.C.; K.H. Arya; C.E. Radke; K.E. Torku: Do stuck fault models reflect manufacturing defects? Proc. IEEE Semiconductor Test Conference 1982, S. 35 - 42

[Bell 84] Belli, F.: Ein Bündel heuristischer Verfahren zur kostenoptimalen Bestimmung und Sicherung von Software-Zuverlässigkeit. Informatik-Fachberichte Nr. 83: Software-Fehlertoleranz und -Zuverlässigkeit. Berlin, Heidelberg, New York, Tokyo: Springer-Verlag 1984

[Bell 86] Belli, F.; K. Echtle; W. Görke: Methoden und Modelle der Fehlertoleranz. Informatik Spektrum (1986) 9, S. 68 - 81

[Bend 89] Bending, M.J.: HITEST - a knowledge-based test generation system. IEEE Design & Test of Computers (1989) Feb., S. 83 - 93

[Benn 71] Bennetts, R.G.; D.W. Lewin: Fault diagnosis of digital systems - a review. The Computer Journal 14 (1971) 2, S. 199 - 206

[Benn 74] Bennetts, R.G.; R.V. Scott: Recent developments in the theory and practice of testable logic design. Computer 9 (1976) 6, S. 47- 63

[Benn 81] Bennetts, R.G.; C.M. Maunder; G.D. Robinson: CAMELOT: a computer-aided measure for logic testability. IEE Proceedings, Pt. E, 128 (1981) 5; S. 177 - 189

[Benn 82] Bennetts, R.G.: Introduction to digital board testing. New York: Crane Russak & Company 1982

[Benn 90] Bennetts, B.: Tools for test - a long way to go. Electronics Manufacture & Test (1990) 5, S. 29 -30

[Beno 75] Benowitz, N.; D.F. Calhoun; G.E. Alderson; J.E. Bauer; C.T. Joeckel: An advanced fault isolation system for digital logic. IEEE Transactions on Computers C-24 (1975) 5, S. 489 - 497

[Berg 83] Berg, W.C.: Designing testable CMOS gate arrays. UTMC Publication 1983

[Bhat 85] Bhattacharya, B.B.; B. Gupta; S. Sarkar; A.K. Choudhury: Testable design of RMC networks with universal tests for detecting stuck-at and bridging faults. IEE Proceedings, Pt. E, 132 (1985) 3, S. 155 - 161

[Biro 91] Birolini, A.: Qualität und Zuverlässigkeit technischer Systeme. Theorie, Praxis, Management. 3. Auflage. Berlin, Heidelberg: Springer-Verlag 1991

[Blee 93] Bleeker, H.; P. van den Eijnden; F. de Jong: Boundary-Scan Test. Dordrecht: Kluwer Academic Publishers group 1993

[Blod 82] Blodgett, A.J.; D.R. Barbour: Thermal Conduction Modul: A high performance multilayer ceramic package. IBM Journal of Research and Development 26 (1982) 1, S. 230 - 236

[Blou 77] Blount, M.L.: Probalistic treatment of diagnosis in digital systems. Proc. 7th International Conference on Fault-Tolerant Computing 1977, S. 72 - 77

[Boni 88] Boning, D.S.; D.A. Antoniadis: A workstation approach to IC process and device design. IEEE Design & Test of Computers (1988) April, S. 36 - 47

[Boro 50] Borodačev, N.A.: Grundfragen einer Theorie der Fertigungsgenauigkeit. Moskau: Izd. AN SSSR 1950

[Bowe 93] Bowen, N.S.; D.K. Pradhan: Processor- and memory-based checkpoint and rollback recovery. Computer 26 (1993) 2, S. 22 - 31

[Brah 84] Brahme, D.; J.A. Abraham: Functional testing of microprocessors. IEEE Transactions on Computers C-33 (1984) 6, S. 475 - 485

[Bran 94] Brandstädt, A.: Graphen und Algorithmen. Stuttgart: B.G. Teubner 1994

[Breu 76] Breuer, M.A.; A.D. Friedman: Diagnosis and reliable design of digital systems. Rockville: Computer Science Press 1976

[Breu 89] Breuer, M.A.; R. Gupta; R. Gupta; K.-J. Lee; J.-Ch. Lien: Knowledge based systems for test und diagnosis. Proc. of the IFIP International Workshop on Knowledge Based Systems for Test and Diagnosis (1989) S. 2 - 27

[Breu 91] Breuer, M.A.; R. Gupta; R. Gupta: Applications of AI in test - a System for designing testable VLSI circuits. International Journal of Computer Aided VLSI Design (1991) 3, S. 137 - 171

[Brow 60] Brown, D.T.: Error detecting and error correcting binary codes for arithmetics operations. IRE Transactions on Electronic Computers EC-9 (1960) 9, S. 333 - 337

[Brul 60] Brule, J.D.; R.A. Johnson; E.J. Kletsky: Diagnosis of equipment failures. IRE Transactions on Reliability and Quality Control RQC-9(1960) 4, S. 23-34

[Brun 94] Brunner, M; R. Schmid; R. Schmitt; M. Sturm; O. Gessner: Contactless testing of multi-chip modules. Microelectronic Engineering 24 (1994) S. 61-70

[Bund 88] Bundschuh, B; P. Sokolowsky: Rechnerstrukturen und Rechnerarchitektur. Braunschweig: Friedr. Vieweg & Sohn Verlagsgesellschaft mbH 1988

[Buon 91] Buonanno, G.; F. Lombardi; D. Sciuto; Y.N. Shen: Design for testability techniques for CMOS combinational gates. IEEE Transactions on Instrumentation and Measurement 40 (1991) 4, S. 703 - 708

[Buyc 85] Buyck, V.: A fault-tolerant control complex for a digital switching system. EUROMICRO 1985, S. 443 - 451

[Carl 95] Carletta, J.; C. Papachristou: Structural constraints for circular self-test path. Proc. 13th IEEE VLSI Test Symposium 1995, S. 486 - 491

[Cart 68] Carter, W.C.; P.R. Schneider: Design of dynamically checked computers. Proc. IFIP Congress 1968, vol. 2, S. 878 - 883

[Cart 70] Carter, W.C.; D.J. Jessep; A. Wadia: Error-free decoding for failure-tolerant memories. Proc. International Computer Group Conference 1970, S. 229 -239

[Chak 90] Chakradhar, S.T.; M.L. Bushnell; V.D. Agrawal: Toward massively parallel automatic test generation. IEEE Transactions on Computer-Aided Design 9 (1990) 9, S. 981 - 994

[Chan 93] Chandra, S.; K. Pierce; G. Srinath; H.R. Sucar; V. Kulkarni: CrossCheck: An innovative testability solution. IEEE Design & Test of Computers (1993) 6, S. 56 - 67

[Chan 65] Chang, H.Y.: An algorithm for selecting on optimum set of diagnostic tests. IEEE Transactions on Electronic Computers EC-14 (1965) 5, S. 706 - 711

[Chan 70] Chang, H.Y.; E. Manning, G. Metze: Fault diagnosis of digital systems. New York, London, Sydney, Toronto: Wiley-Intersience 1970

[Chan 73] Chang, H.Y.; G.W. Heimbigner; D.J. Senese; T.L. Smith: Maintenance techniques of a microprogrammed self-checking control complex of an electronic switching system. IEEE Transactions on Computers C-22 (1973) 5, S. 501 - 512

[Chan 83) Chandramouli, R.: On testing stuck-open faults. Proc. 13th International Symphosium on Fault-Tolerant Computing 1983, S. 258 - 265

[Chen 85] Chen, T.-H.; M.A. Breuer: Automatic design for testability via testability measures. IEEE Trans. on Computer Aided Design CAD 4(1985) 1, S. 3 - 11

[Chen 90] Chen, Y.; T. Chen: Implementing fault-tolerance via modular redundancy with comparison. IEEE Transactions on Reliability 39 (1990) 2 S. 217 - 225

[Chen 89] Cheng, W.T.; T.J. Chakraborty: Gentest - an automatic test-generation system for sequential circuits. IEEE Computer (1989) 4, S.43 - 49

[Chen 89a] Cheng, K.-T.; V.D. Agrawal: Unified methods for VLSI simulation and test generation. Boston, Dortrecht, London: Kluwer Academic publishers 1989

[Chin 87] Chin, C.K.; E.J. McCluskey: Test length for pseudorandom testing. IEEE Transactions on Computers C-36 (1987) 2, S. 252 - 256

[Chro 89] Chroust, G.: Mikroprogrammierung und Rechnerentwurf. München, Wien: R.Oldenbourg Verlag 1989

[Coy 88] Coy, W.: Aufbau und Arbeitsweise von Rechenanlagen. Braunschweig, Wiesbaden: Friedr. Vieweg & Sohn Verlagsgesellschaft mbH 1988

[Daeh 81] Daehn, W.; J. Mucha: A hardware approach to self-testing of large programmable logic arrays. IEEE Trans. on Computers C-30 (1981) 11, S. 829 - 831

[Daeh 83] Daehn, W.: Deterministische Testmustergeneratoren für den Selbsttest von integrierten Digitalschaltungen. Dissertation, Fakultät für Maschinenwesen der Universität Hannover, 1983

[DalC 87] Dal Cin, M: Ein Diagnoseverfahren für Systeme mit mehreren Verarbeitungseinheiten. Informatik-Fachberichte: Fehlertolerierende Rechensysteme/Fault-Tolerant Computing Systems. 3. Internat. GI/ITG/GMA-Fachtagung 1987

[Dami 89] Damiani, M.; P. Olivio; M. Favalli; B. Ricco: An analytical model for the aliasing probability in signature analysis testing. IEEE Transactions on Computer-Aided Design 8 (1989) 11, S. 1133 - 1144

[Danc 86] Dance, B.: Selbst ist der Chip. On-Chip-Testmöglichkeiten auf VLSI-Schaltungen. Elektronik 35 (1986) 16, S. 54 - 56

[Dand 84] Dandapani, R.; J.H. Patel; J.A. Abraham: Design of test pattern generators for built-in test. Proc. International Test Conference 1984, S. 315 -319

[DasG 81] DasGupta, S.; P. Goel; R.G. Walther; T.W. Williams: Level-Sensitive Scan Design System. Patent US 4293919, 1981

[DasG 82] DasGupta, S.; P. Goel; R.G. Walther; T.W. Williams: A variation of LSSD and its implications on design and test pattern generation in VLSI. Proc. International Test Conference 1982, S. 63 - 66

[DasG 85] DasGupta, S.; M.C. Graf; R.A. Rasmussen; T.W. Williams: Method of concurrently testing each of a plurality of interconnected integrated circuit chips. Patent US 4509008, 1985

[Davi 82] Davidson, R.P.: LSI circuit logic structure including data compression circuitry. Patent US 4320509, 1982

[Deck 95] Decker, W.; K. Thurn: Multichipmodule - von der Idee zum Produkt. Surface mount technologies, technologies, circuit & tools, hybrid & advanced packing technologies. Tagungsband Internationale Fachmesse für SMT/ES&S/Hybrid 1995. Berlin, Offenbach: VDE-Verlag 1995

[Dekk 90] Dekker, R.; F. Beenker; L. Thijssen: A realistic fault model and test algorithms for static random access memories. IEEE Transactions on Computer-Aided Design 9 (1990) 6, S.567 - 572

[DeMa 79] DeMarco, T.: Structured analysis and system specification. Englewood Cliffs: Yourdon Press 1979

[Derv 91] Dervisoglu, B.I.; G.E. Stong: Design for testability: Using scanpath techniques for path-delay test and measurement. Proc. International Test Conference 1991, S. 365 - 374

[Diam 55] Diamond, R.M.: Checking codes for digital computers. Proceedings of the IRE 43 (1955) 4, S. 487 - 488

[Dijk 68] Dijkstra, E.W.: GOTO statements considered harmful. Communications of the ACM 11 (1968) 3, S. 147 - 148

[Dilg 86] Dilger, E.; E. Maehle: Systemarchitektur und Fehlertoleranz. Informatik-Spektrum (1986) 9, S. 111 - 118

[DIN 76] DIN 66219, Ausgabe April 1976: Verfahren zur Blockprüfung bei Datenübertragung im Übermittlungsabschnitt

[DIN 80] DIN 66 050, Ausgabe August 1980: Gebrauchstauglichkeit. Begriff

[DIN 85] DIN 55 350, Teil 31, Ausgabe Dezember 1985: Begriffe der Qualtätssicherung und Statistik. Begriffe der Annahmestichprobenprüfung

[DIN 85a] DIN 31 051, Ausgabe Januar 1985: Instandhaltung. Begriffe und Maßnahmen

[DIN 88] DIN 55 350, Teil 17, Ausgabe August 1988: Begriffe der Qualitätssicherung und Statistik. Begriffe der Qualitätsprüfungsarten

[DIN 88a] DIN 44 300, Teil 5, Ausgabe November 1988: Informationsverarbeitung. Begriffe. Aufbau digitaler Rechensysteme

[DIN 89] DIN 55350, Teil 12, Ausgabe März 1989: Begriffe der Qualitätssicherung und Statistik. Merkmalsbezogene Begriffe

[DIN 90] DIN 25 448, Ausgabe Mai 1990: Ausfalleffektanalyse (Fehler-Möglichkeits- und -Einfluß-Analyse)

[DIN 90a] DIN 40041, Ausgabe Dezember 1990: Zuverlässigkeit. Begriffe

[DIN 92] DIN ISO 9000, Teil 3, Ausgabe Juni 1992: Qualitätsmanagement- und Qualitätssicherungsnormen. Leitfaden für die Anwendung von ISO 9001 auf die Entwicklung, Lieferung und Wartung von Software

[DIN 93] DIN ISO 2859, Ausgabe April 1993: Annahmestichprobenprüfung anhand der Anzahl fehlerhafter Einheiten oder Fehler (Attributprüfung)

[DIN 93a] DIN 55 350-33, Ausgabe September 1993: Begriffe zu Qualitätsmanagement und Statistik. Begriffe der statistischen Prozeßlenkung (SPC)

[DIN 94] DIN EN ISO 9004-1, Ausgabe August 1994: Qualitätsmanagement und Elemente eines Qualitätsmanagementsystems. Teil 1: Leitfaden

[DIN 94a] DIN IEC 300, Teil 3-1, Ausgabe Februar 1994: Zuverlässigkeitsmanagement. Anwendungsleitfaden. Techniken für die Analyse der Zuverlässigkeit

[DIN 95] DIN EN ISO 8402, Ausgabe August 1995: Qualitätsmanagement. Begriffe

[DIN 95a] DIN 55 350-11, Ausgabe August 1995: Begriffe zu Qualitätsmanagement und Statistik. Teil 11: Begriffe des Qualitätsmanagements

[Dors 95] Dorsch, D.: Modulares Konzept - offene Lösungen und Komponenten für industrielle Systeme. Elektronik-Praxis (1995) 18, S. 118 - 122

[Down 64] Downing, R.W.; J.S. Nowak; L.S. Tuomenoksa: No. 1 ESS maintenance plan. The Bell System Technical Journal (1964), 9, S. 1961 - 2019

[Dwor 89] Dworatschek, S.: Grundlagen der Datenverarbeitung. 8. Auflage. Berlin: Walter de Gruyter & Co. 1989

[Eich 73] Eichelberger, E.B.: Method of level-sensitive testing a functional logic system. Patent US 3761695, 1973

[Eich 74] Eichelberger, E.B.: Level-sensitive logic system. Patent US 3783254, 1974

[Eich 80] Eichelberger, E.B.; E. Lindbloom: A heuristic test-pattern generator for programmable logic arrays. IBM Journal of Research and Development 24 (1980) 1, S. 15 - 22

[Eich 83] Eichelberger, E.B.; E. Lindbloom: Trends in VLSI testing. Proc. VLSI 1983, S. 339 - 348

[Eich 91] Eichelberger, E.B.; E. Lindbloom; J.A. Waicukauski; T.W. Williams: Structured logic testing. Englewood Cliffs: Prentice Hall 1991

[EDIF 89] Electronic Design Interchange Format. Version 200. EIA/ANSI Standard 548. Washington D.C. 1989

[Elek 86] ...: Die totale Qualitätskontrolle. Elektronikschau (1986) 10, S. 52 - 56

[Evan 88] Evans, R.J.; W.R. Moore: CMOS transistor faults and their effect on logic design. IEE Colloquium "Design for Testability", London 1988, S. 6/1 - 6/5

[Fabr 74] Fabry, R.S.: Capability-based addressing. Communication of the ACM 17 (1974) 7, S. 403 - 412

[Fasa 82] Fasang, P.P.: Circuit module implements practical self-testing. Electronics 55 (1982) 10, S. 164 -167

[Fasa 82a] Fasang, P.P.: A fault detection and isolation technique for microprocessors. Proc. International Test Conference 1982, S. 214 - 219

[Fasa 85] Fasang, P.P; J.P. Shen; M.A. Schuette; W.A. Gwaltney: Automated design for testability of semicustom integrated circuits. Proc. International Test Conference 1985, S. 558 - 563

[Fasc 93] Fasching, F; S. Halama; S. Selberherr: Technology CAD Systems. Wien, New York: Springer-Verlag 1993

[Feig 91] Feigenbaum, A.V.: Total quality control. 3. Auflage. New York, London: McGraw-Hill Book Company, Inc. 1991

[Ferg 87] Ferguson, J.D.; L. Macari, P. Williams: Microprocessor system servicing. London: Prentice-Hall International 1987

[Feue 83] Feuer, Michael: VLSI design automation: An introduction. Proceedings of the IEEE 71 (1983) 1, S. 5 -9

[Fill 85] Fillippone, S.F.: Automating test-bed fault detection and diagnosis. Proc. International Test Conference 1985, S. 386 - 392

[Fins 86] Finsterbusch, W.: A logic design structure for selftest RAM circuits. Proc. IX. International Conference on Fault-Tolerant Systems and Diagnostics 1986, S. 333 - 335

[Fins 88] Finsterbusch, W.; R. Kärger: Implementierbare Prüfstrukturen - Restfehlerwahrscheinlichkeiten von Signaturanalysatoren im Vergleich. Nachrichtentechnik, Elektronik 38 (1988) 8, S. 297 - 298

[Fran 76] Frankenberg, R.T.; G. Goodrich: Designer's guide to semiconductor memories. Part 9. EDN (1976) 1, S. 42 - 50

[Fried 73] Friedman, A.D.: Easily testable iterative Systems. IEEE Transactions on Computers C-22 (1973) 12, S. 1061 - 1064

[Frie 74] Friedman, A.D.: Diagnosis of short-circuits faults in combinational circuits. IEEE Transactions on Computers C-23 (1974) 7, S. 746 - 752

[Frie 75] Friedman, A.: A new measure of digital system diagnosis. Proc. 5th International Symposium on Fault-Tolerant Computing 1975, S. 167 - 170

[Frit 90] Fritzemeier, R.R.; J.M. Soden; R.K. Treece; C.F. Hawkins: Increased CMOS IC stuck-at fault coverage with reduced I_{DDQ} test sets. Proc. International Test Conference 1990, S. 427 - 435

[Froh 77] Frohwerk, R.A.: Signature analysis: a new digital field service method. Hewlett-Packard Journal 28 (1977) 5, S. 2 - 8

[Früh 87] Frühauf, U.: Automatische Meß- und Prüftechnik. Berlin. Verlag Technik 1987

[Früh 91] Frühauf, K.; J. Ludewig; H. Sandmayr: Software-Projektmanagement und Qualitätssicherung. 2. Auflage. Stuttgart: B.G. Teubner 1991

[Fuji 85] Fuji, R.; J.A. Abraham: Self-test for microprocessors. Proc. International Test Conference 1985, S. 356 - 361

[Fuji 78] Fujiwara, H.; K. Kinoshita: Connection Assignment for probabilistically diagnosable systems. IEEE Transactions on Computers C-27 (1978) 3, S. 280 - 283

[Fuji 78a] Fujiwara, H.; K. Kinoshita: Testing logic circuits with compressed data. Proc. 8th International Conference on Fault-tolerant Computing 1978, S. 108 - 113

[Fuji 81] Fujiwara, H.; K. Kinoshita: A design of programmable logic arrays with universal tests. IEEE Trans. on Computers C-30 (1981) 11, S. 823 - 838

[Fuji 83] Fujiwara, H.; T. Shimono: On the acceleration of test generation algorithms. IEEE Transactions on Computers C-32 (1983) 12, S. 1137 - 1144

[Fuji 86] Fujiwara; H.: Design for testability and built-in self-test for VLSI circuits. Microprocessors and Microsystems 10 (1986) 3, S. 139 - 147

[Fuji 87] Fujiwara, E.; K. Matsuoka: A self-checking generalized prediction checker and its use for built-in testing. IEEE Transactions on Computers C-36 (1987) 1, S. 86 - 93

[Gajs 83] Gajski, D.D.; R.H. Kuhn: Guest editors' introduction: New VLSI tools. Computer 16 (1983) 12, S. 11 - 14

[Geig 92] Geiger, W.: Geschichte und Zukunft des Qualitätsbegriffs - Anmerkungen zur weltweiten Angleichung. Qualität und Zuverlässigkeit 37 (1992) 1, S.33 - 35

[Geig 94] Geiger, W.: Qualitätslehre. 2. Auflage. Braunschweig, Wiesbaden: Friedr. Vieweg & Sohn Verlagsgesellschaft mbH 1994

[Gels 86] Gelsinger, P.P.: Built-in self test of the 80386 Proc. International Conference on Computer Design 1986, S. 169 - 173

[Geor 80] Georgiev, N.V.; B.V. Orlov: Funktionsprüfung von Halbleiterspeichern (in russ.). Ėlektronnaja promyšlennost' (1990) 6, S.3 - 21

[Gern 86] Gerner, M.; W. Görke; M. Marhöfer: Prüfgerechter Entwurf von IC. Informatik-Spektrum (1986) 9, S. 235 - 246

[Gern 90] Gerner, M.; B. Müller; G. Sandweg: Selbsttest digitaler Schaltungen. München, Wien: R. Oldenbourg Verlag 1990

[Ghee 88] Gheewala, T.R.: Grid based "Cross-Check" test structure for testing integrated circuits. Patent US 4749947, 1988

[Ghos 91] Ghosh, A.; S. Devadas; A.R. Newton: Test generation and verification for highly sequential circuits. IEEE Transactions on Computer-Aided Design 10 (1991) 5, S. 652 - 667

[Gizo 95] Gizopoulos, D.; D. Nikolos; A. Paschalis: Testing combinational iterative logic arrays for realistic faults. Proc. 13th VLSI Test Symposium 1995, S. 35 - 40

[Glus 59] Gluss, B.: An optimum policy for detecting a fault in a complex system. Operations Research 7 (1959) 4, S. 468 - 477

[Goel 80] Goel, P.: Test generation costs analysis and projections. Proc. 17th Design Automation Conference 1980, S. 77 - 84

[Goel 81] Goel, P.: An implicit enumeration algorithm to generate tests for combinational logic circuits. IEEE Trans. on Computers C-30 (1981) 3, S. 215 - 222

[Gold 79] Goldstein, L.H.: Controllability/Observability analysis of digital circuits. IEEE Transactions on Circuits and Systems CAS-26 (1979) 9, S. 685 - 693

[Gold 80] Goldstein, L.H.; E.L. Thigpen: SCOAP: Sandia controllability/observability analysis program. Proc. 17th Design Automation Conf. 1980, S. 190 - 196

[Golo 82] Golomb, S.W.: Shift register sequences. Laguna Hills: Aegan Park Press 1982

[Goor 90] Goor, A.J.,van de; C.A. Verrruijt: An overview of deterministic functional RAM chip testing. ACM Computing Surveys 22 (1990) S. 5 - 33

[Görk 73] Görke, W.: Fehlerdiagnose digitaler Schaltungen. Stuttgart: B.G.Teubner 1973

[Görk 89] Görke, W.: Fehlertolerante Rechensysteme. München, Wien: R. Oldenbourg Verlag 1989

[Göss 91] Gössel, M.: Optimal error detection circuits for sequential circuits with observable states. Proc. 5th International GI/ITG/GMA Conference, Nürnberg 1991, S. 171 - 180

[Goud 91] Gouders, N.; R. Kaibel: Advanced techniques for sequential test generation. Proc. 2nd European Test Conference 1991, S. 293 - 300

[Graf 87] Graf, S.; M. Gössel: Fehlererkennungsschaltungen. Berlin: Akademie-Verlag 1987

[Gray 91] Gray, J.; D.P. Siewiorek: High-Availability computer systems. IEEE Computer 24 (1991) 9, S. 39 - 48

[Grue 93] Gruetzner, M.; C.W. Starke: Experience with biased random pattern generation to meet the demand for a high quality BIST. Proc. 3rd European Test Conference 1993, S. 408 - 417

[Grun 95] ...: VIPRO 7/LS. High-speed Lötstelleninspektionssystem. Firmenschrift. Grundig Professional Electronics GmbH 1995

[Gupt 89] Gupta, B.; Y.K. Malaiya; Y. Min; R. Rajsuman: On designing robust testable CMOS combinational circuits. IEE Proceedings, Pt. E, 136 (1989) 4, S. 329 - 338

[Hale 86] Hale, S. G.: Testing digital integrated circuits. Patent EP 208393, 1986

[Hamm 50] Hamming, R.: Error detecting and error correcting codes. The Bell System Technical Journal 29 (1950) 4, S. 147 - 160

[Häns 87] Hänsch, W.; S. Selberherr: MINIMOS 3: A MOSFET simulator that includes energy balance. IEEE Transactions on Electron Devices ED-34 (1987) 12, S. 1074 - 1078

[Hass 83] Hassan, S.Z.; E.J. McCluskey: Testing PLAs using multiple parallel signatur analyzers. Proc. 13th International Symposium on Fault-Tolerant Computing 1983, S. 422 - 425

[Haus 87] Hausen, H.L.; M. Müllerburg; M. Schmidt: Über das Prüfen, Messen und Bewerten von Software. Informatik-Spektrum (1987) 10, S. 123 - 144

[Hawk 86] Hawkins, C.F.; J.M. Soden: Reliability and electrical properties of gate oxide shorts in CMOS ICs. Proc. International Test Conference 1986, S. 443 - 451

[Haye 75] Hayes, J.P.: Detection of pattern sensitive faults in random access memories. IEEE Transactions on Computers C-24 (1975) 2, S. 150 - 157

[Haye 76] Hayes, J.P.: Transition count testing of combinational logic circuits. IEEE Transactions on Computers C-25 (1976) 6, S. 613 - 620

[Haye 80] Hayes, J.P.: Testing memories for single-cell pattern sensitive faults. IEEE Transactions on Computers C-29 (1980) 3, S. 249 - 254

[Hein 74] Heinze, W.: Analyse technologischer Prozesse in der elektronischen Industrie. Berlin: Verlag Technik 1974

[HILO 94] ...: Neue Version 4.5 von System HILO. HI-Light 4 (1994) 9, S. 4

[Hitc 82] Hitchcock, R.B.; G.L. Smith; D.D. Cheng: Timing analysis of computer hardware. IBM Journal of Research and Development 26 (1982) 1, S. 100 - 105

[Hoar 77] Hoare, C.A.R.: An axiomatic basis of computer programming. Communications of the ACM 12 (1969) 10, S. 576 - 580

[Holt 81] Holt, C.; J. Smith: Diagnosis of systems with asymmetric invalidation. IEEE Transactions on Computers C-30 (1981) 9, S. 679 - 690

[Hong 80] Hong, S.J.; D.L. Ostapko: FITPLA: A programmable logic array for function independent testing. Proc. 10th International Conference on Fault-Tolerant Computing 1980, S. 131 - 136

[Hörb 86] Hörbst, E.; M. Nett; H. Schwärtzel: VENUS - Entwurf von VLSI-Schaltungen. Berlin, Heidelberg, New York, Tokyo: Springer-Verlag 1986

[Hort 90] Hortensius, P.D.; R.D. McLeod; B.W. Podaima: Cellular automata circuits for built-in self test. IBM Journal of Research and Development 34 (1990) 2/3, S. 389 - 405

[Hnat 75] Hnatek, E.R.: 4-Kilobit memories present a challenge to testing. Computer Design 14 (1975) 5, S. 117 - 125

[HP 93] ...: Solutions for SMT manufacturing test. Firmenschrift. Hewlett Packard 1993

[Hsia 63] Hsiao, M.Y.; Sellers, F.F.: The carry dependent sum adder. IEEE Transactions on Electronic Computers EC-12 (1963) 6, S. 265 - 268

[Hsia 81] Hsiao, M.Y.; W.C. Carter; J.W. Thomas; W.R. Stringfellow: Reliability, availability and serviceability of IBM computer systems: a quarter century of progress. IBM Journ. Research and Developement 25 (1981) 5, S. 453 - 461

[Huan 78] Huang, J.: Programm instrumentation and software testing. Computer 11 (1978) 4, S. 25 - 32

[Hübn 82] Hübner, D.; E. Schönherr: Diagnostik in der Digitaltechnik. Berlin: Verlag Technik 1982

[Hugh 86] Hughes, J.L.A.; E.J. McCluskey: Multiple stuck-at fault coverage of single stuck-at fault test sets. Proc. International Test Conference 1986, S. 368 - 374

[Ibar 75] Ibarra, O.H.; S.K. Sahni: Polynomially complete fault detection problems. IEEE Transactions on Computers C-24 (1975) 3, S. 242 - 247

[IEEE 90] IEEE Standard 1149.1, Ausgabe 1990: IEEE Standard Test Access Port and Boundary-Scan Architecture

[Illm 89] Illman,R.; S. Clarke: Built in self test of the Macrolan chip. Proc. International Test Conference 1989, S. 735 - 744

[Inag 72] Inagaki, M: Test and diagnosis program generation using microinstruction. NEC Research and Development 26 (1972) 7, S. 35 - 52

[Info 92] ...: CRAY Y-MP C90 - Supercomputer der 90er Jahre. Informatik Spektrum 15 (1992) 2, S. 49

[Ishi 82] Ishikawa, K.: Guide to quality control. Tokyo: Asian Prod. Organization 1982

[ISO 84] ISO 3309, Ausgabe 1984: Information processing systems. Data communication. High-level data link control procedures. Frame structure.

[Ivan 89] Ivanov, A.; V.K. Agarwal: An analysis of the probabilistic behavior of linear feedback signature registers. IEEE Transactions on Computer-Aided Design 8 (1989) 10, S. 1074 - 1088

[Jaco 87] Jacob, J.; N.N. Biswas: GTBD faults and lower bounds on multiple fault coverage of single fault test sets. Proc. International Test Conference 1987, S. 849 - 855

[Jain 83] Jain, S.K.; V.D. Agrawal: Test generation for MOS circuits using D-Algorithm. Proc. 20th Design Automation Conference 1983, S. 64 - 70

[Jain 84] Jain, S.K.; V.D. Agrawal: STAFAN: An alternative to fault simulation. Proc. 21th Design Automation Conference 1984, S. 18 - 23

[Jain 85a] Jain, S.K.; V.D. Agrawal: Statistical Fault Analysis. IEEE Design & Test of Computers 2 (1985) 2, S. 38- 44

[Jain 85b] Jain, S.K.; V.D. Agrawal: Modeling and test generation algorithms for MOS circuits. IEEE Transactions on Computers C-34 (1985) 5, S. 426 - 433, C-34 (1985) 7, S. 680

[Jenk 83] Jenkins, W.K.: The design of error checkers for self-checking residue number arithmetic. IEEE Transactions on Computers C-32 (1983) 4, S. 388 - 396

[John 84] Johnson, D.: The Intel 432: A VLSI architecture for fault-tolerant computer systems. Computer (1984) 8, S. 40 - 48

[Jone 90] Jones, D.: Fehlertoleranz und Zuverlässigkeit in Mikroprozessor-Systemen. Elektronik (1990) 24, S. 54 - 60

[Jord 94] Jordan, P.: Das NXR sorgt für "Durchblick". CADS & SMT (1994) 2, S. 68 - 69

[Jung 87] Jungnickel, D.: Graphen, Netzwerke und Algorithmen. Zürich: Bibliographisches Institut 1987

[Kaga 88] Kagan, B.M.; I.B. Mkrtumjan: Grundlagen der Anwendung von EDVA (in Russ.). Moskau: Ėnergoatomizdat 1988

[Kalo 94] Kaloscha, E.: Entwurf selbsttestfähiger PLA. Proc. 6. Workshop "Testmethoden und Zuverlässigkeit von Schaltungen und Systemen 1994, S. 46 - 49

[Kami 92] Kamiske, G.F.: Das untaugliche Mittel der "Qualitätskostenrechnung". Qualität und Zuverlässigkeit 33 (1992) 3, S. 122 - 123

[Kamo 82] Kamonytsky, D.: LSI self-test method. Patent US 4519078, 1982

[Kane 75] Kane, J.R.; S.S. Yau: Concurrent Software fault detection. IEEE Transactions on Software Engineering SE-1 (1975) 1, S. 87 - 99

[Kärg 80] Kärger, R.: Bestimmung der Prüfmerkmale in der prüftechnologischen Fertigungsvorbereitung. Feingerätetechnik 29 (1980) 1, S. 15 - 18

[Kärg 85] Kärger, R.: Prüftechnik für elektronische Erzeugnisse. Heidelberg: Dr. Alfred Hüthig Verlag 1985

[Kärg 86] Kärger, R.: Prüfstrategien für elektronische Einrichtungen. Feingerätetechnik 35 (1986) 2, S. 81 - 83, (1986) 3, S. 131 - 133, (1986) 4, S. 176 - 178

[Kärg 89] Kärger, R.: "Do it by yourself" - Prüfkonzepte im Umbruch. Proc. 10. Wissenschaftliches Seminar Mikrorechner. Technische Hochschule Ilmenau 1989, S. 98 - 106

[Kärg 90] Kärger, R.; G. Kemnitz: Instrumentierung der Signaturanalyse. Messen & Prüfen 26 (1990) 10, S. 471 - 475

[Kärg 90a] Kärger, R.; G. Kemnitz: Schaltungsanordnung zur Erweiterung der Anzahl der Eingänge für parallele Signaturanalysatoren. Patent DD 282532, 1990

[Kärg 90b] Kärger, R.; G. Kemnitz: Schaltungsanordnung zur Fehlererkennung in reversiblen, parallelen Datenvektorfolgen. Patent DD 279333, 1990

[Kärg 90c] Kärger, R.; G. Kemnitz: Verfahren zur parallelen Programmierung von gemeinsam mit dem Prüfobjekt integrierten Testdatenauswerteschaltungen und Schaltungsanordnung zu seiner Realisierung. Patent DD 282039, 1990

[Kärg 91] Kärger, R.; G. Kemnitz: Modengesteuertes Testregister in CMOS-Technik. Patent DD 287791, 1991

[Kärg 91a] Kärger, R.; G. Kemnitz: Funktionskonvertierbare Speicherzelle. Patent DD 290272, 1991

[Kärg 91b] Kärger, R.; G. Kemnitz: "Built-in Self Test"-Verfahren und Schaltungsanordnung zu seiner Realisierung. Patent DD 286237, 1991

[Kärg 92] Kärger, R.; G. Kemnitz; K. Kemnitz: Verfahren und Schaltungsanordnung zum Test von Speichern mit wahlfreiem Zugriff. Patent DE 4130570, 1992

[Kärg 92a] Kärger, R.; G. Kemnitz: Verfahren und Schaltungsanordnung zum Test von Speichern mit wahlfreiem Zugriff. Patent DE 4130572, 1992

[Kärg 94] Kärger, R.; G. Kemnitz: Fault aliasing of signature analyzers. Baltische Testkonferenz 1994

[Karu 79] Karunanithi, S.; A. Friedman: Analysis of digital systems using a new measure of system diagnosis. IEEE Transactions on Computers C-28 (1979) 2, S. 121 - 133

[Kast 94] Kastreuz, G.: Management von Qualität und Zuverlässigkeit im Einkauf. Braunschweig, Wiesbaden: F. Vieweg & Sohn Verlagsgesellschaft mbH 1994

[Kaut 67] Kautz, W.H.: Testing for faults in combinational cellular logic arrays. Proc. 8th Symposium on Switching and Automata Theory 1967, S. 161 - 174

[Kell 90] Keller, B.L.; T.J. Snethen: Built-in self-test support in the IBM Engineering design system. IBM Journal of Research and Developement 34 (1990) 2/3, S. 406 - 415

[Kels 93] Kelsey, T.P.; K.K. Saluja; S.Y. Lee: An efficient algorithm for sequential circuit test generation. IEEE Transactions on Computers C-42 (1993) 11, S. 1361 - 1371

[Kemn 95] Kemnitz, G.: Test und Selbsttest digitaler Schaltungen. Habilitationsschrift, Fakultät Informatik der Technischen Universität Dresden, 1995

[Kend 55] Kendall, M.G.: Rank correlation method. New York: Hafner Publishing 1955

[Khak 82] Khakbaz, J.; E.J. McCluskey: Concurrent error detection and testing for large PLAs. IEEE Journal Solid-State Circuits SC-17 (1982) 4, S. 386 - 394

[Khak 84] Khakbaz, J.: A testable PLA design with low overhead and high fault coverage. IEEE Transactions on Computers C-33 (1984) 8, S. 743 - 745

[Kim 91] Kim, K.; J.G. Tront; D.S. Ha: BIDES: A BIST design expert system. Journal Electronic Testing: Theory and Applications 2 (1991) 2, S. 165 -179

[Kirk 87] Kirkland, T.; M.R. Mercer: A topological search algorithm for ATPG. Proc. 24th ACM/IEEE Design Automation Conference 1987, S. 502 - 508

[Kirr 88] Kirrmann, H.D.: Industrieller Einsatz fehlertoleranter Rechner. Informationstechnik 30 (1988) 3, S. 186 - 195

[Klen 92] Klenke, R.H.; R.D. Williams; J.A. Aylor: Parallel-processing techniques for automatic test pattern generation. IEEE Computer (1992) 1, S. 71 - 74

[Koha 71] Kohavi, Z.; D.A. Spires: Designing sets of fault-detection tests for combinational logic circuit. IEEE Transactions on Computers C-20 (1971) 12, S. 1463 - 1479

[Köne 79] Könemann, B.; J. Mucha; G. Zwiehoff: Signaturregister für selbsttestende IC. NTG-Fachberichte (1979) S. 109 -112

[Köne 80] Könemann, B.; J. Mucha; G. Zwiehoff: Logikbaustein für integrierte Digitalschaltungen. Patent DE 2902375, 1980

[Köne 92] Könemann, B.; J. Barlow; P. Chang; R. Gabrielson; C. Goertz; B. Keller; K. McCauley; J. Tischer; V. Iyengar; B. Rosen; T. Williams: Delay test: The next frontier for LSSD test systems. Proc. International Test Conference 1992, S. 578 - 587

[Kope 75] Kopetz, H.: On the connections between range of variable and control structure testing. Proc. International Conference of Reliable Software 1975, S. 511 - 517

[Kope 77] Kopetz, H.: Software-Zuverlässigkeit. Leipzig: B.G. Teubner Verlagsgesellschaft 1977

[Korn 61] Korn, G.A.; T.M. Korn: Mathematical Handbook for Scientists and Engineers. New York, Toronto, London: McGraw-Hill Book Company, Inc. 1961

[Koth 93] Kothari, R.D.; D.S. Ha: Experimental results on aliasing errors in circular BIST design. Proc. European Test Conference 1993, S. 466 - 474

[Kozl 68] Kozlov, B.A.; I.A. Ushakov: Reliability Handbook. New York: Holt, Rinchart and Winston 1968

[Kraś 89] Kraśniewski, A.; S. Pilarski: Circular self-test path: a low-cost BIST technique for VLSI circuits. Proc. International Test Conference 1989, S. 46 - 55

[Kraś 93] Kraśniewski, A.; G. Krzysztof: Is there any future for deterministic self-test of embedded RAMs? Proc. 3rd European Test Conference 1993, S. 159 - 168

[Krüc 90] Krückeberg, F.; O. Spaniol (Hrsg.): Lexikon Informatik und Kommunikationstechnik. Düsseldorf: VDI-Verlag 1990

[Kubo 68] Kubo, H.: A procedure for generating test sequences to detect sequential circuit failures. NEC Research and Developement 12 (1968) 10, S. 69 - 78

[Kuhl 80] Kuhl, J.; S. Reddy: Distributed fault tolerance for large multi-processor systems. Proc. 7th International Symposium on Computer Architecture 1980, S. 23 - 30

[Kurz 80] Kurz, G.: Die quasidigitale Prüfung analoger Verknüpfungsschaltungen - ein Beitrag zur Rationalisierung der Prüfung elektronischer Schaltungen. Dissertation B, Hochschule für Verkehrswesen Dresden, 1980

[Lake 86] Lake, R.: A fast 20K gate array with on-chip test system. VLSI System Design 7 (1986) 6, S.46 - 55

[Laub 84] Lauber, R.; Zhou, S.: Beurteilung von Verfahren zur Tolerierung von Softwarefehlern. Informatik-Fachberichte Nr. 83: Software-Fehlertoleranz und -Zuverlässigkeit. Berlin, Heidelberg, New York, Tokyo: Springer-Verlag 1984

[Law 88] Law, M.E.; R.W. Dutton: Verification of analytic point defect models using SUPREM-IV. IEEE Transactions on Computer-Aided Design 7 (1988) 2, S. 181 - 190

[LeBl 84] LeBlanc, J.J.: LOCST: A built-in self-test technique. IEEE Design & Test (1984) 11, S. 45 - 52

[Lee 84] Lee, Y.H.; K.G. Shin: Design and evaluation of a fault-tolerant multiprocessor using hardware recovery blocks. IEEE Transactions on Computers C-33 (1984) 2, S. 113 - 124

[Leis 83] Leisengang, D.: Klassifikation und Einsatz von Signaturregistern zur Fehlererkennung in digitalen Schaltungen. Dissertation, Fakultät für Elektrotechnik der TU München, 1983

[Leve 81] Levendel, Y.H.; P.R. Menon: Fault simulation methods - extensions and comparison. The Bell System Technical Journal 60 (1981) 11, S. 2235 - 2258

[Li 89] Li, W.-N.; S.M. Reddy; S.K. Sahni: On path selection in combinational circuits. IEEE Transactions on Computer-Aided Design 8 (1989) 1, S. 56 - 63

[Lidl 86] Lidl, R.; H. Niederreiter: Introduction to finite fields and their applications. Cambridge: Cambridge University Press 1986

[Lieb 84] Liebherr, K.J.: Parametrized random testing. Proc. 21st Design Automation Conference 1984, S. 510 - 516

[Lin 87] Lin, C.J.; S.M. Reddy: On delay fault testing in logic circuits. IEEE Transactions on Computer-Aided Design 6 (1987) 9, S. 694 - 703

[Lisa 87] Lisanke, R.; F. Brglez; A. Degeus; D. Gregory: Testability-driven random pattern generation. IEEE Transactions on Computer-Aided Design 6 (1987) 6, S. 1082 - 1087

[Liti 83] Litikov, I.P.: Ring-Test für kombinatorische Schaltungen (in Russisch). Avtomatika i Telemechanika (1983) 7, S. 145 -153

[Liu 87] Liu, D.L.; E.J. McCluskey: Desiging CMOS circuits for switch level testability. IEEE Design & Test (1987) 8, S. 42 - 49

[Liu 87a] Liu, D.L.; E.J. McCluskey: High fault coverage self-test structures for CMOS ICs. Proc. IEEE Custom Integrated Circuits Conference 1987, S. 68 - 71

[Liu 91] Liu, R.-W. (Hrsg.): Testing and Diagnosis of analog circuits and systems. New York: Van Nostrand Reinhold 1991

[Liu 84] Liu, T.S.: The role of a maintenance processor for a general-purpose computer system. IEEE Transactions on Computers C-33 (1984) 6, S. 507 - 517

[Löff 92] Löffler, H.; J. Meinhardt; D. Werner: Taschenbuch der Informatik: Hardware - Software - Anwendungen. Leipzig: Fachbuchverlag 1992

[Long 90] Long, J.; W.K. Fuchs; J.A. Abraham: Forward recovery using checkpointing in parallel systems. International Conference on Parallel Processing 1990. Vol. 1, S. 272 - 275

[Lore 64] Lorens, C.S.: Invertible boolean functions. IEEE Transactions on Electronic Computers EC-13 (1964) 5, S. 529 - 541

[Luba 93] Lubaszewski, M.; V. Castro Alves; M. Nicolaidis; B. Courtois: Checking signatures on boundary scan boards. Proc. European Test Conference 1993, S. 339 - 348

[Maen 87] Maeno, H.; T. Hanibuchi; T. Tada; R. Walters; T. Eto: Testing of embedded RAM using exhaustive random sequences. Proc. International Test Conference 1987, S. 105 - 110

[Mahe 76] Maheshwari, S.N.; S.L. Hakimi: On models for diagnosable systems and probalistic fault diagnosis. IEEE Transactions on Computers C-25 (1976) 3, S. 228 - 236

[Mahm 88] Mahmood, A.; E.J. McCluskey: Concurrent error detection using watchdog processors - a survey. IEEE Trans. on Computers C-37 (1988) 2, S. 160 - 174

[Mala 82] Malaiya, Y.K.; S.Y. Su: A new fault model and testing technique for CMOS devices. Proc. International Test Conference 1982, S. 25 - 34

[Mala 92] Malaiya, Y.K.; R. Rajsuman (ed.): Bridging faults and I_{DDQ} testing. Washington, Brussels, Tokyo: IEEE Computer Society Press 1992.

[Male 91] Malek, M.: Responsive systems: a marriage between real time and fault tolerance. 5th International GI/ITG/GMA Conference Fault-Tolerant Computing Systems 1991, S. 1 -17

[Maly 84] Maly, T.C.; F.J. Ferguson; J.P. Shen: Systematic characterisation of physical defects for fault analysis of MOS IC cells. Proc. International Test Conference 1984, S. 237 - 245

[Maly 88] Maly, W.; P.K. Nag; P. Nigh: Testing oriented analysis of CMOS ICs with opens. Proc. International Conference on Computer-Aided Design 1988, S. 344 - 347

[Mand 72] Mandelbaum, D.: Error correction in residue arithmetic. IEEE Transactions on Computers C-21 (1972) 6, S. 538 - 542

[Marw 92] Marwedel, P.; W. Rosenstiel: Synthese von Register-Transfer-Strukturen aus Verhaltensbeschreibungen. Informatik-Spektrum 15 (1992) 1, S. 5 - 22

[Masi 70] Masing, W.: "Qualitätskreis". Qualität und Zuverlässigkeit 15 (1970) 5, S. 115 - 116

[Masi 88] Masing, W.: Fehlleistungsaufwand. Qualität und Zuverlässigkeit 33 (1988) 1, S. 11 - 12

[Masi 93] Masing, W.: Nachdenken über qualitätsbezogene Kosten. Qualität und Zuverlässigkeit 38 (1993) 3, S. 149 - 153

[Masi 94] Masing, W. (Hrsg.), M. Bruhn: Handbuch Qualitätsmanagement. 3. Auflage. München, Wien: Carl Hanser Verlag 1994

[Maun 90] Maunder, C.; R. Tulloss: The Test Access Port and Boundary Scan Architecture. Los Alamitos: IEEE Computer Society Press 1990

[McAn 85] McAnney, W.H.: Parallel path self-testing system. Patent US 4503537, 1985

[McAn 86] McAnney, W.H.; J. Savir: Built-in checking of the correct self-test signature. Proc. International Test Conference 1986, S. 54 - 58

[McCl 77] McCluskey, E.J.; F.W. Clegg: Fault equivalence in combinational logic networks. IEEE Transactions on Computers C-20 (1971) 11, S. 1286 - 1293

[McCl 81] McCluskey, E.J.; S. Bozorgui-Nesbat: Design for autonomous test. IEEE Transactions on Computers C-30 (1981) 11, S. 866 - 875

[McCl 82] McCluskey, E.J.: Built-in verification test. Proc. International Test Conference 1982, S. 183 - 190

[McCl 88] McCluskey, E.J.; S. Makar; S. Mourad; K.D. Wagner: Probability models for pseudorandom test sequences. IEEE Transactions on Computer-Aided Design 7 (1988) 1, S. 68 - 74

[Mei 74] Mei, K.C.Y.: Bridging and stuck-at faults. IEEE Transactions on Computers C-23 (1974) 7, S. 720 - 727

[Meye 78] Meyer, G.; G. Masson: An efficient fault diagnosis algorithm for symmetric multiple processor architecture. IEEE Transactions on Computers C-27 (1978) 11, S. 1059 - 1063

[Meye 90] Meyer, B.: Objektorientierte Softwareentwicklung. München, Wien: Carl Hanser Verlag; London: Prentice-Hall International Inc. 1990

[Micz 87] Miczo; A.: How do we know if the test is any good. Proc. ATE & Instrumentation Conferencen East 1987, S. 25 - 31

[Micz 88] Miczo, A.: Digital Logic testing: basic concepts. Tutorial Notes. Proc. International Test Conference 1988

[MIL 83] MIL-STD-883, Ausgabe 1983: Test methods and procedures for microelectronics.

[MIL 85] MIL-STD-2165, Ausgabe 1985: Testability program for electronic systems and equipment.

[Mill 92] Millard, D.L.; K.R. Umstadter; R.C. Block: Noncontact testing of circuits. IEEE Design & Test of Computers (1992) 3, S. 55 - 62

[Min 82] Min, Y.; S. Su: Testing functionals faults in VLSI. Proc. 19th Design Automation Conference 1982, S. 384 - 392

[Mont 72] Monteiro, P.; T.R.N. Rao: A residue checker for arithmetic and logical operations. Proc. 2nd International Symposium on Fault-Tolerant Computing 1972, S. 8 - 13

[Moti 87] Motika, F.; J.A. Waicukauski: Weighted random testing apparatus and method. Patent US 4688223, 1987

[Moto 84] Motohara, A.; H. Fujiwara: Design for testability for complete test coverage. IEEE Design & Test (1984) 11, S. 25 -32

[Moor 56} Moore, E.F.: Gedanken experiments on sequential machines. In: Automata Studies, Princeton University Press 1956, S. 129 - 153

[Mori 86] Moriwaki, K.; S. Ishiyama; K. Takizawa; F. Kobayashi; S. Sekine; Y. Hinataze: A test system for high density and high speed digital boards. Proc. International Test Conference 1986, S. 993 - 996

[Much 86] Mucha, J.P.; W. Daehn; J. Gross: Self-test in a standard cell environment. IEEE Design & Test (1986) 12, S. 35 - 41

[Mull 54] Muller, D.E.: Application of boolean algebra to switching circuits design and to errror detection. IRE Transactions on Electronic Computers EC-3 (1954) 9, S. 6 -12

[Mura 90] Muradali, F.; V.K. Agarwal; B. Nadeau-Dostie: A new producedure for weighted random built-in self-test. Proc. International Test Conference 1990, S. 660 - 669

[Murr 88] Murray, B.; J.P. Hayes: Hierarchical test generation using precomputed tests for modules. Proc. International Test Conference 1988, S. 221 - 229

[Musg 88] Musgrave, G.: Petri nets and their relation to design validation and testing. In: Lombardi, F.; M. Sami (eds.): Testing and Diagnosis of VLSI and ULSI. Dordrecht, Boston, London: Kluwer Academic Publishers 1988, S. 257 - 272

[Muth 76] Muth, P.: A nine-valued circuit model for test generation. IEEE Transactions on Computers C-25 (1976) 6, S. 630 - 636

[Nair 78] Nair, R.; S.M. Thatte, J.A.Abrahams: Efficient algorithms for testing semiconductor random access memories. IEEE Transactions on Computers C-27 (1978) 6, S. 572 - 576

[Namj 82] Namjoo, M.: Techniques for testing of VLSI processor operation. Proc. International Test Conference 1982, S. 461 - 468

[Namj 82] Namjoo, M.: Cerberus-16: An architecture for a general purpose watchdog processor. Proc. 13th International Symposium on Fault-Tolerant Computing 1983, S. 216 - 219

[Nany 88] Nanya, T.; T. Kawamura: Error secure/error propagating concept and its application to the design of strongly fault secure processors. IEEE Transactions on Computers C-36 (1988) 1, S. 14 - 24

[[Nebu 83] Nebus, J.F.: Parallel data compression for fault-tolerance. Computer Design (1983) 4, S. 127 - 134

[Nico 84] Nicolaidis, M.; I. Jansch; B. Courtois: Strongly code-disjoint checkers. Proc. 14th International Symposium on Fault-Tolerant Computing 1984, S. 16 - 21

[Nits 86] Nitsche, W.: Widerstandsmessung beim In-Circuit-Test. Feinwerktechnik & Messtechnik 94 (1986) 4, S. 243 - 244

[Ober 90] Oberle, H.-D.; K. Hoffmann; O. Kowarik; M. Leitmeir: Testen von dynamischen Halbleiterspeichern. Mikroelektronik 4 (1990) 1, S. 28 - 31

[Osta 79] Ostapko, D.L.; S.J. Hong: Fault analysis and test generation for programmable logic arrays (PLA´s). IEEE Transactions on Computers C-28 (1979) 9, S. 617 - 626

[Park 75] Parker, K.P.; E.J. McCluskey: Analysis of logic circuits with faults using input signal probabilities. IEEE Transactions on Computers C-24 (1975) 5, S. 573 - 578

[Park 92] Parker, K.P: The Boundary-Scan Handbook. Dordrecht: Kluwer Academic Publishers Group 1992

[Part 81] Parthasarathy, R.; S.M. Reddy: Testable design of iterativ logic arrays. IEEE Transactions on Computers C-30 (1981) 11, S. 833 - 841

[Pate 82] Patel, J.H.; L.Y. Fung: Concurrent error detection in ALU´s by recomputing with shifted operands. IEEE Transactions on Computers C-31 (1982) 7, S. 589 - 595

[Pate 86] Patel, S.; J. Patel: Effectiveness of heuristics measures for automatic test pattern generation. Proc. 23rd Design Automation Conf. 1986, S. 547 - 552

[Patt 90] Patterson, D.A.; J.L. Hennessy: Computer archtecture: A quantitative approach. San Mateo: Morgan Kaufmann Publishers, Inc. 1990

[Pete 91] Peterson, W.W.; E.J. Weldon: Error-correcting codes. Cambridge: MIT Press 1991

[Phil 85] Phillips; J.C.: A programmable bus emulation technique for processor based and periphe-rial printed circuit boards. Proc. International Test Conference 1985, S. 393 - 398

[Pica 90] Picart, B.; O. Petit: Internal non-contact testing method using ferroelectric liquid crystals. Microelectronic Engineering 12 (1990) S. 149 - 156

[Pick 91] Pickenhan J.: Mustergültig. Prozeßkontrolle mit Bildverarbeitung. Elektronik-Praxis 22 (1991) 3, S. 44 - 59

[Pies 83) Piestrak, S.J.: Design method of totally self-checking checkers for m-out-of-n codes. Proc. 13th International Symposium on Fault-Tolerant Computing 1983, S. 162 - 168

[Poag 62] Poage, J.F.: Derivation of optimum tests to detect faults in combinational circuits. Proc. Symp. on Math. Theorie of Automata 1962, S. 483 - 528

[Prad 80] Pradhan, D.K.; J.J.Stiftler: Error-correcting codes and self-checking circuits. Computer (1980) 3, s. 27 - 37

[Prad 90] Pradhan, D.K.; S.K. Gupta; M.G. Karpovsky: Aliasing probability for multiple input signature analyzer. IEEE Transactions on Computers C-39 (1990) 4, S. 586 - 591

[Prep 67] Preparata, F.P.; G. Metze; R.T. Chien: On the connection assignment problem of diagnosable systems. IEEE Transactions on Electronic Computers EC-16 (1967) 6, S. 348 -354

[Prob 82] Probert, R.L.: Optimal insertion of software probes in well-delimited programs. IEEE Transactions on Software Engineering SE-8 (1982) 1, S. 34 - 42

[Prof 94] Profos, P.; T. Pfeifer (Hrsg.): Handbuch der industriellen Meßtechnik. 6. Auflage. München, Wien: R. Oldenbourg Verlag 1994

[Prot 72] Protopopov, V.A.: Ingenieurmäßiges Verfahren zur Konstruktion flexibler Diagnoseprogramme für komplizierte Objekte. Kiev: KDNTP 1972

[Putz 71] Putzolu, G.R.; J.P Roth: A heuristic algorithm for the testing of asynchronous circuits. IEEE Transactions on Computers C-20 (1971) 6, S. 639 - 647

[Quen 94] Quentin, H.: Versuchsmethoden im Qualitäts-Engineering. Braunschweig, Wiesbaden: Friedr. Vieweg & Sohn Verlagsgesellschaft mbH 1994

[Rajs 93] Rajski, J.; J. Tyszer: Recursive pseudoexhaustive test pattern generation. IEEE Transactions on Computers C-42 (1993) 12, S. 1517 - 1521

[Rama 67] Ramamoorthy, C.V.: A structural theorie of machine diagnosis. Proc. of the Spring Joint Computer Conference 1967, S. 743 - 756

[Ramm89] Rammig, F.J.: Systematischer Entwurf digitaler Systeme. Stuttgart: B.G. Teubner 1989

[Rati 90] Ratiu, I.M.; H.B. Bakoglu: Pseudorandom built-in self-test methodology and implementation for the IBM RISC System/6000 processor. IBM Journal of Research and Developement 34 (1990) 1, S. 78 - 84

[Rayan 90] Ryan, C.A.; H.L. Martin: Generation, verification and execution of boundary scan with built-in self-test hardware for VLSI. Proc. of the 32nd Midwest Symposium on circuits 1990, vol 1, S. 40 - 46

[Razu 75] Razumnij, V.M.: Parameterbestimmung für automatische Kontrollen. Moskau: Ėnergija 1975

[Redd 72] Reddy, S.M.: Easily testable realizations for logic functions. IEEE Transactions on Computers C-21 (1972) 11, S. 1184 - 1188

[Redd 74] Reddy, S.M: A note on self-checking checkers. IEEE Transactions on Computers C-23 (1974) 10, S. 1100 - 1102

[Redd 84] Reddy, S.M; M.K. Reddy; V.D. Agrawal: Robust tests for stuck-open faults in CMOS combinational logic circuits. Proc. 14th Fault-Tolerant Computing Systems Conference 1984, S. 44 - 49

[Reic 93] Reichl, H.: Mikrosysteme: Klein - aber zuverlässig. Der Fraunhofer (1993) 1, S. 34 -35

[Reyn 78] Reynolds, D.A.; G. Metze: Faultdetection capabilities of alternating logic. IEEE Transactions on Computers C-27 (1978) 12, S. 1093 -1098

[Roba 80] Robach, C.; G. Saucier: Microprocessor functional testing. Proc. International Test Conference 1980, S. 433 - 443

[Robi 90] Robinson J.P.: Circular BIST test generation. Journal of Semicustom ICs 8 (1990) 1, S. 3 - 7

[Rohd 93] ... : Tester-Kompendium. Rohde & Schwarz 1993

[Roth 66] Roth, J.P.: Diagnosis of automata failures: A calculus and a method. IBM Journal of Research and Development, 10 (1966) 7, S. 278 - 291

[Russ 75a] Russell, J.D.; C.R. Kime: System fault diagnosis: Closure and diagnosability with repair. IEEE Transactions on Computers C-24 (1975) 11, S. 1078 - 1088

[Russ 75b] Russell, J.D.; C.R. Kime: System fault diagnosis: masking, exposure and diagnosability without repair. IEEE Transactions on Computers C-24 (1975) 12, S. 1155 - 1161

[Sabo 86] Sabo, D.G.; D. Johannsen; R. Yau: Genesil silicon compilation and design for testability. Proc. IEEE Custom Integrated Circuits Conf. 1986, S. 416 - 420

[Sahe 79] Saheban, F.; L. Simoncini; A. Friedman: Concurrent computation and diagnosis in multiprocessor systems. Proc. 9th International Symposium on Fault-Tolerant Computing 1979, S. 149 - 156

[Saib 77] Saib, S.H.: Executable assertion - an aid to reliable software. 11th Asilomar Conf. Circuits Syst. Comput. 1977, S. 277 - 281

[Salu 74] Saluja, K.K.; S.M. Reddy: On minimally testable logic networks. IEEE Transactions on Computers C-23 (1974) 5, S. 552 - 554

[Salu 75] Saluja, K.K.; S.M. Reddy: Fault detecting test sets for Reed-Muller canonic networks. IEEE Transactions on Computers C-24 (1975) 10, S. 995 - 998

[Salu 82] Saluja, K.K.: An anhancement of LSSD to reduce test pattern generation and increase fault coverage. Proc. 19th Design Automation Conference 1982, S. 489 - 494

[Sara 92] Saraiva, M.; P. Casimiro; M. Santos; J.T. Sousa; F. Goncalves, I. Teixeira; J.P. Teixeira: Physical DFT for high coverage of realistic faults. Proc. International Test Conference 1992, S. 642 - 650

[Sauc 88] Saucier, G.; A. Ambler; M.A. Breuer (Hrsg.): Knowledge based systems for test and diagnosis. Proc. of the IFIP WG 10.5 International Workshop 1988

[Savi 80] Savir, J.: Syndrom-testable design of combinational circuits. IEEE Trans. on Computers C-29 (1980) 6, S. 442 - 451; C-29 (1980) 11, S. 1012 - 1013

[Savi 84a] Savir, J.; P.H. Bardell: On random pattern test length. IEEE Transactions on Computers C-33 (1984) 6, S. 467 - 474

[Savi 84] Savir, J.; G.S. Ditlow; P.H. Bardell: Random pattern testability. IEEE Transactions on Computers C-33 (1984) 1, S. 79 - 90

[Saye 87] Sayers, I.L.; G. Russell; D.J. Kinniment: Concurrent checking techniques - a DFT alternative. In: Miller, D.M. (ed.): Developments in integrated circuits testing. London: Academic Press Limited 1987, S. 359 - 389

[Schm 80] Schmookler, M.S.: Design of large ALUs using multiple PLA macros. IBM Journal of Research and Development 24 (1980) 1, S. 2 - 14

[Schm 82] Schmid, M.E.; R.L. Trapp; A.E. Davidoff; G.M. Masson: Upset exposure by means of abstract verification. Proc. 12th International Symposium on Fault-Tolerant Computing 1982, S. 237 - 244

[Schm 88] Schmidt, W.D.: Test-Strategien auf dem Weg in die 90er Jahre. Elektronik (1988) 7, S. 83 - 87

[Schn 67] Schneider, R.R.: On the necessity to examine D-chains in diagnostic test generation - an example. IBM Journal of Research and Development 11 (1967) 1, S. 114

[Schn 74] Schneider, D.: Designing logic boards for automatic testing. Electronics 47 (1974) 15, S. 100 - 104

[Schu 87] Schuette, M.A.; Shen, M.A.: Processor control flow monitoring using signatured instruction streams. IEEE Transactions on Computers C-36 (1987) 3, S. 264 - 275

[Schu 88] Schulz, M.H.; E. Trischler; T.M. Sarfert: Socrates: a highly effizient automatic test pattern generation System. IEEE Transactions on Computer-Aided Design 7 (1988) 1, S. 126 - 137

[Seid 93] Seidenschwarz, W.: Target costing: marktorientiertes Zielkostenmanagement. München: Vahlen 1993

[Sege 81] Segers, M.T.M.: A self-test method for digital circuits. Proc. International Test Conference 1981, S. 79 - 85

[Segu 95] Segura, J.A.; M. Roca; D. Mateo; A. Rubio: An approach to dynamic power consumption current testing of CMOS ICs. Proc. 13th VLSI Test Symposium 1995, S. 95 - 100

[Selle 68a] Sellers, F.F.; M.Y. Hsiao; L.W. Bearnson: Analyzing errors with the Boolean Difference. IEEE Trans. on Computers C-17 (1968) 7, S. 676 - 683

[Selle 68b] Sellers, F.F.; M.Y. Hsiao; L.W. Bearnson: Error detecting logic for digital computers. New-York: Mcgraw-Hill Book Company 1968

[Serd 71] Serdakov, A.S.: Automatische Kontrolle und technische Diagnostik (in russ.). Kiev: Technika 1971

[Sett 91] Setty, A.A.; H.L. Martin: BIST and interconnect testing with boundary scan. Proc. of SOUTHEASTCON 1991, vol 1, S. 12 - 15

[Shan 48] Shannon, C.E.: A mathematical theory of communication. The Bell System Technical Journal 27 (1948) 3, S. 379 - 423 und (1948) 4, S. 623 - 656

[Shan 49] Shannon, C.E.; W. Weaver: The mathematical theory of communication. Urbana: The University of Illinois Press 1949

[Shar 88] Sharma, R.; T.N. Rajashekhara: Fault analysis and a unified design of PLAs for easy testability. Computers & Electronic Eng. 14 (1988) 1/2, S. 53 - 63

[Shed 75] Shedletsky, J.J.; E.J. McCluskey: The error latency of a fault in a combinational digital circuit. Proc. 5th International Symposium on Fault-Tolerant Computing 1975, S. 210 - 214

[Shed 76] Shedletsky, J.J.; E.J. McCluskey: The error latency of a fault in a sequential digital circuit. IEEE Transactions on Computers C-25 (1976) 6, S. 655 - 659

[Shed 78] Shedletsky, J.J.: Error correction by alternate data retry. IEEE Transactions on Computers C-27 (1978) 2, S. 106 - 112

[Shen 84] Shen, J.P.; F.J. Ferguson: The design of easily testable VLSI array multipliers. IEEE Transactions on Computers C-33 (1984) 6, S. 554 - 560

[Shie 76] Shields, S.: A review of fault detection methods for large systems. The Radio and Electronic Engineer 46 (1976) 6, S.276 - 280

[Shie 93] Shieh, Y.-R.; C.-W. Wu: Concurrent error detection of CMOS digital and analog faults. Proc. European Test Conference 1993, S. 74 - 81

[Shin 84] Shin, K.G.; Y.H. Lee: Error detection process - model, design and its impact on computer performance. IEEE Transactions on Computers C-33 (1984) 6, S. 529 - 540

[Šiba 77] Šibanov, G.P. (Hrsg.): Funktionskontrolle großer Systeme (in Russisch). Moskau: Mašinostroenie 1977

[Siem 86] ... : Empfehlungen für das Layout von Leiterplatten. München: Siemens AG, Bereich Bauelemente, Vertrieb, Produktinformation 1986

[Siew 90] Siewiorek, D.P.: Fault tolerance in commercial computers. IEEE Computer (1990) 7, S. 26 - 37

[Siew 91] Siewiorek, D.P.; R.S. Swarz: The theorie and practice of reliable system design. Bedford: Digital Press 1991

[Simp 91] Simpson, M.R.: PRIDE: An integrated design environment for semiconductor device simulation. IEEE Transactions on Computer-Aided Design CAD-10 (1991) 9, S. 1163 - 1174

[Slow 87] Slowig, P.: Mikrorechnergesteuerte Prüfung von Analogbaugruppen. Nachrichtentechnik/Elektronik 37 (1987) 8, S. 305 - 306

[Smit 78] Smith, J.E.; G. Metze: Strongly fault secure logic networks. IEEE Transactions on Computers C-27 (1978) 6, S. 495 - 499

[Smit 79] Smith, J.E.: Detection of faults in programmable logic arrays. IEEE Transactions on Computers C-28 (1979) 11, S. 845 - 853

[Smit 80] Smith, J.E.: Measures of the effectiveness of fault signature analysis. IEEE Transactions on Computers C-29 (1980) 6, S. 510 - 514

[Smit 81] Smith, R.T.; J.D. Chlipala, J.F.M. Bindels u.a.: Laser programmable redundancy and yield improvement in a 64k DRAM. IEEE Journal Solid-State Circuits SC-16 (1981) 5, S. 506 - 514

[Smit 83] Smith, J.E.; P. Lam: A theory of totally self-checking system design. IEEE Transactions on Computers C-32 (1983) 9, S. 831 - 844

[Smit 85] Smith, G.L.: Model for delay faults based upon paths. Proc. International Test Conference 1985, S. 342 - 349

[Sobo 82] Sobotka, L.J.: The effects of backdriving digital integrated circuits during in-circuit testing. Proc. International Test Conference 1982, S. 269 - 286

[Sode 86] Soden, J.M.; C.H. Hawkins: Test considarations for gate oxid shorts in CMOS ICs. IEEE Design & Test (1986) August, S. 56 - 64

[Spec 95] Specht, B: Maximale Datensicherheit durch fehlertolerante IPC-Architekturen. MSR Magazin - Messen, Steuern, Regeln, Automatisieren (1995)3, S. 40 - 42

[Spen 91] Spenhoff, E.: Prozessicherheit: Durch statistische Versuchsplanung in Forschung, Entwicklung und Produktion. München: gmft-Verlags KG 1991

[Srid 81] Sridhar, T.; J.P. Hayes: A functional approach to testing bit-sliced microprocessors. IEEE Transactions on Computers C-30 (1981) 8, S. 563 - 572

[Srid 81a] Sridhar, T.; J.P. Hayes: Design of easily testable bit-sliced systems. IEEE Transactions on Computers C-30 (1981) 11, S. 842 - 854

[Srid 82] Sridhar, T.; S.M. Thatte: Concurrent checking of programm flow in VLSI processors. Proc. International Test Conference 1982, S. 191 - 199

[Srin 77] Srini, V.P.: Fault diagnosis of microprocessor systems. Computer (1977) 1, S. 60 - 65

[Stah 89] Stahlknecht, P.: Einführung in die Wirtschaftsinformatik. 4. Auflage. New York, Berlin: Springer-Verlag 1989

[Stew 77] Stewart, J.H.: Future testing of large LSI circuit cards. Dig. Semiconductor Test symposium 1977, S. 6 -15

[Stew 78] Stewart, J.H.: Application of Scan/Set for error detection and diagnostics. Dig. Semiconductor Test Conference 1978, S. 152 - 158

[Stöc 92] Stöcker, H. (Hrsg.): Taschenbuch mathematischer Formeln und moderner Verfahren. Thun, Frankfurt am Main: Verlag Harry Deutsch 1992

[Suk 80] Suk, D.S.; S.M.Reddy: Test procedurs for a class of pattern sensitive faults in semiconductor random access memories. IEEE Transactions on Computer C-29 (1980) 6, S. 419 - 429

[Suk 81] Suk, D.S.; S.M.Reddy: A march test for functional faults in semiconductor random access memories. IEEE Trans. on Computer (1981) 12, S. 982 - 985

[Swob 73] Swoboda, J.: Codierung zur Fehlerkorrektur und Fehlererkennung. München: R. Oldenbourg Verlag 1973

[Tane 94] Tanenbaum, A.S.: Moderne Betriebssysteme. München: Hanser Verlag 1994

[Tang 83] Tang, D.T.; L.S. Woo: Exhaustive test pattern generation with constant weight vektors. IEEE Trans. on Computer C-32 (1983) 12, S. 1145 - 1150

[Teub 72] Teuber, R.: Computer prüft sich selbst. Data report 7 (1972) 3, S. 30 - 32

[That 80] Thatte, S.M.; J.A. Abraham: Test generation for microprocessors. IEEE Transactions on Computers C-29 (1980) 6, S. 429 - 441

[Thev 83] Thevenod-Fosse, R. David: Random testing of the control section of a microprocessor. Proc. Fault -Tolerant Computing Symposium 1983, S. 366 - 373

[To 73] To, K.: Fault folding for irredundant combinational circuits. IEEE Transactions on Computers C-22 (1973) 11, S. 1008 - 1015

[Turi 90] Turino, J.: Design to test. 2nd Edition. New York: Van Nostrand Reinhold 1990

[Unge 89] Ungerer, T.: Innovative Rechnerarchitekturen. Bestandsaufnahme, Trends, Möglichkeiten. Hamburg, New York: McGraw-Hill 1989

[VdGo 92] Van de Goor, A.J.; A.C. Verruijt: An overview of deterministic functional RAM chip testing. ACM Computing Surveys 22 (1992) 3; S. 5 - 33

[Vasa 85] Vasanthavada, N.; P.N. Marinos: An operationally efficient scheme for exhaustive test-pattern generation using linear codes. Proc. International Test Conference 1985, S. 476 - 482

[VDI 81] VDI/VDE 3690, Dezember 1981: Abnahme von Prozeßrechnersystemen.

[VDI 85] VDI/VDE/DGQ 2619, Ausgabe Juni 1985: Prüfplanung

[VDI 91] VDI/VDE-Richtlinie 3694, Ausgabe April 1991: Lastenheft/Pflichtenheft für den Einsatz von Automatisierungssystemen

[Voel 88] Voelkel, L.; J. Pliquett: Signaturanalyse. Berlin: Akademie-Verlag 1988

[Wads 78] Wadsack, R.L.: Fault modeling and logic simulation of CMOS and MOS integrated circuits. The Bell System Techn. Journal (1978) 5, S. 1449 - 1474

[Wagn 87] Wagner, K.D.; C.K. Chin; E.J. McCluskey: Pseudorandom testing. IEEE Transactions on Computer C-36 (1987) 3, S. 332 - 343

[Wagn 88] Wagner, K.D.; T.W. Williams: Design for testability of mixed signal integrated circuits. Proc. International Test Conference 1988, S. 823 - 828

[Waic 89] Waicukauski, J.; E. Lindbloom; E.B. Eichelberger; O. Forlenza: A method for generating weighted random test patterns. IBM Journal of Research and Development 33 (1989) 2, S. 149 -161

[Wake 74] Wakerly, J.F.: Partially self-checking circuits and their use in performing logical operations. IEEE Trans. on Computer C-23 (1974) 7, S. 658 - 666

[Wake 78] Wakerly, J.F.: Error detecting codes, self-checking circuits and applications. New York: North-Holland Publishing 1978

[Wall 90] Wallmüller, E.: Software-Qualitätssicherung in der Praxis. München, Wien: Hanser Verlag 1990

[Walt 83] Walther, L.; D. Gerber: Infrarotmeßtechnik. Berlin: Verlag Technik 1983

[Wang 87] Wang, L.-T.; E.J. McCluskey: Built-in self-test for sequential machines. Proc. International Test Conference 1987, S. 334 - 341

[Wang 79] Wang, S.L.; A. Avižienies: The design of totally self-checking circuits using programmable logic arrays. Proc. 9th International Symposium on Fault-Tolerant Computing 1979, S. 173 - 180

[West 90] Westerhoff, T.: ASIC-Simulation in der Systemumgebung. CADS (1990) 7, S. 38 - 47

[West 91] Westkämper, E. (Hrsg.): Integrationspfad Qualität. Berlin: Springer-Verlag, Köln: Verlag TÜV Rheinland 1991

[Wey 89] Wey, C.L.; S.M. Chang: Test generation of C-testable array dividers. IEE Proceedings, Pt. E, 136 (1989) 5, S. 434 - 442

[Weye 88] Weyerer, M.; G. Goldemund: Prüfbarkeit elektronischer Schaltungen. München, Wien: Carl Hanser Verlag 1988

[Wilk 93] Wilken, K.D.: An optimal graph-construction approach to placing program signatures for signature monitoring. IEEE Transactions on Computers C-42 (1993) 11, S. 1372 - 1381

[Will 84] Williams, G.B.: Troubleshooting on microprocessor based system. Oxford: Pergamon Press Ltd. 1984

[Will 73] Williams, M.J.Y.; J.B. Angell: Enhancing testability of large-scale integrated circuits via test points and additional logic. IEEE Transactions on Computers C-22 (1973) 1, S. 46 - 60

[Will 77] Williams, T.W.; E.B. Eichelberger: Random pattern within a structured sequential logic design. Proc. Semiconductor Test Symposium 1977, S. 19 -27

[Will 81] Williams, T.W.; N.C. Brown: Defect level as a function of fault coverage. IEEE Transactions on Computers C-30 (1981) 12, S. 987 - 988

[Will 83] Williams, T.W.; K.P. Parker: Design for testability - a survey. IEEE Proceedings 71 (1983) 1, S. 93 -112

[Will 85] Williams, T.W.: Test length in a self-testing environment. IEEE Design & Test (1985) 4, S. 59 - 63

[Will 86] Williams, T.W. (ed.): VLSI testing. Amsterdam: Elsevier Science Publishers B.V. 1986

[Will 86a] Williams, T.W.; W. Daehn; M. Gruetzner; C. Starke: Comparison of aliasing errors for primitive and non-primitiv polynomials. Proc. International Test Conference 1986, S. 282 -288

[With 75] Withington, F.G.: Beyond 1984 - a technology forecast. Datamation 21 (1975) 1, S. 54 -73

[Wosc 88] Betrachtungen zu Fehlermodellen und Optimierungskriterien in der Informationstechnik. Proc. INFO 88, Dresden Februar 1988, S. 34 - 36

[Wund 85] Wunderlich, H.-J.: PROTEST: A tool for probabilistic testability analysis. Proc. 22nd Design Automation Conference 1985, S. 204 - 211

[Wund 87] Wunderlich, H.-J.: Probabilistische Verfahren für den Test hochintegrierter Schaltungen. Informatik-Fachberichte 140. Berlin: Springer Verlag 1987

[Wund 90] Wunderlich, H.-J.: Multiple distributions for biased random test patterns. IEEE Transactions on Computer-Aided Design 9 (1990) 6, S. 584 - 593

[Yarm 85] Yarmolik, V.N.; Design mehrkanaliger Signaturanalysatoren (in Russisch). Avtomatika i telemechanika (1985) 1, S. 127 -132

[Yarm 88] Yarmolik, V.N.; S.N. Demidenko: Generation and application of pseudorandom sequences for random testing. Chichester: John Wiley & Sons 1988

[Yau 80] Yau, S.S.; F.C. Chen: An approach to concurrent control flow checking. IEEE Transactions on Software Engineering SE-6 (1980) 2, S.126 - 137

[You 88] You, Y.; J.P. Hayes: Implementation of VLSI-self-testing by regularization. IEEE Transactions on Computer-Aided Design 7 (1988) 12, S. 1261 - 1270

[Zhu 88] Zhu, X.-A.; M.A. Breuer: A knowledge-based system for selecting test methodologies. IEEE Design & Test of Computers (1988) 10, S. 41 - 59

[Zhu 88a] Zhu, X.-A.; M.A. Breuer: Analysis of testable PLA designs. IEEE Design & Test of Computers (1988) 8, S. 14 - 27

9 Stichwortverzeichnis